计算机科学丛书

Java程序设计

基础、编程抽象与算法策略

[美] 埃里克 S. 罗伯茨（Eric S. Roberts） 著

斯坦福大学

陈昊鹏 译

上海交通大学

Programming Abstractions in Java

机械工业出版社

China Machine Press

图书在版编目（CIP）数据

Java 程序设计：基础、编程抽象与算法策略 /（美）埃里克 S. 罗伯茨（Eric S. Roberts）著；陈昊鹏译 . —北京：机械工业出版社，2017.8
（计算机科学丛书）
书名原文：Programming Abstractions in Java

ISBN 978-7-111-57827-7

I. J… II. ① 埃… ② 陈… III. JAVA 语言－程序设计 IV. TP312.8

中国版本图书馆 CIP 数据核字（2017）第 202881 号

本书版权登记号：图字：01-2016-3033

本书介绍如何使用 Java 语言编写程序，旨在通过介绍编程过程中遇到的难点和问题来拓宽读者的视野。本书结合具体的示例代码，由浅入深介绍解决编程问题的策略和方法，有助于读者快速入门 Java 语言编程。同时，每章后面都有配套的复习题和习题，便于读者理论联系实践，通过编程实践查漏补缺，温故而知新。

本书适合作为计算机专业的教材，也适合希望学习 Java 语言的各个层次的读者阅读。

出版发行：机械工业出版社（北京市西城区百万庄大街 22 号　邮政编码：100037）

责任编辑：朱秀英		责任校对：李秋荣	
印　　刷：北京市荣盛彩色印刷有限公司		版　　次：2017 年 9 月第 1 版第 1 次印刷	
开　　本：185mm×260mm　1/16		印　　张：35	
书　　号：ISBN 978-7-111-57827-7		定　　价：99.00 元	

凡购本书，如有缺页、倒页、脱页，由本社发行部调换
客服热线：（010）88378991　88361066　　投稿热线：（010）88379604
购书热线：（010）68326294　88379649　68995259　　读者信箱：hzjsj@hzbook.com

文艺复兴以来，源远流长的科学精神和逐步形成的学术规范，使西方国家在自然科学的各个领域取得了垄断性的优势；也正是这样的优势，使美国在信息技术发展的六十多年间名家辈出、独领风骚。在商业化的进程中，美国的产业界与教育界越来越紧密地结合，计算机学科中的许多泰山北斗同时身处科研和教学的最前线，由此而产生的经典科学著作，不仅擘划了研究的范畴，还揭示了学术的源变，既遵循学术规范，又自有学者个性，其价值并不会因年月的流逝而减退。

近年，在全球信息化大潮的推动下，我国的计算机产业发展迅猛，对专业人才的需求日益迫切。这对计算机教育界和出版界都既是机遇，也是挑战；而专业教材的建设在教育战略上显得举足轻重。在我国信息技术发展时间较短的现状下，美国等发达国家在其计算机科学发展的几十年间积淀和发展的经典教材仍有许多值得借鉴之处。因此，引进一批国外优秀计算机教材将对我国计算机教育事业的发展起到积极的推动作用，也是与世界接轨、建设真正的世界一流大学的必由之路。

机械工业出版社华章公司较早意识到"出版要为教育服务"。自 1998 年开始，我们就将工作重点放在了遴选、移译国外优秀教材上。经过多年的不懈努力，我们与 Pearson，McGraw-Hill，Elsevier，MIT，John Wiley & Sons，Cengage 等世界著名出版公司建立了良好的合作关系，从他们现有的数百种教材中甄选出 Andrew S. Tanenbaum，Bjarne Stroustrup，Brian W. Kernighan，Dennis Ritchie，Jim Gray，Afred V. Aho，John E. Hopcroft，Jeffrey D. Ullman，Abraham Silberschatz，William Stallings，Donald E. Knuth，John L. Hennessy，Larry L. Peterson 等大师名家的一批经典作品，以"计算机科学丛书"为总称出版，供读者学习、研究及珍藏。大理石纹理的封面，也正体现了这套丛书的品位和格调。

"计算机科学丛书"的出版工作得到了国内外学者的鼎力相助，国内的专家不仅提供了中肯的选题指导，还不辞劳苦地担任了翻译和审校的工作；而原书的作者也相当关注其作品在中国的传播，有的还专门为其书的中译本作序。迄今，"计算机科学丛书"已经出版了近两百个品种，这些书籍在读者中树立了良好的口碑，并被许多高校采用为正式教材和参考书籍。其影印版"经典原版书库"作为姊妹篇也被越来越多实施双语教学的学校所采用。

权威的作者、经典的教材、一流的译者、严格的审校、精细的编辑，这些因素使我们的图书有了质量的保证。随着计算机科学与技术专业学科建设的不断完善和教材改革的逐渐深化，教育界对国外计算机教材的需求和应用都将步入一个新的阶段，我们的目标是尽善尽美，而反馈的意见正是我们达到这一终极目标的重要帮助。华章公司欢迎老师和读者对我们的工作提出建议或给予指正，我们的联系方法如下：

华章网站：www.hzbook.com

电子邮件：hzjsj@hzbook.com

联系电话：（010）88379604

联系地址：北京市西城区百万庄南街 1 号

邮政编码：100037

HZ BOOKS
华章教育

华章科技图书出版中心

译者序

Programming Abstractions in Java

　　本书针对的是 Java 程序设计的入门者。与大多数有关 Java 编程语言的教材不同，本书没有针对 Java 语言的各种特性展开各个章节，而是从程序抽象的角度，围绕着编程思想来展开其内容。在针对具体问题的解决过程中，水到渠成地揭示 Java 语言的各种特性，使读者不仅知其然，而且知其所以然。哪怕你已经是熟练的程序员了，阅读本书你仍然会有一种耳目一新的感觉，你会发现从另一种维度来对你掌握的知识进行梳理时所呈现出来的不一样的视界。

　　本书介绍的程序抽象包含了常用的数据结构和常见的简单算法，因此，它不但可以作为 Java 语言的学习材料，还可以作为数据结构的参考教材。事实上，这本书就是斯坦福大学的第二门编程课程的教材，有兴趣的读者可以在该课程的网站上下载更多的参考材料，以拓展对本书内容的理解。

　　虽然我从事计算机类书籍的翻译工作已经十多年了，对翻译工作越来越得心应手，但是面对本书这样经典的教材，还是有很大的压力。在翻译过程中，我努力地将原文的意思按照中文的习惯进行表达，使本书读起来更加通畅。但是，就像人们常说的："我才刚刚上路，而且永远在路上。"因此，书中难免会存在缺陷和错误，请广大读者见谅，并积极反馈意见，我将在后续印刷的版次中不断地纠正错误和弥补缺陷。

　　感谢机械出版社华章公司的各位编辑，她们对译稿进行了仔细校对，提出了宝贵的修改意见，是她们的辛勤工作确保了本书得以顺利出版。

陈昊鹏

致学生

在过去的 10 年中，计算领域的发展激动人心。人们日常随身携带的各种网络设备变得速度更快、价格更便宜、能力更强。利用像 Google 和 Wikipedia 这些基于网络的服务，人们滑动指尖就可以获得世界上众多的信息。社交网络将全世界的人联系到了一起。流技术和更快的硬件使得人们可以随时随地下载音乐和视频。

但是，这些技术不会凭空出现，人们需要构建它们。幸运的是，至少对那些研究这个令人激动且变化万千的领域的人来说，具备必需的软件开发技能的人供不应求。这里是硅谷的高科技经济中心，能够将各大公司的技术愿景转化为现实的天资聪慧的工程师十分短缺。各大公司甚至不敢奢求找到更多懂开发和维护大型系统的软件开发人员——他们需要理解诸如数据表示、效率、安全性、正确性和模块化等问题。

尽管本书并不会教给你了解这些主题以及更广阔的计算机科学领域所需的所有知识，但是它会给你一个良好的开端。在斯坦福大学，每年有超过 1200 名学生选修教授本书内容的课程。其中许多学生的知识背景仅限于本书，但是他们都找到了暑期实习或在业界工作的岗位。更多的学生会继续选修更高级的课程，以便为把握这个快速发展的领域中的无限机会做好准备。

除了为从业提供机会，本书中的主题还充满了智力上的刺激。你在本书中学到的算法和策略，有些是在过去 10 年中发明的，而有些则已经有超过 2000 年的历史了。它们难以置信地灵巧，就像是一座座矗立着的人类创造力的丰碑。它们还非常实用，可以帮助你变成经验丰富的程序员。

在阅读本书时，请记住，编程永远都是实践出真知。读过有关某种算法技术的内容并不表示你就能够将其应用到实践中，真正的学习是在完成练习和调试为了解决这些问题而编写的程序时才开始的。尽管编程时不时会让你感到挫败，但是在发现最后一个 bug 并看到程序可以工作时的激动心情是无与伦比的，它让你可以将一路走来碰到的所有困难都抛之脑后。

致教师

本书旨在作为一般大学或学院的第二门编程课程的教材。它涵盖了传统的 CS2 课程的内容，CS2 是在美国计算机学会（ACM）制定的 Curriculum'78 中定义的课程。因此，它包含了 ACM/IEEE-CS 联合计算课程设置 2001（Joint ACM/IEEE-CS Computing Curricula 2001）定义的 CS102。和 CS103。课程中规定的大部分主题，以及计算机科学课程设置 2013（Computer Science Curricula 2013）中有关基础数据结构和算法部分的内容。

乍一看，本书中这些主题出现的顺序似乎很常规。典型情况下，传统的 CS2 课程大纲会对基础数据结构逐一按照顺序介绍。在这种模式中，学生会学习如何使用特定的数据结构，如何实现它，以及它的性能特性等，所有知识点会同时学习。这种方式的主要缺点是学生需要在掌握如何使用某种结构之前，就先理解它是如何实现的。例如，如果学生一开始不知道为什么某个应用要使用映射表，那么就很难让他们理解为什么可以优选某种实现模型而不是另一种实现模型。

在斯坦福大学，我们采用了一种不同的策略——客户优先方式。学生在被要求思考任何实现问题之前，会先学习如何使用集合类的全集。他们还有机会去完成有趣的作业，在这些作业中他们会作为客户来使用这些集合类。在这个过程中，学生会对底层的数据模型和每种结构的用法获得更深刻的理解。一旦学生了解了客户端的视角，那么他们就已经准备好了去探索各种可能的实现及其对应的计算特性了。

客户优先方式被证明非常成功。在我们将这种改变引入 CS2 课程中之后，在所有教师教授的班级中，期中考试成绩的中位值提升了大约 15%，而期末考试的成绩则提升了超过 5%。课程等级和学生满意度都随着学生对课程内容理解程度的提高而不断增长。现在，我们每年向超过 1200 名学生教授 CS2，我们相信客户优先方式是产生这种变化的关键。

我撰写本书是为了让许多用 Java 来教授 CS2 课程的学校一起分享斯坦福大学的成功经验。我们自信地认为，你将会和我们一样，对于学生对知识的理解和运用程度的提升而感到惊讶。

补充材料

为学生提供的材料

本书的所有读者都可以在 Pearson 的网站（http://www.pearsonhighered.com/ericroberts）上获得下面各项材料：

- 书中每个示例程序的源代码。
- 样例运行的彩色 PDF 版本。
- 复习题的答案。

为教师提供的材料⊖

所有具有资质的教师都可以在 Pearson 的网站（http://www.pearsonhighered.com/ericroberts）上获得下面各项材料：

- 书中每个示例程序的源代码。
- 样例运行的彩色 PDF 版本。
- 复习题的答案。
- 编程习题的解决方案。
- 每一章的 PowerPoint 讲座幻灯片。

致谢

感谢斯坦福大学的同事，首先是 Julie Zelenski，感谢她开创性地开发了客户优先方式。我的同事 Keith Schwarz、Marty Stepp、Stephen Cooper、Cynthia Lee、Jerry Cain、Chris Piech 和 Mehran Sahami 都在教学策略和支撑材料这两方面做出了宝贵的贡献。还要向数任本科生部的领导和多年来的许多学生表达谢意，他们鼎力相助使教授这门课变得如此令人兴奋。

⊖ 关于本书教辅资源，只有使用本书作为教材的教师才可以申请，需要的教师请填写本书最后一页"教学支持申请表"，并通过邮件同时方送给培生与我方。——编辑注

此外，向 Pearson 出版社的 Marcia Horton、Tracy Johnson 和其他成员表示感谢，感谢他们数年来对本书及各个前期版本的支持。

一如既往，最诚挚的谢意要献给我的妻子 Lauren Rusk，她再次作为我的开发编辑完成了魔幻般的工作。Lauren 运用她的专业知识对本书的文字进行了仔细的打磨，如果没有她，就压根不会有本书。

Eric S. Roberts

斯坦福大学

目录

Programming Abstractions in Java

Java 概览

程序脱胎于各种各样的实验。我们的经验是：程序并非出自我们这样的一两个人的思想，而是源自日复一日的辛苦工作。

——Stokely Carmichael 和 Charles V. Hamilton,《Black Power》, 1967

在刘易斯·卡罗尔的《爱丽丝梦游仙境》中，国王让白兔"从起点处出发，一直走到终点处，然后停下来"。这是个好建议，但前提是你必须正在起点处。本书是为计算机科学的第二门课程设计的，因此，我们假设你已经在学习编程的道路上。同时，因为第一门所覆盖的课程内容变化相当大，所以对于教科书作者而言，很难认定你已经掌握的这样或那样的具体知识。例如，你们中有些人将从之前类似语言的经验中很容易地理解 Java 的控制结构，而有些人将会发现并不熟悉这些 Java 结构，正是由于这种背景知识上的差异性，本章将采纳"国王"的意见，介绍 Java 语言中编写简单程序所需的各个部分。

1.1 你的第一个 Java 程序

Java 的设计借鉴了多种设计源，包括 20 世纪 70 年代早期出现的 C 编程语言。在作为 C 的定义文档的著作《C 程序设计语言》$^\ominus$中，Brian Kernighan 和 Dennis Ritchie 在第一页上就给出了下面的建议：

> 学习一种新语言的唯一途径就是用它编写程序。对于所有语言的初学者而言，编写的第一个程序几乎都是相同的。
>
> 打印单词
>
> **hello, world**
>
> 尽管这个练习很简单，但对于初学者来说，仍然可能是一个巨大的障碍，因为要实现这个目的，首先必须编写程序文本，然后成功地进行编译，并加载、运行，最后输出到某个地方。掌握这些机制上的细节之后，其他事情就比较容易了。

如果你打算用 Java 编写最简单版本的"Hello World"程序，那么最终会产生看起来像图 1-1 中所示的代码。

```
/*
 * File: HelloWorld.java
 * -----------------------
 * This file is adapted from the example on page 1 of The C Programming
 * Language by Kernighan and Ritchie.
 */

public class HelloWorld {

    public static void main(String[] args) {
        System.out.println("hello, world");
    }

}
```

图 1-1 最小的"Hello World"程序

$\ominus$ 该书已由机械工业出版社出版，书号为 978-7-111-12806-0/TP.2869。——编辑注

此刻，准确地理解这个程序中每一行代码的含义并不重要，以后我们有的是时间去掌握这些细节。你的任务应该是让 Hello.java 程序运行起来，即按照图 1-1 的样子准确地输入程序，然后搞清楚你需要做些什么才能让它运行起来。

你需要遵循的确切步骤根据创建和运行 Java 程序的编程环境的不同而不同。如果你的计算机支持命令行界面，例如 Mac 操作系统中的 Terminal 工具、Windows 机器上的 Console 应用，或者 Linux 中各种各样的 Shell 程序，那么在包含 HelloWorld.java 文件的目录下输入下面的命令就能运行 "Hello World" 程序：

```
javac HelloWorld.java
java HelloWorld
```

第一行命令将文件 HelloWorld.java 从图 1-1 中人类可阅读的形式转译为计算机可以更高效地执行的二进制文件。这个过程被称为编译。第二行命令会在该程序编译后的版本上运行 Java 解释器。

在命令行环境中，程序的输出会与用来编译和运行程序的命令显示在同一个窗口中。例如，在我的 Macintosh 机器上，终端窗口的会话看起来像下面这样：

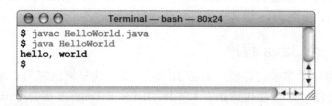

尽管命令行模型可以完成任务，但是专业的 Java 程序往往会使用更加复杂的工具来集成编辑、编译、运行和调试程序的整个过程。这种工具被称为编程环境。有多种支持 Java 的编程环境，详细描述它们是不可能的。如果你正在某门课程中使用本书，那么你的老师可能会为你提供你想使用的编程环境的参考资料。如果你正在自己阅读本书，那么需要参考你所使用的编程环境的文档。

即使你正在使用专业的编程环境，从 "Hello World" 程序开始并运行它也不失为一种好的做法。不同的环境会以不同的方式显示控制台输出，但是你应该能够找到程序输出的令人感到亲切的 "Hello World" 问候语。尽管 "其他事情就比较容易了" 可能未必正确，但是你已经跨过了重要的里程碑。

1.2 Java 的历史

尽管本书阐述的是超越某种特定语言细节的有关编程策略的内容，但是我们必须选择某种语言，使得读者可以用这些技术来进行实验。毕竟，编程是一门动手实践的学科，仅仅靠阅读本书是无法成为成功的程序员的，即使你在纸面上解决了所有的练习题也是如此。学习编程是一项需要动手实践的工作，需要你用真实的编程语言去编写和调试程序。因为本书使用了 Java 编程语言，所以对 Java 的发展历史及其设计方案中体现的思想有所了解会对你大有帮助。

1.2.1 编程语言

在计算技术发展的早期岁月中，程序是用机器语言编写的，它们由机器能够直接执行的基础指令构成。用机器语言编写的程序难以理解，主要是因为机器语言的结构反映的是硬件的设计，而不是程序员的需求。更糟糕的是，每种类型的计算硬件都有其自己的机器语言，这就意味着为一种机器编写的程序无法在另一种类型的硬件上运行。

20 世纪 50 年代中期，在 IBM，一组程序员在 John Backus 的领导下产生了一种深远地改变了计算本质的思想。Backus 和他的同事想知道：是否有可能编写出类似于他们正在计算的数学公式的程序，然后让计算机将这些公式翻译为机器语言？1955 年，这个团队开发出了 FORTRAN（这个名字是从 formula translation 这两个词中各抽取一部分构成的）的初始版本，它是第一种使得程序员可以用人类易于理解的高层概念来工作的语言。这种语言被称为高级语言。

自那时起，许多新的编程语言被不断地发明出来，大部分都是在之前语言的基础上以不断演进的方式而构建的。Java 在其演进中将两条分支汇聚在了一起。其前辈语言之一是被称为 C 的语言，这种语言是在 1972 年由贝尔实验室的 Dennis Ritchie 设计出来的，之后在 1989 年，美国国家标准学会（ANSI）对其进行了修订和标准化。但是 Java 还传承自另外一族语言，这族语言被设计用来支持一种风格完全不同的编程技术，这种风格在近年来已经极大地改变了软件开发的本质。

1.2.2 面向对象范型

在过去几十年中，计算机科学和编程技术经历了一场革命。与大多数革命——无论是政治巨变还是像 Thomas Kuhn 在他 1962 年出版的著作《科技革命的结构》中所描述的概念重建——一样，这种变革是挑战既有正统观念的思想萌发所驱动的。起初，这两种思想是相互竞争的，至少在一段时间内，旧秩序维持着它的主导地位。随着时间的推移，新思想的力度和推广程度都在不断增长，直至它开始以 Kuhn 所称的范型转变的形式替代旧思想。在编程技术中，旧秩序是由过程范型所支配的，在这种范型中，程序是由一组操作于数据之上的过程和函数构成的。新模型被称为面向对象范型，在这种范型中，程序看起来就像是一组数据对象，这些对象体现了特定的特性和行为。

面向对象编程思想并非全新的思想。第一种面向对象编程语言是 SIMULA，这是一种在 1967 年由来自斯堪的纳维亚半岛的计算机科学家 Ole-Johan Dahl 和 Kristen Nygaard 设计的语言，用来编写仿真代码。因为有着超越其所处时代的设计，SIMULA 预见到了许多后来成为编程技术常识的概念，包括抽象数据类型和现代的面向对象范型。事实上，用来描述面向对象语言的许多术语都来自于 1967 年有关 SIMULA 的最初报告。

遗憾的是，SIMULA 诞生后并没有引起人们很大的兴趣。第一种在计算业界内获得大量追随者的面向对象语言是 Smalltalk，它是在 20 世纪 70 年代晚期由施乐公司位于帕洛阿尔托的研究中心开发出来的。按照 Adele Goldberg 和 David Robson 所著的《Smalltalk-80：语言与实现》一书中的描述，Smalltalk 的目的是使编程成为更多人可以胜任的工作。

尽管具有许多很吸引人的特性以及简化了编程过程的高度可交互的用户环境，Smalltalk 在商业上还是一直不太成功。整个业界只是在面向对象编程的核心思想融入 C 的各种变体中之后，才开始对其感兴趣，因为 C 已经是工业标准了。尽管有多种并行展开的基于 C 设计面向对象语言的尝试，但是最成功的面向对象语言是 C++，它是 Bjarne Stroustrup 于 20 世纪 80 年代在 AT&T 贝尔实验室设计出来的。通过使面向对象技术与既有的 C 代码集成起来成为可能，C++ 使得大量的程序员能够以循序渐进的方式来采用面向对象范型。

尽管面向对象语言在人们弃用过程式语言的情况下获得了一定的流行度，但是将面向对象范型和过程范型看作互斥的范型是一种错误。编程范型之间的互相竞争远不如它们的互补重要。与其他重要的范型如 Lisp 编程语言中所体现的函数风格的范型一样，面向对象范型和过程范型都具有重要的应用。即使在单个应用的上下文中，你可能也会发现使用多种方式的情况。专家级的程序员需要掌握若干种范型，这样就可以针对每项任务使用最适合的模型。

1.2.3 Java 编程语言

尽管 C++ 仍旧被广泛地使用，但若干种其他编程语言也已经在寻求融入面向对象编程的思想。这些语言中最成功的就是 Java，它是由 James Gosling 领导的 Sun 公司的程序员团队开发的。当今，Java 已经成为计算机业界最广泛使用的编程语言之一。特别是，Java 是用于 Google 的 Android 操作系统的编程语言，而 Android 是创建移动设备应用程序的引领性框架。

当 Java 项目在 1991 年启动时，其目标是设计一种适合对嵌入在消费者电子设备中的微处理器进行编程的语言。如果 Java 仅局限于其最初的目标，那么它就不可能达到现在的高度。就像计算机业界的许多案例一样，Java 项目的方向也在其开发阶段经历了变更，以适应业界不断变化的环境。

导致这种变更的主要因素是 20 世纪 90 年代早期，特别是在万维网被创建出来之后，所出现的互联网的现象级成长。当 1993 年人们对 Web 的兴趣猛然飙升时，Sun 将 Java 重新设计为一种用来编写基于 Web 的交互式应用的工具。这项决定被证明是非常及时的。在 1995 年该语言发布之后的几年中，Java 在计算机学术界和工业界都产生了轰动。在这个过程中，面向对象编程已经牢固地树立了其在计算技术中核心范型的地位。

除了其与 Web 协同发展之外，另一个使 Java 获得成功的因素是其可移植性。对于大多数语言，必须为支持该语言的每一种平台都开发不同的编译器。毕竟，这些平台具有不同的底层硬件，因此，使用了不同的机器语言。如果编译器必须将程序文件（在这种上下文中通常被称为源文件）翻译成硬件使用的实际指令，那么硬件的变更会不可避免地要求变更相应的编译器。

6

Java 的开发者开创性地使用了一种完全不同的方式，如图 1-2 所示。Java 编译器的输出不是任何现有硬件的机器指令，而是产生了类文件，每个类文件包含的都是用于被称为 Java 虚拟机（JVM）的抽象架构的指令。编译器产生的类文件之后被送进运行在每种平台上的 JVM 的模拟器。每种平台都需要自己的 JVM 实现，但是它比编写完整的编译器要容易得多。

1.2.4 Java 的演化

与人类语言一样，编程语言也会随时间的推移而改变。历经多年之后，Java 为了满足其用户群体不断变化的需求而持续地演化。大约每两年，Java 就会发布一个新的主版本。这些版本现在都出自 2010 年收购了 Sun 的 Oracle 公司。到撰写本书时为止，最新的版本是 Java 标准版 8（通常简称 Java 8），它是 2014 年 3 月发布的。因为新版本需要一段时间才能被广泛使用，所以本书大部分章节并没有依赖于最新的特性，而是使用了追溯到 Java 5 都兼容的特性。第 19 章引入了 lamda 表达式，这是 Java 8 中最重要的新特性之一。

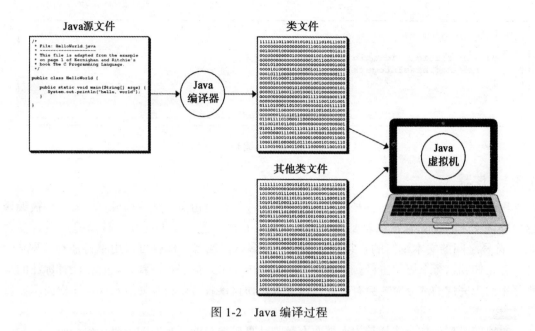

图 1-2　Java 编译过程

1.3　Java 程序的结构

对 Java 编程语言产生感性认识的最佳方式就是审视一些样例程序，甚至是在你理解这种语言的各种细节之前。HelloWorld 程序是一个起点，但是它过于简单，没有包含你希望在程序中看到的许多特性。因为本书被设计为计算机科学的第二门课程，所以几乎可以肯定，你已经编写过从用户处读取输入，在变量中存储值，并使用循环来重复执行计算的程序。HelloWorld 程序并不包含上述任何一点。为了演示 Java 更多的特性，图 1-3 展示了名为 AddThreeIntegers 的程序的代码，正如其名字所表示的，它会从用户处读取 3 个整数，将它们加到一起，然后打印总和。图中还包含了描述程序中各个部分的注解。后续各小节将更详细地逐一描述这些部分。

```
/*
 * File: AddThreeIntegers.java
 * ----------------------------------
 * This program adds three integers and prints their sum.          程序注释
 */

package edu.stanford.cs.javacs2.ch1;                               包声明

import java.util.Scanner;                                          库导入

public class AddThreeIntegers {

    public void run() {
        Scanner sysin = new Scanner(System.in);
        System.out.println("This program adds three integers.");
        System.out.print("1st integer: ");
        int n1 = sysin.nextInt();
        System.out.print("2nd integer: ");                         包含实际
        int n2 = sysin.nextInt();                                  代码的方法
        System.out.print("3rd integer: ");
        int n3 = sysin.nextInt();
        int sum = n1 + n2 + n3;
        System.out.println("The sum is " + sum);
    }
```

图 1-3　3 个整数相加的程序

```
/* Main program */

    public static void main(String[] args) {
        new AddThreeIntegers().run();
    }

}
```

标准样板

8

图 1-3 （续）

1.3.1 注释

图 1-3 中的 AddThreeIntegers 程序的第一个部分由英语注释构成。注释是会被编译器忽略的文本，但是它承载着要传递给其他程序员的信息。在 Java 中，注释是用包含在 /* 和 */ 符号之间的文本编写的，它们可能会跨越多行。或者，你也可以用单行注释，即以 // 开头并延伸到该行末尾的注释。本书使用的是 /*…*/ 形式的多行注释，只有在注释标注的是程序中尚未完成的部分时才会有例外。这种策略使得读者可以更容易地发现程序中尚未完成的部分。

重要的是要记住，注释是为人类而不是为计算机编写的。它们的主要作用是向其他程序员传递有关程序的信息。对于像 AddThreeIntegers 这样简单的程序，通常并不需要全面的注释。但是，当程序变得复杂时，为了让程序对其他人而言变得可理解，或者在你离开程序一段时间后再次返回程序时想要弄明白你自己做了些什么，就可以在代码中包含有用的注释，这是实现这些目的的最佳途径。

1.3.2 包声明

最靠前的注释的后面一行是包声明，它指明了编译器应该到哪里去查找这个程序用到的源文件。如果没有任何包声明，那么编译器就会在当前路径查找这些文件。虽然使用当前路径为像 HelloWorld 这样的小程序提供了便捷性，但是这种策略并不能很好地适用于编写更加复杂的应用。当你开始处理大量文件时，将这些文件组织成层次结构会很有帮助，这种方式就像文件被组织到目录中一样。

在 AddThreeIntegers.java 中，包声明看起来像下面这样：

package edu.stanford.cs.javacs2.ch1;

本例中所使用的包名遵循了 Java 设计者所确立的惯例。该包名的前三个部分来自于存储这些文件处的互联网域名，即 cs.stanford.edu。包名会将这些部分的顺序颠倒过来，以遵循自左向右阅读时读到的是越来越具体的分类这一惯例。javacs2 部分表示这个包是 CS2 中用到的 Java 资料的一部分，CS2 是第二门计算机科学课程的泛化名称。ch1 部分表示这些文件出现在第 1 章中。

9

这种层次化的命名模式的优点是，只要遵守这些命名惯例，那么每个包在整个互联网上就有唯一的标识。当你编写自己的程序时，也应该遵循这些惯例，将它们放到一个层次结构中。

在 Java 中，源文件必须存储在目录中，其结构是包名的镜像。在本例中，源文件 AddThreeIntegers.java（与第 1 章中的其他文件一起）出现在名为 ch1 的目录中，而

ch1 又出现在名为 javacs2 的目录中，以此类推，直至名为 edu 的目录，如下面的图所示：

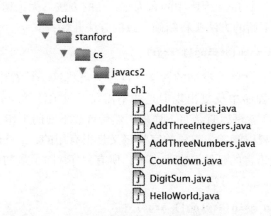

　　管理这些目录可能有点烦人，但是相对于获得了清晰的结构而言，这样的代价是值得付出的。幸运的是，大多数 Java 开发环境会帮你处理这些细节。你所需要做的只是指定包名，编程环境会确保所有文件出现在目录层次结构中正确的位置上。

1.3.3　导入语句

　　很少有程序是不使用库而写成的，库是一组预先编写好的执行有用操作的工具。Java 定义了若干个标准库，在阅读本书的过程中你会学习到它们的用法。下面一行

```
import java.util.Scanner;
```

告诉编译器要从 java.util 包中导入名为 Scanner 的库类，这个包提供了一组共用的工具。Scanner 类极大地简化了从用户处获得输入的过程，这个过程在 Java 中如果不使用 Scanner 类会变得惊人复杂。尽管 Scanner 类绝对不是读取控制台输入的理想工具，但是它对于接下来几章中的示例来说，肯定是足够好了。

1.3.4　类定义

　　图 1-3 中的虚线行将 AddThreeIntegers 类的定义括了起来，该定义以下面这行开始：

```
public class AddThreeIntegers {
```

并且以文件最后一行相匹配的右花括号结束。Java 要求所有公共类都要定义在名字由类名和 .java 后缀构成的源文件中。因此，这个源文件必须命名为 AddThreeIntegers.java，因为它定义的是 AddThreeIntegers 类。

　　Java 类文件的结构非常复杂，因此不适合在本书较早的时候详细介绍。后续几章中的类都包含一个或多个方法，可能还包含本章稍后会描述的常量定义，这些方法是聚合在一起并且具有名字的程序步骤序列。在这方面，方法与传统编程语言中的函数很类似。将方法与其他语言中的传统函数区分开的特性是方法总是与定义它们的类关联在一起。与其他许多语言不同的是，Java 只支持方法，不关联类的独立函数是不允许存在的。

　　不论你使用的术语是*函数*还是*方法*，它们都具有相同的结构，使得你可以用单个名字来调用整个步骤序列，这对于任何编程语言而言，都是绝对不可或缺的特性。这种概念实际上非常重要，以至于本书第 2 章整个一章都将专门讨论这个话题。本章中的程序，例如

10

AddThreeIntegers，只包含两个方法。第一个是名为 run 的方法，包含该程序实际的代码。第二个是会出现在每个 Java 程序中的名为 main 的方法。无论何时运行一个 Java 程序，执行总是以调用具有与下面的方法头行精确一致的方法开始：

```
public static void main(String[] args)
```

本书稍后会介绍所有这些关键词的含义，现在只需将这一行看作能够启动 Java 程序的魔法咒语就足够了。在程序中反复出现但是并不需要太过关注的模式被称为样板。无论何时，只要你编写新程序，就可以直接写下样板，然后继续下面的工作。

而且，扩展这种样板以涵盖 main 的完整定义是很有用的，main 实际上是对面向对象编程时代之前的 C 编程语言的延续。在本书中，所有程序（除了最初的 HelloWorld 示例）都包含遵循下面模式的 main 方法：

```
public static void main(String[] args) {
    new classname().run();
}
```

这段代码使用关键词 new 调用了一个特殊的方法，该方法会创建包含该程序的类的新对象。这些特殊的方法被称为构造器，将在第 7 章详细讨论。现在，你为了创建这个样板而唯一需要做的就是在其中填入类的名字。在程序清单中，main 的定义放到了类定义的末尾，这样它就不会妨碍对程序中重要部分的理解。

1.3.5 run 方法

当你遵循前面所描述的惯例时，实际程序的代码就会出现在名为 run 的方法中，它是由一系列的 Java 语句构成的。在 AddThreeIntegers 中，run 方法看起来像下面这样：

```
void run() {
    Scanner sysin = new Scanner(System.in);
    System.out.println("This program adds three integers.");
    System.out.print("1st integer: ");
    int n1 = sysin.nextInt();
    System.out.print("2nd integer: ");
    int n2 = sysin.nextInt();
    System.out.print("3rd integer: ");
    int n3 = sysin.nextInt();
    int sum = n1 + n2 + n3;
    System.out.println("The sum is " + sum);
}
```

AddThreeIntegers 程序中的 run 方法的第一行是模式的另一个示例，它将在接受用户输入的程序中反复发生，总是精确地以下面的形式出现：

```
Scanner sysin = new Scanner(System.in);
```

这条语句在程序中创建了一个之前导入的 Scanner 类的对象，并将其赋给了名为 sysin 的变量，该变量是系统输入的缩写。扫描器的源是标准输入流 System.in，它在 Java 程序中与标准输出流 System.out 一起总是可用。遗憾的是，System.in 总是可用并不意味着它很容易用。在学习第 4 章时，使用 Java 标准输入流会要求你使用若干个比该程序其他所有方面都更加难以理解的概念。好消息是将 System.in 流嵌入 Scanner 对象内部可以大大地规避这种复杂性。

　　该程序中下一行的功能等价于 HelloWorld 程序中的单行代码。唯一不同的是要显示的字符串。这里，该字符串只是一条告诉用户该程序正在做什么的消息，此时程序的输出看起来像下面这样：

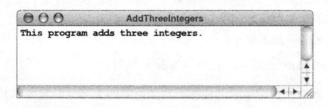

　　既然准备工作已经就绪，那么该程序就可以继续读取输入值了。读入到变量中需要两条语句，其中读入第一个整数的语句像下面这样：

```
System.out.print("1st integer: ");
int n1 = sysin.nextInt();
```

　　第一行几乎与描述该程序作用的语句相同，唯一的差别就是该代码调用的是 print 方法而不是 println 方法，这意味着光标会停留在与文本相同的行上，这正是你要求用户输入时所希望的。在 print 调用内部的字符串被称为提示语，这是一条给用户的消息，表示期望得到什么值。此刻，控制台看起来像下面这样，其中的竖条表示光标的位置：

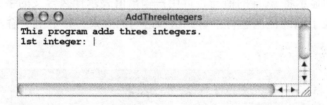

　　输入模式的第二行在 Scanner 对象上调用了 nextInt 方法以将 int 类型的值读入变量 n1 中。例如，如果你输入数字 396，然后点击 RETURN 键，那么变量 n1 的值就会被设置为 396，而控制台看起来会像下面这样：

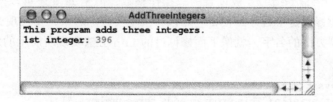

　　下面的行

```
int n1 = sysin.nextInt();
```

是变量声明的示例，它会为该程序所使用的变量预留空间，并且通常情况下会对其赋予初值。在本例中，该语句引入了一个新的名为 n1 的变量，它可以持有 int 类型的值，而 int 是用来表示整数的标准类型。它还为该变量赋予了出现在等号右侧的值，这个值是用户输入的。run 方法中接下来的 4 行重复这个过程，将值赋给变量 n2 和 n3。

run 方法中接下来的行是：

```
int sum = n1 + n2 + n3;
```

这一行也是一个声明，它引入了整数变量 sum。在本例中，变量的初值是由表达式 n1+n2+n3 给出的，该表达式会按照传统的数学方式来解释。该程序会将 n1、n2 和 n3 中的值加起来，然后将结果存储为变量 sum 的初值。

run 方法中的最后一条语句是：

```
System.out.println("The sum is " + sum + ".");
```

该语句将执行把计算结果显示出来的任务。这条语句的大部分看起来和其他调用 System.out.println 方法的语句很像。但是，这次有些新的变化。与接受单字符串引元不同，这条语句传递给 println 的引元值为

```
"The sum is " + sum + "."
```

就像前一条语句中的 n1 + n2 + n3 表达式的情况一样，这个表达式使用了 + 操作符将单个值组合了起来。在这条语句中，应用于 + 的某些值是字符串，而不是传统上定义加法的数字值。在 Java 中，将 + 操作符应用于字符串数据时，会将该操作符重新解释为将字符串的字符首尾相连地结合在一起。这种操作被称为连接。如果该表达式的任何部分不是字符串，那么 Java 都会在应用连接操作符之前将它们转换为各自的标准字符串表示形式。最后这条语句显示将 sum 的值与告诉用户输出值表示什么含义的字符串连接之后产生的结果。你可以在下面的样例运行中看到这条语句的效果，其中用户输入的值为 396、183 和 487。

14

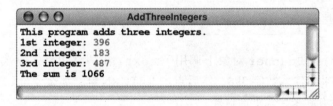

尽管 AddThreeIntegers 被设置为只操作整数，但是 Java 还可以操作其他类型的数据。例如，你可以修改这个程序，使得它可以将三个实数加起来，要实现此目的只需修改变量的类型和扫描器方法的名字，就像下面修订过的 run 方法实现所展示的那样：

```
void run() {
    Scanner sysin = new Scanner(System.in);
    System.out.println("This program adds three numbers.");
    System.out.print("1st number: ");
    double n1 = sysin.nextDouble();
    System.out.print("2nd number: ");
    double n2 = sysin.nextDouble();
    System.out.print("3rd number: ");
    double n3 = sysin.nextDouble();
    double sum = n1 + n2 + n3;
    System.out.println("The sum is " + sum);
}
```

在计算机科学中，包含小数部分的数字，例如 1.5 和 3.141 592 65，被称为浮点数。Java

中最常用的浮点类型是 double，它是双精度浮点数的缩写。如果需要在程序中存储浮点值，就必须声明 double 类型的变量，就像之前必须声明 int 类型的变量来编写 AddThree-Integers 一样。在该程序中仅有的另一个变化是通过调用 nextDouble 而不是 nextInt 来从用户处请求输入。该程序的基本模式是没有变化的。

1.4 变量

程序中的数据值通常存储在变量中，变量是内存中可以持有特定数据类型的具名位置。在 AddThreeIntegers 程序中你已经看到了变量的例子，并且根据之前的编程经验你肯定已经对变量的基本概念很熟悉了。本节将概述 Java 中使用变量的规则。 |15|

1.4.1 变量声明

在 Java 中，必须在使用变量之前声明它。声明变量的主要功能是将变量名与变量包含的值的类型关联起来。声明在程序中的位置确定了变量的作用域，即变量可以被访问到的范围。

最常见的声明变量的语法为：

类型　名称=值;

其中类型表示数据类型，名称是变量名，值是初值。例如，可以用下面的代码行来声明名字为 total 的整型变量并将其初始化为 0：

```
int total = 0;
```

重要的是要记住，变量的名字和类型在其生命周期内保持固定，但是变量的值通常会随着程序的运行而被修改。为了强调变量值的动态本质，画图经常会有助于理解，即将变量画成方框，把变量名作为标签放到方框的外部，而把变量值放到方框的内部。例如，可以将 total 的声明画成下面这样的图：

对 total 赋予新值会覆盖方框中之前的所有内容，但是不会修改名字或类型。

1.4.2 命名惯例

用于变量、方法、类型、常量等的名字统称为标识符。在 Java 中，标识符构成的规则如下：

1）名字必须以字母或下划线（_）开头。

2）名字中所有其他字符都必须是字母、数字或下划线。名字中不能出现空格或其他特殊字符。

3）名字不能是图 1-4 所列出的任何保留词。

出现在标识符中的大写和小写字母会被认为是有所区别的。因此，名字 ABC 和名字 abc 是不同的。标识符可以具有任意的长度，但是 Java 编译器在确定两个名字是否相同时，并不会考虑超出前 31 个字符之外的其他部分。 |16|

abstract	continue	for	new	switch
assert	default	goto	package	synchronized
boolean	do	if	private	this
break	double	implements	protected	throw
byte	else	import	public	throws
case	enum	instanceof	return	transient
catch	extends	int	short	try
char	final	interface	static	void
class	finally	long	strictfp	volatile
const	float	native	super	while

图 1-4 Java 中的保留词

你可以通过采纳能够帮助读者识别功能的标识符命名惯例来改进程序的风格。在本书中，变量和方法的名字都是以小写字母开头的，例如 limit 和 raiseToPower。类名和其他程序员定义的数据类型都是以大写字母开头的，就像 Direction 和 TokenScanner。常量值写成全大写的，就像 PI 和 HALF_DOLLAR。无论何时，只要标识符包含若干个连在一起的英语单词，那么常用的惯例是将每个单词的首字母大写，使得名字易于阅读。因为这种策略对常量并不适用，所以程序员会使用下划线来标识常量中各个单词的边界。

Java 程序中的大多数变量都是在方法体内声明的。这种变量被称为局部变量，因为它们只是在声明它们的块内被定义的。当方法被调用时，就会为每个局部变量分配空间；当该方法返回时，它所有的局部变量都会消失。然而，变量也可以被声明为类的一部分，但是位于所有方法体的外部。这种变量被称为实例变量，我们将在第 7 章详细讨论它们。

1.5 常量

在编写程序时，你将会发现你经常在程序中多次使用相同的常量。例如，如果你正在执行涉及圆的几何计算，常量 π 就会被频繁地用到。而且，如果这些计算需要高精度，那么你可能确实需要所有数字都取适用 double 类型的值，这意味着你需要使用的值是 3.141 592 653 589 793 238 46。一遍遍地重复编写常量会显得很烦人，并且如果每次你都是自己手工输入的，而不是剪切粘贴的，会很容易产生错误。如果给这个常量赋予一个名字，然后在程序中所有地方用这个名字来引用它，那么情况就会好得多。当然，你可以直接通过下面的代码将 pi 声明为一个局部变量：

17

```
double pi = 3.14159265358979323846;
```

但是这样你就只能在定义它的方法内部使用它。更好的策略是像下面这样声明一个名为 PI 的全局常量：

```
public static final double PI = 3.14159265358979323846;
```

这个声明开头的关键词 public 声明对该值的访问可以超过这个类的限制，这对像 PI 这样的常量而言可能显得很有用，在标准的 Math 类中正是以这种方式定义 PI 的。但是，如果该常量在这个类之外是没有意义的，最好使用 private 关键词来定义它。关键词 static 表示这个变量属于这个类自身而不是属于这个类的每个对象。关键词 final 表示这个值在该变量被初始化之后就再也不能被修改，正是这一点使它成为常量。该声明剩余的部分由类型、名字和值构成，其含义和之前所述相同。唯一的区别在于名字是全大写的，这是为了与 Java 常量的命名惯例相一致。

使用具名常量会带来若干好处。首先，描述性的名字可以使程序更易于阅读。更重要的是，使用常量可以极大地简化随着程序演化而带来的代码维护问题。即便 PI 的值不可能发生变化，某些常量定义还是有可能随程序的演化而发生变化，尽管它们在程序的特定版本中是保持为常量的。

历史上的实际案例最容易证明这项原则的重要性。设想一下你自己是 20 世纪 60 年代后期正在从事最初的 ARPANET 设计的程序员，ARPANET 是第一个大规模的计算机网络，也是如今的互联网的前身。因为那时资源受限显得非常严重，所以你需要对可以互连的主机的数量施加限制，就像 ARPANET 的设计者在 1969 年所做的那样。在 ARPANET 最初的几年中，这个限制是 127 台主机。如果 Java 在那时已经问世了，那么你就可以像下面这样声明一个常量：

```
static final int MAXIMUM_NUMBER_OF_HOSTS = 127;
```

但是，在后来某个时刻，网络的爆炸性增长使得你不得不提高这个上限。如果你在程序中使用了具名常量，那么这项处理就会变得相对容易。为了将主机数量的限制提升至 1023，只需要将这个声明修改成下面的样子就足够了：

```
static final int MAXIMUM_NUMBER_OF_HOSTS = 1023;
```

如果你在程序中到处都是使用 MAXIMUM_NUMBER_OF_HOSTS 来引用这个最大值的，那么上述修改就会自动传播到程序中该常量名出现的每一个地方。

注意，如果使用的是数字常量 127，那么情况就会完全不同。在那种情况下，你需要在整个程序中搜索并替换所有用来表示这个最大值的 127。有些 127 可能引用的是其他的东西而不是主机数量的上限，那么此时同等重要的是不要修改这些值的任何一个。此时，你很有可能会犯错误，而追踪由此产生的缺陷是非常艰难的。

1.6　数据类型

Java 程序中每个变量都包含一个被限定为某种特定类型的值。将变量的类型作为声明的一部分而设置。到目前为止，你看到过 int 和 double 类型的变量，但是这些类型仅仅是 Java 中可用类型的一鳞半爪。当今的程序会使用许多不同的数据类型，有些是在语言中内建的，有些是在特定应用中定义的。要掌握包括 Java 在内的任何语言的基础知识，学习如何操作各种不同的数据类型是关键。

1.6.1　数据类型的概念

在 Java 中，每个数据值都有相关联的数据类型。从形式化的角度看，数据类型是由两个属性定义的：域，即属于这种类型的值的集合；操作集，定义了该类型的行为。例如，类型 int 的域包含所有整数

$$... -9, -8, -7, -6, -5, -4, -3, -2, -1, 0, 1, 2, 3, 4, 5, 6, 7, 8, 9 ...$$

直至机器硬件所确立的上下限。可应用于 int 类型值的操作集包括像加法和乘法这样的标准算术运算。其他类型则具有不同的域和操作集。

正如你将在后续章节中学到的，像 Java 这样的现代编程语言的许多能力都源自可以从现有类型定义新的数据类型这一事实。为了促成这种处理，Java 包含了若干种被定义为该语言的一部分的基本类型。这些类型构成了整个类型系统的基石，被称为原子类型或基本类型。这些预定义的类型可以分为 4 类：整数类型、浮点类型、布尔类型和字符类型，我们将

在接下来的小节中进行讨论。

1.6.2　整数类型

尽管整数的概念看起来很单一，但是 Java 实际上包含若干种不同的表示整数值的数据类型。在大多数情况下，你所需要知道的就是 int 类型，它对应于你所使用的计算机系统上整数的标准表示形式。但是，在某些情况下，你需要更加仔细。像所有的数据一样，int 类型的值存储在有限容量的存储单元的内部。因此，这些值都有一个最大尺寸，它限制了你可以使用的整数的范围。为了绕过这个问题，Java 定义了 4 种整数类型：byte、short、int 和 long，它们在域的大小上各不相同。这 4 种类型的域和其他类型的域一起总结在图 1-5 中。

类　　型	域	常　见　操　作
byte	范围在 −128 到 127 之间的 8 位整数	算术操作符： +　−　*　/　%
short	范围在 −32 768 到 32 767 之间的 16 位整数	关系操作符： ==　!=　<　<=　>　>=
int	范围在 −2 147 483 648 到 2 147 483 647 之间的 32 位整数	位操作符：
long	范围在 −9 223 372 036 854 775 808 到 9 223 372 036 854 775 807 之间的 64 位整数	&　|　~　<<　>>　>>>
float	范围在 $\pm 1.4 \times 10^{-45}$ 到 $\pm 3.402\ 823\ 5 \times 10^{-38}$ 之间的 32 位浮点数	除 % 之外的算术操作符
double	范围在 $\pm 4.39 \times 10^{-322}$ 到 $\pm 1.797\ 693\ 134\ 862\ 315\ 7 \times 10^{-308}$ 之间的 64 位浮点数	关系操作符
char	使用 Unicode 编码的 16 位字符	关系操作符
boolean	true 和 false	逻辑操作符：&&　||　!

图 1-5　Java 中的基本类型

整数常量通常会写成由十进制数字构成的串。但是，如果数字以 0 开头，那么编译器会将其解释为以 8 为基的值，它们被称为八进制。因此，常量 040 是八进制数，表示十进制的 32。如果在数字常量的前面增加 0x 前缀，编译器就会将其解释为以 16 为基的数字，称为十六进制。因此，常量 0xFF 等于十进制常量 255。

1.6.3　浮点类型

包含小数部分的数字被称为浮点数字，它们被用来近似表示数学中的实数。Java 定义了两种不同的浮点类型：float 和 double。因为避免使用 float 而依赖 double 作为标准的浮点类型可以减少这两种类型之间的显式转换，所以本书就采用了这种策略。

Java 中的浮点常量是用小数点书写的。因此，如果程序中出现 2.0，那么这个数字在内部就会表示成浮点值，而如果程序员写成 2，这个值就是整数。浮点值还可以用特殊的程序员风格的科学记数法来书写，其中数值被表示为一个浮点数乘以 10 的整数次幂。为了使用这种风格来表示数字，可以用标准的记数法来书写浮点数，然后在后面紧跟着字符 E 和一个整数幂，这个幂的前面可以加一个 + 或 − 符号。例如，光速按照米 / 秒的单位在 Java 中可以写作：

```
2.9979E+8
```

其中 E 表示 10 的幂。

1.6.4 布尔类型

在你编写的程序中，经常需要测试影响后续代码行为的特定条件。通常，该条件是用值为 true 或 false 的表达式来表示的。这种数据类型被称为布尔数据，其仅有的合法值为常量 true 和 false，它是以数学家 George Boole 的名字命名的，George Boole 开发出了操作于这种值上的代数方法。

在 Java 中，布尔类型被称为 boolean。你可以声明 boolean 类型的变量，以与其他数据对象相同的方式来操作它们。应用于 boolean 类型的操作将在 1.7.7 节中详细描述。

1.6.5 字符

在早期，计算机被设计为只能操作数字值，因此有时被称为数字咀嚼机。但是，现代计算机操作的数字型数据要少于文本数据，即由出现在键盘和屏幕上的单个字符构成的信息。现代计算机处理文本数据的能力使得字处理系统、在线引用库、电子邮件、社交网络等数不胜数的激动人心的应用被开发了出来。

文本数据的最基本元素是单个字符，它们在 Java 中是用预定义的数据类型 char 来表示的。char 类型的域是一组可以在屏幕上显示或者在键盘上输入的符号：字母、数字、标点符号、空格、回车，等等。而且，char 类型还包括各种各样的字母表和特殊用途应用中的符号。 [21]

char 类型的值在计算机内部是通过为每个字符分配一个数字编码来表示的。在 Java 中，用来表示字符的编码系统被称为 Unicode，这是一种从被称为 ASCII 的早期编码模式导出的国际标准，而 ASCII 是指美国信息交换标准编码。Unicode 字符集包含 15 536 个字符，这使得我们不可能以方便的形式将所有字符编码都列出来。但是，Unicode 的前 128 个字符与更早的 ASCII 编码具有相同的内部值，如图 1-6 所示。每一行上方和每一列左边的数字以八进制的形式为每个字符定义了数字型的编码。例如，字符 J 出现在标记为 11x 的行和标记为 2 的列中，将这些标签连接起来展示的就是 J 的八进制的 Unicode 表示形式，它等于十进制值 74（$1 \times 64 + 1 \times 8 + 2$）。

	0	1	2	3	4	5	6	7
0x	\000	\001	\002	\003	\004	\005	\006	\a
1x	\b	\t	\n	\v	\f	\r	\016	\017
2x	\020	\021	\022	\023	\024	\025	\026	\027
3x	\030	\031	\032	\033	\034	\035	\036	\037
4x	*space*	!	"	#	$	%	&	'
5x	(	)	*	+	,	-	.	/
6x	0	1	2	3	4	5	6	7
7x	8	9	:	;	<	=	>	?
10x	@	A	B	C	D	E	F	G
11x	H	I	J	K	L	M	N	O
12x	P	Q	R	S	T	U	V	W
13x	X	Y	Z	[	\	]	^	_
14x	`	a	b	c	d	e	f	g
15x	h	i	j	k	l	m	n	o
16x	p	q	r	s	t	u	v	w
17x	x	y	z	{			}	~	\177

图 1-6 Unicode 字符编码中的 ASCII 子集 [22]

尽管明了字符在内部是使用数字编码来表示的这一点很重要,但是通常来说,知晓某个特定字符对应的数字值到底是什么却显得并没有什么用。当你在键入字母 J 时,键盘中内置的硬件逻辑会自动将这个字符转译为数字 74,然后将该字符发送给计算机。类似地,当计算机发送 Unicode 字符 74 给控制台时,会显示字母 J。

在 Java 中,书写字符常量时,需要将其括在一对单引号中。因此,常量 'J' 表示大写字母 J 的内部编码。除了标准字符,Java 还允许以多字符的形式来书写特殊字符,这种多字符形式以反斜杠 (\) 开头,被称为转义序列。图 1-7 展示了 Java 支持的转义序列。

\b	退格符
\f	换页符(开启新的一页)
\n	换行(移动到下一行的开头)
\r	回车(不向前移动而是返回到当前行的开头)
\t	制表符(水平移动到下一个制表位置)
\\	字符 \ 自身
\'	字符 ' (只有在字符常量中才需要反斜杠)
\"	字符 " (只有在字符串常量中才需要反斜杠)
\ddd	ASCII 值为八进制数字 ddd 的字符
\uxxxx	Unicode 值为十六进制数字 xxxx 的字符

图 1-7 Java 转义序列

1.6.6 字符串

字符最有用的用法,就是被收集到一起放入顺序排列的单元中。在程序设计中,字符序列被称为字符串。到目前为止,我们在 HelloWorld 和 AddThreeIntegers 程序中看到的字符串都只是用来在屏幕上显示消息,但是字符串的用法远不止于此。

在 Java 中,可以通过将字符放入表示字符串的双引号中来编写字符串常量。与使用 char 数据类型一样,Java 使用图 1-7 中的转义序列来表示特殊字符。如果一个字符串常量过长,以至于一个程序行中放不下,那么就可以使用 + 操作符来将两个字符串常量连接在一起。

1.6.7 复合类型

之前描述的基本类型构成了非常丰富的类型系统,该系统还允许你从这些既有类型中创建新类型。学习如何定义和操作这些类型在很大程度上就是整本书的主题。因此,将这些类型的完备描述都挤到第 1 章中是没有意义的,这些内容正是其余各章的主旨所在。

在斯坦福大学教书多年之后,我们发现在学生以高层抽象的方式使用定义类和对象的技术之后,再介绍这些技术的细节,会使学生更容易地掌握面向对象编程的概念。本书就采用了这种策略,把对如何定义自己的对象的所有讨论都推迟到第 7 章中,在那时,你将已经有了足够的时间去发现对象到底多有用。

1.7 表达式

无论何时,只要你想让程序执行计算,就需要编写表达式,用来说明所必需的操作,其形式类似于数学中的表达式所用的形式。例如,假设你想求解一元二次方程:

$$ax^2+bx+c=0$$

正如你在高中数学中就学习过的，这个方程有两个由下面的公式表示的解：

$$x = \frac{-b \pm \sqrt{b^2 - 4ac}}{2a}$$

第一个解可用 + 代替 ± 而获得，而第二个解可用 - 代替 ± 而获得。在 Java 中，可以通过下面的表达式来计算其中的第一个解：

```
(-b + Math.sqrt(b * b - 4 * a * c)) / (2 * a)
```

这种表达式和前面的公式在形式上有很多差异：乘法是用 * 显式表示的，除法是用 / 表示的，而平方根操作是由将在第 2 章中介绍的 Math.sqrt 函数表示的。即便这样，这个表达式的 Java 形式体现其数学上对应公式的意图时所采用的方式也非常具有可读性，特别是如果你之前有编程经验，更是如此。

在 Java 中，表达式是由项和操作符构成的。项，例如前面表达式中的变量 a、b 和 c 以及常量 2 和 4，表示的是单个数据值，必须是常量、变量或方法调用。操作符是表示计算性操作的字符（有时也可能是简短的字符序列）。图 1-8 中给出了 Java 中可用的操作符列表。该表中包含我们熟知的算术操作符，例如 + 和 -，以及若干个只与后续各章中将要介绍的类型相关的其他操作符。

按照优先级分组组织的操作符	结 合 性
（）［］ .	左
一元操作符：- ++ -- ! ~ （类型）	右
* / %	左
+ -	左
<< >> >>>	左
< <= > >= instanceof	左
== !=	左
&	左
^	左
|	左
&&	左
||	左
? :	右
= op=	右

图 1-8 Java 中可用的操作符

1.7.1 优先级与结合性

在单张表中列出所有操作符的关键是确立它们如何按照优先级来彼此关联，优先级是一种在不使用圆括号的情况下对操作符与操作数之间的紧密程度的度量。如果两个操作符作用于同一个操作数，那么在优先级表中出现位置较高的操作符就会先被应用。因此，在下面的表达式中：

```
(-b + Math.sqrt(b * b - 4 * a * c)) / (2 * a)
```

乘法 b * b 和 4 * a * c 都会在减法之前执行，因为 * 具有比 - 更高的优先级。但是，重要的是要注意到，- 操作符是以两种形式出现的。连接两个操作数的操作符被称为二元操作符，接受一个操作数的操作符被称为一元操作符。当负号写在单个操作数之前时，如 -b，会被解释为表示负数的一元操作符。当它出现在两个操作数之间时，就像 Math.sqrt 内部的参数，负号就是一个表示减法的二元操作符。一个操作符的一元和二元版本的优先级是不同的，它们在优先级表中被分别列出了。

[25] 如果两个操作符具有相同的优先级，它们会按照结合性所描述的顺序来应用，结合性表示操作符是向左还是向右群组的。Java 中大多数操作符都是左结合的，表示最左边的操作符会先被计算。有些操作符，例如在本章稍后专门的小节中讨论的赋值操作符，是右结合的，表示它们是自右向左群组的。每个操作符的结合性列举在图 1-8 右边的一列中。

一元二次方程展示了关注优先级和结合性规则的重要性。考虑一下，如果你编写的表达式在 2 * a 两边没有括号，就像下面这样：

```
(-b + Math.sqrt(b * b - 4 * a * c)) / 2 * a
```

因为没有括号，所以除法操作符将首先执行，因为 / 和 * 具有相同的优先级，并且都是向左结合的。这个示例展示了本书中 bug 图标的用法，即用来标注内在不正确的代码，使得你不会将它复制到自己的程序中。

1.7.2 表达式中的混用类型

在 Java 中，可以编写包含多种不同数字类型值的表达式。如果 Java 碰到了其操作数类型不同的操作符，那么编译器就会自动将操作数转换为某种公共类型，这种转换是顺着下图中箭头方向进行的：

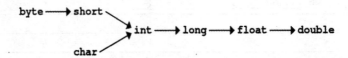

这种表达式计算的结果就是在应用了所有转换之后的引元的结果。这种传统可以确保计算的结果尽可能准确。

考虑这样的示例，假设 n 被声明为一个 int 类型，x 被声明为一个 double 类型。表达式

```
n + 1
```
会使用整数算术规则来计算，并产生 int 类型的结果。但是，表达式

```
x + 1
```
的计算会先将整数 1 转换为浮点数 1.0，然后使用双精度浮点算术规则来将结果加起来，产
[26] 生一个 double 类型的值。

1.7.3 整数除法和取余操作符

将操作符应用到两个整数操作数会产生一个整数结果，这个事实会导致一个与除法操作符相关的有趣场景。如果我们编写的表达式像下面这样：

```
9 / 4
```

那么 Java 的规则规定，这个操作的结果必须是整数，因为两个操作数都是 int 类型。当 Java 计算这个表达式时，它会用 9 除以 4，并丢弃所有余数。因此，在 Java 中，这个表达式的值是 2，而不是 2.25。

如果你想要计算出 9 除以 4 在数学上正确的结果，那么至少其中一个操作数必须是浮点数。例如，下面三个表达式

```
9.0 / 4
9 / 4.0
9.0 / 4.0
```

都会产生浮点值 2.25。小数部分只有在两个操作数都是 int 类型时才会被丢弃。丢弃小数部分的操作称为截尾。

在 Java 中，/ 操作符与 % 操作符紧密地关联在一起，后者将返回第一个操作数除以第二个操作数之后剩下的余数。例如，下面表达式

```
9 % 4
```

的值为 1，因为 9 是 4 的 2 倍，剩余 1。下面是 % 操作符的其他一些示例：

```
0 % 4  =  0           19 % 4  =  3
1 % 4  =  1           20 % 4  =  0
4 % 4  =  0         2001 % 4  =  1
```

/ 和 % 操作符在大量的编程应用中都非常有用。例如，可以使用 % 操作符来测试一个数字是否可以被另一个整除。为了确定一个整数 n 是否可以被 3 整除，只需检查表达式 n % 3 的结果是否是 0。

如果 % 操作符的一个或两个操作数是负数，那么 Java 标准规定 x % y 总是与 x 具有相同的符号。尽管该标准表示 Java 程序即使在不同的机器上也会产生相同的结果，但是 Java 的定义与取余算术运算的数学定义是不一致的。为了避免可能产生的所有困惑，良好的编程实践是避免对负数使用 % 操作符，本书正是这么做的。

27

1.7.4 类型强制转换

在 Java 中，可以使用被称为类型强制转换的操作将一种类型转换为另一种，该操作表示显式的转换动作。在 Java 中，类型强制转换的编写方式通常是用括号将想要转换成的类型括起来，后面跟着想要转换的值。例如，如果 num 和 den 被声明为整数，那么可以通过编写下面的代码来计算浮点型的商：

```
double quotient = (double) num / den;
```

在计算这个表达式时，第一步会将 num 转换为 double，之后会使用浮点算术运算来执行除法，就像在本章之前的 1.7.2 节中所描述的。

只要这种转换遵循前一节中的类型转换图的箭头方向，就不会有任何信息损失。但是，如果要将一个较精确类型的值转换为较不精确的类型，那么就可能会丢失一些信息。例如，如果使用类型强制转换将 double 类型的值转换为 int 类型，所有小数部分会直接被丢弃。因此，下面表达式

```
(int) 1.9999
```

的值为 1。

1.7.5　赋值操作符

在 Java 中，对变量的赋值是内建在表达式结构中的。= 操作符会接受两个操作数，就像 + 和 * 一样。左操作数必须表示可以修改的量，典型情况下是一个变量名。当执行赋值操作符时，会先计算右侧的表达式，然后将产生的结果存储在左侧的变量中。因此，如果你计算下面这样的表达式：

```
result = 1
```

其效果是将 1 赋值给变量 result。在大多数情况下，赋值表达式出现在简单语句的上下文中，其中赋值操作的后面跟着一个分号，就像下面这样：

```
result = 1;
```

[28]　这种语句经常被称为赋值语句。

Java 允许赋值语句对右侧的值进行转换，使其与变量声明的类型相匹配，只要这种转换不涉及任何精度的损失。因此，如果变量 total 被声明为 double 类型，并且你编写了下面的赋值语句：

```
total = 0;
```

那么 Java 会自动将整数 0 转换为 double，作为赋值操作的一部分。反之，如果 n 被声明为 int 类型，那么下面的赋值

```
n = 3.14159265;
```

在 Java 中是非法的，因为 double 类型的值不会自动转换为 int 类型。如果你想让 Java 来执行这种转换，那么必须包含显式的类型强制转换，就像下面的表达式

```
n = (int) 3.14159265;
```

会将变量 n 赋值为 3。

尽管赋值操作符通常发生在简单赋值语句的上下文中，但是它们也可以并入更大的表达式中，在这种情况下，运用赋值操作符的结果就是所赋的值。例如，表达式

```
z = (x = 6) + (y = 7)
```

的效果是将 x 设置为 6、y 设置为 7、z 设置为 13。在本例中需要使用括号是因为 = 操作符的优先级比 + 低。写成更大的表达式的一部分的赋值表达式被称为内嵌赋值表达式。

尽管有些情况使用内嵌表达式会显得很方便，但是它们经常会使程序更加难以读懂，因为这种赋值在复杂表达式的中间时很容易被忽略。正是因为这个原因，本书仅限在几种最具意义的特殊情况中才使用内嵌表达式，其中最重要的一种是当你想要使用相同的值来设置多个变量时。Java 将赋值定义为一种操作符，使得它可以编写出下面这样的单条语句而不是多条分离的语句：

```
n1 = n2 = n3 = 0;
```

其效果就是所有 3 个变量都被设置成了 0。这条语句可以工作，因为 Java 是自右向左计算赋值操作符的。因此，整条语句等价于：

[29]

```
n1 = (n2 = (n3 = 0));
```

Java 会首先计算表达式 n3 = 0，将 n3 设置为 0，同时将 0 作为该赋值表达式的值传递下去，然后赋值给 n2，随后赋值给 n1。这种语句被称为多重赋值。

为了编程方便，Java 允许我们将赋值操作符与二元操作符结合起来，从而产生被称为快捷赋值的形式。对于任何二元操作符 op，下面的语句

变量 op＝表达式；

等价于：

变量＝变量 op（表达式）；

其中包含括号是为了强调整个表达式是在 op 运算之前先被计算的。因此，语句

```
balance += deposit;
```

是下面语句的快捷形式：

```
balance = balance + deposit;
```

它会将 deposit 的值加到 balance 上。

因为在 Java 中这种快捷方式可以应用于所有的二元操作符，所以可以通过编写下面的语句从 balance 中减去 surcharge：

```
balance -= surcharge;
```

类似地，可以用下面的语句将 x 的值除以 10：

```
x /= 10;
```

1.7.6　递增和递减操作符

在快捷赋值操作符之外，Java 还提供了对变量加 1 和减 1 这种特定的通用编程操作的进一步缩写形式。对变量加 1 称为递增该变量，而对变量减 1 称为递减该变量。为了用极简形式表示这些操作，Java 使用的操作符是 ++ 和 --。例如，在 Java 中，语句

```
x++;
```

对变量 x 的效果与下面的语句相同：

```
x += 1;
```

而上面这条语句又是下面这条语句的快捷形式：

```
x = x + 1;
```

类似地

```
y--;
```

与下面的语句效果相同：

```
y -= 1;
```

或

30

```
y = y - 1;
```

在具体应用时，这些操作符会比前面所举示例复杂。首先，这些操作符都有两种书写形式。操作符可以出现在它所作用的操作数之后，就像下面这样：

```
x++
```

或者出现在操作数之前，就像下面这样：

```
++x
```

第一种形式，即操作符跟在操作数后面，称为后缀形式，而第二种称为前缀形式。

如果你所要做的就是孤立地执行 ++ 操作符，就像在单独的语句或标准的 for 循环模式的上下文中所做的那样，那么前缀和后缀操作符具有完全一样的效果。只有在将这些操作符用作更大的表达式的一部分时，才需要注意到它们的区别。像所有操作符一样，++ 操作符会返回一个值，但是这个值取决于该操作符相对于操作数的位置，其两种情况如下：

- x++ 先计算 x 的值，然后再递增它。返回给包含它的表达式的值是递增操作之前的原始值。
- ++x 先递增 x 的值，然后再用新值作为整个 ++ 操作符的值。

-- 操作符的行为类似，只是数值会被递减而不是递增。

你可能想知道为什么有人要使用这种晦涩的特性。毕竟，++ 和 -- 操作符不是不可或缺的。而且，对于在更大的表达式中嵌入这种操作符的程序而言，可以证明使用它们比使用更简单的方法要更好的情况并不多。而另一方面，++ 和 -- 却在 C、C++ 和 Java 共有的历史传统中树立了牢固的地位。程序员相当频繁地使用它们，使得它们成为这些语言中不可或缺的惯用法。在程序中广泛使用它们的大背景下，你需要理解这些操作符，以便能够理解既有的代码。

1.7.7 布尔操作符

Java 定义了三类可以操作布尔数据的操作符：关系操作符、逻辑操作符和 ?: 操作符。关系操作符是用来比较两个值的。Java 定义了 6 种关系操作符，如下：

==	判等
!=	判不等
>	大于
<	小于
>=	大于等于
<=	小于等于

当编写测试相等性的程序时，要格外小心地使用 == 操作符，它是由两个等号构成的。单个等号是赋值操作符。因为双等号违反了传统的数学用法，所以将其写成单个等号是特别常见的错误。这种错误还非常难以追踪到，因为 Java 编译器并不总是将其当作错误捕获。单个等号将表达式变成了内嵌赋值，这在 Java 中是完全合法的，只是它根本就不是我们想要的结果。

关系操作符可以用来比较诸如整数、浮点数、布尔值和字符这样的基本数据值。正如你在之后各章中将会发现的，这些操作符无法操作对象类型，必须使用方法调用来实现对象类型的比较。

　　除了关系操作符，Java 还定义了三种逻辑操作符，它们接受布尔操作数并将这些操作数组合起来形成其他的布尔值：

!　　　　　逻辑非（如果后面跟着的操作数为 false 则返回 true）

&&　　　　逻辑与（如果两个操作数都是 true 则返回 true）

||　　　　逻辑或（如果其中一个或两个操作数为 true 则返回 true）

这些操作符是以优先级降序排列的。

　　尽管操作符 &&、|| 和! 与英语单词 and（与）、or（或）和 not（非）很相似，但很重要的一点是，英语在表达逻辑时可能有些不准确。为了避免不准确问题，用更加形式化和数学的方式来思考这些操作符通常会显得很有用。逻辑学家是使用真值表来定义这些操作符的，真值表展示的是布尔表达式的值随其操作数的值的变化而产生的变化。图 1-9 中的真值表展示了变量 p 和 q 取各种可能值时每种逻辑操作符的结果。

p	q	p && q	p || q	!p
false	false	false	false	true
false	true	false	true	true
true	false	false	true	false
true	true	true	true	false

图 1-9　逻辑操作符的真值表

　　无论何时，Java 程序计算下面形式的表达式：

表达式1 && 表达式2

或

表达式1 || 表达式2

总会自左向右计算每个子表达式，并且只要结果能够确定，计算就会立刻终止。例如，在包含 && 的表达式中，如果表达式 1 为 false，那么就不需要再计算表达式 2 了，因为无论怎样，最终结果都是 false。类似地，在使用 || 的示例中，如果第一个操作数为 true，也就不需要计算第二个操作数了。这种风格的计算，即在结果可确定时立刻终止，被称为短路计算。

　　Java 编程语言包含另一种称为 ?: 的布尔操作符，该操作符在某些情况下非常有用。在编程用语中，这种操作符的名字总是被读作"问号标注的冒号"，尽管这两个字符在代码中并没有毗邻出现。与 Java 中其他的操作符不同，?: 会被写成两部分，并要求有三个操作数。该操作的一般形式为：

（条件）? 表达式1 : 表达式2

这里的括号在技术上并不是必需的，但是 Java 程序员经常会用它们来强调条件测试的边界。

　　当 Java 程序碰到 ?: 操作符时，会首先计算其条件。如果条件计算结果为 true，那么就会计算表达式 1，并将其用作整个表达式的值；如果条件计算结果为 false，那么表达式的值就是表达式 2 的计算结果。例如，可以使用 ?: 操作符来将 max 的值赋为 x 或 y 的值中较大的值，就像下面这样：

```
max = (x > y) ? x : y;
```

1.8　语句

在 Java 中，程序是由方法构成的，而方法又是由语句构成的。与大多数语言一样，Java
中的语句可以分成两种主要的类别：执行某项动作的简单语句和影响其他语句执行方式的控
制语句。下面的小节将回顾 Java 中可用的主要语句形式，教给你编写自己的程序时需要用
到的工具。

1.8.1　简单语句

Java 中最常见的语句是简单语句，它由一个表达式和后面跟着的分号构成，其中表达式
必须是方法调用、赋值、对递增或递减操作符的调用或声明：

　　表达式；

分号将表达式变成简单语句。

1.8.2　块

正如 Java 所定义的，控制语句一般情况下会应用于简单语句。当你编写程序时，经
常想要将某条特定的控制语句应用到一整组的语句上。为了表示一个语句序列是某个内聚
单元的一部分，可以将这些语句组装到块中，块是由花括号括起来的一组语句，就像下面
这样：

```
{
    语句1
    语句2
    ...
    语句n
}
```

当 Java 编译器遇到块时，会将整个块当作单条语句处理。因此，无论何时，只要语句
这个概念出现在某种控制形式的模式中，就可以将其替换为单条语句或一个块。因为在编译
器看来，块就是语句，它们有时被称为复合语句。在 Java 中，任何块中的语句前面都可以
加上变量声明。

在块内部的语句通常相对于括起来的上下文进行缩进。编译器会忽略缩进，但是这种视
觉效果对人类读者来说非常有用，因为它使得程序结构可以跃然纸上。经验研究表明，每一
个新的等级都缩进 3～4 个空格可以使程序结构最容易阅读，而本书中的程序就为每个新的
等级缩进了三个空格。缩进对于良好的程序设计而言至关重要，因此你应该设法在自己的程
序中形成一致的缩进风格。

1.8.3　if 语句

在编写程序时，你经常想要检查某种条件是否可以应用，并用检查的结果来控制程序后
续的执行流程。这种类型的程序控制称为条件执行。在 Java 中表示条件执行的最简单方式
是使用 if 语句，它有两种形式：

　　if（条件）语句
　　if（条件）语句 **else** 语句

如果决定是否执行某个语句集的策略是，只有当某个特定布尔条件为 true 时才执行，

该条件为 false 时构成 if 语句体的语句直接被跳过，那么就可以使用 if 语句的第一种形式。如果程序必须根据测试的结果在两个独立的动作集中选择一个去执行，那么就可以使用 if 语句的第二种形式。下面的代码演示了这种语句形式，它可以报告整数 n 是偶数还是奇数：

```java
if (n % 2 == 0) {
    System.out.println("That number is even.");
} else {
    System.out.println("That number is odd.");
}
```

就像其他控制语句一样，受 if 语句控制的语句可以是单条语句，也可以是一个块。即使某个控制形式的语句体是单条语句，如果你愿意，也可以将其括在一个块中，这样做可以提高代码的可阅读性。本书中的程序将每条控制语句的语句体都括在一个块中，除非整条语句（包括控制形式和语句体）非常短，短到了适合放置到单行中。

35

1.8.4 switch 语句

对于程序逻辑需要一个两路决策点的应用来说，if 语句是理想的选择，即某个条件要么为 true，要么为 false，并且程序会根据结果而动作。但是，有些应用需要更复杂的结构，设计多种互斥的情况：在某种情况下程序应该做 x，在另一种情况下它应该做 y，在第三种情况下它又应该做 z，以此类推。在许多应用中，最适用于这种情况的语句是 switch 语句，它具有下面的语法形式：

```java
switch (e) {
    case c₁:
        语句
        break;
    case c₂:
        语句
        break;
    …更多的case子句…
    default:
        语句
        break;
}
```

表达式 e 被称为控制表达式。当程序执行 switch 语句时，它会计算控制表达式，并将其与 c_1、c_2 等值依次比较，而这些值必须是常量。如果某个常量与控制表达式的值匹配，那么与其相关联的 case 子句中的语句就会被执行。当程序达到该子句末尾的 break 语句时，该子句指定的操作即全部完成，程序将从跟在整个 switch 语句后面的语句处继续执行。

default 子句用来指定在没有任何常量匹配控制表达式的值时应该产生的动作。但是，default 子句是可选的。如果没有匹配任何情况，并且也没有 default 子句，那么程序就压根不执行任何动作，直接继续执行 switch 语句后面的下一条语句。为了避免程序忽略意外情况的可能性，良好的编程实践应该是在每条 switch 语句中都包含一个 default 子句，除非你确保已经枚举了所有的可能性。

这里用来演示 switch 语句语法的代码模式特意建议你在每个子句的末尾都要加上 break 语

[36] 句。事实上，Java 的定义是如果缺少 break 语句，那么程序就会从执行完所选中的子句之后的下一个子句并始执行。尽管这种设计在某些情况下很有用，但是它所招致的问题会比它解决的问题多得多。为了强调在每个 case 子句末尾退出的重要性，本书中的程序在所有这种子句中都包含了一条 break 或 return 语句。

这条规则有一个例外，即多条指向不同常量的 case 行一起出现，它们在同一个语句组前依次排列。例如，某条 switch 语句可能具有下面的代码：

```
case 1:
case 2:
    语句
    break;
```

这段代码表示如果选择表达式的值是 1 或 2，应该执行指定的语句。Java 编译器会将这种结构当作两个 case 子句处理，其中第一个子句是空的。因为空子句没有任何 break 语句，所以挑选第一条路径的程序会直接继续执行第二个子句。但是，从概念上讲，将这种结构看作表示两种可能性的单条语句，会更合理一些。

在 switch 语句中的常量必须是数量类型，即在 Java 中定义为使用整数作为其底层表示的类型。特别是，字符经常用作 case 常量，就像下面的代码所展示的，这段代码会测试变量 ch 的字符值是否是一个元音字母：

```
switch (ch) {
    case 'A': case 'E': case 'I': case 'O': case 'U':
    case 'a': case 'e': case 'i': case 'o': case 'u':
      System.out.println(ch + " is a vowel.");
      break;
    default:
      System.out.println(ch + " is not a vowel.");
      break;
}
```

1.8.5　while 语句

除了条件语句 if 和 switch 外，Java 还包含几种可以多次执行程序的某个部分以形成循环的控制语句。这种控制语句被称为迭代语句。Java 中最简单的迭代语句是 while 语句，它
[37] 会重复执行一条语句直至条件表达式为 false。while 语句的一般形式看起来像下面这样：

```
while (条件表达式) {
    语句
}
```

当程序碰到 while 语句时，会首先计算条件表达式，以检查其为 true 还是 false。如果为 false，循环会终止，并且程序从整个循环后面的下一条语句处继续执行。如果条件表达式为 true，会执行整个语句体，之后程序会回到循环的开始处再次检查条件。对循环体中所有语句的一次遍历执行构成了循环的一次迭代。

while 循环操作的两条重要规则如下：

1）条件测试是在循环的每次迭代之前执行的，包括第一次迭代在内。如果初始测试就为 false，那么循环体压根不会执行。

2）条件测试只在循环迭代的开头处执行。即使条件在循环过程中的某处变为 false，程序在完成整次迭代之前也不会发现这一点。在完成整次迭代后，程序再次计算测试条件。

如果条件仍旧是 `false`，那么循环就会终止。

图 1-10 所示的 `DigitSum` 程序演示了 `while` 循环的操作。这个程序的作用是计算用户输入的正整数各个数字位的数字之和。例如，如果输入整数 1789，那么 `DigitSum` 程序就应该计算 1+7+8+9 的和，产生答案 25。

```java
/*
 * File: DigitSum.java
 * -----------------------
 * This program adds the digits in a number.
 */

package edu.stanford.cs.javacs2.ch1;

import java.util.Scanner;

public class DigitSum {

   public void run() {
      Scanner sysin = new Scanner(System.in);
      System.out.println("This program sums the digits in an integer.");
      System.out.print("Enter a number: ");
      int n = sysin.nextInt();
      int sum = 0;
      while (n > 0) {
         sum += n % 10;
         n /= 10;
      }
      System.out.println("digitSum(" + n + ") = " + sum);
   }

/* Main program */

   public static void main(String[] args) {
      new DigitSum().run();
   }

}
```

图 1-10　计算整数数字位之和的程序

`DigitSum` 程序的核心是下面的 `while` 循环：

```java
int sum = 0;
while (n > 0) {
   sum += n % 10;
   n /= 10;
}
```

这段代码依赖于下面的观察：
- 表达式 `n % 10` 总是返回正整数 `n` 的最后一位数字。
- 表达式 `n / 10` 返回的数字不包含最后一位数字。

`while` 循环是为这样的场景而设计的：某项测试条件可以在循环体的所有语句执行之前在循环操作的开头处进行检查。如果你试图解决的问题适合这种结构，那么 `while` 循环就是很完美的工具。遗憾的是，许多编程问题并不能轻而易举地适用于这种测试位于开头处的标准的 `while` 循环结构。有些问题的结构是这样的：用来确定循环是否结束的测试的最佳位置是在循环的中间。

最常见的这种循环是从用户处不断地读入数据，直至碰到某个特殊值，或称为哨兵值，表示输入结束。当用语言来表示时，基于哨兵值的循环结构包含下列重复的步骤：

1）读入一个值。

2）如果这个值等于哨兵值，则退出循环。

3）执行所需的对这个值的各项处理。

遗憾的是，没有任何可以在循环开头处执行的测试能够确定该循环是否应该结束。该循环只有在输入值等于哨兵值时才到达终止条件，为了检查这个条件，程序必须先读入某个值。如果程序尚未读入一个值，那么终止条件就没有任何意义。

某些操作必须在你检查终止条件之前执行，这就是所谓的循环半程问题。在 Java 中，解决循环半程问题的一种策略是使用 break 语句，该语句除了在 switch 语句中起作用外，还具有立即终止包含它的最内部的循环的效果。如果你认可使用 break 语句，那么就可以用一种遵循该问题内在结构的形式来编码循环结构，这种形式被称为读入直至哨兵值模式：

```
while (true) {
    提示用户并读入一个值
    if (值 == 哨兵值) break;
    处理该数据值
}
```

注意

```
while (true)
```

这一行看起来好像引入了无限循环，因为常量 true 的值永远都不会变成 false。该程序可以从循环中退出的唯一方式是执行内部的 break 语句。图 1-11 中的 AddIntegerList 程序就使用了读入直至哨兵值模式来计算由哨兵值 0 表示终止的一组整数的和。

```
/*
 * File: AddIntegerList.java
 * -----------------------------
 * This program adds a list of integers.  The end of the input is indicated
 * by entering a sentinel value, which is defined by the constant SENTINEL.
 */

package edu.stanford.cs.javacs2.ch1;

import java.util.Scanner;

public class AddIntegerList {

    public void run() {
        Scanner sysin = new Scanner(System.in);
        System.out.println("This program adds a list of integers.");
        System.out.println("Use " + SENTINEL + " to signal the end.");
        int total = 0;
        while (true) {
            System.out.print(" ? ");
            int value = sysin.nextInt();
            if (value == SENTINEL) break;
            total += value;
        }
        System.out.println("The total is " + total);
    }

/* Private constants */
```

图 1-11　累加一组整数的程序

```
    private static final int SENTINEL = 0;

/* Main program */

    public static void main(String[] args) {
        new AddIntegerList().run();
    }

}
```

图 1-11 （续）

解决循环半程问题还有其他一些策略，其中大部分方式都是复制循环外部的部分代码或者引入额外的布尔变量。经验研究表明，如果学生使用 break 语句在循环的中间退出，而不是强制让他们使用某种其他的策略，那么他们更有可能编写出正确的代码。这项证据以及我自己的经验使我确信使用读入直至哨兵值模式是解决循环半程问题的最佳方案。

1.8.6　for 语句

for 语句是 Java 中最重要的控制语句之一，它用于想要对某项操作执行特定次数的情况。所有现代的编程语言都有实现这种功能的语句，但是 C 语言家族中的 for 语句异常强大，在各种各样的应用中都非常有用。

尽管随着本书内容的展开，你会看到许多 for 语句的其他用法，但是它最常见的应用都落入了两种经典模式中。第一种用于想要对某项操作执行预定义好的次数的情况，该次数被表示成下面模式中的 *n*：

for (int *var* = 0; *var* < *n*; *var*++)

这种模式中由 var 表示的变量被称为索引变量。尽管可以使用任何合法的变量名来表示它，但是程序员和数学家都有一个历史悠久的传统，即使用从字母表中间位置抽取的单个字母来表示这种变量名，例如 i、j、k，等等。尽管短变量名通常并非好的选择，因为它们能够承载的有关变量所起作用的信息过少，但是，事实上这种命名传统使得短名字适用于该上下文。无论何时，只要你看到 for 循环中的变量 i 和 j，就可以确信该变量将遍历计数某个取值范围。

第二种常见模式是从一个变量计数到另一个变量。这种模式的一般形式如下：

for (int *var* = *start*; *var* <= *finish*; *var*++)

在这种模式中，for 循环体会对从 start 到 finish 的闭区间内每个值的 var 变量都执行一次。因此，可以像下面这样使用 for 循环来将变量 i 从 1 计数到 100：

for (int i = 1; i <= 100; i++)

但是，在 Java 中，for 循环比这些常见模式要通用得多。在 Java 中，for 循环的一般形式看起来像下面这样：

for (*init*; *test*; *step*) {
    语句
}

这种代码等价于下面的 while 语句：

```
init;
while (test) {
    语句
    step;
}
```

init 所指定的代码段通常是一个变量声明，会在循环开始之前运行，经常用来初始化索引变量。例如，如果编写

```
for (int i = 0; . . .
```

那么该循环将始于把索引变量 i 设置为 0。如果循环开始于

```
for (int i = -7; . . .
```

那么变量 i 将始于 -7，以此类推。

　　test 表达式是一个条件测试，其编写方式与 while 语句中的条件测试相同。只要该测试表达式为 true，那么循环就将继续执行。因此，下面的循环

42

```
for (int i = 0; i < n; i++)
```

将以 i 等于 0 开始，并且只要 i 小于 n 就继续执行，这表明该循环的迭代次数为 n，每次接受的 i 的值为 0、1、2 等，直至最后一个值 n-1。下面的循环

```
for (int i = 1; i <= n; i++)
```

将以 i 等于 1 开始，并且只要 i 小于等于 n 就继续执行。这个循环也会迭代 n 次，每次接受的 i 的值为 1、2 等，直至 n。

　　step 表达式表示索引变量的值将如何随每次迭代而进行修改。step 规格说明最常见的形式是使用 ++ 操作符递增索引变量，但是这并非唯一可能的操作。例如，人们可以使用 -- 操作符向后计数，或者使用 += 操作符而不是 ++ 操作符来将计数值加 2。例如，在本章所包含的编程示例 Countdown 程序中，下面的 for 循环

```
for (int t = 10; t >= 0; t--) {
    System.out.println(t);
}
```

使用索引变量 t 来从 10 倒计数到 1，从而产生下面的样例运行结果：

　　for 语句中的每个表达式都是可选的，但是必须得有分号。如果缺少 *init*，就不会执行任何初始化。如果缺少 *test*，Java 会认为值就是 true。如果缺少 *step*，在两次循环迭代之间就不会执行任何动作。

1.9 类、对象和方法

类、对象和方法的概念是 Java 编程的核心,你已经在本章的每个程序中都看到过这些结构的示例了。每个程序自身就是一个类,它的名字与包含它的文件名相匹配。除了程序类,你还碰到了一些来自标准 Java 包的类,包括提供标准输入输出流的 System 类,以及用来简化控制台输入的 Scanner 类。你还在这些示例中碰到了若干个对象。下面的声明

```
Scanner sysin = new Scanner(System.in);
```

就涉及两个对象。表达式 System.in 就是一个对象,它是 java.io 包中名为 Buffered-InputStream 的类的一个实例。关键词 new 会调用 Scanner 类的构造器来创建一个对象,用来从底层输入流中读入各种类型的值。你还碰到了使用方法的场景,使得你可以访问类支持的操作。例如,Scanner 类导出了名为 nextInt 和 nextDouble 的方法,它们将读入指定类型的下一个值。

类、对象和方法在 Java 中都是异常重要的主题,事实上,重要到不可能在本章涵盖它们所有的内容,只能给出这些主题的概览,它们的细节将出现在贯穿本书的各个不同的位置上。例如,第 2 章将完全聚焦于方法,介绍本章未覆盖的所有细节。尽管第 7 章是以类和对象命名的,但类和对象不仅出现在第 7 章中,还将出现在大多数章中。

即使这些主题在第 1 章中完全涵盖显得不切实际,但是我们还是会在此处介绍某些词汇和高层的概念,因为这样可以使你感性认识一下 Java 是如何使用面向对象范型的。我们从一些定义入手。类是一种模板,描述了一组特定值以及与其相关联的操作。在面向对象编程语言中,属于某类的值被称为对象。从单个类中可以产生许多不同的对象,每个对象都被称为该类的一个实例。与类相关联的操作被称为方法。

尽管对于程序员来说还有一些其他的特性一般也会与面向对象范型关联起来,但是下面的属性是其中最重要的:

- 封装。类的定义特征之一就是它将数据值与它们所关联的操作组合成了单个统一的整体。另外,面向对象语言一般允许类的设计者控制其他程序对这些操作和值的访问级别。如果某个类定义了其他程序员需要使用的方法和值,那么这些方法就应该标记为 public。如果某个类定义的方法或值只与自己的实现相关,那么这些方法就将是 private 的。
- 继承。类在典型的面向对象语言中会形成层次结构,其中每个类都会从高层的类中继承相应的行为。

面向对象语言的类结构与 18 世纪瑞典生物学家 Carl Linnaeus 创建的用来表示生物世界结构的生物分类系统在许多方面都很相似。在 Linnaeus 的构想中,生物首先被划分为界。最初的系统只包含植物界和动物界,但是有些形式的生命,例如真菌和细菌,不适合划分到这两个界中,因此现在它们都有了自己的界。每个界都会进一步分解为门、纲、目、科、属和种。每种生物都位于该层次结构的底部,同时隶属于每个更高层的一类。

这种生物分类系统如图 1-12 所示,其中展示了常见的花园黑蚂蚁的分类,这种蚂蚁的学名为黑蚁(Lasius niger),该名称对应于它所属的属和种。但是,这个种的蚂蚁还是蚁科的一种,而这个分类才是真正将其标识为一种蚂蚁的分类。如果从此处向该层次结构的上方移动,就会发现黑蚁还属于膜翅目(包含蜜蜂和黄蜂)、昆虫纲(由昆虫组成)和节肢动物门

（例如，包含贝类动物和蜘蛛）。

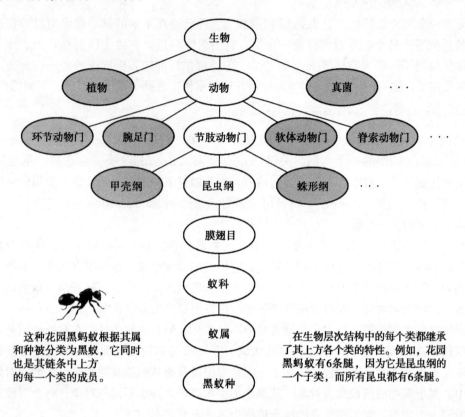

这种花园黑蚂蚁根据其属和种被分类为黑蚁，它同时也是其链条中上方的每一个类的成员。

在生物层次结构中的每个类都继承了其上方各个类的特性。例如，花园黑蚂蚁有6条腿，因为它是昆虫纲的一个子类，而所有昆虫都有6条腿。

45

图 1-12   生物世界中的类层次结构

　　这种生物分类系统的许多属性使它显得很有用，其中之一是所有生物在层次结构的每一级上都从属于某一分类。因此，每种生命形式都同时从属于若干种分类，并且继承了表征每一种分类特性的属性。例如，黑蚁是一种蚂蚁、一种昆虫、一种节肢动物、一种动物，它同时属于这些分类。而且，每一只蚂蚁都具有从所有这些分类继承而来的属性。定义昆虫纲的一种特性是昆虫都有 6 条腿，因此，所有蚂蚁都必须有 6 条腿，因为蚂蚁是这个纲的成员。

　　生物学上的这个类比也有助于展示类和对象的区别。尽管每一只常见的花园黑蚂蚁都具有相同的生物学分类，但是大量的个体体现出了常见的花园黑蚂蚁的多样性。在面向对象编程语言中，黑蚁是一个类，每只蚂蚁个体就是一个对象。

　　在 Java 中，类结构与这种组织模式很相似，如图 1-13 所示。它展示了你看到过的 3 个类和预定义的 Object 类之间的关系，其中 Object 类形成了 Java 的类层次结构的根，这与"生物"类在生物层次结构的顶端十分相似。图 1-13 采用了展示类层次结构的标准方法，即被称为统一建模语言（UML）的方法。在 UML 中，每个类都用矩形框表示，其上部包含类的名字，以及包含它的包的名字。类导出的方法出现在靠下的部分。UML 图用空心箭头从一个类指向它将从中继承行为的层次结构中高层的类。出现在层次结构中较低层的类是箭头指向的类的子类，而被指向的类称为超类。在 Java 中，除了位于层次结构顶端的 Object 类之外的每个类都有唯一的超类。

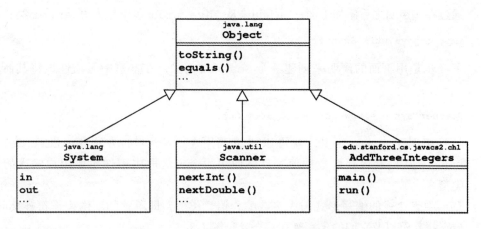

图 1-13　Java 类层次结构的一个很小的子集

图 1-13 中除 Object 之外的所有类都是 Object 类的直接子类，这个层次结构与前面图中的生物层次结构相比，远没有那么复杂。在后续各章中，你将学习到有关 Java 中其他类的知识，这些类将构成更加复杂的层次结构。但是，尽管图 1-13 很简单，但是它还是展示了继承的基本属性。Object 类的方框表明它实现了方法 toString 和 equals，而省略号提醒我们还有很多其他方法。这些方法是在 Object 类这个级别上定义的，这个事实意味着 Java 中每个类可以访问这些方法，因为每个 Java 类都是 Object 直接或间接的子孙。这些子类一般会修改具体方法的实现，使它们更适合新的数据类型，这被称为覆盖高层的定义。

1.10　总结

因为本章自身就是一个总结，所以很难再将其凝练为少量的核心知识点。本章的目的是向你介绍 Java 编程语言，并让你快速入门如何用这种语言来编写程序。本章聚焦于低层的语言结构，特别是表达式和语句。

本章的关键点包括：

- 自从 1995 年 Java 发布以来，Java 编程语言已经成为世界上使用最为广泛的语言之一。
- 典型的 Java 程序由注释、包声明、一组导入语句和一组方法定义构成。在本章中，出现的方法只有运行程序的 run，以及看起来总是像下面这样的标准化的 main：

```
public static void main(String[] args) {
    new classname().run();
}
```

- Java 程序中的变量必须在使用之前先声明。Java 中的大部分变量是局部变量，它们是在方法中声明的，并且只能在该方法体的内部使用。
- 数据类型是由一个值域和一组操作定义的。Java 包含若干基本类型，它们使得程序可以存储包括整数、浮点数、布尔值和字符在内的常见数据。正如你将在后续章中学习到的，Java 还允许程序员从现有的类型中定义新的类型。
- 在 Java 中接受用户输入的最简单方式是使用 Scanner 类。要想这样做，必须首先通过在包声明之后添加下面一行语句来从 java.util 包中导入 Scanner 类：

```
import java.util.Scanner;
```

下一步是用下面的声明来创建一个 Scanner 对象，在本书中习惯性地将其命名为 sysin：

```
Scanner sysin = new Scanner(System.in);
```

一旦声明了 sysin 变量，就可以通过调用 Scanner 的方法 nextInt 或 next Double 从控制台获取数据值，具体使用哪个方法取决于你想要用户输入的值的类型。

- Java 中表达式的编写形式与大多数编程语言类似，即单独的项由操作符连接起来。 Java 操作符以及它们的优先级和结合性见图 1-8。

- Java 中的语句可以分为两种：简单语句和控制语句。简单语句由一个表达式和后面跟着的分号构成，其中一般情况下表达式是一个赋值操作或一个方法调用。本章描述的控制语句包括 if、switch、while 和 for。前两个用来表示条件性执行，而后两个用来表示重复。

- 类、对象和方法的概念在 Java 中对编程是至关重要的，并且构成了所有的 Java 程序。这些概念将在后续各章中详细讨论。

1.11　复习题

1. 当你编写 Java 程序时，准备的是一个源文件还是一个类文件？
2. 在 Java 程序中，用什么字符来标注注释？
3. 下面的包声明中每个构成部分都表示什么意思？

```
package edu.stanford.cs.javacs2.ch1;
```

4. 如何定义一个值为 2.54 的名为 CENTIMETERS_PER_INCH 的常量？
5. 在每个 Java 程序中都必须定义的方法的名字是什么？
6. 术语样板是什么意思？本书通篇使用的 main 方法的样板形式是什么？
7. 下列哪些名字在 Java 中是合法的变量名？

a. **x**	g. **total output**
b. **formula1**	h. **aVeryLongVariableName**
c. **average_rainfall**	i. **12MonthTotal**
d. **%correct**	j. **marginal-cost**
e. **short**	k. **b4hand**
f. **tiny**	l. **_stk_depth**

8. 哪两个属性可以定义一种数据类型？
9. Java 分配给 byte、short、int 和 long 的大小分别是多少？
10. Java 使用的是什么字符编码系统？
11. ASCII 代表什么？ASCII 编码与 Java 用来表示字符的编码之间存在怎样的关系？
12. 列出 boolean 类型所有可能的取值。
13. 为了从用户处读入一个值，并将其存入被声明为 double 的变量 x 中，需要在程序中编写什么语句？

14. 说明下列表达式的值和类型：

    a. `2 + 3`   d. `3 * 6.0`
    b. `19 / 5`   e. `19 % 5`
    c. `19.0 / 5`   f. `2 % 7`

15. 一元负号和减法操作符的区别是什么？

16. 计算下列表达式的结果：

    a. `6 + 5 / 4 - 3`
    b. `2 + 2 * (2 * 2 - 2) % 2 / 2`
    c. `10 + 9 * ((8 + 7) % 6) + 5 * 4 % 3 * 2 + 1`
    d. `1 + 2 + (3 + 4) * ((5 * 6 % 7 * 8) - 9) - 10`

17. 术语截尾表示什么意思？

18. 什么是类型强制转换？在 Java 中如何表示类型强制转换？

19. 如何指定快捷赋值操作？

20. 表达式 `++x` 和 `x++` 的区别是什么？

21. 短路计算表示什么意思？

22. 写出下面每种控制语句的通用语法形式：`if`、`switch`、`while` 和 `for`。

23. 用中文描述 `switch` 语句的操作，包括每个 `case` 子句末尾的 `break` 语句的作用。

24. 什么是哨兵值？读入直至哨兵值模式的一般形式是什么？

25. 在下面各种场景中，你将使用哪种 `for` 循环控制行？

    a. 从 1 计数到 100。

    b. 从 0 开始计数，每次加 7，直至计数值超过 2 位数。

    c. 从 100 倒计数到 0，每次减 2。

26. 定义下列术语：类、对象、方法、实例变量、子类和超类。

27. 是非题：在 Java 中，可以有许多对象都是某个类的实例。

28. 在图 1-12 中，类节肢动物门的子类有哪些？

29. 本章讨论的面向对象编程模型中最重要的两个特征是什么？

1.12 习题

1. 重新编写 HelloWorld 程序，使得它出现在遵守传统命名规则的包中，并且同时包含 run 方法和标准样板版本的 main。给你的新程序起名为 HelloWorldWithClass。

2. 编写一个程序，读入以摄氏度为单位的温度，并显示对应的以华氏度为单位的温度值。其转换公式为：

$$F = \frac{9}{5}C + 32$$

3. 编写一个程序，将以米为单位的距离转换为对应的以英尺和英寸为单位的英制距离。你需要的转换因子为：

$$1 \text{ 英寸} = 0.025\,4 \text{ 米}$$
$$1 \text{ 英尺} = 12 \text{ 英寸}$$

4. 数学历史学家讲述过一个故事，德国数学家卡尔·弗里德里希·高斯（1777—1855）在很小的时候就展露出了他的数学天赋。在读小学时，数学老师让高斯计算数字 1 到 100 的总和。据说高斯立刻就给出了答案：5050。编写一个程序，计算高斯的老师所提出的问题。

5. 编写一个程序，从用户处读入一组整数，直至用户输入作为哨兵值的 0。当出现哨兵值时，你的程序应该显示列表中的最大值，就像下面的样例运行一样：

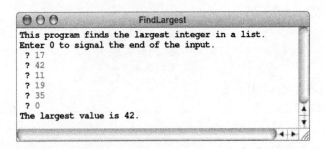

要确保将哨兵值定义为常量，以便可以很容易地修改它。你还应该确保程序在所有输入的值都是负数时也可以正确地工作。

6. 有一个更有趣的挑战，编写一个程序，找出一列数字中在哨兵值之前的各个数字的最大值和次大值。如果你再次使用 0 作为哨兵值，那么该程序的样例运行看起来就像下面这样：

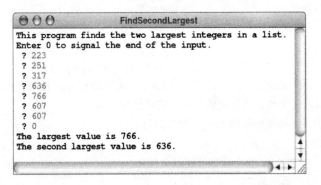

这个样例运行中的值是 J. K. Rowling 的《哈利波特》系列的英国精装版的页数。因此，该输出告诉我们篇幅最长的一本有 766 页（《哈利波特和凤凰令》），第二长的一本只有 636 页（《哈利波特和火焰杯》）。

7. 以图 1-11 中的 AddIntegerList 为模型，编写一个 AverageList 程序，读入表示考试成绩的一组整数，然后打印平均值。因为毫无准备的学生实际上可能会得到 0 分，所以你的程序应该使用 –1 作为哨兵值来标识输入的结束。

8. 以 1.8.5 节中的 digitSum 方法为模型，编写一个程序，读入一个整数，然后显示由该数字各个位反序排列形成的数字，就像下面的样例运行一样：

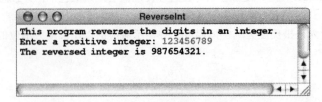

9. 每个大于 1 的正整数都可以表示成质数的乘积。这种因数分解是唯一的，称为质因数分解。例如，数字 60 可以分解为 $2 \times 2 \times 3 \times 5$，其中每个因子都是质数。注意，在因数分解中，每个质数可以出现多次。编写一个程序，显示数字 n 的质因数分解结果，就像下面的样例输出一样：

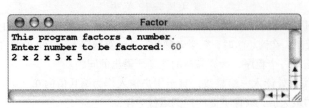

10. 1979 年，印第安纳大学认知科学教授 Douglas Hofstadter 编写了《哥德尔、艾舍尔、巴赫》一书，他将这本书描述为"以 Lewis Carroll（《爱丽丝漫游仙境》的作者）的精神对思想与机器所做的隐喻式赋曲"。这本书获得了普利策文学奖，并且多年来已经成为计算机科学的经典书籍之一。它52的魅力源于它所包含的各种数学上的奇闻逸事和难题，其中许多都可以用计算机程序的形式来表示。Hofstadter 所讨论的最有趣的一个示例是由重复执行下面作用于正整数 n 的规则而形成的数字序列：

- 如果 n 等于 1，就达到了该序列的末尾，并且可以停止了。
- 如果 n 是偶数，将其除以 2。
- 如果 n 是奇数，将其乘以 3 并加 1。

尽管这个序列还有好几个其他的名字，但是它经常被称为冰雹序列，因为这些值总是不停地变大变小，很像冰雹在它们形成的云中所产生的变化。

编写一个程序，从用户处读入一个数字，然后用这个数字产生冰雹序列，就像下面的样例运行一样：

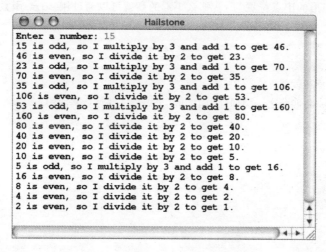

```
                          Hailstone
Enter a number: 15
15 is odd, so I multiply by 3 and add 1 to get 46.
46 is even, so I divide it by 2 to get 23.
23 is odd, so I multiply by 3 and add 1 to get 70.
70 is even, so I divide it by 2 to get 35.
35 is odd, so I multiply by 3 and add 1 to get 106.
106 is even, so I divide it by 2 to get 53.
53 is odd, so I multiply by 3 and add 1 to get 160.
160 is even, so I divide it by 2 to get 80.
80 is even, so I divide it by 2 to get 40.
40 is even, so I divide it by 2 to get 20.
20 is even, so I divide it by 2 to get 10.
10 is even, so I divide it by 2 to get 5.
5 is odd, so I multiply by 3 and add 1 to get 16.
16 is even, so I divide it by 2 to get 8.
8 is even, so I divide it by 2 to get 4.
4 is even, so I divide it by 2 to get 2.
2 is even, so I divide it by 2 to get 1.
```

正如你所看到的，这个程序在运行过程中不断地输出与 Hofstadter 在他的书中所呈现的形式完全一样的记叙性报告。

有关冰雹序列的趣事之一是至今无人能够证明这个过程总是可以停止。这个过程中的步数可能会非常大，但是看起来它总是会收敛到 1。

11. 德国数学家 Gottfried Wilhelm von Leibniz（1646—1716）曾经发现了一个相当引人注目的事实，即数学常量 π 可以用下面的数学关系来计算：

$$\frac{\pi}{4} = 1 - \frac{1}{3} + \frac{1}{5} - \frac{1}{7} + \frac{1}{9} - \cdots$$

53

等号右边的公式表示一个无限序列，每个分数都表示这个序列中的一项。如果你从 1 开始，减去 1/3，加上 1/5，以此类推，每一项的分母都是奇数，那么一路下来就可以得到一个越来越接近 $\pi/4$ 的值。

编写一个程序，计算由莱布尼兹序列中前 10 000 项构成的 π 的近似值。

12. 你还可以通过计算扇形的近似面积来计算 π 的值。请考虑下面这个四分之一圆：

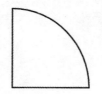

其中半径 r 等于 2 英尺。从圆面积的公式可以很容易地确定这个四分之一圆的面积应该是 π 平方英尺。你还可以用下面的方法来近似地计算其面积：将一系列的矩形面积累加起来，其中所有矩形都具有固定宽度，而高度由圆弧穿过矩形顶部边中点的位置决定。例如，如果将该面积自左向右划分为 10 个矩形，那么就会得到下面的图：

这些矩形的面积之和近似等于这四分之一圆的面积。划分的矩形越多，就越近似。

对于每个矩形，将半径除以矩形数量而得到的宽度 w 是常量，而高度 h 取决于矩形的位置。如果在水平方向上矩形的中点位置为 x，那么矩形的高就可以通过用 sqrt 函数表示的距离公式来计算：

$$h = \sqrt{r^2 - x^2}$$

然后，每个矩形的面积就是 $h \times w$。

编写一个程序，将四分之一圆划分为 10 000 个矩形，并计算其面积。

54

方 法

我不应该在乎我的职业，如果我不相信可以找到并执行更好的方法……

——George Eliot,《Middlemarch》, 1871

正如你从第 1 章的简要讨论中所了解到的，Java 中的方法与传统编程语言中的函数很类似，唯一的不同在于方法隶属于类。但是，这个细节相对于整个概念而言，并没有产生多大的差异。方法在 Java 中所起的作用与函数在其他语言中所起的作用完全一样，它们使得你可以将任意大的一块代码封装起来，用单个名字来调用。在这种方式中，方法使得你可以忽略实现的细节，从而聚焦于每个方法整体的效果。通过将复杂性隐藏在简单名之下，方法提供了管理大型程序的复杂性的关键技术。

幸运的是，方法的概念，特别是当你将它置于更传统的名字函数之下考虑时，很有可能会因数学上熟知的概念而掌握它，因此，你不是在从头学习一种全新的概念。当你在高中学习代数时，肯定遇到过像下面这样的函数定义：

$$f(x)=x^2+1$$

它描述了一个函数 f，该函数将数字 x 转换为 x 的平方加 1。对于任意的 x 值，都可以通过计算表达式 x^2+1 来计算该函数的值，该表达式就是出现在该定义中的公式。因此，$f(3)$ 的值是 3^2+1，即 10。

自从 20 世纪 50 年代 FORTRAN 语言开发出来后，各种编程语言都将数学函数并入了计算框架中。例如，在 Java 中，可以用下面的方法来实现 f 函数：

```
private double f(double x) {
    return x * x + 1;
}
```

这个定义中包含的各种语法与上面的数学公式大相径庭，但是它们的基本思想是一样的。方法 f 接受一个由变量 x 表示的输入值，并将表达式 x * x + 1 的值作为输出返回。

2.1 Java 中的方法

尽管很相似，但是函数的概念在编程领域内比在数学领域内显得更加泛化。与数学函数一样，Java 中的方法可以指定输入值，但是并非必须要指定。类似地，Java 中的方法也不要求必须返回结果。Java 方法的本质特性是它将某个计算性的操作与一个特定名字关联在一起，而这个操作是由构成该方法体的代码块来指定的。一旦定义了某个方法，那么程序的其他部分只需使用该方法名就可以触发相关联的操作。我们不需要重复编写方法底层操作的任何代码，因为实现该操作的步骤是在方法体中指定的。

针对编程上下文中的这种方法模型，可以定义几个术语，它们对理解 Java 中方法的工作方式是不可或缺的。首先，方法是已经被组织成单独的单元，并赋予了名字的代码块。使用该名字调用这段代码的动作称为调用该方法。为了在 Java 中指明方法调用，需要编写方法的名字，后面跟着括在圆括号中的一组表达式。这些表达式被称为引元，使得调用程序可以向方法传递信息。如果某个方法不需要从调用者处获得任何信息，那么它就不需要任何引元，但是在该方法定义和任何对该方法的调用中还是必须出现一对空的圆括号。

一旦被调用，方法会接受作为引元提供给它的数据，执行其操作，然后返回到代码中调用它的地方。记住调用程序正在做什么，以便让程序可以返回该调用的准确位置，这正是方法调用机制的本质特性之一。返回调用程序的操作称为从方法中返回。在返回时，方法经常会向其调用者传递回一个值。这种操作被称为返回一个值。

2.1.1　Java 方法的语法结构

在 Java 中，方法定义具有下面的语法形式：

```
修饰符  类型  名字（参数）{
 …方法体…
 }
```

这种模式中修饰符部分最常见的值是 public 和 private，修饰符将确定一个方法在定义它的类的外部是否可见。就像第 1 章中常量的定义一样，良好的编程实践是，将所有方法定义都设置为 private，除非有令人无法拒绝的原因允许外部对方法进行访问。在这种模式的其余部分中，类型是方法返回的类型，名字是方法名，而参数是由逗号分隔的一组声明，给出了传递方法的每个参数的类型和名字。参数是方法调用中所提供的引元的占位符。在很大程度上，参数的作用看起来就像是局部变量，唯一的差异是每个参数都会被自动地初始化为持有对应引元的值。如果一个方法不接受任何参数，那么方法头中整个参数列表就为空。

方法体是由实现该方法的语句以及方法所需的所有局部变量的声明构成的块。对于要向调用者返回一个值的方法，这些语句中至少要有一条必须是 return 语句，该语句通常具有下面的形式：

```
return  表达式；
```

执行 return 语句会导致方法立即返回到调用者，同时将表达式的值作为方法的值传递回调用者。

方法可以返回任何类型的值。例如，下面的方法会返回表示引元 n 是否是偶数的一个布尔值：

```
private boolean isEven(int n) {
    return n % 2 == 0;
}
```

一旦定义了该方法，就可以在 if 语句中使用它，就像下面这样：

```
if (isEven(i)) ...
```

返回布尔结果的方法在编程中扮演着重要的角色，它们被称为谓词方法。

方法并非必须要返回一个值。方法可以通过使用保留词 void 作为返回类型来表明不会返回任何值。这种方法正常情况下会在到达方法体中所有语句的末尾时结束。但是，通过执行没有值表达式的 return 语句，可以表示 void 方法的提前结束，就像下面这样：

```
return;
```

2.1.2　静态方法

Java 中大多数方法都是在某个特定对象上操作的。遗憾的是，除非你对到底什么是对象已经了然于胸，否则这种概念对你来说没有多少意义。对对象的正式讨论将在第 3 章中以对字符串的介绍开始，并贯穿于后续若干章中。为了支持其他语言定义的独立函数这一概念，Java 提供了静态方法，即与整个类而不是具体的对象关联在一起的方法。这些方法由出现在 public 或 private 关键词之后的 static 关键词标识。

静态方法最简单的示例就是与 Math 类关联在一起的方法，Math 是 Java 的数学库。图 2-1 展示了 Math 类中某些最常见的项，除了常量 PI 和 E，Math 类还包含一组方法，它们都是静态的。

58

数学常量

Math.PI	数学常量 π
Math.E	数学常量 e，它是自然对数的底

通用数学函数

Math.abs (x)	返回 x 的绝对值
Math.min (x, y)	返回 x 和 y 中较小的值
Math.max (x, y)	返回 x 和 y 中较大的值
Math.sqrt (x)	返回 x 的平方根
Math.round (x)	返回最接近 x 的整数。注意：如果 x 是一个 double 值，那么该函数将返回一个 long 值，因此，需要使用强制类型转换将其转换为一个 int 值
Math.signum (x)	返回 x 的符号（-1、0 或 +1）。结果与 x 具有相同的类型
Math.floor (x)	返回小于等于 x 的最大整数
Math.ceil (x)	返回大于等于 x 的最小整数

对数和指数函数

Math.exp (x)	返回 x 的指数函数（e^x）
Math.log (x)	返回 x 的自然对数（以 e 为底）
Math.log10 (x)	返回 x 的常用对数（以 10 为底）
Math.pow (x, y)	返回 x^y

三角函数

Math.cos (theta)	返回角 theta 的余弦，theta 的度数是从 x 正半轴开始逆时针旋转的弧度值
Math.sin (theta)	返回弧度角 theta 的正弦
Math.tan (theta)	返回弧度角 theta 的正切
Math.atan (x)	返回 x 的主反正切值。结果是用弧度表示的位于 $-\pi/2$ 和 $+\pi/2$ 之间的一个角
Math.atan2 (y, x)	返回由 x 轴与连接坐标原点和 (x, y) 点的直线构成的弧度角
Math.hypot (x, y)	返回坐标原点与点 (x, y) 之间的距离
Math.toRadians (x)	将角 x 从度数转换为弧度
Math.toDegrees (x)	将角 x 从弧度转换为度数

随机数生成器

Math.random ( )	返回大于等于 0 但小于 1 的一个随机数

图 2-1　Math 类中的部分项

59

在 Java 中，可以通过在方法名前面编写类名来调用静态方法，中间用句点隔开（.），在这种上下文中通常被称为圆点。例如，可以在 Java 程序中通过编写下面的代码来计算 2 的平方根：

```
Math.sqrt(2)
```

Math.sqrt 方法的引元可以是任意表达式。例如，下面是 Math.hypot 方法的一种可能的实现（这个名字是直角三角形斜边 hypotenuse 的缩写）：

```
public static double hypot(double x, double y) {
    return Math.sqrt(x * x + y * y);
}
```

这个方法实现了毕达哥拉斯恒等式（勾股定理），即直角三角形斜边的平方等于两直角边的平方和。

无论何时，当库类使得某项服务对导入它的程序可用时，计算机科学家就会声称该类导出了这项服务。例如，Math 类导出了常量 PI 和 E，以及图 2-1 中的各种方法。

任何库的设计目标之一都是隐藏底层实现所涉及的复杂性。通过导出 sqrt 方法，Math 类的设计者使得人们在使用它们编写程序时变得很容易。当调用 sqrt 方法时，你并不需要了解 sqrt 内部的工作原理，这些细节只与实现 Math 类的程序员有关。

了解如何调用 sqrt 方法和如何实现它都是很重要的技能。但是，重要的是要认识到这两种技能，即调用方法和实现方法，在很大程度上是相互独立的。有经验的程序员经常可以在没有任何有关代码编写线索的情况下使用各种方法。反之，实现库类的程序员从来都不可能预料到这个类所有潜在的用法。

为了强调创建库类的程序员和使用库类的程序员之间视角上的差异，计算机科学家给这两种角色的程序员起了不同的名字。很自然，实现类的程序员被称为实现者，反之，调用库类提供的方法的程序员被称为这个类的客户端。随着本书内容的展开，你会首先作为客户端，然后作为实现者，从两种视角来审视多个库类。

60

2.1.3 重载

在 Java 中，将同一个名字赋予多个方法是合法的，只要它们的引元模式不同即可。当编译器碰到对具有这种名字的方法的调用时，会检查调用中提供了哪些引元，并且选择该方法适合这些引元的版本。将同一个名字用于一个方法的多个版本的做法，称为重载。一个方法能够接受的引元模式（此处只考虑引元的数量和类型，而不考虑参数的名字），称为它的签名。

作为重载的例子，Math 类包含了若干个版本的 abs 方法，每个版本对应于一种内置的算术类型。例如，包含下面方法的类：

```
public static int abs(int x) {
    return (x < 0) ? -x : x;
}
```

还包含下面具有相同名字的方法：

```
public static double abs(double x) {
    return (x < 0) ? -x : x;
}
```

这两个方法的唯一区别是第一个版本接受一个 int 值作为其引元，而第二个接受的是一个 double 值。编译器通过查看调用者提供的引元来选择要调用哪个版本。因此，如果用 int 值调用 abs，那么编译器就会调用整数值版本的方法，并返回一个 int 类型的值。类似地，如果引元类型为 double，那么编译器就会选择接受一个 double 值的版本。

使用重载机制的主要优点是在某个函数被应用到差异很小的不同上下文中时，程序员可以更加容易地跟踪用于这个相同操作的不同函数名。例如，如果需要调用不支持重载机制的 C 中的绝对值函数，那么就必须记住为浮点数调用 fabs，而为整数调用 abs。而在 C++ 中，你所要记住的只是单个函数名 abs。

2.2　方法和程序结构

方法在编程语言中起到了多种重要的作用。首先，通过定义方法可以为某项操作只编写一次代码，但是之后可以多次使用它。在程序的许多地方调用相同的指令序列的能力可以极大地减小程序的尺寸。让方法的代码只出现在一个地方还可以使程序更易于维护。当你需要对方法操作的方式进行修改时，如果代码只出现在一个地方，那么与同样的操作重复出现在许多位置相比，会更加容易实现。

即使是在特定程序中只使用一次的方法，将其定义为方法也是有价值的。方法所起到的最重要作用是它们使得大型的程序可以被划分为更小且更易于管理的多个部分。这个过程被称为分解。正如通过之前的编程经验你可以了解到的，将程序编写为一整块代码肯定会导致灾难。你想要的应该是将高层问题分解为一组低层的方法，其中每个方法都有其自己的意义。但是，找到正确的分解方案被证明是一项极具挑战性的任务，它需要相当丰富的实践经验。如果对每个部分的选择都很明智，那么每个部分就都是一个完整的单元，而程序作为整体也更容易被理解。如果这种选择不明智，那么分解方案就易于成为一种障碍。没有固定的规则来选择一个特定的分解。编程是一种艺术，你将来主要通过实践经验来学会如何选择有效的分解策略。

作为一般性的规则，从主程序入手开启分解过程是明智的。在这个层次上，你可以将问题当作一个整体来考虑，努力识别出整个任务的主要部分。一旦你想清楚了程序大的部分可以分成哪些，就可以将它们定义成独立的方法。因为这些方法中的某些可能自身就很复杂，所以经常还应该将它们分解为更小的部分。你可以持续这个过程，直至该问题的每个部分都简单到可以靠它们自己解决。这个过程被称为自顶向下设计或逐步求精。

方法在编程中也很重要，是因为它们提供了算法实现的基础，这里的算法是由解决计算性问题所使用的策略精确描述的。这个术语来自于 19 世纪波斯数学家 Muhammad ibn Mūsā al-Khwārizmī 的名字，他的名为《Kitab al jabr w'al-muqabala》的数学论著导致了英语单词 algebra（代数）的产生。数学算法出现的历史要早得多，至少可以追溯到古希腊、古中国和古印度文明。

在众所周知的最古老的数学处理程序中，称得上算法的一个实例是以希腊数学家欧几里得命名的，他生活在托勒密一世统治时期（公元前 323—公元前 283）的亚历山大城。在伟大的数学论著《几何原本》中，欧几里得给出了寻找两个整数 x 和 y 的最大公约数（简写为 gcd）的处理程序，最大公约数被定义为可以整除这两个数的最大整数。例如，49 和 35 的最大公约数为 7，6 和 18 的最大公约数是 6，32 和 33 的最大公约数是 1。在现代汉语中，欧几里得算法描述如下：

1）用 x 除以 y，计算余数，称余数为 r。

2）如果 r 为 0，该算法结束，答案就是 y。

3）如果 r 不为 0，将 x 设为 y 原来的值，将 y 设为 r，并重复此过程。

可以很容易地将这个算法描述翻译为下面的 Java 代码：

```java
private int gcd(int x, int y) {
    int r = x % y;
    while (r != 0) {
        x = y;
        y = r;
        r = x % y;
    }
    return y;
}
```

欧几里得的算法与其他任何你自己可能会发现的算法相比，都要高效得多，并且直到现在仍旧用于各种实际应用中，包括用来确保互联网上安全通信的加密协议的实现。

同时，想要看清楚为什么这个算法能够给出正确结果却并不容易。幸运的是，对于那些在当今应用中依赖于该算法的人而言，欧几里得在其《几何原本》第 7 卷的命题 2 中证明了该算法的正确性。尽管对于驱动基于计算机的应用的算法而言，并非总是有相应的形式化证明，但是这种证明能够让人们对使用这些算法的程序的正确性产生更大的信心。

2.3　方法调用的机制

尽管你肯定对方法调用过程是如何工作的有直观的理解，但是有时准确地理解在 Java 中一个方法调用另一个方法时所发生的事情会很有帮助。本节会详细描述这个过程，然后通过一个简单示例来帮助你可视化地了解这其中到底发生了什么。

2.3.1　调用方法的步骤

63

无论何时，只要产生了方法调用，Java 编译器就会产生实现下面操作的代码：

1）调用方法会针对每个引元，使用自己的上下文中的局部变量绑定来计算引元的值。因为引元是表达式，所以这种计算可以包含操作符和其他方法。调用方法会在开始执行新方法之前计算这些表达式。

2）系统会为新方法需要的包含所有参数在内的所有局部变量创建新空间。这些变量被一起分配在内存的同一个块中，这个块被称为栈帧。

3）每个引元的值会复制到对应的参数变量中。对于具有多个引元的方法，这些复制将依次发生，第一个引元复制到第一个参数中，以此类推。如果需要，编译器会生成引元值到参数变量之间的自动类型转换代码，就像在赋值语句中所做的一样。例如，如果你将类型为 int 的值传递给希望参数类型为 double 的方法，那么该整数就会在被复制给参数变量之前转换为相等的浮点值。

4）方法体中的语句得以执行，直至程序碰到 return 语句或者不再有任何语句需要执行。

5）如果有 return 表达式，那么会先计算它的值，然后将其作为方法的值返回。在返回一个值时，Java 会运用与赋值操作中相同的类型转换规则。因此，你可以从一个声明将返回一个 double 值的方法中返回一个 int 类型的值，但是反过来不行。

6）为该方法调用而创建的栈帧被丢弃。在这个过程中，所有的局部变量将消失。

7）调用程序继续执行，在该调用所处的位置上用返回的值代替该调用。

尽管这个过程可能看起来是讲得通的，但是在你完全理解它之前，还是需要通过一两个实例来帮助你理解。通读下一节中的示例可以让你洞察这个过程，即使拿出你自己的某个程序并以同样的详细程度来通读它，也会有所帮助。尽管你可以在纸上或白板上跟踪你的程序，但是更好的方式是使用尺寸为 3×5 的索引卡，每张用来表示一个栈帧。索引卡模型的优点是你可以创建一个索引卡的栈，这是对计算机操作的近似建模。调用一个方法时，就添加一张卡，而从该方法返回时，就移除该卡。

2.3.2　组合函数

在具体示例的上下文中最容易展示方法调用的过程。假设你有 6 枚硬币，在美国可能是 1 分、5 分、1 角、2 角 5 分、5 角和 1 元的硬币各一枚。给定这些硬币，任意选择其中两枚的选法有多少种？正如你从图 2-2 所示的所有可能性的完全枚举中可以看到的，答案是 15。|64|
作为一名计算机科学家，你应该立刻想到一个更一般的问题：给定一个包含了 n 个各不相同的元素的集合，选择一个包含 k 个元素的子集的选法有多少种？这个问题的答案可以通过组合函数 $C(n, k)$ 计算出来，该函数的定义如下：

$$C(n, k)=\frac{n!}{k! \times (n-k)!}$$

其中感叹号表示阶乘函数，该函数的值是将由 1 和指定的数构成的闭区间内的所有整数相乘得到的积。图 2-3 展示了用 Java 编写的计算组合函数的代码，以及一个从用户处读入 n 和 k 并显示 $C(n, k)$ 的值的主程序。

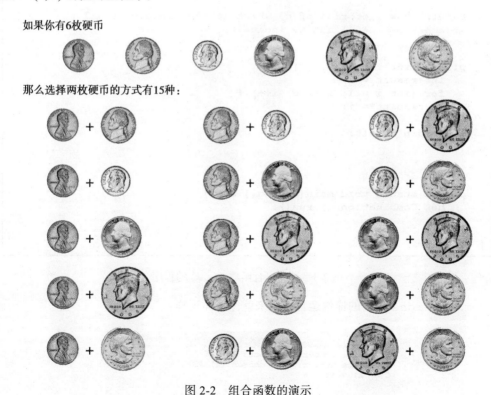

图 2-2　组合函数的演示

```
/*
 * File: Combinations.java
 * ----------------------------
 * This program computes the mathematical function C(n, k) from
 * its mathematical definition in terms of factorials.
 */

package edu.stanford.cs.javacs2.ch2;

import java.util.Scanner;

public class Combinations {

    public void run() {
        Scanner sysin = new Scanner(System.in);
        System.out.print("Enter the number of objects (n): ");
        int n = sysin.nextInt();
        System.out.print("Enter the number to be chosen (k): ");
        int k = sysin.nextInt();
        System.out.println("C(n, k) = " + combinations(n, k));
    }

/*
 * Returns the mathematical combinations function C(n, k), which is
 * the number of ways one can choose k elements from a set of size n.
 */

    private int combinations(int n, int k) {
        return fact(n) / (fact(k) * fact(n - k));
    }

/*
 * Returns the factorial of n, which is the product of all the
 * integers between 1 and n, inclusive.
 */

    private int fact(int n) {
        int result = 1;
        for (int i = 1; i <= n; i++) {
            result *= i;
        }
        return result;
    }

/* Main program */

    public static void main(String[] args) {
        new Combinations().run();
    }

}
```

图 2-3　计算组合函数 $C(n, k)$ 的程序

Combinations 程序的样例运行看起来就像下面这样：

```
Combinations
Enter the number of objects (n): 6
Enter the number to be chosen (k): 2
C(n, k) = 15
```

正如在图 2-3 中所看到的，Combinations 程序被划分成 3 个方法，其中 main 方法实现与用户的交互，combinations 方法计算 $C(n, k)$，而 fact 方法计算所需的阶乘。

2.3.3　跟踪组合函数

尽管 Combinations 程序本身就很有趣，但是这个示例的作用是演示在执行方法过程中涉及的步骤。在 Java 中，所有程序都始于对静态方法 main 的调用，按照我们的传统，它会产生一个对该类的 run 方法的调用，这就是本书开启跟踪过程的起点。当碰到方法调用时，Java 虚拟机会创建一个新的栈帧来记录该方法声明的局部变量。在 Combinations 程序中，run 方法声明了两个整数 n 和 k，因此该栈帧必须包含为这些变量分配的空间。

在本书的图中，每个栈帧都会用双线边框的矩形来表示。每个有关栈帧的图都展示了方法的代码以及一个手指图标，它使得读者可以很容易地跟踪当前的执行点。帧中还包含若干个带标号的方框，每一个局部变量都对应一个这样的方框。因此，run 的栈帧在执行开始时看起来像下面这样：

```
public void run() {
☞ Scanner sysin = new Scanner(System.in);
   System.out.print("Enter the number of objects (n): ");
   int n = sysin.nextInt();
   System.out.print("Enter the number to be chosen (k): ");
   int k = sysin.nextInt();
   System.out.println("C(n, k) = " + combinations(n, k) );
}

                                            k       n
```

从此处开始，系统会依次执行 run 的语句，创建扫描器，在控制台上打印提示语，从用户处读入关联的值，将这些值存入这一帧的变量中。如果用户输入的是之前样例运行中所示的值，那么这一帧在程序执行到显示结果的语句时，看起来就像下面这样：

```
public void run() {
   Scanner sysin = new Scanner(System.in);
   System.out.print("Enter the number of objects (n): ");
   int n = sysin.nextInt();
   System.out.print("Enter the number to be chosen (k): ");
   int k = sysin.nextInt();
☞ System.out.println("C(n, k) = " + combinations(n, k) );
}

                                            k       n
                                            2       6
```

在程序可以完成输出行之前，必须先计算对 combinations(n,k) 的调用。在此处，run 方法会调用 combinations 方法，这表示计算机必须经历做出这个方法调用所需的所有步骤。

第一步是在当前帧的上下文中计算引元。变量 n 的值为 6，变量 k 的值为 2。这两个变量之后会在计算机创建 combinations 栈帧时复制到参数变量 n 和 k 中。新帧会在旧帧顶上堆栈，这使得计算机能够记住 run 中局部变量的值，尽管它们当前不可访问。在创建了新帧并初始化了参数变量之后，情况就像下面这样：

```
public void run() {
  private int combinations(int n, int k) {
    ☞ return fact(n) / ( fact(k) * fact(n - k) );
  }
```

k	n
2	6

为了计算 combinations 方法的值，程序必须做出 3 个对 fact 方法的调用。在 Java 中，这些方法调用可以按照任何顺序发生，但是自左向右处理它们是最容易的方式。因此，第一个调用是对 fact(n) 的调用。为了计算这个方法，系统必须再创建另一个栈帧，这次 是用引元值 6 为 fact 方法创建栈帧：

```
public void run() {
  private int combinations(int n, int k) {
    private int fact(int n) {
    ☞ int result = 1;
      for (int i = 1; i <= n; i++) {
        result *= i;
      }
      return result;
    }
```

i	result	n
		6

与之前的栈帧不同，fact 方法的帧同时包含参数和局部变量。参数 n 被初始化为调用 引元的值，因此它的值为 6。两个局部变量 i 和 result 尚未被初始化，但是无论如何，系 统需要在这一帧中为这些变量保留空间。在对这些变量赋新值之前，它们包含的数据是分配 给这个栈帧的内存空间中残存的值，这种值是完全无法预料的。因此，重要的是要在使用所 有局部变量之前初始化它们，最理想的方式是将初始化作为声明的一部分。

然后，系统会执行 fact 中的语句。在本例中，会执行 6 次 for 循环体。在每次迭代 中，result 的值都会乘以循环索引 i，这意味着它最终持有的值为 720（$1×2×3×4×5×6$ 或 6!）。当程序执行到 return 语句时，栈帧看起来像下面这样：

```
public void run() {
  private int combinations(int n, int k) {
    private int fact(int n) {
      int result = 1;
      for (int i = 1; i <= n; i++) {
        result *= i;
      }
    ☞ return result;
    }
```

i	result	n
	720	6

在这个图中，变量 i 的方框是空的，因为 i 的值在程序中的此处已不再是定义过的了。在

Java 中，在 `for` 循环头中声明的索引变量只能在循环体内部被访问。显示空框是为了强调 `i` 的值已经不再可用这个事实。

从方法返回需要将 `return` 表达式的值（在本例中就是局部变量 `result`）复制到调用发生的地方。然后，`fact` 的帧将被丢弃，这会导致产生下面的配置：

处理过程中的下一步是产生第二个对 `fact` 的调用，这次使用的是引元 `k`。在调用帧中，`k` 的值为 2。这个值会用来初始化新的栈帧中的参数 `n`，就像下面这样：

`fact(2)` 的计算与之前对 `fact(6)` 的调用相比，会让人觉得稍微容易些。这次 `result` 的值为 2，然后返回给调用帧，就像下面这样：

`combinations` 的代码会再做出一次对 `fact` 的调用，这次使用的引元是 `n-k`。与之前一样，这次调用会创建 `n` 等于 4 的新帧：

```
public void run() {
  private int combinations(int n, int k) {
    private int fact(int n) {
      int result = 1;
      for (int i = 1; i <= n; i++) {
        result *= i;
      }
      return result;
    }
```

i	result	n
		4

fact(4) 的值是 $1\times2\times3\times4$，即 24。当这个调用返回时，系统就能够填补该计算中最后一个缺失的值了，就像下面这样：

```
public void run() {
  private int combinations(int n, int k) {
    return fact(n) / ( fact(k) * fact(n - k) );
  }
             720        2        24
```

k	n
2	6

然后，计算机会将 720 除以 2 和 24 的积，得到答案 15。然后，这个值会返回给 run 方法，导致出现下面的状态：

```
public void run() {
  Scanner sysin = new Scanner(System.in);
  System.out.print("Enter the number of objects (n): ");
  int n = sysin.nextInt();
  System.out.print("Enter the number to be chosen (k): ");
  int k = sysin.nextInt();
  System.out.println("C(n, k) = " + combinations(n, k) );
}
                                         15
```

k	n
2	6

从此处开始，剩余的所有工作就是产生输出行，并从 run 方法返回，从而结束程序的执行。

2.4 简单的递归函数

Combinations 程序中包含了一个计算阶乘的方法的简单实现，看起来如下：

```
private int fact(int n) {
  int result = 1;
  for (int i = 1; i <= n; i++) {
    result *= i;
  }
  return result;
}
```

这个实现使用了 for 循环来遍历 1 到 n 之间的每个整数。基于循环的策略（典型情况下使用的是 for 和 while 语句）称为迭代。但是，像阶乘这样的函数还可以使用明显不同的压根不使用循环的方法来实现。这种策略称为递归，即通过将问题分解为具有相同形式的规模更小的问题来解决问题的过程。递归是一种极其强大的技术，在第 8 章开头你会详细地学习它，但是用简单的数学示例来展示具有递归特性的问题，并以此入手来了解递归会很有用。

2.4.1　fact 的递归方案

fact 的迭代实现没有利用阶乘的重要数学特性，即每个整数的阶乘都与比它小 1 的整数的阶乘相关：

$$n! = n \times (n-1)!$$

因此，4! 等于 4×3!，3! 等于 3×2!，以此类推。为了确保这个过程能够在某处停止，数学家将 0! 定义为 1。因此，阶乘函数的传统数学定义看起来如下：

$$n! = \begin{cases} 1 & \text{如果 } n = 0 \\ n \times (n-1)! & \text{其他情况} \end{cases}$$

这个定义是递归的，因为它使用了更简单的阶乘函数的实例来定义 n 的阶乘，即先要计算出 n−1 的阶乘。这个新问题与原来的问题具有相同的形式，这就是递归的基本特性。然后，可以使用相同的过程来用 (n−2)! 定义 (n−1)!。而且，可以逐步向前执行这个过程，直至其解答是用 0! 来表示的，根据定义，0! 等于 1。

从程序员的角度看，这个数学定义最重要的结果是它提供了递归解决方案的模板。在 Java中，可以像下面这样实现 fact 方法：

```java
private int fact(int n) {
  if (n == 0) {
    return 1;
  } else {
    return n * fact(n - 1);
  }
}
```

如果 n 为 0，那么 fact 的结果就是 1。如果不为 0，那么该实现就会调用 fact(n - 1)，然后将结果乘以 n，以此计算最终结果。这个实现直接遵循了阶乘函数的数学定义，并且具有与其完全一样的递归结构。

2.4.2　追踪递归过程

如果从数学定义出发，编写 fact 的递归实现是很直观的。另一方面，即使这种定义很容易编写，该解决方案的简洁性也可能使其看起来很可疑。当你刚开始学习递归时，会觉得 fact 的递归实现漏掉了什么东西。即使它很清楚地反映了数学定义，该递归方案也仍旧让人觉得很难识别出实际的计算步骤是在哪里发生的。例如，在调用 fact 时，你希望计算机给出答案。在递归实现中，你所看到的所有代码就是一个公式，将一个对 fact 的调用转换成了另一个对 fact 的调用。因为计算中的步骤不是显式给出的，所以计算机能够给出正确

72

答案这一点显得有些魔幻色彩。

但是，如果跟踪计算机用来计算所有方法调用的逻辑，会发现这其中根本就没有任何魔法。当计算机计算对递归的 fact 方法的调用时，它会经历与计算任何其他方法调用相同的过程。

为了可视化这个过程，假设要在 run 方法中执行下面的语句：

```
System.out.println("fact(4) = " + fact(4));
```

当 run 调用 fact 时，计算机会创建新的栈帧，并将引元值复制到形式参数 n 中。fact 的帧会暂时代替 run 的帧，如下图所示：

73

```
public void run() {
private int fact(int n) {
☞ if (n == 0) {
      return 1;
   } else {
      return n * fact(n - 1);
   }                                    n
}                                      4
```

计算机现在开始计算方法体，从 if 语句开始。因为 n 不等于 0，所以控制流继续执行到 else 子句，此时程序必须计算并返回下面表达式的值：

```
n * fact(n - 1)
```

计算这个表达式需要计算 fact(n-1) 的值，这会引入递归调用。在该调用返回后，程序所需做的所有事情就是将该结果乘以 n。因此，计算当前的状态可以用下面的图表示：

```
public void run() {
private int fact(int n) {
   if (n == 0) {
      return 1;
   } else {
      return n * fact(n - 1);
                    ↑                  n
   }                ?                  4
}
```

计算中的下一步是对以引元表达式开头的 fact(n-1) 的调用进行计算。因为 n 当前的值为 4，所以引元表达式 n-1 的值为 3。然后，计算机会为 fact 创建一个新的帧，其中的形式参数被初始化为这个值。因此，下一帧看起来像下面这样：

```
public void run() {
private int fact(int n) {
private int fact(int n) {
☞ if (n == 0) {
      return 1;
   } else {
      return n * fact(n - 1);
   }                                    n
}                                      3
```

74

有两个帧都被标记为 fact。在最近的这个帧中，计算机只是开始计算 fact(3)。这个新帧隐藏了前一个为 fact(4) 创建的帧，它知道 fact(3) 的计算完成之前都不会再次出现了。

对 fact(3) 的计算会再次以测试 n 的值开始。因为 n 仍旧不为 0，所以 else 子句指示计算机去计算 fact(n-1)。与之前一样，这个处理要求创建一个新的栈帧，如下所示：

```
public void run() {
private int fact(int n) {
private int fact(int n) {
private int fact(int n) {
☞ if (n == 0) {
      return 1;
   } else {
      return n * fact(n - 1);
   }
}                          n
                          2
```

按照相同的逻辑，程序现在必须调用 fact(1)，而 fact(1) 又会调用 fact(0)，从而创建两个新的栈帧，如下所示：

```
public void run() {
private int fact(int n) {
private int fact(int n) {
private int fact(int n) {
private int fact(int n) {
private int fact(int n) {
☞ if (n == 0) {
      return 1;
   } else {
      return n * fact(n - 1);
   }
}                          n
                          0
```

但是，此时情况发生了变化。因为 n 的值为 0，所以该方法可以通过执行下面的语句立即返回其结果：

```
return 1;
```

1 这个值返回给了调用帧，而这一帧的位置又再次成为栈顶，如下所示：

75

```
public void run() {
private int fact(int n) {
private int fact(int n) {
private int fact(int n) {
private int fact(int n) {
   if (n == 0) {
      return 1;
   } else {
      return n * fact(n - 1);
   }                ↑
}                  —1        n
                          1
```

从此处开始，计算会向回折返到每个递归调用上，从而完成每个层级上返回值的计算。

例如，在这个帧中，对 fact(n-1) 的调用可以被 1 这个值替换，如表示栈帧的图中所示。在这个栈帧中，n 的值为 1，因此这个调用的值就是 1。这个结果会反向传播回它的调用者，即下面的图中最上面一帧表示的调用。

```
public void run() {
private int fact(int n) {
private int fact(int n) {
private int fact(int n) {
   if (n == 0) {
      return 1;
   } else {
      return n * fact(n - 1);
                     └─1
   }
}
```
n

2

因为 n 现在是 2，所以计算 return 语句会导致 2 这个值被传播回上一层，如下所示：

```
public void run() {
private int fact(int n) {
private int fact(int n) {
   if (n == 0) {
      return 1;
   } else {
      return n * fact(n - 1);
                     └─2
   }
}
```
n

3

76

此时，程序会将 3×2 返回给上一层，使得对 fact 的最初调用的帧看起来像下面这样：

```
public void run() {
private int fact(int n) {
   if (n == 0) {
      return 1;
   } else {
      return n * fact(n - 1);
                     └─6
   }
}
```
n

4

计算过程的最后一步工作包括计算 4×6 和将数值 24 返回给 run 方法。

2.4.3 递归的信任飞跃

剖析 fact(4) 计算的完整路径的目的是让你确信 Java 会像处理其他所有方法一样处理递归方法。在面对递归方法时，至少在理论上你可以模拟计算机的操作并弄明白它要做什么。通过绘制所有的帧并跟踪所有的变量，你可以重复整个操作并得出答案。但是，如果这么做了，通常会发现这个过程的复杂度最终会导致对计算进行跟踪变得困难重重。

因此，无论何时，当你试图要理解某个递归程序时，将底层的细节放到一边，聚焦于单层的操作往往会很有帮助。在这一层上，你可以认为任何递归调用都会自动地获得正确的答案，只要传递给这些调用的引元比最初的引元在某种程度上显得更简单。这种心理学上的策略，即假设任何更简单的递归调用都会正确地工作，被称为递归的信任飞跃。学习应用这种策略对于在实际应用中使用递归是至关重要的。

作为具体示例，我们来考虑一下当这个实现用来计算 n 等于 4 的 `fact(n)` 时所发生的事情。想要计算 `fact(4)`，递归实现必须计算下面表达式的值：

`n * fact(n - 1)`

通过将 n 的值替换到表达式中，可以得到：

`4 * fact(3)`

我们先停在这里。计算 `fact(3)` 比计算 `fact(4)` 更简单。因为更简单，所以基于递归的信任飞跃，我们可以认为它能够正确工作。因此，你应该认为对 `fact(3)` 的调用将正确地计算出 3! 的值，也就是 $3 \times 2 \times 1$，即 6。因此，调用 `fact(4)` 的结果就是 4×6，即 24。 |77|

2.5　斐波那契函数

在 1202 年出版的数学论著《Liber Abbaci》中，意大利数学家莱昂纳多·斐波那契提出一个对许多领域都产生了广泛影响的问题，包括计算机科学领域。这个问题可以表述为一个种群生物学的练习，该学科的重要性近年来与日俱增。斐波那契问题关心的是兔子的数量是如何一代一代增长的，如果兔子按照下面的不可否认并且有些异想天开的规则来繁殖：

- 每对具有生殖能力的兔子每个月繁殖一对新的后代。
- 兔子在出生后的第二个月就具备生殖能力。
- 老兔子永远不会死。

在 1 月有一对新出生的兔子，那么在这一年的年末会有多少对兔子呢？

解决斐波那契问题，可以直接对一年中每个月的兔子数量跟踪计数。在 1 月的开头，还没有任何兔子，因为第一对兔子是在这个月的某个时间引入的，这样到 2 月 1 日就会有一对兔子。因为最初的这对兔子是新生的，所以它们在 2 月仍旧没有生殖能力，这意味着在 3 月 1 日，仅有的兔子仍旧是最初的那对兔子。但是，在 3 月，最初的那对兔子到了可以繁殖的年龄，这意味着会有一对新兔子出生。新兔子增加了群体的数量，按对计算的话，在 4 月 1 日增加到了 2 对。在 4 月，最初的兔子仍旧在正常地繁殖，而 3 月新生的兔子还显得太年轻。因此，在 5 月的开头，总共有 3 对兔子。从此时开始，每个月随着越来越多的兔子具备生殖能力，兔子的数量开始快速增长。

2.5.1　计算斐波那契数列中的项

在此处，将兔子数量的数据记录为一系列的项会很有用，其中每一项都用带下标的 t_i 来表示，表示从 1 月 1 日实验开始到第 i 个月开头的兔子有多少对。这个序列自身被称为斐波那契数列，以下列各项开始，这些项就是目前为止我们计算出来的结果： |78|

t_0	t_1	t_2	t_3	t_4
0	1	1	2	3

通过观察，可以简化这个数列中更多项的计算。因为在这个问题中每对兔子都永远不会死，所以前一个月的所有兔子都还在。而且，每对具有生殖能力的兔子都会繁殖一对新兔子。因此，具有生殖能力能够繁殖兔子的对数就等于前一个月的兔子对数。其效果就是数列中的每一个新项必然是前两项的和。因此，斐波那契数列接下来的若干项如下：

t_0	t_1	t_2	t_3	t_4	t_5	t_6	t_7	t_8	t_9	t_{10}	t_{11}	t_{12}
0	1	1	2	3	5	8	13	21	34	55	89	144

在这一年年底，兔子的对数将达到 144。

从编程的角度看，将生成新项的规则表示成下面更数学化的形式会更有帮助：

$$t_n = t_{n-1} + t_{n-2}$$

在这种类型的表达式中，数列中的每个元素都是用之前的元素来定义的，因此，这种类型的表达式被称为递推关系。

递推关系自身不足以定义斐波那契数列。尽管这个公式使得我们很容易地计算出该数列中的新项，但是计算过程必须从某处开始。为了应用这个公式，需要至少已经获得了两项，这意味着该数列中的前两项 t_0 和 t_1 必须显式定义出来。因此，斐波那契数列中各个项的完整定义如下：

$$t_n = \begin{cases} n & \text{如果 } n \text{ 为 } 0 \text{ 或 } 1 \\ t_{n-1} + t_{n-2} & \text{其他情况} \end{cases}$$

这个数学公式是计算斐波那契数列第 n 项的 fib(n) 方法的递归实现的理想模型。我们所需做的只是将简单情况和递推关系插入标准递归样例中。fib(n) 的递归实现显示在图 2-4 中，图中还包含了一个显示两个指定索引之间各个斐波那契数列项的测试程序。

79

```
/*
 * File: Fib.java
 * ---------------
 * This program lists the terms in the Fibonacci sequence with
 * indices ranging from LOWER_LIMIT to UPPER_LIMIT.
 */

package edu.stanford.cs.javacs2.ch2;

public class Fib {

   public void run() {
      for (int i = LOWER_LIMIT; i <= UPPER_LIMIT; i++) {
         System.out.println("fib(" + i + ") = " + fib(i));
      }
   }

/*
 * Returns the nth term in the Fibonacci sequence using the
 * following recursive formulation:
 *
 *    fib(0) = 0
 *    fib(1) = 1
 *    fib(n) = fib(n - 1) + fib(n - 2)
 */

   private int fib(int n) {
      if (n < 2) {
         return n;
      } else {
         return fib(n - 1) + fib(n - 2);
      }
   }
```

图 2-4 列举斐波那契数列的程序

```
/* Private constants */

   private static final int LOWER_LIMIT = 0;
   private static final int UPPER_LIMIT = 20;

/* Main program */

   public static void main(String[] args) {
      new Fib().run();
   }

}
```

80

图 2-4　（续）

2.5.2　在递归实现中收获自信

既然已经有了一个 fib 方法的递归实现，那么如何才能让自己相信它可以工作呢？你总是可以从追踪程序逻辑入手。例如，请考虑如果调用 fib(5) 会发生什么。因为这不是 if 语句中所枚举的简单情况之一，所以该实现会通过下面的代码行来计算结果：

```
return fib(n - 1) + fib(n - 2);
```

在本例中，就是计算

```
return fib(4) + fib(3);
```

在此处，计算机会计算 fib(4) 的结果，将其加到调用 fib(3) 的结果上，然后将和作为 fib(5) 的值返回。

但是，计算机又是如何计算 fib(4) 和 fib(3) 的呢？当然，答案就是它使用了与计算 fib(5) 完全一样的策略。递归的本质就是将问题分解为更简单的一组问题，这些问题可以通过调用完全相同的方法来解决。这些调用会接受这些较简单的问题，并进一步将它们分解为更简单的问题，直至最终到达简单情况。

另一方面，最好是将整套机制当作不相关的细节，我们只需记住递归的信任飞跃。你在这一层的工作就是要理解 fib(5) 调用是如何工作的。在该方法的执行过程中，你已经将该问题转换为了计算 fib(4) 和 fib(3) 的和。因为引元值变得更小了，所以这些调用的每一个都表示一种更简单的情况。有了递归的信任飞跃，就可以认为该程序可以正确地计算所有这些值，而不需要你自己去遍历所有的步骤。为了验证该递归策略，可以在表中直接查找答案：fib(4) 是 3 而 fib(3) 是 2。因此，调用 fib(5) 的结果就是 3+2，即 5，这确实是正确的答案。案例结束。你不需要查看所有细节，这些细节最好留给计算机去处理。

2.5.3　递归实现的效率

但是，如果你决定遍历对 fib(5) 调用进行计算的所有细节，很快就会发现这种计算的效率极其低下。递归分解会产生很多冗余的调用，使得计算机最终会多次计算斐波那契数列中相同的项。图 2-5 说明了这种情况，它展示了计算 fib(5) 所需的所有递归调用。正如从图中可见的，程序最终产生了 1 个 fib(4) 调用、2 个 fib(3) 调用、3 个 fib(2) 调用、5 个 fib(1) 调用和 3 个 fib(0) 调用。如果斐波那契函数可以用迭代来高效地实现，那么递归实现所需的步骤数量就不是个小问题了。

81

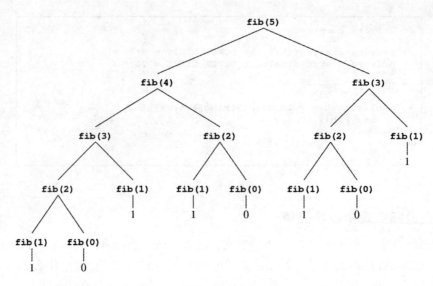

图 2-5　计算 fib(5) 的步骤

2.5.4　递归不应被指责

在发现图 2-4 中给出的 fib(n) 实现十分低效之后，递归被千夫所指，被认为是罪魁祸首。但是，斐波那契实例中的问题与递归并没有半点关系，而是因为使用递归的方式导致的。通过采用不同的策略，可以编写出 fib 方法的另一种递归实现，它可以让图 2-5 所揭示的大规模的低效问题彻底消失。

就像使用递归时经常会碰到的情况一样，找到更加高效的解决方案的关键在于采用更通用的方式。斐波那契数列并非唯一使用递推关系定义其各个项的数列：

$$t_n = t_{n-1} + t_{n-2}$$

如果你选择的前两项不同，那么就会产生不同的序列。传统的斐波那契数列

$$0, 1, 1, 2, 3, 5, 8, 13, 21, 34, 55, 89, 144, \cdots$$

基于 $t_0 = 0$ 和 $t_1 = 1$。例如，如果定义 $t_0 = 3$ 和 $t_1 = 7$，那么就会得到下面的数列：

$$3, 7, 10, 17, 27, 44, 71, 115, 186, 301, 487, 788, 1275, \cdots$$

类似地，定义 $t_0 = -1$ 和 $t_1 = 2$ 会得到下面的数列：

$$-1, 2, 1, 3, 4, 7, 11, 18, 29, 47, 76, 123, 199, \cdots$$

这些数列都是用了相同的递推关系，指定每个新项都是之前两项的和，它们唯一的差别就是前两项的选择不同。作为一种通用类别，这些数列都遵循了*加法数列*的模式。

加法数列的概念使得我们可以将查找斐波那契数列第 n 项的问题转换为更通用的查找初始项为 t_0 和 t_1 的加法数列的第 n 项的问题。这种方法需要三个引元，在 Java 中可以表示为具有下面原型的方法：

```
private int additiveSequence(int n, int t0, int t1)
```

有了这样的方法，就很容易用它来实现 fib。我们只需提供正确的前两项的值，就像下面这样：

```
private int fib(int n) {
    return additiveSequence(n, 0, 1);
}
```

方法体中只包含单行代码，这行代码除了调用另一个方法传递了一些额外的参数之外什么也没。这种直接返回另一个方法的结果的函数称为包装器方法。包装器方法在递归程序中非常普遍，在大多数情况下，包装器方法用来向解决更通用问题的辅助方法提供额外的引元。

到此处为止，剩下的任务就是实现 addtiveSequence。如果你花几分钟时间考虑一下这个更通用的问题，就会发现加法数列自身具有一个有趣的递归特性。该递归的简单情况包含 t_0 和 t_1 项，它们的值是该数列定义的一部分。在 Java 的实现中，这些项的值会被当作引元传递。例如，如果需要计算 t_0，你只需返回引元 t0。 |83|

但是如果要查找该数列中后续的项，该怎么办呢？例如，假设想要在初始项为 3 和 7 的加法数列中查找 t_6。通过查看该数列中的各个项：

t_0	t_1	t_2	t_3	t_4	t_5	t_6	t_7	t_8	t_9
3	7	10	17	27	44	71	115	186	301...

就会发现正确的值为 71。然而，问题是：应该如何使用递归来确定这个值呢？

这里需要你能够洞察到在任何加法数列中，第 n 项就是向前跨越一步的加法数列中的第 $n-1$ 项。例如，上面例子中的 t_6 就是以 7 和 10 开头的加法数列的 t_5：

t_0	t_1	t_2	t_3	t_4	t_5	t_6	t_7	t_8
7	10	17	27	44	71	115	186	301...

洞察到这一点使得我们可以像下面这样来实现 additiveSequence 方法：

```
private int additiveSequence(int n, int t0, int t1) {
    if (n == 0) return t0;
    if (n == 1) return t1;
    return additiveSequence(n - 1, t1, t0 + t1);
}
```

如果你追踪使用这种技术的 fib(n) 的计算步骤，就会发现该计算中没有包含任何使得之前的递归公式变得非常低效的冗余计算。这些步骤会直接产生答案，就像下面所示：

```
fib(5)
 = additiveSequence(5, 0, 1)
   = additiveSequence(4, 1, 1)
     = additiveSequence(3, 1, 2)
       = additiveSequence(2, 2, 3)
         = additiveSequence(1, 3, 5)
           = 5
```

|84|

即使新的实现完全是递归的，它的效率也可以与斐波那契方法的传统迭代版本相媲美。事实上，我们甚至可以使用更加复杂的数学方法来编写出比迭代策略高效得多的 fib(n) 的完全递归版本。在第 10 章的习题中，你将有机会自己动手来编码这种实现。

2.6 总结

在本章中，学习了有关方法的知识，方法使得我们可以用一个简单名来引用整块代码。因为它们使得程序员可以忽略其内部细节，只需关注方法整体的执行效果，所以方法对于降低程序的概念复杂度来说，是一种至关重要的工具。

本章介绍的关键知识点包括：

- 方法是一个被组织到独立单元中并且被赋予了名字的代码块。程序中其他部分可以调用方法，并且可以以引元的形式向其传递信息，并接收方法返回的结果。
- 方法在编程中起到了多种有用的作用。方法使得相同的指令集可以在程序中许多地方被共享，这可以降低程序的尺寸和复杂度。更重要的是，方法使得将大型程序分解为众多更小且更可管理的部分成为可能。方法还起到了为实现算法提供基础的作用，而算法准确地指定了解决计算问题的策略。
- Math 库类导出各种实现了 sqrt、sin 和 cos 等标准数学函数的方法。作为 Math 类的客户端，你需要了解如何调用这些方法，但是并不需要理解它们的工作细节。
- 有返回值的方法必须有 return 语句，用来指定要返回的结果。方法可以返回任何类型的值。返回布尔值的方法称为谓词方法，它们在编程中扮演着重要的角色。
- Java 使得我们可以定义具有相同名字的多个方法，只要编译器可以用引元的数量和类型来确定需要调用的是哪一个方法即可。这种机制称为重载。区分每种重载变体的引元模式称为签名。
- 在方法中声明的变量是局部的，不能在该方法外部使用。在内部，所有在方法内部声明的变量都一起存储在栈帧中。
- 在调用方法时，引元是在调用者的上下文中被计算的，然后被复制给方法原型中指定的参数变量。引元和参数的关联总是遵循变量在列表中出现的顺序。
- 当方法返回时，程序会精确地从产生调用的位置继续执行。计算机将这个位置称为返回地址，并在栈帧中跟踪它。
- 将问题分解为具有相同形式的更简单的多个问题的解决策略称为递归。递归是一种非常强大的编程技术，在第8章你将会更详细地学习这种技术。
- 在可以有效地使用递归之前，你必须学习如何将分析限制到递归分解方案中的单层上，以及如何依赖所有更简单递归调用的正确性而无需跟踪整个计算过程。信任这些更简单的调用可以正确工作，这种做法通常被称为递归的信任飞跃。
- 数学函数经常以递推关系的形式展示它们的递归本性，在递推关系中，数列中的每个元素都是用之前的元素来定义的。
- 尽管某些递归方法可能与对应的迭代版本相比效率低下，但是递归自身并不是问题根源所在。就像所有类型的算法一样，某些递归策略比其他策略更高效。
- 为了确保递归分解可以产生与原来问题形式一致的子问题，经常需要泛化该问题。因此，一种很有用的做法是：将具体问题的解决方案实现为一个简单的包装器函数，而该函数唯一的作用就是调用实现了更通用情况的辅助方法。

2.7 复习题

1. 请用你自己的话解释方法和程序之间的区别。

2. 定义下面应用于方法的术语：调用、引元、返回。

3. 在某个方法体中能否存在多条 return 语句？

4. 什么是静态方法？

5. 如何使用 Math 类计算 45° 的正弦值？

6. 什么是谓词方法？

86

7. 请描述实现者和客户端的区别。

8. 术语重载的含义是什么？ Java 编译器是如何使用签名来实现重载的？

9. 什么是栈帧？

10. 请描述引元与参数关联的过程。

11. 在方法内部声明的变量被称为局部变量。在这种上下文中，局部这个词具有什么样的重要性？

12. 迭代和递归的区别是什么？

13. 短语递归的信任飞跃是什么意思？为什么这个概念对于作为程序员的你来说非常重要？

14. 在 2.4.2 节中，给出了一段有关当 fact(4) 被调用时内部所发生的事情的长篇分析。以这一节为范例，跟踪 fib(3) 的执行轨迹，画出处理过程中所创建的每一个栈帧。

15. 什么是递推关系？

16. 修改斐波那契兔子问题，引入额外的规则，即兔子在生下三窝幼崽之后就停止繁殖。这个条件会如何改变递推关系？你需要对简单情况做出什么样的修改？

17. 在使用图 2-5 的递归实现计算 fib(n) 时，会调用 fib(1) 多少次？

18. 什么是包装器方法？为什么包装器方法在编写递归方法时经常很有用？

19. 如果从 additiveSequence 方法中移除 if(n == 1) 这项检查，使得该实现看起来像下面这样，会发生什么？该方法是否仍旧可以工作？请说明原因。

```
int additiveSequence(int n, int t0, int t1) {
    if (n == 0) return t0;
    return additiveSequence(n - 1, t1, t0 + t1);
}
```

87

2.8　习题

1. 重写第 1 章习题 1 中的摄氏度 – 华氏度转换程序，让它使用一个方法来执行这种转换。

2. 编写一个方法 countDigits(n)，它会返回整数 n 的位数，你可以假设 n 是正数。设计一个程序来测试你的方法。作为编写该方法的提示，你可以看一下图 1-10 中的 DigitSum 程序。

3. 编写一个名为 PowersOfTwo 的程序，它会显示 2^k 的值，其中 k 的取值为 0 到 16 的闭区间，如下面的样例运行一样：

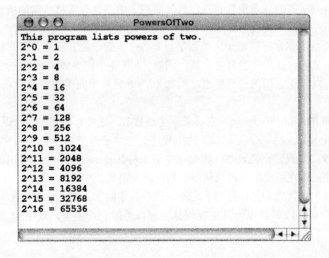

你的解决方案中应该包含一个 raiseToPower 方法，该方法接受两个整数 n 和 k，并返回 n^k。

4. 编写习题 3 中的 raiseToPower 方法的重载版本，使得基（用参数 n 表示）除了可以是 int，还可以是 long 或 double。编写一个程序来测试这些扩展。

5. 如果在寒冷的大风天站在户外，你就会知道对寒冷的感受取决于风速和温度。风吹得越快，你就觉得越冷。为了量化风对感受到的温度的影响，国家气象服务（National Weather Service）会报告风寒
88 指数，图 2-6 展示了其网站上发布的风寒指数。

温度（华氏度）

风速（英里/小时） \ 无风	40	35	30	25	20	15	10	5	0	–5	–10	–15	–20	–25	–30	–35	–40	–45
5	36	31	25	19	13	7	1	-5	-11	-16	-22	-28	-34	-40	-46	-52	-57	-63
10	34	27	21	15	9	3	-4	-10	-16	-22	-28	-35	-41	-47	-53	-59	-66	-72
15	32	25	19	13	6	0	-7	-13	-19	-26	-32	-39	-45	-51	-58	-64	-71	-77
20	30	24	17	11	4	-2	-9	-15	-22	-29	-35	-42	-48	-55	-61	-68	-74	-81
25	29	23	16	9	3	-4	-11	-17	-24	-31	-37	-44	-51	-58	-64	-71	-78	-84
30	28	22	15	8	1	-5	-12	-19	-26	-33	-39	-46	-53	-60	-67	-73	-80	-87
35	28	21	14	7	0	-7	-14	-21	-27	-34	-41	-48	-55	-62	-69	-76	-82	-89
40	27	20	13	6	-1	-8	-15	-22	-29	-36	-43	-50	-57	-64	-71	-78	-84	-91
45	26	19	12	5	-2	-9	-16	-23	-30	-37	-44	-51	-58	-65	-72	-79	-86	-93
50	26	19	12	4	-3	-10	-17	-24	-31	-38	-45	-52	-60	-67	-74	-81	-88	-95
55	25	18	11	4	-3	-11	-18	-25	-32	-39	-46	-54	-61	-68	-75	-82	-89	-97
60	25	17	10	3	-4	-11	-19	-26	-33	-40	-48	-55	-62	-69	-76	-84	-91	-98

冻伤时间　30分钟　10分钟　5分钟

风寒指数（华氏度）$=35.74+0.6215t-35.75(v^{0.16})+0.4275t(v^{0.16})$

其中 t = 温度（华氏度）　v = 风速（英里/小时）　*Effective* 11/01/01

来源：国家气象服务

图 2-6　风寒指数是有关温度和风速的函数

正如在该图底部所看到的，国家气象服务使用下面的公式来计算风寒指数：

$$35.74 + 0.6215\,t - 35.75\,v^{0.16} + 0.4275\,t\,v^{0.16}$$

其中，t 是华氏温度，v 是风速，单位为英里 / 小时。

编写一个方法 windChill，它接受 t 和 v 的值，返回风寒指数。在实现时，你的方法应该将下面两个特例考虑进去：

- 如果没有风，windChill 应该返回原始的温度 t。
- 如果温度大于 40°F，风寒指数是未定义的，你的方法在这种情况下也应该返回原始的温度。

尽管在学习了第 4 章有关格式化数字数据的知识之后，编写这种应用会更容易，但是对于像图 2-6 所示那样各列对齐的风寒指数表，你已经掌握了输出这种表格所需的所有工具。如果你愿意
89 挑战，那么编写一个主程序，使用 windChill 来产生这个表格。

6. 希腊数学家对一类数字非常感兴趣，这类数字与其各个*真因子*之和相等，而真因子是指小于该数字自身的所有因子。他们称这类数字为*完美数*。例如，6 是一个完美数，因为它是 1、2 和 3 的和，这些是小于 6 且 6 可以整除它们的所有整数。类似地，28 是一个完美数，因为它是 1、2、4、7 和 14 的和。

编写一个谓词方法 isPerfect，它接受一个整数 n，并在 n 是完美数时返回 true，否则返回 false。编写一个使用 isPerfect 方法的主程序，它会通过依次测试 1 到 9999 范围内的每个整数来测试你的实现。当找到完美数时，你的程序应该将其显示在屏幕上。输出的前两行应该是 6 和 28。你的程序应该能够在该范围内再找到两个其他的完美数。

7. 对于大于 1 的整数，如果除了其自身和 1 之外，没有其他因子，那么它就被称为*质数*。例如，17 就是质数，因为除了 1 和 17 外，没有其他任何数字可以整除它。但是，数字 91 就不是质数，因为它

可以被 7 和 13 整除。编写一个谓词方法 isPrime(n)，如果整数 n 为质数，则返回 true，否则返回 false。为了测试你的算法，请编写一个主程序，列出 1 到 100 之间的所有质数。

8. 尽管 Math 类的客户端典型情况下不需要理解像 sqrt 这样的方法内部是如何工作的，但是该库的实现者必须能够设计一种有效的算法并编写必要的代码。如果要求不使用库版本去实现 sqrt 方法，那么你可以采用很多策略。一种最容易理解的策略是连续逼近，即你对答案做出猜测，然后通过选择更靠近答案的新值来对猜测求精。

可以采用下面的策略来使用连续逼近法确定 x 的平方根：

1）以猜测平方根为 $x/2$ 开始，称这个猜测为 g。

2）实际的平方根必然位于 g 和 x/g 之间。在连续逼近的每一步中，通过取 g 和 x/g 的平均值来生成新值。

3）重复步骤 2，直至 g 和 x/g 的值足够接近，达到硬件能够表示的精度上限。在 Java 中，检查这种条件的最佳方式是测试计算出来的平均值是否等于用来生成它的两个值中的任意一个。

使用这种策略编写你自己的 sqrt 方法的实现。

90

9. 在第 1 章的习题 11 中，了解到数学常量 π 可以使用下面由莱布尼兹发明的公式来计算：

$$\frac{\pi}{4} = 1 - \frac{1}{3} + \frac{1}{5} - \frac{1}{7} + \frac{1}{9} - \cdots$$

遗憾的是，这个公式收敛得非常慢。即使延续到 10 000 项，其正确性也只能达到 4 位数字。因此，使用这项技术将 π 计算到浮点精度的极限是不现实的。但是，下面的公式收敛得就快很多：

$$\frac{\pi}{6} = \frac{1}{2} + \left(\frac{1}{2}\right)\frac{1}{3}\left(\frac{1}{2}\right)^3 + \left(\frac{1}{2}\times\frac{3}{4}\right)\frac{1}{5}\left(\frac{1}{2}\right)^5 + \left(\frac{1}{2}\times\frac{3}{4}\times\frac{5}{6}\right)\frac{1}{7}\left(\frac{1}{2}\right)^7 + \cdots$$

上面每一项都可以分成三个部分，正如公式中括号所表示的那样。弄明白每一部分在各个项中是如何变化的，并利用这些信息来编写一个程序，将 π 计算到浮点精度的极限。

10. 库函数 Math.exp(x) 会返回 e^x 的值，这个值可以用下面的公式来计算：

$$e^x = \frac{x^0}{0!} + \frac{x^1}{1!} + \frac{x^2}{2!} + \frac{x^3}{3!} + \frac{x^4}{4!} + \frac{x^5}{5!} + \frac{x^6}{6!} + \frac{x^7}{7!} + \cdots$$

编写你自己的 exp(x) 函数，使用上面的公式来计算 e^x 的近似值。例如，调用 exp(1) 应该返回数学常量 e。

11. 尽管计算最大公约数的欧几里得算法是解决该问题的最古老的权威算法之一，但是在几个世纪之后仍旧涌现出其他的一些算法。在中世纪，确定复活节的日期是需要复杂算法思想支撑的众多问题之一，复活节的日期是春分后第一个满月之后的第一个星期天。按照这个定义，计算复活节的日期涉及星期的循环、月球的轨道和太阳在黄道十二宫上的运行轨迹等。解决该问题的早期算法可以追溯到公元 3 世纪，公元 8 世纪被称为尊者比德的著作中对这些算法进行了描述。在 1800 年，德国数学家卡尔·弗里德里希·高斯发表了一种用来确定复活节日期的算法，它具有纯粹的数学意义，因为它是依靠算术运算而不是查表的方式来计算的。它的算法从德文翻译过来后，如图 2-7 所示。

---

1. 将希望计算复活节日期的年份数字分别除以 19、4 和 7，将所得到的余数分别称为 a、b 和 c。如果除尽了，那么余数就是 0。这些除法的商不做任何用处，下面的除法也完全按照这种方式处理。

2. 将 $19a + 23$ 除以 30，将余数称为 d。

3. 最后，将 $2b+4c+6d+3$ 或 $2b+4c+6d+4$，除以 7，并将余数称为 e，其中年份在 1700—1799 之间使用前者，而年份在 1800 到 1899 之间使用后者。

然后，复活节的日期就会是 3 月 22+d+e，若 d+e 大于 9，则是 4 月 d+e - 9。

翻译自卡尔·弗里德里希·高斯 1800 年 8 月发表的 "计算复活节的日期"
http://gdz.sub.uni-goettingen.de/no_cache/dms/load/img/?IDDOC=137484

图 2-7　高斯用来计算复活节日期的算法

编写一个过程

```
String findEaster(int year)
```

该过程会返回一个表示 year 这一年的复活节日期的字符串，该字符串由月份名与日构成，例如
"April 11"。

12. 本章所描述的组合方法 $C(n, k)$ 可以确定在 n 个元素的集合中选择 k 个值时，在忽略元素顺序的情
况下，不同取法的数量。如果需要考虑值的顺序，例如在选硬币的例子中，先选 25 分然后再选 1
角和先选 1 角然后再选 25 分被看作是有区别的两种选法，那么就需要使用不同的方法，即能够计
算排列数量的方法，排列是指从尺寸为 n 的集合中选择 k 个有序元素的所有取法。这个方法表示为
$P(n, k)$，其数学计算公式为：

$$P(n, k) = \frac{n!}{(n-k)!}$$

尽管这个定义在数学上是正确的，但是并不适合实践中的实现，因为即使最终的排列值很小，
在计算过程中所涉及的阶乘也可能非常大，无法存储在整数变量中。例如，如果你试图使用这个公
式来计算在标准的 52 张扑克牌中选取两张牌的不同取法，那么最终你就是在计算下面的分数：

$$\frac{80\ 658\ 175\ 170\ 943\ 878\ 571\ 660\ 636\ 856\ 403\ 766\ 975\ 289\ 505\ 440\ 883\ 277\ 824\ 000\ 000\ 000\ 000}{30\ 414\ 093\ 201\ 713\ 378\ 043\ 612\ 608\ 166\ 064\ 768\ 844\ 377\ 641\ 568\ 960\ 512\ 000\ 000\ 000\ 000}$$

尽管答案是容易控制得多的 2652（52×51）。

编写一个 permutations(n,k) 方法，它无需调用 fact 方法就可以计算 $P(n, k)$。在这个问
题中，你的部分工作应该是找到如何高效计算这个值的途径。要找到这样的高效算法，你可能会发
现，用相对较小的值来获得上面公式中分子和分母中的阶乘所要表达的含义，会显得很有用。

13. G. H. Hardy 和印度数学天才 Srinivasa Ramanujan 之间的合作是历史上最传奇的数学合作研究之一。
在 Hardy 的著作《一个数学家的道歉》的前言中，英国数学家兼小说家 C. P. Snow 记述了 Hardy
对即将离世的 Ramanujan 的一次探访经历，这次探访成为数学史上的一件轶事：

Hardy 是个不擅长聊天的人，他可能连问候语都没说，就说出了他的第一句话："我
想我的出租车号应该是 1729，这对我来说是个相当无聊的数字。"Ramanujan 回复道："不，
Hardy！不，Hardy！这是一个相当有趣的数字。它是最小的可以用两种方式表示为两个
立方数之和的数字。"

这是 Hardy 记录下来的两人的交流过程，因此肯定是相当准确靠谱的。他是最诚实的
人，而且，没人可以杜撰出这样的谈话。

编写一个 Java 程序，用来确认 Ramanujan 的陈述，假设只处理正数。

14. 球形物体，例如大炮的弹丸，可以堆成金字塔的形状，即将 1 个弹丸放在由 4 个弹丸构成的正
方形顶上，而这 4 个弹丸又放在由 9 个弹丸构成的正方形顶上，以此类推。编写一个递归方法
cannonball，它接受的引元是金字塔的高度，返回的是金字塔所包含的弹丸数量。你的方法必
须递归地操作，并且不能使用任何像 while 或 for 的迭代结构。

15. 在 18 世纪，天文学家 Johann Daniel Titius 提出了一项后来由 Johann Elert Bode 记录的规则，该
规则可以用来计算从太阳到那个时代人们已知的每颗行星之间的距离。为了应用这项现在被称为
Titius-Bode 定律的规则，需要从下列数列开始：

$$b_1 = 1 \quad b_2 = 3 \quad b_3 = 6 \quad b_4 = 12 \quad b_5 = 24 \quad b_6 = 48 \cdots$$

该数列中每个后续元素都是其前一个元素的 2 倍。事实证明，到第 i 颗行星的近似距离可以通过应
用下面的公式从该数列中计算出来：

$$d_i = \frac{4 + b_i}{10}$$

距离 d_i 是用天文单位（AU）来表示的，天文单位指的是地球到太阳之间的平均距离（大约是
93 000 000 英里）。除了火星和木星之间的距离与此不协调之外，Titius-Bode 定律给出了一系列当
时已知行星之间的合理近似值：

水星	0.5 AU
金星	0.7 AU
地球	1.0 AU
火星	1.6 AU
?	2.8 AU
木星	5.2 AU
土星	10.0 AU
天王星	19.6 AU

该数列中的缺失项使得天文学家发现了小行星带，他们认为曾经有一颗行星在上面表格中缺失项所
表示的距离上绕太阳运行，这些小行星就是这颗行星的残骸。

编写一个递归方法 getTitiusBodeDistance(k)，它可以计算太阳与第 k 颗行星之间的期
望距离，第 k 颗是指从 1 开始从水星向外计数。编写一个测试该方法的程序，以表格形式显示太阳
到这些行星的距离。

16. 重写习题 3 中的 raiseToPower 方法，使得它遵循下面的递归定义：

$$n^k = \begin{cases} 1 & \text{如果 } k \text{ 为 } 0 \\ n \times n^{k-1} & \text{其他情况} \end{cases}$$

17. 重写 2.2 节的 gcd 函数，使得它可以使用下面的规则来递归地计算最大公约数：
   - 如果 y 为 0，那么 x 就是最大公约数。
   - 否则，x 和 y 的最大公约数总是等于 y 与 x 除以 y 的余数的最大公约数。

18. 编写一个递归方法 digitSum(n)，它接受一个非负整数，并返回其各个数字位之和。例如，调用
digitSum(1729) 应该返回 1+7+2+9，即 19。

digitSum 的递归实现有赖于这样的事实：可以很容易地将一个整数通过除以 10 分解为两个
部分。例如，给定整数 1729，可以将其分解为如下两部分：

$$1729$$
$$172 \quad 9$$

所产生的每个整数都肯定比原来的数字小，因此表示的是更简单的情况。

19. 整数 n 的数位根被定义为递归地将各个数字位加起来，直至只剩一位数字。例如，1729 的数位根
可以使用下面的步骤来计算：

步骤 1：1+7+2+9	→	19
步骤 2：1+9	→	10
步骤 3：1+0	→	1

编写一个 digitalRoot(n) 方法，它会返回 n 的数位根。这个问题的部分挑战源于不能使
用任何显式的循环结构，而是要编写递归方法。

20. 编写方法 fib(n) 的迭代实现。

21. 对于本章所描述的方法 fib(n) 的两种递归实现，分别编写一个递归方法，用来对计算相应的斐
波那契数列时做出的方法调用的次数计数。编写一个程序，使用这些方法来显示一张表格，展示
每种算法在计算前 n 项时做出的方法调用的次数，其中 n 是在程序中指定的某个常量上限。例如，

前 10 项看起来像下面这样：

```
○○○                        CountFib
  n      fib1      fib2
 ---     ----      ----
  0        1         2
  1        1         2
  2        3         3
  3        5         4
  4        9         5
  5       15         6
  6       25         7
  7       41         8
  8       67         9
  9      109        10
```

22. 正如你在本章所了解到的，数学上的组合方法 $C(n, k)$ 通常是用阶乘来定义的，即

$$C(n, k) = \frac{n!}{k! \times (n-k)!}$$

95

各个 $C(n, k)$ 的值还可以按照几何方式排列，构成一个三角形，n 在三角形中随向下移动而增长，而 k 则随自左向右移动而增长。所产生的结构称为帕斯卡三角（杨辉三角），它是以法国数学家 Blaise Pascal 的名字命名的（应该以我国数学家杨辉的名字命名——译者注），其布局看起来如下：

$$C(0, 0)$$
$$C(1, 0) \quad C(1, 1)$$
$$C(2, 0) \quad C(2, 1) \quad C(2, 2)$$
$$C(3, 0) \quad C(3, 1) \quad C(3, 2) \quad C(3, 3)$$
$$C(4, 0) \quad C(4, 1) \quad C(4, 2) \quad C(4, 3) \quad C(4, 4)$$

帕斯卡三角（杨辉三角）有一个有趣的属性，即除了左右两边上的项都是 1 之外，每一项都是其肩上两项之和。例如，考虑在下面显示的帕斯卡三角（杨辉三角）中圈出来的项：

```
            1
          1   1
        1   2   1
      1   3   3   1
    1   4   6   4   1
  1   5  10  10   5   1
1   6 (15) 20  15   6   1
1   7  21  35  35  21   7   1
```

这一项对应于 $C(6, 2)$，是出现在其上方两边的项 5 和 10 的和。使用帕斯卡三角（杨辉三角）中各项之间的这种关系来编写一个不使用任何循环且不对 fact 做任何调用的 combinations(n,k) 的递归版本。

96

字 符 串

在这些弦上弹出低音的音乐。

——T. S. Eliot，《 The Waste Land 》，1922

到目前为止，你在本书中看到的大多数编程示例都将数字用作其基本的数据类型。如今，计算机处理的数字型数据已经不如文本数据那么多了，这里的文本数据是一种泛化的术语，泛指由众多单个的字符构成的信息。现代计算机处理文本数据的能力催生了短信、电子邮件、字处理系统、社交网络和门类繁多的大量其他有用的应用程序的发展。

本章将介绍 Java 的 String 类，它提供了一种很便捷的用来操作字符串的抽象。在你的工具箱中收纳这个库将会使得编写有趣的应用程序变得容易得多。本章还将开启由多章内容构成的对类和对象的概览，类和对象构成了面向对象编程模式的核心概念。通过在本章中使用 String 类，可以提升你对类的理解，并为在第 7 章中定义你自己的类打下基础。

3.1 将字符串用作抽象值

从概念上讲，字符串就是一个字符序列。例如，字符串 "hello, world" 就是一个由包括 10 个字母、1 个逗号和 1 个空格在内的 12 个字符构成的序列。在 Java 中，String 类及其关联的操作是在 java.lang 包中定义的，这意味着即使没有具体的 import 语句，String 类也总是可用的。

在第 1 章中，你了解到数据类型是由两种属性来定义的：域和操作集。对于字符串，域很容易识别：String 类型的域就是由所有字符序列构成的集合。更令人关注的问题是识别恰当的操作集。正如你已经在几乎每个程序中所看到的，Java 针对字符串将 + 操作符定义为连接，表示将两个字符串首尾相接地连接在一起。但是，所有其他操作都被定义为了 String 类的方法。

在大多数情况下，你可以将 String 当作基本类型使用，就像使用 int 或 double 类型一样。例如，你可以就像使用数字型变量一样，声明一个 String 类型的变量，并给它赋初值。当声明 String 变量时，典型情况下会指定它的初值为某个字符串字面值，即由双引号括起来的字符序列。例如，下面的声明

```
String alphabet = "ABCDEFGHIJKLMNOPQRSTUVWXYZ";
```

将变量 alphabet 设置成了一个包含所有 26 个大写字母字符的字符串。

你可以通过调用 Scanner 类中的 nextLine 方法来从用户处获得一个字符串，就像在第 1 章的程序中使用 nextInt 和 nextDouble 一样。图 3-1 中的 HelloName 程序通过实现个性化版本的 HelloWorld 程序展示了字符串的输入，该个性化版本的程序在输出中包含了用户的名字，就像下面的运行示例所展示的那样：

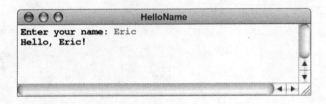

但是，如果使用 Scanner 类同时读入数字和文本行，那么就必须格外小心。如果调用 nextInt 或 nextDouble，那么 Scanner 类只会读入数字，而不会读入跟在数字后面的行终止符。如果之后再调用 nextLine，就会得到跟在之前输入值后面的空行。避免此问题的最简单的策略是在对 nextInt 或 nextDouble 的调用的后面，紧挨着添加一个额外的对 nextLine 的调用。

```
/*
 * File: HelloName.java
 * -----------------------
 * This program reads in a name from the user and then prints that
 * name back as part of a cheery greeting.
 */

package edu.stanford.cs.javacs2.ch3;

import java.util.Scanner;

public class HelloName {

    public void run() {
        Scanner sysin = new Scanner(System.in);
        System.out.print("Enter your name: ");
        String name = sysin.nextLine();
        System.out.println("Hello, " + name + "!");
    }

/* Main program */
    public static void main(String[] args) {
        new HelloName().run();
    }

}
```

99

图 3-1 "Hello World" 程序的一个交互版本

3.2 字符串操作

如果你需要使用 String 类来执行更加复杂的操作，那么你就会发现 Java 中的字符串与其他语言中的相似类型的行为不尽相同。首先，字符串操作所要求的语法形式可能与你根据以往的编程经验所预期的形式存在着差异。例如，如果你想要获知 3.1 节所定义的 alphabet 变量中的字符个数，那么你并不会使用下面这样的语句：

int nLetters = length(alphabet);

正如 bug 图标所强调的，这条语句在 Java 中是不正确的。这个表达式的问题在于 String 数据类型不是基础类型而是类类型，而类大概是最容易的用来非形式化地定义模板的方式，这里的模板描述了一个值集以及与其相关联的操作集。在面向对象编程语言中，类所属的值被称为对象。从单个类中可以产生许多不同的对象，每个这样的对象都被称为该类的一个实例。除了应用于整个类的静态方法，我们所定义的作为类的一部分的其他方法都将被应用于实例。

在面向对象编程范式中，对象之间通过彼此发送信息和请求来通信，这些传递的信息与请求统称为消息。发送消息的动作对应于某个对象调用属于另一个对象的方法。为了与发送消息的概念模型保持一致，致使方法被执行的对象被称为发送者，而该消息传递的目标对象被称为接收者。在 Java 中，发送消息是使用下面的语法来指定的：

receiver.*name*(*arguments*)

因此，将 **nLetters** 设置为字符变量 **alphabet** 的长度的这条语句的面向对象版本如下：

```
int nLetters = alphabet.length();
```

图 3-2 列出了 **String** 类导出的最常用的方法，它们都使用了上面的接收者语法，其中最重要的一些方法将在后续小节中详细探讨。在通读图 3-2 时要注意，**String** 的方法永远都不会改变接收者的值。例如，**toLowerCase** 方法不会将接收者字符串转换为小写，而是返回一个全新的字符串，其所有字符都被转换为小写字母。要想修改字符串，需要对该字符串重新赋值，就像下面这样：

```
str = str.toLowerCase();
```

100

字符串运算符

str_1 + str_2	将 str_1 和 str_2 首尾相连地连接起来，并返回包含了连接起来的所有字符的新字符串。只要有一个操作数是字符串，Java 就会将另一个操作数转换为其字符串形式
str += *suffix*	将 *suffix* 追加到 *str* 的末尾

字符串方法

str.**length**()	返回 *str* 中的字符数量
str.**charAt**(*k*)	返回 *str* 中索引位置 *k* 处的字符
str.**concat**(str_2)	创建一个新的字符串，它是 *str* 和 str_2 的连接
str.**substring**(p_1, p_2) *str*.**substring**(p_1)	返回一个新的字符串，它由 *str* 中从 p_1 到 p_2 但不包括 p_2 的所有字符构成。如果不带 p_2 参数，那么新字符串将包含从 p_1 直至原字符串末尾的所有字符
str.**equals**(str_2)	如果 *str* 和 str_2 相等，则返回 **true**
str.**equalsIgnoreCase**(str_2)	如果 *str* 和 str_2 相等，则返回 **true**，比较时忽略大小写的差异
str.**compareTo**(str_2)	将 *str* 和 str_2 进行比较，并且当两个字符串相等时返回 0；当 *str* 在字典序中位于 str_2 之前时返回负数；当 *str* 在字典序中位于 str_2 之后时返回正数
str.**compareToIgnoreCase**(str_2)	其操作与 **compareTo** 类似，但是比较时忽略大小写的差异
str.**isEmpty**()	如果 *str* 为空字符串，则返回 **true**
str.**startsWith**(*prefix*)	如果 *str* 以 *prefix* 中的字符开头，则返回 **true**
str.**endsWith**(*suffix*)	如果 *str* 以 *suffix* 中的字符结尾，则返回 **true**
str.**contains**(*sub*)	如果 *str* 包含 *sub* 子字符串，则返回 **true**

图 3-2　**String** 类中的常用方法

str.**indexOf**(*pattern*) str.**indexOf**(*pattern*, *k*)	按照 *pattern* 搜索字符串 *str*，其中 *pattern* 既可以是一个字符，也可以是一个字符串。搜索将始于字符串的开头，或者是指定的 *k* 处。该函数将返回 *pattern* 第一次出现处的索引，或者在找不到时返回 −1
str.**lastIndexOf**(*pattern*) str.**lastIndexOf**(*pattern*, *k*)	其操作与 **indexOf** 类似，但是会从 *k* 处反向搜索。如果不带参数 *k*，那么 **lastIndexOf** 就会从字符串的末尾开始搜索
str.**replace**(*old*, *new*)	返回将 str 中所有的 old 都替换为 new 之后的副本。参数 old 和 new 都可以是字符串或字符
str.**split**(*pattern*)	通过在 pattern 实例处切分，将字符串分割成子字符串数组，数组将在第 5 章讨论
str.**toLowerCase**()	返回将 *str* 的所有字符都转换为小写后的副本
str.**toUpperCase**()	返回将 *str* 的所有字符都转换为大写后的副本
str.**trim**()	返回移除 str 两端的空白符之后的副本

101

图 3-2 （续）

3.2.1　在字符串中选择字符

在 Java 中，字符串内部的位置是从 0 开始编号的。例如，存储在字符串变量 alphabet 中的字符是按照下图所示的方式编号的：

A	B	C	D	E	F	G	H	I	J	K	L	M	N	O	P	Q	R	S	T	U	V	W	X	Y	Z
0	1	2	3	4	5	6	7	8	9	10	11	12	13	14	15	16	17	18	19	20	21	22	23	24	25

在每个字符下面列出的位置数字被称为其索引。

在 Java 中，可以通过调用 charAt 方法来选择单个字符。例如，如果 alphabet 已经按照上面所示的方式进行了初始化，那么下面的表达式：

```
alphabet.charAt(0)
```

会选中该字符串开头处的字符 'A'。因为在 Java 中字符编号方式是从 0 开始的，所以字符串中最后一个字符会出现在索引比字符串长度小一的位置处。因此，可以用下面的表达式来选择 alphabet 末尾的 'Z'：

```
alphabet.charAt(alphabet.length() - 1)
```

3.2.2　抽取字符串的各个部分

尽管连接操作可以用短片段来构成长字符串，但是我们还经常需要反过来操作：将一个字符串分割为它所包含的各个短片段。如果一个字符串是另一个更长的字符串的一部分，那么它就被称为子字符串。String 类导出的名为 substring 的方法会接受两个参数：你希望选择的第一个字符的索引，以及紧跟在期望得到的子字符串后面的字符的索引。例如，给定 alphabet 之前的定义，下面的方法调用：

```
alphabet.substring(1, 4)
```

将返回由三个字符构成的子字符串 "BCD"。因为 Java 中的索引始于 0，所以在位置 1 处的字符是 'B'。

substring 方法的第二个引元是可选的。如果未提供这个引元,那么 substring 会返回从指定位置处开始,直至该字符串末尾的子字符串。因此,调用:

```
alphabet.substring(23)
```

将返回字符串 "XYZ"。

下面的方法将返回参数 str 的后一半,如果 str 的长度为奇数,那么后一半的定义是包含位于正中间的字符的:

[102]

```
private String secondHalf(String str) {
    return str.substring(str.length() / 2);
}
```

3.2.3 字符串比较

在编程时,你经常会需要查看两个字符串是否具有相同的值。在查看时,我们几乎可以肯定,你至少会出现一次使用下面这种不正确的形式来编码这类测试的情况:

```
if (s1 == s2) ...
```

这里的问题在于 Java 只是针对像 int 和 char 这类基本类型,按照传统的数学方式来定义诸如 == 这类关系操作符的。在 Java 中,String 是类而不是基本类型。导致该问题出现的更深层的原因是 == 操作符在应用于字符串时,确实做了某些事情,但是并非是你最初期望的事情。对于对象来说,== 操作符测试的是表达式两边的对象是否是同一个对象。但是,你所期望的是测试两个不同的 String 对象是否具有相同的值。

为了满足你的需求,String 类实现了名为 equals 的方法,你可以使用它来测试两个字符串的等价性。与 String 类中的其他方法一样,equals 会应用于接收者对象上,这意味着等价性测试的语法看起来会像下面这样:

```
if (s1.equals(s2)) ...
```

还有一个 equalsIgnoreCase 方法,用来检查两个字符串是否相等,但是不考虑大小写的区别。

有时,你会发现确定两个字符串在字典序中彼此的相对关系会很有用,字典序是字符串中字符的 Unicode 值所强制要求的排序顺序。字典序与传统的字母序在多个方面存在差异。例如,在字母索引中,你会发现 aardvark 这一项排在 Achilles 这一项的前面,因为传统的字母排序是忽略大小写的。在字典序中,字符 'A' 在字符 'a' 之前,这意味着 "Achilles" 在 "aardvark" 之前。正如在图 3-2 中所看到的,String 类包含名为 compareIgnoreCase 的方法,它将字母的大写和小写当作相同的字母来处理。

在 Java 中,你可以按照典型的基于接收者的模式来调用 compareTo 和 compareIgnoreCase 方法:

[103]

```
s1.compareTo(s2)
```

该调用的结果是一个整数,它的符号表示两个字符串之间的关系,具体如下:

- 如果 s1 在字典序中位于 s2 之前,compareTo 将返回一个负数。
- 如果 s1 在字典序中位于 s2 之后,compareTo 将返回一个正数。

● 如果两个字符串完全相同，`compareTo` 将返回 0。

因此，如果你想要确定 s1 在字典序中是否位于 s2 之前，那么就需要编写：

```
if (s1.compareTo(s2) < 0) ...
```

3.2.4 在字符串内搜索

你经常会发现搜索字符串以查看它是否包含特定的字符或子字符串会显得很有用。为了支持这种搜索操作，`String` 类导出了一个名为 `indexOf` 的方法，它具有多种调用形式，其中最简单的调用形式如下：

`str.indexOf(`*pattern*`);`

其中 *pattern* 是你想要搜索的内容，它可以是一个字符串，也可以是一个字符。在被调用时，`indexOf` 方法会搜遍 `str` 以查找该搜索值在字符串中第一次出现的位置。如果找到了该搜索值，`indexOf` 将返回匹配到的子字符串或字符的起始索引位置。如果要搜索的字符在字符串末尾之前都未出现，那么就返回 –1。

`indexOf` 方法可以接受可选的表示索引位置的第二个引元，该索引位置表示搜索从此处开始。`indexOf` 方法的这两种风格的效果可以通过下面的示例来展示，其中假设 `str` 变量包含的字符串为 `"hello, world"`：

```
str.indexOf('o')       →     4
str.indexOf('o', 5)    →     8
str.indexOf('o', 9)    →    –1
```

`String` 类还导出了三个断言方法：`startsWith`、`endsWith` 和 `contains`，它们在各种上下文环境中都会显得很有用。对这些方法的调用读起来几乎就像英语一样。例如，表达式

```
filename.endsWith(".txt")
```

[104] 将在字符串变量 `filename` 以字符串 `".txt"` 结尾时返回 `true`。

3.2.5 遍历字符串中的字符

即使 `String` 类导出的方法为你提供了用于从零开始实现字符串应用的各种工具，你也会发现通过改写现有的实现了特定公共操作的代码模式来编写程序通常会更加容易。当操作字符串时，最重要的模式之一就是遍历字符串中的所有字符，这需要下面的代码：

```
for (int i = 0; i < str.length(); i++) {
    ... 使用字符 str.charAt(i) 的循环体 ...
}
```

在每次循环迭代时，表达式 `str.charAt(i)` 引用的是字符串中第 i 个字符。因为该循环的目的是处理每个字符，所以只要 i 的值小于字符串的长度，该循环就会继续。因此，你可以通过使用下面的方法来计算一个字符串中空格的数量：

```
private int countSpaces(String str) {
    int nSpaces = 0;
    for (int i = 0; i < str.length(); i++) {
        if (str.charAt(i) == ' ') nSpaces++;
```

```
      }
      return nSpaces;
   }
```

对于有些应用，你会发现从最后一个字符开始，向前持续遍历到第一个字符地反向遍历字符串会显得很有用。这种迭代风格可以使用下面的for循环：

```
for (int i = str.length() - 1; i >= 0; i--)
```

这里，索引 i 始于最后一个索引位置，即比字符串长度小 1 的索引，然后每次迭代递减 1，直至递减到 0，并且包括索引位置 0。

假设你理解 for 语句的语法和语义，那么每当你在应用程序中需要使用它们时，就能够根据其基本原则来设计出合适的模式。但是，这样做会大大降低你的开发速度。这些迭代模式值得你去背下来，这样你就无需浪费任何时间来思考它们了。无论何时，只要你发现你需要循环遍历字符串中的字符，你的神经系统中位于大脑和指尖的部分就应该能够轻松地将这种思想转译为下面这样的语句：

```
for (int i = 0; i < str.length(); i++)
```

[105]

3.2.6　通过连接来扩展字符串

另一种在学习如何使用字符串时应该牢记的模式是如何每次一个字符地创建新字符串。尽管其循环结构自身依赖于应用程序，但是通过字符串连接来创建字符串的通用模式看起来就像下面这样：

```
String str = "";
for (适用于具体应用的循环头语句) {
   str += 下一个子字符串或字符;
}
```

作为一个简单的示例，下面的方法将返回由 n 个字符 ch 的副本构成的字符串：

```
private String repeatChar(int n, char ch) {
   String str = "";
   for (int i = 0; i < n; i++) {
      str += ch;
   }
   return str;
}
```

repeatChar 方法很有用，例如，当你需要在控制台输出中生成某种类型的分节符时，完成这个目标的策略之一是使用下面的语句：

```
System.out.println(repeatChar(72, '-'));
```

这条语句将打印一行共 72 个连字符。

许多字符串处理方法都同时使用了迭代和连接模式。例如，下面的方法会将字符串引元颠倒过来，例如，调用 reverse("stressed") 将会返回 "desserts"：

```
private String reverse(String str) {
   String result = "";
   for (int i = str.length() - 1; i >= 0; i--) {
      result += str.charAt(i);
```

```
    }
    return result;
}
```

你还可以这样实现 `reverse`：在循环中向前遍历字符串，并将每个新的字符连接到
result 字符串的前面，就像下面这样：

```
private String reverse(String str) {
    String result = "";
    for (int i = 0; i < str.length(); i++) {
        result = str.charAt(i) + result;
    }
    return result;
}
```

3.2.7 使用递归操作字符串

除了在上一节末尾给出的 `reverse` 的两种迭代实现，你还可以采用与第 2 章中的 `fact`
和 `fib` 函数所使用的方式类似的递归方式来实现 `reverse`。这次的递归公式可以通过观察
得到，即实现 `reverse(str)` 可以分解为两种情况，具体如下：

1）如果 `str` 是空字符串，那么 `reverse(str)` 也返回空。

2）否则，`reverse(str)` 的结果就是颠倒除 `str` 的第一个字符之后，再将结果与第
一个字符连接后得到的字符串。

这种对情况的分析直接就产生了像下面这样的递归实现：

```
private String reverse(String str) {
    if (str.isEmpty()) {
        return "";
    } else {
        return reverse(str.substring(1)) + str.charAt(0);
    }
}
```

3.2.8 对字符分类

当你操作字符串中的单个字符时，确定这些字符是否属于某些特定的种类就会显得很
有用，例如属于字符或数字。为了实现这项功能，可以充分利用 `Character` 类中的静态方
法，其中最常用的方法列在了图 3-3 中。例如，要想确定某个字符变量是否是一个字母，只
需调用断言方法：

`Character.isLetter(ch)`

类似地，你可以通过调用下面的方法来查看 ch 是否是一个空白符（即诸如空格或制表符之类
的 "不可见" 的字符）：

`Character.isWhitespace(ch)`

用于测试字符类型的断言方法

你可以使用 `Character` 类中的方法以及各种字符串模式来编写你自己的 `String` 类中
多个方法的实现。例如，你可以像下面这样，只使用连接、字符选择和 `length` 方法来实
现字符串的 `toUpperCase` 方法：

Character.isDigit(*ch*)	如果 *ch* 是数字字符，则返回 true
Character.isLetter(*ch*)	如果 *ch* 是字母，则返回 true
Character.isLowerCase(*ch*)	如果 *ch* 是小写字母，则返回 true
Character.isUpperCase(*ch*)	如果 *ch* 是大写字母，则返回 true
Character.isLetterOrDigit(*ch*)	如果 *ch* 是字母或数字，则返回 true。这种字符也被称为字母数字
Character.isWhitespace(*ch*)	如果 *ch* 是空白符，则返回 true，其中空白符是像空格和制表符这样 "不可见" 的字符
Character.isJavaIdentifierStart(*ch*)	如果 *ch* 可以作为 Java 标识符的开头字符，则返回 true
Character.isJavaIdentifierPart(*ch*)	如果 *ch* 可以作为 Java 标识符的一部分，则返回 true

用于大小写转换的方法

| Character.toUpperrCase(*ch*) | 返回转换成大写的 *ch* |
| Character.toLowerCase(*ch*) | 返回转换成小写的 *ch* |

图 3-3　Character 类中挑选的一些静态方法

```java
private String toUpperCase(String str) {
    String result = "";
    for (int i = 0; i < str.length(); i++) {
        result += Character.toUpperCase(str.charAt(i));
    }
    return result;
}
```

这个实现不是 String 类的一部分，因此不能使用接收者语法。它必须以更加传统的函数风格将字符串作为参数接受。

在同时操作字符串和字符时，人们经常会觉得很困惑，因为它们的行为大相径庭。字符串是预定的 String 类的实例，而字符是用基本类型 char 表示的。因为字符串是对象，所以它们支持的操作使用的是接收者语法，而字符支持的操作不是。例如，你可以使用 == 操作符来测试两个字符是否相等，就像在下面的 if 语句中那样：

```java
if (c1 == c2) ...
```

对应的用来测试两个字符串是否相等的语句看起来像下面这样：

```java
if (s1.equals(s2)) ...
```

类似地，你可以用下面的语句将字符 ch 转换为大写形式：

```java
ch = Character.toUpperCase(ch);
```

相应的用于字符串的语句如下：

```java
str = str.toUpperCase();
```

3.3　编写字符串应用程序

尽管到目前为止你看到过的字符串示例对于展示特定的字符串方法的工作机制来说是非常有用的，但是这些示例过于简单了，对于如何编写出重要的字符串处理应用程序而言，无法为你提供太多的启示。本节将通过开发两个操作字符串数据的应用程序来谈谈这种不足。

3.3.1 识别回文

回文是正向和反向读起来都一样的单词，例如 level 和 noon。本节的目标是编写一个断言方法 isPalindrome，它可以检查一个字符串是否是回文。调用 isPalindrome("level") 应该返回 true，而调用 isPalindrome("xyz") 应该返回 false。

如同大多数编程问题一样，解决这个问题有若干种合理的策略。以我的经验，可能大多数学生首先会尝试的方法是使用 for 循环来迭代字符串前一半中的每个索引位置。然后在每个位置上，检查该字符与相对于字符串末尾的对称位置上的字符是否相匹配。采用这种策略会产生下面的代码：

```
private boolean isPalindrome(String str) {
    int n = str.length();
    for (int i = 0; i < n / 2; i++) {
        if (str.charAt(i) != str.charAt(n - i - 1)) {
            return false;
        }
    }
    return true;
}
```

[109]

你还可以递归地对 isPalindrome 编码，即任何长度小于 2 的字符串都自动地是回文，而对于更长的字符串而言，如果第一个字符和最后一个字符匹配，并且在它们之间的子字符串是回文，那么该字符串就是回文。这个算法可以产生下面的递归实现：

```
private boolean isPalindrome(String str) {
    int n = str.length();
    if (n <= 1) {
        return true;
    } else {
        return str.charAt(0) == str.charAt(n - 1) &&
                isPalindrome(str.substring(1, n - 1));
    }
}
```

最后，你还应该注意到，通过利用你已经看到过的方法，还可以用更简单的形式来编码 isPalindrome，就像下面这样：

```
private boolean isPalindrome(String str) {
    return str.equals(reverse(str));
}
```

这三种实现中，第一种最高效，其他两种实现要么需要连接，要么需要抽取子字符串，并且都需要创建新字符串。第一个版本压根不需要创建任何字符串，它是通过选择和比较字符来完成其工作的，这些操作被证明开销更小。

如果不考虑效率上的差异，那么第三种编码设计有很多优势，特别适合作为给程序员新手提供的示例。其一，它通过使用 reverse 方法而利用了现有的代码；其二，它隐藏了第一个版本所需的计算索引位置所带来的复杂性。对于大多数学生而言，至少需要花上一两分钟才能弄明白为什么代码中需要包含选择表达式 str.charAt(n - i - 1)，或者为什

么在 `for` 循环测试中应该使用 < 操作符而不是 <= 操作符。与此形成对比的是,下面这行
代码:

```
return str.equals(reverse(str));
```

读起来几乎和英语一样流畅:如果一个字符串与其颠倒过来的字符串相等,那么它就是一个
回文。

特别是在你学习如何编程时,向第二种实现的清晰性靠拢会比向第一个版本的效率靠拢
要更重要。考虑到现代计算机的速度,牺牲一些效率使得程序更易于理解几乎总是会显得很
值得。

3.3.2 将英文翻译为隐语

为了让你能够更加深刻地体会如何实现字符串处理应用程序,本节将描述这样一个 Java
程序:它会从用户处读入一行文本,然后将这一行中的每个单词都从英语翻译为隐语,即在
说英语的世界中大多数小孩子都很熟悉的一种拼凑出来的语言。在这种隐语中,每个单词都
是将下列规则应用于英语中对应的单词而得到的:

1)如果英语单词不包含任何元音,那么就不做任何翻译,即隐语单词与原来的单词
相同。

2)如果英语单词以元音开头,那么隐语翻译的结果由原来的单词和后面跟着的后缀
way 构成。

3)如果英语单词以辅音开头,那么隐语翻译的方式为:抽取直至第一个元音为止的辅
音字符串,将它们移动到该单词的末尾,然后加上后缀 ay。

例如,假设英语单词为 scram,因为该单词以辅音开头,所以你应该将其分成两个部
分:一个部分包含第一个元音之前的所有字符,另一部分包含该元音和其余的字母:

$$\boxed{\texttt{scr}}\ \boxed{\texttt{am}}$$

然后将这两个部分互换,并在末尾添加 ay,就像下面这样:

$$\boxed{\texttt{am}}\ \boxed{\texttt{scr}}\ \boxed{\texttt{ay}}$$

这样,scram 对应的隐语单词就是 amscray。对于以元音字母开头的单词,例如 apple,只需
直接在其末尾添加 way,这样就会得到 appleway。

图 3-4 中展示了 PigLatin 程序的代码。主程序会从用户处读入一行文本,然后调
用 `lineToPigLatin` 将这行文本翻译为隐语。然后 `lineToPigLatin` 方法会调用 `word-
ToPigLatin`,将每个单词都转换为等价的隐语单词。不属于任何单词的字符会直接复制到
输出文件中,因此,标点符号和空白符会不受影响地保留。

```
/*
 * File: PigLatin.java
 * --------------------
 * This file takes a line of text and converts each word into Pig Latin.
 * The rules for forming Pig Latin words are as follows:
 *
 * o If the word begins with a vowel, add "way" to the end of the word.
 *
```

图 3-4 将英语翻译为隐语的程序

```
 * o If the word begins with a consonant, extract the set of consonants
 *   up to the first vowel, move that set of consonants to the end of
 *   the word, and add "ay".
 *
 * o If the word contains no vowels, return the original word unchanged.
 */

package edu.stanford.cs.javacs2.ch3;

import java.util.Scanner;

public class PigLatin {

   public void run() {
      Scanner sysin = new Scanner(System.in);
      System.out.println("Pig Latin Translator");
      System.out.print("Enter a line: ");
      String line = sysin.nextLine();
      System.out.println(lineToPigLatin(line));
   }

/*
 * Translates a line to Pig Latin, word by word.
 */

   private String lineToPigLatin(String line) {
      String result = "";
      String word = "";
      for (int i = 0; i < line.length(); i++) {
         char ch = line.charAt(i);
         if (Character.isLetter(ch)) {
            word += ch;
         } else {
            if (!word.isEmpty()) {
               result += wordToPigLatin(word);
               word = "";
            }
            result += ch;
         }
      }
      if (!word.isEmpty()) result += wordToPigLatin(word);
      return result;
   }

/*
 * Translates a word to Pig Latin and returns the translated word.
 */

   private String wordToPigLatin(String word) {
      int vp = findFirstVowel(word);
      if (vp == -1) {
         return word;
      } else if (vp == 0) {
         return word + "way";
      } else {
         String head = word.substring(0, vp);
         String tail = word.substring(vp);
         return tail + head + "ay";
      }
   }

/*
 * Returns the index of the first vowel in the word, or -1 if none exist.
 */

   private int findFirstVowel(String word) {
      for (int i = 0; i < word.length(); i++) {
         if (isEnglishVowel(word.charAt(i))) return i;
      }
      return -1;
```

图 3-4 （续）

```
    }
/*
 * Returns true if the character is a vowel.
 */

   private boolean isEnglishVowel(char ch) {
      switch (ch) {
       case 'A': case 'E': case 'I': case 'O': case 'U':
       case 'a': case 'e': case 'i': case 'o': case 'u':
         return true;
       default:
         return false;
      }
   }

/* Main program */

   public static void main(String[] args) {
      new PigLatin().run();
   }

}
```

图 3-4 （续）

该程序的运行可能看起来像下面这样：

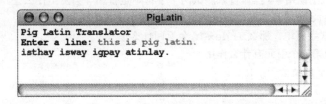

112
〜
113

　　仔细看一看图 3-4 中的 lineToPigLatin 和 wordToPigLatin 的实现是很值得的。lineToPigLatin 方法会找到输入中的单词间边界，从而提供了一种很有用的将字符串分隔为一个个单词的模式。wordToPigLatin 方法使用 substring 来抽取英语单词的各个片段，然后使用连接操作将它们以隐语的形式再拼接在一起。在第 7 章，你将会学习一种更通用的名为符号扫描器的工具，它可以将一个字符串分解为在逻辑上彼此互连的各个部分。

3.4　总结

　　在本章中，你已经学习了如何使用 String 类，使得你可以在无需担心字符串底层表示细节的情况下，编写字符串处理方法。本章的要点包括：

- String 类表示的是一种抽象类型，它在概念上就是一个字符序列。字符串中的各个字符位置都被赋予了一个索引数字，该数字从 0 开始，一直延伸到字符串长度减 1。
- String 类导出的最常用的方法列在图 3-2 中。因为 String 是类，所以这些方法使用的是接收者语法，而不是更传统的函数形式。因此，要想获得存储在变量 str 中的字符串的长度，需要调用 str.length()。
- 迭代字符串中各个字符的标准模式如下：

```
for (int i = 0; i < str.length(); i++) {
   ... 操作 str.charAt(i) 的循环体 ...
}
```

- 通过连接来扩展字符串的标准模式如下：

```
String str = ""
for (适合应用程序的任何循环控制行) {
    str += 下一个字符串或字符；
}
```

- Character 类导出了若干个静态方法，用于操作单个字符。图 3-3 列出了其中最重要的方法。

3.5 复习题

1. 字符和字符串之间的区别是什么？

2. 是非题：在 Java 中，你可以通过调用 length(str) 来确定存储在变量 str 中的字符串的长度。

3. String 类是不可修改的，这句话是什么意思？

4. 如果调用 s1.concat(s2)，那么哪个字符串是接收者？

5. 当 + 操作符应用于两个字符串操作数时，其效果是什么？如果一个操作数是字符串，而另一个是某种数字类型，那么会发生什么？

6. 是非题：字符串中的索引位置从 0 开始，一直延伸到字符串长度减 1。

7. substring 方法的引元是什么？如果你忽略第二个引元，会发生什么？

8. 什么是字典排序？

9. 在 Java 中，如果试图使用 == 操作符来测试两个字符串是否相等会发生什么？

10. 请描述 compareTo 方法是如何使用返回值来表示两个字符串的相对顺序的？

11. 如果没有发现模式字符串，那么 indexOf 会返回什么值？

12. indexOf 可选的第二个引元有什么作用？

13. 下面的语句对 str 的值会产生什么影响？

    str.trim()

14. 对于前一个问题中的表达式想要获得的效果，其正确的实现方式是怎样的？

15. 假设你已经像下面这样声明并初始化了变量 s：

    String s = "hello, world";

    给定上面的声明，判断下面每一个调用的值是什么：

    a. s + '!'   f. s.replace('h', 'j')
    b. s.length()   g. s.substring(0, 3)
    c. s.charAt(5)   h. s.substring(7)
    d. s.indexOf('l')   i. s.substring(3, 5)
    e. s.indexOf("l", 5)   j. s.substring(3, 3)

16. 下面每个表达式的结果是什么？（对于对 compareTo 的调用，直接说明结果的符号。）

    a. "ABC".equals("abc")   d. "ABC".compareTo("AB")
    b. "ABC".equalsIgnoreCase("abc") e. "ABC".compareTo("abc")
    c. "ABC".compareTo("ABC")   f. "ABC".endsWith("c")

17. 迭代字符串中每个字符的模式是什么？

18. 如果你想反序遍历各个字符，从最后一个字符开始，遍历到第一个字符，那么复习题 17 中的模式将如何变化？

19. 通过连接来扩展字符串的模式是什么？

20. 下面每个对 Character 类的调用的结果是什么？

    a. Character.isDigit(7)   d. Character.toUpperCase(7)
    b. Character.isDigit('7')   e. Character.toUpperCase('A')
    c. Character.isLetter('7')   f. Character.toLowerCase('A')

3.6　习题

1. 假设 String 类中不存在 endsWith 方法。你要怎样实现自己的 endsWith(str, suffix) 方法，以执行相同的功能？就像 3.2.8 节重新实现的 toUpperCase，你的实现不应该使用除 length、charAt 和连接操作符之外的任何字符串方法。

2. 遵照习题 1 中相同的限制条件，编写你自己版本的 indexOf 方法。就像 String 类中的实现一样，你的实现应该重载 indexOf，使得模式引元要么是一个字符串，要么是一个字符，并且该方法可以接受可选的第二个引元，用来指定起始位置。

3. 以与前两个习题相同的方式编写你自己版本的 trim(str)，它将返回一个新字符串，该字符串是通过将 str 从头到尾的所有空白符移除以后形成的。

4. 实现 capitalize(str) 方法，它将返回一个字符串，其首字母是大写的（如果是字母），而其他所有字母都被转换为小写，除字母之外的所有字符都不受影响。例如，capitalize("BOOLEAN") 和 capitalize("boolean") 都应该返回字符串 "Boolean"。 116

5. 在大多数填词游戏中，单词中的每个字母都会根据其点值而得到一个评分，其中的点值与该字母在英语单词中出现的频率成反比。在 Scrabble™ 中，点值是按照如下方式分配的：

点值	字母
1	A, E, I, L, N, O, R, S, T, U
2	D, G
3	B, C, M, P
4	F, H, V, W, Y
5	K
8	J, X
10	Q, Z

例如，单词 "FARM" 在 Scrabble 中值 9 点：F 值 4 点，A 和 R 每个都值 1 点，M 值 3 点。编写一个程序，它可以读入单词，并打印出单词在 Scrabble 中的得分，不用计算游戏中出现的其他奖励得分。在计算得分时，应该忽略除大写字母之外的所有字符。特别是，小写字母被认为表示的是空白格，它们可以表示得分为 0 的任意字母。

6. 首字母缩写词是由一组单词的首字母按顺序组合而成的单词。例如，单词 scuba 就是由 self-contained underwater breathing apparatus 的各个首字母构成的首字母缩写词。类似地，AIDS 是 Acquired Immune Deficiency Syndrome 的首字母缩写词。编写一个 acronym 方法，它会接受一个字符串，返回由该字符串构成的首字母缩写词。为了确保你的方法可以将诸如 self-contained 这样的由连字符连接的组合单词当作两个单词处理，它应该将单词的开头定义为任何出现在字符串开头或在非字母字符之后的字母字符。

7. 编写一个方法：

```
private String removeCharacters(String str,
                                String remove)
```

它会针对 str 字符串，剔除其中包含的 remove 中的各个字符，然后返回由剔除后的结果构成的字符串。例如，如果你调用

```
removeCharacters("counterrevolutionaries", "aeiou")
```

该方法应该返回 "cntrrvltnrs"，即原来的字符串移除所有元音之后的字符串。

8. 与大多数语言一样，英语包含两种类型的数字。用来计数的基数词（例如 one、two、three 和 four）和用来表示排序位置的序数词（例如 first、second、third 和 fourth）。在文本中，序数词的表示方式通常是数字位后面跟着至少两个命名对应的序数词的英文单词的字母。因此，序数词 first、second、third 和 fourth 在印刷体中经常显示为 1st、2nd、3rd 和 4th。但是 11、12 和 13 的序数词是 11th、12th 和 13th。设计一项规则，用来确定每个数字的后面应该添加什么后缀，然后使用这项规则来编写方法 createOrdinalForm(n)，它将数字的序数形式作为字符串返回。 117

9. 编写方法 createRegularPlural(word)，它将返回由下列标准英语规则构成的 word 的复数形式：

   a. 如果单词以 s、x、z、ch 或 sh 结尾，则在该单词末尾加 es。

   b. 如果单词以跟在辅音之后的 y 结尾，则将 y 改为 ies。

   c. 其他所有情况，直接加 s。

   编写一个测试程序，并设计一组测试用例来验证你的程序可以正确工作。

10. 当在纸上书写大数字时，传统上，至少在美国，会用逗号将数字位每三个分成一组。例如，数字一百万通常被写作下面的形式：

   1 000 000

   为了让程序员更容易地以这种形式显示数字，请实现下面的方法：

String addCommas(String digits)

   该方法会接受一个由表示一个数字的各个十进制数字位构成的字符串，并返回从最右端开始每隔三位插入一个逗号后的字符串。例如，如果你执行下面的程序

```
public void run() {
   Scanner sysin = new Scanner(System.in);
   while (true) {
      System.out.print("Enter a number: ");
      String digits = sysin.nextLine();
      if (digits.isEmpty()) break;
      System.out.println(addCommas(digits));
   }
}
```

   你的 addCommas 方法的实现应该能够产生下面的运行示例：

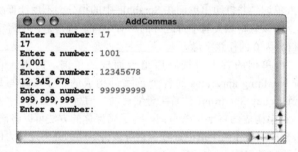

11. 回文的概念经常会在忽略标点符号和大小写的情况下被扩展到整句。例如，下面的这句话：

   Madam, I'm Adam.

   就是一个整句回文，因为如果你只看字母且忽略所有大小写，它正向和反向读起来是相同的。

     编写一个断言方法 isSentencePalindrome(str)，它将在字符串 str 适用于整句回文的情况下返回 true。例如，你应该能够使用你的方法来编写一个主程序，它可以产生下面的运行示例：

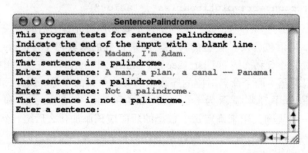

12. 在英语中，人们在按读音及其历史来联想拼写单词（这被称为词源学）上浪费的时间是骇人听闻的……

——萧伯纳，1941

在 20 世纪早期，英格兰和美国都对简化英语单词的拼写抱有极大的热忱，这一直以来都是一项十分艰巨的任务。在这场运动中，有人提出了一项建议，即删除所有双写的字母，因此，bookkeeper 将书写为 bokeper，而 committee 将变成 comite。编写一个方法 removeDoubledLetters(str)，它将返回将 str 中所有重复的字符替换为单个字符之后的新字符串。

13. 对于图 3-4 中所编写的 PigLatin 程序，如果输入的字符串包含以大写字母开头的单词，那么其行为就会显得很怪异。例如，如果你将句子中第一个单词和 Pig Latin 语言的名字的首字母大写，那么就会看到下面的输出：

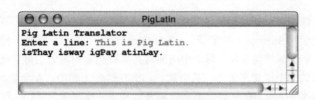

重写 wordToPigLatin 方法，使得在英文输入行中任何以大写字母开头的单词在 Pig Latin 中仍旧以大写字母开头。这样，在对程序作出必要的修改之后，其输出应该看起来像下面这样：

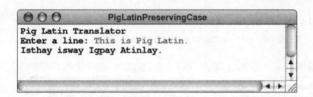

14. 说英语的国家的大多数人在其一生中都玩过 Pig Latin 游戏。另外还有一些其他的发明出来的"语言"，它们的单词是用英语的某种简单转换形式创建的，其中一种是被称为 Obenglobish，它的单词是通过在英语单词的元音字母（a、e、i、o 和 u）之前添加字母 ob 而创建的。例如，在这条规则之下，单词 english 就会在 e 和 i 之前添加 ob，得到 obenglobish，这就是这种语言名字的由来。

在官方的 Obenglobish 中，ob 字符只添加到发音为元音的字母前面，这意味着像 game 这样的单词将变成 gobame，而不是 gobamobe，因为最后的 e 是不发音的。尽管完美地实现这条规则是不可能的，但是你可以通过采纳这样的规则来完成几近完美的程序：在除下列情况之外的每个元音字母前面添加 ob：

● 后面跟着其他元音字母的元音字母。

● 出现在单词末尾的 e。

编写方法 obenglobish，它接受一个英语单词，并返回使用上面的规则的等价的 Obenglobish 单词。例如，如果使用你的方法来编写下面的主程序

```java
public void run() {
    Scanner sysin = new Scanner(System.in);
    while (true) {
        System.out.println("Enter a word: ");
        String word = sysin.nextLine();
        if (word.isEmpty()) break;
        String trans = obenglobish(word);
        System.out.println(word + " -> " + trans);
    }
}
```

那么你应该可以生成下面的运行示例：

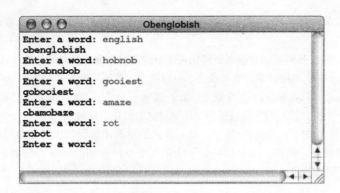

15. 如果你童心未泯，像小孩一样玩密码游戏，那么很可能你会用到循环密码，它常被称为恺撒密码，因为根据罗马历史学家 Suetonius 的记录，Julius Caesar（尤利乌斯·恺撒）使用过这项技术，即将原始消息中的每个字母都替换为在字母表中向前与其具有固定距离的字母。例如，假设你想要通过将每个字母向前移动三个位置来编码一条消息，那么在这个密码中，A 会变成 D，B 会变成 E，其余以此类推。如果到了字母表的末尾，那么就循环到开头，使得 X 变成 A，Y 变成 B，Z 变成 C。要实现恺撒密码，你应该首先定义一个方法

```
String encodeCaesarCipher(String str, int shift)
```

它会返回通过将 str 中所有字母都向前移动 shift 个字母之后得到的新字符串，如果需要，将循环回字母表的开头。在实现了 encodeCaesarCipher 后，编写程序生成下面的运行示例：

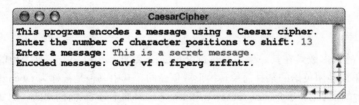

恺撒密码转换将只应用于字母，其他所有字符都会原封不动地复制到输出中。而且，字母的大小写是不受影响的：小写字母产生小写字母，而大写字母产生大写字母。你还应该编写程序，使得取负值的 shift 表示字母向字母表开头方向移动，而不是向末尾方向移动，就像下面的运行示例所展示的：

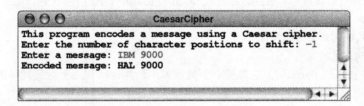

在编写这个程序时，要点是要注意用户的输入是数字与字符串混合的输入，这意味着你需要考虑到数字型输入会在输入中留下一个未读入的行结束符。这个问题在 3.1 节进行了更详细的讨论。

16. 尽管恺撒密码实现起来很简单，但是它们却极易破解。毕竟，字符移动的数量只有 25 种取值。如果你想破解恺撒密码，所需做的仅仅只是尝试这 25 种可能，然后观察哪一种会将加密的消息转译为可读的消息。更好的模式是让原始消息中的每个字母都表示成任意的字母，而不是与原有字母具有固定距离的字母。在这种情况下，编码操作的密钥就是转译表，它用来说明 26 个字母中每一个字母的加密形式。这种编码模式被称为字母替换密码。

字母替换密码中的密钥是一个由 26 个字符构成的字符串，它按顺序表示了字母表中每个字符的转译方式。例如，密钥 "QWERTYUIOPASDFGHJKLZXCVBNM" 表示编码过程应该使用下面的转译规则：

121

122

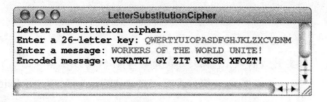

编写一个程序，实现使用字母替换密码的加密机制。你的程序应该能够复制下面的运行示例：

```
●●●                   LetterSubstitutionCipher
Letter substitution cipher.
Enter a 26-letter key: QWERTYUIOPASDFGHJKLZXCVBNM
Enter a message: WORKERS OF THE WORLD UNITE!
Encoded message: VGKATKL GY ZIT VGKSR XFOZT!
```

17. 通过使用前一个习题中有关字符替换密码密钥的定义，编写方法 invertKey，它将接受加密密钥，并返回解密用加密密钥编码的消息所需的 26 个字母构成的密钥。

18. 所有活的有机体都在其 DNA 中携带基因代码，DNA 是一种分子，它具有用来复制其自身结构的非凡能力。DNA 分子自身由一长串的化学基结合在一起构成，具有双螺旋结构。DNA 的复制能力源于这样的事实：构成它的 4 种基，即腺嘌呤、胞嘧啶、鸟嘌呤、胸腺嘧啶，只按照下列方式彼此结合：

- 一条单链上的胞嘧啶只与另一条单链上的鸟嘌呤结合，反之亦然。
- 腺嘌呤只与胸腺嘧啶结合，反之亦然。

生物学家们将这些基的名字用首字母缩写为：A、C、G 和 T。

在细胞内部，DNA 链的作用就像是一个模板，其他 DNA 链可以附着在它们上面。例如，假设有下面的 DNA 链，其中每个基的位置都编号了，就像 Java 字符串中的编号一样：

在本习题中，你的任务是确定在哪个点上，一个较短的 DNA 链可以将其附着到这个较长的链上。例如，如果你试图找到匹配下面这个 DNA 链的匹配位置

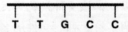

受 DNA 规则的支配，这个链只在点 1 的位置上能够绑定到这个较长的链上：

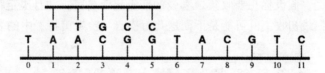

而对于下面的链：

可以匹配位置 2 或位置 7。

编写一个方法，它将采用下面两种形式之一：

```
int findDNAMatch(String s1, String s2)
int findDNAMatch(String s1, String s2, int start)
```

这两个方法都会返回 DNA 链 s1 可以附着到 s2 链上的第一个位置。如 indexOf 方法中的情况一样，可选的 start 参数用来表明搜索开始的索引位置。如果不存在任何匹配，findDNAMatch 应该返回 -1。

文　件

> 在有关时间的最重要的文件中，都注明我是各个时代的继承者。
>
> ——Alfred, Lord Tennyson,《Locksley Hall》1842

　　程序会使用变量来存储信息：输入数据、计算结果和其他所有计算过程中产生的中间值。但是，变量中的信息是瞬时的，当程序停止运行时，这些变量的值就会丢失。对于许多应用而言，能够将数据以某种更加长久的方式来存储会显得很重要。

　　无论何时，只要你想要在计算机上存储存在时间长于程序运行时间的信息，那么最常用的方式就是将逻辑上内聚的数据收集在一起，在持久性存储介质上存储为文件，文件是一个具名的数据集合，它的生命周期在典型情况下会扩展超出单个程序的执行时间。普通情况下，文件会存储在机器内部的硬盘上，但是也可以将文件存储在可移除的介质上，例如 CD 或闪存盘。无论哪种情况，基本的操作原则和模式是保持相同的。这里的重点是你存储在计算机上的持久化数据对象，包括文件、游戏、可执行程序、源代码以及类似内容，都是以文件的形式存储的。

4.1　文本文件

　　在大多数系统中，文件有各种各样的类型。例如，在 Java 编程领域，你可以操作源文件、类文件和库归档文件，每一种都有不同的表示形式。当使用文件来存储程序需要使用的数据时，该文件通常将包含文本，因此，该文件被称为文本文件。你可以将文本文件看作存储在持久化介质上由文件名来标识的字符序列。文件的名字和文件包含的字符与变量名和变量内容的关系是一样的。

　　让我们举个示例，假设你想要收集最喜爱的莎士比亚名言，并且决定将每条名言都存储在单独的文件中。你最初收集的可能是下面这几行摘自《哈姆雷特》中的名言：

Hamlet.txt
```
To be, or not to be: that is the question.
Whether 'tis nobler in the mind to suffer
The slings and arrows of outrageous fortune,
Or to take arms against a sea of troubles,
And by opposing end them?
```

　　这个图是在文件的外部展示文件名的，即此处的 Hamlet.txt，就像变量图在外部展示名字在内部展示值那样。

　　对于第二句名言，你可能会选择摘自《罗密欧与朱丽叶》的"朱丽叶的阳台"一幕的下面几行：

Juliet.txt
```
What's in a name?
That which we call a rose
By any other name would smell as sweet.
```

你的计算机可以让这两个文件保持分离，因为它们具有不同的名字。

在查看文件时，经常合理的方式是将其看作二维结构，由一系列行构成，而每行又是由多个字符构成的。但是，在内部，文本文件是按照连续的字符序列存储的。除了你可以看见的可打印字符，文件还包含表示每一行结束的特殊字符或字符序列。遗憾的是，不同的操作系统会使用不同的字符序列来表示行结束。但是，好消息是 Java 在很大程度上屏蔽了这种差异，进而使得将文本文件当作行序列来浏览变得容易了许多。

在某些方面，文本文件与字符串很类似，两者都是字符的有序序列。两者的两个关键差异为：

- *存储在文件中的信息是持久性的。* 字符串变量的值只能与变量的存在时间相同。局部变量在方法返回时会消失，而实例变量会在对象销毁时消失，而对象销毁在典型情况下会在程序退出时才发生。但是，在文件中存储的信息在文件被删除之前会一直存在。
- *文件通常是按顺序读取的。* 在从文件中读取数据时，通常是从开头处开始，按照顺序读取字符。一旦字符被读取，就会步进到下一个字符，直至达到文件结尾。

4.2　读取文本文件

在 Java(以及其他类似的大多数语言) 中读入文件的过程会遵循由下面三个步骤构成的通用框架：

1) 打开文件。这项操作将创建名为读取器的对象，该对象将使得程序获得访问数据的能力。对于文本文件，首先需要调用 FileReader 类的构造器，传递给它文件的名字。然后，FileReader 会管理读取文件数据的过程。

2) 读取数据。一旦打开了文件，就可以通过调用 FileReader 上恰当的方法来读取数据。文件可以被逐个字符地读取，也可以用更加复杂的名为 BufferedReader 读取器类来逐行地读取。

3) 关闭文件。当完成数据读取时，良好的习惯是在读取器上调用 close 方法，这会将读取器与文件之间的关联断开。

127

4.2.1　创建文件读取器

在 Java 中打开文件需要创建一个最终可以被看作是 java.io 包中的 Reader 类的一个实例。与大部分 Java 库类一样，Reader 类是一个设计精巧的类层次结构的一部分，该结构提供了用于不同目的的各种类。打开文件的过程还需要选择想要使用的 Reader 的某个特定子类。

在读取文本文件时，FileReader 是需要使用的类之一，它通过在文件系统中查找具名文件而创建了一个读取器。你可以通过调用其构造器来创建 FileReader 对象，就像下面这样：

```
FileReader rd = new FileReader("Hamlet.txt");
```

对 FileReader 构造器的这个调用会要求文件系统打开名为 Hamlet.txt 的文件，然后返回一个新的 FileReader 对象，通过使用该对象可以从该文件中读取数据，最后，将该对象存入变量 rd。

FileReader 对象就其本身而言用起来不是很灵活。FileReader 类允许从文件中一次读取一个字符,但是不允许按照更大的单位来读取数据。特别是,FileReader 无法一次性地读取完整的多行,而这经常是最有用的操作。因此,需要将 FileReader 转换为 BufferedReader。

BufferedReader 类的构造器可以接受任何种类的读取器,并创建一个具有额外能力的新的读取器。但是,新的读取器和旧的读取器仍旧是从相同的源读取数据。尽管可以为 FileReader 和 BufferedReader 声明彼此独立的变量,但是实际上除了用来创建 BufferedReader 之外,并不需要 FileReader 的值。因此,在实践中在同一个声明中同时创建两者是非常常见的操作,具体如下:

```
BufferedReader rd = new BufferedReader(
                        new FileReader("Hamlet.txt"));
```

一旦声明并初始化了变量 rd,就可以在该 BufferedReader 对象上调用方法来读取文件了。我们可以像使用底层的 FileReader 对象一样调用 read 来读取文件中的单个字符,但是更重要的是,BufferedReader 使得我们可以调用 readLine,该方法可以将整行文本当作一个字符串读取。

4.2.2　异常处理

遗憾的是,在 Java 中打开文件的过程并非如前面所描述的那么直观。问题的部分原因
128
在于打开文件是一种有时会失败的操作。例如,如果你要求用户输入文件名,而用户输入的文件名不正确,那么 FileReader 构造器就无法打开你指定的文件。为了表示这种故障,Java 库中的方法用抛出异常来应对,“抛出异常”是 Java 用来描述报告正常程序流之外的异常情况的短语。

当 Java 方法抛出异常时,Java 运行时系统会停止代码执行,并查看是否有任何方法将其用途注册为响应该异常。Java 运行时系统会从当前方法开始,回溯之前的调用,搜索栈中的每一帧,直至找到将其意图表示为在“抛出”这种异常时将“捕获”它的方法。如果某个异常未被捕获,那么程序将直接停止运行,并且 Java 运行时系统将向用户报告该未捕获的异常。

Java 中产生的许多异常,例如除以 0 之类的异常,都被称为运行时异常,可以在代码中任何地方产生。在编写程序时,不需要对运行时异常做特殊声明。如果你的代码不捕获它们,那么它们就会像上一段中所描述的那样直接在控制栈中向回传播。但是,对于在运行异常层次结构之外的异常类而言,情况有所不同。Java 的设计者们决定强制要求 java.io 包的客户端去检查诸如输入的文件不存在之类的情况,以捕获该包中的方法抛出的异常。因此,在 Java 中,打开和读取文件的代码如果不显式地捕获 IOException 类的异常,那么就是不完整的代码。为了这么做,操作数据文件的代码必须出现在 try 语句内部,即遵循下面的通用形式:

```
try {
    可能会抛出异常的代码块
} catch (type var) {
    响应指定类型异常的代码
} ...其他catch子句（如果有必要)...
```

在这种模式中,type 指的是希望捕获的异常的类型,而 var 是记录异常发生时其详细信息的变量。

在文件处理应用的上下文中，try 语句模式通常看起来像下面这样：

```
try {
    操作文件的代码块
} catch (IOException ex) {
    响应所发生异常的代码
}
```

129

作为演示如何使用异常处理机制来检查打开文件时所产生错误的示例，我们将编写一个通用的名为 openFileReader 的方法，它允许用户通过在命令行输入文件名来选择一个文件。如果该文件存在，那么该方法将返回一个可以读取该文件中内容的 BufferedReader 对象。如果不存在，那么该方法将显示一条表示无法找到指定文件的消息，然后给用户另一次输入文件名的机会。该方法的具体实现展示在图 4-1 中。

```
/*
 * Asks the user for the name of a file and then returns a BufferedReader
 * for that file.  If the file cannot be opened, the method gives the user
 * another chance.  The sysin argument is a Scanner open on the System.in
 * stream.  The prompt gives the user more information about the file.
 */
    private BufferedReader openFileReader(Scanner sysin, String prompt) {
        BufferedReader rd = null;
        while (rd == null) {
            try {
                System.out.print(prompt);
                String name = sysin.nextLine();
                rd = new BufferedReader(new FileReader(name));
            } catch (IOException ex) {
                System.out.println("Can't open that file.");
            }
        }
        return rd;
    }
```

图 4-1　在用户选择的文件上打开一个读取器的方法

try 语句使得程序可以探测到在其语句体执行过程中任何地方是否出现了 IOException，即使该异常发生在 openFileReader 调用的某个库方法中，也可以探测到。在找不到文件的情况下，该异常会由 FileReader 类的构造器抛出，但是会被 try 语句的 catch 块捕获。当发生该异常时，程序会向用户报告该错误。而且，因为对 rd 变量的赋值永远都无法完成，所以该变量的值仍旧是 null，这会导致 while 循环要求输入另一个文件名。

在诸如 openFileReader 这样的上下文中，确定异常发生时应该做些什么是相对比较容易的。在这种情况下，异常的成因几乎可以确定是用户不正确地输入了文件名。当异常发生在其他调用上时，其最有可能的成因是文件系统中的实际错误，此时对 IOException 进行处理就会变得困难得多。如果你的程序对尝试修复这类问题束手无措，那么最简单的策略就是在处理异常时放弃任何尝试，并让异常处理器报告发生了不可修复的错误。实现此目的的通常方式是抛出一个可以传播回操作系统的运行时错误。本书中的示例使用了下面的 catch 语句来实现这个目的：

130

```
try {
    操作文件的代码块
```

```
    } catch (IOException ex) {
        throw new RuntimeException(ex.toString());
    }
```

这段代码会接受 I/O 异常，将其转换为字符串，然后抛出带有该消息的运行时异常。

4.2.3　逐个字符地读取文件

从文本文件中读取数据最基本的策略是使用 FileReader 或 BufferedReader 从文件中每次读取一个字节。如果采用这种方式，那么就需要调用读取器上的 read 方法，该方法将从读取器返回下一个字符。假设读取器存储在变量 rd 中，那么将下一个字符读入变量 ch 中的代码看起来像下面这样：

```
    int ch = rd.read();
```

尽管看起来肯定显得有些奇怪，但是本例中的类型声明并非打印错误。read 方法返回 int 的原因是因为它必须能够标记读取器已经到达文件结尾的情况。因为文件中可能会包含 Java 的 Unicode 字符集中 65 536 个字符中的任意一个，所以 char 类型中没有任何值能够作为保留值表示有效的文件末尾的哨兵值。通过将返回类型扩展到 int，read 方法的设计者使得使用 –1 来表示文件末尾成为可能，因为 –1 落在 Unicode 范围之外。

图 4-2 展示了 showContentsCharByChar 方法的实现，该方法使用逐个字符策略来显式文件的内容，图中还展示了调用 showContentsCharByChar 的 run 方法，它会向 showContentsCharByChar 传递由 openFileReader 产生的读取器。注意，这两个方法都必须包含一个 try 语句来防范出现 IOException 的可能。还有一点也很重要，即要注意整数变量 ch 在被打印到控制台之前必须先被强制转型为 char。

[131]

```
/*
 * This program displays the contents of a text file.
 */

    public void run() {
        Scanner sysin = new Scanner(System.in);
        BufferedReader rd = openFileReader(sysin, "Input file: ");
        showFileCharByChar(rd);
        try {
            rd.close();
        } catch (IOException ex) {
            throw new RuntimeException(ex.toString());
        }
    }

/*
 * Displays the entire contents of the reader on the console.
 */

    private void showFileCharByChar(BufferedReader rd) {
        try {
            while (true) {
                int ch = rd.read();
                if (ch == -1) break;
                System.out.print((char) ch);
            }
        } catch (IOException ex) {
            throw new RuntimeException(ex.toString());
        }
    }
```

图 4-2　逐个字符地显示文件内容的程序

为了更好地理解图 4-2 是如何工作的，想象一下你正在试图读取文件 Antony.txt，它包含下面摘自《尤利乌斯·恺撒》中马克·安东尼所做的祭文：

```
Antony.txt
Friends, Romans, countrymen,
Lend me your ears;
I come to bury Caesar,
Not to praise him.
```

对 openFileReader 的调用要求用户输入文件名，然后返回一个存储在变量 rd 中的读取器。为了在读取文件时跟踪已经处理过的位置，读取器会维护一个内部的文件指针，它指向下一个将要读取的字符。下面的图使用了一个小竖线来表示文件指针的位置，要注意的是，实际上所有信息全部存储在该读取器的内部，该位置反映的不是实际文件中的位置，而是读取器内部的位置。当打开一个文件时，该文件指针在内部会位于第一个字符之前，就像下面这样：

[132]

```
|Friends, Romans, countrymen,
Lend me your ears;
I come to bury Caesar,
Not to praise him.
```

第一个对 rd.read() 的调用会以整数形式读入第一个字符。此时，这个整数的值为 70，即字符 'F' 的 Unicode 表示。在这个过程中，文件指针会移动越过第一个字符，就像下面这样：

```
F|riends, Romans, countrymen,
Lend me your ears;
I come to bury Caesar,
Not to praise him.
```

再次调用 rd.read() 会读取小写的 'r'，并且会将文件指针再向前移动一个字符：

```
Fr|iends, Romans, countrymen,
Lend me your ears;
I come to bury Caesar,
Not to praise him.
```

最终，这个过程会达到行末尾，在此时文件指针会指向下面的位置：

```
Friends, Romans, countrymen,|
Lend me your ears;
I come to bury Caesar,
Not to praise him.
```

现在，情况变得有点复杂了。再次调用 rd.read() 将读取出现在文件中的行结束符。遗憾的是，这个字符在不同的操作系统上定义得不尽相同，甚至可能会由两个字符构成。在这个应用中，行结束序列随平台而变化并不会引发什么问题，因为我们只是直接将这些字符复制到了控制台上，只要控制台使用的是相同的惯用法，那么这些字符就可以被正确地解释。对于关注行边界的应用而言，缺乏标准化就会显得问题较大，这也是以每次一个字符的方式读取文件的主要弊端之一。

最终，showFileCharByChar 的代码将到达文件的末尾，此时 rd.read() 会返回 –1。在此处，控制权会传递回 run 方法，它将通过关闭读取器来完成其操作。将图 4-1 和图 4-2 中的代码组合起来，就创建出了一个能够产生下面样例运行的程序：

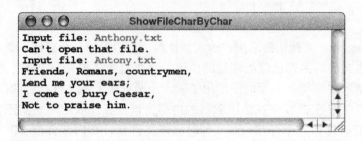

注意，用户在第一行无意中误拼了 Antony 的名字，并且得到了一次纠正该错误的机会。

4.2.4　逐行地读取文件

要想避免因行结束符缺乏标准化而引发的问题，最佳方式是每次读取文件的一行。这么做需要用到 BufferedReader，它导出了 readLine 方法。readLine 方法能够正确地识别所有的行结束序列，但是会将它们从结果中删除，只保留这一行自身中的字符。而且，readLine 返回的是一个 String，这意味着有一个理想的哨兵值来表示文件结束：Java 用来表示实际并不存在的对象的特殊值 null。图 4-3 中的代码展示了如何使用逐行策略来读取文件。

```
/*
 * Displays the entire contents of the reader on the console.
 */

  private void showFileLineByLine(BufferedReader rd) {
     try {
        while (true) {
           String line = rd.readLine();
           if (line == null) break;
           System.out.println(line);
        }
     } catch (IOException ex) {
        throw new RuntimeException(ex.toString());
     }
  }
```

图 4-3　逐行显示文件内容的代码

如果跟踪这个新实现的执行过程，就会发现文件指针总是向前移动一整行文本。正如在之前示例中那样，文件指针始于文件的第一个字符之前，执行下面的语句

```
String line = rd.readLine();
```

会将文件的第一行读取到变量 line 中，并将行结束符（无论它们是什么）排除在外。因此，在第一次调用之后，line 的值是下面的字符串

```
"Friends, Romans, countrymen,"
```

文件指针会移动到第二行的开头，就像下面这样：

```
Friends, Romans, countrymen,
Lend me your ears;
I come to bury Caesar,
Not to praise him.
```

最终，在该程序读取所有 4 行文本之后，对 readLine 的调用会返回哨兵值 null，表示文件中已经没有更多的行了。

4.3　编写文本文件

尽管读取文件更加常见，但是 Java 还提供了将数据文件写入文件系统的能力。正如你所预料的，编写文件要求创建一个被称为写入器的对象，它为输出提供的功能与读取器为输入提供的功能相同。与读取器一样，各种写入器也构成了一个类层次结构，支持许多不同种类的写入器，它们都是从 java.io 包中的 Writer 类导出的。

4.3.1　打开用于输出的文件

在 Java 中打开输出文件很大程度上与打开输入文件的过程是对称的。当在文件上打开读取器时，典型情况下是从构建 FileReader 开始的，然后通过将其包装在 Buffered Reader 中来提高读取器的效率。在输出端，实现这个过程需要多执行一个步骤，即创建一个 FileWriter，然后创建一个 BufferedWriter，最后创建一个 PrintWriter。例如，下面的模式创建了一个用于输出文件 Hello.txt 的 PrintWriter，并将该写入器赋值给变量 wr：

```
PrintWriter wr = new PrintWriter(
                new BufferedWriter(
                new FileWriter("Hello.txt")));
```

4.3.2　将输出写入文件中

一旦打开了写入器，就可以将数据写入文件了，通常使用的是从第 1 章开始一直在使用的 print 和 println 调用。唯一的差异是这些调用将接受一个写入器作为接收者，就像下面这行：

```
wr.println("hello, world");
```

它将会向输出文件中写入一行包含 "hello, world" 消息的文本。图 4-4 展示了完整的创建包含该消息的 Hello.txt 文件所需的程序。

与输入文件的情况类似，多个方法用于输出文件都可以抛出 IOException，最突出的是各个构造器和 close 方法，这意味着我们需要在代码中捕获这种情况。出于历史遗留问题和为了提高便宜性考虑，print 和 println 方法永远都不会抛出这个异常，这意味着你不用将只包含 print 和 println 调用的代码块包入 try 语句中，尽管这些调用是在向文件中写入数据。

135

```
/*
 * File: HelloWriter.java
 * --------------------------
 * This program writes a text file containing the message "hello, world".
 */

package edu.stanford.cs.javacs2.ch4;

import java.io.BufferedWriter;
import java.io.FileWriter;
import java.io.IOException;
import java.io.PrintWriter;

public class HelloWriter {

   public void run() {
      try {
         PrintWriter wr = new PrintWriter(
                             new BufferedWriter(
                                new FileWriter("Hello.txt")));
         wr.println("hello, world");
         wr.close();
      } catch (IOException ex) {
         throw new RuntimeException(ex.toString());
      }
   }

/* Main program */

   public static void main(String[] args) {
      new HelloWriter().run();
   }

}
```

136 图 4-4 向文件 Hello.txt 写入 "hello, world" 消息的程序

　　正如在读取器的情况中所看到的，写入器可以逐个字符或逐行处理它们的数据。下面的方法使用基于字符的模型将读取器的内容复制到了写入器中：

```
private void copyFileCharByChar(Reader rd, Writer wr) {
   try {
      while (true) {
         int ch = rd.read();
         if (ch == -1) break;
         wr.write(ch);
      }
   } catch (IOException ex) {
      throw new RuntimeException(ex.toString());
   }
}
```

对应的逐行实现看起来像下面这样：

```
private void copyFileLineByLine(BufferedReader rd,
                                PrintWriter wr) {
   try {
      while (true) {
         String line = rd.readLine();
         if (line == null) break;
         wr.println(line);
      }
```

```
    } catch (IOException ex) {
      throw new RuntimeException(ex.toString());
    }
}
```

如果仔细看 copyFileCharByChar 和 copyFileLineByLine 方法的代码，就会发现它们不仅在 while 循环的结构上不同，而且方法头这一行也不同。copyFileCharByChar 声明其参数为一个 Reader 和一个 Writer，它们是 Java 提供的读取器和写入器的最泛化的版本。所有读取器都支持 read 方法，它们会读取单个字符。类似地，所有写入器都支持 write 方法，它们支持写入单个字符。因此，将 copyFileCharByChar 接受的参数定义为它能够支持的最泛化的类，这种做法是有意义的。相比之下，copyFileLineByLine 方法调用了 readLine 和 println，它们分别只是 BufferedReader 和 PrintWriter 类导出的方法。

像 Java 库中的大部分类一样，Reader 和 Writer 类都构成了层次结构。FileReader 和 BufferedReader 类是 Reader 类的更加专用的变体，而 Reader 类则更加泛化。类似地，FileWriter、BufferedWriter 和 PrintWriter 都是 Writer 类的更加专用的变体。在面向对象语言中，这种更加专用的变体被称为子类。你将在第 8 章学习有关类层次结构更多的知识。

137

4.4　格式化输出

尽管 print 和 println 方法使得我们可以在控制台上显示输出值，或者将这些值写入文件，但是这两个方法并不容易控制输出的格式。Java 早期的版本定义了若干个类，用来以看起来适合面向对象语言的风格来格式化输出，这些类大部分在 java.text 包中。近几年来，这些类变得不常见了，因为 Java 5 引入了一个名为 printf 的方法，该方法支持以更方便的风格来格式化输出，这种风格即 C 编程语言支持的风格。

printf 函数是 C 最与众不同的特性之一，并且从这种语言历史的早期开始就一直是其标准库的一部分。它在每个 C 程序中都被广泛地使用，包括本书 1.1 节重现的 "Hello World" 程序的版本。将 printf 重新引入 Java 中不仅简化了产生格式化输出这个问题，而且其实现方式是之前具有 C 经验的程序员所熟知的。

对 printf 方法的调用典型情况下具有下面的标准形式：

wr.**printf**(*format*, *exp₁*, *exp₂*, ⋯);

其中 wr 是一个 PrintWriter 或某种其他的导出了 printf 方法的对象（最常见的是 System.out）。作为引元传递给 printf 的表达式的数量取决于需要显示的数据值的数量。

在某种程度上，printf 的工作方式与你已经看到过的 print 方法的工作方式很像。printf 方法会遍历格式字符串，逐个字符地将每个字符串显示到控制台上。如果 printf 碰到了百分号 (%)，它会将这个百分号和后面紧跟着的字母当作应该在此位置打印的值的占位符来处理，而这个要打印的值是由 printf 引元列表中第一个未使用过的表达式提供的。格式字符串中的第一个百分号会与被传递进来的引元 *exp₁* 相匹配，第二个百分号会与 *exp₂* 相匹配，以此类推，直至所有引元和百分号都匹配完为止。例如，在下面的语句中：

```
System.out.printf("%d + %d = %d%n", n1, n2, sum);
```

第一个 %d 被用来打印 n1 的值，第二个 %d 被用来打印 n2 的值，而第三个 %d 则被用来打印 sum 的值。在格式字符串末尾的 %n 告诉 printf 要插入一个适合当前平台的换行序列，插入方式与 println 完全一样。因此，如果 n1、n2 和 sum 的值分别是 2、3、5，那么这条 printf 语句将产生下面的输出：

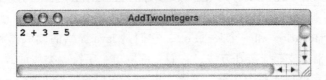

printf 方法的强大在于它能够以各种各样的格式显示数值（printf 末尾的 f 表示 formatted（格式化的））。在格式化字符串中的每个百分号后面都会跟着一个指定输出格式的字符，而该字符和百分号之间还经常有一个选项字符串。这种百分号和关键字母的组合被称为格式码。图 4-5 给出了最有用的格式码和最重要的格式化选项，我们可以通过它们来控制输出值的显式方式。

转换码

%b	布尔，在 %b 格式中，值会被显示为 true 或 false
%c	字符，在 %c 格式中，值会被显示为单个 Unicode 字符
%d	小数，在 %d 格式中，值会被显示为以标准小数标记法表示的数字位串
%f	浮点数，在 %f 格式中，值会被显示为包含小数点的数字位串
%e	指数，在 %e 格式中，值会用标准的编程语言表示方法 $d.dddddexx$ 以科学计数法显示，该数字对应于数学上的 $d.ddddd$ 乘以 10 的 xx 次方。如果使用格式码 %E 代替 %e，那么字母 E 在输出中就会显示为大写
%g	通用，在这种格式中，值会使用 %f 或 %e 格式来显示，哪个产生的输出短就用哪个。如果使用格式码 %G 代替 %g，那么使用科学计数法的输出中字母 E 就会显示为大写
%n	换行。%n 规格说明并非真正的格式码，而是对插入适合当前平台的换行序列的调用
%o	八进制，在 %o 格式中，值会被显示为以基为 8 的标记法八进制）表示的数字位串
%s	字符串，在 %s 格式中，值会被显示为字符串
%x	十六进制，在 %x 格式中，值会被显示为以基为 16 的标记法（十六进制）表示的数字位串。如果使用了 %X 格式，那么所有十六进制字母都显示为大写
%%	百分号，%% 规格说明并非真正的格式，而是提供了一种在输出中包含百分号的途径

格式选项

-	左对齐，如果格式规格说明中包含减号，那么各个域会左对齐而不是右对齐
+	显式正号，如果格式包含正号，那么所有的输出都包含符号位。如果没有这个选项，则只有负数才会出现符号位
,	逗号分隔，如果格式包含逗号，那么数字型输出将根据当地习惯包含逗号
0	0 填充，如果格式规约以 0 开始，那么域的前面将填充前导 0，而不是空格
w	域宽，如果在百分号后面出现了一个数字，那么它就是在指定最小域宽。比这个最小值短的值将在域内对齐，通常是右对齐
.d	有效数字，如果格式字符串包含一个后面跟着数字的小数点，那么这个数字就是用来控制显示多少位小数的。精确的表示方式会随格式的变化而变化。对于 %f 和 %e 格式，这个值表示小数点后的数字位数，对于 %g 格式，它表示的是有效数字位数，即不包括前导 0 和末尾 0，而对于 %s 格式，它表示要打印的字符的最大数量

图 4-5　printf 方法的格式码精选

最常用的选项是域宽规格说明，它使得我们可以按列对齐信息。例如，假设你之前编写了下面的用于测试第 2 章的 `fact` 方法的代码：

```
for (int n = 0; n <= 12; n++) {
   System.out.println(n + "! = " + fact(n));
}
```

138
〈
140

这个 `for` 循环将产生下面的输出：

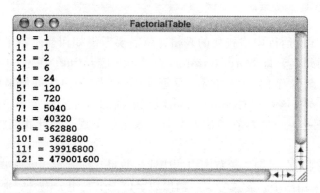

```
FactorialTable
0! = 1
1! = 1
2! = 2
3! = 6
4! = 24
5! = 120
6! = 720
7! = 5040
8! = 40320
9! = 362880
10! = 3628800
11! = 39916800
12! = 479001600
```

如果你将这个循环中的 `println` 调用修改为：

```
printf("%2d! = %9d%n", n, fact(n));
```

则输出看起来将会是下面这样：

```
FactorialTable
 0! =         1
 1! =         1
 2! =         2
 3! =         6
 4! =        24
 5! =       120
 6! =       720
 7! =      5040
 8! =     40320
 9! =    362880
10! =   3628800
11! =  39916800
12! = 479001600
```

n 和 `fact(n)` 的值分别出现在 2 个字符和 9 个字符宽的域中。在这个版本的程序中，等号是垂直对齐的，这使得我们很容易就可以看出阶乘值的增长模式。

当需要以表格形式显示数据时，格式选项甚至会变得更加重要。例如，假设你被要求显示一张表格，用来展示美国 50 个州中年龄在 24～34 之间的大学毕业生的数量，以及在该年龄段总人口中的占比。这些统计数据可以从教育部拿到，问题是如何以可读的形式显示它们。理想情况下，这个表的前几行看起来应该像下面这样：

```
CollegeGraduationRates
Alabama          189,259    31.5%
Alaska            31,967    32.9%
Arizona          283,867    33.0%
Arkansas         105,468    28.6%
California      1,998,766    37.9%
```

如果没有 printf 方法，那么产生这样的输出将会非常困难。如果使用 println 来显示每个值，那么这些行的形式看起来可读性就差了很多，具体如下：

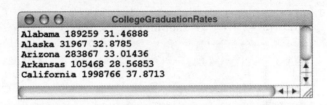

要产生第一个样例运行中格式化的表格，就需要考虑如何显示每个值。州名的域宽必须足够显示最长的州名，即 North Carolina 或 South Carolina，它们每个都有 14 个字符。因此，这个域必须至少有 14 个字符宽，尽管你可能会使用更大的值来增加两列之间的空间。而且，州名需要在该列左对齐，这是由域宽前面的负号所指定的。如果决定将该域指定为 16 个字符，那么它的宽度在控制台上看起来会很美观，因此我们将使用 %-16s 格式码来显示州名。

表格中的第二列是在目标年龄范围内的毕业生数量。你肯定想要这些值（像大多数数字一样）右对齐。如果输出中包含逗号，将输出数字位三个一组分隔开，那么对可读性来说也很有帮助。因此，在宽度为 12 的域中产生想要的输出的格式码为 %,12d。

第三列包含表示成百分数的毕业率。在此处，重要的是不仅要控制域的宽度，还要控制所报告的数值的精度。在这个表格的第二个版本中，毕业率显示为 31.468 88%。尽管这个值是用该年龄组的毕业生除以总人口，然后再乘以 100 得到的，但是用这些数字来显示毕业率是容易误导大家的。如果输入数据准确性不高，那么我们就无法确认毕业生占比到底是 31.468 88、31.468 89 还是 31.469。而且，即使这些数据准确，百分比最后的几位数字对于教育政策的制定几乎肯定是没有任何意义的。在这个表格的第一个版本中，阿拉巴马的毕业率四舍五入到 31.5%，这对于需求来说已经足够精确了。要想以这种格式显示毕业率，所需做的只是使用像 %7.1f 这样的格式码，它表示我们想要在 7 个字符的域中显示小数点后保留一位数字的毕业率。

将这些格式码放到一起，printf 调用应该变成下面的样子：

```
System.out.printf("%-16s%,12d%7.1f%%%n",
                  state, grads, rate);
```

141
~
142
注意，在输出中设置一个实际的百分号需要在格式字符串中使用 2 个百分号，以避免将百分号解释为格式码。

理解精度规格说明的细节是一件相当复杂的事情，因为对它的解释取决于转换类型。对于格式码 %f 和 %e，精度规格说明 d 表示小数点右边的数字位数。对于格式码 %g，d 表示有效数字的位数，即其值被认为有意义的数字的位数。为了将小数点放置到正确位置所必须增加的数字位都会显示为 0。FloatingPointFormats 程序展示了这些差异，该程序展示了使用不同的格式码和精度规格说明来显示三个常量的效果，这三个常量为数学常量 π、以米 / 秒为单位的光速和刻画电相互作用强度的精细结构常量。该程序的输出展示在图 4-6 中，其代码在图 4-7 中。

精度规格说明还可以应用于格式码 %s，此处它表示显示的来自字符串中的字符的最大数量（与域宽规格说明正好相反，后者表示最小域宽）。如果没有精度规格说明，那么 %s 格式码则总是显示整个字符串，这有可能会溢出列的边界。

```
●●●                    FloatingPointFormats
Floating-point format (%f):

 d |        pi       | speed of light | fine structure
---+-----------------+----------------+-----------------
 1 |          3.1    |  299792458.0   |         0.0
 2 |          3.14   |  299792458.00  |         0.01
 3 |          3.142  |  299792458.000 |         0.007
 4 |          3.1416 | 299792458.0000 |         0.0073

Exponential format (%E):

 d |        pi       | speed of light | fine structure
---+-----------------+----------------+-----------------
 1 |      3.1E+00    |     3.0E+08    |       7.3E-03
 2 |      3.14E+00   |     3.00E+08   |       7.26E-03
 3 |      3.142E+00  |     2.998E+08  |       7.257E-03
 4 |      3.1416E+00 |     2.9979E+08 |       7.2574E-03

General format (%G):

 d |        pi       | speed of light | fine structure
---+-----------------+----------------+-----------------
 1 |          3      |       3E+08    |        0.007
 2 |          3.1    |       3.0E+08  |        0.0073
 3 |          3.14   |       3.00E+08 |        0.00726
 4 |          3.142  |       2.998E+08|        0.007257
```

图 4-6　展示浮点格式的样例运行

```
/*
 * File: FloatingPointFormats.java
 * -----------------------------------
 * This program demonstrates various options for floating-point output
 * by displaying three different constants (pi, the speed of light in
 * meters/second, and the fine-structure constant).  These constants
 * are chosen because they illustrate a range of exponent scales.
 */

package edu.stanford.cs.javacs2.ch4;

public class FloatingPointFormats {

   public void run() {
      System.out.printf("Floating-point format (%%f):%n%n");
      showConstants("f");
      System.out.printf("%nExponential format (%%E):%n%n");
      showConstants("E");
      System.out.printf("%nGeneral format (%%G):%n%n");
      showConstants("G");
   }

/*
 * Displays the three constants using the specified format and several
 * different values for the number of digits (d).
 */

   private void showConstants(String format) {
      System.out.println(" d |      pi      | speed of light | fine structure");
      System.out.println("---+--------------+----------------+----------------");
      for (int d = 1; d <= 4; d++) {
         System.out.printf("%2d |", d);
```

图 4-7　测试浮点格式精度的程序

```
        System.out.printf("%11." + d + format + " |", PI);
        System.out.printf("%15." + d + format + " |", SPEED_OF_LIGHT);
        System.out.printf("%14." + d + format + "%n", FINE_STRUCTURE);
    }
}

/* Constants */

    private static final double PI = 3.14159265358979323846;
    private static final double SPEED_OF_LIGHT = 2.99792458E+8;
    private static final double FINE_STRUCTURE = 7.2573525E-3;

/* Main program */

    public static void main(String[] args) {
        new FloatingPointFormats().run();
    }

}
```

图 4-7 （续）

4.5 格式化输入

尽管 BufferedReader 类中的 readLine 方法对于从文件中读取整行是很有用的，但是它没有解决读取其他种类数据的问题。例如，如何读取包含数字和字符串组合数据的文件呢？在 Java 中，读取格式化数据的最简单的方式是使用你在第 1 章中接触过的 Scanner 类。但是，到目前为止，你对 Scanner 类的能力还只是了解了个皮毛。图 4-8 显示了更完整的你可以使用的方法列表。

构造器

Scanner(*reader*)	从指定的读取器中构造一个 Scanner
Scanner(*str*)	从指定的字符串中构造一个 Scanner

用于扫描一个值的方法

next()	查找和返回下一个完整的符号，符号是指不包含由 useDelimiter 设定的模式的最长的字符串
next(*pattern*)	如果有匹配指定模式的下一个符号，则返回这个符号
nextBoolean()	将下一个输入符号扫描到一个布尔值中
nextDouble()	将下一个输入符号扫描为一个 double
nextInt()	将下一个输入符号扫描为一个 int
nextLine()	扫描到当前行的末尾，并返回移除行结束符之后的该行内容

用于检查某个值是否出现的谓词方法

hasNext()	如果该扫描器在其输入中还有其他符号，则返回 true
hasNext(*pattern*)	如果下一个符号与指定的模式相匹配，则返回 true
hasNextBoolean()	如果该扫描器可以读取一个布尔值，则返回 true
hasNextDouble()	如果该扫描器可以读取一个浮点值，则返回 true
hasNextInt()	如果该扫描器可以读取一个整数值，则返回 true
hasNextLine()	如果该扫描器的输入中还有另一行，则返回 true

其他方法

close()	关闭该扫描器
skip(*pattern*)	跳过与指定模式匹配的输入
useDelimiter(*pattern*)	使用模式字符串来设置该扫描器的分隔符模式，该模式将用来分隔符号

图 4-8 Scanner 类中的常用方法

使用 Scanner 类的基本范例是构造一个从特定源读取数据的实例，这个特定源通常是一个 Reader 或一个字符串。然后，可以调用各种以 next 开头的方法来读取指定类型的数据值。例如，如果想要从 Scanner 中读取一个 double 值，那么就可以调用 nextDouble 方法。该方法会跳过所有空白字符，然后尝试将下一个符号当作 double 读取。如果读取成功，那么就会得到作为方法返回值的这个 double。如果读取失败，例如在文件中此处的字符无法构成合法的数字，那么 nextDouble 方法就会抛出一个 InputMismatchException。

与 java.io 包中的异常不同，InputMismatchException 是 RuntimeException 的子类，这意味着你无法强制捕获它。如果发生了这种异常，你是无法采取任何措施来捕获它的，程序会直接停止运行，因为它碰到了一个未捕获的异常错误。使用 Scanner 类的优势之一是它无需添加 try 语句来捕获 IOException 情况。

为了演示 Scanner 类的用法，我们应该是回到生成按州计算毕业率的程序，并思考之前是如何从文件中读取数据的。虽然数据文件有很多种形式，但是最简单的一种需要处理的形式被称为逗号分隔的值（comma-separated values, csv），在这种形式中，数据值都被存储为文本，域和域之间用逗号分隔。如果这个程序的输入数据存储在一个 .csv 文件中，那么其前几行看起来就像下面这样：

```
CollegeGraduationRates.csv
Alabama,189259,31.46888
Alaska,31967,32.8785
Arizona,283867,33.01436
Arkansas,105468,28.56853
California,1998766,37.8713
```

这个文件的每一行都包含 3 个域：作为字符串的州名，作为整数的在适合年龄段内的大学毕业生数量，以及作为浮点数的毕业率。这些域是由逗号分隔的，而且在 New York 和 South Carolina 这样的州名中会出现空格，这意味着恰当的方式应该是使用逗号而不是空白字符作为该扫描器的分隔符。

尽管你可以定义分隔符序列，这样它还可以匹配行结束序列，但是通常更容易的做法是逐行读取文件，然后使用扫描器来处理每一行（特别是行结束序列会随平台的不同而变化）。采用这种策略的完整的程序在图 4-9 中。

146

```
/*
 * File: CollegeGraduationRates.java
 * ----------------------------------------
 * This program produces a formatted table of college graduation rates
 * by state.  It uses a Scanner to read the data from a data file and
 * then prints it on the console.
 */

package edu.stanford.cs.javacs2.ch4;

import java.io.BufferedReader;
import java.io.FileReader;
import java.io.IOException;
import java.util.Scanner;

public class CollegeGraduationRates {
```

图 4-9　从大学毕业率统计数据文件中产生报告的程序

```java
    public void run() {
        try {
            BufferedReader rd = new BufferedReader(new FileReader(DATA_FILE));
            System.out.println("      State        Graduates    Rate");
            System.out.println("------------------ ----------- ------");
            while (true) {
                String line = rd.readLine();
                if (line == null) break;
                Scanner scanner = new Scanner(line);
                scanner.useDelimiter(",");
                String state = scanner.next();
                int grads = scanner.nextInt();
                double rate = scanner.nextDouble();
                System.out.printf("%-16s%,12d%7.1f%%%n", state, grads, rate);
            }
            rd.close();
        } catch (IOException ex) {
            throw new RuntimeException(ex.toString());
        }
    }

/* Constants */

    private static final String DATA_FILE = "CollegeGraduationRates.csv";

/* Main program */

    public static void main(String[] args) {
        new CollegeGraduationRates().run();
    }

}
```

147

图 4-9 （续）

CollegeGraduationRates 程序中数据输入部分的核心是由下面几行构成的：

```java
Scanner scanner = new Scanner(line);
scanner.useDelimiter(",");
String state = scanner.next();
int grads = scanner.nextInt();
double rate = scanner.nextDouble();
```

第一行创建了一个 Scanner 对象，它从存储在 line 中的字符串中获取其输入。第二行设置了分隔符模式，使得域由逗号隔开，毕竟，这是 .csv 文件的基本特征。最后三行使用 Scanner 中与类型相匹配的方法将值读入到变量 state、grads 和 rate 中。如果该文件包含错误，使得这些方法调用中存在无法读取正确类型值的情况，那么 Scanner 的实现就会抛出一个 InputMismatchException，这会导致程序因未处理异常错误而失败。

Scanner 类中的多个方法就会接受图 4-8 中由占位符 pattern 表示的引元。这种模式比本例中使用的字符串要灵活得多。在这些方法中，每种模式都由一个正则表达式构成，即一种数学上的形式化表示，它使得定义字符模式变得很容易。正则表达式超出了本书的范围，但是你可以查询 java.util.regex.Pattern 类的文档，去了解有关正则表达式的更多信息。

4.6 使用文件对话框

尽管在控制台窗口能够输入文件名在一二十年前看起来可能就足够了，但是现在的应用很少会强制用户手工输入文件名。你应该使用的是文件对话框，它是一种交互式对话窗口，能够让用户通过使用鼠标或触摸板来选择文件。Java 库中包含了允许我们这样操作的类。

无论何时，只要想要创建文件对话框，就需要构造一个 JFileChooser 类的实例，该类是 javax.swing 包的一部分。JFileChooser 构造器最有用的版本会接受一个路径文件作为引元，以确保该对话框可以列出指定路径下的文件。在当前路径创建文件对话框的标准模式如下：

```
File dir = new File(System.getProperty("user.dir"));
JFileChooser chooser = new JFileChooser(dir);
```

在这里，已经创建了一个选择框对象，尽管在屏幕上还没有显示任何东西。当需要从用户处获取输入文件时，可以调用 showOpenDialog 方法，它会接受单个引元，并返回一个整数，表示用户是确认还是取消了该对话框。这个引元指定了该对话框应该在其中居中的窗口，但是我们也可以使用特殊的值 null 来让该对话框在整个屏幕上居中。因此，典型的对 showOpenDialog 的调用看起来像下面这样： 148

```
int result = chooser.showOpenDialog(null);
```

只要做出这个调用，就会在屏幕上弹出一个对话框，看起来就像图 4-10 中所示的那个对话框。在本例中，用户高亮选中了 Hamlet.txt 文件。如果该用户单击 Open，那么该程序就应该打开 Hamlet.txt 文件；如果用户单击 Cancel，那么该程序就不应该打开任何文件。

有关用户选择的信息可以通过两种方式提供。我们可以通过检查 showOpenDialog 调用的结果来知晓按下了哪个按钮，如果用户按下了 Open，那么结果就是 JFileChooser.APPROVE_OPTION，如果用户按下了 Cancel，那么结果就是 JFileChooser.CANCEL_OPTION。通过调用 JFileChooser 对象的 getSelectedFile 方法，也可以知道打开了哪个文件，该方法会返回用户选中的文件。getSelectedFile 的结果是一个 File 对象，而该类是在 java.io 包中定义的。幸运的是，FileReader 的构造器既可以接受 File，也可以接受 String。

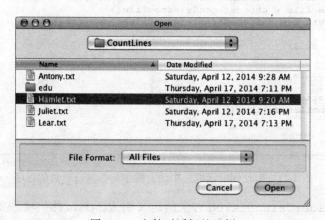

图 4-10　文件对话框的示例

图 4-11 展示了如何使用这些技术来对用户选中的文件中的行进行计数。打开文件选择框的代码被封装到了名为 openFileReaderUsingDialog 的方法中，它会返回一个 Buffered Reader，就像图 4-1 中所示的 openFileReader 方法一样。然后，run 方法会接受该读 149

取器，并通过调用 `readLine` 对行进行计数，直至达到文件的末尾。

```java
/*
 * File: CountLines.java
 * ------------------------
 * This program counts the lines in a file chosen using a file dialog.
 */

package edu.stanford.cs.javacs2.ch4;

import java.io.BufferedReader;
import java.io.File;
import java.io.FileReader;
import java.io.IOException;
import javax.swing.JFileChooser;

public class CountLines {

   public void run() {
      try {
         BufferedReader rd = openFileReaderUsingDialog();
         if (rd != null) {
            int nLines = 0;
            while (rd.readLine() != null) {
               nLines++;
            }
            rd.close();
            System.out.println("That file contains " + nLines + " lines.");
         }
      } catch (IOException ex) {
         throw new RuntimeException(ex.toString());
      }
   }

/*
 * Opens a file reader using the JFileChooser dialog.
 */

   private BufferedReader openFileReaderUsingDialog() throws IOException {
      File dir = new File(System.getProperty("user.dir"));
      JFileChooser chooser = new JFileChooser(dir);
      int result = chooser.showOpenDialog(null);
      if (result == JFileChooser.APPROVE_OPTION) {
         File file = chooser.getSelectedFile();
         return new BufferedReader(new FileReader(file));
      }
      return null;
   }

/* Main program */
   public static void main(String[] args) {
      new CountLines().run();
   }

}
```

150

图 4-11　对使用对话框选中的文件中的行进行计数的程序

`openFileReaderUsingDialog` 方法的定义引入了 Java 的一项需要稍加解释的新特性。对 `FileReader` 和 `BufferedReader` 构造器的调用可能会抛出一个需要在某处捕获的 `IOException`。如果该方法定义与这个异常不匹配，那么它可以在方法头中包含 `throws` 规格说明来将这个异常传递回它的调用者。将方法声明为 `throws IOException` 这种标记法很适合 Java 编译器的要求，并且可以在发生异常时让 `run` 方法接管控制权。

4.7　总结

在本章中，我们学习了如何使用 Java 库类来读取和编写数据文件。本章的要点包括：

- 文本文件是存储在持久性介质上并且由文件名标识的字符序列。
- 读取文件所包含的步骤有：打开文件、读取数据和关闭文件。
- 为了读取而打开文本文件时，传统的方式是构造一个 FileReader，然后使用该结果构造一个 BufferedReader。
- 我们可以使用所有读取器类都具备的 read 方法来逐个字符地处理文件中的数据。read 方法会返回一个 int，它要么是文件中下一个字符的 Unicode 值，要么是表示文件末尾的 –1。
- 我们还可以使用 BufferedReader 类导出的 readLine 方法来逐行地处理文件中的数据。readLine 方法会返回特殊值 null 来表示文件的末尾。
- 写入文件的常用方式是构造一个 FileWriter，用它来构造一个 BufferedWriter，然后用它来构造一个 PrintWriter。所有写入器都支持 write 方法，该方法会写入表示为 Unicode 值的单个字符。PrintWriter 类支持 print 和 println 方法，这两个方法从第 1 章的第 1 个程序开始，就在 System.in 中不断地使用。
- 在 Java 中产生格式化输出的最简单的方式是使用来自编程语言 C 的 printf 方法，这个方法被引入了 Java 中，作为 5.0 版本的一部分。图 4-5 中描述了最常用的格式码和格式选项。　　　　　　　　　　　　　　　　　　　　　　　　　　　　　　|151|
- 读取格式化数据的最简单的方式是使用 java.util 包中的 Scanner 类。图 4-8 中给出了 Scanner 类中最常用的方法。
- 在读取器和写入器中的几乎所有操作都会在遇到错误情况时抛出一个 IOException。在编写文件处理代码时，Java 要求使用 try 语句来捕获这个异常。
- javax.swing 包中的 JFileChooser 类使得我们可以使用标准的文件对话框来打开数据文件。

4.8　复习题

1. 文本文件和字符串之间的主要区别是什么？
2. 读取文本文件内容的 3 个必需的步骤是什么？
3. 什么是异常？
4. try 语句的通用形式是什么？
5. 是非题：捕获由 java.io 包中的类产生的 IOException 不是必需的，是可选的。
6. 如果你有一个字符串变量 filename，它包含一个文本文件的名字，那么你应该编写哪些语句来创建一个读取器变量 rd，使得你之后可以使用它来从该文件中读取各行？
7. 为什么 read 方法会返回一个 int 而不是 char？
8. 如果使用 readLine 来逐行读取文件，应该如何探测文件的末尾？
9. 为了输出目的而打开某个文本文件时，典型情况下所包含的三个写入器类是什么？
10. 是非题：Java 5.0 重新引入了 printf 方法，它最初是为 C 编程语言设计的。
11. 什么是格式码？
12. 如何在 printf 格式字符串中包含一个百分号？
13. 用你自己的话来描述格式码 %e、%f 和 %g 之间的区别。　　　　　　　　　　　|152|

14. 格式码 %e 和 %E 所产生的输出有什么差异?

15. java.lang.Math 类中的常量 PI 的定义如下:

```
public static final double PI = 3.141592653589793238;
```

为了产生下面样例运行的每一行, 你将使用什么样的 printf 格式字符串?

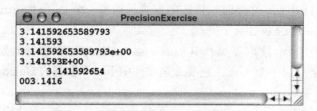

16. 哪个 Java 类实现了读取格式化输入的最简单的策略?

17. 文件类型 .csv 中的字母代表什么意思?

18. 为了读取 .csv 文件, 你将在 Scanner 对象上调用什么?

19. 哪个 Java 类使得我们可以使用交互式对话框打开文件?

20. 在方法定义中的 throws 子句的作用是什么?

4.9 习题

1. 编写一个程序, 打印用户选择的文件中最长的行, 如果若干行具有相同的长度, 那么你的程序应该打印出这些行中的第一行。

2. 编写一个程序, 读取一个文件并报告其中包含多少行、单词和字符。对于这个程序而言, 单词是由除了空白字符之外的所有字符构成的连续序列。例如, 假设文件 Lear.txt 包含下面的来自莎士比亚的《李尔王》的段落:

```
Lear.txt

Poor naked wretches, wheresoe'er you are,
That bide the pelting of this pitiless storm,
How shall your houseless heads and unfed sides,
Your loop'd and window'd raggedness, defend you
From seasons such as these?  O, I have ta'en
Too little care of this!
```

[153]   你的程序应该能够生成下面的样例运行:

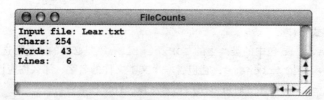

输出中的计数值应该显示在右对齐的一列中, 但是, 这一列的宽度会扩展以适应数据。例如, 如果你有一个包含了 George Eliot 的《Middlemarch》全文的文件, 那么你的程序的输出看起来应该像下面这样:

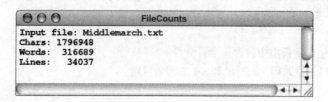

3. `printf` 方法赋予了程序员相当大的对输出格式的控制权，这使得创建格式化表格变得很容易。编写一个程序，显示一张看起来像下面这样的三角函数正弦和余弦的表格：

```
●●●                    TrigTable
theta | sin(theta) | cos(theta) |
------+------------+------------+
  -90 | -1.0000000 |  0.0000000 |
  -75 | -0.9659258 |  0.2588190 |
  -60 | -0.8660254 |  0.5000000 |
  -45 | -0.7071068 |  0.7071068 |
  -30 | -0.5000000 |  0.8660254 |
  -15 | -0.2588190 |  0.9659258 |
    0 |  0.0000000 |  1.0000000 |
   15 |  0.2588190 |  0.9659258 |
   30 |  0.5000000 |  0.8660254 |
   45 |  0.7071068 |  0.7071068 |
   60 |  0.8660254 |  0.5000000 |
   75 |  0.9659258 |  0.2588190 |
   90 |  1.0000000 |  0.0000000 |
```

数字型的列应该都是右对齐的，而包含三角函数的列（即这里列出的以 15 度为间隔的角度）应该都是小数点后保留 7 位小数。

4. 对于第 2 章中的习题 5，你曾经编写过一个 `windChill` 方法，用来计算给定温度和风速情况下的风寒指数。编写一个程序，使用这个方法以表格形式来显示这些值，就像图 2-6 中所示的来自国家气象服务的表格那样。

5. 即使注释对于人类读者来说至关重要，但是编译器会直接忽略它们。如果你正在编写编译器，那么你就需要能够在源代码文件中识别并消除注释。

编写一个方法：

`public void removeComments(Reader rd, Writer wr)`

它会将字符从读取器 rd 中复制到写入器 wr 中，但是不包括出现在 Java 注释中的字符。你的实现应该能够同时识别 Java 的两种注释形式：

● 任何以 `/*` 开头并以 `*/` 结尾的文本，中间可能包含很多行。
● 任何以 `//` 开头并延伸到这一行末尾的文本。

尽管真正的 Java 编译器需要检查以确保这些字符并未包含在引号括起来的字符串内部，但是你可以忽略这个细节，因为这个问题太麻烦了。

6. Books were bks and Robin Hood was Rbinhd. Little Goody Two Shoes lost her Os and so did Goldilocks, and the former became a whisper, and the latter sounded like a key jiggled in a lck. It was impossible to read "cockadoodledoo" aloud, and parents gave up reading to their children, and some gave up reading altogether……

—— James Thurber《The Wonderful O》1957

　　在 James Thurber 的童话故事《The Wonderful O》中，奥罗岛受到了海盗的入侵，他们千方百计想让字母 O 从字母表中消失。这种审查制度用现代技术来实现要容易得多。编写一个程序，要求用户提供一个输入文件、一个输出文件以及一个要消除的由字母构成的字符串。然后，这个程序应该将输入文件复制到输出文件中，并删除所有出现在审查字母字符串中的所有字母，不论它们是大写还是小写形式。

例如，假设你有一个文件，包含了 Thurber 的小说的前几行，就像下面这样：

TheWonderfulO.txt

```
Somewhere a ponderous tower clock slowly
dropped a dozen strokes into the gloom.
Storm clouds rode low along the horizon,
and no moon shone.  Only a melancholy
chorus of frogs broke the soundlessness.
```

如果你用下面的输入运行你的程序：

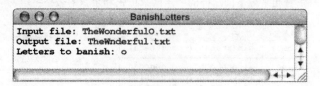

它应该会写出下面的文件：

TheWnderful.txt

```
Smewhere a pnderus twer clck slwly
drpped a dzen strkes int the glm.
Strm cluds rde lw alng the hrizn,
and n mn shne.  nly a melanchly
chrus f frgs brke the sundlessness.
```

如果你想更进一步，在提示符后面输入 aeiou，以此消除所有元音字母，那么输出文件的内容将是：

```
Smwhr  pndrs twr clck slwly
drppd  dzn strks nt th glm.
Strm clds rd lw lng th hrzn,
nd n mn shn.  nly  mlnchly
chrs f frgs brk th sndlssnss.
```

7. 有些文件使用了制表符来按列对齐数据。但是，这样做对于无法直接操作制表符的应用而言就会引发问题。对于这些应用，如果能够通过一个程序来将输入文件中的制表符都替换为若干个空格符，而空格符的数量为到达下一个制表符停靠位所需的数量，那么就会显得很有用。在编程时，制表符停靠位通常会按照每 8 列一个的方式设置。例如，如果输入文件中包含下面这种形式的一行：

其中━━符号表示制表符所占据的空间，它会根据制表符在这一行中出现的位置而有所变化。如果制表符停靠位是按照每 8 列设置的，那么第一个制表符就必须被替换为 5 个空格，而第二个制表符应该被替换为 3 个空格。

编写一个程序，将输入文件复制到输出文件中，并将其中所有的制表符都替换为恰当数量的空格。

155
～
156

数　　组

> 幸福穿着节日的盛装欢迎你。
>
> ——威廉·莎士比亚，《罗密欧与朱丽叶》，1597

到目前为止，本书中的程序操作的都是单独的数据项，但是，计算真正的力量源自能够操作数据集合的能力。本章将介绍数组这个概念，数组是由具有相同类型的值构成的有序集合。数组在编程中非常重要，因为这种集合在真实世界中出现得相当频繁。无论何时，只要你想要表示一组值，并且将这些值当作一个序列来考虑是一种合理的方式，那么数组就会在相应的解决方案中起到重要的作用。

同时，数组自身的重要性正在不断削弱，因为 Java 的库包中包含了多种从各方面看都比数组要更全面的类。因为它们表示的都是由单个数据值构成的集合，所以这些充当传统数组角色的类被称为集合类。Java 程序员日益依赖于这些集合类来表示那些以往存储在数组中的数据。但是，如果你理解了数组模型，那么去理解集合类就会变得更容易，因为数组模型构成了 Java 集合框架支持的各种列表类的概念基础。因此，本章将以对数组的讨论开始，因为自编程的上古时代以来一直在使用它们。但是，本章的重点并非是要让你理解数组处理的细节，而是要让你具备理解 Java 集合类所需的洞察力，而这部分内容还将在第 6 章中详细讨论。

5.1　数组简介

数组是由若干个单独的值构成的集合，它们具备以下两个显著的特性：

1）数组是有序的。我们一定能够按照顺序来枚举这些单独的值：这是第一个，那是第二个，以此类推。

2）数组是同构的。存储在数组中的每个值都必须具有相同的类型。因此，我们可以定义整数数组或浮点数数组，但是不能定义两种类型混合的数组。

在概念上，最容易理解的方式是将数组当作一组盒子构成的序列，而数组中的每个数据值都有一个自己的盒子。数组中的每个值都被称为元素。

每个数组都有两个适用于整个数组的基本属性：

● 元素类型，表示元素中可以存储什么样的值。

● 长度，数组中包含的元素数量。

在 Java 中，可以在不同的时间指定这些属性。我们可以在声明数组变量时定义元素类型，还可以在创建初始值时设置长度。但是，在大多数情况下，我们会在同一个声明中指定这两个属性，就像下一节描述的那样。

5.1.1　数组声明

与 Java 中其他所有变量一样，数组必须在使用前先声明。最常见的数组声明形式使用的是下面的模式：

```
type[] name = new type[size];
```

例如，下面的声明

```
int[] intArray = new int[10];
```

声明了一个具有 10 个元素的名为 intArray 的数组，其中每个元素都是 int 类型。我们可以用图形来表示这个声明，即绘制一行 10 个盒子，并对整个集合起名为 intArray：

intArray

0	0	0	0	0	0	0	0	0	0
0	1	2	3	4	5	6	7	8	9

当 Java 创建新数组时，会将每个元素都初始化为其所属类型的缺省值。对于数字而言，缺省值就是 0，这也就是为什么在 intArray 的每个元素中出现的都是 0。所有其他类型也都有缺省值。例如，boolean 的缺省值为 false，而对象的缺省值为特殊值 null。

数组中每个元素都由一个被称为其索引的数字值来标识的。在 Java 中，数组的索引数字总是从 0 开始，不断递增，直至比数组长度小 1。因此，在具有 10 个元素的数组中，索引数字为 0、1、2、3、4、5、6、7、8 和 9，如前面图中所示。在 Java 中，每个数组都有一个被称为 length 的域，它包含了元素的数量。下面的表达式：

```
intArray.length
```

的值为 10。

尽管可以使用整数值来指定数组的长度，就像前面示例中的 10，但是使用常量来实现此目的是更常见的做法。例如，如果要求你定义一个用来存储体育运动分数的数组，其中的分数是由一个裁判组来打分的，就像体操和花样滑冰。每个裁判都会根据运动员的表现给出 0 到 10 之间的一个分数，其中 10 为最高分。因为分数中可能包含小数，例如 9.9，所以数组中每个元素必须都是 double 类型的。而且，因为裁判的数量可能会随应用程序的不同而变化，所以使用具名的常量来声明数组的长度是合理的。在本例中，名为 scores 的数组的声明看起来就像下面这样：

159

```
private static final int N_JUDGES = 5;
double[] scores = new double[N_JUDGES];
```

这个声明引入了具有 5 个元素的名为 scores 的数组，就像下图所示：

scores

0.0	0.0	0.0	0.0	0.0
0	1	2	3	4

在 Java 中，用来指定数组长度的值不必为常量。如果你想要创建更通用的运动打分程序，那么可以从用户处读取裁判的数量，就像下面这样：

```
System.out.print("Enter number of judges: ");
int nJudges = sysin.nextDouble();
double[] scores = new double[nJudges];
```

5.1.2　数组选择

要想引用数组中具体的元素，需要同时指定数组名和该元素在数素中对应的位置。识别数组中某个特定元素的过程被称为选择，在 Java 中用数组名和后面跟在方括号中的索引来表示。无论何时，只要在数组中选择某个元素，Java 就会检查索引，并且在索引落到数组边界之外时抛出一个运行时异常。

选择表达式的结果是可赋值的，即可以将选择表达式用作赋值语句的左边。例如，如果执行下面的 for 循环：

```
for (int i = 0; i < intArray.length; i++) {
    intArray[i] = 10 * i;
}
```

那么变量 intArray 将被初始化为下面的样子：

intArray

0	10	20	30	40	50	60	70	80	90
0	1	2	3	4	5	6	7	8	9

我们可以使用数组赋值来编写完成的读取体操比赛打分并打印平均分的程序，如图 5-1 所示。run 方法会读取每个裁判的分数（调整提示符中的索引，使得呈献给用户的数字从 1 而不是从 0 开始），然后调用另一个名为 average 的方法，该方法的代码独立于任何具体的应用，并没有提及裁判或分数。average 方法从调用者处接受一个数组，然后通过将所有值加起来并除以数组的长度来计算平均值。GymnasticsJudge 程序的样例运行看起来就像下面这样：　　160

```
●●●                    GymnasticsJudge
Enter number of judges: 5
Enter score for judge 1: 9.2
Enter score for judge 2: 9.9
Enter score for judge 3: 9.7
Enter score for judge 4: 9.0
Enter score for judge 5: 9.6
The average score is 9.48
```

```java
/*
 * File: GymnasticsJudge.java
 * ---------------------------
 * This file reads in an array of scores and computes the average.
 */

package edu.stanford.cs.javacs2.ch5;

import java.util.Scanner;

public class GymnasticsJudge {

    public void run() {
        Scanner sysin = new Scanner(System.in);
        System.out.print("Enter number of judges: ");
        int nJudges = sysin.nextInt();
        double[] scores = new double[nJudges];
        for (int i = 0; i < nJudges; i++) {
            System.out.print("Enter score for judge " + (i + 1) + ": ");
            scores[i] = sysin.nextDouble();
        }
        System.out.printf("The average score is %4.2f%n", average(scores));
    }

/*
 * Computes the average of an array of doubles.
 */
```

图 5-1　GymnasticsJudge 程序的代码

```
    private double average(double[] array) {
       double total = 0;
       for (int i = 0; i < array.length; i++) {
          total += array[i];
       }
       return total / array.length;
    }

/* Main program */

    public static void main(String[] args) {
       new GymnasticsJudge().run();
    }

}
```

图 5-1 （续）

如果你基于第 2 章所阐述的参数传递规则来审视该程序，就会发现自己正在面对一个有
趣的问题。在 2.3.1 节中所阐述的规则列表中，规则 3 是以下面的语句开头的：

3）每个引元的值会复制到对应的参数变量中。

在 run 方法调用 average 时，这项规则是否适用？这是个有趣的问题。scores 数组
是否会被复制到参数变量 array 中？在本例中，程序的正确性并不会因是否进行了复制而
受到影响，但是，这个问题还是引发了有关效率方面的关切。复制 5 个元素的数组并不会花
费太多时间，但是如果正在操作 1 000 000 个或更多元素的数组，情况又会怎样呢？复制大
型数组会对内存空间和执行时间强加不必要的成本。

如果要想准确理解 Java 将数组或其他任何对象从一个方法传递到另一个方法时到底做
了些什么，那么就必须对数组和对象是如何在机器内存中表示的有所了解。在将数组当作参
数传递时，该数组的元素不会被复制到被调用方法的帧中。实际上，参数传递过程复制的是
对该数组的引用，它使得调用者和被调用者可以共享实际的值。有关引用这个概念的底层结
构和更准确的定义的细节将在下一节中讨论。

5.2 数据表示和内存

每台现代计算机都包含一定数量的作为信息首要存储池的高速内部存储器。在典型的机器
中，这种存储器是名为 RAM 的特殊的集成电路芯片构建的，RAM 表示随机存取存储器（random-
access memory）。随机存取存储器允许程序在任何时刻使用任何存储单元中的内容。有关 RAM
芯片如何操作的技术细节对大多数程序员而言都不重要，重要的是要理解存储器的组织结构。

5.2.1 位、字节和字

在计算机内部，所有数据值，不论其有多复杂，都被存储为一系列信息基础单元的组
合，这种信息基础单元被称为位（bit），而每个位都处于两种可能状态中的一种。如果将机
器内部的电路看作微型的电灯开关，那么这两种状态就可以标记为开和关。如果将每个位看
作是一个布尔值，那么就可以将其状态标记为真和假。但是，因为位这个词最初起源于二进
制位的缩写，所以常见的方式是将这些状态标记为 0 和 1，这正是计算机所基于的二进制数
字系统中用到的两个位。

因为单个位只能持有非常少的信息，所以对于存储数据来说，单个位并非最方便的机
制。为了让存储诸如数字和字符这样的传统类型的信息更加容易，计算机将单个位组合成更
大的单元，然后将其作为完整的存储单元来处理。最小的这种组合单元被称为字节，它由 8
个位构成，足以存储一个 char 类型的值。然后字节又被组装成更大的被称为字的结构。字

中包含的字节数量会依硬件架构的不同而有所变化，当今大多数计算机使用的字的长度要么是 4 字节，要么是 8 字节（32 位或 64 位）。

特定计算机上可用内存的数量变化范围很大。早期的机器支持的内存尺寸是用千字节 (KB) 来度量的，20 世纪 80 年代和 90 年代的机器的内存尺寸使用兆字节 (MB) 来度量，而当今的机器的内存通常是用千兆字节 (GB) 来度量的。在大多数学科中，前缀千、兆和千兆分别表示的是一千、一百万和十亿。但是在计算机的世界中，这些以 10 为基的值并未对应机器内部的结构。因此，按照传统，这些前缀用来表示最接近于它们的传统值的 2 的幂。因此，在编程中，前缀千、兆和千兆的含义如下：

千 (K)　　　$=2^{10}=1\ 024$

兆 (M)　　　$=2^{20}=1\ 048\ 576$

千兆 (G)　　$=2^{30}=1\ 073\ 741\ 824$

20 世纪 70 年代早期的 64 KB 计算机具有 64×1024，即 65 536 字节的内存。类似地，现代的 4 GB 机器具有 4×1 073 741 824，即 4 294 967 296 字节的内存。

在典型的计算机的内存系统中，包括 Java 虚拟机仿真的计算机在内，每个字节都是用数字型的地址来标识的。计算机中的第一个字节编号为 0，第二个字节编号为 1，以此类推，直至机器中字节数减 1。在数十年前的小型的 64 KB 计算机中的内存地址将从编号为 0 的字节开始，以编号为 65 535 的字节结束。在当今的机器中，内存地址可能会从 0 到 4 294 967 295，而在 64 位机器上甚至会更多。像大多数语言一样，Java 将这些地址作为存储在对应的内存区域中的数据的简写形式来使用。在机器语言级别上，用来表示内存内容的地址被称为指针。在 Java 中，用于这个概念的传统术语被称为引用，这有助于将这个概念与底层细节分离开。基本上，在 Java 中是无法确定引用的数字型地址的。即便如此，记住这一点仍很重要：存储在内存中的值具有地址，因此可以用引用来指定。

5.2.2　二进制和十六进制表示

在机器中的每个字节都存储着数据，而这些数据的含义取决于系统如何解释各个单独的位。对于某个位的特定序列而言，根据用来操作它的硬件指令的不同，该序列可以表示一个整数、一个字符或一个浮点数，每一种情况都要求使用某种编码模式。最容易理解的编码模式是用于无符号整数的编码模式。无符号整数中的位是使用二进制标记法表示的，在该标记法中，只有 0 和 1 两种合法的值，就像底层的位的情况一样。二进制标记法在结构上与我们更熟悉的十进制标记法类似，只是使用 2 而不是 10 作为基。每个二进制位对整个数组的贡献取决于它在整个数字中的位置，最右边的位表示单位域，其他位置上的位每一个都表示其右边位的 2 倍。

例如，请考虑包含下面二进制位的 8 位字节：

0	0	1	0	1	0	1	0

这个位序列表示数字 42，你可以通过计算每个单独的位的贡献度来进行验证，就像下面这样：

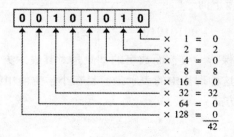

这张图展示了如何使用二进制标记法将一个整数映射到各个位上，同时也说明了用二进制形式来书写数字是多么不方便。二进制数字显得很累赘，主要是因为它们很容易就变得很长。十进制表示很直观，我们也很熟悉，但是对于理解如何将数字转译为位而言，会变得很困难。

对于有些应用而言，如果无需操作冗长繁琐的二进制数字就可以理解数字是如何被转译为二进制表示的，那会显得非常有用，此时，计算机科学家们经常会使用十六进制（基为16）表示。在十六进制标记法中，有 16 个数字，分别表示 0~15。十进制数字 0~9 可以很好地表示前 10 个数字，但是经典算术中没有定义表示其余 6 个数字的符号。在计算机科学中，传统上会使用字母 A 到 F 来实现这个目的，其中每个字母对应的值如下：

A = 10
B = 11
C = 12
D = 13
E = 14
F = 15

十六进制之所以如此吸引人，是因为我们可以在十六进制值和底层二进制表示之间进行即时转换，而所需做的只是将各个位 4 个一组地组合起来。例如，数组 42 可以像下面这样从二进制转换为十六进制标记法：

```
0 0 1 0 1 0 1 0
     2       A
```

前 4 位表示的是数字 2，后 4 位表示的是数字 10。将这两个数字转换为对应的十六进制数字将得到十六进制形式 2A。然后，我们可以像下面这样将这些数字位的值加起来，以此来验证这个数字的值仍旧是 42：

```
2 A
      × 1  = 10
      × 16 = 32
             42
```

Java 允许我们用三种基中的任意一种来书写整数常量：八进制（基为 8）、十进制（基为 10）和十六进制（基为 16）。其中，十进制常量应书写为标准形式的整数，而八进制常量前面应增加前导 0，例如，常量 0100 表示的是八进制的 100，即 64。十六进制常量以前缀 0x 开头，因此常量 0x2A 表示的是十进制数 42。

165

考虑到可阅读性，本书一般会使用十进制标记法。如果在某些上下文中基显得不明确，那么我们通常采用的策略是增加表示基的下标。因此，数字 42 的二进制、八进制、十进制和十六进制表示看起来会像下面这样：

$$00101010_2 = 52_8 = 42_{10} = 2A_{16}$$

关键是数字本身始终保持一致，而数字的基只是对其表示方式产生了影响。42 在现实中的表示是独立于基的。这种现实中的表示最容易在小学生使用的表示方式中看到，毕竟，这也是书写数字的另一种方式：

这种表示中线段的数量是 42。数字可以书写为二进制、十进制或任何其他进制，这是表示方式而不是数字自身的属性。

5.2.3　表示其他数据类型

在很大程度上，现代计算技术幕后的基本思想是任何数据值都可以表示成为位的集合。例如，我们很容易就可以看到如何用单个位来表示布尔值，我们所需做的只是将位可能的状态赋值为两个布尔值之一。传统上，0 被解释为 false，而 1 被解释为 true。就像上一节所阐述的，通过将位序列解释为二进制标记法表示的数字，我们就可以存储无符号整数，因此 8 位序列 00101010 表示的是数字 42。用 8 位可以表示 $0\sim2^8-1$，即 $0\sim255$ 之间的所有数字，16 位则可以表示 $0\sim2^{16}-1$，即 $0\sim65\,535$ 之间的所有数字，而 32 位可以表示的数字最大达到了 $2^{32}-1$，即 $4\,294\,967\,295$。

有符号整数也可以存储为位序列，但是要对编码机制做个小小的改动。大多数计算机使用被称为 2 的补码的数学表示形式来表示有符号整数，这主要是因为这样做可以简化硬件的设计。如果想要将非负值表示为 2 的补码形式，只需直接使用其传统的二进制扩展形式。如果想要表示负值，那么就需要用 2^N 减去其绝对值，其中 N 为其表示形式中所用到的位数。例如，用 32 位的字表示的 -1 的二进制补码是通过执行下面的二进制减法而计算出来的：

166

$$
\begin{array}{r}
1\,0000000000000000000000000000000 \\
-\,0000000000000000000000000000001 \\
\hline
1111111111111111111111111111111
\end{array}
$$

在 Java 中，浮点数也可以表示为固定长度的位序列。尽管浮点表示形式的细节超出了本书的范围，但是我们并不难想象相关的硬件是如何构建的，它会用字中的一部分位来表示浮点值中的各个位，然后用另一些位来表示这个值缩放的指数。重要的是，一定要记住，每个数据值在内存都是以位的形式存储的。

5.2.4　数组的表示

在 Java 中，数组被表示为对某个内存结构的引用，该内存结构中包含数组的长度、元素的数据和一些客户端无法访问（并且也不会感兴趣）的附加信息。所需的存储量取决于数组的长度和元素类型的内存需求。当存储到数组中时，Java 中的 8 种基本类型需要的内存空间数量如下：

```
boolean      1 位
byte         1 字节
char         2 字节
short        2 字节
int          4 字节
float        4 字节
long         8 字节
```

double   8 字节

用来存储元素的内存空间的尺寸就是数组的长度与元素类型的尺寸这两者的乘积。

例如，如果你用下面的语句声明并初始化了 scores 数组：

```
double[] scores = new double[nJudges];
```

其中 nJudges 的值为 5。new 操作符会分配内存以存储元素（5 个元素乘以每个元素 8 字节，总计 40 字节），一个用于表示长度的整数，以及一些用于对象开销的未知数量的空间，在内存图中用一个灰色框表示这部分空间。赋给 scores 的值是一个对这部分内容的引用，而不是这部分内容本身。因为在 Java 中实际的地址是不可见的，所以最简单的方法是将这个引用值展示为指向位于指定位置的内存空间的箭头。在 GymnasticJudge 程序的样例运行中，scores 数组的内部结构在从用户处读取数值之后看起来像下面这样：

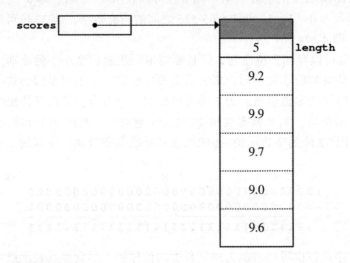

当 run 方法调用 average 时，复制的只是该引用的值，因此 average 的栈帧中的 array 变量看起来像下面这样：

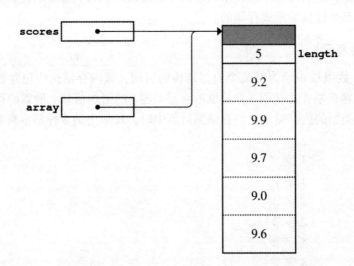

run 的栈帧中的 scores 变量和 average 栈帧中的 array 变量包含的是相同的引用，这

意味着它们在共享访问相同的数据。在将传递参数给 average 方法的过程中，复制的是引用而非底层的数据。在这种方式中，Java 让方法之间共享信息成为可能，并且无需执行代价高昂的大型数组和对象的复制操作。　　　　　　　　　　　　　　　　　　　　　168

5.3　使用数组来制表

程序的数据结构在典型情况下，都会被设计为反映了该应用所属现实域中的数据组织结构。如果你正在编写程序解决涉及一组值的问题，那么使用数组来表示这组值就是很直观的想法。例如，在图 5-1 所示的 GymnasticsJudge 程序中，要解决的问题涉及一组分数，每一个都对应于五个裁判中的某个裁判。因为这些单个的值构成了该应用所属概念域中的列表，所以想要用数组来表示程序中的数据就不足为奇了。数组元素直接对应于该列表中的各个数据项。因此，scores[0] 对应于裁判 #0 的分数，scores[1] 对应于裁判 #1 的分数，以此类推。

大体上，无论何时，只要一个应用涉及可以表示成像下面这样的列表形式的数据：

$$a_0, a_1, a_2, a_3, a_4, \cdots, a_{N-1}$$

那么数组就是其底层表示形式的一种很自然的选择。对程序员来说，将数组索引成为下标也非常普遍，因为这反映了这样一个事实：数组用来存储在数学中写成具有下标的数据。

但是，在很多数组的重要用法中，应用域中的数据和程序中的数据采用了不同的形式。与将数据值存储在数组中连续的元素中不同，对于有些应用来说，使用数据来生成数组索引会显得更有意义。然后，这些索引被用来在记录了数据整体的某些统计属性的数组中选择元素。

要想理解这种方式是如何工作的，以及它与数组的传统用法的不同，需要看一个具体的例子。假设你想要编写一个程序，从用户处读取多行文本，并跟踪 26 个字母出现的频率。当用户输入了一个空行来表示输入结束时，该程序应该显示一张表，表示在输入数据中每个字母出现的次数。

为了生成这种字母频率表，程序必须逐个字符地搜索文本的每一行。每出现一个字母，该程序必须更新一个跟踪该字母在输入中到目前为止已经出现的次数的计数值。这个问题中关键的地方在于如何设计数据结构来维护 26 个字母的计数值。　　　　　　　　　　169

解决这个问题的最佳策略是分配一个 26 个整数的数组，然后使用文件中字母的字符码来选择数组中恰当的元素。数组中每个元素都包含一个表示对应于该索引的字母的当前计数值。如果对该数组起名为 letterCounts，那么可以用下面的语句来声明它：

```
int[] letterCounts = new int[26];
```

这个声明会为具有 26 个元素的整数数组分配内存空间，如下图所示：

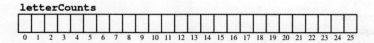

每当在输入中出现字母字符时，我们都需要递增 letterCounts 中对应的元素。找到要递增的元素实现起来很简单，我们可以将字符转换为大写，然后用它减去 'A' 的 Unicode 值，从而将该字符转换为在 0～25 范围内的一个整数。图 5-2 给出了 CountLetterFrequencies

程序的 run 方法的代码。

```
/*
 * This program opens a file specified by the user and then counts
 * the number of times each of the 26 letters appears, keeping track
 * of those counts in an array with 26 elements.
 */

  public void run() {
      Scanner sysin = new Scanner(System.in);
      int[] letterCounts = new int[26];
      BufferedReader rd = openFileReader(sysin, "Input file: ");
      try {
          while (true) {
              int ch = rd.read();
              if (ch == -1) break;
              if (Character.isLetter(ch)) {
                  letterCounts[Character.toUpperCase(ch) - 'A']++;
              }
          }
          rd.close();
          for (char ch = 'A'; ch <= 'Z'; ch++) {
              System.out.printf("%7d %c\n", letterCounts[ch - 'A'], ch);
          }
      } catch (IOException ex) {
          throw new RuntimeException(ex.getMessage());
      }
  }
```

170

图 5-2   对文件中字母频率计数的程序

5.4   数组初始化

在 Java 中，数组变量可以在声明时赋予初始值。在这种情况下，指定初始值的等号后面跟着由花括号括起来的一组初始化器。例如，下面的声明：

```
private static final int[] DIGITS = {
    0, 1, 2, 3, 4, 5, 6, 7, 8, 9
};
```

声明了一个名为 DIGITS 的常量数组，其中的 10 个元素都被初始化为了其自己的索引数字。正如在本例中所看到的，指定显式的初始化器使得我们可以忽略数组尺寸，该尺寸将根据初始值的数量来确定。

在 DIGITS 实例中，你是知道列表中有 10 个数字的。但是，在很多情况中，使用初始化器可以让程序员无需在每次修改程序时都要对元素的数量进行计数。例如，如果你正在编写一个程序，需要一个包含了人口超过 1 000 000 的所有美国城市的名字的数组。通过从 2010 年人口统计中获取数据，可以用下面的声明来声明并初始化常量数组 BIG_CITIES:

```
private static final String[] BIG_CITIES = {
    "New York",
    "Los Angeles",
    "Chicago",
    "Houston",
    "Philadelphia",
    "Phoenix",
    "San Antonio",
    "San Diego",
    "Dallas",
};
```

5.5　多维数组

在 Java 中，数组元素可以具有任意类型。特别地，数组元素自身可以是数组。数组的数组被称为多维数组。多维数组的最常用形式是二维数组，它们最常用来表示的数据的特点是其各个单独的数据项构成了可以区分行和列的矩形结构。这种类型的二维结构经常被称为矩阵。三维或更高维的数组在 Java 中也是合法的，但是使用频率相对较低。　[171]

举一个二维数组的例子，假设你想要表示井字过三关游戏，作为程序的一部分。正如你可能知道的，井字过三关是在三行三列的棋盘上玩的，就像下面这样：

玩家轮流将 X 和 O 放置在空的正方形中，并想办法让三个相同的符号在垂直、水平或对角线方向上连成一线。

要表示井字过三关的棋盘，最自然的策略是使用具有三行三列的二维数组。尽管你还可以定义一个枚举类型来表示每个正方形中三种可能的状态：空、X 和 O，但是在本例中使用 char 作为元素类型，并用字符 ' '、'X' 和 'O' 来表示每个正方形的三种合法状态会显得更简单。因此，井字过三关棋盘的声明如下：

```
char[][] board = new char[3][3];
```

有了这样的声明，就可以用两个独立的索引来引用单个正方形中的字符，其中一个索引指定行号，另一个指定列号。在这种表示中，每个数字的变化范围都是从 0～2，而棋盘上每个位置都具有下面的名字：

board[0][0]	board[0][1]	board[0][2]
board[1][0]	board[1][1]	board[1][2]
board[2][0]	board[2][1]	board[2][2]

在内部，Java 将变量 board 表示为具有三个元素的数组，而每个元素都是一个具有三个字符的数组。按照惯例，多维数组中元素的排列会保证第一个索引变化得没有第二个索引快，其他各个索引以此类推。因此，board[0] 的所有元素都出现在 board[1] 的所有元素之前。因为这种策略会在移动到下一行之前遍历当前行的所有元素，所以这种排序被称为行优先顺序。

我们可以对多维数组进行静态初始化，就像对单维数组所做的那样。为了强调整体结构，用来初始化每个内部数组的值通常会用一组额外的花括号括起来。例如，下面的声明：　[172]

```
public static final double[][] IDENTITY_MATRIX = {
    { 1.0, 0.0, 0.0 },
    { 0.0, 1.0, 0.0 },
    { 0.0, 0.0, 1.0 }
};
```

声明了一个 3×3 的浮点数矩阵，并将其初始化为包含下面的值：

1.0	0.0	0.0
0.0	1.0	0.0
0.0	0.0	1.0

这个特定矩阵在数学应用中会频繁出现，被称为单位矩阵。

5.6 可变长参数列表

学习 Java 中的数组之所以重要，不仅是因为它们在已有程序中使用得很频繁，还因为它们被集成到了语言语法和库结构中。与将要在第 6 章学习到的集合类不同，数组有自己的选择语法，即使用方括号将索引括起来。自 Java 5 以来，程序员就已经能够使用数组来表示某个方法接受的参数列表中包含任意数量的具有相同类型的值。这种语法只能应用于参数列表中最后一个参数上，包含元素类型、三个连续的圆点，以及参数名字。使用这种语法的参数列表被称为可变长参数列表。

例如，下面的方法将返回任意数量的整数引元中的最大值：

```
private int max(int n1, int... args) {
    int result = n1;
    for (int n : args) {
        if (result < n) result = n;
    }
    return result;
}
```

173

如果使用下面的语句来调用该方法

```
max(3, 17, 42, 19)
```

那么变量 n1 将绑定 3，变量 args 将绑定包含整数 17、42 和 19 三个元素的数组。这段代码以猜测最大值为参数 n1 开始（n1 是显式列出的，以确保 max 被调用时至少具有一个引元），然后将这个猜测值与 args 中的元素进行比较。

下面特别有用的方法从其引元列表中创建了一个 int 值数组：

```
private int[] createIntegerArray(int... args) {
    return args;
}
```

一旦定义了这个方法，就可以将希望得到的内容作为参数来调用 createIntegerArray，从而创建相应的数组。

5.7 总结

本书的目标之一就是鼓励你使用高级结构，即可以让你以独立于底层表示的抽象方式来思考数据的结构。抽象数据类型和类有助于让你保持这种整体概念，同时，它也有助于让你去了解数据值在内存中的表示方式。在本章，你得以一窥数据值是如何存储的，并且了解了编写程序时"幕后"发生的事情。

本章介绍的要点包括：

- 像大多数语言一样，Java 包含内建的数组类型，用来存储有序的同构元素集合。数组中的每个元素都有一个从 0 开始计数的索引。
- 声明和初始化数组的常用语法模式如下：

  type[] *name* = **new** *type*[*size*];

- Java 数组中元素的数量存储在名为 `length` 的域中。
- 现代计算机中的基本信息单元是位，它可以处于两种可能状态中的一种。位的状态通常在内存图中用二进制数字 0 和 1 表示，但是，根据不同的应用，将这些值当作开和关，或者真和假来处理也是恰当的。
- 位的序列在硬件内部组合起来形成了更大的结构，包括 8 位长的字节和依机器架构不同而包含 4 字节（32 位）或 8 字节（64 位）的字。
- 计算机内存是按照字节序列的方式排列的，其中每个字节都由其在该序列中的索引位置来标识，该索引被称为其地址。
- 计算机科学家喜欢以十六进制标记法（基为 16）来书写内存位置的地址值和其中的内容，因为这样做使得标识单个的位变得很容易。
- Java 中的基本类型需要不同数量的内存来存储。`char` 类型的值需要 2 字节，`int` 类型的值需要 4 字节，而 `double` 类型的值需要 8 字节。
- 内存中数据的地址自身也是数据值，并且同样可以被程序操作。表示数据片段所属地址的数据值被称为引用。
- Java 中的数组被存储为指向包含了数组中数据值的内存位置的引用。这种设计的重要意义在于将数组作为参数传递时无需复制其元素。方法复制的是引用值，该值指定了数组数据的地址。因此，如果某个方法会修改作为传输传递给它的数组中的任何元素的值，那么这些修改对于调用者来说都是可见的。
- 数组可以由在花括号中列举的初值来初始化。
- Java 支持任意维度数量的数组，它们被表示成数组的数组。二维数组经常被称为矩阵。
- Java 中的方法可以接受可变数量的参数。如果最后一个参数的规格说明包含后面跟着 3 个圆点的类型，那么在引元列表中该位置以及其后位置上的所有引元都会被收集到一个数组中，并赋给该具名参数。

5.8　复习题

1. 数组的两个能够刻画其特性的属性是什么？
2. 给出下列术语的定义：元素、索引、元素类型、数组长度和选择。
3. 编写创建并初始化下列数组变量的声明：

   a) 包含 100 个 `double` 类型值的数组 `doubleArray`。

   b) 包含 16 个 `boolean` 类型值的数组 `inUse`。

   c) 包含 50 个字符串的数组 `lines`。

4. 如何确定数组的长度？
5. GymnasticsJudge 程序的代码使用了下面的语句来提示用户输入每个裁判的分数：

```
System.out.print("Enter score for judge " +
                 (i + 1) + ": ");
```

在 i 的值上加 1 的原因是什么？

6. 在前面复习题所示的代码中，表达式 i+1 外面的括号是否是必需的？为什么？

7. 给出下列术语的定义：位、字节和字。

8. 位这个词的词源是什么？

9. 2 GB 的机器中有多少字节的内存？

10. 将下列十进制数转换为十六进制：

　　a) 17

　　b) 256

　　c) 1729

　　d) 2766

11. 将下列每个十六进制数转换为十进制：

　　a) 17

　　b) 64

　　c) CC

　　d) FADE

12. 每个 Java 类文件的前 16 位的值都是 1100101011111110。这个值的十六进制标记法是怎样的？

13. Java 对 char 类型的值会分配多少内存？而 double 值又需要多少字节？

14. 如果某个机器使用 2 的补码算术来表示负数，那么 −7 的 32 位整数形式的内部表示是怎样的？

15. Java 中的引用是什么？

16. 是非题：数组违反了下面的第 2 章中所描述的参数传递规则：每个引元的值都会被复制到对应的参数变量中。

[176] 17. 什么是多维数组？

18. 如何编写单条声明，用来将变量 board 初始化为一个二维数组，其中包含对应于国际象棋棋盘初始状态的各个字母（空的空间应该包含空格符）。

r	n	b	q	k	b	n	r
P	P	P	P	P	P	P	P
P	P	P	P	P	P	P	P
R	N	B	Q	K	B	N	R

19. 什么是行优先顺序？

20. 在参数列表中三个连续的圆点表示什么？

21. 是非题：可变长参数列表语法只能应用于最后一个参数。

5.9　习题

1. 因为每位裁判都可能会有一些主观偏见，所以实践中最常见的做法是在计算平均分之前先去掉最高分和最低分。修改 GymnasticsJudge 程序，让其显示去掉最高分和最低分之后剩余分数的平均值。

2. 实现一个方法

```
int[] indexArray(int n)
```

它将返回一个包含 n 个 int 类型值的数组，其中每个值都被设置为其在数组中的索引。例如，调用

indexArray(10) 应该返回下面的数组：

0	1	2	3	4	5	6	7	8	9
0	1	2	3	4	5	6	7	8	9

3. 在统计学中，数据值的集合通常被称为分布。统计分析的主要目的是找到方法，将完整数据集压缩为能够表示分布整体属性的汇总统计值。最常见的统计方式是求平均，即传统的求平均值，可以通过 GymnasticsJudge 程序中的 average 方法来计算。在统计学中，分布的平均值传统上是用希腊字母 μ 来表示的。

另一种常见的统计方式是标准差，它可以表示分布 $x_1, x_2, \cdots, x_n$ 中的各个值与平均值之间的差异有多大。如果要计算整个分布的标准差，那么标准差（σ）可以用平均值 μ 来表示成下面的样子：

$$\sigma = \sqrt{\dfrac{\sum_{i=1}^{n}(\mu - x_i)^2}{n}}$$

希腊字母（Σ）表示跟在它后面的各个数量的总和，在本例中就是平均值与各个数据值的差的平方。编写一个方法：

```
double stddev(double[] data)
```

它会返回数据分布的标准差。

4. 直方图是一种显示数据集的图，它将数据分为不同的区间，然后表示有多少个数据值落入了每个范围。例如，给定下列这组考试成绩：

100, 95, 47, 88, 86, 92, 75, 89, 81, 70, 55, 80

传统的直方图具有下列形式：

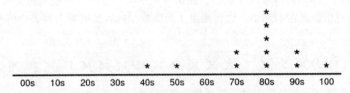

直方图中的星号表示有 1 个 40～49 之间的分数，1 个 50～59 之间的分数，5 个 80～89 之间的分数，等等。但是，当使用计算机产生直方图时，横过来显示它们会容易得多，就像下面这样：

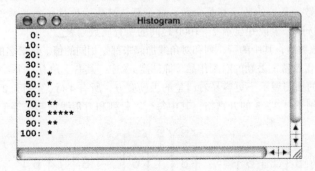

编写一个程序，从数据文件中读取一个整数数组，然后显示这些数字的直方图，将其分为 0～9、10～19、20～29 等范围，直至只包含 100 一个值的范围。你的程序应该尽可能地与样例运行中所示的格式相匹配。

5. 编写下面的方法：

177
178

```
String intToString(int value, int base)
int stringToInt(String str, int base)
```

实现整数与其对应的字符串之间的双向转换。方法中第二个参数表示数字基，可以是从 2~36（10
个数字加 26 个字母）范围内的任意整数。例如，调用

```
intToString(42, 16)
```

应该返回字符串 "2A"。类似地，调用

```
stringToInt("111111", 2)
```

应该返回整数 63。你的函数应该允许传递负数值，并且在传递给 stringToInt 的第一个引元中的
任何数字超出指定的基的范围时，应该抛出一个运行时错误。

6. 在第 2 章的习题 6 中，你编写过一个查找完美数的程序。重写这个程序，让它以二进制形式显示完
美数。如果你对为什么所有的完美数，或者至少所有偶数的完美数具有如此与众不同的二进制形式
感到好奇，那么你可以在网上搜索有关这个话题的文章。

7. 在公元前三世纪，希腊天文学家埃拉托色尼设计了一种算法，用来查找不超过某个上限 N 的范围
内所有的质数。要应用这个算法，可以从写下从 2 到 N 的所有整数列表开始。例如，如果 N 是 20，
那么你可以先写下下面的列表：

2 3 4 5 6 7 8 9 10 11 12 13 14 15 16 17 18 19 20

然后将列表中的第一个数字圈起来，表示你已经找到了一个质数。无论何时，只要你将一个数字标
为质数，就可以遍历剩下的数字，并且将这个质数的倍数全部叉掉。因此，在执行了该算法的第一
次循环后，你就将数字 2 圈了出来，并且将所有 2 的倍数都叉掉了，就像下面这样：

② 3 ✗ 5 ✗ 7 ✗ 9 ✗ 11 ✗ 13 ✗ 15 ✗ 17 ✗ 19 ✗

为了完成这个算法，你只需重复这个过程，圈出列表中第一个既没有被叉掉又没有被圈出的数字，
然后叉掉它的所有倍数。在本例中，你将圈出 3 为质数，然后叉掉剩余列表中所有 3 的倍数，从而
产生下面的状态：

②③ ✗ 5 ✗ 7 ✗ ✗ ✗ 11 ✗ 13 ✗ ✗ ✗ 17 ✗ 19 ✗

最终，列表中每个数字不是被圈出就是被叉掉，就如下面图中所示：

②③ ✗ ⑤ ✗ ⑦ ✗ ✗ ✗ ⑪ ✗ ⑬ ✗ ✗ ✗ ⑰ ✗ ⑲ ✗

圈出的数字都是质数，叉掉的数字都是合数。这个算法被称为埃拉托色尼筛选法。编写一个程序，
使用埃拉托色尼筛选法来生成并显示 2~1000 之间的所有质数列表。

8. 魔方是一个二维整数数组，其中的行、列和对角线加起来都是相同的值。最著名的魔方出现在图 5-3 所
示的 1514 年阿尔布雷希特·丢勒的雕刻作品《抑郁症 I》中，其右上角有一个 4×4 的魔方，就在钟的
下方。图右侧放大的插图展示了更容易看清楚的丢勒魔方，所有 4 行、4 列和 2 条对角线加起来都是
34。大家更熟悉的例子是 3×3 的九宫格，其中每行、每列和对角线加起来等于 15，如下图所示：

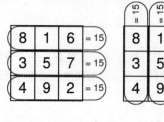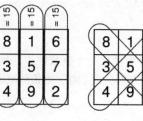

实现一个方法

```
boolean isMagicSquare(int[][] square)
```

用来测试 square 是否是一个魔方。你的方法应该可以应用于任意尺寸的矩阵。如果你用具有不同行数和列数的数组来调用 isMagicSquare，那么该方法应该返回 false。

180

图 5-3　阿尔布雷希特·丢勒的《抑郁症 I》中的魔方（1514）

9. 在挖雷游戏中，玩家会在矩形网格中搜索埋着的地雷，网格也许非常小，看起来就像下面这样：

在 Java 中表示网格的一种方式是使用标识地雷位置的布尔数组，其中 true 表示地雷的位置。因此，表示样例棋盘的布尔表格看起来就像下面这样：

181

T	F	F	F	F	T
F	F	F	F	F	T
T	T	T	T	F	T
T	F	F	F	F	F
F	F	T	F	F	F
F	F	F	F	F	F

给定地雷位置的二维数组，编写下面的方法：

```
int[][] countMines(boolean[][] mines)
```

遍历地雷数组，然后返回具有相同维度的新数组，其中每个元素表示的是该元素临近位置有多少个地雷。针对这个问题，你应该将某个元素的临近位置定义为包括该元素自身以及在数组边界范围内与其相邻的 8 个位置。例如，如果 mineLocations 包含布尔矩阵，那么代码：

```
int[][] mineCounts = countMines(mineLocations)
```

应该将 mineCounts 初始化为如下状态：

1	1	0	0	2	2
3	3	2	1	4	3
3	3	2	1	3	2
3	4	3	2	2	1
1	2	1	1	0	0
0	1	1	1	0	0

10. 在过去几年中，一种被称为*数独*的新型逻辑智力游戏在全球范围内广为流行。在数独中，起始状态是一个 9×9 的整数数组，其中有些单元已经填充了 1～9 之间的数字。在该智力游戏中，你需要用 1～9 的数字填充每个空位，使得每个数字在每一行、每一列和每个小的 3×3 方块中出现且仅出现 1 次。每个数独游戏都需要自己构建，以使其解决方案唯一。例如，图 5-4 左边显示了一个典型的
182 数独游戏，右边显示了它唯一的解决方案。

		2	**4**		**5**	**8**		
	4	**1**	**8**				**2**	
6				**7**			**3**	**9**
2				**3**			**9**	**6**
		9	**6**		**7**	**1**		
1	**7**			**5**				**3**
9	**6**			**8**				**1**
	2				**9**	**5**	**6**	
		8	**3**		**6**	**9**		

3	9	**2**	**4**	6	**5**	**8**	1	7
7	**4**	**1**	**8**	9	3	6	**2**	5
6	8	5	2	**7**	1	4	**3**	**9**
2	5	4	1	**3**	8	7	**9**	**6**
8	3	**9**	**6**	2	**7**	**1**	5	4
1	**7**	6	9	**5**	4	2	8	**3**
9	**6**	7	5	**8**	2	3	4	**1**
4	**2**	3	7	1	**9**	**5**	**6**	8
5	1	**8**	**3**	4	**6**	**9**	7	2

图 5-4　典型的数独游戏及其解决方案

尽管直到第 9 章才会揭示解决数独问题所需的算术策略，但是现在你可以很容易地编写一个方法，来检查某种解决方案是否遵循了数独的规则，即在一行、一列和 3×3 的方块内不能有重复的值。编写一个方法：

```
boolean checkSudokuSolution(int[][] puzzle)
```

它将执行这种检查，并在 puzzle 是有效解决方案的情况下返回 true。你的程序应该检查确认 puzzle 矩阵的维度确实是 9×9，并且在不满足此条件的情况下抛出一个运行错误。

11. 下面的图中所描述的机制可以被用来演示随机过程的重要属性，它有时被玩具店当作“概率板”来推销。

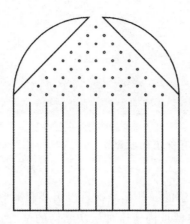

这种机制的工作方式如下：开始时，在顶部的洞中投下一个弹子，这个弹子会下落，并击中最上面的柱子，即图中最上面的小圆圈。弹子从柱子上弹起，然后以同样的概率向左或向右下落。无论它走哪条路，之后都会击中第二层的柱子，然后再次向某个方向弹起。该过程会持续下去，直至弹子穿过所有柱子，然后掉落到底部的某个通道中。例如，下图中虚线所示就是第一个弹子可能经过一条路径：

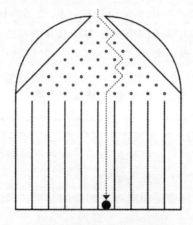

编写一个程序，模拟 50 个弹子投入概率板的操作，而该概率板具有 10 条在底部依次排开的通道，之后，显示每一列中的数字。这个习题的关键点之一是要显示靠近中心的列通常具有更多的弹子，就像下图所示：

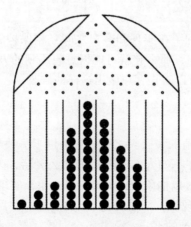

12. 编写一个方法 sum，接受任意数量的 double 类型的引元，然后返回它们的和。

集　合

就这样，我做了一个非常有价值的收藏。

——马克·吐温，《浪迹海外》，1880

正如你从编程经验中所了解的，数据结构可以组装起来形成层次结构。像 int、char 和 double 这样的原子数据类型是构建这种层次结构的基石。为了表示更复杂的信息，我们可以将原子类型组合起来，构成更大的结构。然后，这些更大的结构还可以不断地组成更加大型的结构。这些组装物统称为数据结构。

随着学到的编程知识增多，你会发现特定的数据结构非常有用，值得我们去深究其适用的场景。而且，知道如何高效地使用这些结构通常比理解它们底层的表示方式要重要得多。例如，尽管字符串在机器内部表示成了字符数组，但是它还具有超越其表示形式的抽象行为。根据其行为而不是表示形式定义的类型称为抽象数据类型，经常缩写为 ADT（Abstract Data Type）。抽象数据类型是面向对象编程的核心，它鼓励程序员以整体的方式思考数据结构。

本章的目标是介绍 java.util 包中的几种核心库类，每一种都维护了某种更简单类型的值的集合。这些类是被称为 Java 集合框架的抽象数据类型套装的一部分，该套装也可以直接称为 Java 的集合类。此刻，你无需理解这些类是如何实现的，因为应该将精力集中到学习如何作为客户使用这些类上。在后续各章中，你将会探索各种各样的实现策略，并且学习使各种实现变得高效所需的算法和数据结构。

将类的行为与其底层实现分离是面向对象编程的基础技术。作为一种设计策略，保持这种分离可以获得如下好处：

- 简单性。向客户隐藏内部表示形式意味着客户需要理解的细节更少。
- 灵活性。因为类是根据其公共行为定义的，所以实现该类的程序员可以根据自己的意愿去修改底部的私有表示形式。与任何抽象一样，只要接口保持不变，修改其实现就是可行的。
- 安全性。接口边界起到了在实现和客户之间互相保护的作用。如果客户程序能够直接对表示形式进行访问，那么它就可能以意想不到的方式修改底层数据结构中的值。确保表示形式私有，可以防止客户做出这样的修改。

6.1　ArrayList 类

ArrayList 类是最有价值的集合类之一，它提供了一种与第 5 章描述的数组类似的工具。但是，在 Java 中，数组并不如人们所期望的那么灵活，因为它们的大小在其被创建时就固定了。ArrayList 类通过以抽象数据类型的形式重新实现数组概念而消除了这项限制。

正如你将在第 13 章中发现的，ArrayList 类是通过使用数组作为其底层结构而实现的。但是，作为 ArrayList 类的客户，你并不会对该底层结构感兴趣，可以将这些细节留给实现该抽象数据类型的程序员去处理。作为客户，你关心的是完全不同的方面，并且需要回答下面的问题：

1）怎样才能指定包含在 `ArrayList` 中的对象类型？

2）怎样才能创建一个对象，使其成为 `ArrayList` 类的一个实例？

3）`ArrayList` 中的哪些方法实现了它的抽象行为？

下面三个小节将依次探讨这些问题的答案。

6.1.1　指定 `ArrayList` 的元素类型

在 Java 中，集合类通过在其名字后面跟着由尖括号括起来的元素类名的方式来指定其所包含对象的类型。例如，`ArrayList<String>` 类表示的是元素为字符串的 `ArrayList`。尖括号中的类名被称为该集合的元素类型，包含元素类型规格说明的类被称为参数化类。

6.1.2　声明 `ArrayList` 对象

抽象数据类型背后的哲学原理之一，就是客户应该能够把它们当作内建的基本类型来看待。因此，就像通过编写下面的声明语句来声明整数变量一样：

```
int n;
```

声明新的字符串 `ArrayList` 也应该编写下面这样的语句：

```
ArrayList<String> list;
```

在 Java 中，你要做的仅此而已。这个声明引入了一个新的名为 `list` 的变量，正如在尖括号中的类型规格说明所表示的，它是一个元素类型为 `String` 的 `ArrayList`。

但是，正如局部变量的声明那样，习惯的用法是将对该变量的初始化作为声明的一部分。实现这个目的的常用技术是使用包含类型参数的该集合类的名字作为从该集合中创建空对象的构造器。因此，声明字符串 `ArrayList` 的常用模式看起来如下所示：

```
ArrayList<String> list = new ArrayList<String>();
```

在该声明的两侧重复书写类型名乍一看显得很冗余，但是你最好习惯这种语法模式。在使用集合类时，你会再三地看到这种用法。

6.1.3　`ArrayList` 的操作

当使用上一小节中的初始化模式时，变量 `list` 会初始化为一个空的 `ArrayList`，即不包含任何元素。因为空的 `ArrayList` 自身并没有多大用处，所以我们需要学习的第一件事情就是如何将新的元素添加到 `ArrayList` 对象中。常用的方式是调用 `add` 方法，它会将新元素添加到已有元素的末尾。例如，如果 `list` 是如上一小节所声明的空字符串 `ArrayList`，那么执行下面的代码：

```
list.add("alpha");
list.add("beta");
list.add("gamma");
list.add("delta");
list.add("epsilon");
```

就会将 `list` 修改为包含 5 个元素的 `ArrayList`，其中包含的是希腊字母表中前 5 个字母

的英文名。就像数组的元素一样，Java 也会对 `ArrayList` 中的元素从 0 开始编号，即可以
用下面的图来描述 `list` 中的内容：

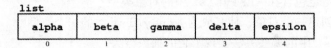

```
list
| alpha | beta | gamma | delta | epsilon |
    0       1      2       3        4
```

与第 5 章介绍的基本数组类型不同，`ArrayList` 的大小是不固定的，即可以在任何时
刻添加额外的元素。例如，在程序的后续部分中，我们可以调用：

```
list.add("zeta");
```

该调用会像下面这样将字符串 `"zeta"` 添加到 `ArrayList` 的末尾：

```
list
| alpha | beta | gamma | delta | epsilon | zeta |
    0       1      2       3        4        5
```

除了 add，`ArrayList` 类还支持若干个其他的方法。我们可以通过索引号来设置和读
取 `ArrayList` 的元素，在列表中任意位置插入元素，移除现有元素，或者搜索某个现有
值。图 6-1 给出了 `ArrayList` 类导出的最有用方法。

构造器

`new ArrayList<`*type*`>()`	创建一个指定类型的空 `ArrayList`

方法

`size()`	返回 `ArrayList` 中的元素数量
`isEmpty()`	如果该 `ArrayList` 为空，则返回 true
`get(`*index*`)`	返回指定索引位置处的元素。如果索引越界，那么 `get` 会抛出一个运行时异常
`set(`*index, value*`)`	将指定索引位置处的元素设置为新值。如果索引越界，那么 `set` 会抛出一个运行时异常
`add(`*value*`)`	在该 `ArrayList` 的末尾添加一个新元素
`add(`*index, value*`)`	在指定索引位置之前插入新值
`remove(`*index*`)`	移除指定索引位置处的元素
`remove(`*value*`)`	移除指定值的第一个实例
`clear()`	移除该 `ArrayList` 中的所有元素
`contains(`*value*`)`	如果该 `ArrayList` 中包含指定的值，则返回 true
`indexOf(`*value*`)`	返回该 `ArrayList` 中包含指定值的第一个索引，或者在不包含指定值时返回 –1
`lastIndexOf(`*value*`)`	返回该 `ArrayList` 中包含指定值的最后一个索引，或者在不包含指定值时返回 –1

图 6-1 `ArrayList` 类中的精选方法

6.1.4 `ArrayList` 类的一个简单应用

图 6-2 中的 `ReverseFile` 程序展示了使用 `ArrayList` 以反序显示文件中各行的完整

Java 程序。你会发现 readEntireFile 方法显得很方便，在其他应用中也可以使用它。 $\boxed{189}$

```java
/*
 * File: ReverseFile.java
 * --------------------------
 * This program displays the lines of an input file in reverse order.
 */

package edu.stanford.cs.javacs2.ch6;

import java.io.BufferedReader;
import java.io.FileReader;
import java.io.IOException;
import java.util.ArrayList;
import java.util.Scanner;

public class ReverseFile {

    public void run() {
        Scanner sysin = new Scanner(System.in);
        try {
            BufferedReader rd = openFileReader(sysin, "Input file: ");
            ArrayList<String> lines = readEntireFile(rd);
            rd.close();
            for (int i = lines.size() - 1; i >= 0; i--) {
                System.out.println(lines.get(i));
            }
        } catch (IOException ex) {
            throw new RuntimeException(ex.toString());
        }
    }

/* Reads the entire contents of a file from a reader into an ArrayList */

    private ArrayList<String> readEntireFile(BufferedReader rd) {
        try {
            ArrayList<String> lines = new ArrayList<String>();
            while (true) {
                String line = rd.readLine();
                if (line == null) break;
                lines.add(line);
            }
            return lines;
        } catch (IOException ex) {
            throw new RuntimeException(ex.toString());
        }
    }

/* The code for openFileReader appears in Chapter 3 */

    public static void main(String[] args) {
        new ReverseFile().run();
    }

}
```

图 6-2　以反序显示文件中各行的程序 $\boxed{190}$

6.2　包装器类

尽管 6.1 节所描述的 ArrayList 类对于存储 String 类型或其他 Java 类类型的值非常适合，但是它无法直接使用诸如 int 和 double 这样的基本类型。正如你将在本章学到的其他集合类一样，ArrayList 中的值必须是对象。Java 基本类型不是对象，因此，不能与这些非常方便的类结合起来使用。

为了绕开这项限制, Java 分别针对 8 种基本类型定义了一个包装器类:

基本类型	包装器类
boolean	Boolean
byte	Byte
char	Character
double	Double
float	Float
int	Integer
long	Long
short	Short

这些类是在 java.lang 包中定义的, 这意味着无需 import 语句就可以使用它们。程序员经常称这些类为包装器类, 因为它们将基本类型值 "包装" 到了一个对象中。

6.2.1 从基本类型创建对象

每种包装器类都有一个构造器用来从对应的基本类型值中创建新的对象。例如, 如果 n 是一个 int, 那么下面的声明

```
Integer nAsObject = new Integer(n);
```

将创建一个新的 Integer 对象, 其内部值是 n, 该对象会赋值给变量 nAsObject。每个包装器类还定义了一个获取底层值的方法, 该方法的名字总是由基本类型名和后面跟着的后缀 Value 构成。因此, 一旦初始化了变量 nAsObject, 就可以用下面的语句取回存储在其中的值:

```
nAsObject.intValue()
```

因为 nAsObject 是一个合法的对象, 所以我们可以将其存储到一个 ArrayList 或其他任何集合类对象中, 而我们所需做的仅仅是用包装器类的名字作为类型参数。因此, 我们会经常看到下面这样的声明:

191

```
ArrayList<Integer> intList;
```

但是, 我们从未看到过下面这样的声明:

```
ArrayList<int> intList;
```

6.2.2 自动装箱

如果你必须操心如何调用恰当的包装器类的构造器, 以及如何将其中的值转换回基本类型, 那么用集合类来操作基本类型值很快就会变得繁琐无趣。幸运的是, Java 编译器帮我们完成了必要的工作, 即在基本类型和与其关联的包装器类之间执行自动转换。因此, Java 并未强制我们必须编写下面这样的声明:

```
Integer nAsObject = new Integer(n);
```

Java 现在允许我们将其简化为:

```
Integer nAsObject = n;
```

当 Java 编译器发现我们试图将 int 类型的值赋给声明为 Integer 类型的变量时，会在执行赋值之前用适合的值自动创建一个 Integer 对象。反过来，如果我们在 Java 期望 int 值的上下文中使用变量 nAsObject，编译器也会自动执行该方向上必需的转换。添加或移除包装器类所需的过程称为自动的装箱机制或自动的拆箱机制，或者统称为自动装箱。

自动装箱的主要优点是它可以让代码变得更具可读性，因为创建包装器类的构造器和从包装器对象中选择基本内容的方法完全不见了。因这项技术而带来的可读性的提高非常显著，你应该在自己的程序中也使用它。同时，重要的是，要记住基本类型值和它们对应的包装器对象在某些情况下行为是不同的。特别是，如果将 == 和 != 运算符作用于对象，检查的是运算符两侧的操作数是否引用了同一个对象，而不是它们引用的对象是否具有相同的值。这个差异可以用下面的代码来演示：

```
public void run() {
    Integer x = 5;
    Integer y = new Integer(x);
    System.out.println("x == y -> " + (x == y));
    System.out.println("x < y  -> " + (x < y));
    System.out.println("x > y  -> " + (x > y));
}
```

192

这个方法中的语句创建了两个 Integer 类型的值，它们的值都是 5。赋给 x 的值是通过自动装箱创建的，而赋给 y 的值是新构建的 Integer，它的初始值是对 x 的内容拆箱得到的。接下来的 3 行分别显示了关系表达式 x==y、x<y 和 x>y 的值。

如果编译并运行这个程序，其输出乍一看会显得很令人惊讶：

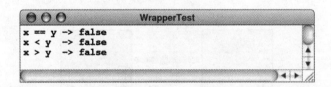

按照数学规则，无论赋给 x 和 y 的值是什么，都应该有且仅有一个表达式为 true。三个比较都为 false 的原因是对象的拆箱只在 < 和 > 操作符的情况下发生了，而判等操作符 == 作用于 Integer 类型的对象时，其解释方式是已经定义好的，即 Java 不会将它们转换为基本类型值。当作用于对象时，当且仅当 == 两侧的值是同一个对象，判等操作符才会返回 true。

6.2.3　包装器类中的静态方法

包装器类还包含若干个静态方法，你可能会发现它们很有用。在第 3 章中，你已经学到了 Character 类用来检查具体的字符类型的方法。图 6-3 列出了 Integer 和 Double 类的最重要的静态方法。例如，可以通过下面的调用将整数 50 转换为一个十六进制字符串。

```
Integer.toString(50, 16)
```

Integer 类

Integer.parseInt(*string*) Integer.parseInt(*string, base*)	将字符串转换为整数形式。如果提供了基，那么该转换将使用这个值作为数字的基。如果该字符串不是合法的整数，那么该方法将抛出一个运行时异常
Integer.toString(*number*) Integer.toString(*number, base*)	将数字转换为整数形式。如果提供了基，那么该转换将使用这个值作为数字的基

Double 类

Double.parseDouble(*string*)	将字符串转换为浮点数，如果该字符串不是合法的整数，那么该方法将抛出一个运行时异常
Double.toString(*number*)	将数字转换为它的字符串表示

图 6-3 包装器类中精选的静态方法

6.3 栈抽象

如果按照所支持的操作来衡量，最简单的集合类就是 Stack 类，尽管它很简单，但是在各种编程应用中它都被证明非常有用。在概念上，栈为数据值的集合提供了存储，并且必须遵守如下限制：值只能按照其被添加到栈中的相反顺序从栈中移除。这条限制意味着添加到栈中的最后一项总是第一个被移除的项。

鉴于栈在计算机科学中的重要性，它们形成了自己的专用术语。向栈中添加新值称为将该值压栈，而从栈中移除最新的项称为弹栈。而且，栈的这种处理顺序有时被称为 LIFO，即 "后进先出"（Last In First Out）。

栈、压栈和弹栈这些词的常见（但也可能是杜撰的）解释是栈模型源自于自助餐厅存储盘子的方式。在自助餐厅，顾客自己在自助餐台的入口处拿盘子，这些盘子被放在底部装有弹簧的栏格中，这样排队的人就可以更容易地拿到顶部的盘子，就像下图所示：

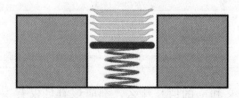

当洗碗机将新盘子添加到栏格中时，它会将其放在这一堆盘子的顶部，而将其他盘子轻轻地向下压，使弹簧压缩，如下图所示：

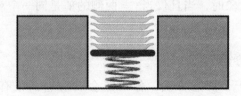

顾客只能从这一堆盘子的顶部拿盘子，当他们拿盘子时，其余盘子会向上弹。因此，最后一个添加进来的盘子是第一个被顾客取走的盘子。

栈在编程中之所以重要，主要原因是嵌套函数调用的行为方式就是面向栈的方式。例如，如果主程序调用名为 f 的函数，那么 f 的栈帧就会压入 main 的栈帧上面，如下图所示：

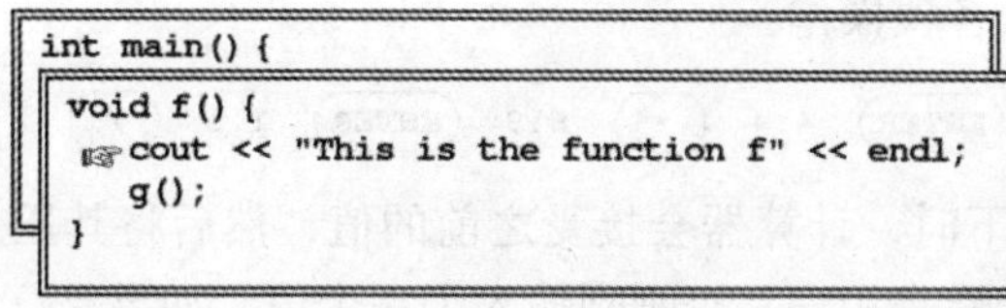

```
int main() {
  void f() {
  ☞ cout << "This is the function f" << endl;
    g();
  }
```

如果 f 调用了 g，那么 g 的新栈帧就会被压入 f 的栈帧上面，如下所示：

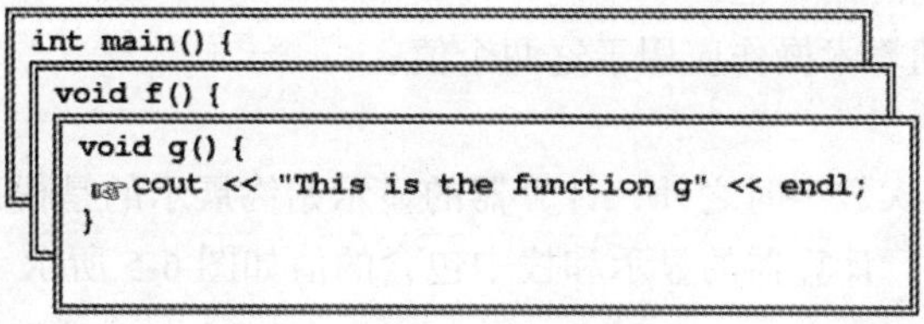

```
int main() {
  void f() {
    void g() {
    ☞ cout << "This is the function g" << endl;
    }
```

当 g 返回时，它的帧会从栈中弹出，f 的帧会恢复为栈顶，如最初的图所示。

6.3.1　Stack 类的结构

图 6-4 展示了 Stack 类导出的最重要方法列表。与 ArrayList 一样，Stack 也是一种需要指定元素类型的集合类。例如，Stack<Integer> 表示元素为整数的栈，而 Stack<String> 表示元素为字符串的栈。类似地，如果定义了 Plate 和 Frame 类，那么就可以使用 Stack<Plate> 和 Stack<Frame> 类来创建包含这些对象的栈。

构造器

new Stack<*type*> ()	创建一个空栈，它能够持有指定类型的值

方法

size()	返回当前栈中的元素数量
isEmpty()	如果该栈为空，则返回 true
push(*value*)	将 value 压入栈，使得它成为最顶部的元素
pop()	从栈中弹出最顶部的值，并将其返回给调用者。在空栈上调用 pop 会抛出一个运行时错误
peek()	返回栈中最顶部的值，但是不将其移除。在空栈上调用 peek 会抛出一个运行时错误
clear()	移除栈中所有元素

图 6-4　Stack 类导出的方法

195

6.3.2　栈和袖珍计算器

电子计算器中包含了栈的一种有趣应用，其中栈被用来存储中间结果。尽管栈在大多数计算器的运算中都起到了核心作用，但是在早期的科学计算器中最容易看到这种作用，因为这种计算器要求用户以逆波兰标记法输入表达式，即 RPN（Reverse Polish Notation）。

在逆波兰标记法中，操作符是在其作用的操作数之后被输入的。例如，为了在 RPN 计算器上计算下面表达式的结果：

```
8.5 * 4.4 + 6.9 / 1.5
```

需要按照下面的顺序输入各项操作:

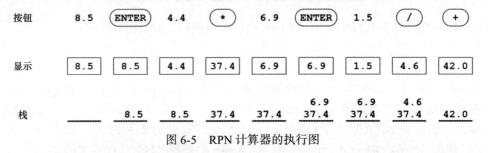

当 ENTER 按钮被按下时,计算器会接受之前的值,然后将其压入栈中。当操作符按钮被按下时,计算器首先会检查用户是否刚刚输入了一个值,如果是,那么它会自动地将其压入栈中。然后,按照下面的规则来计算应用该操作符后的结果:

- 从栈中弹出顶上的两个值。
- 将按钮所表示的算术操作应用于这两个值。
- 将结果压回栈中。

除了在用户实际输入数字时之外,计算器的显示始终展示的是栈顶的值。因此,在执行该操作的各个时间点上,计算器的显示和栈中包含的值如图 6-5 所示。

按钮	8.5	ENTER	4.4	*	6.9	ENTER	1.5	/	+
显示	8.5	8.5	4.4	37.4	6.9	6.9	1.5	4.6	42.0
栈		8.5	8.5	37.4	37.4	6.9 37.4	6.9 37.4	4.6 37.4	42.0

图 6-5　RPN 计算器的执行图

|196|

用 Java 实现 RPN 计算器需要在用户界面上做些修改。在真正的计算器中,数字和操作都以键盘形式呈现。在我们的实现中,自然是需要用户在控制台上输入若干行,而这些行都遵循下面的形式之一:

- 浮点数。
- 从 +、-、* 和 / 集合中选择一种算术运算符。
- 字母 Q,使程序退出。
- 字母 H,打印帮助消息。
- 字母 C,清空栈中所有值。

因此,计算器程序的样例运行看起来可能像下面这样:

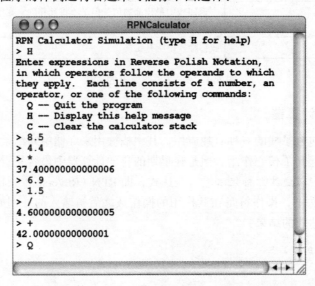

因为用户是在以 RETURN 键终止的单独行中输入每个数字的，所以无需设计任何代码与计算器的 ENTER 按钮对应，因为这个按钮的唯一作用就是表示数字输入完成。计算器程序可以在用户输入数字时直接将它们压入栈。当计算器读取到操作符时，会从栈中弹出顶部的两个元素，应用操作符，显示结果，然后将结果压回栈中。

图 6-6 给出了计算器应用的完整实现。

197

```java
/*
 * File: RPNCalculator.java
 * ----------------------------
 * This program simulates an electronic calculator that uses
 * reverse Polish notation, in which the operators come after
 * the operands to which they apply.  Information for users
 * of this application appears in the helpCommand function.
 */

package edu.stanford.cs.javacs2.ch6;

import java.util.Scanner;
import java.util.Stack;

public class RPNCalculator {

   public void run() {
      Scanner sysin = new Scanner(System.in);
      System.out.println("RPN Calculator Simulation (type H for help)");
      Stack<Double> operandStack = new Stack<Double>();
      while (true) {
         System.out.print("> ");
         String line = sysin.nextLine();
         char ch = Character.toUpperCase(line.charAt(0));
         if (ch == 'Q') {
            break;
         } else if (ch == 'C') {
            operandStack.clear();
         } else if (ch == 'H') {
            helpCommand();
         } else if (Character.isDigit(ch)) {
            operandStack.push(Double.parseDouble(line));
         } else if (ch == '+' || ch == '-' || ch == '*' || ch == '/') {
            applyOperator(ch, operandStack);
         } else {
            System.out.println("Unrecognized command " + ch);
         }
      }
   }

/**
 * Generates a help message for the user.
 */

   private void helpCommand() {
      System.out.println("Enter expressions in Reverse Polish Notation,");
      System.out.println("in which operators follow the operands to which");
      System.out.println("they apply.  Each line consists of a number, an");
      System.out.println("operator, or one of the following commands:");
      System.out.println("  Q -- Quit the program");
      System.out.println("  H -- Display this help message");
      System.out.println("  C -- Clear the calculator stack");
   }
```

图 6-6　实现简单的 RPN 计算器的程序

198

```
/**
 * Applies the operator to the top two elements on the operand stack.
 */

    private void applyOperator(char op, Stack<Double> operandStack) {
        double result;
        double rhs = operandStack.pop();
        double lhs = operandStack.pop();
        switch (op) {
          case '+': result = lhs + rhs; break;
          case '-': result = lhs - rhs; break;
          case '*': result = lhs * rhs; break;
          case '/': result = lhs / rhs; break;
          default: throw new RuntimeException("Undefined operator " + op);
        }
        System.out.println(result);
        operandStack.push(result);
    }

/* Main program */

    public static void main(String[] args) {
        new RPNCalculator().run();
    }

}
```

图 6-6 （续）

6.4 队列抽象

正如在 6.3 节所学习到的，栈的独有特性是最后压入的项总是最先被弹出的项。就像 6.3 节中所描述的，这种行为在计算机科学中经常被称为后进先出，即 LIFO。LIFO 原则在编程上下文中很有用，因为它反映了函数调用的操作过程，即最近被调用的函数会最先返回。但是，在现实世界中，遵循后进先出模型的场景相对较少。实际上，在人类社会中，人们基于公平的普遍认识对优先权赋予了得到共识的含义，即所谓的"先到先服务"。在编程中，这种排序策略的常见表达方式为"先进先出"，传统上缩写为 FIFO。

使用 FIFO 原则存储项的数据结构称为队列。在 Java 中，队列上的基础操作称为 add 和 remove，对应于栈的 push 和 pop 操作。其中，add 操作会将新的元素添加到队列末尾处，即传统上被称为队尾的地方；而 remove 操作会移除队列开头处的元素，即传统上被称为队头的地方。

这些结构在概念上的差异可以用图来清晰地展示。在栈中，客户必须在内部数据结构的同一端添加或移除元素，如图 6-7 所示。

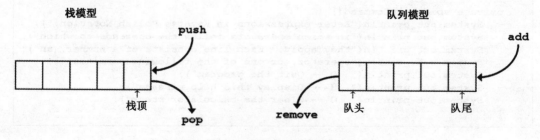

图 6-7　栈模型和队列模型的比较

因为在结构上有相似性，所以我们肯定期望 Stack 和 Queue 的模型在 Java 中是相似的。尽管这些模型确实有很多相似之处，但是它们之间还是因 Java 的历史而产生了一些我们不希望看到的差异。Stack 类可以追溯到 Java 1.0，它比 Java 集合框架的其他部分出现得早。但是，当队列被添加到库中时，是以与其他集合类在整体上更加一致的方式被纳入的。

Java 用于这两种抽象的模型之间最大的差别就是 Stack 是一个类，而 Queue 是一个接口，而 Java 中的接口是一种数据结构的定义，刻画了一组操作，但是没有提供底层的表示形式。接口指定了其他实现该接口的类的行为。就像在后续章节中将会看到的，一个类定义可以实现若干个不同的接口，尽管它只能有一个超类。

图 6-8 展示了 Queue 接口指定的方法与 Stack 类中定义的方法确实很相似。主要的差别在于如何构建新的队列。因为 Queue 是一个接口，所以在 Java 中使用下面的声明来构建一个 Queue 是非法的：

```
Queue<String> queue = new Queue<String>();
```

必须选择一个实现了 Queue 接口的具体类。Java 中有若干种这样的类，其中最常见的是 ArrayDeque（表示数组双端队列）和 LinkedList。从客户的角度看，这两种类的行为方式相同，不同的仅仅是具体实现。我们在第 13 章将探讨这两种实现。

200

size()	返回当前队列中元素的数量
isEmpty()	如果该队列为空，则返回 true
add(*value*)	将 *value* 添加到队尾
remove()	移除队头的值，并将其返回给调用者。在空队列上调用 remove 会抛出一个运行时错误
peek()	返回队头的值，但是不将其移除。在空队列上调用 peek 会抛出一个运行时错误
clear()	移除队列中的所有元素

图 6-8　Queue 接口中指定的方法

我们可以使用第 1 章中介绍过的统一建模语言来描述类和接口之间的关系。在 UML 中，用虚线箭头来表示某个类实现了一个接口，而不是用子类关系中使用的实线箭头。UML 图还会用接口名上方的关键词 <<interface>> 来标识 Java 接口。Queue 接口及其实现类的结构可以用下面的图来表示：

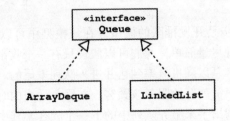

6.4.1　队列应用

队列数据结构在编程中有很多应用。对于需要维护先进先出原则，以便确保服务请求被公平处理的场景中，毫无疑问会发现队列的身影。例如，如果在我们的工作环境中有一台供若干台计算机共享使用的打印机，那么打印软件通常就会设计为让所有的打印请求都进入一个队列。这样，如果多个用户提交打印请求，那么队列结构就可以确保每个用户的请求都会按照接收的顺序被处理。

队列在仿真排队行为的程序中也很常见。例如，如果想要确定超市中需要多少个收银员，那么编写一个程序来仿真商店中顾客的行为就会很有用。这种程序几乎可以肯定涉及队列，因为结账的队伍是按照先进先出的方式操作的。顾客购完物后会走到结账处，并依次等待付款。最终，每位顾客都会到达队伍的前端，在此处收银员会计算账单并收钱。因为这种仿真表示的是一类很重要的应用程序，因此，值得我们多花一些时间来理解这种仿真是如何运作的。

6.4.2　仿真与模型

在编程世界之外，还有很多现实世界的事件和过程显得过于复杂，以至于我们无法完全理解，尽管它们具有无可否认的重要性。例如，了解各种污染物对臭氧层的影响，以及所导致的臭氧层的变化对全球气候的影响，是一项非常有用的研究。类似地，如果经济学家和政治领袖对国民经济的运作机制有着更加全面的理解，那么就可以准确地评估减税对经济的贡献度，以及减税将如何加剧现有的财富和收入差距。

当面对如此大规模的问题时，通常需要建立理想的模型，它是对整个处理过程的简化表示。大多数现实世界中的问题都过于复杂了，以至于我们无法对其全面理解，因为其中包含了过多的细节。构建模型的原因在于，无论特定问题的复杂性如何，我们经常还是能够做出某种假设，可以在不影响其基本特性的情况下简化复杂的过程。如果对某个过程可以构建合理的模型，那么就可以将该模型的动态模式转译为一种捕获了该模型的行为的程序。这种程序称为仿真。

重要的是要记住，创建仿真程序通常有两个步骤。第一步是设计要仿真的现实世界行为的概念模型，第二步是编写实现该模型的程序。因为在这两个步骤中都可能会产生错误，因此对仿真及其对现实世界的可应用性保持一定程度的警惕是明智的做法。由于社会上的人们习惯于相信计算机所给出的答案，因此关键在于要意识到仿真永远都不可能优于它们所基于的模型。

6.4.3　排队模型

假设我们想要设计一个仿真，对超市排队的行为建模。通过仿真排队，我们可以确定排队的一些有用属性，它们有助于公司做相应的决策，例如需要多少个收银员，需要为队列预留多大的空间，等等。

编写结账仿真的第一步是开发排队的模型，在该模型中可以标识任何简化的假设。例如，为了让仿真的初始实现尽量简单，我们可以假设只有一个收银员在为单个队列中的顾客服务。然后，可以假设顾客是以随机概率到达并进入队列末尾的。无论何时，只要收银员有空，并且队列中有人，收银员就开始服务该顾客。在服务适当的时间后，收银员就完成了当前顾客的交易，然后可以腾出手来服务队列中的下一个顾客，其中服务时间段的长短也必须以某种方式建模。

6.4.4　离散时间

　　在模型中经常需要做出的另一项假设是对精度设置一定级别的限制。在结账仿真的上下文中，顾客花费在收银员结账上的时间很明显会在一定的限制范围内变化。某位顾客可能被服务了 30 秒，而另一位顾客可能会花上 5 分钟。但是，重要的是，必须要考虑以分钟为单位来度量时间对于该仿真来说是否已经足够精确了。如果我们有足够精确的秒表，那么就可能会发现某位顾客实际花费了 3.141 592 65 分钟。我们需要解决的问题就是必须要具有什么样的精度。

　　对于大多数模型，特别是那些为仿真而设计的模型而言，引入简化的假设条件，认为模型中所有事件都会在离散且完整的时间单元中发生，会显得很有用。使用离散时间意味着针对具体的模型我们可以找到某种时间单元，以不可再细分的方式对其进行处理。通常，在仿真中使用的时间单元必须足够小，使得在单个时间单元中发生多个事件的可能性微乎其微。例如，在结账仿真中，分钟可能还不够精确，两个顾客很可能在同一分钟内到达。下一节将以秒作为时间步长，以避免同一时间间隔内发生多个事件。

6.4.5　仿真时间中的事件

　　使用离散时间单元的优势之一就是这样做使我们可以使用 `int` 类型变量而不是效率较低的 `double` 类型变量。离散时间的另一个更重要的优势是它使得我们可以将仿真构建为循环，其中每个时间单元表示一次迭代。当按照这种方式来解决问题时，仿真程序将具有下面的形式：

```
for (int time = 0; time < SIMULATION_TIME; time++) {
    执行仿真的一次迭代
}
```

203

　　在循环体中，程序会执行必要的操作，以便将仿真的时间向前推进一个单位。

　　想一想在结账仿真中每个时间单元中可能发生什么事件。一种可能性是有新顾客到达，另一种是收银员完成对当前顾客的服务，并继续服务队列中的下一位顾客。这些事件都会带来一些有趣的话题。为了完成该模型，我们需要对顾客到达的频率和在结账柜台花费的时间做出一些声明。我们可以（并且应该）通过观察现实中商店的结账队列来收集近似的数据。但是，即使收集到这种数据，我们还是需要对其进行简化，简化后的形式捕获了足够多的现实世界中有用的行为，并且按照模型易于理解。例如，我们的调查可能会显示顾客到达柜台的频率为平均每 200 秒一次。这个平均到达率对于模型来说肯定是一种有用的输入，但是，另一方面，我们不会对顾客精确地按照每 200 秒到达一次的仿真程序抱有多大的信心，因为这种实现违反了现实世界中的实际情况，而实际情况应该是顾客到达时间存在一定的随机性，他们有时会结伴到达。

　　出于这个原因，到达过程通常会通过指定顾客在任意离散时间单元内到达的概率，而不是通过指定两次到达之间的平均时间来建模。例如，如果我们研究表明顾客每 200 秒到达一次，那么顾客在任意特定的秒单元内到达的平均概率就是 1/200，即 0.005。如果假设到达会在每个时间单元内以相同的概率发生，那么到达过程就形成了数学家称为泊松分布的模式，该分布是以法国数学家西摩恩·泊松（Siméon Poisson，1781—1840）的名字命名的。该仿真还假设每位顾客所需的服务时间是在某个范围内统一分布的。

6.4.6　实现仿真

尽管比本章其他程序都长，但是该仿真程序的代码却很容易编写。图 6-9 展示了 Checkout Line 程序的代码。该仿真的核心是一个循环，它运行的次数是参数 SIMULATION_TIME 所表示的秒数。在每一秒，该仿真都会执行下面的操作：

1）检查是否有顾客到达，如果有，则将其添加到队列中。

2）如果收银员正忙着，则标记收银员对当前顾客又服务了一秒。最终，所需的服务时间将结束，收银员得以空闲。

204

3）如果收银员正闲着，则服务队列中的下一位顾客。

```
/*
 * File: CheckoutLine.java
 * ------------------------
 * This program simulates a checkout line, such as one you might encounter
 * in a supermarket.  Customers arrive at the checkout stand and get in
 * line.  Those customers wait until the cashier is free, at which point
 * they occupy the cashier for some period of time.  After the service time
 * is complete, the cashier is free to serve the next customer.
 *
 * In each second, the simulation performs the following operations:
 *
 * 1. Determine whether a new customer has arrived.  New customers arrive
 *    randomly, with a probability given by the constant ARRIVAL_PROBABILITY.
 *
 * 2. If the cashier is busy, subtract one second from the time remaining.
 *    When that count reaches zero, the current customer is finished.
 *
 * 3. If the cashier is free, serve the next customer.  The service time
 *    is uniformly distributed between MIN_SERVICE_TIME and MAX_SERVICE_TIME.
 *
 * At the end of the simulation, the program displays the simulation
 * parameters along with the results of the simulation.
 */

package edu.stanford.cs.javacs2.ch6;

import java.util.ArrayDeque;
import java.util.Queue;

public class CheckoutLine {

   public void run() {
      Queue<Integer> queue = new ArrayDeque<Integer>();
      int timeRemaining = 0;
      int nServed = 0;
      double totalWait = 0;
      double totalLength = 0;
      for (int t = 0; t < SIMULATION_TIME; t++) {
         if (randomBoolean(ARRIVAL_PROBABILITY)) {
            queue.add(t);
         }
         if (timeRemaining > 0) {
            timeRemaining--;
         } else if (!queue.isEmpty()) {
            totalWait += t - queue.remove();
            nServed++;
            timeRemaining = randomInt(MIN_SERVICE_TIME, MAX_SERVICE_TIME);
         }
         totalLength += queue.size();
      }
      printReport(nServed, totalWait / nServed, totalLength / SIMULATION_TIME);
   }
```

205

图 6-9　仿真结账队列的程序

```
/*
 * Reports the results of the simulation in tabular format.
 */

  private void printReport(int nServed, double avgWait, double avgLength) {
     System.out.printf("Simulation results given the following constants:%n");
     System.out.printf("   SIMULATION_TIME:      %5d min%n",
                       (int) Math.round(SIMULATION_TIME / MINUTES));
     System.out.printf("   MIN_SERVICE_TIME:     %5d sec%n", MIN_SERVICE_TIME);
     System.out.printf("   MAX_SERVICE_TIME:     %5d sec%n", MAX_SERVICE_TIME);
     System.out.printf("   ARRIVAL_PROBABILITY: %5.3f%n", ARRIVAL_PROBABILITY);
     System.out.println();
     System.out.printf("Customers served:        %5d%n", nServed);
     System.out.printf("Average waiting time:    %5.2f min%n",
                       avgWait / MINUTES);
     System.out.printf("Average queue length:    %5.2f%n", avgLength);
  }
/*
 * Returns a random integer between low and high, inclusive.
 */

  private int randomInt(int low, int high) {
     return (int) Math.floor(low + ((double) high - low + 1) * Math.random());
  }
/*
 * Returns true with probability p, which is a floating-point number
 * between 0 (impossible) and 1 (certain).
 */

  private boolean randomBoolean(double p) {
     return Math.random() < p;
  }
/* Constants */

  private static final int SECONDS = 1;
  private static final int MINUTES = 60;
  public static final double ARRIVAL_PROBABILITY = 0.005;
  public static final int MIN_SERVICE_TIME = 30 * SECONDS;
  public static final int MAX_SERVICE_TIME = 5 * MINUTES;
  public static final int SIMULATION_TIME = 500 * MINUTES;

/* Main program */

  public static void main(String[] args) {
     new CheckoutLine().run();
  }
}
```

图 6-9 （续）

206

排队的队列很自然地用队列来表示。存储在队列中的值是顾客到达队列的时间，这样可以确定顾客在到达队头之前花费了多少秒。

该仿真是由下列常量控制的：

- SIMULATION_TIME，这个常量指定了仿真持续的时间。
- ARRIVAL_PROBABILITY，这个常量表示新顾客在单个时间单元内到达结账处的概率。这个概率使用 0~1 之间的实数来表示。
- MIN_SERVICE_TIME 和 MAX_SERVICE_TIME，这两个常量定义了顾客服务时间的合法范围。对于任何特定的顾客，收银员所花费的服务时间都是通过在这个范围内挑选一个随机整数来确定的。

当仿真完成时，程序会报告仿真常量以及服务的顾客数、顾客平均等待时间和队列平均等待长度。例如，下面的样例运行展示了使用所列常量值仿真的结果[⊖]：

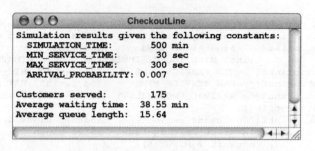

仿真的行为明显依赖于用来控制它的常量值。例如，假设顾客到达的概率从 0.005 上升到了 0.007，那么用这样的参数运行该仿真会得到下面的结果：

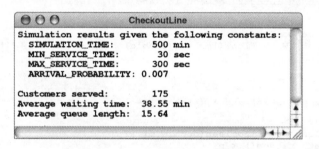

即使到达概率从 0.005 稍微调高到 0.007，也会导致平均等待时间从小于 4 分钟增加到超过半个小时，这显然是一种剧增。后者性能之所以出现锐降是因为该仿真中所使用的每秒到达率意味着新顾客的到达率与他们被服务的速率大体相同。当达到这个阈值时，队列的长度和平均等待时间都会开始快速地增长。这种仿真可以使用不同的参数值来进行实验，而这些实验又可以帮助我们识别出对应的真实系统中潜在的问题源。

6.4.7 随机数

图 6-9 中的仿真程序包含了两个产生随机数的方法，随机数在各种应用中都会派上用场。第一个是：

```
double randomInt(int low, int high)
```

它会返回一个新的从 low 到 high 的闭区间范围内的随机整数。例如，可以通过下面的调用来产生随机的骰子投掷结果：

```
RandomInt(1, 6)
```

第二个方法是：

```
boolean randomBoolean(double p)
```

它将产生一个随机的布尔值，其为 true 的概率为 p。为了与统计学的惯用法保持一致，概率 p 的值表示为 0~1 之间的实数。概率为 0 表示事件永远都不发生，而概率为 1 表示事件

⊖ 原英文书此图错误，其中的顾客到达概率应为 0.005，相应地其他数据也会发生变化，请读者自行运行。
　　　　——编辑注

总是发生。概率为 0.5 表示事件在 50% 的时间里会发生，这意味着我们可以使用下面的代码来仿真投硬币操作：

```
randomBoolean(0.5) ? "Heads" : "Tails"
```

这些方法是用库方法 Math.random 实现的，该方法会返回一个大于等于 0 且小于 1 的随机 double 值。randomBoolean 的实现只是在检查 Math.random 的结果是否小于所期望的概率 p，而 randomInt 方法的实现包含了下面的步骤：

1）使用 Math.random 生成 $0 \leqslant d < 1$ 范围内的浮点数 d。

2）通过将 d 的值乘以所期望范围的大小对其进行缩放，使 d 的值可以横跨恰当数量的整数。 208

3）将上一步得到的乘积加上随机数范围的下边界，使得随机数的范围从期望的点开始。

4）通过调用 Math.floor 将这个数字转换为整数，其中，Math.floor 会返回小于其引元的最大整数的浮点表示形式，然后，randomInt 将其强制类型转换为整数。

randomInt 和 randomBoolean 方法用途之广足以让其被纳入库中。第 7 章的习题中你将有机会对此进行尝试。

6.5　映射表抽象

本节将介绍另一种被称为映射表的抽象，它在概念上与字典很类似。字典可以让我们查找单词以了解其含义。映射表就是这种思想的概括，它提供了一种关联关系，在称为键的标识标记和其关联值之间建立关联，而关联值通常是比键要大得多且复杂得多的结构。在字典的例子中，键就是要查找的单词，而值就是单词的定义。

映射表在编程中有很多应用。例如，编程语言的解释器需要能够将值赋值给变量，然后用名字来引用它。映射表使得维护变量名与其对应的值之间的关联变得很容易。

在 Java 集合框架中，Map 是一个接口，必须用实现了 Map 接口的具体类来构建其对象。集合类库中包含两种这样的类：HashMap 和 TreeMap。HashMap 类效率略微高一些，但是对需要按顺序处理键的应用来说，使用起来方便性相对欠缺。在第 14 章和第 15 章你将会学习到这两种映射表实现之间的差异。

6.5.1　Map 接口的结构

与本章之前介绍的集合类一样，Map 也需要用类型参数来指定键的类型和值的类型。例如，如果想要仿真一本字典，其中每个单独的词都有与其相关联的定义，那么可以从声明如下的 dict 变量入手：

```
Map<String,String> dict = new TreeMap<String,String>();
```

类似地，如果我们正在实现某种编程语言，那么可以使用 Map 来存储浮点变量的值，就像下面这样：

```
Map<String,Double> varTable = new HashMap<String,Double>();
```
209

这些定义会创建不包含任何键和值的空映射表。在两个定义中，随后可能都需要将键 / 值对添加到映射表中。在字典的例子中，可以从数据文件中读取内容；而对于符号表，只要出现赋值语句，就添加新的关联。

图 6-10 展示了 Map 接口指定的最常用的方法。在这些方法中，实现了映射表基础行为

的方法是 put 和 get。put 方法会创建一个键和值之间的关联，它的操作可类比于 Java 中将一个值赋值给一个变量：如果已经有一个值与该键关联了，那么新的值就会替代旧的值。get 方法会获取最近与特定的键关联的值，因此，对应于使用变量名来获取其值的操作。如果映射表中并未出现与某个特定键关联的任何值，那么用这个键来调用 get 会返回值类型的缺省值。通过调用 containsKey 方法可以检查某个键是否存在于映射表中，该方法会根据指定的键是否已经被定义而返回 true 或 false。

size()	返回该映射表中所包含的键 / 值对的数量
isEmpty()	如果该映射表为空，则返回 true
put(*key, value*)	在该映射表中将指定的键与值关联起来。如果 *key* 之前没有定义过，那么就会添加一个新的项；如果该关联之前已经存在，那么旧的值就会被丢弃并替换为新的值
get(*key*)	返回该映射表中当前与 *key* 关联的值。如果 *key* 未定义，则 get 返回 null
remove(*key*)	从该映射表中移除 *key* 以及与其相关联的值。如果 *key* 不存在，则该调用不会对映射表产生影响
containsKey(*key*)	如果 *key* 与某个值相关联，则返回 true
clear()	移除该映射表中的所有键 / 值对
keySet()	返回该映射表中所有键构成的集合

图 6-10 Map 接口中指定的方法

我们用几张图来演示 Map 抽象的操作。假设像本节之前所示那样将 varTable 声明为 Map<String, Double>，然后将其初始化成一个 HashMap。这个声明创建了一个空映射表，如下图所示：

210

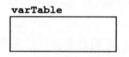

一旦有了该映射表，我们就可以使用 put 来建立新的关联。例如，如果调用

        varTable.put("pi", 3.14159);

其效果是添加了一项在键 "pi" 和值 3.141 59 之间的关联，如下所示：

```
varTable
pi = 3.14159
```

类似地，调用

        varTable.put("e", 2.71828);

将添加一项新的在键 "e" 和值 2.718 28 之间的关联，像下面这样：

```
varTable
pi = 3.14159
e  = 2.71828
```

然后，可以使用 get 来获取这些值。调用 varTable.get("e") 将返回数值 2.718 28，而调用 varTable.get("pi") 将返回数值 3.141 59。

尽管对于数学常量来说修改它们的值没有意义，但是我们还是可以通过调用 put 来修改映射表中的值。例如，可以通过下面的调用来重置与 "pi" 关联的值（就像印第安那州众议院 1897 年通过的一项法案试图达到的目的一样）：

```
varTable.put("pi", 3.0);
```

调用后会处于下面的状态：

```
varTable
pi = 3.0
e  = 2.71828
```

还可以通过调用 remove 来彻底移除一个键。例如，可以通过调用 varTable.delete("pi") 来删除错误的 pi 值，这会使该映射表看起来像下面这样：

```
varTable
e  = 2.71828
```

6.5.2　在应用中使用映射表

如果你是个空中飞人，会发现世界上每个机场都有一个由国际航空运输协会（IATA）赋予的三字母代码。例如，纽约的约翰·菲茨杰拉德·肯尼迪机场就被赋予了三字母代码 JFK。但是，其他机场的代码相当难以识别，许多基于 Web 的旅游系统会向顾客提供服务以查询这些代码。

假设要求我们编写一个简单的 Java 程序，从用户处读取机场的三字母代码，返回对应的机场位置。我们所需的数据在名为 AirportCodes.txt 的文本文件中，它包含了一个列表，其中有 IATA 已经赋予的数千个机场代码。该文件的每一行都包含一个三字母代码、一个等号以及机场的位置。如果该文件和国际机场协会编纂的文件一样，是按照 2009 年运送乘客的数量降序排列的，那么该文件的前面几行就如图 6-11 所示。

```
AirportCodes.txt
ATL=Atlanta, GA, USA
ORD=Chicago, IL, USA
LHR=London, England, United Kingdom
HND=Tokyo, Japan
LAX=Los Angeles, CA, USA
CDG=Paris, France
DFW=Dallas/Ft Worth, TX, USA
FRA=Frankfurt, Germany
PEK=Beijing, China
MAD=Madrid, Spain
DEN=Denver, CO, USA
AMS=Amsterdam, Netherlands
JFK=New York, NY, USA
HKG=Hong Kong, Hong Kong
LAS=Las Vegas, NV, USA
IAH=Houston, TX, USA
PHX=Phoenix, AZ, USA
BKK=Bangkok, Thailand
SIN=Singapore, Singapore
MCO=Orlando, FL, USA
        .
        .
        .
```

图 6-11　包含机场代码和位置的数据文件的前几行

212   映射表抽象的存在使得这个应用非常容易编写，整个应用的代码如图 6-12 所示。

```java
/*
 * File: AirportCodes.java
 * -----------------------------
 * This program looks up a three-letter airport code in a Map.
 */

package edu.stanford.cs.javacs2.ch6;

import java.io.BufferedReader;
import java.io.FileReader;
import java.io.IOException;
import java.util.Map;
import java.util.Scanner;
import java.util.TreeMap;

public class AirportCodes {

   public void run() {
      Scanner sysin = new Scanner(System.in);
      Map<String,String> airportCodes = readCodeFile("AirportCodes.txt");
      while (true) {
         System.out.print("Airport code: ");
         String code = sysin.nextLine().toUpperCase();
         if (code.equals("")) break;
         if (airportCodes.containsKey(code)) {
            System.out.println(code + " is in " + airportCodes.get(code));
         } else {
            System.out.println("There is no such airport code");
         }
      }
   }

   private Map<String,String> readCodeFile(String filename) {
      Map<String,String> map = new TreeMap<String,String>();
      try {
         BufferedReader rd = new BufferedReader(new FileReader(filename));
         while (true) {
            String line = rd.readLine();
            if (line == null) break;
            String code = line.substring(0, 3).toUpperCase();
            String city = line.substring(4);
            map.put(code, city);
         }
         rd.close();
      } catch (IOException ex) {
         throw new RuntimeException(ex.getMessage());
      }
      return map;
   }

   public static void main(String[] args) {
      new AirportCodes().run();
   }

}
```

213   图 6-12　查找三字母机场代码的程序

　　AirportCodes 应用中的主程序会读入三字母代码，查找相应的位置，然后在控制台
上打印该位置，就像下面的样例运行所展示的：

6.6　集抽象

Set 接口是 Java 集合框架中最有用的抽象之一，它指定了图 6-13 中的方法。这个类被用来对集的数学抽象进行建模，而集是元素无序且每个值只出现一次的集合。集在许多算术应用中显得非常有用，因此值得专列一章对其进行讨论。在阅读对其进行更详细讨论的第 16 章之前，我们应该思考几个使用集的示例，这样可以更好地了解集的工作机制和它们在应用中所派的用场。

size()	返回该集中元素的数量
isEmpty()	如果该集为空，则返回 true
add(*value*)	向集中添加元素。如果该值已经存在于集中，那么并不会产生任何错误，该集将保持不变
remove(*value*)	从集中移除元素。如果该值并不存在，那么并不会产生任何错误，该集将保持不变
contains(*value*)	如果该值在集中，则返回 true
clear()	从集中移除所有元素

图 6-13　Set 接口指定的方法　　　　　　　　214

正如 Map 接口一样，Set 接口有两个实现：HashSet 和 TreeSet。这些名字遵循了与 Map 的具体实现相同的命名模式并不偶然。HashMap 和 HashSet 类使用了相同的底层表示形式，即哈希表。类似地，TreeMap 和 TreeSet 类共享了共同的表示形式，该形式基于被称为二叉搜索树的结构。你将在第 14、15 和 16 章学习这些结构。

在本章之前讨论 Map 抽象时，用来解释底层概念的示例之一就是字典，在字典中，键就是单个的单词，而对应的值是单词的定义。在某些应用中，例如拼写检查器或玩填词游戏的程序中，我们并不需要知道单词的定义。我们所需知道的只是某个特定的字母组合是否是合法的单词。对于这类应用，Set 类就是一种理想的工具。与既包含单词又包含定义的映射表不同，我们所需的只是一个 Set<String>，其元素都是合法的单词。如果某个单词包含在该集中，那么它就是合法的，否则就是非法的。

没有任何相关联定义的单词集被称为词典（lexicon）。如果有一个名为 EnglishWords.txt 的文本文件，其中包含了所有英语单词，每行一个单词，那么我们就可以使用下面的代码来创建一个名为 english 的词典：

```
Set<String> english = new TreeSet<String>();
try {
  BufferedReader rd =
    new BufferedReader(new FileReader(filename));
  while (true) {
```

```
            String line = rd.readLine();
            if (line == null) break;
            english.add(line);
        }
        rd.close();
    } catch (IOException ex) {
        throw new RuntimeException(ex.toString());
    }
```

然后，可以使用这个词典来产生填词游戏玩家所需的包含所有合法的两字母单词的列表。图 6-14 展示了一种实现这一目的的方法，其中的程序生成两字母单词列表的方式是产生两个字母所有可能的组合，然后检查每一种组合是否出现在英文单词的词典中。

```
/*
 * File: TwoLetterWords.java
 * ----------------------------
 * This program generates a list of the two-letter words by creating every
 * possible two-letter combination and checking whether it is a legal word.
 */

package edu.stanford.cs.javacs2.ch6;

import java.io.BufferedReader;
import java.io.FileReader;
import java.io.IOException;
import java.util.Set;
import java.util.TreeSet;

public class TwoLetterWords {

    public void run() {
        Set<String> english = readWordList("EnglishWords.txt");
        for (char c1 = 'a'; c1 <= 'z'; c1++) {
            for (char c2 = 'a'; c2 <= 'z'; c2++) {
                String word = "" + c1 + c2;
                if (english.contains(word)) System.out.println(word);
            }
        }
    }

/*
 * Reads in a lexicon set from the specified file.
 */

    private Set<String> readWordList(String filename) {
        try {
            Set<String> lexicon = new TreeSet<String>();
            BufferedReader rd = new BufferedReader(new FileReader(filename));
            while (true) {
                String line = rd.readLine();
                if (line == null) break;
                lexicon.add(line);
            }
            rd.close();
            return lexicon;
        } catch (IOException ex) {
            throw new RuntimeException(ex.toString());
        }
    }
/* Main program */
    public static void main(String[] args) {
        new TwoLetterWords().run();
    }

}
```

图 6-14　生成所有两字母英文单词列表的程序

6.7 遍历集合

尽管图 6-14 中的 `TwoLetterWords` 程序使用了相当高效的策略来生成两字母单词列表，但是如果你试图生成对填词游戏的玩家同样很有用的所有七字母单词列表，那么这种策略就逊色很多了。如果采用图 6-14 中所使用的生成所有可能字符串的策略，那么 `SevenLetterWords` 程序就需要执行七重嵌套的循环，其最内部的循环将会执行 26^7 次迭代，这将超过 80 亿次循环。可以肯定，一定有比这更好的方式。

解决列举所有七字母单词问题的一种更自然的策略是遍历词典中的每个单词，并显示其中长度等于 7 的单词。要想实现此目的，需要某种能够每次一个单词地遍历集的内容的方法。

6.7.1 使用迭代器

迭代元素对于任何集合类来说都是一项基础操作。而且，如果集合类的包设计良好，客户就应该能够使用相同的策略来执行该操作，而无论正在遍历的是 `ArrayList`、`Set` 还是 Java 数组中的所有元素。Java 集合框架为实现这一目的提供了一种名为迭代器的强大机制。更棒的是，迭代器在 Java 中非常重要，因此现在已经被囊括到了 Java 语言的 `for` 语句的一种扩展中，该扩展具有下面的一般形式：

```
for (type variable : collection) {
   循环体
}
```

例如，如果想要迭代英语词典中的所有单词，并挑选出包含 7 个字母的单词，那么就可以使用下面的 `for` 循环：

```
for (String word : english) {
   if (word.length() == 7) {
      System.out.println(word);
   }
}
```

这段代码言简意赅。一旦熟悉了这种语法模式，你几乎可以直接将这个程序转译为英语，就像下面这样：

> For each word in the English lexicon
>   If the length of that word is seven
>   Print that word on the console.

6.7.2 迭代顺序

在使用上面的 `for` 循环迭代集合时，理解其处理单个值的顺序将会很有帮助。但是，关于这个顺序并不存在通用的规则。每种集合类都定义了自己的迭代顺序策略，通常是基于效率的考虑而制定的。你已经看到过的类对值的顺序做出了如下保证：

- 在迭代数组或 `ArrayList` 的元素时，`for` 循环会按照索引位置来访问元素，使得处于位置 0 的元素首先被访问，然后是位置 1 的元素，以此类推，直至数组或 `ArrayList` 的结尾。因此，这种迭代顺序与下面传统的 `for` 循环模式所产生的迭代顺序是相同的：

```
for (int i = 0; i < array.length; i++) {
    处理 array[i] 的代码
}
```

- 在迭代 HashSet 的元素时，元素出现的顺序是由底层表示形式确定的，但是对客户来说看起来是完全随机的。
- 在迭代 TreeSet 的元素时，元素出现的顺序是由元素类型定义的自然序。例如，如果正在迭代一个 TreeSet<Integer>，那么元素就会按照数字顺序产生。如果正在迭代的是一个 TreeSet<String>，那么元素就会按照底层字符编码所定义的字典序产生。
- Java 不允许直接对映射表中的键进行迭代。Map 接口指定了一个名为 keySet 的方法，它会返回映射表中的键。在 HashMap 对象上调用 keySet 会返回一个 HashSet，而在 TreeMap 对象上调用 keySet 会返回一个 TreeSet。在键集上迭代时，得到的是适合于该集的迭代顺序。
- 本书避免对 Stack 和 Queue 类使用迭代器。允许对这些结构进行不加限制的访问会违反它们在任何时刻都只有一个元素（栈顶元素或队头元素）可见的原则。

6.7.3 计算词频

迭代在种类繁多的应用中都得到了应用，例如图 6-15 的 WordFrequency 程序，它会计算输入文件每个单词的出现次数。如果使用处理之前示例时所使用的工具，那么该程序所需的代码就会相当直观。将一行分解为单词的策略与在第 3 章 PigLatin 程序中所看到的策略类似。对于跟踪每个单词出现的次数，Map<String, Integer> 正是我们所需要的。任何类型的映射表对大多数代码而言都是可以工作的。如果我们希望单词按照字母序出现，那么就需要构建一个 TreeMap。某个单词第一次出现时，incrementCount 方法的代码就会将其在映射表中的值设置为 1，如果该单词属于再次出现，那么 incrementCount 会在之前值的基础上加 1。

218

```
/*
 * File: WordFrequency.java
 * -----------------------------
 * This program computes the frequency of words in a text file.
 */

package edu.stanford.cs.javacs2.ch6;

import java.io.BufferedReader;
import java.io.FileReader;
import java.io.IOException;
import java.util.Map;
import java.util.Scanner;
import java.util.TreeMap;

public class WordFrequency {

    public void run() {
        Scanner sysin = new Scanner(System.in);
        try {
            BufferedReader rd = openFileReader(sysin, "Input file: ");
            Map<String,Integer> wordCounts = new TreeMap<String,Integer>();
```

图 6-15 计算词频的程序

```
            while (true) {
                String line = rd.readLine();
                if (line == null) break;
                countWords(line, wordCounts);
            }
            rd.close();
            displayCounts(wordCounts);
        } catch (IOException ex) {
            throw new RuntimeException(ex.toString());
        }
    }

/*
 * Breaks a line into words, updating the word counts.
 */

    private void countWords(String line, Map<String,Integer> wordCounts) {
        String word = "";
        for (int i = 0; i < line.length(); i++) {
            char ch = line.charAt(i);
            if (Character.isLetter(ch)) {
                word += Character.toLowerCase(ch);
            } else {
                if (!word.isEmpty()) {
                    incrementCount(word, wordCounts);
                    word = "";
                }
            }
        }
        if (!word.isEmpty()) incrementCount(word, wordCounts);
    }

/*
 * Increments the count for word in the map.
 */

    private void incrementCount(String word, Map<String,Integer> wordCounts) {
        if (wordCounts.containsKey(word)) {
            wordCounts.put(word, wordCounts.get(word) + 1);
        } else {
            wordCounts.put(word, 1);
        }
    }

/*
 * Displays the word count along with the word.
 */

    private void displayCounts(Map<String,Integer> wordCounts) {
        for (String word : wordCounts.keySet()) {
            System.out.printf("%4d  %s%n", wordCounts.get(word), word);
        }
    }

/*
 * Asks the user for the name of a file and then returns a BufferedReader
 * for that file.  If the file cannot be opened, the method gives the user
 * another chance.  The sysin argument is a Scanner open on the System.in
 * stream.  The prompt gives the user more information about the file.
 */

    private BufferedReader openFileReader(Scanner sysin, String prompt) {
        BufferedReader rd = null;
        while (rd == null) {
            try {
```

219

图 6-15 （续）

```
            System.out.print(prompt);
            String name = sysin.nextLine();
            rd = new BufferedReader(new FileReader(name));
        } catch (IOException ex) {
            System.out.println("Can't open that file.");
        }
    }
    return rd;
}

/* Main program */

    public static void main(String[] args) {
        new WordFrequency().run();
    }

}
```

220

图 6-15 （续）

计算词频对有些应用来说非常有价值，在这些应用中使用这种现代工具乍一看可能很令人吃惊。例如，在过去数十年中，计算机分析已经变成解决作者存疑问题的核心方法。有多部伊丽莎白时代的剧目被认为是莎士比亚所著，尽管它们并非出自莎翁的传统经典著作。反之，也有多部被归为莎士比亚所著的莎士比亚剧存在部分内容读起来并不像莎翁的其他著作，实际上有可能是其他人所著。为了解决这种问题，研究莎士比亚的学者经常会计算出现在文本中的特定词的频率，以检查这些频率是否与根据对莎士比亚已确认著作的分析而得到的频率相匹配。

例如，假设我们有一个文本文件，其中包含一段来自莎士比亚著作的话，例如下面这个著名的来自《麦克白》第 5 幕的段落：

```
Macbeth.txt
Tomorrow, and tomorrow, and tomorrow
Creeps in this petty pace from day to day
```

如果试图确定莎士比亚著作中单词的相对频率，那么就可以使用 WordFre quency 程序来计算这个数据文件中的每个单词的出现次数。因此，给定文件 Macbeth.txt，我们希望程序产生像下面这样的输出：

```
●●●                  WordFrequency
Input file: Macbeth.txt
    2   and
    1   creeps
    2   day
    1   from
    1   in
    1   pace
    1   petty
    1   this
    1   to
    3   tomorrow
```

6.8 总结

本章介绍了 Java 类 ArrayList、Stack、Queue、Map 和 Set，它们合起来构成了用于存储集合的强大框架。到目前为止，你仅仅是作为客户了解了这些类。在后续各章中，
221 你会学习到有关它们如何实现的更多细节。

本章的要点包括：

- 根据行为而不是表示形式而定义的数据结构称为抽象数据类型。抽象数据类型与更基本的数据结构相比，具有很多优势。这些优势包括简洁性、灵活性和安全性。

- 包含其他对象作为完整集合的元素的类，称为集合类。在 Java 中，集合类被定义为参数化类型，即其元素的类型名出现在集合类名之后的一对尖括号中。例如，类 ArrayList<String> 表示包含 String 类型值的 ArrayList。

- Java 中的参数化类型工具只能用于类，而不能用于基本类型。这项限制在实践中并不会显得特别麻烦，因为 Java 为每一种基本类型都定义了包装器类，并且提供了在基本类型值和它们对应的包装器类之间的自动装箱和拆箱机制。因此，我们可以创建 ArrayList<Integer> 来作为整数值的数组。

- ArrayList 类是一种行为方式与一维数组非常相似，但是功能更加强大的抽象数据类型。与数组不同，ArrayList 可以随元素的添加和移除而动态增长。

- Stack 类表示的是一个对象集合，其行为是由其特性定义的，即各个项从栈中移除的顺序与它们被添加到栈中的顺序相反——后进先出。栈上的基本操作包括向栈中添加一个值的 push 和移除并返回最近被压栈元素的 pop。

- Queue 接口指定了类似于 Stack 类的抽象，只是队列中的元素被移除的顺序与其被添加到队列中的顺序相同，即先进先出。队列上的基本操作包括在队尾添加一个值的 add 和移除并返回队头值的 remove。Queue 接口是由 ArrayDeque 和 LinkedList 类实现的。

- Map 接口可以将键与值关联起来，其使用的关联方式能够让客户高效获取这些关联关系。映射表上的基本操作包括添加键/值对的 put、返回与特定键关联的值的 get，以及检查是否定义了某个键的 containsKey。Map 接口是由 HashMap 和 TreeMap 类实现的。

- Set 接口所表示的集合中，所有元素是无序的，并且每个值都只出现一次，就像数学中的集一样。集上的基本操作包括在集中存储新值的 add 和检查某个元素是否在集中的 contains。Set 接口是由 HashSet 和 TreeSet 类实现的。 |222|

- Java 使得迭代数组、ArrayList 或 Set 中的元素变得很容易，因为它提供了下面的扩展的 for 循环语法：

```
for (type variable : collection) {
    循环体
}
```

每个集合都定义了自己的迭代顺序，就像 6.7.2 节中所描述的那样。

6.9　复习题

1. 是非题：抽象数据类型是根据其行为而不是其表示形式而定义的。
2. 本章所引用的将类的行为与其底层实现相分离的三个好处是什么？
3. 什么是 Java 集合框架？
4. 如果想要在程序中使用 ArrayList，在源文件中需要添加什么样的 import 代码行？
5. ArrayList 与 Java 数组相比，有哪些优势？
6. 什么是参数化类型？
7. 用什么样的类型名来存储布尔值的 ArrayList？
8. 在 Java 中，声明 ArrayList<int> 是否合法？

9. 什么是包装器类？

10. 调用什么方法可以确定 `ArrayList` 对象中的元素数量？

11. 如果某个 `ArrayList` 对象有 N 个元素，那么 `add` 的第一个引元的合法取值范围是什么？`remove` 的引元的合法取值范围又是什么呢？

12. 首字母缩写 LIFO 和 FIFO 表示什么意思？这些术语是如何应用于栈和队列的？

13. 栈的两项基本操作的名字是什么？

14. 队列中对应的操作的名字是什么？

15. `peek` 操作在栈和队列抽象上分别做了些什么？

16. 实现 `Queue` 接口的两种具体类型是什么？

17. 实现 `Map` 接口的两种具体类型是什么？

18. 如果想要调用 `get` 获取映射表中并不存在的键，会发生什么？

19. `HashSet` 类和 `TreeSet` 类之间可以让客户看到的最大差异是什么？

20. 在集合上遍历时所使用的 `for` 循环的一般形式是什么？

21. 如何遍历映射表中的键？

22. 请描述本章介绍的基于范围的 `for` 循环处理每一种集合类的元素时所采用的顺序。

6.10　习题

1. 编写一个程序，使用栈来颠倒从控制台每行一个地读入的整数序列，就如同下面的样例运行所示：

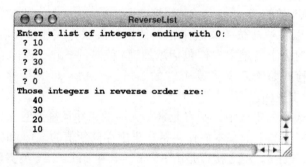

2. 编写一个程序，检查字符串中的括号操作符（圆括号、方括号和花括号）是否是正确匹配的。下面的字符串就是一个正确匹配的示例：

```
{ s = 2 * (a[2] + 3); x = (1 + (2)); }
```

如果仔细遍历这个字符串，就会发现所有的括号操作符都是正确嵌套的，每个左圆括号都与一个右圆括号相匹配，每个左方括号都与一个右方括号相匹配，以此类推。另一方面，下面的字符串都是

因所列原因而不平衡的：

```
(([])            缺失一个右圆括号
)(               右圆括号出现在左圆括号之前
{(})             括号操作符不正确地嵌套
```

3. 本书中的图都是用 PostScript 创建的，这是一种由 Adobe 公司在 20 世纪 80 年代早期开发的强大的图形化语言。PostScript 程序会在栈中存储它们的数据。许多在 PostScript 语言中可用的操作符都会以某种方式产生操作栈的效果。例如，你可以调用 `pop` 操作符来弹出栈顶元素，或者用 `exch` 操作符来互换栈顶的两个元素。

PostScript 最有趣（也最令人惊讶）的操作符之一是 `roll` 操作符，它会接受两个引元 n 和 k。应用 roll(n, k) 的效果是将栈顶 n 个元素循环移位 k 个位置，其中循环移位的方向是朝向栈顶。更具体地讲，roll(n, k) 的效果是移除栈顶的 n 个元素，将栈顶元素循环到这 n 个元素的最后一个位置，连续操作 k 次，然

后将重新排序的元素压入栈中。图 6-16 展示了 roll 的三个不同的示例在操作前和操作后的图片。编写一个函数

```
void roll(Stack<char> & stack, int n, int k)
```

实现在指定栈上的 roll(n, k) 操作。你的实现应该检查 n 和 k 都是非负的，并且 n 不能大于栈的大小。如果这些条件不能都满足，那么你的实现应该抛出一个包含下面消息的运行时异常：

```
roll: argument out of range
```

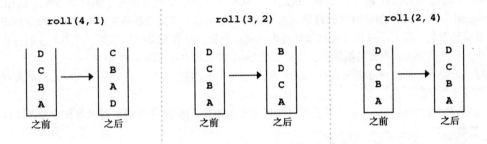

图 6-16　用于栈的 roll 函数的示例

但是，要注意，k 可以比 n 大，此时 roll 操作的循环移位会超过一轮完整的循环。这种情况可以用图 6-16 中最后一个示例来说明，在该示例中，栈顶的两个元素会循环移位 4 次，使得该栈与开始时的状态完全一致。

4.　　　　　　　　And the first one now
　　　　　　　　Will later be last
　　　　　　　　 For the times they are a-changin'.
　　　　　　　　　　——Bob Dylan, "The Times They Are a-Changin'", 1963

在 Bob Dylan 的歌曲的启发下（这首歌本身就受到了 Matthew 19:30 的启发），编写一个函数

```
void reverseQueue(Queue<String> queue)
```

它会颠倒队列中元素的顺序。要记住，你对队列内部的表示形式是无法访问的，因此必须设计一种算法来完成这项任务，其中可能涉及其他结构。

5. 扩展图 6-9 中的结账仿真程序，用来调查有关排队行为的重要实践问题。作为第一步，你需要重写该仿真，使得仿真中有多个独立的队列，就像超市中常见的情形。顾客到达结账区域时会先找一个最短的队伍，然后排进去。你的修改过的仿真应该可以报告与本章中的仿真相同的结果。

6. 作为结账仿真的第二种扩展，修改前一个习题中的程序，使得队列只有一列，但是有多个收银员，这在近些年来变得非常普遍。在仿真的每次循环中，任何空闲的收银员都可以服务队列中的下一位顾客。如果将这个习题所产生的数据与前一个习题所产生的数据做对比，这两种结果队列组织策略各自的优势是什么？

7. 编写一个程序，仿真下面的实验，该实验被收录到了 1957 年出品的迪士尼电影《 Our Friend the Atom 》中，用来演示核裂变中的链式反应。实验装置是一个大型的立方体盒子，其底部覆盖了 625 个捕鼠器，排成 25×25 的网格。每个捕鼠器最初都放置了两个乒乓球。在仿真开始时，会从盒子的顶部释放一个乒乓球，它会掉落到某个捕鼠器上。这个捕鼠器会弹起，并向空中射出它的两个乒乓球。这两个乒乓球经过盒子侧壁的反弹最终又落回到地面上，这样就又会碰到更多的捕鼠器。在编写这个仿真时，你应该做出如下简化假设：

- 每个乒乓球总是会落到一个通过选择网格中随机的行和列而选中的捕鼠器上。如果该捕鼠器被触动，则它的球就会释放到空中。如果该捕鼠器已经被触发过，那么球落在它的上面是不会产

生任何效果的。

- 一旦某个球落到了捕鼠器上，无论该捕鼠器是否会触发，这个球都会停下来，并且在该仿真中不会再起任何作用。
- 从捕鼠器上发射的球会在经历随机次数的仿真迭代后再次反弹到空中和地面。这个随机间隔是针对每个球单独确定的，并且总是介于 1～4 次迭代之间。

你的仿真应该一直运行，直至空中再没有任何球为止。在停止后，你的程序应该报告自仿真开始后经过了多少个时间单元、被触发的捕鼠器的百分比，以及仿真过程中何时空中的球数量最多。

8. 1844 年 5 月，Samuel F. B. Morse 通过电报从华盛顿向巴尔迪莫发送了消息"What hath God wrought!"，宣告电子通信时代的到来。为了能够仅使用单一音调的断续来传递信息，摩尔斯设计了一种编码系统，其中字母和其他符号都被表示成由长短两种音调编码的序列，传统上我们称长音调为线，短音调为点。在摩尔斯码中，字母表的 26 个字母被表示成图 6-17 中所示的代码。

编写一个程序，从用户处读入多行，根据该行的第一个字符，将每一行都转译为摩尔斯码或从摩尔斯码转译为字符：

- 如果某行以字母开头，那么就要将其转译为摩尔斯码。除 26 个字母之外的任何字符都应该直接忽略。
- 如果某行以句点（点）或连字符（线）开头，那么它就应该被读作一系列的摩尔斯码字符，你需要将其转译回字母。可以假设输入字符串中的每个点和线的序列都是由空格分隔的，并且可以忽略出现的任何其他字符。因为单词间的空格没有对应的编码方法，所以当你的程序按照这个方向来转译消息时，转译后的消息的字符都是连在一起的。

```
A ·—       H ····      O ———      V ···—
B —···     I ··        P ·——·     W ·——
C —·—·     J ·———      Q ——·—     X —··—
D —··      K —·—       R ·—·       Y —·——
E ·        L ·—··      S ···       Z ——··
F ··—·     M ——        T —
G ——·      N —·        U ··—
```

图 6-17　摩尔斯码

这个程序应该在用户输入空行时终止。这个程序的样例运行（摘自 1912 年泰坦尼克号和卡帕西亚号之间发送的消息）看起来像下面这样：

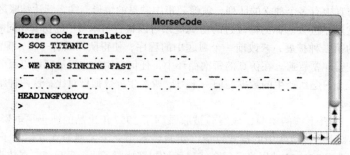

9. 美国和加拿大的电话号码是按照各种三位数的区号来组织的。每个州或省通常有很多区号，但是单个区号绝不会跨州或跨省。这条规则使得我们可以在一个数据文件中列出每个区号的地理位置。对于这个问题，假设你可以访问文件 AreaCodes.txt，它列出了所有的区号以及配对的位置，下面给出的就是这个文件的头几行：

```
AreaCodes.txt
201-New Jersey
202-District of Columbia
203-Connecticut
204-Manitoba
205-Alabama
206-Washington
```

228

使用图 6-12 中所示的 `AirportCodes` 程序作为模型，编写必要的代码将这个文件读入一个 `Map<Integer, String>` 对象中，其中键是区号，值是位置。一旦读入了数据，就可以编写一个主程序来重复地让用户输入区号，然后查找相应的地理位置，如下面的样例运行所示：

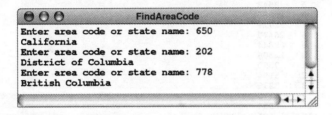

```
○○○              FindAreaCode
Enter area code or state name: 650
California
Enter area code or state name: 202
District of Columbia
Enter area code or state name: 778
British Columbia
```

但是，正如提示符所建议的，你的程序还应该允许用户输入州或省的名字，让程序列出服务于该地区的所有区号，如下面的样例运行所示：

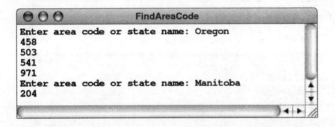

```
○○○              FindAreaCode
Enter area code or state name: Oregon
458
503
541
971
Enter area code or state name: Manitoba
204
```

10. 当你编写前一个习题的 `FindAreaCode` 程序时，很有可能会通过循环遍历整个映射表并打印映射到某个州的所有区号来生成该州的区号列表。尽管这种策略对于像区号示例这种小型的映射表很适用，但是在操作大得多的数据映射表时，其效率就会成为问题。

另一种可行的方式是翻转该映射表，使得可以按照两个方向中的任意一个来执行查找操作。但是，不能将翻转的映射表声明为 `Map<String, Integer>`，因为每个州经常会关联不止一个区号。你所需要的是将翻转的映射表声明为 `Map<String, ArrayList<Integer>>`，将每个州名映射到一个包含了该州所有区号的 `ArrayList` 上。重写 `FindAreaCode` 程序，让它在读取数据文件后创建一个翻转的映射表，之后使用该映射表来列出指定州的区号。

11. 3.6 节定义了一个函数 `isPalindrome`，用来检查某个词正向读和反向读是否完全一致。使用这个函数以及本章介绍过的英语词典来显示包含所有回文单词的列表。

229

12. 在填词游戏中，知晓两字母单词列表是很重要的，因为这些短单词使得我们可以很容易地通过"钩住"填字板上已填的块来构成新单词。填词专家熟记的另一个列表是三字母单词列表，因为三字母单词可以通过在两字母单词的前面或后面添加一个字母而构成。编写一个程序，生成这个三字母单词列表。

13. 填词游戏中最重要的战略性原则之一就是要节省使用 S 块，因为英语的复数规则意味着很多单词都具有 S 结尾的字形。当然，某些单词还允许在开头添加一个 S 块。但是有 680 个单词在前后两端都可以添加 S，例如，单词 cold 和 hot。编写一个程序，使用英文词典来制作由所有这种单词构成的列表。

14. 在将英语转换为 Pig Latin 时，大多数单词被转换后看起来都像意义含混的拉丁语，但是又有别于传统的英文。但是，有少数单词对应的 Pig Latin 翻译结果碰巧与英文单词含义相同。例如，trash 的 Pig Latin 翻译结果为 ashtray，而 entry 的翻译结果为 entryway。编写一个程序，列出所有这种单词。

15. 编写一个程序，显示一张表，表中展示了出现在英文词典中的单词的数量，这些数量将按照单词的长度排序。对于 EnglishWords.txt 中的词典，该程序的输出应该像下面这样：

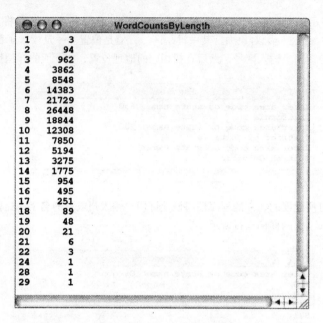

类 和 对 象

我的目标无比崇高。

——William S. Gilbert,《The Mikado》, 1885

尽管你已经在本书中广泛地使用了类,但是除了实现程序的类之外,至今你还没有机会定义自己的类。本章的目的就是要填补这项空白,教会你如何使用工具来实现新的类,这些类在之后可以用作构建应用程序的工具。本章将涵盖类设计的基本机制,独缺有关继承思想的介绍,因为那是第 8 章的内容。

7.1 类和面向对象设计

类在 Java 的面向对象范式的实现中处于核心地位。正如从第 1 章的简介中所了解到的,类构成了创建对象的模板。可能会有很多对象都是一个类的实例,但是这些对象中每一个都能归属于一个类的基本实例。类还构成了层次结构,其中子类会继承超类的行为。在 Java 中,每个类都只有唯一的超类,这可以确保类能够构成层次结构。对于每个 Java 类,继承层次结构中超类的扩展路径向上都能够追溯到 Object,因为它表示类层次结构的根。

即使没有继承,类也能提供下列好处:

- 类将互相独立的数据值组合成了整体。在这方面,类提供了一种类似于更传统的编程语言中的记录或结构体的工具。类中存储这些信息的变量被称为实例变量,因为它们与该类的每个实例相关联。实例变量有时也被称为域。
- 类将行为与存储在对象中的数据关联了起来。除了实例变量,典型情况下,类还包括定义了该类行为的方法定义。
- 类在客户和实现之间构筑了一道抽象屏障。类的实现可以控制客户对实例变量和方法的访问,因此得以隐藏底层的复杂性。这种抽象屏障还可以保护实现中的数据结构的完整性免遭客户疏忽或恶意操作的破坏。

7.2 定义一个简单的 Point 类

作为演示 Java 中类如何工作的简单实例,我们可以假设正在操作 x-y 网格中的坐标,该网格中的坐标永远都是整数。尽管可以单独地操作 x 和 y 的值,但是更方便的方式是定义一种抽象数据类型,它将一个 x 值和一个 y 值组合在了一起。因为这种统一的一对坐标值在几何学中被称为点,所以使用 Point 这个名字来命名对应的类型是合理的。

Java 提供了若干种策略来定义 Point 类型,它们的复杂度不同,简单的有 C 语言族中都包含的结构体类型,复杂的有使用现代面向对象风格的更强大的结构。下面各小节将依次探索这些策略,从基于结构体的模型开始,然后过渡到基于类的形式。

7.2.1 将点定义为一种记录类型

在你过去的编程经验中，肯定碰到过通过组合已有简单类型而定义的类型。这种类型被称为记录。如果你选择采用这种简单方式，而忽略 Java 提供的许多更加可行的方案，那么你就可以按照如下方式来定义 PointRecord 类：

```java
public class PointRecord {
    public int x;
    public int y;
};
```

这段代码将 PointRecord 类定义成了一种传统的记录，它具有两个名为 x 和 y 的类型都是 int 的公共实例变量。

当在 Java 中使用类时，重要的是要记住，定义引入的是新类型，它自身并没有声明任何变量。一旦有了类的定义，之后就可以像其他所有类型一样使用这种类型名来声明变量。例如，如果在某个方法中包含下面的局部变量声明：

```java
PointRecord p;
```

那么编译器就会为名为 p 的 PointRecord 类型的变量预留空间，就像下面的声明

```java
int n;
```

会为名为 n 的 int 类型变量预留空间一样。但是，变量 p 不包括 x 和 y 构件的空间。在 Java 中，对象总是作为引用来存储的，这意味着分配给变量 p 的空间只够持有一个 PointRecord 对象的地址。为了给 x 和 y 构件预留空间，我们需要使用 new 操作符来分配新对象，这与第 5 章中对数组所做的操作很类似。

在大多数情况下，将为对象分配空间作为声明的一部分是合理的。例如，在本例中，我们就想让 PointRecord p 这个声明包含创建底层对象的代码。

233

在 Java 中，创建新对象的方式是编写关键词 new，后面跟着类名和由括号括起来的由所有创建新对象所需的引元构成的列表。PointRecord 类没有定义任何构造器方法，因此 p 的初始化将使用如下的空参数列表：

```java
PointRecord p = new PointRecord();
```

这条声明会产生下面的图：

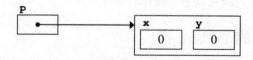

这张图中值得注意的是存储在 p 中的值是一个指向内存中该数据结构的引用，而不是该数据结构自身，这与第 5 章所讨论的数组的值是一个引用的道理是完全一样的。在 Java 中，对象总是作为引用存储的。

给定一个对象，我们就可以使用圆点操作符来选择其域，具体编写形式如下：

var.name

其中 var 是包含该对象应用的变量，而 name 指明了想要访问的域。例如，你可以使用表

达式 p.x 和 p.y 来选择其地址存储在变量 p 中的 PointRecord 对象中单个的坐标值。选
择表达式是可赋值的，因此可以用下面的代码将 p 的域初始化为表示（2,3）这个点：

```
p.x = 2;
p.y = 3;
```

这会产生下图所示的状态：

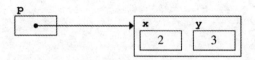

　正如在本节第一段中所描述的，将类定义为记录不是一种理想的方式。在本书中，不会
有任何公共类只包含公共实例变量而没有任何与其关联的方法。同时，本书后续的许多应用
都将使用这种类似记录的模型来定义只能在其他类的类体内部访问的类。这种类被称为内部
类。内部类对于专家级的 Java 程序员而言是一种重要的工具，在本书中它主要用来向用户
隐藏类的定义，你可以在第 7.5 节的开头看到内部类的示例。

234

7.2.2　在 Point 类中包含方法

　java.awt 包定义了一个名为 Point 的类，它将一对 x 和 y 坐标存储为了单个的对
象。任何对象的基础特性之一就是它既可以被看作是若干单个域的集合，也可以被看作是单
个值。在较低层的实现中，存储在单个域中的值可能会显得很重要，而在较高层的细节中，
将其当作一个完整的单元会显得更合理。例如，给定一个 Point 值，我们可以将其赋值给
变量，将其作为参数传递给方法，将其作为结果返回，或者将其转换为字符串。如果需要
单独地查看其各个构件，那么可以选择 x 或 y 域，但是我们还是可以将这个值作为整体来
操作。

　图 7-1 展示了库类 Point 类的一种简化实现。如同 PointRecord 的定义一样，Point
类声明了公共实例变量 x 和 y，它们对客户是直接可见的。这个类的新特性是包含了用
来创建新的 Point 值的两个版本的构造器，以及一个将 Point 值转换为字符串的新的
toString 方法的定义。

```
/*
 * File: Point.java
 * -------------------
 * This file exports a simplified version of the java.awt.Point class.
 */

package edu.stanford.cs.javacs2.ch7;

/**
 * This class combines a pair of <i>x</i> and <i>y</i> coordinates.
 */

public class Point {

/**
 * The <i>x</i> coordinate of this point.
 */

    public int x;
```

图 7-1　Point 类的简化版本

```java
/**
 * The <i>y</i> coordinate of this point.
 */

  public int y;
/**
 * Constructs a new point at the origin (0, 0).
 */

  public Point() {
     x = y = 0;
  }
/**
 * Constructs a new point with the specified coordinates.
 *
 * @param x The <i>x</i> coordinate of the point
 * @param y The <i>y</i> coordinate of the point
 */

  public Point(int x, int y) {
     this.x = x;
     this.y = y;
  }
/**
 * Converts this point to its string representation.
 *
 * @return A string representation of this point
 */

  @Override
  public String toString() {
     return "(" + x + ", " + y + ")";
  }
}
```

图 7-1 （续）

构造器的第一个版本不接受任何引元，并直接用多重赋值模式将其实例变量 x 和 y 设置为 0。在 Java 中，不接受任何引元的构造器被称为这个类的缺省构造器。Java 会自动地为所有没有定义任何其他构造器的类创建具有空方法体的缺省构造器。但是，Point 类定义了一个显式构造器，它会接受用于 x 和 y 构件的坐标值。为了导出 Point 类不接受任何引元的构造器，我们的代码必须显式地定义该构造器。

构造器的第二个版本具有下面的定义：

```java
public Point(int x, int y) {
    this.x = x;
    this.y = y;
}
```

这个构造器的效果是将实例变量 x 初始化为参数 x 的值，将实例变量 y 初始化为参数 y 的值。但是，这种语法初看起来很令人困惑，因为出现了 this 这个关键词，它表示的是对当前对象的引用。选择表达式 this.x 表示的是当前对象中的实例变量 x，这样可以避免与具有相同名字的参数变量混为一谈。当局部变量（包括参数）具有与实例变量相同的名字时，编译器会认为这个名字引用的是局部副本，除非用关键词 this 来指定。这种用局部变量来隐藏实例变量的处理被称为遮蔽。

在这个 Point 类的定义中除了两个构造器之外仅有的方法就是 toString 方法。toString 方法是作为 Object 类的一部分而定义的,这意味着每个 Java 对象都有一个 toString 方法。在定义新类时,良好的习惯是定义 toString 的实现,用来以适合该数据类型的方式执行相应的转换。Point 类的 toString 方法用连接操作符创建了一个字符串,该字符串由两个括在括号中的构件构成,中间由逗号分隔,如下面代码所示:

```java
public String toString() {
    return "(" + x + ", " + y + ")";
}
```

无论何时,只要一个类中的方法复制了超类中某个方法的名字和参数结构,那么局部定义就会覆盖从超类继承而来的定义。要想明确表示用新定义来替换现有的方法定义是有意而为之,Java 中的惯例是通过在新的定义前面编写 @Override 来指明正在提供某个已有方法的新实现,就像下面这样:

```java
@Override
public String toString()
```

@Override 语法是 Java 中注解机制的一个示例。与注释一样,注解提供了有关代码的归档信息,尽管它们在程序运行时并不会产生任何影响。但是,与注释不同的是,注解是由编译器读取的,然后使用这些信息来改进其操作。例如,对于 @Override 注解,编译器执行检查以确保该方法确实覆盖了其超类中的方法。

尽管使用 @Override 注解是一种被普遍认同的良好编程实践,但是这么做有时会使程序代码变得很凌乱,难以阅读。尽管本书提供的源代码在使用时都添加了 @Override 注解,但是书中图里有时会删除掉 @Override 标记,以节省空间和提高可阅读性。

7.2.3　javadoc 注释

图 7-1 中的代码还引入了一组重要的为类中公共的实例变量和方法编写注释的惯用法。正如从代码中可以看到的,每个定义前面的注释都在其开始行中包含第二个星号,从而变成以 /** 开头。这种注释被称为 javadoc 注释,因为它们都会由 Java 的 javadoc 应用来解释,javadoc 是专门用来为每个类准备在线文档的。在 javadoc 注释内部,可以编写注释来告诉客户如何使用这个类,就像传统注释所做的那样。但是,这些注释可以包含 HTML 的标签,以改进其格式,就像 <i>x</i> 这种标记法中所示的用法一样,这样可以要求 x 被设置为斜体。大多数 javadoc 注释还包含被称为标签的注解,其中最常用的就是 @param 和 @return。@param 标签会产生有关方法参数的注释,而 @return 标签描述了方法的结果。图 7-2 展示了 Point 类的 javadoc 页的开头部分。

在每个类中都包含完备的 javadoc 注释是一种值得学习的好习惯,但是在本书中,这么做会对理解程序造成障碍,因为 HTML 标签难以阅读并且增加的篇幅会使得图中的代码跨越多页。因此,本书中的大部分都使用了传统的注释,但是本书提供的源文件,因为希望它们可以被用作构建其他应用的工具,所以其中包含了完整的 javadoc 注解。

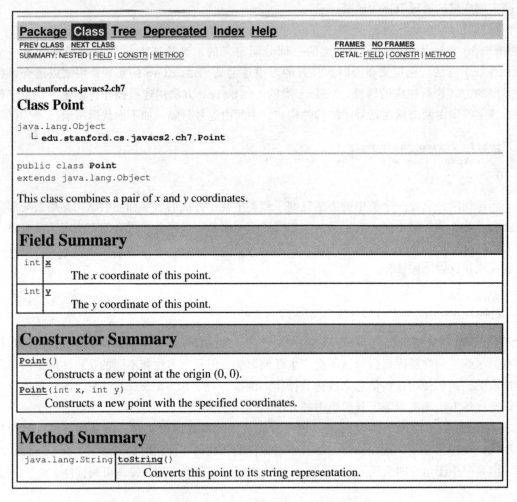

图 7-2   简化的 Point 类的 javadoc 文件的截屏

7.2.4   让实例变量保持私有

java.awt 包中 Point 类的历史可以追溯到 Java 的第一个版本，当时其设计在某种程度上显得有些离经叛道。导出公共实例变量，就像 Point 类对 x 和 y 所做的那样，会损害类的完整性，并且违反封装原则，而封装原则正是现代面向对象设计的重要组成部分。本书中的公共类永远都不会声明 public 的实例变量，这样可以阻止未授权的客户窥视这些变量。这些类会通过方法来居中调度客户对底层实例变量的访问，因此也就维持了与现代面向对象设计原则的一致性。

图 7-3 通过定义 GPoint 类来展示这项技术，该类是 8 章你将有机会构建的简单图形库的组成部分。与上一节描述的 Point 类相比，GPoint 使用了双精度值的 x 和 y 构件。因此，对应的实例变量被声明为 double 类型。更重要的是，这些变量都被声明为 private 而非 public。GPoint 类通过方法 getX 和 getY 来提供对这些变量的访问。在计算机科学中，获取实例变量的值的方法形式上被称为访问器，但是其更广为人知的名字是获取器。按照惯例，获取器方法的名字以前缀 get 开头，后面跟着域的名字，并将域名字的首字

母改写为大写。Point 类的获取器就遵循了这项惯例。

在某些情况下，类会导出允许客户去修改实例变量值的方法，这种方法被称为修改器，或者更通俗地称为设置器。但是，在确认让实例变量保持私有是头等大事之后，这么快就又在类中添加了设置器，多少会让人有些不满意。毕竟，让实例变量保持私有的部分原因就是要确保客户不能对它们进行不加限制的访问。添加设置器方法会绕过这些限制，并且消除让变量保持私有所带来的好处。总的来说，允许客户读取实例变量的值比让客户去修改这些值要安全得多。因此，在面向对象设计中，设置器方法远比获取器用得少。

239

```java
/*
 * File: GPoint.java
 * --------------------
 * This file exports a double-precision version of the Point class.
 */
package edu.stanford.cs.javacs2.ch8;
public class GPoint {
/*
 * Constructs a new GPoint at the origin (0, 0).
 */
    public GPoint() {
        x = y = 0.0;
    }
/*
 * Constructs a new GPoint with the specified coordinates.
 */
    public GPoint(double x, double y) {
        this.x = x;
        this.y = y;
    }
/*
 * Returns the x coordinate of this GPoint.
 */
    public double getX() {
        return x;
    }
/*
 * Returns the y coordinate of this GPoint.
 */
    public double getY() {
        return y;
    }
/*
 * Converts this GPoint to its string representation.
 */
    @Override
    public String toString() {
        return "(" + x + ", " + y + ")";
    }
/* Private instance variables */
    private double x;
    private double y;
}
```

图 7-3　GPoint 类的实现

240

事实上，许多程序员都会采纳阻止对更高层抽象进行修改的建议，采纳的方式是不允许在对象创建之后修改任何实例变量的值。以这种方式设计的类被称为不可变的。GPoint 类就是不可变的，我们已经学习过的许多库类都是如此，包括第 3 章介绍的 String 和第 6 章介绍的各种包装器类。不可变类有许多优点，这些优点在本书后续部分会变得更加明显。

7.3　有理数

尽管第 7.2 节的 Point 和 GPoint 类展示了定义新类的基本语法规则，但是如果要深入理解这个话题，就需要考虑更复杂的示例了。本节将带你领略设计表示有理数的类的全过程，有理数即可以表示成两个整数的商的数字。在小学中，也可能会称这类数字为分数。

在某些方面，有理数与自第 1 章以来一直使用的浮点数类似。这两种类型的数字都可以表示为小数，例如 1.5，即有理数的 3/2。两者的不同在于有理数是精确的，而浮点数受限于硬件精度的近似值。

为了让你了解为什么这种差异可能会显得很重要，请考虑将下面的分数都加到一起的算术问题：

$$\frac{1}{2} + \frac{1}{3} + \frac{1}{6}$$

这项基本的算术操作很明显在数学上具有精确的答案 1，但是如果使用 double 类型，我们是很难获得这个答案的。下面的程序演示了这个问题，其中使用了双精度算术运算来计算这三个分数的和：

```java
public void run() {
    double a = 1.0 / 2.0;
    double b = 1.0 / 3.0;
    double c = 1.0 / 6.0;
    double sum = a + b + c;
    System.out.println("1/2 + 1/3 + 1/6 = " + sum);
}
```

[241]　如果运行这个程序，会得到下面的结果：

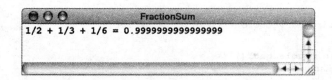

这里的问题在于计算机内部用来存储这些数字的内存单元只具有有限的存储容量，这使得它们能够提供的精度是有限的。在双精度算术运算的限制范围之内，二分之一加上三分之一再加上六分之一相对于 1.0 更接近于 0.999 999 999 999 999 9。更糟糕的是，如果你在程序中对其进行测试，那么计算出来的和确实小于 1，并且就这样显示出来了。在运行的末尾，表达式 sum<1 的值将会为 true，而 sum==1 的值将为 false。这个结果从数学的角度看无论如何是不可接受的。

通过对比可以发现，有理数不会受到舍入误差的影响，因为有理数不涉及任何近似值。而且，有理数会遵循定义完备的算术规则，图 7-4 对这些规则进行了总结。但是，Java 在其预定义类型中并未包含有理数。如果想要在 Java 中使用有理数，就必须定义自己的类来表示它们。

加

$$\frac{a}{b} + \frac{c}{d} = \frac{ad + bc}{bd}$$

乘

$$\frac{a}{b} \times \frac{c}{d} = \frac{ac}{bd}$$

减

$$\frac{a}{b} - \frac{c}{d} = \frac{ad - bc}{bd}$$

除

$$\frac{a}{b} \div \frac{c}{d} = \frac{ad}{bc}$$

图 7-4　有理算术运算规则

7.3.1　定义新类的策略

当使用面向对象语言时，设计新类是需要掌握的最重要的技能。与许多编程工作一样，设计新类是科学，也是艺术。开发有效的类设计方案需要对将这些作为工具来使用的客户的需求具有强烈的美感和敏感。经验和实践是最好的老师，而下面的通用设计准则可以帮助你走上这条康庄大道。

根据我自己的经验，我发现下面循序渐进的方式经常会很有用：

1）概括性地考虑客户可能会如何使用这个类。在类设计过程的伊始，就应该记住库类是被设计用来满足客户需求的，而不是为了方便类的实现者的。在专业的语境中，确保新类满足其需求的最有效的方式是让客户参与到设计过程中。至少，你需要在勾画类设计蓝图时，让自己投入客户的角色来思考问题。

2）确定哪些信息属于每个对象的私有状态。尽管私有部分在概念上是类的实现的一部分，但是如果至少对这个类的对象包含哪些数据具有直观感受，那么就可以简化后续设计阶段的工作。在许多情况下，你可以立即写出私有部分的实例变量。尽管在此刻这种精准的细节并不重要，但是对内部结构有所了解会使构造器和方法的定义变得简单。

3）定义一组创建新对象的构造器。因为类经常会定义不止一个重载形式的构造器，所以从客户的视角来考虑需要创建的对象类型和客户在创建对象时所拥有的数据，是非常有用的。典型情况下，每个类都会导出一个默认的构造器，使得客户可以声明这个类的变量并最后对其进行初始化。在这个阶段，考虑是否需要在构造器上应用某些限制，以确保所产生的对象有效，也是很有用的。

4）枚举会成为这个类的公共方法的操作。在这个阶段，目标是编写将要被导出的方法的原型，因此，该阶段会使在该过程一开始就勾画出来的类蓝图变得更具体。

5）编码并测试类的实现。一旦有了接口规格说明，就需要编写代码来实现它。编写实现不仅对获得可工作的程序而言很重要，而且对提供设计方案的验证方法也是很重要的。在编写实现时，有时必须修改访问接口设计，例如，你可能会发现很难为某项特性提供具有可接受性能等级的实现。作为实现者，你还有责任测试你的实现，以确保这个类可以提供其接口中所宣称的功能。

本节将遵循这些步骤来实现 Rational 类。

7.3.2　站在客户的视角

作为设计 Rational 类的第一步，你需要考虑你的客户可能需要哪些特性。在大公司中，你可能会有各种各样的实现团队都需要使用有理数，并对你明确表达了他们的需求意愿。在这种情况下，和这些客户一起工作，对设计目标集达成一致是很有用的。

　　但是，因为这个示例是一种教科书场景，所以你不可能与未来的客户进行开会协调。这个示例的主要目标是展示 Java 中类定义的结构。由于存在这些限制，并且要控制该示例复杂度，所以合理的方式是将设计目标限定为该 Rational 类只需实现图 7-4 中所定义的算术操作。

7.3.3　指定 Rational 类的私有状态

　　对于 Rational 类，私有状态很容易指定。有理数被定义为两个整数的商，因此，每个有理数对象都需要跟踪它的两个值，所以这些实例变量的声明看起来像下面这样：

```
private int num;
private int den;
```

这些变量的名字是数学术语分子和分母的缩写，分别表示分数线上面和下面的数字。

　　此处有趣的是，Point 类的实例变量和 Rational 类的实例变量除了变量名之外，都是相同的。这两个类每个都维护了一对整数值，而这两个类的差异在于对这些整数的解释方式，即每个类所支持的操作中所反映出来的解释方式。

7.3.4　定义 Rational 类的构造器

　　对于用来表示两个整数之商的有理数，可能需要一个接受两个整数的构造器，这两个整数表示的是分数中的分子和分母。有了这样的构造器，就可以通过调用 new Rational(1,3) 来创建三分之一这样的有理数了。

　　尽管无需在本阶段考虑实现，但是在脑子中始终想着实现问题，有时可以让你在后续工作中省去很多麻烦。在本例中，值得注意的一点是，以下面的形式来实现这个构造器是不恰当的：

```
public Rational(int x, int y) {
    num = x;
    den = y;
}
```

这种实现的问题在于算术运算规则对分子和分母的值施加了限制，这些限制需要并入构造器中。最明显的限制就是分母的值不能为 0。构造器应该检查这种情况，并在分母确实为 0 时抛出异常。但是，还有一个更隐蔽的问题。如果客户可以无限制地选择分子和分母，那么就可能会有很多种不同的方式来表示同一个有理数。例如，三分之一可以写作下面任意一种形式的分数：

$$\frac{1}{3} \qquad \frac{2}{6} \qquad \frac{100}{300} \qquad \frac{-1}{-3}$$

因为这些分数表示的都是同一个有理数，所以在 Rational 对象中允许使用任意的分子和分母值并非一种优雅的方案。如果每个有理数都具有一致且唯一的表示形式，那么就可以简化 Rational 类的实现。

　　数学家们通过遵循下面的规则来实现这个目标：

● 分数总是表示为最简形式，即分子和分母的所有公共因子都被约掉了。在实践中，最简单的将分数化简为最简形式的方法是将分子分母同时除以它们的最大公约数,2.2节的 gcd 方法已经告诉了我们应该如何计算最大公约数。

- 分母总是正数,即分数值的符号是与分子一起存储的。
- 有理数 0 总是表示为分数 0/1。

实现这些规则会产生下面的构造器代码:

```java
public Rational(int x, int y) {
    if (y == 0) {
        throw new RuntimeException("Division by zero");
    }
    if (x == 0) {
        num = 0;
        den = 1;
    } else {
        int g = gcd(abs(x), abs(y));
        num = x / g;
        den = abs(y) / g;
        if (y < 0) num = -num;
    }
}
```

但是,你可能还想要包含其他形式的构造器。特别是,你可能想让客户能够编写下面的代码

```java
Rational wholeNumber = new Rational(n);
```

从而用 n 创建新的 Rational 数字。按照传统,还会定义不接受任何引元的缺省构造器,并将对象的值设置为某个合理的缺省值,其中数字型值会被设置为 0。因此,客户还应该可以编写下面的声明:

```java
Rational zero = new Rational();
```

尽管在本例中,从头编写这些新的构造器非常简单,但是将这部分工作交给其他形式的重载的构造器会显得更容易。在 Java 中,可以通过使用 this 关键词来表示像调用方法一样地对同一个类中其他构造器的调用,就像下面的定义中所展示的:

```java
public Rational() {
    this(0);
}

public Rational(int n) {
    this(n, 1);
}
```

7.3.5 为 Rational 类定义方法

按照之前的决策,将 Rational 类的功能限制为算术运算 +、-、* 和 /,在某种意义上讲,我们已经做出了需要导出哪些方法的决策。因为 Java 不允许我们对标准的操作符赋予新的含义,所以我们需要定义方法来实现这些操作,大概会命名为 add、subtract、multiply 和 divide。就像对象上的所有操作一样,这些方法使用了接收者语法。因此,我们无法编写下面这样符合直观感受的声明

```
Rational sum = a + b + c;
```

Java 要求我们编写的是

```
Rational sum = a.add(b).add(c);
```

尽管在专业的 Rational 类的实现中，包含许多其他的方法和操作符会显得更合理，但是在本例中，所包含的其他额外的工具仅有 toString 方法，它会将 Rational 数字转换为字符串。正如在本章之前提到的，在我们设计的类中覆盖 toString 是一个良好的习惯，因为这样做能够让我们以人类可阅读的形式来显示这些值，这对于测试和调试都是很有用的。

7.3.6 实现 Rational 类

图 7-5 中展示了 Rational 类的完整实现。因为该实现中唯一复杂的部分就是你已经看到的在构造器中必须具备的代码，所以 Rational.java 的内容相当直观。算术运算方法的定义直接遵循了图 7-4 中的数学定义。例如，multiply 的实现：

```
public Rational multiply(Rational r2) {
    return new Rational(this.num * r2.num,
                        this.den * r2.den);
}
```

就是对有理数 r1 和 r2 的乘法规则的直接翻译，只要你记得 r1 是当前对象：

$$\mathbf{r1 \cdot r2} = \frac{r1_{num}r2_{num}}{r1_{den}r2_{den}}$$

使用关键词 this 来表示第一个有理数在一定程度上是可选的，因为实例变量名 num 和 den 会自动引用当前对象。特别是在当前类的对象不止一个时，包含显式的对 this 的引用可以强调与当前对象的关联。

一旦拥有了 Rational 类的完备代码，下面的程序

```
public void run() {
    Rational a = new Rational(1, 2);
    Rational b = new Rational(1, 3);
    Rational c = new Rational(1, 6);
    Rational sum = a.add(b).add(c);;
    System.out.println("1/2 + 1/3 + 1/6 = " + sum);
}
```

将产生下面的样例运行：

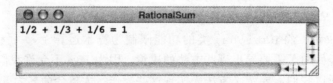

它在数学上比 7.3 节的 FractionSum 程序的样例运行中所展示的答案 0.999 999 999 999 999 9 要更靠谱。

```
/*
 * File: Rational.java
 * ------------------------
 * This file defines a simple class for representing rational numbers.
 */

package edu.stanford.cs.javacs2.ch7;

/**
 * This class represents a rational number (the quotient of two integers).
 */

public class Rational {

/**
 * Creates a new Rational initialized to zero.
 */

   public Rational() {
      this(0);
   }

/**
 * Creates a new Rational from the integer argument.
 *
 * @param n The initial value
 */

   public Rational(int n) {
      this(n, 1);
   }

/**
 * Creates a new Rational with the value x / y.
 *
 * @param x The numerator of the rational number
 * @param y The denominator of the rational number
 */

   public Rational(int x, int y) {
      if (y == 0) throw new RuntimeException("Division by zero");
      if (x == 0) {
         num = 0;
         den = 1;
      } else {
         int g = gcd(Math.abs(x), Math.abs(y));
         num = x / g;
         den = Math.abs(y) / g;
         if (y < 0) num = -num;
      }
   }

/**
 * Adds the current number (r1) to the rational number r2 and returns the sum.
 *
 * @param r2 The rational number to be added
 * @return The sum of the current number and r2
 */

   public Rational add(Rational r2) {
      return new Rational(this.num * r2.den + r2.num * this.den,
                          this.den * r2.den);
   }

/**
 * Subtracts the rational number r2 from this one (r1).
 *
```

248

图 7-5 Rational 类的简单定义

```
   * @param r2 The rational number to be subtracted
   * @return The result of subtracting r2 from the current number
   */

     public Rational subtract(Rational r2) {
         return new Rational(this.num * r2.den - r2.num * this.den,
                             this.den * r2.den);
     }

/**
 * Multiplies this number (r1) by the rational number r2.
 *
 * @param r2 The rational number used as a multiplier
 * @return The result of multiplying the current number by r2
 */

     public Rational multiply(Rational r2) {
         return new Rational(this.num * r2.num, this.den * r2.den);
     }

/**
 * Divides this number (r1) by the rational number r2.
 *
 * @param r2 The rational number used as a divisor
 * @return The result of dividing the current number by r2
 */

     public Rational divide(Rational r2) {
         return new Rational(this.num * r2.den, this.den * r2.num);
     }

/**
 * Creates a string representation of this rational number.
 *
 * @return The string representation of this rational number
 */

     @Override
     public String toString() {
         if (den == 1) {
             return "" + num;
         } else {
             return num + "/" + den;
         }
     }

/**
 * Calculates the greatest common divisor using Euclid's algorithm.
 *
 * @param x First integer
 * @param y Second integer
 * @return The greatest common divisor of x and y
 */

     private int gcd(int x, int y) {
         int r = x % y;
         while (r != 0) {
             x = y;
             y = r;
             r = x % y;
         }
         return y;
     }

/* Private instance variables */

     private int num;     /* The numerator of this Rational    */
     private int den;     /* The denominator of this Rational */

}
```

图 7-5 （续）

7.4 设计一个符号扫描器类

在第 3 章中，最复杂的字符串处理示例是 Pig Latin 翻译器。正如图 3-4 所示，PigLatin 程序将这个问题分解成了两个阶段：lineToPigLatin 方法将输入行分解为单词，然后调用 wordToPigLatin 将每个单词转换为 Pig Latin 形式。但是，这种分解的第一阶段不是专门针对 Pig Latin 问题的。许多应用都需要将字符串分解为单词，或者更概括地说，需要分解为比单个字符更大的逻辑单元。在计算机科学中，这种单元的典型名称为符号。 250

因为在应用中将字符串分解为单个符号会更频繁地出现，所以构建一个专门处理这类任务的库包会很有用。本节将介绍专门为此目的设计的 TokenScanner 类。TokenScanner 的主要设计目标是要提供一个既简单易用，又足够灵活能够满足各类客户需求的包。

7.4.1 客户希望从符号扫描器中得到什么

与以往一样，着手设计 TokenScanner 类的最佳方式是从客户的视角来看问题。每个想要使用扫描器的客户都会从符号源入手，它可能是一个字符串，也可能是为从文件中读取数据的应用而准备的输入流。在这两种情况下，客户所需的是某种能够从这个源中获取单个符号的方式。

设计提供了上述必要功能的 TokenScanner 类的方式有若干种。例如，可以让符号扫描器返回一个向量，其中包含了所有符号的完整列表。但是，这种策略对操作大型输入文件的应用来说并不适用，因为该扫描器必须创建一个包含了完整符号列表的单一向量。更节约空间的方式是让扫描器每次传递一个符号。当使用这种设计时，从扫描器读取符号的处理过程具有下面的伪代码形式：

```
将符号扫描器的输入设置为某个字符串或输入流
while (可获得更多的符号) {
    读取下一个符号
}
```

这个伪代码结构直接对有关 TokenScanner 类需要支持的方法给出了建议。从这个示例中可以看出，我们希望 TokenScanner 导出下面的方法：

* setInput 方法，它允许客户指定符号源。理想情况下，这个方法应该被重载为接受一个字符串或一个输入流。
* hasMoreTokens 方法，它可以测试符号扫描器是否还有待处理的符号。
* nextToken 方法，它会扫描并返回下一个符号。

这些方法定义了符号扫描器的操作结构，并且在很大程度上独立于应用的细节。但是，不同的应用会以各种不同的方式来定义符号，这意味着 TokenScanner 类必须向客户赋予某种控制权，对需要识别的符号类型进行控制。

用几个示例就可以展示需要识别不同类型符号的需求。让我们从重温将英文翻译为 Pig 251 Latin 这个具有指导性的问题入手。如果我们用该符号扫描器来重写 PigLatin 程序，那么就不能忽略空格和标点符号，因为这些字符需要成为输出的一部分。在 Pig Latin 问题的语境中，符号分为两种：

1）一个连续的由字母和数字符号构成的字符串，表示一个单词。

2）由单个空格或标点符号构成的只包含单个字符的字符串。

如果交付给符号扫描器的输入为：

```
This is Pig Latin.
```

那么，重复地调用 nextToken 将会返回下面的 8 个符号序列：

$$\boxed{\text{This}}\;\square\;\boxed{\text{is}}\;\square\;\boxed{\text{Pig}}\;\square\;\boxed{\text{Latin}}\;\boxed{.}$$

相比之下，其他应用可能会以不同的方式来定义符号。例如，你所使用的 Java 编译器会使用符号扫描器将程序分解为在编程上下文中具有意义的符号，包括标识符、常量、操作符和其他定义了该语言语法结构的符号。例如，如果交付给编译器的符号扫描器的行为是：

```
double area = Math.PI * r * r;
```

那么你会希望它能够传递出下面的符号序列：

$$\boxed{\text{double}}\;\boxed{\text{area}}\;\boxed{=}\;\boxed{\text{Math}}\;\boxed{.}\;\boxed{\text{PI}}\;\boxed{*}\;\boxed{r}\;\boxed{*}\;\boxed{r}\;\boxed{;}$$

这两个应用在符号的定义方面有所不同。在 Pig Latin 翻译器中，任何不是由字母和数字构成的序列都会被当作单字符的符号返回，包括空格在内。相比之下，编程语言的符号扫描器通常会忽略空白字符。

如果继续探索编译器，就会发现我们可能需要构建一个符号扫描器，它允许让客户来指定如何构成合法的符号，典型情况下是通过提供一组精确的规则集来指定的。这种设计提供了最大可能的通用性，但是，通用性有时会以损害简单性为代价。如果强制要求客户去指定符号的构成规则，那么他们就需要去学习如何编写这些规则，这在很多方面与学习一门新语言是类似的。更糟的是，符号的构成规则对客户来说通常很难正确描述，特别是在他们需要识别复杂的模式时更是如此，例如编译器用来识别浮点数的规则。

[252] 如果接口的目标是要维持简单性，那么可能最好是将 TokenScanner 类设计为让客户能够选择开放具体的选项，使符号扫描器能够识别特定应用上下文中的具体符号类型。如果你想要的是能够将连续的字母和数字字符收集成单词的符号扫描器，那么你可以使用具有最简配置的 TokenScanner 类。如果你想要的是能够标识 Java 程序中的各个单元的 TokenScanner 类，那么你可以开放选项，例如，告诉扫描器忽略空白字符，把用引号引起来的字符串当作单个单元来处理，以及将特定的标点符号组合识别为多字符操作符。

7.4.2 TokenScanner 类

edu.stanford.cs.javacs2.tokenscanner 包导出了一个名为 TokenScanner 的类，该类在不牺牲简单性的情况下提供了相当大的灵活性。图 7-6 中展示了 TokenScanner 的完整版本导出的方法。使用 TokenScanner 类的标准模式是为特定的输入字符串创建符号扫描器，然后重复调用 nextToken，直至 hasNextToken 返回 false。例如，如果扫描器的输入来自字符串 line，那么就可以使用下面的代码来打印该行中所有的符号：

```
TokenScanner scanner = new TokenScanner(line);
while (scanner.hasMoreTokens()) {
    System.out.println(scanner.nextToken());
}
```

TokenScanner 对象的缺省行为是返回所有符号，包括那些由单个空白字符构成的符号。如果你正在构建一个编程语言的应用，那么你可能希望通过下面的调用来告诉扫描器忽略这些符号

```
scanner.ignoreWhitespace();
```

TokenScanner 类的完整版本包含若干个其他的选项，例如读取浮点数的能力、读取被引号引起来的字符串的能力，以及读取多字符操作符的能力。这些选项展示在图 7-6 的 TokenScanner 方法列表中。这个可用方法的列表还包括一些其他有用的工具，例如从读取器而不是字符串中扫描符号，确定符号的类型，以及存储之前读取的符号以便可以在后续时刻还能够再次读取它们。

完整的 TokenScanner 类的代码对于本书来说篇幅太长了，但是图 7-7 实现了若干个更重要的方法，使得你能够对 TokenScanner 类的工作机制产生感性认识。

253

构造器

TokenScanner() TokenScanner(*str*) TokenScanner(*infile*)	初始化扫描器对象。符号源是从指定的字符串或输入文件初始化的。如果没有提供任何符号源，那么客户必须在从该扫描器读取符号之前调用 setInput

读取符号的方法

hasMoreTokens()	如果从输入源中还可以读取更多的符号，则返回 true
nextToken()	返回该扫描器中下一个符号。如果 nextToken 被调用时无法获得任何符号，则返回一个空字符串
saveToken(token)	将指定的符号存储为该扫描器内部状态的一部分，使得它可以在下一次调用 nextToken 时被返回。库类的实现允许客户存储任意数量的符号，然后以类似栈的方式被传递出来

控制扫描器选项的方法

ignoreWhitespace()	告知该扫描器忽略空白字符
ignoreComments()	告知该扫描器忽略注释，包括斜杠星号 /* 形式的注释和双斜杠 // 形式的注释
scanNumbers()	告知该扫描器将所有合法的数字扫描为单个符号。数字的语法与 Java 中使用的语法相同
scanStrings()	告知该扫描器将括在引号内的字符串当作单个符号返回。引号（包括单引号和双引号）也包含在被扫描的符号中，使得客户能够将字符串与其他符号类型区分开
addWordCharacter(*str*)	将 str 中的字符添加到由单词中合法字符构成的字符集中
addOperator(*op*)	定义一个新的多字符操作符。该扫描器会返回最长的已定义的操作符，并且最少会返回一个字符

其他方法

setInput(*str*) setInput(*infile*)	将该扫描器的输入源设置为指定的字符串或输入流。前一个输入源中的所有剩余的符号都将丢失
getPosition()	返回该扫描器在输入流中的当前位置
isWordCharacter(*ch*)	如果字符 ch 在单词中是合法的，则返回 true
verifyToken(*expected*)	读取下一个符号，并确保其与字符串 expected 相匹配
getTokenType(*token*)	返回符号的类型，它必定是下列常量之一：EOF、SEPARATOR、WORD、NUMBER、STRING、OPERATOR

图 7-6 TokenScanner 类的完整版本导出的方法

254

```
/*
 * File: TokenScanner.java
 * ---------------------------
 * This file exports a simplified version of the TokenScanner class.
 */

package edu.stanford.cs.javacs2.ch7;

/**
 * This class provides an abstract data type for dividing a string
 * into tokens, which are strings of consecutive characters that form
 * logical units.  In this simplified version of the TokenScanner class,
 * there are just two types of tokens:
 *
 * 1. Word -- A string of consecutive letters and digits
 * 2. Operator -- A single character string
 *
 * To use this class, you must first create a TokenScanner instance using
 * the declaration
 *
 *    TokenScanner scanner = new TokenScanner(str);
 *
 * Once you have initialized the scanner, you can retrieve the next token
 * from the token stream by calling
 *
 *    token = scanner.nextToken();
 *
 * To determine whether any tokens remain to be read, you can either
 * call the predicate method scanner.hasMoreTokens() or check to see
 * whether nextToken returns the empty string.
 *
 * The following code fragment serves as a pattern for processing
 * each token in the string inputString:
 *
 *    TokenScanner scanner < new TokenScanner(inputString);
 *    while (scanner.hasMoreTokens()) {
 *       String token < scanner.nextToken();
 *       . . . code to process the token . . .
 *    }
 *
 * By default, TokenScanner treats whitespace characters as operators.
 * You can ignore these characters, by calling scanner.ignoreWhitespace();
 */

public class TokenScanner {

/**
 * Initializes a new TokenScanner object.
 */

   public TokenScanner() {
      ignoreWhitespaceFlag = false;
      setInput("");
   }

/**
 * Initializes a new TokenScanner object that reads tokens from the
 * specified string.
 */

   public TokenScanner(String str) {
      this();
      setInput(str);
   }

/**
```

图 7-7　TokenScanner 类的简化实现

```
 * Sets this scanner input to the specified string.  Any previous input
 * string is discarded.
 */

   public void setInput(String str) {
      input = str;
      savedToken = null;
      cp = 0;
   }

/**
 * Returns the next token from this scanner.  If it is called when no
 * tokens are available, nextToken returns the empty string.
 */

   public String nextToken() {
      String token = savedToken;
      savedToken = null;
      if (token == null) {
         token = "";
         if (ignoreWhitespaceFlag) skipWhitespace();
         if (cp == input.length()) return "";
         char ch = input.charAt(cp++);
         token += ch;
         if (Character.isLetterOrDigit(ch)) {
            while (cp < input.length() &&
                     Character.isLetterOrDigit(input.charAt(cp))) {
               token += input.charAt(cp++);
            }
         }
      }
      return token;
   }

/**
 * Saves one token to reread later.
 */

   public void saveToken(String token) {
      savedToken = token;
   }

/**
 * Returns true if there are more tokens for this scanner to read.
 */

   public boolean hasMoreTokens() {
      if (ignoreWhitespaceFlag) skipWhitespace();
      return cp < input.length();
   }

/**
 * Causes the scanner to ignore whitespace characters.
 */

   public void ignoreWhitespace() {
      ignoreWhitespaceFlag = true;
   }

/**
 * Skips over any whitespace characters before the next token.
 */

   private void skipWhitespace() {
      while (cp < input.length() && Character.isWhitespace(input.charAt(cp))) {
         cp++;
      }
```

256

图 7-7 （续）

```
    }
/* Private instance variables */

    private String input;
    private String savedToken;
    private int cp;
    private boolean ignoreWhitespaceFlag;

}
```

图 7-7（续）

TokenScanner 类使得很多应用的编写都变得更容易了。例如，我们可以通过像下面这样地重写 lineToPigLatin 方法来简化 PigLatin.java：

```
private String lineToPigLatin(String line) {
    TokenScanner scanner = new TokenScanner(line);
    String result = "";
    while (scanner.hasMoreTokens()) {
        String word = scanner.nextToken();
        if (Character.isLetter(word.charAt(0))) {
            word = wordToPigLatin(word);
        }
        result += word;
    }
    return result;
}
```

257

尽管新版本的 wordToPigLatin 比原来的实现更短，但是真正的简化体现在基本理念上。原来的代码必须在单个字符的级别上操作，而新版本得以操作整个单词，因为 TokenScanner 类负责处理了底层的细节。

7.5 将对象链接起来

在 Java 中，所有对象都被存储为了引用，这意味着在任何对象类型的变量中存储的值都只是一个地址。这个事实使得在更大的数据结构中记录不同值之间的连接关系成为可能。当一个数据结构包含对另一个数据结构的引用时，这些结构就被称为是链接的。在后续各章中，你将会看到许多链接结构的示例。为了让你能够预先领略这些结构的魅力，以及为了向你提供更多的使用对象引用的示例，接下来的两个小节将介绍一种名为链表的基础数据结构，在链表中的引用会将单独的值链接为一个线性链。

7.5.1 刚铎的烽火

我最喜欢的链表示例的灵感源于下面这段出自 J. R. R. Tolkien 所著的《指环王：王者归来》的一段话：

甘道夫大声地对着他的马喊道："快，Shadowfax！我们必须加速，时间紧迫。看呀！刚铎的烽火已经点燃，正在召唤救援。战争已经爆发。看呀，Amon Dîn 的火点燃了，Eilenach 的火焰升起了，火焰在飞速地向西传播：Nardol、Erelas、Min-Rimmon、Calenhad 和 Rohan 边界上的 Halifirien。"

在对《指环王》电影三部曲的结尾这一幕进行改编时，彼得·约翰逊对这一幕做出了极具感召力的诠释。在 Minas Tirith 的烽火塔点燃第一缕烽火之后，随着每个烽火台的守卫们在看到前一个烽火台点火后，保持警惕地依次点燃自己的烽火，我们看到了烽火在沿着山顶传递。这样，刚铎陷入危机的消息就快速地传遍了刚铎与罗汉国之间的各个盟友，如图 7-8 所示。

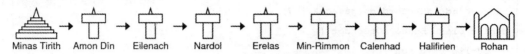

图 7-8　Tolkien 小说中刚铎的烽火的示意图   258

　　为了用 Java 模拟刚铎的烽火，我们需要使用对象来表示烽火链上的每座烽火台。这些对象都是 `Tower` 类的实例，包含了烽火台的名字和一个对烽火链中下一座烽火台的引用。因此，表示 Minas Tirith 的结构包含了一个对用于 Amon Dîn 的结构的引用，而后者又包含了一个对用于 Eilenach 的结构的引用，以此类推，直至最后一个结构包含一个 `null` 引用，表示烽火链的末尾。

　　如果采用这种方式，那么 `Tower` 类的定义看起来就像下面这样：

```
private static class Tower {
    String name;
    Tower link;
};
```

这个类与本章开头介绍的 `PointRecord` 类具有相似的形式，它只包含实例变量声明，因此就像一个包含两个域的记录类：`name` 域持有烽火台的名字，而 `link` 域指向烽火链中的下一座烽火台。但是，`Tower` 类是在 `BeaconsOfGondor` 类的定义内部定义的，因此，它是 Java 中所谓的内部类。`private` 关键词可以确保 `Tower` 类只能在 `BeaconsOfGondor` 类内部使用，而 `static` 关键词则表示 `Tower` 类不需要访问外围类的实例变量。

　　图 7-9 展示了这些结构在内存中如何表示成完整的链表形式。每个单独的 `Tower` 结构都表示链表中一个单元，而那些内部指针则被称为链接。各个单元都可以出现在内存中的任何位置上，它们的顺序是由将每个单元与其后继单元连接起来的链接来确定的。

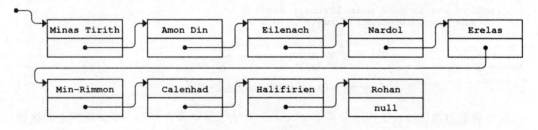

图 7-9　表示刚铎烽火台的链表

　　图 7-10 中的程序模拟了点亮刚铎烽火台的过程。该程序一开始就通过使用一系列对 `createTower` 方法的调用而创建了链表，`createTower` 方法会为新的 `Tower` 值分配空间，然后将 `name` 和 `link` 域填入引元的值。`run` 方法会以逆序组装这个列表，即从 Rohan 开始反向遍历，一次组装一座烽火台，直至到达 Minas Tirith。

259

```
/*
 * File: BeaconsOfGondor.java
 * -------------------------------
 * This program illustrates the concept of a linked list by simulating the
 * Beacons of Gondor story from J. R. R. Tolkien's Return of the King.
 */

package edu.stanford.cs.javacs2.ch7;

public class BeaconsOfGondor {

    public void run() {
        Tower rohan = createTower("Rohan", null);
        Tower halifirien = createTower("Halifirien", rohan);
        Tower calenhad = createTower("Calenhad", halifirien);
        Tower minRimmon = createTower("Min-Rimmon", calenhad);
        Tower erelas = createTower("Erelas", minRimmon);
        Tower nardol = createTower("Nardol", erelas);
        Tower eilenach = createTower("Eilenach", nardol);
        Tower amonDin = createTower("Amon Din", eilenach);
        Tower minasTirith = createTower("Minas Tirith", amonDin);
        signal(minasTirith);
    }

/* Creates a new Tower object from its name and link fields */

    private Tower createTower(String name, Tower link) {
        Tower t = new Tower();
        t.name = name;
        t.link = link;
        return t;
    }

/* Generates a signal starting at start and propagating down the chain */

    private void signal(Tower start) {
        for (Tower cp = start; cp != null; cp = cp.link) {
            System.out.println("Lighting " + cp.name);
        }
    }

/* Defines an inner class named Tower that acts as a cell in a linked list */

    private static class Tower {
        String name;                    /* The name of this tower            */
        Tower link;                     /* Link to the next tower in the chain */
    }

/* Main program */

    public static void main(String[] args) {
        new BeaconsOfGondor().run();
    }
}
```

图 7-10　模拟刚铎烽火台的程序

在链表被初始化后，主程序会调用 signal 方法以显示烽火台的名字，就像下面这样：

7.5.2 在链表中迭代

signal 的代码演示了链表的基础编程模式，具体体现在 for 循环中

```
for (Tower cp = start; cp != null; cp = cp.link)
```

signal 函数的 for 循环模式的执行效果将会是循环遍历该链表中的每个元素，其方式与遍历数组元素的经典的 for 循环模式很相似。其中的初始化表达式声明并初始化了变量 cp，使得它表示链表中的第一座烽火台；测试表达式会确保只要 cp 变量不为 null 就继续执行循环，而 null 表示的是链表末尾；for 循环的步进表达式是：

```
cp = cp.link;
```

它会将 cp 的值修改为当前 Tower 对象的 link 域，因此，会让 cp 步进到链表中的下一座烽火台。

7.6 枚举类型

正如你从第 1 章中对 Unicode 字符的讨论中所学习到的，计算机通过为每个字符赋予数字表示形式，来实现以整数形式存储字符。这种将通过对域中元素编号来实现将数据编码为整数的策略实际上表示的一种更加通用的原则。与许多现代语言一样，Java 允许我们通过列举域中的元素来定义新类型。这种类型被称为枚举类型。

在 Java 中定义枚举类型的最简单形式的语法为：

```
enum typename { namelist }
```

261

其中 typename 是新类型的名字，而 namelist 是由逗号分隔的该域中的值列表。该列表中的每个值都必须是合法的标识符，而且，赋给这些值的名字永远都不能修改，这些名字按照惯例是全大写的，就像其他常量的情况一样。例如，下面的定义引入了一个新的 Suit 类型，它的值包含了一副标准的扑克牌中的 4 种花色：

```
public enum Suit { CLUBS, DIAMONDS, HEARTS, SPADES }
```

当 Java 编译器遇到这个定义时，会对这些常量赋值，方式是从 0 开始连续编号。因此，CLUBS 被赋值为 0，DIAMONDS 被赋值为 1，HEARTS 被赋值为 2，SPADES 被赋值为 3。但是，这些值通常对你而言并不需要知道，就像你很少需要知道某个字符的 Unicode 值一样。

无论何时，只要在代码中使用枚举常量名，一般情况下都需要包括类型名，例如 Suit.HEARTS。名字中无需出现类型标识符的情况是在 switch 语句的 case 子句中。例如，下面的方法会返回牌面的花色：

```
private String getColor(Suit s) {
    switch (s) {
     case CLUBS: case SPADES: return "BLACK";
     case DIAMONDS: case HEARTS: return "RED";
    }
    throw new RuntimeException("Illegal suit");
}
```

该方法末尾的 throw 语句乍一看可能会显得很奇怪。因为 swtich 语句已经处理了在枚举类型 Suit 中声明的该方法引元的所有 4 种可能的取值，此时编译器应该能够了解

到该 switch 语句将总是会命中某一条 return 语句。但是，这种想法没有考虑到 Java 中的枚举类型是当作类实现的，这意味着 null 也是一个合法的值。如果 s 是 null，那么 getColor 的代码就确实会到达 throw 语句，在此处报告错误是合适的。

　　枚举类型被当作类来实现这个事实意味着它们在 Java 中比在其他大多数语言中都要灵活得多且强大得多。枚举类型可以声明它们自己的方法和实例变量，就像类一样。当出现这些定义时，它们必须跟在值列表的后面，并且必须以分号结尾。图 7-11 演示了这种功能，[262] 图中程序定义了一个名为 Direction 的枚举类型，它的值包含罗盘中 4 个主方向。

```
/*
 * File: Direction.java
 * --------------------
 * This file defines an enumerated type called Direction whose values are
 * the four major compass points: NORTH, EAST, SOUTH, and WEST.
 */

package edu.stanford.cs.javacs2.ch7;

/**
 * This enumerated type represents a direction which must be one of the
 * four major compass points (NORTH, EAST, SOUTH, WEST).
 */

public enum Direction {
   NORTH, EAST, SOUTH, WEST;

/**
 * Returns the direction that is 90 degrees to the left of this one.
 *
 * @return The direction 90 degrees to the left
 */

   public Direction turnLeft() {
      switch (this) {
       case NORTH: return WEST;
       case EAST: return NORTH;
       case SOUTH: return EAST;
       case WEST: return SOUTH;
      }
      throw new RuntimeException("Illegal direction");
   }
/**
 * Returns the direction that is 90 degrees to the right of this one.
 *
 * @return The direction 90 degrees to the right
 */

   public Direction turnRight() {
      switch (this) {
       case NORTH: return EAST;
       case EAST: return SOUTH;
       case SOUTH: return WEST;
       case WEST: return NORTH;
      }
      throw new RuntimeException("Illegal direction");
   }
}
```

图 7-11　Direction 类的实现

除了常量 NORTH、EAST、SOUTH 和 WEST，图 7-11 中的 Direction 类还导出了 turnLeft

和 turnRight 方法。给定一个 Direction 类型的值，这些方法会分别返回向左和向右转
90 度后的方向。

在 Java 中，每种枚举类型都会自动实现一些有用的方法。例如，每种枚举类型都会自
动地覆盖 toString 方法，使得该类型的值可以按照名字来显示。另外，每种枚举类型还
会导出名为 values 的方法，它会返回包含了该类型各个值的数组，其中元素的顺序是由
类型定义的顺序确定的。这两种特性在下面的代码中都得到了展示，该代码对 4 个方向的每
一个都测试了 turnLeft 和 turnRight：

```java
public void run() {
    for (Direction dir : Direction.values()) {
        System.out.println(dir.turnLeft() +
                           " <- " + dir + " -> " +
                           dir.turnRight());
    }
}
```

这段代码会产生下面的样例运行：

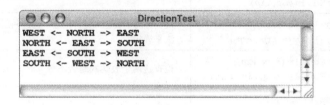

7.7 单元测试

尽管上一个样例运行的标题栏表明该程序名为 DirectionTest，但是很难说它能够
对 Direction 类进行充分测试。无论何时，只要你定义了供客户使用的新类，就必须尽你
所能地对你的实现进行全面测试。未测试的代码几乎总是会有重重 bug，作为程序员，尽你
所能地找到并修改这些 bug 是你的本分。

在完成应用的层面上，测试当然是很重要的，但是独立地测试单独的类通常也很重要。
如果你设计的测试程序需要依赖若干个功能都正确的类，那么在发生问题时，会更难以发现
错误。单独检查每个类的策略被称为单元测试。

264

有若干种工具都可以帮助我们用 Java 来编写单元测试。最流行的工具之一是 JUnit，
它是一个专门为此目的而设计的开源包。但是，Web 网站 junit.org 将 JUnit 定义为 "在
制品"，这使得它难以被收录到公开出版的教科书中，因为它很有可能会发生变动。因此，
本书定义了自己的单元测试框架，其定义方式至少与本书编写时的 JUnit 兼容。这个框架是
通过 UnitTest 类导出的，该类包含在 edu.stanford.cs.javacs2.unittest 包中。

图 7-12 展示了 UnitTest 包导出的方法，其中每个方法都做出了一条关于由引元指
定的某项属性的断言。如果该断言为 true，那么所有事情正常展开。如果该断言为 false，
UnitTest 类的实现会打印一条表明故障源的错误消息。在这些方法中，每个方法都允许客
户端将 UnitTest 类创建的标准故障消息替换为某种具体的故障消息，它可以打印出失败
测试中所涉及的值。

对于各种各样的应用而言，我们只需要 UnitTest 中的 assertEquals 方法，它

会测试其两个引元是否相等，就像该比较中的第一个值的 equals 方法所定义的那样。equals 方法是在 Object 类中定义的，因此在所有类中都可用，尽管不必提供有用的答案，除非该类将 equals 覆盖为会返回适合该类型的答案。遗憾的是，在 Java 中覆盖 equals 被证明是件棘手的事情，其原因我们会在第 14 章再揭晓。为了避免鼓励不良编程习惯，你到目前为止看到的类中都未覆盖 equals，即使是在覆盖它会显得很合理的情况下也未覆盖。这项限制实际排除了针对 Rational 这样的类使用 assertEquals 的可能性，尽管该方法在检查某些计算结果是否等于预期值时很有用。

assertTrue(*exp*) assertTrue(*msg*, *exp*)	检查该布尔表达式是否为 true。在每个方法中，*msg* 都表示在断言失败时要打印的内容
assertFalse(*exp*) assertFalse(*msg*, *exp*)	检查该布尔表达式是否为 false
assertNull(*exp*) assertNull(*msg*, *exp*)	检查该布尔表达式的值是否为 null
assertNotNull(*exp*) assertNotNull(*msg*, *exp*)	检查该布尔表达式的值是否不是 null
assertEquals(*exp*₁, *exp*₂) assertEquals(*msg*, *exp*₁, *exp*₂)	检查这两个表达式是否相等，通过调用 *exp*₁ 的 equals 方法来确定
assertNotEquals(*exp*₁, *exp*₂) assertNotEquals(*msg*, *exp*₁, *exp*₂)	检查这两个表达式是否不等
assertSame(*exp*₁, *exp*₂) assertSame (*msg*, *exp*₁, *exp*₂)	检查表达式 *exp*₁ 和 *exp*₂ 是否是同一个对象
assertNotSame(*exp*₁, *exp*₂) assertNotSame(*msg*, *exp*₁, *exp*₂)	检查表达式 *exp*₁ 和 *exp*₂ 是否不是同一个对象

图 7-12 UnitTest 类导出的从 JUnit 改编而来的方法

265

幸运的是，这个问题有个简单的修正方法。Java 的 String 类正确地覆盖了 equals，而 Rational 类定义了 toString 方法。因此，我们可以结合使用 assertEquals 和 toString 来检查某项计算是否产生了预期的字符串。这种策略有一个附加的好处，那就是它使得捕获内部表示形式中的错误成为可能。即使 Rational 类未能将某项计算的结果化简为最简形式，该结果仍旧可能等于数学意义上的期望值。通过对比字符串表示形式，该测试集就可以探测到存储为 3/6 的 Rational 数字并不是正确的表示形式，因为其字符串值不等于 "1/2"。

图 7-13 中的代码演示了使用 assertEquals 和 toString 来实现 Rational 类单元测试的用法。为了清晰起见，该测试程序分成了若干个私有方法，用来测试 Rational 类的各个构造器和所支持的 4 种算术操作。所有单个的断言看起来都或多或少地像 addTest 方法中的下面这行代码，它断言常量 ONE 加上常量 ONE 将打印出字符串 "2"。

```
UnitTest.assertEquals(ONE.add(ONE).toString(), "2");
```

如果你通读图 7-13 中的代码，特别是如果你需要为其他的某个类编写类似的代码，那么看起来无穷无尽重复出现的 UnitTest 类名很快就会令人觉得疲倦。Java 通过将 import 行修改为下面的样子，使得我们可以将方法名缩写为 assertEquals：

```
import static edu.stanford.cs.javacs2.unittest.UnitTest.
                                   assertEquals;
```

这行代码很长，不太适合放到一行中。在这行中包含 static 关键词使得这个声明变成了静态导入，这样就将具名的静态方法导入了当前的编译项目中，使得我们无需再指定 UnitTest 类名。例如，如果在一个数学概念密集的程序中用到了许多正弦和余弦，那么我们就可以添加下面的静态导入行：

```
import static java.lang.Math.sin;
import static java.lang.Math.cos;
```

然后无需指定 Math 限定符就可以调用 sin 和 cos。

266

```
/*
 * File: RationalUnitTest.java
 * --------------------------------
 * This program implements a unit test for the Rational class.
 */

package edu.stanford.cs.javacs2.ch7;

import edu.stanford.cs.unittest.UnitTest;

public class RationalUnitTest {

   public void run() {
      testConstructor();
      testAdd();
      testSubtract();
      testMultiply();
      testDivide();
   }

/* Test the three forms of the Rational constructor */

   private void testConstructor() {
      UnitTest.assertEquals(new Rational().toString(), "0");
      UnitTest.assertEquals(new Rational(42).toString(), "42");
      UnitTest.assertEquals(new Rational(-17).toString(), "-17");
      UnitTest.assertEquals(new Rational(3, 1).toString(), "3");
      UnitTest.assertEquals(new Rational(1, 3).toString(), "1/3");
      UnitTest.assertEquals(new Rational(2, 6).toString(), "1/3");
      UnitTest.assertEquals(new Rational(-1, 3).toString(), "-1/3");
      UnitTest.assertEquals(new Rational(1, -3).toString(), "-1/3");
      UnitTest.assertEquals(new Rational(0, 2).toString(), "0");
   }

/* Test the add method */

   private void testAdd() {
      UnitTest.assertEquals(ONE.add(ONE).toString(), "2");
      UnitTest.assertEquals(ONE_HALF.add(ONE_THIRD).toString(), "5/6");
      UnitTest.assertEquals(ONE.add(MINUS_ONE).toString(), "0");
      UnitTest.assertEquals(MINUS_ONE.add(ONE).toString(), "0");
   }

/* Test the subtract method */

   private void testSubtract() {
      UnitTest.assertEquals(ONE.subtract(ONE).toString(), "0");
      UnitTest.assertEquals(ONE_HALF.subtract(ONE_THIRD).toString(), "1/6");
      UnitTest.assertEquals(ONE.subtract(MINUS_ONE).toString(), "2");
      UnitTest.assertEquals(MINUS_ONE.subtract(ONE).toString(), "-2");
   }
```

图 7-13 Rational 类的单元测试

```
/* Test the multiply method */

    private void testMultiply() {
        UnitTest.assertEquals(ZERO.multiply(TWO).toString(), "0");
        UnitTest.assertEquals(ONE_HALF.multiply(ONE_THIRD).toString(), "1/6");
        UnitTest.assertEquals(MINUS_ONE.multiply(ONE_THIRD).toString(), "-1/3");
        UnitTest.assertEquals(MINUS_ONE.multiply(MINUS_ONE).toString(), "1");
    }

/* Test the divide method, including the division-by-zero exception */

    private void testDivide() {
        UnitTest.assertEquals(ZERO.divide(TWO).toString(), "0");
        UnitTest.assertEquals(ONE.divide(TWO).toString(), "1/2");
        UnitTest.assertEquals(TWO_THIRDS.divide(ONE_THIRD).toString(), "2");
        UnitTest.assertEquals(TWO.divide(MINUS_ONE).toString(), "-2");
        try {
            TWO.divide(ZERO);
            System.err.println("Failure: Zero divide");
        } catch (RuntimeException ex) {
            /* OK */
        }
    }

/* Constants */

    private static final Rational ZERO = new Rational(0);
    private static final Rational ONE = new Rational(1);
    private static final Rational TWO = new Rational(2);
    private static final Rational ONE_HALF = new Rational(1, 2);
    private static final Rational ONE_THIRD = new Rational(1, 3);
    private static final Rational TWO_THIRDS = new Rational(2, 3);
    private static final Rational MINUS_ONE = new Rational(-1);

/* Main program */

    public static void main(String[] args) {
        new RationalUnitTest().run();
    }

}
```

图 7-13 （续）

但是，静态导入很容易被滥用。Oracle 的 Java 教程中警告到：

> 因此，我们何时应该使用静态导入呢？非常罕见！……如果你滥用了静态导入
> 特性，那么它可能会使你的程序不可阅读且不可维护，你导入的所有静态成员会对
> 程序的名字空间造成污染。你的代码的阅读者（包括写完这段代码几个月后的你在
> 内）将无从知晓这些静态成员来自于哪个类。

268本书通过避免使用静态导入而规避了这个问题。

尽管测试对于软件开发来说至关重要，但是有了它并不能省去编写实现时所需的细心和
仔细。客户挖掘出来的使用库包的方式会难以想象，Edsger W.Dijkstra 在其 1972 出版的专
著《Notes on Structured Programming》中将测试的核心问题定义为：

> 程序测试可以用来证明存在 bug，但是永远都不能用来证明不存在 bug。

作为实现者，你需要利用许多不同的技术来减少错误的数量。细心的设计有助于简化整
体结构，使得跑偏的东西更容易被找到。在正式的测试阶段开始之前，通常手工跟踪你的代
码就可以揭示很多 bug。在许多情况下，让其他程序员来浏览你的代码是发现被你忽略掉的

问题的最佳方式之一。在工业界，这个过程经常被形式化为安排于软件开发周期过程中的一系列的代码复审工作。

7.8 总结

本章的主要目的是赋予你设计和实现自己的类时所需的各种工具。本章中的示例聚焦于将数据和操作封装得浑然一体的类上，而有关继承的话题将放到第 8 章讨论。

本章覆盖的要点包括：

- 在许多应用中，将若干个独立的数据值组合成单一的抽象数据类型，并在其中添加方法以定义该类所具有的行为，会显得非常有用。在本书中，公共类中的所有实例变量都被声明为了 private，以保护数据的完整性。

- 给定一个对象，我们可以使用圆点操作符来选择其实例变量。外部客户无法看到私有的实例变量，但是该类的实现可以访问该类的所有对象的私有成员。

- 类的定义在典型情况下会导出一个或多个构造器，它们负责初始化该类的对象。通常，所有的类定义都包含一个不接受任何引元的缺省构造器。

- 供用户用来访问实例变量值的方法被称为获取器，而允许客户修改实例变量值的方法则被称为设置器。在被创建出来之后不允许客户修改它的值的对象，被称为不可变的。

- 类的定义在典型情况下会覆盖 toString 的定义，使得它可以产生其对象的人类可阅读的版本。这个方法对于测试和调试而言非常有用。

- 设计新类既是科学也是艺术。尽管本章提供的一些通用指南可以在设计新类的过程中对你起到引导作用，但是经验和实践是最好的老师。

- edu.stanford.cs.javacs2.tokenscanner 包导出了一个名为 TokenScanner 的类，它支持将输入文本分解为众多单个的称为符号的单元。TokenScanner 的完整版本支持各种选项，使得这个包在范围广泛的各类应用中都显得很有用。

- 通过在每个值中都存储一个指针，将这个值与其后续的值链接起来，我们就可以表明一个序列中各个值之间的顺序。在编程中，以这种方式设计的结构被称为链表。将一个值与下一个值连接起来的指针被称为链接，而用来存储值的单个记录和链接域一起被统称为单元。

- 标识链表末尾的传统方法是在最后一个单元的链接域中存储一个指针常量 null。

- 我们可以使用下面的模式来遍历链表中的各个单元，其中 *type* 是单元类型的名字

```
for (type cp = start; cp != null; cp = cp.link) {
    . . .使用cp的代码. . .
}
```

- 在 Java 中，通过使用 enum 关键词来产生枚举类型，我们就可以定义新的包含一组常量值的类型。Java 的枚举类型比其他语言中对应的类型要强大得多，因为除了一组值之外，它们可以包含构造器和方法。

- 无论何时，只要你实现了一个供他人使用的类，你就有责任尽可能彻底地测试这个包。一种有用的技术是编写程序来自动化地以独立于该应用中任何其他模块的方式去测试这个类中的每个方法。这种测试程序被称为单元测试，它是良好的软件工程实践中的核心部分之一。

269

7.9 复习题

1. 定义下面的每一个术语：对象、结构、类、实例变量、方法。

2. Java 使用哪个操作符来选择对象中的实例变量？

3. Java 构造器的语法是怎样的？

4. 有多少个引元会传递给缺省构造器？

5. 你应该如何在一个构造器内部调用构造器的另一个不同的重载版本？

6. 本章对于将公共类中的所有实例变量都声明为 private 的做法给出了什么理由？

7. 什么是获取器和设置器？

8. 类是不可变的意味着什么？

9. 本章所建议的作为设计类的指南的五个步骤是什么？

10. 什么是有理数？

11. Rational 的构造器对于 num 和 den 变量中所存储的值做出了哪些限制？

12. 图 7-5 中的 Rational 构造器的代码中包含了一项对 x 是否为 0 的显式检查。如果将这项检查删除，Rational 类的工作方式是否还和之前的方式一样？

13. 什么是符号？

14. 从字符串中读取所有符号的标准模式是什么？

15. 你应该如何构建一个可以忽略掉输入中各种空白字符的 TokenScanner？

16. 什么是链表？

17. 迭代遍历链表中所有单元的标准模式是什么？

18. 什么是枚举类型？

19. 是非题：在 Java 中，每个 enum 定义的代码体中都包含一个用于该类型的常量列表，并且不会包含任何更多的东西。

20. 如何定义名为 Weekday 的枚举类型，它的元素是一周中 7 天的名字？

21. Java 中所有枚举类型都会包含一个方法，它会返回一个由该类型的所有值构成的数组，该方法是什么？

22. 在单元测试阶段中所提到的单元的含义是什么？

23. Oracle 的 Java 教程中让我们尽量避免使用静态导入的原因是什么？

24. 计算机科学家 Edsger W.Dijkstra 对测试的价值给出了什么样的建议？

7.10 习题

1. 多米诺游戏是用骨牌来玩的，骨牌通常是黑色的矩形，每一边都有一定数量的白点。例如，下面的骨牌被称为 4-1 多米诺，因为其左边有 4 个点，而右边有 1 个点。

定义一个简单的 Domino 类，用来表示传统的多米诺骨牌。你的类应该导出下面的项：

● 一个创建 0-0 多米诺的缺省构造器。

● 一个接受每一边点的数量的构造器。

● 一个 toString 方法，它会创建该多米诺骨牌的字符串表示。

● 两个名为 getLeftDots 和 getRightDots 的获取器方法。

通过编写程序来测试你的 Domino 类的实现，该程序会创建从 0-0 到 6-6 的多米诺骨牌全集，然后将这些骨牌显示到控制台上。在多米诺骨牌的全集中，针对在该范围内的每种可能的骨牌，都只有一个副本，不允许复制将骨牌翻过来所产生的结果。因此，骨牌集中包含一张 4-1 骨牌，但是不包含另外的 1-4 骨牌。

2. 定义一个适合表示标准扑克牌的 Card 类，它包含两个部件：点数和花色。点数被存储为 1～13 之间的整数，其中 A 是 1，J 是 11，Q 是 12，K 是 13。花色是用 7.6 节定义的 Suit 枚举类型来表示的。你的类应该导出下面的方法：

- 一个缺省构造器，它会创建一张以后再赋值的牌。
- 一个接受诸如 "10S" 或 "JD" 这样的用字符串表示的简短名的构造器。
- 一个接受分离的点数值和花色值的构造器。
- 一个 toString 方法，它会返回这张牌的简短字符串表示形式。
- 获取器方法 getRank 和 getSuit。
- 常量 ACE、JACK、QUEEN 和 KING，它们分别绑定整数 1、11、12 和 13。 272

用下面的 run 方法来测试你的实现：

```java
public void run() {
    for (Suit suit : Suit.values()) {
        for (int rank = Card.ACE; rank <= Card.KING;
                                  rank++) {
            System.out.print(" " + new Card(rank, suit));
        }
        System.out.println();
    }
}
```

它应该产生下面的样例运行：

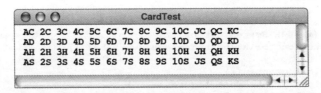

3. 实现名为 Month 的枚举类型，它的元素是各个月的英文名字（JANUARY、FEBRUARY，等等）。

4. 实现可以导出下列方法的 Date 类：

- 一个缺省构造器，它会将日期设置为 1900 年 1 月 1 日。
- 一个接受月（如同习题 3 中的定义）、日、年，并以此来初始化该 Date 对象，就像下面声明中看到的样子

   `Date moonLanding = new Date(Month.JULY, 20, 1969);`

- 一个重载版本的构造器，它会以相反的顺序接受前两个参数，这样可以方便美国之外的客户。这种变化使得 moonLanding 的声明可以写成下面的样子：

   `Date moonLanding = new Date(20, Month.JULY, 1969);`

- 获取器方法 getDay、getMonth 和 getYear。
- 一个 toString 方法，它会返回 dd-mmm-yyyy 格式的日期，其中 dd 是由一位或两位数字构成的日，mmm 是由三个字母构成的月份的缩写，yyyy 是由四位数字构成的年份。这样，调用 toString(moonLanding) 就应该返回 "20-Jul-1969"。

5. 对于某些应用，如果能够生成一系列构成某种顺序模式的名字，就会显得很有用。例如，假设你在编写一个程序，用来对论文中的图编号，如果有某种机制能够返回字符串序列 "Figure 1"

273

"Figure 2""Figure 3" 等，那就会非常方便。但是，你可能还需要在几何图上标出各个点，此时你希望有一套类似的但是独立于图编号的用于点的标签，例如 "P0""P1""P2"，等等。

如果将这个问题考虑得更通用些，那么你需要的就是一个标签生成器，它允许客户来定义任意的标签序列，其中每个序列都包含一个前缀字符串（上一段的示例中所使用的就是 "Figure" 或 "P"），以及一个用作序列编号的整数。因为客户可能想要同时使用多个不同的序列，所以将标签生成器定义为 LabelGenerator 类会显得更合理。为了初始化新的生成器，客户需要提供前缀字符串和初始索引，作为传递给 LabelGenerator 构造器的引元。一旦创建了生成器，客户就可以通过在该 LabelGenerator 对象上调用 nextLabel 来返回序列中新的标签。

为了展示 LabelGenerator 类是如何工作的，图 7-14 中所示的 run 方法会产生下面的样例输出：

```
┌──────────────────────────────────────────────┐
│ ○ ○ ○          LabelGeneratorTest             │
├──────────────────────────────────────────────┤
│ Figure numbers: Figure 1, Figure 2, Figure 3  │
│ Point numbers:  P0, P1, P2, P3, P4            │
│ More figures:   Figure 4, Figure 5, Figure 6  │
└──────────────────────────────────────────────┘
```

```java
public void run() {
    LabelGenerator figureNumbers = new LabelGenerator("Figure ", 1);
    LabelGenerator pointNumbers = new LabelGenerator("P", 0);
    System.out.print("Figure numbers: ");
    for (int i = 0; i < 3; i++) {
        if (i > 0) System.out.print(", ");
        System.out.print(figureNumbers.nextLabel());
    }
    System.out.println();
    System.out.print("Point numbers:   ");
    for (int i = 0; i < 5; i++) {
        if (i > 0) System.out.print(", ");
        System.out.print(pointNumbers.nextLabel());
    }
    System.out.println();
    System.out.print("More figures:    ");
    for (int i = 0; i < 3; i++) {
        if (i > 0) System.out.print(", ");
        System.out.print(figureNumbers.nextLabel());
    }
    System.out.println();
}
```

274

图 7-14 测试标签生成器的程序

6. 第 6 章的结账排队仿真中包含了生成随机值的两个方法的实现，它们自然是被考虑应该纳入某个库类中的候选者。定义名为 RandomLib 的类，它会导出静态方法 nextInt 和 nextChance（看起来使用缩短的方法名是合适的，因为从类名就可以很明确地表明其随机性），以及名为 nextDouble 的静态方法，它会产生一个在客户指定的范围内的随机浮点数。

7. 我永远都不相信上帝会掷骰子。

——阿尔伯特·爱因斯坦，1947

不论爱因斯坦形而上学的反对意见是否正确，物理学当前的模型，特别是量子理论，确实都是建立在自然界不涉及随机过程的思想之上的。例如，放射性原子不是因我们这些凡夫俗子所能理解的任何原因而衰减的，而是有一个在特定时间段内的随机衰减概率。有时它会衰减，有时却不会，并且没有办法能够搞清楚到底会不会。

因为物理学家们将放射性衰减看作是随机过程，所以用随机数来模拟它就很正常了。假设你有一堆原子，每个在任何时间单元内都有一定的衰减概率。然后，你可以依次获取每个原子，然后随机决定它是否衰减，以此来近似模拟衰减过程。

使用习题 6 中你创建的 RandomLib 类来编写一个程序，模拟包含 500 个放射性物质原子的样本的衰减，其中每个原子在一年时间内的衰减概率为 50%。你的程序的输出应该显示在每一年末所剩的原子数量，看起来就像下面这样：

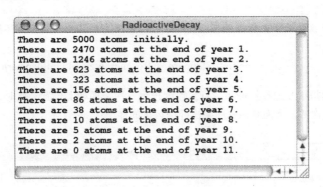

```
There are 5000 atoms initially.
There are 2470 atoms at the end of year 1.
There are 1246 atoms at the end of year 2.
There are 623 atoms at the end of year 3.
There are 323 atoms at the end of year 4.
There are 156 atoms at the end of year 5.
There are 86 atoms at the end of year 6.
There are 38 atoms at the end of year 7.
There are 10 atoms at the end of year 8.
There are 5 atoms at the end of year 9.
There are 2 atoms at the end of year 10.
There are 0 atoms at the end of year 11.
```

就像这些数字所表示的，每一年大约有一半的样本原子会衰减。在物理学中，我们观察到的这种现象按照惯例应该表述为：该样本的半衰期为一年。

8. 随机数提供了另一种近似计算 π 的值的策略。想象一下，你有一个挂在墙上的飞镖靶盘，其背景为黑色，中间有一个着色的圆，如下图所示：

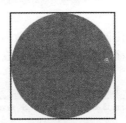

如果你将一把飞镖随机地全部扔出去，忽略掉那些没有中靶的飞镖，剩下的飞镖会怎样呢？某些飞镖会落到灰色的圆内，但是有些会落在位于正方形中圆外部的白色角落内。如果随机地扔，那么落在圆内部的飞镖数与所有射中正方形靶盘的飞镖数之比应该大约等于圆的面积与正方形面积之比。这两个面积与靶盘的尺寸无关，正如下面的公式所展示的那样：

$$\frac{落入圆内部的飞镖}{落入正方形内部的飞镖} \cong \frac{圆内面积}{正方形内面积} = \frac{\pi r^2}{4r^2} = \frac{\pi}{4}$$

为了在程序中模拟这个过程，可以想象一下，靶盘绘制在标准的笛卡儿坐标平面上，靶心位于坐标原点上，靶盘半径为 1 个单位。随机地将一支飞镖扔向正方形靶盘的过程可以通过生成两个随机数来建模，这两个随机数 x 和 y 的取值都在 –1～+1 之间。这个 (x, y) 点总是位于正方形靶盘内部的某个位置上，而如果满足下面的条件，那么这个点 (x, y) 就落在圆内：

$$\sqrt{x^2+y^2} < 1$$

但是，这个条件可以通过将不等式的两边都取平方来得到简化，这样会产生下面这样更具效率的测试条件：

$$x^2+y^2 < 1$$

如果多次执行这个模拟程序，并计算落入圆内的飞镖所占的比例，就会发现计算结果大约等于

275

π/4。编写一个程序，模拟扔出 10 000 支飞镖，然后使用本习题所描述的模拟技术来生成并显示 π 的近似值。即使得到的答案只有前几位正确，你也不必担心。在这个问题中所使用的策略不是特别准确，尽管它作为一种计算近似值的技术偶尔被证明非常有用。在数学上，这种技术被称为蒙特卡罗积分，它是以摩纳哥的首都命名的，该城市以赌场闻名于世。

9. 正面…

　　正面…

　　正面…

　　信念不坚强的人可能会转而重新审视自己的信仰，即使没有对其他东西产生怀疑，至少也会对概率法则产生怀疑。

　　　　　　　　　　　　　　　　　——Tom Stoppard,《 Rosencrantz and Guildenstern Are Dead 》, 1967

编写一个程序，模拟重复地投掷硬币，直至连续投出三次正面朝上位置。此时，你的程序应该显示已经投掷硬币的总次数。下面是该程序某次样例运行的样子：

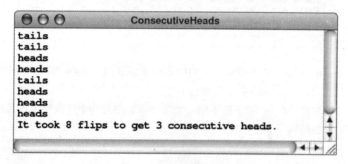

10. 重新实现图 6-6 中的 RPN 计算器，使得它会使用有理数而不是浮点数来执行内部的计算。例如，你的程序应该能够产生下面的样例运行（它可以证明有理数算术操作总是精确的）：

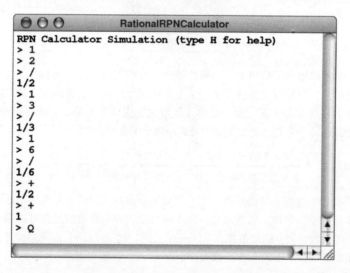

11. 编写一个程序，检查某个文件中所有单词的拼写。你的程序应该使用 `TokenScanner` 类来从输入文件中读取符号，然后如第 6 章所讨论的那样在 `EnglishWords.txt` 文件所存储的单词集中查找文件中的每个单词。如果在输入文件中的某个单词没有出现在英文单词集中，那么你的程序应该打印出来一条相应的消息。例如，如果你在包含下面这段文本的文件上运行 `SpellCheck` 程序，该程序应该产生下面的输出：

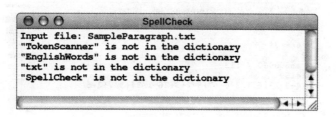

12§. 为 TokenScanner 类实现 saveToken。这个方法会存储指定的符号，使得后续对 nextToken 的调用可以返回所存储的符号，而无需消耗输入中任何额外的字符。注意：习题编号后面跟着的 § 表示该习题的解决方案可以在随本书发布的代码中找到，尽管这段代码并未出现在本书中。以这种方式标记的习题都是自测试的，因为你可以将你的答案与我们发布的解决方案进行比较。

13§. 为 TokenScanner 类实现 scanStrings 方法。当 scanStrings 起作用时，该符号扫描器应该将带引号的字符串作为单个符号返回。这些字符串既可以使用单引号又可以使用双引号，并且应该在 nextToken 返回的字符串中包含引号。

14§. 为 TokenScanner 类实现 scanNumbers 方法，它使得该符号扫描器会将所有合法的 Java 数字当作单个符号返回。这项扩展最困难的部分在于理解构成有效的数字字符串的规则，然后找到一种方法来高效地实现这些规则。最简单的指定这些规则的方式是以计算机科学家们所谓的有限状态机的形式来表示。有限状态机通常会用图的方式表示成为一组圆圈，这些圆圈表示的是状态机可能的状态。然后，这些圆圈通过带标签的一组弧连接起来，表示一种状态如何迁移到另一种状态。图 7-15 展示了扫描实数的有限状态机。

当你使用有限状态机时，会从状态 s_0 开始，然后根据输入中的每个字符选择合适的弧进行状态迁移，直至当前字符无法匹配任何弧为止。如果最终达到了某种由双圆环标记的状态，那么你就成功地扫描到了一个数字。表示成功地扫描了一个符号的状态被称为终止状态。图 7-15 包含了三个示例，它们展示了有限状态机是如何扫描各种数字的。

278

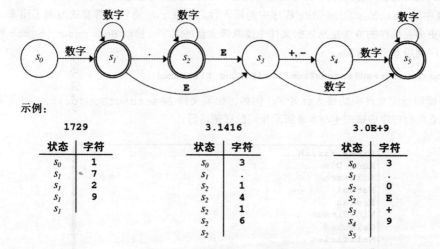

图 7-15　扫描数字的有限状态机

15. 编写一个程序，实现简单的算术计算器。该计算器的输入是由整数和标准算术操作符 +、-、* 和 / 组合而成的行。对于每一行输入，你的程序都应该显示自左向右应用各个操作符之后的结果。你应该使用符号扫描器来读取各个项和操作符，并将扫描器设置为忽略所有空白字符。你的程序应该在用户输入空行时退出。你的程序的样例运行可能看起来像下面这样：

```
●●●              ExpressionCalculator
> 2 + 2
4
> 6 * 7
42
> 35500000 / 113
314159
> 4+9-2*16+1/3*6-67+8*2-3+26-1/34+3/7+2-5
0
>
```

这个样例运行的最后一行是 Norton Juster 的童话故事《 The Phantom Tollbooth 》中数学魔法师给
Milo 出的题。

279 16. 扩展你为前一个习题编写的程序，使得表达式中的项还可以是之前使用赋值语句赋过值，并将其值
存储在映射表中的变量名。你的程序应该能够声明下面的样例运行：

```
●●●        ExpressionCalculatorWithVariables
> n1 = 17
> n2 = 36
> n3 = 73
> ave = n1 + n2 + n3 / 3
> ave
42
>
```

17. 扩展 TokenScanner 的实现，使得输入既可以来自于字符串，也可以来自于读入器。实现这项扩展
的最简单的方式是重新编写扫描器，使输入总是来自于读入器，然后使用 java.io 包中的 String
Reader 类来创建一个从用户提供的字符串值中读取内容的读入器。尽管 StringReader 类在本书
中未做讨论，但是你应该能够通过查询在线文档找出它的用法。在 Web 上查找时，你还可以去看看
PushbackReader 类的文档，你可能会发现这个类对解决该问题也很有用。

18. 图 7-10 中的 BeaconsOfGondor 程序中的烽火台名字在 run 方法中都显式地列了出来。一种能
够提供更多灵活性的方法是从数据文件中读取烽火台的名字。修改 BeaconsOfGondor 程序，使
得主程序调用下面的方法：

private Tower readBeaconsFromFile(String filename)

就可以读取指定文件中的烽火台名字。例如，如果文件 BeaconsOfGondor.txt 包含下面的文
本，那么你的程序应该产生与本章所示相同的样例运行：

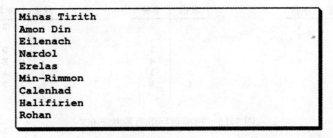

```
Minas Tirith
Amon Din
Eilenach
Nardol
Erelas
Min-Rimmon
Calenhad
Halifirien
Rohan
```

19. 如图 7-7 中所示的 TokenScanner 类的简化版本实现相应的单元测试。如果你想尝试一下真正的
挑战，那么可以扩展这个程序，使得它能够成为图 7-6 中定义的完整的 TokenScanner 抽象的单
元测试。

280

继　承

即使是天使，也会在相应的等级制度中隶属于另一位天使……

——Saint Ignatius，《letter on obedience》，1553

正如你从第 1 章对类的简要讨论中所了解到的，像 Java 这样的面向对象语言的内在特性之一，就是允许我们在类之间定义层次关系。无论何时，只要拥有了一个能够提供某个特定应用所需功能的类，就可以定义从这个原始类导出的新子类，但是会以某种方式特化其行为。每个子类都会从超类继承行为，而该超类又会依次从自己的超类继承行为，最终直至构成了类层次结构的根的 Object 类。第 7 章对类的讨论独缺继承，而本章将通过构建若干个继承在其中起到了核心作用的类层次结构来完成这项讨论，其中包括一个支持简单图形显示的层次结构。

8.1　继承的简单示例

在考虑更复杂的继承应用之前，最好是从几个简单的示例开始。在 Java 中，定义子类的最基本形式看起来像下面这样：

```
class 子类 extends 超类 {
    子类中的新项
};
```

在这种模式中，子类继承了超类中的所有公共项，而超类中私有部分的项仍旧保持私有。因此，子类不能直接访问其超类中的私有方法和实例变量。

8.1.1　指定参数化类中的类型

在 Java 中，我们可以创建出除了类头之外没有任何其他代码的有用子类，特别是当超类是模板类时更是如此。例如，可以通过编写下面的代码来定义一个将字符串映射为字符串的 StringMap 类：

```
public class StringMap extends TreeMap<String,String> {
    /* No additional code is required */
}
```

使用简单类型名 StringMap 使得程序更短也更容易阅读，因为再也不需要在每个对该类的引用中都写明类型参数。

但是，在大多数情况下，子类定义的类体都会将新的方法和实例变量添加到超类提供的设施中。例如，图 8-1 展示了名为 IntegerList 的类的定义，它扩展自 ArrayList<Integer>，以使其包含一个支持通过列举所含元素来创建新的 IntegerList 对象的构造器。在本例中，并没有遵循要求包含显式的不接受任何引元的缺省构造器这项常用规则，因为可变长参数构造器可以接受一个空的引元列表，这意味着它包含了接受 0 个引元的构造器。

toString 的实现通过将列表中的所有元素都连接在一起而创建了一个新的字符串。

```
/*
 * File: IntegerList.java
 * -----------------------
 * This file exports the IntegerList class, which extends the parameterized
 * class ArrayList<Integer>.  It inherits all the methods from ArrayList
 * but also defines a new constructor that takes its values from the
 * parameter list and a new toString method that overrides its superclass.
 */

package edu.stanford.cs.javacs2.ch8;

import java.util.ArrayList;

public class IntegerList extends ArrayList<Integer> {

/**
 * Constructs a new IntegerList from the parameters.
 *
 * @param args A list of the integers used to initialize the IntegerList
 */

   public IntegerList(int... args) {
      for (int k : args) {
         add(k);
      }
   }

/**
 * Converts this IntegerList to a string consisting of the elements
 * enclosed in square brackets and separated by commas.
 *
 * @return The string representation of this list
 */

   public String toString() {
      String str = "";
      for (int k : this) {
         if (!str.isEmpty()) str += ", ";
         str += k;
      }
      return "[" + str + "]";
   }

}
```

图 8-1　Integer List 类

8.1.2　调用继承方法的规则

在你首次接触继承和覆盖的概念时，很容易就会糊涂，不知道对于特定对象而言应该调用其方法的哪个版本。在 Java 中，相应的规则是得以执行的方法是在继承层次结构中最靠近该对象实际所属类的方法。因此，给定对 IntegerList 类的某个对象的方法调用，Java 编译器会首先在 IntegerList 类内部查找具有恰当的名字和引元结构的方法。如果该方法是在 IntegerList 类中定义的，那么编译器就会使用这个版本。如果不是，那么编译器将在 ArrayList 类中查找该方法，它是继承链中的下一个类。编译器会以这种方式工作下去，直至找到恰当的定义，或者发现根本不存在这样的方法。

之所以容易把人弄糊涂，关键之处在于 Java 总是基于对象实际的类型，而不是在程序中特定位置处声明它时所声明的类型来做出决策的。例如，假设我们像下面这样声明一个 IntegerList 类型的变量：

```
IntegerList primes = new IntegerList(2, 3, 5, 7);
```

在调用 primes.toString() 时，会很明确地调用图 8-1 中所示的 toString 方法。但是如果执行下面的代码行之后，又会发生什么呢？

```
Object obj = primes;
System.out.println(obj);
```

将 primes 赋值给变量 obj 肯定是合法的，因为每个 Java 类都是 Object 的子类。现在的问题是在 Java 处理 println 的引元时，toString 方法的哪个版本会被调用。既然这段代码现在将这个值声明为一个 Object 而不是一个 IntegerList，那么 Java 会返回去使用 toString 的 Object 版本吗？答案是否定的。存储在变量 obj 中的值仍旧是一个 IntegerList，Java 运行时系统会正确地调用为这个类定义的 toString 版本。

尽管方法可以被覆盖这一点为我们提供了更多的灵活性和功能，但是它也伴随着一定程度的风险。例如，假设我们正在设计一个类，它有一个公共方法会调用该类中的另一个公共方法。在编写代码时，我们会假设这个调用方法会产生我们所设计的某种特定效果。遗憾的是，如果其他人声明了这个类的子类，并且覆盖了这个方法所依赖的方法，那么我们的假设就可能无效了。更糟的是，如果问题发生在特权类中，那么因为这些类执行的是客户端无法调用的操作，所以其他程序员能够将一段代码替换为另一段代码的能力就会变成一种安全漏洞。

作为一项普遍适用的规则，最好是尽可能少地使用覆盖机制，将使用它的场景限制为原始类的设计者已经明确允许进行覆盖的情形。类的设计者总是会对此进行明确说明，例如，Object 类的 toString 方法的注释就是以下列内容开头的：

```
/**
 * Returns a string representation of the object. In
 * general, the toString method returns a string that
 * "textually represents" this object. The result
 * should be a concise but informative representation
 * that is easy for a person to read. It is recommended
 * that all subclasses override this method.
 */
```

Object 类的设计者不仅允许你覆盖 toString 方法，而且还主动建议你这么做。

在某些情况下，在覆盖了某个方法的代码内部能够调用该方法的原始版本将会非常有用。例如，如果一个类定义了 init 方法，用来执行与构造器中的初始化操作相分离的其他初始化操作，而它的子类可能想要添加额外的初始化代码，同时又必须确保超类中的所有初始化代码仍然能够起作用，那么此时就属于这种情况。在 Java 中，我们可以通过使用关键词 super 来调用超类的行为，这里的 super 就像是该方法的接收者一样。因此，如果我们需要编写超类提供的 init 方法的扩展版本，那么就可以通过编写下面的代码来实现：

```
public void init() {
    super.init();
    执行进一步初始化的代码
}
```

第一行确保了超类所需的所有初始化都会完成，此后该方法可以执行在这个类中所需的任何额外的初始化操作。

8.1.3 调用继承构造器的规则

尽管 Java 中的构造器与方法很像，但是它们仍旧显得更精妙。这种精妙性源自类构成的层次结构。在前一节中定义的 `IntegerList` 类的实例也是 `ArrayList<Integer>` 的实例，同时还是在 `ArrayList` 的继承层次结构中直至顶端的 `Object` 类的继承链上每一个类的实例。为了确保新的 `IntegerList` 对象被正确地初始化，Java 必须确保这些类中每个类的构造器在构造过程中都会被调用。第一步会通过调用 `Object` 构造器将与每个 `Object` 都关联的数据初始化，此后，Java 必须沿继承链向下调用每一层子类的构造器，直至到达 `ArrayList<Integer>` 和底部的 `IntegerList`。

Java 会确保通过自动地调用每个超类的缺省构造器来确保它们都能够被正确地初始化。但是，在定义类时，我们可以用下面的代码行来选择调用超类构造器的某个具体变体：

```
super(args);
```

这样代码必须是子类构造器的第一行，其中 *args* 是选择想要调用的超类构造器版本时必需的引元。

Java 类中的每个构造器都会以下面三种方式之一来调用超类的构造器：

1）以显式的对 `this` 的调用开头的类会调用这个类的其他某个构造器，从而将确保超类构造器得以调用的职责委托给该构造器。

2）以显式的对 `super` 的调用开头的类会调用与所提供的引元列表相匹配的超类构造器。

3）既不以 `super` 调用也不以 `this` 调用开头的类会调用不带任何引元的缺省的超类构造器。

8.1.4 控制对类内容的访问

到目前为止，本书中的每个方法和实例变量都被标记成了 `public` 或 `private`。Java 还提供了另外两种选择，它们提供了处于这两种极端情况之间的访问级别。`protected` 关键词表示该项只能被当前类的子类以及与其在同一个包中的所有类访问。如果在声明前没有出现上面任何一个关键词，那么该项就会被定义为*包内私有*，即只对同一个包中的其他类可见，而对其他包中定义的类不可见，即便这些类是定义这些项的类的子类也不行。

本书中大多数项的可见性要么被指定为 `public`，要么被指定为 `private`，但是有些情况下，会产生其他存储形式的类。例如，对于本书中的所有内部类，这些类自身以及它们定义的项都被定义为具有包内私有的可见性。例如，图 7-10 中 `Tower` 类的定义如下：

```
private static class Tower
    String name;
    Tower link;
}
```

如第 7 章所述，`private` 关键词可以确保类名 `Tower` 及其实例变量在定义它们的类外部是不可见的。`static` 关键词告诉编译器 `Tower` 类不需要对 `Tower` 类定义所在的类的实例变量进行任何访问。

8.1.5　继承之外的选择

继承在面向对象语言中很容易被滥用。在很多情况下，扩展现有类以包含新操作与将对象嵌入新类内部这种可替代的策略相比，显得缺乏合理性，后者会导出期望的操作集，然后通过将恰当的方法作用于嵌入的对象上来实现这些操作。

例如，请考虑第 6 章所描述的词典的例子。在那一章中，包含了多个通过读取文件 EnglishWords.txt 来创建词典的应用。词典中的单词存储在一个 TreeSet 对象中，因为这样做可以确保单词以字母表的顺序出现。在那时使用 TreeSet 来实现此目的是有道理的，尤其是那一节我们聚焦于集的用法。但是，从客户编写应用的角度看，词典的概念比 TreeSet 的概念要容易理解得多，而后者实际上只是一种特定实现策略的实现细节而已。对客户而言，要想降低概念上的复杂性，一种可行的方式是定义一个 Lexicon 类，它可以隐藏实现内部的各种细节。

在面向对象语言中，定义 Lexicon 类的最简单方式是让它扩展 TreeSet<String>，这样就会自动地为 Lexicon 类提供诸如 add、contains、size、isEmpty 和 clear 这样的方法，这些方法在单词列表的上下文中都是有意义的。但是，TreeSet 类还定义了其他的方法，它们大部分都不在第 6 章所列出的方法范围内，这些方法适用于集，但是与词典并没有多少关系。如果将 Lexicon 定义为 TreeSet<String> 的一种扩展，那么 Lexicon 类也会继承这些方法，尽管它们在这种上下文中是不靠谱的工具。

我们可能还希望以与标准的 TreeSet 类不兼容的方式来定义词典。例如，词典在典型情况下会忽略大小写。如果在词典中添加了单词 "hello"，那么我们就会希望该词典能够将 "hello" 识别为合法的单词。尽管我们可以通过将相应的方法覆盖为将所有的字符串都转换为小写来实现这样的效果，但是将 Lexicon 定义为 TreeSet<String> 的子类的想法已经变得不那么吸引人了。

更好的策略是定义 Lexicon 时不指定超类，然后用 TreeSet<String> 来实现它。通过选择这种策略，我们使得自己可以对 Lexicon 类导出的方法进行全面控制。例如，假设我们想要让 Lexicon 类导出图 8-2 中所示的方法，那么可以编写一个 Lexicon 类，让其导出这些方法，如图 8-3 所示。其构造器会创建一个 TreeSet<String>，并将其存储到实例变量 set 中。其他的方法基本上都是将其工作转给 TreeSet 类中对应的方法，这种策略被称为转发。

287

构造器

new Lexicon()	创建一个空词典
new Lexicon(*filename*)	通过读取指定文本文件中的各行创建一个词典

方法

size()	返回词典中单词的数量
isEmpty()	如果该词典为空，则返回 true
add(*word*)	如果 word 当前不在词典中，那么就将新单词添加到词典中。词典中所有单词都是以全小写的形式存储的
contains(*word*)	如果 word 在词典中，则返回 true
containsPrefix(*prefix*)	如果词典中存在以指定的前缀开头的单词，则返回 true
clear()	从词典中移除所有单词

图 8-2　Lexicon 类导出的方法

图 8-3 中的代码确实引入了几个本书还未描述过的新特性。首先，containsPrefix 的实现调用了一个名为 ceiling 的方法，该方法并未包括在图 6-13 中所列的"集"抽象类型的共有方法中。TreeSet 类的 ceiling 方法会接受一个类型为该集元素类型的值，并且在这个值确实是该集的成员时返回这个值，或者在这个值不是该集成员时返回该集中紧邻这个值且比这个值大的值。如果 ceiling 返回的是一个以字符串 prefix 开头的非空值，那么就表示该字符串是词典中某个单词的前缀。

Lexicon 类的第二个新特性是 iterator 方法，它使得我们可以使用 for 语句来按照顺序迭代遍历词典中的所有单词。在这个实现中，iterator 方法直接将请求转发给了底层的 TreeSet 对象。在第 13 章你将会学到有关 iterator 方法的更多细节。

```java
/*
 * File: Lexicon.java
 * ---------------------
 * This file implements the Lexicon class by embedding a TreeSet object
 * in the private data and forwarding the necessary operations to it.
 */

package edu.stanford.cs.javacs2.ch8;

import java.io.BufferedReader;
import java.io.FileReader;
import java.io.IOException;
import java.util.Iterator;
import java.util.TreeSet;

public class Lexicon implements Iterable<String> {

    public Lexicon(String filename) {
        set = new TreeSet<String>();
        try {
            BufferedReader rd = new BufferedReader(new FileReader(filename));
            while (true) {
                String line = rd.readLine();
                if (line == null) break;
                add(line);
            }
        } catch (IOException ex) {
            throw new RuntimeException(ex.toString());
        }
    }

/**
 * Returns the number of words in the lexicon.
 *
 * @return The number of words in the lexicon
 */

    public int size() {
        return set.size();
    }

/**
 * Returns true if the lexicon is empty.
 *
 * @return The constant true if the lexicon is empty
 */

    public boolean isEmpty() {
        return set.isEmpty();
    }
```

图 8-3 Lexicon 类的实现

```
/**
 * Removes all words from the lexicon.
 */

   public void clear() {
      set.clear();
   }
/**
 * Adds a word to the lexicon.
 *
 * @param word The word being added
 */

   public void add(String word) {
      set.add(word.toLowerCase());
   }
/**
 * Returns true if the specified string is a valid word in the lexicon.
 *
 * @param word The word being tested
 * @return The value true if the string exists in the lexicon
 */

   public boolean contains(String word) {
      return set.contains(word.toLowerCase());
   }
/**
 * Returns true if the specified string is a valid prefix of some word
 * in the lexicon.
 *
 * @param prefix The prefix string being tested
 * @return The value true if the string is a valid prefix
 */

   public boolean containsPrefix(String prefix) {
      prefix = prefix.toLowerCase();
      String next = set.ceiling(prefix);
      return next != null && next.startsWith(prefix);
   }
/**
 * Returns an iterator for the lexicon.
 */

   public Iterator<String> iterator() {
      return set.iterator();
   }
/* Private instance variables */

   private TreeSet<String> set;

}
```

图 8-3 （续）

290

8.2　定义 Employee 类

假设你接到了为一家公司设计面向对象的工资管理系统的任务，你可能会从定义名为 Employee 的通用类入手，它对有关雇员个体的信息以及实现工资管理系统所需操作的方法进行了封装。这些操作可能包括像返回雇员名字的 getName 这样的简单方法，以及像根据存储在每个 Employee 对象中的数据来计算雇员薪水的 getPay 这样的复杂方法。

但是，在很多公司中，雇员会分成若干种不同的类，它们在某些方面很类似，但是在其他方面则不一样。例如，某家公司在工资单上可能同时有小时工、提成员工和月薪员工。在这样的公司中，为每种员工类别定义不同的子类是有道理的，就像图 8-4 中的 UML 图所示的那样。

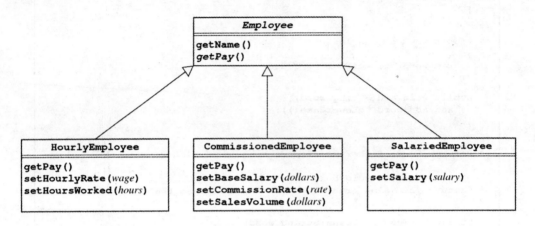

图 8-4　简化的雇员类层次结构

这个层次结构的根是 Employee 类，它定义了所有雇员公共的方法。因此，Employee 类会导出像 getName 这样的其他类可以直接继承的方法。毕竟，所有的雇员都有名字。另一方面，几乎可以肯定，必须为每个子类都编写单独的 getPay 方法，因为每种情况的计算方式是不同的。小时工的工资取决于每小时的工资和工作的小时数；提成员工的工资一般情况下应该是一定数量的底薪加上该员工的销售量提成。同时，重要的是要注意到，每位雇员都有一个 getPay 方法，尽管它的实现在每个子类中都不同。因此，在 Employee 类的级别上指定该方法，然后在每个子类中覆盖该定义的做法是有道理的。

仔细观察图 8-4 的排版，可以注意到 Employee 类的名字和它的 getPay 方法都是斜体的。在 UML 中，斜体用于抽象类和抽象方法，即表示在层次结构的这个级别上的定义只提供应该出现在子类中的定义的规格说明。例如，没有任何对象的主类型是 Employee，每个 Employee 对象都必须被构建成一个 HourlyEmployee、一个 Commissioned Employee 或一个 SalariedEmployee。任何属于这些子类之一的对象仍旧是一个 Employee，因此，也就继承了 getName 方法，以及虚方法 getPay 的原型。

图 8-5 定义了一个非常简单的 Employee 版本，它以用 protected 关键词标记的构造器开头，这意味着它只在这个包内部可见并对它的子类可见。Employee 的子类将自动调用这个构造器，但是用它来构建一个 Employee 类型的值是非法的。Employee 类还声明了两个方法：返回一个 String 的 getName 和返回一个 double 值的抽象的 getPay。getName 的定义看起来就像其他获取器方法一样，但是，getPay 方法的声明却具有如下形式：

```
public abstract double getPay();
```

关键词 abstract 将这个方法标记为只能由 Employee 的具体子类来提供的方法。因为 Employee 类没有实现这个方法，该方法定义的方法体用了一个分号来代替。

```
/*
 * File: Employee.java
 * ----------------------
 * This file defines the abstract class Employee, which forms the root of
 * the Employee hierarchy.
 */

package edu.stanford.cs.javacs2.ch8;

public abstract class Employee {

/**
 * Constructs a new Employee object with the specified name.
 */

    protected Employee(String name) {
        this.name = name;
    }

/**
 * Returns the name of this employee.
 */

    public String getName() {
        return name;
    }

/**
 * Specifies the prototype of the abstract getPay method.
 */

    public abstract double getPay();

/* Private instance variables */

    private String name;

}
```

图 8-5　Employee 类的最小定义

　　尽管图 8-5 中 Employee 类的代码没有提供 getPay 的定义，但是这么做没有任何问题。在许多层次结构中，基类都会提供一个缺省的定义，然后只在需要对其进行修改的子类中才覆盖它。在本书后续内容中，你将会看到若干个使用这种技术的示例。

　　Employee 的三个子类的定义都具有共同的形式。类头通过表明这些新类扩展自 Employee 来表示子类关系，然后这些子类会定义其所需的具体行为和数据。例如，假设相关信息已经存储在 hoursWorked 和 hourlyRate 中，那么 HourlyEmployee 类就可以使用下面这样的方法来计算雇员的工资了：

```
public double getPay() {
    return hoursWorked * hourlyRate;
}
```

与此形成对照的是，CommissionedEmployee 类将覆盖该方法，给出像下面这样的定义：

```
public double getPay() {
    return baseSalary + commissionRate * salesVolume;
}
```

而 SalariedEmployee 类将使用下面更简单的计算方式：

```
public double getPay() {
   return salary;
}
```

292
~
293

图 8-6 展示了 `HourlyEmployee` 子类的定义，其他两个子类的实现留作练习。

```
/*
 * File: HourlyEmployee.java
 * ------------------------------
 * This file defines the concrete class HourlyEmployee, whose pay is
 * computed as the number of hours worked times the hourly rate.
 */

package edu.stanford.cs.javacs2.ch8;

public class HourlyEmployee extends Employee {

/**
 * Constructs a new HourlyEmployee object with the specified name.
 */

   public HourlyEmployee(String name) {
      super(name);
   }

/**
 * Sets the hourly wage for this worker.
 */

   public void setHourlyRate(double wage) {
      hourlyRate = wage;
   }

/**
 * Sets the number of hours worked.
 */

   public void setHoursWorked(double hours) {
      hoursWorked = hours;
   }

/**
 * Computes the pay for an hourly employee.
 */

   @Override
   public double getPay() {
      return hoursWorked * hourlyRate;
   }

/* Private instance variables */

   private double hourlyRate;
   private double hoursWorked;

}
```

294

图 8-6　`HourlyEmployee` 类的最小定义

8.3　Java 图形类概览

需要增加继承层次结构复杂性的场景之一就是设计图形化界面。图形化用户界面在当今的系统中无处不在，在典型情况下，它们会依赖于继承层次结构来定义相关联的应用编程接口（简称 API），界面实现者将使用这些接口来编写所需的代码。Java 库中包含了一个极其丰富的图形化 API，它包含了分布在多个包中的 2000 多个类。图 8-7 展示了 Java 图形框架中最常用的一些类。例如，这张图中包含了你已经看到过的 JFileChooser 和 Point 类，以及用于创建用户界面的窗口类和各种工具类，例如按钮、复选框和滚动条。因为本章将聚焦于基层层次结构而不是 Java 图形类的细节，所以我们不会让你去学习超出图 8-7 所示范围之外的类，但是如果你能够了解一下这些类是如何融入该层次结构中成为整体的一部分的，那么一定会受益匪浅。

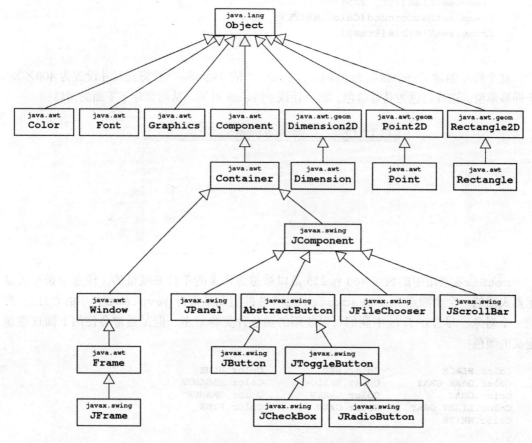

图 8-7　Java 图形层次结构中 2000 多个类的一个子集

295

8.3.1　在屏幕上放置一个窗口

就像第 1 章从 HelloWorld 程序开始一样，使用图形库最好是从编写尽可能简单的在屏幕上显示某物的程序入手。可以实现此目的的最重要的类就是位于图 8-7 左下角的 JFrame 类。正如可以从图中看到的，JFrame 类深度嵌套在该继承层次结构中，向上可追溯到 Object 类，这与所有的 Java 类都一样。继承链中的下一个类是 Component，它表示所有可以显示到屏幕上的图形化对象。Container 类被限制为只是那些可以包含其他构件的 Component。然后，Window 类又将 Container 的概念特化为受窗口系统管理的 Component。Frame 类又特化了 Window 的概念，添加了边框、标题和菜单条。最后，JFrame 类采纳了 Frame 的概念，并将其集成到名为 Swing 的图形包中，而 Swing 现在成为 javax.swing 包中标准 Java 库的一部分。与层次结构中的任何类都一样，JFrame

类隶属于层次结构中其上方的所有类。因此，一个 JFrame 对象也是一个 Frame 对象、一个 Window 对象、一个 Container 对象和一个 Component 对象，最终还是一个 Object 对象。

创建并显示一个 JFrame 对象的最简单程序看起来像下面这样：

```
public void run() {
    JFrame frame = new JFrame("EmptyJFrame");
    frame.setSize(400, 225);
    frame.setBackground(Color.WHITE);
    frame.setVisible(true);
}
```

这个程序创建了一个标题为 "EmptyJFrame" 的 JFrame，并将其尺寸设置为 400×225 个屏幕单位，选择白色为其背景色，然后让该 JFrame 可见，从而创建了下面的窗口：

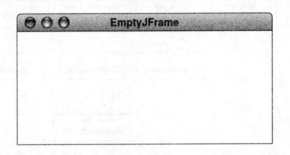

296

setSize 调用中的数字 400 和 225 是以被称为像素的单位来度量的，像素是指覆盖显示器表面的一个个圆点。setBackground 方法的引元是来自 java.awt 包中的 Color 类的一个对象。尽管在 Java 中我们可以使用的颜色种类非常多，但是通常会使用下面这些预定义的颜色：

```
Color.BLACK          Color.RED          Color.BLUE
Color.DARK_GRAY      Color.YELLOW       Color.MAGENTA
Color.GRAY           Color.GREEN        Color.ORANGE
Color.LIGHT_GRAY     Color.CYAN         Color.PINK
Color.WHITE
```

8.3.2 向窗口中添加图形

上面显示的空 JFrame 只是一个开始，它并不是那么有用。在 Java 中，向窗口中添加图形化内容的标准方式是向 JFrame 对象中添加 JComponent 对象，或者更准确地说，是你已经定义过的 JComponent 的某个子类的实例，然后让子类负责更新屏幕。JComponent 类为名为 paintComponent 的方法定义了一个缺省版本，这个版本没有作用，至少在 JComponent 类中如此。然后，你的子类需要覆盖 paintComponent 方法，使得它可以产生想要的图形化显示内容。

paintComponent 方法会接受一个 Graphics 类型的引元，传统上被命名为 g，该类型导出的方法如图 8-8 所示。例如，前两个方法是绘制矩形轮廓的 drawRect 和绘制具有填充色的矩形的 fillRect。这两个方法都会接受 4 个引元：*x*、*y*、*width* 和 *height*，其中 *x* 和 *y* 坐标值指定了矩形左上角的位置。矩形是用 Graphics 对象所维护的当前颜色绘制或填充的，我们可以通过调用 setColor 来修改这个颜色。

drawRect (*x, y, width, height*)	绘制矩形轮廓，其左上角位于点（*x, y*），并且具有指定的宽和高
fillRect (*x, y, width, height*)	填充指定矩形的内部区域
drawOval (*x, y, width, height*)	绘制椭圆形轮廓，它适合放到 drawRect 的描述中所说明的外接矩形中
fillOval (*x, y, width, height*)	填充由外接矩形确定的椭圆的内部区域
drawLine (*x₁, y₁, x₂, y₂*)	绘制一条从点（x_1, y_1）到点（x_2, y_2）的线段
drawString (*str, x, y*)	绘制一个字符串，使其第一个字符的基线起点位于点（*x, y*）
setColor (*color*)	设置所有绘制操作所用的颜色
getColor ()	获取当前的颜色
setFont (*font*)	设置绘制字符串时所用的字体
getFont ()	获取当前的字体

图 8-8　Graphics 类中的部分方法

图 8-9 中展示了这种方式，图中包含的程序在屏幕上绘制了一个蓝色的矩形。负责实际绘制工作的代码是 BlueRectangleCanvas 类中的 paintComponent 方法，该类扩展了 JComponent，并且用下面的定义覆盖了 paintComponent 的缺省定义：

```java
public void paintComponent(Graphics g) {
    g.setColor(Color.BLUE);
    g.fillRect(100, 50, 200, 100);
}
```

```java
/*
 * File: BlueRectangle.java
 * ----------------------------
 * This program creates a JFrame that defines a JComponent subclass to
 * draw a blue rectangle on the screen.
 */

package edu.stanford.cs.javacs2.ch8;

import java.awt.Color;
import java.awt.Graphics;
import javax.swing.JComponent;
import javax.swing.JFrame;

public class BlueRectangle {

    public void run() {
        JFrame frame = new JFrame("BlueRectangle");
        frame.add(new BlueRectangleCanvas());
        frame.setBackground(Color.WHITE);
        frame.setSize(400, 225);
        frame.setVisible(true);
    }

/* Inner class that draws a blue rectangle */

    private static class BlueRectangleCanvas extends JComponent {
```

图 8-9　在屏幕上绘制一个蓝色矩形的程序

```
        @Override
        public void paintComponent(Graphics g) {
            g.setColor(Color.BLUE);
            g.fillRect(100, 50, 200, 100);
        }

    }

/* Main program */

    public static void main(String[] args) {
        new BlueRectangle().run();
    }

}
```

图 8-9 （续）

第一行将 g 的当前颜色设置为蓝色，而第二行绘制了一个具有填充色的矩形，起点在 (100, 50)，宽为 200 像素，高为 100 像素。

在 Java 的图形库中，x 和 y 参数表示的是在其所对应的维度上与原点的距离，而原点位于窗口左上角的 (0, 0) 处。与传统的笛卡儿坐标系一样，x 的值会沿着窗口向右移动而增大。但是，因为原点的位置在左上角，所以 y 的值会沿着窗口向下移动而增大，这与标准的笛卡儿平面的惯用法正好相反。基于计算机的图形包将 y 坐标颠倒过来，是因为这么做对于文本来说更自然。如果 y 的值向下增加，那么连续的文本行就会以 y 值递增的形式出现。Java 的坐标系的结构如图 8-10 所示，图中展示了 BlueRectangle 程序中的坐标是如何映射到屏幕坐标上的。

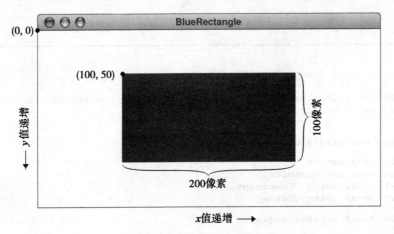

图 8-10 Java 的坐标系

297
~
299

8.4   一种图形对象的层次结构

尽管我们可以使用 Graphics 类提供的工具来创建比蓝色矩形更复杂的图片，但是退回来仔细看一看 Graphics 类的设计还是很值得的。与图 8-7 所示的由图形化构件构成的体系丰富的层次结构形成对照的是，Graphics 类的结构自身并没有使用面向对象的设计方案。Graphics 类导出的方法都是命令式的方法：绘制这个矩形、绘制这条线段、设置当前颜色，等等。当使用 Java 的图形模型时，没有任何对象对应于屏幕上显示的矩形或线段，而这些对象正是在面向对象方法中所期望的。在更现代的风格中，我们会创建图形对象，然后将它们添加到嵌入在 JFrame 中的画布上。这些对象会维护它们自己的状态，并负责处理在屏幕上绘制它们自身的各种细节。

图 8-11 展示了在使用面向对象设计方案时，绘制蓝色矩形的程序会发生什么样的变化。这个程序以创建具有所期望尺寸的 GWindow 对象开始，然后将其标题设置为该程序类的名字。然后，该程序其余部分创建了一个与原来程序尺寸相同的 GRect 对象，调用 setFilled(true) 来指定该 GRect 应该被填充而不是只有轮廓，然后调用 setColor(Color.BLUE) 将其颜色设置为蓝色。run 方法的最后一条语句将这个 GRect 对象添加到了一个作为 GWindow 类的一部分而进行维护的列表中。无论何时，只要绘制该窗口，GWindow 的实现就会遍历其列表中的每一个图形化对象，并让这些对象重新绘制其自身。这样产生的程序明显短了许多，也更为简单了，这正是我们采用面向对象设计方案时希望达到的目标。

```
/*
 * File: BlueGRect.java
 * ----------------------
 * This program uses the object-oriented graphics model to draw a
 * blue rectangle on the screen.
 */

package edu.stanford.cs.javacs2.ch8;

import java.awt.Color;

public class BlueGRect {

   public void run() {
      GWindow gw = new GWindow(400, 200);
      GRect rect = new GRect(100, 50, 200, 100);
      rect.setColor(Color.BLUE);
      rect.setFilled(true);
      gw.add(rect);
   }

/* Main program */

   public static void main(String[] args) {
      new BlueGRect().run();
   }

}
```

图 8-11　在屏幕上绘制一个蓝色 GRect 对象的程序

8.4.1　创建一个面向对象的图形包

10 年前，美国计算机学会（Association for Computing Machinery, ACM）成立了 Java 任务组（Java Task Force, JTF），其目标是创建新的库，使得 Java 更易于教学。acm.graphics 包就是 JTF 创建的库之一，它导出了使用上一节所描述的面向对象风格设计的强大的图形类集合。我们将这个包中的类随本书一起发布了，位于 edu.stanford.cs.javacs2.graphics 包中，同时还发布了与它们相关联的 javadoc 页面。

与第 7 章的 TokenScanner 类一样，图形包太大了，不适合展示其完整的实现。本章剩余部分将介绍只包含图 8-12 中所示类的图形包的简化版本。

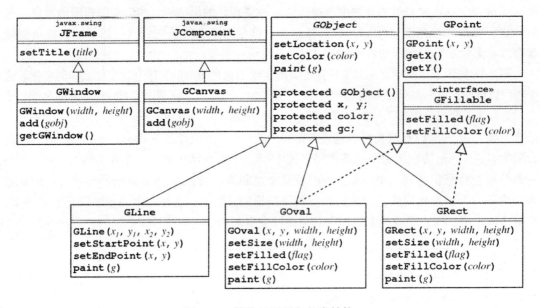

图 8-12 简化的图形包的类结构

为了让你相信图中没有漏掉任何关键的东西，本书中的示例将仅限于图 8-12 中所示的类和方法，这意味着你将会看到的是本书所需的所有类的实现。对于完整的图形库的更先进的特性，如果你因它们提供的功能而感到兴奋，那么可以去使用它们，但是这些先进特性在本书所有的程序示例中都不会使用。

图形库部分的层次结构的根是 GObject 类，它扩展自通用的 Object 类。GObject 是抽象类，这意味着我们永远都无法直接构建一个 GObject 对象，而是要构建一个扩展自 GObject 的三个具体类之一的对象：GLine、GOval 和 GRect。GObject 类定义了所有 GObject 值共有的方法。例如，因为每个 GObject 都有其位置和颜色，所以在 GObject 类中定义 setLocation、move 和 setColor 方法是合理的。相比之下，因为填充线段是没有意义的，所以 setFilled 和 setFillColor 方法只会在 GOval 和 GRect 子类中定义，因为它们支持这项操作。为了确保 GOval 和 GRect 会实现相同的填充模型，这两个类都实现了 GFillable 接口，该接口指定了每个可填充的类都必须支持的这两个方法。

在 GObject 类及其全部三个子类的 UML 图中还多显示了一个方法，即方法 paint(g)。因为 GObject 可以是一条线段、一个椭圆或一个矩形，所以 GObject 类自身不可能知道应该如何在屏幕上创建必要的图片。因此，GObject 指定了 paint 的形式，但是没有实现它。这项任务留给了三个子类去分别实现。图 8-13 展示了 GObject 类的代码，而图 8-14 和图 8-15 分别展示了 GLine 和 GRect 类的代码。因为 GOval 的代码几乎与 GRect 的代码一样，所以本书没有包含它的代码。

这些代码中有些部分需要特别注意。第一部分是对图形模型的一个微小但是重要的改动。Graphics 类中的方法是使用整数值来指定坐标的，而 GObject 模型使用 double 类型来存储所有的坐标和长度值，以避免舍入误差影响图形效果。当这些对象被绘制在屏幕上时，在调用 Graphics 类中的方法之前，这些值需要被舍入到最接近的整数。因此，paint 方法包含若干个对 Math.round 的调用，以及将结果从 long 转换为 int 的强制类型转换。值得注意的另一点是，GObject 类中的实例变量被声明为了 protected 而不是 private，这意味着子类能够访问这些值。在库的实现中，这些变量被标记为了 private，但是那些类定义了相应的获取器方法，这里为了节约空间就删除了。

302

```java
/*
 * File: GObject.java
 * ------------------
 * This file exports the GObject class at the top of the graphics hierarchy.
 */
package edu.stanford.cs.javacs2.ch8;

import java.awt.Color;
import java.awt.Graphics;

public abstract class GObject {
/* Initializes the color of this object to BLACK */

   protected GObject() {
      color = Color.BLACK;
   }
/* Paints the object using the specified graphics context */

   public abstract void paint(Graphics g);
/* Sets the location of this object to the point (x, y) */

   public void setLocation(double x, double y) {
      this.x = x;
      this.y = y;
      repaint();
   }
/* Sets the color used to display this object */

   public void setColor(Color color) {
      this.color = color;
      repaint();
   }
/* Signals that the object needs to be repainted */

   protected void repaint() {
      if (gc != null) gc.repaint();
   }
/* Helper method used by subclasses to round a double to an int */

   protected int round(double x) {
      return (int) Math.round(x);
   }
/* Protected instance variables */

   protected double x;
   protected double y;
   protected Color color;
   protected GCanvas gc;

}
```

图 8-13　GObject 类的实现

303

```
/*
 * File: GLine.java
 * -------------------
 * This file exports a GObject subclass that displays a line segment.
 */

package edu.stanford.cs.javacs2.ch8;

import java.awt.Graphics;

public class GLine extends GObject {

/* Constructs a line segment from its endpoints */

   public GLine(double x1, double y1, double x2, double y2) {
      setLocation(x1, y1);
      dx = x2 - x1;
      dy = y2 - y1;
   }

/* Sets the start point without changing the end point */

   public void setStartPoint(double x, double y) {
      dx = x - this.x;
      dy = y - this.y;
      repaint();
   }

/* Sets the end point without changing the start point */

   public void setEndPoint(double x, double y) {
      dx += this.x - x;
      dy += this.y - y;
      setLocation(x, y);
   }

/* Implements the paint operation for this graphical object */

   public void paint(Graphics g) {
      g.setColor(color);
      g.drawLine(round(x), round(y), round(x + dx), round(y + dy));
   }

/* Private instance variables */

   private double dx;
   private double dy;

}
```

图 8-14　GLine 类的实现

```
/*
 * File: GRect.java
 * -------------------
 * This class exports a GObject subclass that displays a rectangle.
 */

package edu.stanford.cs.javacs2.ch8;

import java.awt.Color;
import java.awt.Graphics;

public class GRect extends GObject implements GFillable {

/* Constructs a new rectangle with the specified bounds */
```

图 8-15　GRect 类的实现

```
    public GRect(double x, double y, double width, double height) {
        setLocation(x, y);
        setSize(width, height);
    }
/* Changes the width and height of this rectangle */
    public void setSize(double width, double height) {
        this.width = width;
        this.height = height;
    }
/* Sets whether this object is filled */
    public void setFilled(boolean fill) {
        isFilled = fill;
        repaint();
    }
/* Sets the color used to fill this object */
    public void setFillColor(Color color) {
        fillColor = color;
        repaint();
    }
/* Implements the paint operation for this graphical object */
    public void paint(Graphics g) {
        if (isFilled) {
            g.setColor((fillColor == null) ? color : fillColor);
            g.fillRect(round(x), round(y), round(width), round(height));
        }
        g.setColor(color);
        g.drawRect(round(x), round(y), round(width), round(height));
    }
/* Private instance variables */
    private double width, height;
    private boolean isFilled;
    private Color fillColor;

}
```

图 8-15　（续）

GRect 和 GOval 类的实现比 GLine 类的实现长，因为这两个类还实现了 GFillable 接口。图 8-16 中所示的 GFillable 接口自身非常短，因为它只包含了 setFilled 和 setFillColor 方法的原型，而不包含实现它们的代码。这段代码必须在 GRect 和 GOval 类中再次出现，并对其做些小的改动。

```
/*
 * File: GFillable.java
 * --------------------
 * This file exports the GFillable interface that marks objects as fillable.
 */
package edu.stanford.cs.javacs2.ch8;

import java.awt.Color;

public interface GFillable {
```

图 8-16　GFillable 接口的代码

```
/**
 * Sets whether this object is filled.
 */

   public void setFilled(boolean fill);
/**
 * Sets the color used to display the filled region of this object.
 */

   public void setFillColor(Color color);

}
```

图 8-16 （续）

8.4.2　实现 GWindow 和 GCanvas 类

在简版的图形包中留待实现的两个类是 GWindow 类和 GCanvas 类，前者扩展自 JFrame，用来创建可以维护一组 GObject 实例的窗口，这组实例将以图形化显示；后者扩展自 JComponent，存活于 GWindow 内部，负责绘制各个对象。GWindow 类的代码在图 8-17 中。GWindow 类创建了一个 GCanvas，然后将操作转发给了它。GCanvas 的代码在图 8-18 中。GCanvas 将一组 GObject 实例存储在名为 contents 的 ArrayList<GObject> 对象中，其 add 方法会将 GObject 添加到 contents 中，并设置 GObject 中的 gw 实例变量，以确保所作出的修改可以触发重绘动作。paintComponent 方法会迭代 contents 的元素，并调用适合其 GObject 类型的 paint 方法。

306

```
/*
 * File: GWindow.java
 * ---------------------
 * This file exports the GWindow class, which is a JFrame containing GObjects.
 */

package edu.stanford.cs.javacs2.ch8;

import java.awt.Color;
import javax.swing.JFrame;

public class GWindow extends JFrame {

/* Creates a new GWindow containing a GCanvas with no preferred size */

   public GWindow() {
      this(new GCanvas());
   }

/* Creates a new GWindow containing a GCanvas with a preferred size */

   public GWindow(double width, double height) {
      this(new GCanvas(width, height));
   }

/* Creates a new GWindow containing a GCanvas object */

   public GWindow(GCanvas gc) {
      String title = System.getProperty("sun.java.command");
      setTitle((title == null) ? "Graphics Window" :
                           title.substring(title.lastIndexOf('.') + 1));
      setBackground(Color.WHITE);
      this.gc = gc;
```

图 8-17　GWindow 类的代码

```
      add(gc);
      pack();
      setDefaultCloseOperation(JFrame.EXIT_ON_CLOSE);
      setVisible(true);
   }

/* Adds the graphical object to this canvas */

   public void add(GObject gobj) {
      gc.add(gobj);
   }

/* Returns the GCanvas embedded in this GWindow */

   public GCanvas getGCanvas() {
      return gc;
   }

/* Private instance variables */

   private GCanvas gc;

}
```

图 8-17　（续）

```
/*
 * File: GCanvas.java
 * ------------------------
 * This file exports the GCanvas class, which is a graphical component
 * capable of containing GObjects.
 */

package edu.stanford.cs.javacs2.ch8;

import java.awt.Graphics;
import java.util.ArrayList;
import javax.swing.JComponent;

public class GCanvas extends JComponent {

/* Creates a new GCanvas with no preferred size */

   public GCanvas() {
      contents = new ArrayList<GObject>();
   }

/* Creates a new GCanvas with the specified preferred size */

   public GCanvas(double width, double height) {
      this();
      setSize((int) Math.round(width), (int) Math.round(height));
      setPreferredSize(getSize());
   }

/* Adds the graphical object to this canvas */

   public void add(GObject gobj) {
      synchronized (contents) {
         contents.add(gobj);
         gobj.gc = this;
      }
      repaint();
   }

/* Paints the contents of the GCanvas */
```

图 8-18　GCanvas 类的代码

```
    @Override
    public void paintComponent(Graphics g) {
        synchronized (contents) {
            for (GObject gobj : contents) {
                gobj.paint(g);
            }
        }
    }

/* Private instance variables */

    private ArrayList<GObject> contents;

}
```

图 8-18 （续）

在 add 和 paint 这两种情况中，contents 列表上的操作都被嵌套在被称为 synch-ronized 语句的 Java 语句内部，这是你之前还未看到过的。add 方法包含下面的代码：

```
synchronized (contents) {
    contents.add(gobj);
    gobj.gc = this;
}
```

类似地，GCanvas 中的 paintComponent 包含下面的代码：

```
synchronized (contents) {
    for (GObject gobj : contents) {
        gobj.paint(g);
    }
}
```

Java 允许在单个程序中有多个独立的活动并发地运行，这些活动被称为线程。synchronized 语句的作用就是确保两个线程不会试图同时执行相同的代码。当一个线程遇到 synchronized 语句时，它会获取对出现在花括号内部的对象的独占的访问权。如果某个其他的线程想要执行引用了相同对象的 synchronized 语句，那么第二个线程就会等待，直至第一个线程执行完受该 synchronized 语句控制的代码为止。然后，第二个线程继续执行。

在这个应用中需要 synchronized 语句是因为运行该应用的线程独立于在屏幕上重绘构件的线程。如果没有 synchronized 语句，那么就可能无法避免在该应用试图将一个 GObject 添加到 Contents 中时，重绘线程却正在遍历 contents 元素的情况发生。如果 ArrayList 的内部结构碰巧处于不一致的中间状态，那么这种同时访问就有可能会引发程序失败。因为这种失败是间歇性的，并且取决于两个线程的执行时机，所以它们难以调试。通常，并发总是一个艰深的话题，其中的各种微妙问题远远超出了计算机科学第二门课的范畴。

GWindow 中 add 方法的代码还设置了 GObject 对象中名为 gc 的实例变量，将包含该 GObject 对象的 GCanvas 的引用赋值给 gc。这个引用对于确保对任何 GObject 的修改都要正确地触发对应的 GCanvas 重绘而言是必需的。

GWindow 和 GCanvas 的构造器还对设置框架的尺寸进行了分工，GWindow 的构造器没有显式地设置 JFrame 的尺寸，而是向 GCanvas 的构造器传递了 width 和 height 参数，后者使用这些值来设置 GCanvas 当前和首选的尺寸。在将画布添加到窗口中之后，GWindow 的构造器会通过调用 pack 来设置框架的尺寸，以使得其内部的构件适合放入其中。 309

GWindow.java 中其他的新特性就只有对 getProperty 的调用和对 setDefaultClose Operation 的调用了，getProperty 调用会返回程序的名字，而 setDefaultClose Operation 调用可以确保在用户关闭窗口时正确地退出应用。如果缺少对 setDefaultClose Operation 的调用，那么即使在用户单击关闭按钮之后，该程序仍旧会持续运行。

8.4.3　演示 GObject 类

BlueGRect 程序只使用了 GRect 类，因此难以演示 GObject 的层次结构。图 8-19 中的代码使用了 GObject 的全部三个子类来创建了一个正好可以填进图形化窗口的菱形，然后在该菱形的内部画了一个蓝色矩形和一个灰色椭圆，从而产生了下面的屏幕显示内容：

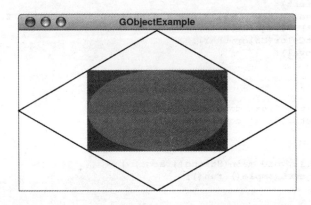

这个程序的输出演示了 GObject 模型的另一项特性，即 add 方法将每个 GObject 对象都添加到 ArrayList 末尾的做法意味着后添加的对象会出现在图中更靠顶层的位置，并覆盖掉与之前绘制的显示内容重叠的部分。图形库的完整版本允许我们来修改存储在 ArrayList 中的对象的顺序，这个顺序会反映到这些对象在窗口中显示的方式。这个顺序被称为栈顺序，有时也被称为 z 排序，这是因为按照惯例，垂直于笛卡儿 x-y 平面的轴通常被称为 z 轴。图形库的完整版本包含了 sendToBack、sendToFront、sendBackward 和 sendForward 方法。你将会在习题中实现这些方法。 310

```
/*
 * File: GObjectExample.java
 * -----------------------------
 * This program illustrates the use of each of the GObject classes.
 */

package edu.stanford.cs.javacs2.ch8;

import java.awt.Color;

public class GObjectExample {
```

图 8-19　GObjectExample 程序的代码

```
    public void run() {
        GWindow gw = new GWindow(WIDTH, HEIGHT);
        addDiamond(gw);
        addRectangleAndOval(gw);
    }

/* Adds a diamond connecting the midpoints of the window edges */

    private void addDiamond(GWindow gw) {
        gw.add(new GLine(0, HEIGHT / 2, WIDTH / 2, 0));
        gw.add(new GLine(WIDTH / 2, 0, WIDTH, HEIGHT / 2));
        gw.add(new GLine(WIDTH, HEIGHT / 2, WIDTH / 2, HEIGHT));
        gw.add(new GLine(WIDTH / 2, HEIGHT, 0, HEIGHT / 2));
    }

/* Adds a blue rectangle and a gray oval inscribed in the diamond */

    private void addRectangleAndOval(GWindow gw) {
        GRect rect = new GRect(WIDTH / 4, HEIGHT / 4, WIDTH / 2, HEIGHT / 2);
        rect.setFilled(true);
        rect.setColor(Color.BLUE);
        gw.add(rect);
        GOval oval = new GOval(WIDTH / 4, HEIGHT / 4, WIDTH / 2, HEIGHT / 2);
        oval.setFilled(true);
        oval.setColor(Color.GRAY);
        gw.add(oval);
    }

/* Constants */

    private static final double WIDTH = 500;
    private static final double HEIGHT = 300;

/* Main program */

    public static void main(String[] args) {
        new GObjectExample().run();
    }

}
```

311

图 8-19 （续）

8.4.4 创建简单的动画

在 GObject 模型中，对象负责在图形化窗口上绘制它们自身，只要任何 GObject 发生了变化，它们都会依次重绘。通过每次对 GObject 的位置做出微调，然后让这个过程延迟足够长的时间，使得窗口重绘得以完成，就可以创建一个简单的动画，动画中的对象会绕着窗口移动。例如，图 8-20 中的代码就是一个球在窗口的边界上来回反弹的动画。

在 BouncingBall 程序中，球心的位置存储在变量 x 和 y 中。但是，GOval 类使用外接矩形的左上角作为参考点，这意味着 GOval 的位置应该在 (x-r, y-r) 处，其中 r 是球的半径。变量 vx 和 vy 存储的是球沿着每个坐标轴移动的速度。在每一个时间步中，x 和 y 坐标都会通过 vx 和 vy 来调整，球的位置也会更新为新的位置。

实现反弹是很简单的，只需检查 x 和 y 坐标在用球半径调整之后是否移动到了窗口边界的外部。如果是，那么反弹操作会直接将对应于超出范围的坐标值的速度的符号取反。BouncingBall 程序使用了下面的代码行来实现这项操作：

```
if (x < r || x > WIDTH - r) vx = -vx;
if (y < r || y > HEIGHT - r) vy = -vy;
```

现代计算机的运行速度太快了，因此必需在循环的每次迭代中插入延时，将动画的速度降低到适合人类的水平上。延时是通过调用静态方法 Thread.sleep 来实现的，它会将调用它的线程延迟指定的毫秒数。这个方法可以抛出一个 InterruptedException 对象，这意味着必须将它放到一个 try 语句中，就像下面所示的 pause 方法的实现那样，该方法在其他动画中也很有用：

```
private void pause(int milliseconds) {
   try {
      Thread.sleep(milliseconds);
   } catch (InterruptedException ex) {
      /* Ignore the exception */
   }
}
```

我们可以通过调整 PAUSE_TIME 常量或通过修改 vx 和 vy 的初始值来修改速度。　312

```
/*
 * File: BouncingBall.java
 * ---------------------------
 * This program displays a ball bouncing off the walls of the window.
 */

package edu.stanford.cs.javacs2.ch8;

public class BouncingBall {

   public void run() {
      GWindow gw = new GWindow(WIDTH, HEIGHT);
      double r = BALL_RADIUS;
      double x = WIDTH / 2;
      double y = HEIGHT / 2;
      double vx = 2;
      double vy = -2;
      GOval ball = new GOval(x - r, y - r, 2 * r, 2 * r);
      ball.setFilled(true);
      gw.add(ball);
      while (true) {
         x += vx;
         y += vy;
         ball.setLocation(x - r, y - r);
         if (x < r || x > WIDTH - r) vx = -vx;
         if (y < r || y > HEIGHT - r) vy = -vy;
         pause(PAUSE_TIME);
      }
   }

/* Pauses for the specified number of milliseconds */

   private void pause(int milliseconds) {
      try {
         Thread.sleep(milliseconds);
      } catch (InterruptedException ex) {
         /* Ignore the exception */
      }
   }

/* Constants */

   private static final int WIDTH = 500;
   private static final int HEIGHT = 300;
   private static final int BALL_RADIUS = 9;
   private static final int PAUSE_TIME = 10;
```

图 8-20　BouncingBall 程序的代码

```
/* Main program */

    public static void main(String[] args) {
        new BouncingBall().run();
    }

}
```

图 8-20 （续）

8.5 定义一个控制台界面

自从第 1 章开始，本书中的程序就在使用 java.util 中的 Scanner 类从用户处读取输入。尽管这项策略使得我们编写最开始的一些程序变得很容易，但是使用 Scanner 类存在一些严重的缺陷。首先，Scanner 类让用户没有机会纠正输入错误。如果用户正想输入一个整数，但是错误地输入了某个不正确的字符，那么 Scanner 类就会抛出一个会终止整个程序的异常。也许更麻烦的是，使用 Scanner 会使得混合输入数字和字符串变得很困难。在典型情况下，读取数字后，扫描器会停留在紧靠用户输入的行的末尾之前的位置上，这意味着 nextLine 方法将会读入一个空行。是时候该采用更好的策略了。

在概念上讲，System.out 和 System.in 流都定义了一个双向通道，用于和用户通过令人怀旧的早期计算机的控制台进行通信。System.out 流非常简单，你从第一个程序开始就在使用它。与此相反，使用 System.in 读取数据却非常复杂，因此定义新的抽象来隐藏其不必要的细节就显得很有必要了。

本节的目标是定义并实现 Console 接口，它提供了易于使用的输入和输出操作。这些控制台支持的方法直接将我们一直在使用的 System.out 和 Scanner 的方法进行组合，将它们合起来产生了单一的抽象。对于输出，Console 对象提供了 print、println 和 printf 方法，而对于输入，Console 提供了 nextInt、nextDouble 和 nextLine 方法。

尽管定义和实现能够导出这些方法的类很容易，但是这个示例背后的思想却饱含雄心。在现代的窗口系统中，使用 System.out 和 System.in 流是倒退回了早期的计算时代。如果可以在支持诸如剪切和粘贴、改变文本的字体和字号、用彩色显示用户的输入等先进特性的窗口中实现控制台模型，就像所有样例运行所展示的那样，那该是多么好的一件事呀。同时，对于这种复杂的控制台而言，实现与传统的控制台相同的操作也非常重要。如果这些操作保持一致，那么我们就应该能够用这种控制台窗口去替换更传统的基于标准系统流的模型。

图 8-21 中的 Console 接口为任何控制台都必须实现的所有方法都指定了原型，但是没有指定任何特定的实现。具体的实现细节留给了诸如图 8-22 中所示的 SystemConsole 类去提供，该类使用了 System.out 和 System.in 流实现了 Console 的方法。

```
/*
 * File: Console.java
 * ------------------
 * This interface defines the behavior of a console that can communicate
 * with the user.  Two concrete implementations are provided:
 * SystemConsole, which uses the System.in and System.out streams, and
 * ConsoleWindow, which creates a new console window.
 */
```

图 8-21 Console 接口

```
package edu.stanford.cs.console;

/**
 * The Console interface defines the input and output methods supported by
 * an interactive console.
 */

public interface Console {

/**
 * Prints the argument value, allowing for the possibility of more output
 * on the same line.
 *
 * @param value The value to be displayed
 */

   public void print(Object value);

/**
 * Prints the end-of-line sequence to move to the next line.
 */

   public void println();

/**
 * Prints the value and then moves to the next line.
 *
 * @param value The value to be displayed
 */

   public void println(Object value);

/**
 * Formats and prints the argument values as specified by the format
 * string. The printf formats are described in the java.util.Formatter
 * class.
 *
 * @param format The format string
 * @param args The list of arguments to be formatted
 */

   public void printf(String format, Object... args);

/**
 * Reads and returns a line of input, without including the end-of-line
 * characters that terminate the input.
 *
 * @return The next line of input as a String
 */

   public String nextLine();

/**
 * Prompts the user to enter a line of text, which is then returned as the
 * value of this method.
 *
 * @param prompt The prompt string to display to the user
 * @return The next line of input as a String
 */

   public String nextLine(String prompt);

/**
 * Reads and returns an integer value from the user.
 *
 * @return The value of the input interpreted as a decimal integer
 */
```

图 8-21 （续）

```
    public int nextInt();
/**
 * Prompts the user to enter an integer.
 *
 * @param prompt The prompt string to display to the user
 * @return The value of the input interpreted as a decimal integer
 */
    public int nextInt(String prompt);
/**
 * Reads and returns a double-precision value from the user.
 *
 * @return The value of the input interpreted as a double
 */
    public double nextDouble();
/**
 * Prompts the user to enter an double-precision number.
 *
 * @param prompt The prompt string to display to the user
 * @return The value of the input interpreted as a double
 */
    public double nextDouble(String prompt);

}
```

图 8-21 （续）

```
/*
 * File: SystemConsole.java
 * ---------------------------
 * This file implements the Console interface using the standard streams.
 */
package edu.stanford.cs.console;

import java.io.IOException;

/**
 * This class implements Console using System.in and System.out.
 */
public class SystemConsole implements Console {

/* These methods simply forward the request to System.out */
    public void print(Object value) {
        System.out.print(value);
    }
    public void println() {
        System.out.println();
    }
    public void println(Object value) {
        System.out.println(value);
    }
    public void printf(String format, Object... args) {
        System.out.printf(format, args);
    }

/* This method reads characters until it finds an end-of-line sequence */
```

图 8-22 SystemConsole 类

```
    public String nextLine() {
        try {
            String line = "";
            while (true) {
                int ch = System.in.read();
                if (ch == -1) return null;
                if (ch == '\r' || ch == '\n') break;
                line += (char) ch;
            }
            return line;
        } catch (IOException ex) {
            throw new RuntimeException(ex.toString());
        }
    }

    public String nextLine(String prompt) {
        if (prompt != null) print(prompt);
        return nextLine();
    }

/*
 * Implementation notes: nextInt and nextDouble
 * --------------------------------------------------
 * These methods use a try statement to catch errors in numeric formatting.
 * If an error occurs, the user is given another chance to enter the data.
 */

    public int nextInt() {
        return nextInt(null);
    }

    public int nextInt(String prompt) {
        while (true) {
            String line = nextLine(prompt);
            try {
                return Integer.parseInt(line);
            } catch (NumberFormatException ex) {
                println("Illegal integer format");
                if (prompt == null) prompt = "Retry: ";
            }
        }
    }

    public double nextDouble() {
        return nextDouble(null);
    }

    public double nextDouble(String prompt) {
        while (true) {
            String line = nextLine(prompt);
            try {
                return Double.parseDouble(line);
            } catch (NumberFormatException ex) {
                println("Illegal floating-point format");
                if (prompt == null) prompt = "Retry: ";
            }
        }
    }
}
```

317

图 8-22 （续）

Console 接口中每个输入方法都有两种形式：第一种形式会接受一个提示字符串，第二种形式会假设调用程序已经打印好了提示符。接受提示符作为参数具有下面的优点：

- 变量声明、提示符和输入操作可以放到一行中。

　　● 输入方法的实现可以在用户输入非法值时重新打印提示符。

　　我们可以在本书之前的所有程序中使用 SystemConsole 类, 以确保这些程序可以从用户输入的错误中优雅地恢复。例如, 图 8-23 就包含了第 1 章中的 AddIntegerList 程序的一个更新版本。这个更新的版本使得用户可以纠正输入错误, 就像下面的样例运行所展示的那样:

```
● ● ●                AddListWithSystemConsole
This program adds a list of integers.
Use 0 to signal the end.
 ? 17.0
Illegal integer format
 ? 17
 ? 11
 ? 14
 ? 0
The total is 42
```

```java
/*
 * File: AddListWithSystemConsole.java
 * -------------------------------------------
 * This program adds a list of integers.  The end of the input is indicated
 * by entering a sentinel value, which is defined by the constant SENTINEL.
 * This version uses a Console object for input and output.  The console is
 * created using a factory method, which makes it easy for subclasses to
 * substitute a different implementation.
 */

package edu.stanford.cs.javacs2.ch8;

import edu.stanford.cs.console.Console;
import edu.stanford.cs.console.SystemConsole;

public class AddListWithSystemConsole {

   public void run() {
      Console console = createConsole();
      console.println("This program adds a list of integers.");
      console.println("Use " + SENTINEL + " to signal the end.");
      int total = 0;
      while (true) {
         int value = console.nextInt(" ? ");
         if (value == SENTINEL) break;
         total += value;
      }
      console.println("The total is " + total);
   }

/* Factory method to create the console */

   public Console createConsole() {
      return new SystemConsole();
   }

/* Private constants */

   private static final int SENTINEL = 0;

/* Main program */

   public static void main(String[] args) {
      new AddListWithSystemConsole().run();
   }

}
```

图 8-23　使用 SystemConsole 类向列表中添加整数的程序

AddListWithSystemConsole 的代码使用名为 createConsole 的方法创建了一个 Console 对象，该方法在本例中具有下面的形式：

```
public Console createConsole() {
    return new SystemConsole();
}
```

创建供其他类使用的对象的方法被称为**工厂方法**。在典型情况下，工厂方法会创建一个具体子类的对象，但是会将其结果类型声明为更通用的类。

这种设计的优点是子类可以覆盖工厂方法的实现，以创建不同的实例。例如，我们可以很容易地创建一个新的应用，它唯一的定义如下：

```
@Override
public Console createConsole() {
    return new ConsoleWindow();
}
```

edu.stanford.cs.java.console 包中的 ConsoleWindow 类在 JFrame 中实现了 Console 接口，而该 JFrame 将存在于窗口系统中，就像 GWindow 类所做的一样。另外，ConsoleWindow 类使用了 Java 图形模型的扩展能力将用户的输入显示为与程序产生的输出不同的颜色。尽管 ConsoleWindow 的实现超出了本书的范围，但是如果你想让你的程序看起来更像样例运行的样子，那么你可以不受限制地使用它。

本书剩余的代码对用户输入都使用了 Console 模型。这些程序大部分会继续用 System.out 来输出，这主要是因为这样更符合惯例。如果你想让你的应用支持系统控制台或控制台窗口，那么就应该使用工厂方法策略。

319
∼
320

8.6　总结

在本章中，你学习了如何使用 Java 中的继承，并且看到了这个概念的多个实际应用。你还学习了如何使用继承来创建面向对象的图形库。

本章中的要点包括：

- Java 允许子类继承超类的公共行为。在最简单的形式中，Java 定义子类的语法看起来像下面这样：

```
public class 子类 extends 超类 {
    子类的新项
};
```

- 只由子类实现的方法被称为是抽象的。这种方法在超类中用 abstract 关键词标记。

- Java 类支持两种除 public 和 private 之外的访问控制权限。标记为 protected 的声明在子类中可用，但是在定义它的包的外部是不可访问的。不包含任何关键词的声明是包内私有的，并且只能在定义它的包内部可见。

- 调用子类的构造器时总是会调用其超类的构造器。在缺少任何其他规格说明的情况下，Java 会调用缺省构造器。当然，客户也可以使用 super 关键词来调用不同的构造器。

- 继承经常被滥用。在许多情况下，最好是在新类的内部嵌入已有的对象，然后使用转发机制来实现想要的操作。

- 本章定义的 GObject 层次结构包含具体的子类 GRect、GOval 和 GLine，它们足以创建本书中用到的各种图形化示例。这些类构成了 acm.graphics 包的一个子集，可以从 edu.stanford.cs.javacs2.graphics 中导出。
- 在 GObject 类中定义了可以应用于每个图形化对象的操作。与各个子类相关的操作必须在这些子类中定义。如果多个类共享了共同的结构，那么使用接口来指定公共行为就是一个良好的实践做法。
- Java 使用的坐标系中原点在图形化窗口的左上角，y 坐标的值会随向下移动而增加。所有的坐标和距离都是用像素表示的，即填充屏幕表面的一个个圆点。
- edu.stanford.cs.java.console 包中包含了 Console 接口的两种实现。System Console 类使用了 System.out 和 System.in 流，而 ConsoleWindow 类则创建了一个新的窗口。

321

8.7 复习题

1. 在 Java 中，你会用什么样的类头代码行来定义名为 Sub 的类，该类从名为 Super 的类中继承了公共方法？
2. 是非题：新类的定义中的超类规格说明可以不是将类型具体实例化的参数化类。
3. 是非题：Java 子类中的方法的新定义会自动覆盖其超类中的该方法的定义。
4. 什么是抽象类？对抽象类来说，是否可以为其导出的方法提供自己的实现。
5. Java 提供的除 public 和 private 之外的两种访问控制权限是什么？
6. 子类的构造器总是会调用其父类的构造器。你如何指明你想要调用某个不是缺省构造器的构造器？
7. 本章中建议的替代继承的策略是什么？
8. 本章中实现的三个具体的 GObject 子类是哪三个？
9. 这些子类哪些会响应 setFilled 方法？哪些会响应 setColor 方法？在哪些类中同时定义了这两个方法？
10. Java 的坐标系与传统的笛卡儿坐标系在哪些方面存在差异？
11. 在 GWindow 的超类链上，一直追溯到 Object 为止，有哪些类？
12. GWindow 类的实现中的 synchronized 语句的作用是什么？

8.8 习题

1. 定义 SalariedEmployee 和 CommissionedEmployee 类，从而完成 Employee 类层次关系的实现。设计一个简单的程序来测试你的代码。
2. 定义扩展了 TreeSet 的 StringSet 类，使其元素总是字符串。在该类中应该包含一个新的构造器，它允许你通过列举各个元素的方式来创建一个 StringSet 对象。

322

3. 使用 Java 的标准图形库来编写一个能够在一个 JFrame 的中心显示字符串 "hello, world" 的程序。如果你将字体设置为 Lucida Blackletter，并使用点尺寸为 18 的字号，那么你就可以获得看起来像下面这样的显示：

本章没有解释如何创建字体和如何确定在特定的字体中一个字母应该占据多大的空间。你需要在网上搜索以查找这些问题的答案。

4. 重新编写图 8-18 中的 GObjectExample 程序，使其使用标准的图形库在一个 JFrame 内部产生相同的图形化显示。

5. 使用 GObject 层次结构来绘制一座用水平排列成行的砖块构成的金字塔，就像下面的样例运行那样：

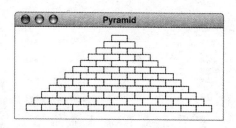

正如你可以从图中看到的，每一行的砖块数量会随着金字塔向上每行递减 1。你的程序应该使绘制的图形在图形化窗口中居中，并且应该使用下面的常量来控制金字塔的尺寸：

```
private static final int WIDTH = 500;
private static final int HEIGHT = 300;
private static final int BRICK_WIDTH = 30;
private static final int BRICK_HEIGHT = 14;
private static final int BRICKS_IN_BASE = 15;
```

对这些参数的任何修改都应该相应地改变显示的内容。

6. 使用 GObject 层次结构来绘制看起来像下面这样的彩虹：

从顶部开始，彩虹中的六条色带分别是红、橙、黄、绿、蓝、紫，天空是喜庆的粉红色。记住，本章只定义了 GLine、GRect 和 GOval 类，并没有包含表示一段弧的图形化对象。你应该要打破常规，用创造性的思维去设计程序。

7. 使用图形库来编写一个程序，在图形化窗口上绘制一张棋盘。你的图片应该包含红色和黑色的棋子，摆成游戏开局时的布局，就像下面这样：

323

8. 只用线段也可以画出令人惊叹的图像来。想象一下，你有一块矩形板，然后围绕着它的边放置柱子，使它们沿四边等间距地排列，其中 N_ACROSS 柱子沿上边沿和下边沿排列，N_DOWN 柱子沿左边沿和右边沿排列。为了用 GObject 层次结构对这个过程建模，你可以从创建 ArrayList<GPoint> 入手，该对象持有所有柱子的坐标，这些坐标是按照从左上角开始顺时针绕矩形边沿行进的顺序插入该列表中的，就像下面的顺序一样：

324

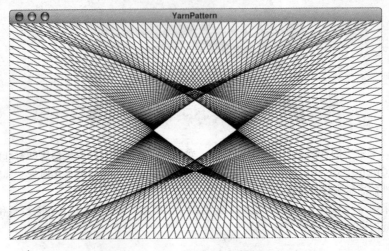

从现在开始，你可以通过这样的方式来创建一个图形：用单股绳绕着这些柱子捆绑，从第 0 号柱子开始，然后每次迭代中向前移动由常量 DELTA 指定的固定数量的空间。例如，如果 DELTA 是 11，那么单股绳就会从第 0 号柱子移动到第 11 号柱子，再从第 11 号柱子移动到第 22 号柱子，然后从第 22 号柱子（越过起点）移动到第 5 号柱子。这个过程会持续下去，直至单股绳返回到第 0 号柱子。在屏幕上，单股绳的每一段都是用一个 GLine 对象表示的。

编写一个程序，在图形化窗口中用更大的 N_ACROSS 和 N_DOWN 的值来模拟这个过程。例如，图 8-24 展示了用 N_ACROSS 等于 50、N_DOWN 等于 30 和 DELTA 等于 67 来运行程序时的输出。通过修改这些常量，你可以创建出其他完全由直线构成的奇妙图形。

图 8-24　绕绳模式程序的样例运行

325

9. 道家哲学的基本原理之一就是阴阳之间没有严格的界线，两者互相交错。这种思想体现在了阴阳双鱼图中，其中阴阳双鱼中都夹杂了对方的一点东西：

编写一个图形化程序，用来在空的图形化窗口中央绘制这个符号。这里的挑战是需要将这个符号的绘制分解为只用图 8-12 中的类和方法就能够完成的形式，这些类和方法中不包含绘制有填充色的弧和半圆的工具。

10. GObject 层次结构中明显忽略掉了很多东西，例如，没有任何与诸如 setLocation、setColor、setFilled 和 setFillColor 等各种设置器方法配套的获取器方法。为 GObject 层次结构中的每个类设计并实现这些方法。

11. 在完整版本的图形包中的 GObject 类指定了一个名为 contains 的抽象方法，它会接受一个 x 和一个 y 坐标值，并在点 (x, y) 位于该对象内部时返回 true。对于 GLine 类，contains 应该在该点在距离该直线半个像素距离的范围之内时返回 true。如果你不知道如何确定一个点是否在某个椭圆内部，或者不知道如何计算点到线的距离，那么你应该像一个专业的程序员那样，到网上去找答案。

12. 将 GLabel 类添加到 GObject 的层次结构中，它会在给定的屏幕位置上显示一个文本字符串。你的 GLabel 类应该允许客户设置 GLabel 的字体。如果感觉这里的描述不够清晰，你可以实现完整版本的图形库中的 GLabel 类的其他方法，这些方法在在线文档中都进行了描述。

13. 在 GWindow 和 GCanvas 类中添加 remove 方法，使得客户可以从画布中移除对象。

326

14. 完整版本的 GObject 层次结构还包含名为 GPolygon 的类，它可以在屏幕上显示一个多边形。与其他 GObject 的子类不同，GPolygon 类不是完全由构造器创建的。构造器只创建了一个空的多边形，你可以在以后添加顶点。GPolygon 的库版本使得你可以用三个方式来添加新的顶点，如图 8-25 所示。第一个顶点总是用 addVertex 添加的，但是使用 addEdge 或 addPolarEdge 来添加剩余的点会显得更容易。

addVertex(x, y)	在点 (x, y) 处添加一个新的顶点，这个点是用相对于 GPolygon 自身位置的坐标来表示的。以这种方式定义顶点坐标可以在移动 GPolygon 时保持其形状
addEdge(dx, dy)	在前一个顶点的基础上，沿两个坐标轴移动 *dx* 和 *dy* 个像素后得到的点添加为新的顶点
addPolarEdge(r, theta)	添加一个新的顶点，它的坐标值是由前一个顶点沿 *theta* 指定的方向移动 *r* 个单位后计算出来的，*theta* 是沿 *x* 正半轴按逆时针方向以度为单位度量得到的

图 8-25　向 GPolygon 对象添加顶点的方法

作为使用 GPolygon 类的示例，下面的 run 方法在图形化窗口的中央绘制了一个六边形，其中 WIDTH 和 HEIGHT 是确定 GWindow 尺寸的常量，而 EDGE 是六边形的边长：

```
public void run() {
    GWindow gw = new GWindow(WIDTH, HEIGHT);
    gw.setTitle("DrawHexagon");
    GPolygon hexagon = new GPolygon();
    hexagon.addVertex(-EDGE, 0);
    for (int theta = -60; theta <= 235; theta += 60) {
        hexagon.addPolarEdge(EDGE, theta);
    }
    hexagon.setLocation(WIDTH / 2, HEIGHT / 2);
    gw.add(hexagon);
}
```

GPolygon 类应该实现 GFillable 接口,使得多边形可以按照与 GRect 和 GOval 相同的方式被着色。幸运的是,java.awt 包中的 Graphics 类同时导出了 drawPolygon 和 fillPolygon 方法,尽管你需要自己去查看其细节。

327

15. 在完整的图形库中最有用的类之一就是 GCompound,它是一个包含了其他 GObject 实例的 GObject,这与 GWindow 类很像。就像 GWindow 一样,GCompound 类需要维护一个 ArrayList 对象,它包含了该组合对象中包含的所有对象。而且,它需要使用 synchronized 语句来防止对该列表的并发访问。GCompound 中包含的图形应该按照相对于 GCompound 自身位置的坐标来绘制。为了让这种模型在 GCompound 类的上下文环境中可以工作,最简单的方式是使用 Graphics 类中的 create 方法来创建新的 Graphics 对象,它会按照 GCompound 的位置被转译。

如果实现了 sendToBack、sendToFront、sendBackward 和 sendForward 方法,那么 GCompound 类就会显得更有用,因为这些方法可以改变对象在栈排序中的位置。如果要增加这些方法,GCompound 和 GCanvas 都需要实现这项特性。如果这两个类实现了相同的行为,那么定义 GContainer 接口来指定这些共有方法就显得很合理了。如果将具有相同名字的方法添加到 GObject 类中,那么栈排序就更容易控制了,这些方法无需接受任何引元,只需将请求转发给它们的容器。

16. Console 类使得交替输入数字和字符串变得很容易,而这对于使用 Scanner 类来说却很复杂。重新实现第 3 章习题 15 中所描述的需要同时读取整数和字符串的恺撒密码程序。确保你的解决方案使用了工厂方法来创建控制台,以使得你可以很容易地将缺省的 SystemConsole 替换为

328

ConsoleWindow。

递归策略

术无谋则必败。

——孙子，公元前 5 世纪

如果递归分解直接遵循了数学上的定义，就像第 2 章中 fact 和 fib 方法中的情况那样，那么运用递归就不是特别困难了。在大多数情况下，通过在标准递归范型中插入恰当的表达式，我们就可以将数学定义直接转换为递归实现。但是，在着手解决更复杂的问题时，情况会有所变化。

本章将介绍若干个编程问题，它们至少从表面上看比到目前为止你所看到的简单递归示例要困难得多。事实上，如果你试图不通过递归去解决这些问题，那么就需要你对迭代技术的运用要更加熟练，这通常会让你觉得异常困难。相比之下，这些问题的每一个都具有一个简短得令人难以置信的递归解决方案。如果你充分利用递归的能力，那么每项任务都只需数行代码就足够了。

但是，这些解决方案的简洁性会造成迷雾，让人们误以为它们也具备简单性。实际上，解决这些问题时最困难的问题与代码的长度无关，真正让编程变得很困难的是首先要找到其递归分解方式。这需要你有点聪明劲，但是勤能补拙，你真正需要的是勤练不辍。

9.1 递归地思考

以我的经验，编写使用递归的程序的关键是要学会用新的方式来思考这些程序。当开始学习编程时，你可能会将主要的精力放到解决方案的细节上。特别是对这些细节感到陌生时，将精力放到它们上是有意义的。但是，在面对递归问题时，忽略细节，掌握大局才是最重要的。你需要做的是对问题做整体考虑，并确定是否存在某种方式能够将其分解为形式相同，但是更容易解决的一组问题。因为递归技术总是在将一个困难的问题分解为更简单的一组问题，然后再使用相同的方法来解决这组问题，所以递归解决方案经常也被称为分而治之算法。

9.1.1 一个分而治之算法的简单示例

为了对分而治之在现实世界中的应用方式有个感性认识，想象一下你被任命为一家大型慈善组织的资金协调员，这家组织人手充足，但是资金短缺。你的工作就是要募捐到 100 万美元，使得该组织能够满足成本开销。

如果你了解到有人愿意写一张 100 万美元的支票给你，那你的工作就易如反掌了。但是，你也许并没有那么幸运，能够找到慷慨的百万富翁朋友。在这种情况下，你就必须聚少成多地募捐这 100 万美元。如果人们对你的组织的平均捐款为 100 美元，那么你可能会选择另一种不同的策略：打电话给 10 000 个朋友，向每人募捐 100 美元。但是，问题又来了，你有可能没有 10 000 个朋友。这下该怎么办呢？

就像你在面对超出你能力范围的问题时的情况一样，答案就是将一部分工作交给其他人去做。假设你的组织中有众多的志愿者，如果你能够在其中找到 10 名位于这个国家不同地区的支持者，那么你就可以让这 10 个人每个人都负责募捐 10 万美元。

募捐 10 万美元与募捐 100 万美元相比要更容易，但是仍旧很难完成。你的这些地区级的协调员该怎么办？如果他们采用相同的策略，那么就会依次将各自的工作再分发给更多的人。如果他们每个人都可以再招募 10 名募捐志愿者，那么这些人就每人只需要募捐 1 万元了。这种工作分发过程可以持续下去，直到志愿者们可以靠自己就募捐到规定数额的钱。因为平均捐款为 100 美元，所以募捐志愿者可以从单笔捐赠中收到 100 美元，此时就无需再进一步分发工作了。

如果用伪代码来表示这种募捐策略，那么它会具有如下的结果：

```
void collectContributions(int n) {
    if (n <= 100) {
        从一个人处募捐
    } else {
        找到10位志愿者
        让每个志愿者收集 n/10美元
        合并志愿者募捐的钱
    }
}
```

这段伪代码中值得注意的最重要的事情就是，下面这行就是最初的问题，只是其规模更小：

让每个志愿者收集n/10美元

这项任务的基本属性，即募捐 n 美元，仍旧完全一样，唯一的不同只是 n 的值更小。而且，因为问题相同，所以可以通过调用原来的方法来解决它。因此，这行伪代码最终可以被下面的行所替代：

331

```
collectContributions(n / 10);
```

要注意的是，collectContributions 方法在捐款额大于 100 美元时最终会调用其自身。在编程的上下文中，让一个方法调用其自身是递归的本质特征。

collectContributions 方法的结构是典型的递归方法。通常，递归方法体具有下面的形式：

```
if (测试简单情况) {
    不使用递归计算一个简单的解决方案
} else {
    将问题分解为相同形式的子问题
    通过递归地调用该方法解决每一个子问题
    重组子问题的解决方案，形成整个问题的解决方案
}
```

这个结构提供了编写递归方法的模板，因此被称为递归范型。只要满足下面的条件，就可以运用这项技术来编程解决问题：

1）必须能够识别简单情况，即答案可以很容易地确定的情况。

2）必须能够识别递归分解方案，该方案使得我们可以将该问题的任何复杂的实例分解

为具有相同形式的更简单的问题。

collectContributions 示例演示了递归的威力。对于任何递归技术而言，最初的问题都是通过被分解为仅在规模上与其存在差异的更小的子问题来解决的。这里，最初的问题是要募捐 100 万美元。在第一层分解中，每个子问题是募捐 10 万美元。然后，这些问题又依次被分解，从而产生更小的问题，直至问题简单到无需进一步递归分解就可以立即解决为止。

理解像 collectContributions 方法这样的递归示例比学习如何运用递归技术要容易得多。成功的关键在于摆正思路，学会如何递归地思考。接下来的几节会提供一些专门设计用来帮助你达成此目标的建议。

9.1.2　保持大局观

在学习编程时，我认为始终牢记哲学上的整体论和还原论的概念将会大受裨益。简单地讲，还原论就是指只有通过理解构成事物的各个组成部分，才能理解其整体。它的对立面是整体论，即整体的地位通常大于其各个部分之和。在你学习编程时，如果能够交替地用这两种视角来看问题，有时聚焦于程序整体的行为，有时钻研其执行的细节，就会显得很有用。 [332]但是，在学习递归时，这种平衡看起来会发生变化。递归思考方式需要我们能够整体地看问题。在递归领域，还原论对问题理解而言不利，并且几乎总是会造成障碍。

为了保持大局观，你必须习惯于接受第 2 章中介绍的递归的信任飞跃。无论何时，只要你在编写递归程序，或者在理解递归程序的行为，那么就必须意识到其中的关键是要忽略单个递归调用的细节。只要你选择了正确的分解方案，识别出了适合的简单情况，并且正确地实现了你的策略，那么这些递归调用就会起作用，你无需考虑它们。

遗憾的是，在你具有丰富的使用递归方法的经验之前，对递归的信任飞跃进行运用都会显得很不容易。问题在于这样做要求我们消除疑虑，并假设你的程序是正确的，这显然已经违背了你的经验。毕竟，在编写程序时，即使你是一位有经验的程序员，你的程序也很可能在第一次无法正确运行。事实上，你选择的分解方案很有可能会出错，简单情况的定义可能也不对，或者在实现你的策略时有些东西搞乱了。如果出现了这些问题，那么递归调用显然无法工作。

当不可避免地出现错误时，你必须要记住，应该在正确的位置查找错误。问题肯定出在了你的递归实现中的某处，而不是递归机制本身。如果有问题，你应该在递归层次结构的单层中就能够找到它，而向下查看递归调用中更多的层不会提供更多的帮助。如果简单情况可以工作，并且递归分解方案是正确的，那么后续的调用就都会正确地工作。如果它们有问题，那么问题一定存在于你的递归分解方案中。

9.1.3　避免常见的陷阱

随着在递归方面不断地积累经验，编写和调试递归程序的过程都会变得更加得心应手。但是，在一开始，要想找到在递归程序中需要修正的错误是很困难的。下面的清单将有助于识别最常见的错误源：

- 你的递归实现是否是以检查简单情况开始的？在试图通过将某个问题转换为递归子 [333]问题来解决它之前，你必须先检查该问题是否足够简单，以至于无需进行分解。在几乎所有情况下，递归方法都是以关键词 if 开始的。如果你的方法不是这样的，那么你就应该仔细查看你的程序，并确保你知道你正在做什么。

- 你是否正确解决了简单情况？在递归程序中，因简单情况的解决方案不正确而引发的 bug 数量相当惊人。如果简单情况有误，那么更复杂的问题的递归解决方案就会继承相同的错误。例如，如果你将 fact(0) 错误地定义为了 0 而不是 1，那么用任何引元来调用 fact 都会以返回 0 而终止。

- 你的递归分解是否使问题变得更简单了？为了让递归能够起作用，问题必须一路下来变得越来越简单。更正式地讲，必须存在某种能够对问题的困难程度进行量化的度量指标，它的取值会随着计算的执行越来越小。对于像 fact 和 fib 这样的数学函数，整数引元的值就可以作为一种度量指标。在每次递归调用中，这些引元值都会变得更小。对于第 3 章中的 isPalindrome 方法，引元字符串的长度就是一种恰当的度量指标，因为该字符串在每次递归调用中都会变得更短。如果问题实例没有变得更简单，那么分解过程就只能产生越来越多的调用，导致产生像无限循环一样的递归，我们称之为无法终止的递归。

- 简化过程最后是否能够达到简单情况，或者你是否漏掉了其他的可能？常见的一种错误是没有对在递归分解过程中所产生的所有情况都进行简单情况的测试。例如，在 3.3.1 节的 isPalindrome 的实现中，至关重要的是要检查 0 个字符的情况和 1 个字符的情况，尽管客户从来都不会在空字符串上调用 isPalindrome。随着递归分解过程的展开，字符串引元会在每个递归调用层级上缩短 2 个字符。如果最初的引元字符串的长度为偶数，那么该递归分解过程将永远都不会到达 1 个字符的情况。

- 你的方法中的递归调用表示的子问题是否真的与原来的问题具有相同的形式？当你使用递归来分解问题时，关键是子问题要具有相同的形式。如果递归调用改变了问题的属性，或者违反了最初的某项假设，那么整个过程就会崩溃。正如本章多个示例所展示的，一种非常有用的做法是：将可以被公共导出的方法定义为一个简单的包装器，它会调用具体实现中私有的更通用的递归方法。因为该私有方法具有更通用的形式，所以通常可以更容易地以适合递归结构的方式来分解最初的问题。

334

- 当你运用了递归的信任飞跃时，对递归子问题的解决方案是否提供了对最初问题的完整的解决方案？将问题分解为递归的子实例只是递归过程的一部分。一旦获得了各个子实例的解决方案，你还必须能够将它们重新组装起来以产生完整的解决方案。检查这个过程是否真的能够生成完整的解决方案的方式是遍历整个分解方案，并在此过程中严格地运用递归的信任飞跃。即遍历当前方法调用中的所有步骤，但是要假设每个递归调用都会生成正确的答案。如果遵循了这个过程，就会产生正确的解决方案，你的程序进而也应该能够工作。

9.2 汉诺塔

递归的典型案例是被称为汉诺塔的一个简单游戏。汉诺塔游戏是在 19 世纪 80 年代被法国数学家 Édouard Lucas 发明的，其后它迅速地在欧洲流行起来。它的成功可部分归功于有关这个游戏的传说，法国数学家 Henri de Parville 在 La Nature 中对其做了如下的描述（数学历史学家 W.W.R.Ball 将其翻译成了英文）：

贝拿勒斯的伟大神庙的穹顶之下被标记为世界的中心，那里摆放着一个铜盘，盘上固定着三根钻石做的针，每一根都有一腕尺高，并且和蜜蜂的身体一样粗。在其中一根针上，上帝在创世纪时放置了 64 个纯金的圆盘，最大的圆盘直接摆放在铜盘上，而其他的圆盘层叠地放置，尺寸越来越小，直至最上面的一个。这就是梵天塔。祭司们日夜不停地按照梵天定下的永恒的规则将这些圆盘从一根钻石针上移动到另一个钻石针上，这些规则要求当值的祭司一次只能移动一个圆盘，并且放置该圆盘的针上在该圆盘之下不会有任何圆盘比它尺寸小。当所有 64 个圆盘都从在创世纪时上帝放置它们的那根针上移动到其他两个针中的一根上时，这座塔、这座庙，以及梵天都将崩塌化为尘土，世界将随着一声霹雳化为乌有。

多年之后，故事中的设置从印度变成了越南，但是这个游戏和它的传说仍旧保持流传了下来。

据我所知，汉诺塔游戏没有任何实际用处，只有一个例外：向计算机科学专业的学生讲解递归。在这个领域内，它非常有价值，因为其解决方案中除了递归还是递归。与大多数对应于现实问题的递归算法相比，汉诺塔问题不包含任何可能会影响你对它的理解，并妨碍你了解递归方案如何工作的不相干的复杂性。因为汉诺塔作为示例而言非常优秀，所以大多数介绍递归的教科书都收录了它，使得它非常像第 1 章中的"hello, world"程序，成为计算机科学家们共享的文化遗产中的一部分。

335

在该游戏的商业版本中，传说中的 64 个黄金圆盘被替代为 8 个木质或塑料的圆盘，这使得这个游戏的解决方案变得容易了许多（更不用说还便宜了许多）。这个游戏最初的状态看起来像下面这样：

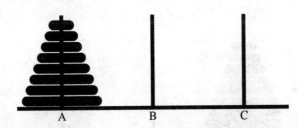

在一开始，所有 8 个圆盘都在尖塔 A 上，你的目标就是将这 8 个圆盘从尖塔 A 移动到尖塔 B 上，同时要遵守下面的规则：

- 一次只能移动一个圆盘。
- 不允许将大圆盘移动到小圆盘的上面。

9.2.1 刻画汉诺塔问题

为了将递归应用于汉诺塔问题，我们必须首先用更一般的术语来刻画这个问题。尽管最终目标是将 8 个圆盘从 A 移动到 B，但是该问题的递归分解方案将涉及将较小的一组圆盘按照各种不同的配置在尖塔之间来回移动。在更一般的情况中，我们需要解决的问题是在使用第三座尖塔作为临时存放地的条件下，将给定高度的圆盘塔从一座尖塔移动到另一座尖塔上。为了确保所有子问题都适用最初的形式，我们的递归过程必须接受下面的引元：

1）要移动的圆盘数量。
2）圆盘在开始时所在尖塔的名字。
3）圆盘在结束时所在尖塔的名字。
4）用作临时存放地的尖塔的名字。

要移动的圆盘数量很显然是一个整数，而尖塔用字母 A、B、C 来标记意味着可以用

char 类型来表示尖塔。确定类型之后，就可以编写如下的移动圆盘塔的原型了：

```
void moveTower(int n, char start, char finish, char tmp);
```

要移动例子中的 8 个圆盘，初始的调用应该是：

```
moveTower(8, 'A', 'B', 'C');
```

这个方法调用对应于自然语言命令"将尺寸为 8 的圆盘塔从尖塔 A 移动到尖塔 B 上，可以使用尖塔 C 作为临时存放地"。随着递归分解的进行，程序将会用不同的引元来调用 moveTower，从而以各种不同的配置来移动较小的圆盘塔。

9.2.2 找到递归策略

既然已经有了该问题的更一般的定义，我们就可以返回去找到移动大型圆盘塔的策略了。为了运用递归，我们必须首先确保该问题满足下面的条件：

1）必须有一个简单情况。在这个问题中，简单情况会在 n 等于 1 时发生，它意味着只有一个圆盘需要移动。只要不违反不能将大圆盘置于小圆盘之上的规则，就可以在单步操作中移动单个圆盘。

2）必须有一个递归分解方案。为了实现递归解决方案，必须能够将问题分解为与原来问题具有相同形式的更简单的问题。这一步难度更大，并且需要仔细检查。

为了看清楚解决更简单的子问题为什么有助于解决更大的问题，我们回去再看看原来的 8 个圆盘的示例。

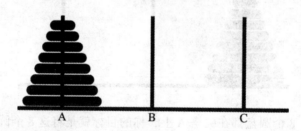

此时的目标是将 8 个圆盘从尖塔 A 移动到尖塔 B。你需要问问自己如果你能够解决圆盘数量更少的相同问题，是否会有所帮助。特别是，你应该考虑能够移动 7 个圆盘是否对解决 8 个圆盘的情况会有所帮助。

如果你花点时间仔细考虑一下这个问题，就会发现很明显，你可以通过将这个问题分解为三个步骤来解决它：

1）将上面的 7 个圆盘从尖塔 A 移动到尖塔 C。

2）将底部的圆盘从尖塔 A 移动到尖塔 B。

3）将移走的 7 个圆盘从尖塔 C 移动回尖塔 B。

执行第一步后，各个圆盘的位置如下：

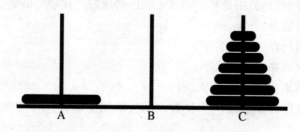

一旦你将最大的圆盘上面的 7 个圆盘移走了，那么第二步就可以直接将这个圆盘从尖塔 A 移动到尖塔 B 了，这样会产生下面的状态：

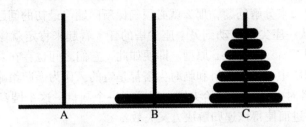

剩下的工作就是将 7 个圆盘构成的塔在从尖塔 C 移回尖塔 B，这样就再次需要解决具有相同形式但更小的问题。这项操作是递归策略中的第三部，并且完成后游戏将结束，各个圆盘处于我们想要的最终状态。

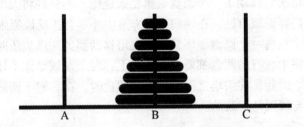

仅此而已！你完成了。你将移动尺寸为 8 的圆盘塔的问题降解为了移动尺寸为 7 的圆盘塔。更重要的是，这种递归策略可以按照如下方式推广到尺寸为 N 的圆盘塔：

1）将上面的 N–1 个圆盘从起始尖塔移动到临时尖塔。

2）将底部的圆盘从起始尖塔移动到目标尖塔。

3）将移走的 N–1 个圆盘从临时尖塔移动回目标尖塔。

至此，你肯定禁不住要问自己："好，我可以将问题降解为移动尺寸为 N–1 的圆盘塔，但是我怎样完成这项任务呢？"当然，答案是你可以用相同的方式来移动尺寸为 N–1 的圆盘塔。你可以将这个问题分解为需要移动尺寸为 N–2 的圆盘塔，进而将其再分解为移动尺寸为 N–3 的圆盘塔，以此类推，直至只需要移动一个圆盘。但是，从心理学上讲，重要的事情是要避免问这个问题。递归的信任飞跃应该就足以解决你的后顾之忧了。你已经在不改变问题形式的情况下将问题的规模降解了，这是一项很有难度的工作，剩下的工作只是走走形式了，最好将它们交给计算机来处理。

一旦识别出了简单情况和递归分解方案，那么你需要做的就是将它们插入标准的递归范型中，这样会产生下面的伪代码过程：

```
void moveTower(int n, char start, char finish, char tmp) {
    if (n == 1) {
        移动一个圆盘从 start 到 finish
    } else {
        移动尺寸为 n – 1 的圆盘塔从 start 到 tmp
        移动一个圆盘从 start 到 finish
        移动尺寸为 n – 1 的圆盘塔从 tmp 到 finish
    }
}
```

338

9.2.3　验证递归策略

尽管该伪代码策略事实上是正确的，但是到此刻为止，我们的推导还是忽略了一点。无论何时，只要使用递归来分解问题，那么就必须确保新问题与最初的问题具有完全相同的形式。将 N-1 个圆盘从一座尖塔移动到另一座尖塔的任务看起来肯定就像是相同问题的另一个实例，并且也适用于 moveTower 原型。即便如此，它们之间也存在着一个细微但是重要的差异。在最初的问题中，目标尖塔和临时尖塔都是空的。作为递归策略的一部分，在移动尺寸为 N-1 的圆盘塔时，已经在起始尖塔上留下了一个圆盘。这个圆盘的存在是否会改变这个问题的属性，并进而使得该递归解决方案失效？

为了回答这个问题，我们需要根据游戏的规则来思考子问题。如果该递归分解方案不会以违反这些规则而结束，那么万事皆安。第一条规则，即每次只能移动一个圆盘，并不是
问题。如果圆盘不止一个，那么递归分解方案会将该问题分解，以产生更简单的情况，而伪代码中的步骤确实是每次只移动了一个圆盘。第二条规则，不允许将大圆盘放在小圆盘的上面，这才是关键。我们要说服自己，在递归分解方案中并不会违反该原则。

我们必须观察到，在将一个圆盘子塔从一座尖塔移动到另一座尖塔时，留在原来尖塔上的圆盘必须比当前子塔中所有的圆盘都要大，实际上，对于在该操作中任何阶段留下来的圆盘，都适用于这一点。因此，在尖塔之间来回移动圆盘时，在它们下面的圆盘都是在尺寸上比它们大的圆盘，这与规则是一致的。

9.2.4　编码解决方案

为了完成汉诺塔的解决方案，剩下的步骤仅仅是用方法调用来替换其余的伪代码。移动整座塔的任务需要一个对 moveTower 方法的递归调用，而仅有的另一项操作是将单个圆盘从一座尖塔移动到另一座上。为了编写出能够显示解决方案中各个步骤的测试程序，我们需要一个能够在控制台上记录其操作的方法。例如，可以像下面这样实现方法 moveSingleDisk:

```java
void moveSingleDisk(char start, char finish) {
    System.out.println(start + " -> " + finish);
}
```

moveTower 的代码自身看起来像下面这样：

```java
void moveTower(int n, char start, char finish, char tmp) {
    if (n == 1) {
        moveSingleDisk(start, finish);
    } else {
        moveTower(n - 1, start, tmp, finish);
        moveSingleDisk(start, finish);
        moveTower(n - 1, tmp, finish, start);
    }
}
```

图 9-1 展示了完整的实现。

```
/*
 * File: Hanoi.java
```

图 9-1　解决汉诺塔问题的程序

```
 * --------------------
 * This program solves the Towers of Hanoi puzzle.
 */

package edu.stanford.cs.javacs2.ch9;

import edu.stanford.cs.console.Console;
import edu.stanford.cs.console.SystemConsole;

public class Hanoi {

    public void run() {
        Console console = new SystemConsole();
        int n = console.nextInt("Enter number of disks: ");
        moveTower(n, 'A', 'B', 'C');
    }

/**
 * Moves a tower of size n from the start spire to the finish
 * spire using the tmp spire as the temporary repository.
 */

    private void moveTower(int n, char start, char finish, char tmp) {
        if (n == 1) {
            moveSingleDisk(start, finish);
        } else {
            moveTower(n - 1, start, tmp, finish);
            moveSingleDisk(start, finish);
            moveTower(n - 1, tmp, finish, start);
        }
    }

/**
 * Executes the transfer of a single disk from the start spire to the
 * finish spire.  In this implementation, the move is simply displayed
 * on the console; in a graphical implementation, the code would update
 * the graphics window to show the new arrangement.
 */

    private void moveSingleDisk(char start, char finish) {
        System.out.println(start + " -> " + finish);
    }

/* Main program */
    public static void main(String[] args) {
        new Hanoi().run();
    }

}
```

图 9-1 （续）

9.2.5　跟踪递归过程

moveTower 的这个实现的唯一问题就是它看起来就像是某种魔法。如果你和大多数第一次学习递归的学生一样，那么这个解决方案看起来太短了，以至于你肯定会觉得一定缺失了什么东西。策略在哪里？计算机是怎么知道应该先移动哪个圆盘以及应该将其放到哪里的？

问题的答案为：递归过程就是解决问题所需的一切，该过程将问题分解为具有相同形式的更小的子问题，然后提供简单情况的解决方案。如果你接受递归的信任飞跃，那么事情就搞定了，你就可以跳过本节继续阅读后面的章节了。但是，如果你仍心存疑虑，那么就需要遍历一下完整的递归过程中的各个步骤，并观察发生了什么。

340 ~ 341

为了使问题更可控，请考虑在最初的塔中只有 3 个圆盘的情况。此时，主程序的调用为：

```
moveTower(3, 'A', 'B', 'C');
```

要想跟踪该调用是如何计算转移尺寸为 3 的圆盘塔所需的步骤的，只需使用与第 2 章的阶乘示例中完全一样的策略来跟踪程序的操作。对于每一个新的方法调用，都会引入一个新的栈帧，它展示了该调用的参数值。例如，对 moveTower 的最初的调用会创建下面的栈帧：

```
public int run() {

void moveTower(int n, char start, char finish, char tmp) {
☞if (n == 1) {
     moveSingleDisk(start, finish);
   } else {
     moveTower(n - 1, start, tmp, finish);
     moveSingleDisk(start, finish);
     moveTower(n - 1, tmp, finish, start);
   }
}
                        n      start   finish  tmp
                        3      'A'      'B'    'C'
}
```

正如在代码中的当前位置标记所表示的，该方法刚刚被调用，因此方法执行始于方法体中的第一条语句。n 的当前值不等于 1，这表示该程序会跳到后面的 else 子句，并执行下面的语句：

```
moveTower(n - 1, start, tmp, finish);
```

与任何其他调用一样，我们都会从计算引元的值入手。为了这么做，我们需要确定变量 n、start、tmp 和 finish 的值。无论何时，只要需要用到变量的值，我们就使用它在当前栈帧中定义的值。因此，该 moveTower 调用等价于：

```
moveTower(2, 'A', 'C', 'B');
```

但是，这项操作需要作出另一个方法调用，这意味着当前操作将被挂起，直至新的方法调用完成。为了跟踪新的方法调用的操作，我们需要生成新的栈帧，并重复该过程。一如既往，新栈帧中的参数会从调用引元中按照它们出现的顺序依次复制。因此，新栈帧看起来像下面这样：

[342]

```
public int run() {

void moveTower(int n, char start, char finish, char tmp) {

void moveTower(int n, char start, char finish, char tmp) {
☞if (n == 1) {
     moveSingleDisk(start, finish);
   } else {
     moveTower(n - 1, start, tmp, finish);
     moveSingleDisk(start, finish);
     moveTower(n - 1, tmp, finish, start);
   }
}
                        n      start   finish  tmp
                        2      'A'      'C'    'B'
}
```

正如图中所示，新栈帧有其自己的变量集，暂时会取代栈中更深层的各个帧中的变量。因此，只要程序在这个栈帧中执行，n 的值就是 2，start 就是 'A'，finish 就是 'C'，而 tmp 就是 'B'。在前一帧中的旧值将不可重现，直至这个对 moveTower 的调用返回。

对这个递归的对 moveTower 的调用的计算仍旧与对最初的调用的计算完全相同。于是，n 再次不等于 1，因而需要另一个下面形式的调用：

```
moveTower(n - 1, start, tmp, finish);
```

但是，因为这个调用来自于不同的栈帧，所以各个变量的值与最初的调用中的变量值不同。如果在当前栈帧的上下文中计算这些引元，就会发现这个方法调用等价于：

```
moveTower(1, 'A', 'B', 'C');
```

创建这个调用的效果是又引入了另一个用于 moveTower 方法的栈帧，就像下面这样：

```
public int run() {
 void moveTower(int n, char start, char finish, char tmp) {
  void moveTower(int n, char start, char finish, char tmp) {
   void moveTower(int n, char start, char finish, char tmp) {
☞ if (n == 1) {
       moveSingleDisk(start, finish);
    } else {
       moveTower(n - 1, start, tmp, finish);
       moveSingleDisk(start, finish);
       moveTower(n - 1, tmp, finish, start);
    }
   }
```

n	start	finish	tmp
1	'A'	'B'	'C'

但是，这个对 moveTower 的调用表示的是简单情况。因为 n 为 1，所以这个程序会调用 moveSingleDisk 方法来将一个圆盘从 A 移动到 B，使得游戏处于下面的状态：

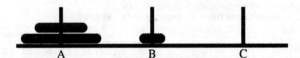

至此，最近一个对 moveTower 的调用就完成了，并且该方法会返回。在这个过程中，它的栈帧会被丢弃，这会将程序执行带回到前面的栈帧。而那一帧中的程序执行会从刚刚完成的调用的后面继续执行，就像下图所表示的那样：

```
public int run() {
 void moveTower(int n, char start, char finish, char tmp) {
  void moveTower(int n, char start, char finish, char tmp) {
     if (n == 1) {
       moveSingleDisk(start, finish);
    } else {
       moveTower(n - 1, start, tmp, finish);
☞     moveSingleDisk(start, finish);
       moveTower(n - 1, tmp, finish, start);
    }
   }
```

n	start	finish	tmp
2	'A'	'C'	'B'

对 moveSingleDisk 的调用表示的又是一个简单操作，使得游戏处于下面的状态：

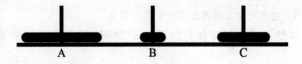

在 moveSingleDisk 操作完成后，要想完成当前的对 moveTower 的调用，唯一剩下的步骤就是该方法的最后一条语句：

```
moveTower(n - 1, tmp, finish, start);
```

在当前帧的上下文中计算这些引元将会发现这个调用等价于：

```
moveTower(1, 'B', 'C', 'A');
```

这个调用再次需要创建新的栈帧。但是，该过程推演到此处，你应该能够看出这个调用的效果就是用 A 作为临时存放地，将尺寸为 1 的圆盘塔从 B 移动到 C。在内部，该方法确定 n 为 1，然后调用 moveSingleDisk，使游戏处于下面的状态：

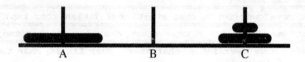

这项操作会再次完成一个对 moveTower 的调用，使得它可以返回到它的调用者，从而完成将尺寸为 2 的圆盘塔从 A 移动到 C 的子任务。丢弃刚刚完成的子任务的栈帧会使程序执行回到最初的对 moveTower 的调用的栈帧，现在它处于下面的状态：

```
public int run() {

void moveTower(int n, char start, char finish, char tmp) {
   if (n == 1) {
      moveSingleDisk(start, finish);
   } else {
      moveTower(n - 1, start, tmp, finish);
☞     moveSingleDisk(start, finish);
      moveTower(n - 1, tmp, finish, start);
   }
}
```

n	start	finish	tmp
3	'A'	'B'	'C'

下一步是调用 moveSingleDisk，将最大的圆盘从 A 移动到 B，从而产生下面的状态：

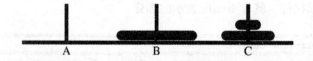

唯一剩下的操作就是调用

```
moveTower(n - 1, tmp, finish, start);
```

其中使用的引元来自当前的栈帧，即

```
moveTower(2, 'C', 'B', 'A');
```

如果你仍旧对该递归过程心存疑虑，那么你可以绘制这个方法调用所创建的栈帧，并继续跟踪该过程，直至其最终的结论。但是，此处最重要的是你需要给予该递归过程足够的信任，将该方法调用看作单个操作，其效果相当于下面用中文描述的命令：

用 A 作为临时存放地，将尺寸为 2 的圆盘塔从 C 移动到 B

如果按照这种整体的形式来思考执行过程，你立刻就会发现这个步骤的完成将会把两个圆盘从 C 移动回 B，从而得到最终想要的状态：

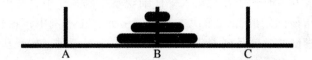

9.3 子集求和问题

尽管汉诺塔问题能够很好地展示递归的能力，但是其作为示例的有效性因缺少实际应用而大打折扣。许多人被吸引来学习编程是因为编程可以解决实际问题。如果所有的递归示例都像汉诺塔一样，那么人们就会很轻易地得出结论，认为递归只对解决抽象的游戏有用。但是，事实远非如此。递归策略为用其他方式难以解决的实际问题提供了非常高效的解决方案，特别是将在第 12 章介绍的排序问题。

本节所阐述的问题是子集求和问题，它的定义如下：

> 给定一个整数集和目标值，确定是否可以找到这些整数的一个子集，使其总和等于指定的目标值。

例如，给定集合 {-2, 1, 3, 8} 和目标值 7，子集求和问题的答案为是，因为子集 {-2, 1, 8} 加起来等于 7。但是，如果目标是为 5，那么答案就为否，因为没有任何办法能够在 {-2, 1, 3, 8} 中找到一个加起来等于 5 的整数子集。

我们很容易将子集求和问题转译为 Java。具体的目标是编写一个谓词方法

```
boolean subsetSumExists(TreeSet<int> set, int target);
```

它接受所需的信息，并在可以从 set 中选择某种元素组合使得将它们加起来等于 target 时，返回 true。

尽管子集求和问题可能初看起来和汉诺塔一样都难以理解其用处，但是它在计算机理论和实践中都显得很重要。正如你在第 11 章将会发现的，子集求和问题属于难以高效解决的计算问题中很重要的一类。但是，在以信息保密为目标的应用中，难以高效解决这一特性使得像子集求和这样的问题变得很有用。例如，公钥加密的第一种实现就使用了子集求和问题的一种变体作为其数学基础。现代加密策略都将它们的操作构建于可证明解决难度很大的问题之上，这样可以让产生的编码难以被破解。

9.3.1 探寻递归解决方案

子集求和问题使用传统的迭代方式是难以解决的。为了能够有所进展，我们需要递归地思考问题。一如既往，我们需要识别简单情况和递归分解方案。在操作集合的应用中，简单情况几乎总是发生在集合为空时。我们无法用空集中的元素来产生目标值，除非目标为 0。从这个发现可知，subsetSumExists 的代码最初应该有下面的轮廓：

```
boolean subsetSumExists(TreeSet<int> set, int target) {
    if (set.isEmpty()) {
        return target == 0;
    } else {
        找到简化问题的递归分解方案
    }
}
```

在这个问题中，困难的部分在于找到递归的分解方案。

在寻找递归分解方案时，需要在输入中仔细观察找到某个值，它可以使得问题变得更小，这里的输入是指该问题的 Java 解决方案中的引元。在本例中，我们需要将集合变小，因为我们正在努力尝试的，就是向着集合为空的简单情况迈进。如果从集合中取出一个元素，那么剩下集合就会比原来的集合少一个元素。TreeSet 类导出的操作使得从集合中选择一个元素，然后确定剩余元素的操作变得很简单。我们需要的就是下面的代码：

```
int element = set.first();
TreeSet<int> rest = new TreeSet(set);
rest.remove(element);
```

first 方法会返回集合中以迭代顺序第一个出现的元素。接下来的两条语句创建了一个新的名为 rest 的 TreeSet，它包含了 set 中除 element 值以外的所有元素。element 是迭代顺序中的第一个元素这一点在此并不重要。我们真正需要的是某种方法，它能够选择一个元素，然后通过在原有集合中移除选中元素来创建更小的集合。

但是，将集合变小不足以解决该问题。根据其结构，我们知道 subsetSumExists 必须在存储在变量 rest 中的更小的集合上递归地调用自己。我们还不能确定这些递归子问题的解决方案将如何帮助我们解决最初的问题。我们需要用来实现此目的的策略可以用来演示一种在许多应用中都被证明非常有用的通用编程模式，该策略将在下一节中阐述。

9.3.2 包含 / 排除模式

对于完成 subsetSumExists 的实现而言，你需要具有的关键见识是在标识出某个特殊元素之后，你大概能够以两种方式来产生想要的目标和。一种可能性是你正在查找的子集中包含该元素。此时，必须能够处理剩余的集合，并产生值 target-element。另一种可能性是你正在查找的子集中不包含该元素，此时必须能够用剩下的元素来产生值 target。能有这种见识，就足以完成如下的 subsetSumExists 的实现了：

```
boolean subsetSumExists(TreeSet<int> set, int target) {
   if (set.isEmpty()) {
      return target == 0;
   } else {
      int element = set.first();
      TreeSet<Integer> rest = new TreeSet<Integer>(set);
      rest.remove(element);
      return subsetSumExists(rest, target)
         || subsetSumExists(rest, target - element);
   }
}
```

因为该递归策略将普通情况分解为了包含特定元素和排除特定元素的两个分支，所以这个策略有时也被称为包含 / 排除模式。在做本章以及后续几章的习题时，你会发现这种策略，以及其若干个稍微有些变化的变体，会在许多不同的上下文中出现。尽管这种模式在操作集合时是最容易看到，但是在涉及向量和字符串的应用中，也会发现它，你在那些情况下也应该留意是否可以应用它。

9.4 生成排列

许多填字游戏都要求能够反复重排一组字母以构成一个单词。因此，如果你想要编写一个填词程序，那么要是能有一个工具用来生成特定方格组所有可能的组合就会很有帮助。在 [348] 填字游戏中，这些组合通常被称为变形词。在数学上，它们被称为排列。

假设我们想编写一个方法

```
TreeSet<String> generatePermutations(String str)
```

它会返回包含了该字符串所有排列的集合。例如，如果调用

```
generatePermutations("ABC")
```

那么该方法应该返回包含下列元素的一个集合：

```
{ "ABC", "ACB", "BAC", "BCA", "CAB", "CBA" }
```

如何才能实现 generatePermutations 方法呢？如果仅限于迭代控制结构，那么要想找到可以操作任意长度字符串的通用解决方案是很困难的。另一方面，递归地考虑这个问题则会产生相对直接的解决方案。

就像递归程序的通常情况一样，设计解决方案的过程中最困难的部分是找出如何将最初的问题分解为同一个问题的更简单的实例。在本例中，要想生成一个字符串的所有排列，我们需要去发现如何能够生成较短的字符串的所有排列，这可能对最终的解决方案会有所帮助。

在浏览解决方案之前，停下来，花点时间来思考一下这个问题。在你一开始学习递归时，理解递归解决方案会显得很容易，因此你会相信你自己已经能够生成这样的递归解决方案了。但是，不亲自去尝试一下，就很难说你已经具备了必需的递归洞察力。

为了对这个问题感触更深一些，我们可以考虑一个具体的例子。假设你想要生成一个 5 个字符长的字符串的所有排列，例如 "ABCDE"。在你的解决方案中，你可以应用递归的信任飞跃来生成任意更短的字符串的所有排列。假设这些递归调用可以工作，并且已经实现了，那么关键问题再次复现，即排列更短的字符串怎样才能对解决最初的 5 个字符长的字符串的排列问题有所帮助呢？

如果你聚焦于将 5 个字符的排列问题分解为一定数量的解决 4 个字符长的字符串排列问题 [349] 的实例，那么你很快就会发现 5 个字符长的字符串 "ABCDE" 的排列是由下列字符串构成的：

- 字符 'A' 后面跟着 "BCDE" 的每种可能的排列。
- 字符 'B' 后面跟着 "ACDE" 的每种可能的排列。
- 字符 'C' 后面跟着 "ABDE" 的每种可能的排列。
- 字符 'D' 后面跟着 "ABCE" 的每种可能的排列。
- 字符 'E' 后面跟着 "ABCD" 的每种可能的排列。

更一般地讲，你可以通过依次选择每个字符，然后对于第一个字符的这 n 种可能的每一种，都将该选中的字符与剩下的 $n-1$ 个字符的每种可能的排列连接起来，从而构建出长度为 n 的字符串的所有排列集合。生成 $n-1$ 个字符的所有可能的排列问题是同一个问题的更小的实例，因此可以递归地解决。

与往常一样，你还需要定义一个简单情况。一种可能是检查该字符串是否只包含单个字符。计算只包含单个字符的字符串的所有排列是很容易的，因为它只有一种可能的排序。但是，在字符串处理中，简单情况的最佳选择几乎从来都不是单个字符长的字符串，因为事实上还有一种更简单的情况：压根不包含任何字符的空字符串。就像单个字符长的字符串只有一种排序一样，空字符串的书写方式也只有一种。如果调用 generatePermutations("")，应该会得到一个包含单个元素的集合，该元素就是空字符串。

一旦有了简单情况和递归方案，编写 generatePermutations 的代码就变得相当直接了。图 9-2 展示了 generatePermutations 的代码，以及一个简单的测试程序，它会让用户输入一个字符串，然后打印该字符串中字符的所有可能的排列。

如果运行 Permutations 程序并输入字符串 "ABC"，就会看到下面的输出：

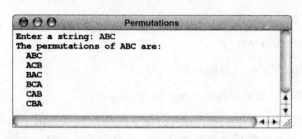

```
/*
 * File: Permutations.java
 * -----------------------------
 * This file generates all permutations of an input string.
 */

package edu.stanford.cs.javacs2.ch9;

import edu.stanford.cs.console.Console;
import edu.stanford.cs.console.SystemConsole;
import java.util.TreeSet;

public class Permutations {

   public void run() {
      Console console = new SystemConsole();
      String str = console.nextLine("Enter a string: ");
      System.out.println("The permutations of " + str + " are:");
      for (String s : generatePermutations(str)) {
         System.out.println("   " + s);
      }
   }

/*
 * Returns a set consisting of all permutations of the specified string.
 * This implementation uses the recursive insight that you can generate
 * all permutations of a string by selecting each character, generating
 * all permutations of the string without that character, and then
 * concatenating the selected character on the front of each string.
 */

   private TreeSet<String> generatePermutations(String str) {
      TreeSet<String> result = new TreeSet<String>();
      if (str.equals("")) {
         result.add("");
      } else {
         for (int i = 0; i < str.length(); i++) {
            char ch = str.charAt(i);
            String rest = str.substring(0, i) + str.substring(i + 1);
            for (String s : generatePermutations(rest)) {
                result.add(ch + s);
            }
         }
      }
      return result;
   }

/* Main program */
   public static void main(String[] args) {
      new Permutations().run();
   }

}
```

图 9-2   生成一个字符串的所有排列的程序

在这个应用中使用 Set 可以确保该程序能够以字母序生成排列，而且每一种不同的字符排序都只出现一次，即使在输入字符串中有重复字母时也是如此。例如，如果在命令行中输入字符串 AABB，那么该程序只会产生如下的 6 种排列：

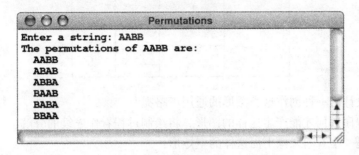

递归过程会调用 add 方法 24(4!) 次，但是 TreeSet 类的实现会确保不会出现重复的值。

你可以使用 generatePermutations 方法来生成一个单词的所有变形词，但是要将图 9-2 中的主程序修改为可以检查每个字符串是否符合英语的词法。如果输入字符串 "aeinrst"，那么就会获得下面的输出，即认真的填字游戏者立刻就可以识别出来的一个列表：

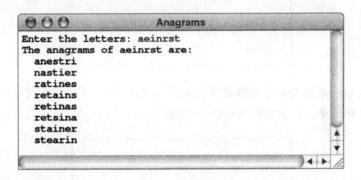

9.5 图形递归

有些最令人兴奋的递归应用会使用图形来创建复杂的图片，其中某种特定的主题会以许多不同的比例重复出现。本章剩余部分提供了多个图形递归的示例，它们使用了第 8 章介绍的 GWindow 类。这部分材料对学习递归来说并非是必需的，如果你对图形库不熟悉，那么可以跳过。但是，如果你仔细阅读这些示例，就会发现递归更加强大了，更不用说更加有趣了。

352

9.5.1 一个计算机艺术实例

在 20 世纪早期，在巴黎兴起了一场颇具争议的艺术运动，很大程度上是受到了巴勃罗·毕加索和乔治斯·布拉克的影响。立体派艺术家们（这个称谓是他们的批评者们赋予他们的）拒绝了透视和表现主义等经典艺术概念，取而代之的是基于简单几何形式的高度碎片化的作品。因为受到了立体派的强烈影响，荷兰画家皮特·蒙德里安（1872—1944）创作了一系列基于水平和垂直线条的作品。这些画作的递归结构使得它们成为计算机模拟的理想对象。

例如，假设你想要生成一幅像下面这样的蒙德里安式的作品：

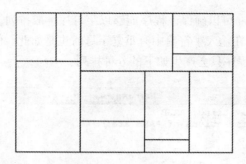

如何才能设计出一种创作这类图形的通用策略呢？

为了理解程序如何才能产生这样的图形，将绘制过程看作连续的分解会有所帮助。在最开始，画布就是一个看起来像下面这样的空矩形：

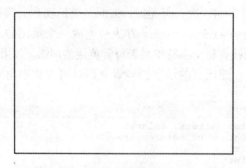

如果你想要用一系列的水平和垂直线条来分解这张画布，那么最简单的开始方式就是绘制一条随机选中的线条，它能够将该矩形一分为二：

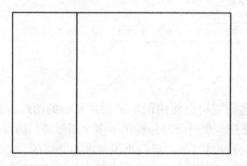

如果你递归地思维，此刻要注意的是你现在有了两张空的矩形画布，每张的尺寸都比原来的更小。分解这些矩形的任务与之前的任务相同，因此可以使用相同过程的递归实现来执行该任务。因此，完整的方法是将整个矩形一分为二，再依次将每个矩形分解，然后将两部分放到一起，就像下面这样：

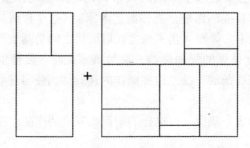

　　完成此递归策略所需的仅剩下简单情况了。分解这些矩形的过程肯定不能无限地进行下去。随着这些矩形变得越来越小，你不得不在某处停下来。一种方式是在开始分解之前先观察每个矩形的面积，一旦某个矩形的面积小于某个阈值，那么就不用再对其进行分解了。

　　图 9-3 中的 Mondrian.java 从完整的图形画布开始实现了这种递归策略。在这个程序中，subdivideCanvas 方法完成了所有的工作，其引元给出了画布上当前矩形的位置和尺寸。在分解过程中的每一步，该方法都会检查该矩形是否大到了可以分解的程度。如果是，那么该方法会检查其宽和高哪个大，然后用垂直或水平的线条来分解该矩形。在每种情况下，该方法都会只绘制一根线条，图形中所有剩余的线条都是由后续递归调用绘制的。

354

```
/*
 * File: Mondrian.java
 * --------------------
 * This program draws a recursive Mondrian style picture by recursively
 * subdividing the plane.
 */

package edu.stanford.cs.javacs2.ch9;

import edu.stanford.cs.javacs2.ch8.GLine;
import edu.stanford.cs.javacs2.ch8.GWindow;

public class Mondrian {

   public void run() {
      GWindow gw = new GWindow(WIDTH, HEIGHT);
      subdivideCanvas(gw, 0, 0, WIDTH, HEIGHT);
   }

/*
 * At each level, subdivideCanvas first checks for the simple case, which
 * is when the size of the rectangular canvas is too small to subdivide
 * (i.e., when the area is less than MINIMUM_AREA).  In the simple case,
 * the method does nothing.  In the recursive case, the method splits the
 * canvas along its longest dimension by choosing a random dividing line
 * that leaves at least MINIMUM_EDGE on each side.  The program then uses
 * a divide-and-conquer strategy to subdivide the two new rectangles.
 */

   private void subdivideCanvas(GWindow gw, double x, double y,
                                double width, double height) {
      if (width * height >= MINIMUM_AREA) {
         if (width > height) {
            double dx = randomReal(MINIMUM_EDGE, width - MINIMUM_EDGE);
            gw.add(new GLine(x + dx, y, x + dx, y + height));
            subdivideCanvas(gw, x, y, dx, height);
            subdivideCanvas(gw, x + dx, y, width - dx, height);
         } else {
            double dy = randomReal(MINIMUM_EDGE, height - MINIMUM_EDGE);
            gw.add(new GLine(x, y + dy, x + width, y + dy));
            subdivideCanvas(gw, x, y, width, dy);
            subdivideCanvas(gw, x, y + dy, width, height - dy);
         }
      }
   }
```

图 9-3　将平面分解为类蒙德里安样式的程序

355

```
/**
 * Returns a random real number in the specified range.
 */

    private double randomReal(double low, double high) {
        return low + Math.random() * (high - low);
    }

/* Private constants */

    private static final int WIDTH = 700;
    private static final int HEIGHT = 400;
    private static final double MINIMUM_AREA = 4000;
    private static final double MINIMUM_EDGE = 10;

/* Main program */

    public static void main(String[] args) {
        new Mondrian().run();
    }

}
```

图 9-3 （续）

9.5.2 分形

在 20 世纪 70 年代后期，IBM 的研究者 Benoit Mandelbrot（1924—2010）出版了一本有关分形的书，引起了巨大的轰动。分形就是一种几何结构，在其中会以许多不同的比例重复同一种模式。尽管数学家们早已对分形了如指掌，但是在 20 世纪 80 年代，人们又重新萌发了对这个主题的兴趣，其中部分原因就是计算机的发展使得我们可以用分形来做的事情比以前要多得多。

最早的分形图形之一就是以其发明者 Helge von Koch（1870—1924）命名的被称为 Koch 雪花的图形。Koch 雪花始于一个等边三角形：

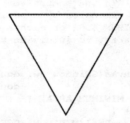

356 这个三角形三条边都是直线，被称为 0 阶的 Koch 雪花。然后，这个图形在各个阶段都会进行修正，以生成阶数连续的更高阶的分形。在每个阶段，图形中的每条线段都会被替换为新的线，在新的线中，中间三分之一是一个向外凸起的等边三角形的两腰。因此，第一步是将三角形中每条线段替换为下面的线：

将这种变形方式应用于最初的三角形的三条边上，就会产生如下的 1 阶的 Koch 雪花：

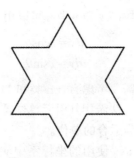

然后，如果你将这个图形中的每条线段都再次替换为带有三角形凸起的新线，那么就会创建出如下的 2 阶 Koch 雪花：

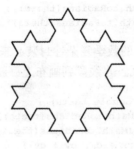

替换这些线段中的每一条，就会得到下面图中所示的 3 阶分形，现在它看起来更像雪花了：

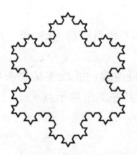

357

因为像 Koch 雪花这样的图用计算机绘制比手工绘制要容易得多，所以编写一个程序，使用第 8 章中介绍的图形化工具来生成这种设计会显得很有意义。在这些图中每条线段都是 GLine 的一个实例，而绘制雪花的过程只是在计算每条线段的两个端点。

正如在第 8 章中所定义的，GLine 的构造器要求我们知道线段两个端点的 x 和 y 坐标。在绘制 Koch 雪花时，如果可以跟踪图中当前的点，然后按照长度和方向来指定新添加的线段，那么代码就会更容易编写。在数学上，线段的长度和方向按照传统是用符号 r 和 θ 来表示的，它们被称为极坐标。下面的图演示了极坐标的用法，其中实线的长度为 r，其延伸的方向从其起点开始，按照逆时针方向与 x 轴之间的夹角为 θ 度：

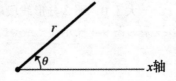

在数学上,用极坐标指定的线段的 x 和 y 坐标可以用下面的公式来计算:

$$dx = r\cos\theta$$
$$dy = r\sin\theta$$

但是,将这些公式转译为代码需要考虑 Math 类和 Java 图形模式的两种特殊情况:

1)Math.cos 和 Math.sin 方法希望其引元单位是弧度而不是度,这意味着我们需要在调用 Math 方法前将这些值转换为适合的单位。

2)像大多数现代语言一样,Java 使用的坐标系中 y 坐标是向下增长的。因此,y 的位移坐标需要带负号。

如果考虑到了这些情况,那么就可以使用下面的代码来计算每条线段的位移坐标:

```
double dx = r * Math.cos(Math.toRadians(theta));
double dy = -r * Math.sin(Math.toRadians(theta));
```

[358]

你可以进一步对涉及绘制线段的数学复杂性封装起来,定义名为 addPolarLine 的方法,它可以从当前的点添加一条 GLine 线段到画布上,就像下面这样:

```
void addPolarLine(double r, double theta) {
    double dx = r * Math.cos(Math.toRadians(theta));
    double dy = -r * Math.sin(Math.toRadians(theta));
    gw.add(new GLine(cx, cy, cx + dx, cy + dy));
    cx += dx;
    cy += dy;
}
```

在这个设计方案中,图形窗口(gw)和当前点(cx 和 cy)是程序状态的一部分,因此必须存储在实例变量中。

addPolarLine 的设计使得将连续的线段连接起来变得很容易。例如,下面的代码会绘制一个顶线向下的等边三角形,其左上角位于点(cx, cy)处:

```
addPolarLine(size, 0);
addPolarLine(size, -120);
addPolarLine(size, +120);
```

这段代码会产生一个 0 阶的雪花分形。为了泛化该方法,使得它可以创建高阶的分形,我们需要将对 addPolarLine 的调用替换为对新的名为 addFractalLine 的方法的调用,该方法会接受第三个参数,表示分形线条的阶数,就像下面这样:

```
addFractalLine(size, 0, order);
addFractalLine(size, -120, order);
addFractalLine(size, +120, order);
```

剩下的任务就是要实现 addFractalLine,如果你递归地思考它,就会发现很容易实现。addFractalLine 的简单情况发生在阶为 0 时,此时该方法直接绘制一条具有指定长度和方向的直线即可。如果 order 大于 0,那么分形线段就会分解为四个部分,其中每一个部分都是一条低一阶的分形线条。图 9-4 展示了 Snowflake 程序的完整实现,包括 addFractalLine 的代码。

[359]

```
/*
 * File: Snowflake.java
 * --------------------
 * This program draws a recursive fractal snowflake using GLine segments.
 */

package edu.stanford.cs.javacs2.ch9;

import edu.stanford.cs.javacs2.ch8.GLine;
import edu.stanford.cs.javacs2.ch8.GWindow;

public class Snowflake {

    public void run() {
        gw = new GWindow(WIDTH, HEIGHT);
        cx = WIDTH / 2 - EDGE / 2;
        cy = HEIGHT / 2 - EDGE / (2 * Math.sqrt(3));
        addFractalLine(EDGE, 0, ORDER);
        addFractalLine(EDGE, -120, ORDER);
        addFractalLine(EDGE, +120, ORDER);
    }

/*
 * Adds a fractal line to the GCanvas with the specified radial length,
 * starting angle, and fractal order.
 */

    private void addFractalLine(double r, double theta, int order) {
        if (order == 0) {
            addPolarLine(r, theta);
        } else {
            addFractalLine(r / 3, theta, order - 1);
            addFractalLine(r / 3, theta + 60, order - 1);
            addFractalLine(r / 3, theta - 60, order - 1);
            addFractalLine(r / 3, theta, order - 1);
        }
    }
/*
 * Adds a line segment to the GCanvas with the specified radial length
 * and starting angle.
 */

    private void addPolarLine(double r, double theta) {
        double dx = r * Math.cos(Math.toRadians(theta));
        double dy = -r * Math.sin(Math.toRadians(theta));
        gw.add(new GLine(cx, cy, cx + dx, cy + dy));
        cx += dx;
        cy += dy;
    }

/* Constants */

    private static final int WIDTH = 400;
    private static final int HEIGHT = 400;
    private static final int EDGE = 300;
    private static final int ORDER = 4;

/* Private instance variables */

    private GWindow gw;            /* The graphics window        */
    private double cx;             /* The current x coordinate */
    private double cy;             /* The current y coordinate */

/* Main program */

    public static void main(String[] args) {
        new Snowflake().run();
    }

}
```

图 9-4　绘制 Koch 分形雪花的程序

除了对 dx 和 dy 位移坐标的计算之外，图 9-4 中唯一需要进一步解释的就是 cx 和 cy 最初的计算。设置这些初值的公式使用了等边三角形的几何特性来找到位于画布中心的 0 阶分形的左上角对应的点。

9.6　总结

尽管自第 2 章以来，你已经看到过了若干个递归的简单应用，但是本章主要的目的是探索更加复杂的递归示例，它们用任何其他的方式来实现都是很困难的。因为复杂性有所增加，所以大多数学生会发现这些问题比之前各章中的问题要更难理解。它们确实更难，但是递归是解决这些问题的一种工具，要想掌握它，你就得在这种级别的复杂性上进行实践。

本章的要点包括：

360
~
361

- 无论何时，只要你想要将递归应用于编程问题，你就必须设计一种策略，它可以将该问题转换为同一个问题的若干个更简单的实例。除非你具备了设计出递归策略的洞察力，否则你没法应用递归技术。
- 一旦识别出了递归方式，对你而言，重要的是要检查你的策略，以确保它不违背该问题所限定的各项条件。
- 当你正在解决的问题的复杂度在增加时，接受递归的信任飞跃的重要性也在增加。
- 递归不是魔法。如果你需要这么做，那么你可以通过手工绘制在解决问题过程中每一个方法调用的栈帧来模拟计算机的操作。但是，关键是你不要抱有怀疑，无需强迫自己去了解底层的所有细节。

9.7　复习题

1. 用你自己的话描述解决汉诺塔所需的递归见解。
2. 下面用于解决汉诺塔游戏的策略在结构上类似于下文所用到的策略：

   1）将最上面的圆盘从开始尖塔移动到临时尖塔上。

   2）将 $N-1$ 个圆盘构成的栈从开始尖塔移动到终止尖塔上。

   3）将临时尖塔上的最上面的圆盘移动回终止尖塔上。

   为什么这个策略会失败？
3. 如果调用。

   ```
   moveTower(16, 'A', 'B', 'C')
   ```

   那么 moveSingleDisk 在解决方案的第一步中会显示什么样的输出行？而在解决方案的最后一步中又会显示什么？
4. 什么是排列？
5. 用你自己的话解释枚举字符串中所有字符的排列所需的递归见解。
6. 字符串 "WXYZ" 有多少种排列？
7. 在 Mondrian.java 中用来终止递归的简单情况是什么？
8. 绘制一张 1 阶分形雪花的图片。

362
9. 2 阶分形雪花中总共有多少条线段？

9.8　习题

1. 按照 moveTower 方法的逻辑，编写一个递归方法 countHanoiMoves(n)，它可以计算解决具有 n 个圆盘的汉诺塔问题所需的移动步数。

2. 为了让程序的操作在一定程度上更易于解释,本章的 moveTower 的实现使用了

   ```
   if (n == 1)
   ```

   作为对简单情况的测试。无论何时,只要你看到使用1作为其简单情况的递归程序,都要报之以怀疑的态度,因为在大多数应用中,0是更合适的选择。重新编写汉诺塔程序,让 moveTower 方法检查 n 是否为 0。

3. 重新编写汉诺塔程序,让它用显式的待完成任务栈来代替递归。在这种上下文中,任务可以非常容易地表示为这样的结构:它包含了待移动的圆盘数量和用来表示起始、终止和临时存放地的尖塔名字。在处理过程开始时,你将在栈中压入一个任务,该任务表示要移动整座塔。然后,程序不断地弹栈,并执行弹出的任务,直至栈中不再有任何任务。除了简单情况,执行任务的过程都会导致创建更多的任务,并且在后面的执行中会将这些任务压入栈。

4. 正如你从第 5 章所了解到的,整数在计算机内部被表示成了一个位序列,每一个位都是二进制数字系统中单独的一位,因此只能取值 0 或 1。用 N 位就可以表示 2^N 个不同的数字。例如,3 个位可以表示 0~7 之间的 8(2^3) 个整数,就像下面这样:

   000 → 0
   001 → 1
   010 → 2
   011 → 3
   100 → 4
   101 → 5
   110 → 6
   111 → 7

   这些整数的位模式遵循了递归模式。所有 N 位的二进制数字由下面的两个集合构成:
   - 所有 $N{-}1$ 位的数字前面加上个 0。
   - 所有 $N{-}1$ 位的数字前面加上个 1。

363

   编写一个递归函数

   ```
   void generateBinaryCode(int nBits)
   ```

   它能够生成可以用指定数量的位表示的所有整数的二进制表示形式。例如,调用 generate-BinaryCode(3) 应该产生下面的输出:

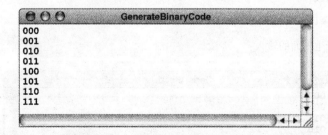

5. 尽管习题 4 中用到的二进制编码机制对于大多数应用来说都不错,但是它仍旧具有某些缺陷。在按照标准的二进制概念计数时,在位序列中有时会有多个位同时发生变化。例如,在 3 位的二进制码中,从 3(011) 到 4(100) 时,每个位的值都会发生变化。
   在某些应用中,位模式中这种用来表示临近数字时产生的不稳定性会产生问题。例如,假设我们正在使用一种硬件测量设备,它包含一个在 3~4 之间来回变化的 3 位的值。有时,该设备会记录 011 以表示数值 3,而另外一些时候,它会记录 100 以表示 4。为了让这个设备工作正常,各个位的转

换必须同时发生。如果第一位比其他两位变化得快，那么该设备可能会读取到中间状态 111，这个读数就是相当不准确的。

我们可以对 0～7 重新赋值，使得相邻数字的表示形式之间只有 1 个位不同，这样就可以回避该问题。这种编码机制被称为格雷编码（以它的发明者数学家 Frank Gray 命名），看起来如下：

000 → 0
001 → 1
011 → 2
010 → 3
110 → 4
111 → 5
101 → 6

364

100 → 7

创建 N 位格雷编码所需的递归见解被总结为了下面非形式化的过程：

1）编写 N-1 位的格雷编码。

2）在得到的格雷编码的下面按照反序再复制一份。

3）在得到的编码列表的上半部分的每个编码前面都添加一个 0，在得到的编码列表的下半部分的每个编码前面都添加一个 1。

这个过程可以用下面的图来演示，它描述了如何导出 3 位的格雷编码：

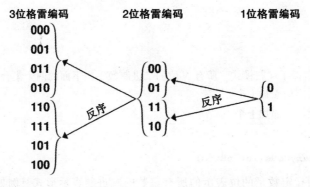

编写一个递归函数 generateGrayCode(nBits)，用来生成指定数量的位的格雷编码模式。例如，如果调用该函数

generateGrayCode(3)

那么该程序应该产生下面的输入：

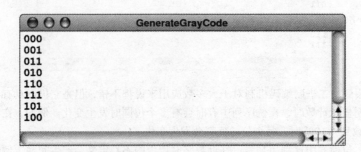

6. 在第 9.2 节中介绍的子集求和问题中，经常会有多种方式来生成想要的目标值。例如，给定集合 {1, 3, 4, 5}，有两种不同方式来产生目标值 5：我们可以选择 1 和 4，或者直接选择 5。相比之下，没有任何方式来划分集合 {1, 3, 4, 5} 以得到 11。

365

编写一个方法

```
int subsetSumWays(TreeSet<Integer> set, int target)
```

它会返回通过选择指定集合中的子集来产生目标值的不同方式的数量。例如，假设 sampleSet 被初始化为了下面的样子：

```
TreeSet<Integer> sampleSet;
sampleSet.add(1);
sampleSet.add(3);
sampleSet.add(4);
sampleSet.add(5);
```

给定 sampleSet 的这个定义，调用

```
subsetSumWays(sampleSet, 5);
```

应该返回 2（有两种产生 5 的方式），而调用

```
subsetSumWays(sampleSet, 11)
```

应该返回 0（没有任何方式可以产生 11）。

7. 编写一个程序 EmbeddedWords，它可以找到由给定的起始单词中的字母子集构成的所有英文单词。例如，给定起始单词 happy，你肯定可以找到单词 a、ha、hap 和 happy，这些单词中字母都是在 happy 中连续出现的。你还可能会找到单词 hay 和 ay，因为这些单词中的字母在 happy 中都是以自左向右的顺序出现的。但是，你无法找到单词 pa 和 pap，因为这些字母尽管都出现在了起始单词中，但是顺序是乱的。这个程序的样例运行看起来像下面这样：

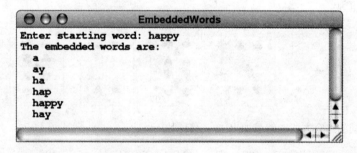

366

8. "我是我父母唯一能够称重、测量和计价任何事物的孩子，对他们而言，不能被称重、测量和计价的东西是不存在的。"

——查尔斯·狄更斯,《小杜丽》, 1857

在狄更斯的时代，商人会使用砝码和天平来称量许多商品，当今世界的很多地方仍旧保留着这种做法。但是，如果你正在使用的砝码数量有限，那么你就只能称量某些重量。例如，假设你只有两个砝码：一个 1 盎司（1 盎司 = 28.3495 克）重，一个 3 盎司重。用这些砝码可以很容易地称出 4 盎司的重量，如下图：

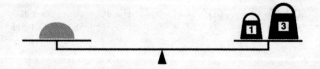

更有意思的是，你会发现你还能称出 2 盎司的重量，方法是将 1 盎司的砝码放到天平的另一端，如下图：

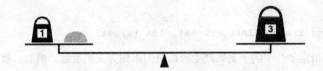

编写一个递归方法

boolean isMeasurable(int target, IntegerList weights)

它可以确定是否可以用给定的砝码来对想要的目标重量称重，砝码存储在参数 weights 中，它被声明为一个图 8-1 中所定义的 IntegerList 的对象。

例如，假设 sampleWeights 被初始化成了下面的样子：

IntegerList sampleWeights = new IntegerList(1, 3);

在给定这些值的情况下，方法调用：

isMeasurable(2, sampleWeights)

应该返回 true，因为可以按照前面的图中所展示的方式来称量 2 盎司。另一方面，调用

367

isMeasurable(5, sampleWeights)

应该返回 false，因为用 1 盎司和 3 盎司的砝码无法称量 5 盎司。

9. 在被称为克里比奇的纸牌游戏中，需要计算由 5 张牌点数凑起来的分数。这个分数的一部分是用这些牌中的全部或一些加起来得到 15 的不同组合的数量，其中 A 算作 1，J、Q、K 都算作 10。例如，考虑下面的一组牌：

它们有三种不同的组合方式能够累加出 15，具体如下：

$$AD + 10S + 4H \qquad AD + 5C + 9C \qquad 5C + 10S$$

再举一个例子，牌面如下：

其中包含了下面 8 种不同的组合可以累加出 15：

5C + JC	5D + JC	5H + JC	5S + JC
5C + 5D + 5H	5C + 5D + 5S	5C + 5H + 5S	5D + 5H + 5S

编写一个方法

private int countFifteens(Card[] cards)

它接受一个 Card 值的数组（就像在第 7 章习题 2 中所定义的），并返回可以从这组牌中凑出 15 的

不同方式的数量。你在解决这个问题时并不需要很了解 Card 类，你唯一需要的就是 getRank 方法，它会将牌面的点数作为整数返回。你可以假设 Card 类导出了值分别为 1、11、12 和 13 的常量 ACE、JACK、QUEEN 和 KING。

10. 第 9.3 节中所呈现的递归分解方案并非唯一可以产生排列的有效策略。另一种实现这种递归情况的方式看起来像下面这样：

    1）从字符串中移除第一个字符，并将其存放到变量 ch 中。

    2）生成包含剩余字符的所有排列的集合。

    3）在每种排列的每个可能的位置上都插入 ch，从而构成新的集合。

    使用这种新策略重写 Permutations 程序。

11. 本书实现 Permutations 程序所使用的策略被设计为强调其递归字符，所产生的代码并非很高效，主要原因是它最终变成了在不断地生成随后会被丢弃的集合，并且它运用了像 substring 这样的需要赋值字符串中字符的方法。通过将字符串转换为字符数组，然后应用下面的递归策略，就可以消除这些效率不高的因素，而 String 类中包含了 toCharArray 方法，它专门用来将字符串转换为字符数组：

    1）在每一级都传递该字符数组以及一个表示排列过程开始位置的索引，字符串中位于该索引之前的所有字符都已经就位了。

    2）简单情况为该索引到达数组的末尾。

    3）递归情况会将索引位置的字符与数组中每个其他位置的字符都进行交换，然后生成以下一个索引开头的每一种排列。之后，需要将字符再交换回来，以确保恢复最初的顺序。

    使用这种策略来实现下面的方法

    ```
    void listPermutations(String str)
    ```

    它列举了字符串 str 的所有排列，但是没有生成任何集合。listPermutations 方法自身必须是一个包装器方法，它包装了接受索引值的另一个方法。

    如果不考虑字符串中的重复字母，这个方法的实现就相对很容易。只有在你修改算法结构，使得在不使用集合来完成这项任务的条件下，也能够对每一个不同的排列只列举一次时，你才算是碰到了真正的挑战。但是，你无需担心 listPermutations 的输出中各个排列的顺序。

12. 在电话键盘上，数字是按照下图所示方式映射为字母的：

为了能够让电话号码更加容易记忆，服务提供商喜欢挑选能够拼出某个适合其业务的单词（称为助记符）的号码，这样可以让他们的电话号码更容易记住。

编写一个 listMnemonics 方法，它会生成对应于用数字位字符串表示的给定号码的所有可能的字母组合。例如，调用

```
listMnemonics("723")
```

应该列举出下面 36 种对应于该前缀的可能的字母组合：

PAD PBD PCD QAD QBD QCD RAD RBD RCD SAD SBD SCD
PAE PBE PCE QAE QBE QCE RAE RBE RCE SAE SBE SCE
PAF PBF PCF QAF QBF QCF RAF RBF RCF SAF SBF SCF

13. 重新编写习题 12 的程序，让它只列举那些属于合法的英语单词的助记符，就像第 6 章介绍的
    EnglishWords.txt 文件中所定义的那样。

14. 近年来，电话键盘上的字母已经很少用作助记符了，更多的是用来输入文本。使用键盘输入文本
    是有问题的，因为其按键数量少于字母表中的字母。有些老式的移动电话使用了"多次点击"的用
    户界面，如果点击 1 次按键 2 就表示 a，2 次表示 b，3 次表示 c，这显得很麻烦。另一种方案使
    用了预测策略，即移动电话会根据你已经输入的序列和可能的完整单词来猜测你打算输入的是什么
    字母。

370 例如，如果输入数字序列 72，那么就会有 12 种可能：pa、pb、pc、qa、qb、qc、ra、rb、
    rc、sa、sb、sc。这些字母对中只有 4 种看起来有希望是对的，即 pa、ra、sa 和 sc，因为它
    们都是常见的英文单词的前缀，例如 party、radio、sandwich 和 scanner。其他的都可以
    被忽略，因为没有任何常见的单词是以那些字母序列开头的。如果用户输入了 9956，那么就会有
    144（4×4×3×3）种可能的字母序列，但是你可以认为用户输入的就是 xylo，因为它是仅有的
    能够成为英文单词前缀的序列。

编写一个方法

void listCompletions(String digits, Lexicon lex)

它会打印出通过扩展给定的数字序列能够构成的所有来自词典中的单词。例如，调用

    listCompletions("72547", english)

应该产生下面的样例运行：

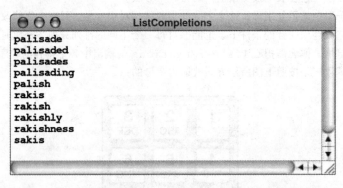

如果你只关心得到答案，那么解决该问题的最简单的方式就是迭代词典中的所有单词，然后打印出
每个与指定的数字字符串相匹配的单词。这种解决方案不需要任何递归，也无需费脑子。但是，你
的经理认为在字典中遍历所有单词非常慢，并且坚持要让你的代码只有在测试给定的字符串是否是
一个单词或英文单词前缀时才能使用词典。在此约束之下，你需要搞清楚如何才能从数字字符串中
找到所有可能的字母序列。这项任务很容易递归地解决。

15. 蒙德里安的许多几何绘图都会采用某种颜色来填充矩形区域。请扩展本书中的 Mondrian 程序，使
371 它可以用随机挑选的颜色来填充它所创建的矩形区域的某些部分。

16. 在像美国这样仍旧使用传统的英制度量单位的国家中，标尺上的每一英寸（1 英寸＝0.0254 米）都
    用小竖线标记划分成了多个部分，就像下面这样：

最长的竖线标记落在了半英寸的位置上，两个较短的竖线标记表示四分之一英寸，而更小的竖线标记被用来标记八分之一英寸和十六分之一英寸。编写一个递归程序，在图形化窗口的中央绘制一条100像素长的直线，然后绘制图中所示的竖线标记。假设表示半英寸位置的竖线标记的长度是由下面的常量定义给出的：

```
private static final double HALF_INCH_TICK = 20;
```

而每个更小的竖线标记都是比它大一倍的标记的尺寸的一半。

17. 人们对分形产生如此浓厚兴趣的原因之一是它们被证明在一些出人意料的实践环境中显得非常有用。例如，在绘制有关山脉和其他风景的计算机图像时，最成功的技术就使用了分形几何。

我们可以用一个简单的示例来说明这种情况，请考虑用看起来像地图上的海岸线一样的分形来连接A、B两点的问题。最简单的策略就是在这两点之间绘制一条直线：

这是 0 阶的海岸线，表示递归的基本情况。

当然，实际的海岸线会有很多小的凸起和凹陷，因此，你会期望有一条更符合实际情况的海岸线，它会不时地凸起或凹陷。在第一次近似表示之后，你可以用与创建雪花分形相同的分形线来替换这条直线，就像下面这样：

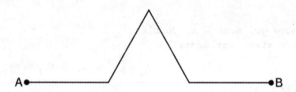

| 372 |

这样会创建出 1 阶的海岸线。但是，海岸线上的锯齿并非总是指向相同的方向。因此，三角形的楔子应该以相等的概率指向上方和下方。

如果你之后将 1 阶分形中的每条直线段都替换为指向随机方向的分形线，那么你就会得到 2 阶的海岸线，它看起来可能像下面这样：

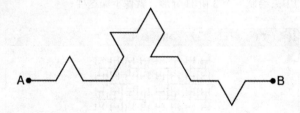

继续这个过程，最终会产生一条具有相当真实意义的画作，就像下面这条 5 阶的海岸线：

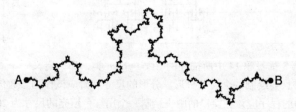

编写一个程序，在图形化窗口中绘制一条分形的海岸线。

18. 如果你在 Web 上搜索分形设计，将会找到许多比本章所展示的 Koch 雪花要复杂的精品。其中一种被称为 H 分形，它的重复模式是用拉宽的字母 H 来构造的，这个 H 正好适合放到一个正方形中。

因此，0 阶的 H 分形看起来像下面这样：

为了创建 1 阶分形，你需要添加 4 个新的 H 分形，每个都是原来尺寸的一半，位于 0 阶分形的每个开放端，就像下面这样：

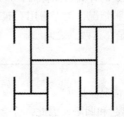

为了创建 2 阶分形，你只需要在每个开放端点上添加更小的 H 分形（其尺寸又是所连接的分形的一半）。

编写一个递归方法：

```
drawHFractal(GWindow gw, double x, double y,
             double size, int order)
```

其中，gw 是图形化窗口，x 和 y 是 H 分形中心的坐标，size 指定了宽和高，而 order 表示分形的阶。作为示例，主程序

```
public void run() {
    GWindow gw = new GWindow(WIDTH, HEIGHT);
    drawHFractal(gw, WIDTH / 2, HEIGHT / 2, 100, 3);
}
```

将会在图形化窗口的中央绘制一个 3 阶 H 分形，就像下面这样：

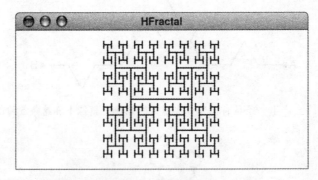

19. 如果你已经实现了第 8 章习题 14 中所描述的 GPolygon 类，那么定义一个 GSnowflake 类，它扩展自 GPolygon，并且会绘制一个雪花分形。分形的尺寸和阶应该作为参数传递给 GSnowflake 的构造器。例如，下面的程序应该在窗口的中央绘制一个用红色填充的尺寸为 200 的 3 阶雪花分形：

```
public void run() {
    GWindow gw = new GWindow(WIDTH, HEIGHT);
    GSnowflake snowflake = new GSnowflake(200, 3);
    snowflake.setFilled(true);
```

```
        snowflake.setColor(Color.RED);
        snowflake.setLocation(WIDTH / 2, HEIGHT / 2);
        gw.add(snowflake);
    }
```

20. 为了在 2008 年庆祝牛津大学莫德林学院成立 550 周年,该学院委托英国艺术家 Mark Wallinger 创作了名为 Y 的雕塑,它毫无疑问具有递归结构。图 9-5 左边展示了这座雕塑的照片,而右边有一张图解其分形设计的图。按照其分支结构,Wallinger 的雕塑中所采用的模式被称为分形树。这棵树始于一根简单地用垂直的线段来表示的主干,就像下面这样:

主干会从顶部分支,形成两条偏离一定角度的线段,如下所示:

这些分支自身还会再分开,形成新的分支,而新的分支还会再次分开,以此类推。

374

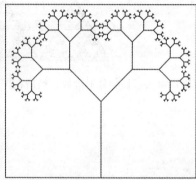

图 9-5   Mark Wallinger 的 Y 雕塑的落成图,位于牛津大学莫德林学院的蝙蝠柳草地上

编写一个程序,使用图形库来绘制 Wallinger 雕塑中的分形树。如果你用这个过程来生成 8 阶分形,那么就会得到图 9-5 中右边的图形。

21. 另一个有趣的分形是塞平斯基三角,它是以其发明者波兰数学家 Wacław Sierpiński(1882—1969)命名的。0 阶塞平斯基三角就是一个等边三角形。为了创建一个 N 阶的塞平斯基三角,你需要绘制三个 $N-1$ 阶的塞平斯基三角,其中每个都是原来三角形边长的一半。这三个三角形放置在较大的三角形的三个角上,这意味着 1 阶的塞平斯基三角看起来像下面这样:

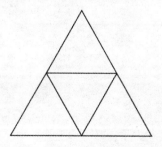

在图形中间的顶点向下的三角形并没有显式地画出来,而是由其他三个三角形的边构成的。而且,这块区域也不会再被递归地分解下去,而是在分形分解方案的每一级中都保持不变。因此,2 阶塞平斯基三角在中间具有同样的开放区域：

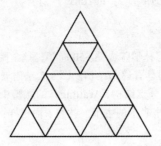

如果你继续这个过程，再多递归三个等级，就会得到一个 5 阶的塞平斯基三角，看起来就像下面这样：

375
~
376

编写一个程序，让用户输入边长和分形阶数，然后在图形化窗口的中央绘制塞平斯基三角。

回 溯 算 法

线索断了，你会在迷宫里迷路。

——Oscar Wilde，《The Picture of Dorian Gray》，1890

对于许多现实世界中的问题而言，产生解决方案的过程由一系列的决策点构成，在每个决策点上做出的每种选择都会使你在某条路径上向前迈进。如果做出的一系列选择都是正确的，那么最终就会得到解决方案。另一方面，如果在某处做出了错误的选择，那么就不得不回溯到之前的决策点，然后尝试不同的路径。采用这种方式的算法被称为回溯算法。

如果将回溯算法看作不断地重复探索路径直至碰到解决方案的过程，那么该过程就具有迭代属性。但是，碰巧大多数这种形式的问题用递归来解决会更容易。这里所需的基本的递归见解为：一个回溯问题有解的条件是，当且仅当在由初始选择的每一种可能所产生的更小的回溯问题中，至少有一个有解。本章中的示例专门被设计用来演示这个过程，并证明递归在该领域内显得多么强有力。

10.1 迷宫中的递归回溯

在希腊神话的上古年代，地中海的克里特岛由名叫弥诺斯的暴君统治着。时不时地，弥诺斯就会要求雅典城进贡青年男女，他要将他们献祭给弥诺陶洛斯，这是一头牛头人身的可怕怪物。为了安置弥诺陶洛斯这头致命的怪兽，弥诺斯强令他的仆人代达罗斯（一位工程天才，后来制造了一对翅膀，逃了出来）在诺索斯建造了一座大型的地下迷宫。祭品们将被带入这座迷宫，在他们找到迷宫的出路之前，他们会被弥诺陶洛斯吃掉。这出悲剧在不断地上演，直至特修斯自愿成为祭品。遵照弥诺斯的女儿阿里阿德涅的建议，特修斯带着一把剑和一团线进入了迷宫。在杀死弥诺陶洛斯之后，特修斯通过缠绕之前一路放下的线，找到了返回出口的路。

10.1.1 右手规则

阿里阿德涅的策略是逃出迷宫的一种算法，但是并非每个陷入迷宫的人都能够幸运地找到一团线。幸运的是，解决迷宫问题还有其他的策略。在这些策略中，最广为人知的是被称为右手规则的策略，它可以用下面的伪代码形式来表示：

```
把你的右手放在墙上
while (你还未逃出该迷宫) {
    向前走，保持你的手一直放在墙上
}
```

为了可视化右手规则的操作，想想一下特修斯已经成功地干掉了弥诺陶洛斯，现在正站在以特修斯名字的首字母，希腊字母Θ所标识的位置上：

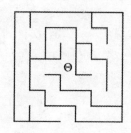

如果特修斯将右手放在墙上，然后从此处开始遵循右手规则，那么他将会按照下图中虚线所示的路径走出迷宫：

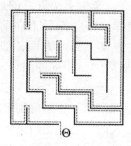

遗憾的是，右手规则并非在每个迷宫中都可以起作用。如果有一段循环的墙包围着起始点，那么特修斯就会陷入无穷的循环中，就像下面这个简单迷宫所示的那样：

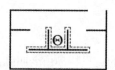

10.1.2　寻找递归方式

在其伪代码的 while 循环中表示得很清楚，右手规则是一种迭代策略。但是，你还可以以递归的视角来思考迷宫问题的解决过程。要想这么做，你必须采用不同的思维策略。你不能再按照查找完成路径的方式来思考问题了，你的目标应该替换为找到简化该问题的递归见解，每次向前迈进一步。一旦你做出了简化，就可以使用相同的过程来解决每一个所产生的子问题。

让我们再回到右手规则的演示图中所示的迷宫的初始设置，把你自己摆在特修斯的位置上。在此初始设置上，你有三个选择，如下图中箭头所示：

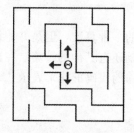

如果存在出口，那么它必然位于这三个方向所示的路径上。而且，如果你选择了正确的方向，那么你就离解决方案更近了一步。因此，该迷宫在这条路径上就变得更简单了，这正是递归解决方案的关键所在。我们观察到的这种情况为所需的递归见解提供了方向。最初的迷宫有解决方案的条件是，当且仅当图 10-1 中所示的新迷宫中至少有一个有解。每张图中的 ×

表示最初的起点，而且它对任何递归解决方案都是不可进入的，因为优化的解决方案永远都不会再回溯到这个点上。

如果仔细观察图 10-1 中的迷宫，至少从全局视角上看，会很容易地看出，标记为 a 和 c 的子迷宫表示的是死路，唯一的解决方案是以子迷宫 b 所示的方向开始的。但是，如果递归地思考，就无需在迷宫中行进时，去分析所有可能到达解决方案的路径。你已经将这个问题分解为了更简单的实例，现在你所需做的，就是依靠递归的强大能力来将这些子问题各个击破，你可以稳操胜券。你仍旧需要识别出一系列的简单情况，使得递归可以终止，但是最困难的工作已经完成了。

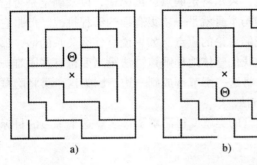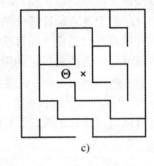

图 10-1   迷宫的递归分解

10.1.3   识别简单情况

迷宫问题的简单情况是怎样构成的？一种可能是你可能已经站在迷宫外边了。如果确实如此，那么问题就解决了。很明显，这种情况只代表一种简单情况。但是，还有另一种可能。你还可能会在遍历完所有位置之后走入死胡同。例如，如果你试图通过向北移动，然后沿着这条路持续做出递归调用来为前面所举例的迷宫找出路，那么最终你可能会已陷入下面的状态：

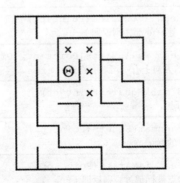

在此处，你已经无路可走了，因为从新位置开始的每条路要么被标记过，要么被墙挡住了，很明显，在此处迷宫变得无解了。因此，迷宫问题的第二种简单情况是，当前点的每个方向要么被墙挡住了，要么被标记过了。

对该递归算法进行编码可以变得更简单，方法是你不要在思考可能的运动方向时检查被标记过的点，而是直接走，然后在这些点上做出递归调用。如果在伪代码的一开始就检查当前位置是否被标记过，那么你就可以在此处终止递归了。毕竟，如果你发现自己位于已经标记过的点上，那么你就必须回溯你的路径，这意味着优化的算法肯定位于某个其他的方向上。

因此，该问题的两种简单情况如下：

1）如果当前点在迷宫的外边，那么该迷宫问题就解决了。

2）如果当前点被标记过，那么该迷宫问题就不可解，至少沿着你到目前为止选择的这条路不可解。

380
~
381

10.1.4 编码迷宫解决算法

尽管在概念上来讲，递归见解和简单情况就是解决问题所需的全部，但是编写完整的在迷宫中导航的程序要求你还要考虑大量的实现细节。例如，你需要决定迷宫的表示形式，使得你可以搞清楚哪里是墙，跟踪当前位置，表示特定的点已被标记，以及确定是否已经从迷宫中逃脱。尽管为迷宫设计适合的数据结构本身就是一项很有趣的编程挑战，但是它与理解递归算法并没有太大关系，而算法才是我们讨论的焦点。如果说有什么关系的话，那就是数据结构的细节可能会造成一定的障碍，使我们整体地理解该算法策略变得有些困难。幸运的是，通过引入新的名为 Maze 的类就可以将这些细节都放到一边，因为这个类将隐藏其部分复杂性。图 10-2 展示了 Maze 类的公共方法。

一旦可以访问 Maze 类，编写解决迷宫的类就变得简单了许多。这个练习的目标是要编写方法：

```
boolean solveMaze(Maze maze, Point pt)
```

solveMaze 的引元为持有数据结构的 Maze 和每个递归子问题都会有所变化的开始位置。

public Maze(String filename) 通过读取指定的文件来创建一个新迷宫
public Maze(String filename, GWindow, gw) 从指定的文件创建一个新迷宫，并将其显示到图形化窗口上
public Point getStartPosition() 返回迷宫中的起点 Point 对象
public boolean isOutside(Point pt) 如果 pt 点位于迷宫外部，则返回 true
public boolean wallExists(Point pt, Direction dir) 如果在所表示的方向上有一堵墙，则返回 true
public void markSquare(Point pt) 标记 pt 所在的点
public void unmarkSquare(Point pt) 取消 pt 所在点的标记
public boolean isMarked(Point pt) 如果 pt 所在的点被标记过，则返回 true

382

图 10-2 Maze 类中的公共方法

为了确保递归可以在找到解决方案时终止，solveMaze 方法在找到解决方案后会返回 true，否则返回 false。run 方法的代码看起来像下面这样：

```
public void run() {
    GWindow gw = new GWindow();
    Maze maze = new Maze("SampleMaze.txt", gw);
```

```
    if (!solveMaze(maze, maze.getStartPosition())) {
        System.out.println("No solution exists.");
    }
}
```

图 10-3 展示了 `solveMaze` 方法的代码。

```
/*
 * Attempts to generate a solution to the current maze from the specified
 * start point.  The method returns true if the maze has a solution.
 */

    private boolean solveMaze(Maze maze, Point start) {
        if (maze.isOutside(start)) return true;
        if (maze.isMarked(start)) return false;
        maze.markSquare(start);
        for (Direction dir : Direction.values()) {
            if (!maze.wallExists(start, dir)) {
                if (solveMaze(maze, takeOneStep(start, dir))) {
                    return true;
                }
            }
        }
        maze.unmarkSquare(start);
        return false;
    }

/*
 * Returns the point that is one step from pt in the specified direction.
 */

    private Point takeOneStep(Point pt, Direction dir) {
        switch (dir) {
          case NORTH: return new Point(pt.x, pt.y - 1);
          case EAST: return new Point(pt.x + 1, pt.y);
          case SOUTH: return new Point(pt.x, pt.y + 1);
          case WEST: return new Point(pt.x - 1, pt.y);
        }
        throw new RuntimeException("Illegal direction");
    }
```

图 10-3　`solveMaze` 方法的实现

383

10.1.5　说服自己解决方案有效

为了有效地使用递归，你必须能够在某处看到像图 10-3 中所示的 `solveMaze` 示例这样的递归方法，并且对自己说类似下面的话："我理解这个方法是如何工作的。待解决的问题变小了，因为每次都会标记更多的点。简单情况很明显是正确的，这段代码肯定能完成这项工作。"但是，对大多数人而言，对递归的能力报以信心并非易事。人们与生俱有的怀疑天性会使得我们想要对该解决方案中的各个步骤一探究竟。问题在于，即使是像本章之前所展示的那种简单的迷宫，其解决方案中所包含的各个步骤的完成记录也要比想象中的情况长得多。例如，解决这个迷宫需要递归地调用 `solveMaze` 方法 66 次，在最终发现解决方案时总共嵌套了 27 层深。如果你试图详细地追踪这些代码，那么几乎可以肯定你会弄得晕头转向。

如果你尚未准备好接受递归的信任飞跃，那么你最好是在更一般的情况下跟踪代码的操作。你知道这个程序首先会通过向北移动一格来尝试着解决该迷宫问题，因为 `for` 循环是按照 `Direction` 枚举类型中所定义的顺序来遍历各个方向的。因此，解决过程中的第一步是产生一个从下面位置开始的递归调用：

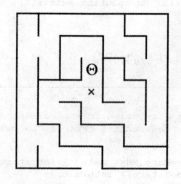

在此处，整个过程会重复。程序再次试图向北移动，并在该位置上产生了新的递归调用：

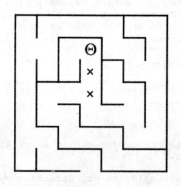

384

在这个级别上的递归中，再向北移动已经不可能了，因此 for 循环会迭代尝试另一个方向。在向南简单探测一下之后，该程序碰到了一个已经标记过的点，最终它找到了向西的开口，于是产生了新的递归调用。在这个新位置上，会发生相同的过程，进而进入了下面的状态：

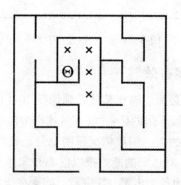

在此位置上，for 循环在任何方向上都无法找到出路，因为每个点不是被墙堵着，就是已经被标记过了。因此，当在这个级别上的 for 循环最终退出时，它会将当前点取消标记，并返回到上一级的点上。由于这个点在这个方向上的所有路径也都被探测过了，因此程序再次将这个点也取消标记，并返回到递归中更高一级的点上。最终，程序回溯了初始调用所经过的所有点，穷尽了以向北移动开始的所有可能性。然后，for 循环尝试向东移动，发现也会被堵住，所以继续探测南面的走廊，以下面状态下的递归调用开始：

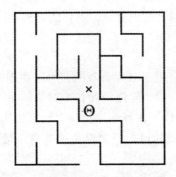

从这里开始，该算法会遵循完全相同的过程。递归过程会对称地探索这条路径上的每条走廊，每当走到死胡同时，就沿递归调用栈回退。沿这条路线行进的唯一差异就是在为该路径上每一步都增加一级递归调用之后，最终该程序会在下面的位置上做出一个递归调用：

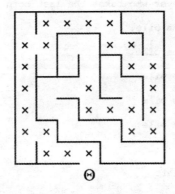

在此处，特修斯已经到了迷宫外面了，这样正好符合简单情况，因此会向其调用者返回 true。然后，这个值会传播回递归过程中所有的 27 个级别，并最终返回主程序。

10.2 回溯与游戏

尽管回溯在迷宫场景中是最容易演示的，但是回溯策略却相当通用。例如，我们可以将回溯应用于对弈的策略游戏。一开始，第一位玩家有若干种选择来走第一步，而第二位玩家会根据第一位玩家选择的走法来确定一组特定的可行的接招，每一种接招又会让第一位玩家有了新的选项，这个过程会持续下去，直至游戏结束。游戏中在每一轮所选择的不同位置会形成不同的分支结构，在该结构中每一个选项都会产生越来越多的可能性。

如果你想要对计算机编程，使之成为对弈游戏中的一方，那么一种方式是让计算机遍历由所有可能性构成的列表中的所有分支。在确定第一步的走法之前，计算机将尝试每一种可能的选择。对于这些选择中的每一种，计算机都会设法确定对手的接招将会是什么。为了能够这么做，这个程序会遵循相同的逻辑：尝试每一种可能性并计算对手可能的走法。如果计算机能够看得足够远，可以发现某种走法会让对手陷入绝望的境地，那么它就应该采用这种走法。

在理论上，这种策略可以应用于任何对弈策略游戏。在实践中，查看所有可能的走法、对手可能的接招、对对手接招的应招，等等这一系列的可能性对时间和内存的消耗即使对于现代计算机而言也是难以承受的。但是，有些游戏很简单，可以通过查看所有可能性来优化

386 玩法，而对人类玩家来说，它们仍过于复杂，不可能立刻看清楚解决方案。

10.2.1　Nim 游戏

　　为了了解递归回溯是如何应用于对弈游戏的，可以考虑诸如 Nim 游戏这样的简单示例，Nim 泛指玩家从某种初始状态开始，轮流消除各个对象的一类游戏。在某种特定版本中，该游戏最开始有一堆硬币，共 13 枚。在每一轮，每个玩家要从这堆硬币中拿走 1 枚、2 枚或 3 枚硬币，将它们放到一边。游戏的目标是要避免被迫拿走最后一枚硬币。图 10-4 展示了计算机和人类玩家之间的一场对决。

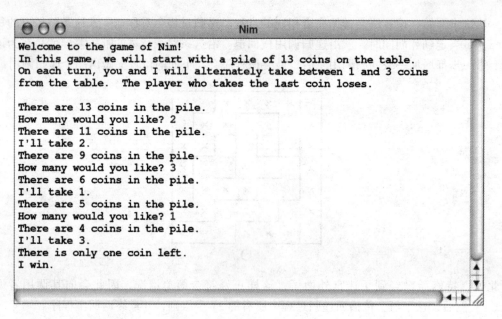

图 10-4　Nim 游戏的样例运行

　　你要怎样编写程序，才能在 Nim 游戏中总是取胜呢？这个游戏很机械，其玩法就是跟踪硬币数量，让玩家选择拿法，确定游戏是否结束，它们构成了相当直观的编程任务。程序中最有趣的部分是如何找到一种策略，使得将其赋予计算机后，计算机能够百战百胜。

　　为 Nim 设计一种成功的策略并非特别困难，特别是如果从游戏结尾相前回溯，更是如此。Nim 的规则指明了失败者就是拿走最后一枚硬币的玩家。因此，如果你发现自己总是会面对桌子上只剩一枚硬币的情况，那么你肯定情况不妙，因为你必须拿走这枚硬币，从而输掉游戏。另一方面，如果你发现自己面对的是桌子上还有 2 枚、3 枚或 4 枚硬币的情况，那么你就情况一片大好，因为无论是这几种情况中的哪一种，你都可以把硬币拿得只剩一枚，

387 从而让你的对手不可避免地处于只能拿走最后一枚硬币的绝境。

　　但是，如果桌子上剩 5 枚硬币怎么办？你该怎么拿？稍微思索一下，很容易就会发现如果桌子上给你留下了 5 枚硬币，那么对你而言还是灭顶之灾。无论你怎么做，你都会给对手留下 2 枚、3 枚或 4 枚硬币，这从你的对手的立场来看，就是你刚才发现的大好局面。如果你的对手也很擅长玩这个游戏，那么在下一轮肯定会给你只留下一枚硬币。因为没有任何好的拿法，所以留下 5 枚显然也是情况不妙。

　　这种非形式化的分析揭示了一个与 Nim 游戏相关的重要事实：在每一轮，你都在寻找

好的拿法。好的拿法就是让对手处于绝境的拿法，但是绝境又是什么呢？绝境仅是没有任何好的拿法的情况。

尽管好的拿法和绝境在循环定义，但是它们仍旧构成了完整的完美 Nim 游戏的策略，只是你必须依赖递归的力量。如果有一个接受硬币数为引元的 findGoodMove 方法，它必须尝试每一种可能，找到将对手置于绝境的拿法。然后，你可以将确定某个特定位置是否是绝境的工作赋予 isBadPosition，该方法会调用 findGoodMove 来检查是否存在好的拿法。这两个方法来来回回地彼此调用，对随游戏推进而产生的各种分支进行计算。

互相递归调用的 findGoodMove 和 isBadPosition 方法提供了 Nim 程序玩出完美游戏所需的所有策略。为了完成游戏，你只需要编写代码去处理与人类玩家对弈 Nim 的流程。这部分代码需要负责设置游戏、打印游戏说明、跟踪该轮到谁拿硬币了、让用户输入拿法、检查拿法是否合法、更新硬币数量、确定游戏何时结束和让用户知道谁是胜者。

图 10-5 展示了一种采用了这种设计方案的 Nim 游戏的实现。游戏的代码被封装在名为 Nim 的类中，该类中还包含了两个跟踪游戏进度的实例变量：

- 记录硬币数量的 nCoins 整数变量。
- 表示该轮到哪位玩家拿硬币的 currentPlayer 变量。这个值使用了枚举类型 Player 来存储，Player 的定义如下：

public enum Player { HUMAN, COMPUTER }

这个枚举类型在多个其他应用中也用到了，因此，它是在自己的源文件中定义的。

388

```
/*
 * File: Nim.java
 * --------------
 * This program simulates a simple variant of the game of Nim.  In this
 * version, the game starts with a pile of 13 coins on a table.  Players
 * then take turns removing 1, 2, or 3 coins from the pile.  The player
 * who takes the last coin loses.
 */

package edu.stanford.cs.javacs2.ch10;

import edu.stanford.cs.console.Console;
import edu.stanford.cs.console.SystemConsole;

public class Nim {

    public void run() {
        console = new SystemConsole();
        printInstructions();
        nCoins = STARTING_COINS;
        currentPlayer = STARTING_PLAYER;
        while (nCoins > 1) {
            System.out.println("There are " + nCoins + " coins in the pile.");
            if (currentPlayer == Player.HUMAN) {
                nCoins -= getUserMove();
            } else {
                int nTaken = getComputerMove();
                System.out.println("I'll take " + nTaken + ".");
                nCoins -= nTaken;
            }
            switchPlayer();
        }
        announceResult();
    }
```

图 10-5　Nim 游戏的一种简单实现

```
/**
 * Asks the user to enter a move and returns the number of coins taken.
 * If the move is not legal, the user is asked to reenter a valid move.
 */

   private int getUserMove() {
       int limit = (nCoins < MAX_MOVE) ? nCoins : MAX_MOVE;
       while (true) {
          int nTaken = console.nextInt("How many would you like? ");
          if (nTaken > 0 && nTaken <= limit) return nTaken;
          System.out.println("That's cheating!  Please choose " +
                             "between 1 and " + limit + ".");
          System.out.println("There are " + nCoins + " coins in the pile.");
       }
   }

/**
 * Figures out what move is best for the computer player and returns
 * the number of coins taken.  The method first calls findGoodMove
 * to see if a winning move exists.  If none does, the program takes
 * only one coin to give the human player more chances to make a mistake.
 */

   private int getComputerMove() {
       int nTaken = findGoodMove(nCoins);
       return (nTaken == NO_GOOD_MOVE) ? 1 : nTaken;
   }

/**
 * Looks for a winning move, given the specified number of coins.  If
 * there is a winning move, the method returns that value; if not, the
 * method returns the constant NO_GOOD_MOVE.  The recursive insight is
 * that a good move is one that leaves your opponent in a bad position
 * and a bad position is one that offers no good moves.
 */

   private int findGoodMove(int nCoins) {
       int limit = (nCoins < MAX_MOVE) ? nCoins : MAX_MOVE;
       for (int nTaken = 1; nTaken <= limit; nTaken++) {
          if (isBadPosition(nCoins - nTaken)) return nTaken;
       }
       return NO_GOOD_MOVE;
   }

/**
 * Returns true if nCoins represents a bad position.  Since being left
 * with a single coin is clearly a bad position, having nCoins be equal
 * to 1 represents the simple case of the recursion.
 */

   private boolean isBadPosition(int nCoins) {
       if (nCoins == 1) return true;
       return findGoodMove(nCoins) == NO_GOOD_MOVE;
   }

/**
 * Switches between the human and computer player.
 */

   private void switchPlayer() {
       currentPlayer = (currentPlayer == Player.HUMAN) ? Player.COMPUTER
                                                        : Player.HUMAN;
   }
```

图 10-5 （续）

```
/**
 * Explains the rules of the game to the user.
 */
   private void printInstructions() {
       System.out.println("Welcome to the game of Nim!");
       System.out.println("In this game, we will start with a pile of " +
                          STARTING_COINS + " coins on the table.");
       System.out.println("On each turn, you and I will alternately take " +
                          "between 1 and " + MAX_MOVE + " coins");
       System.out.println("from the table.  The player who takes the " +
                          "last coin loses.");
       System.out.println();
   }

/**
 * Announces the final result of the game.
 */
   private void announceResult() {
       if (nCoins == 0) {
           System.out.println("You took the last coin.  You lose.");
       } else {
           System.out.println("There is only one coin left.");
           if (currentPlayer == Player.HUMAN) {
               System.out.println("I win.");
           } else {
               System.out.println("I lose.");
           }
       }
   }

/* Private constants */

   private static final int MAX_MOVE = 3;
   private static final int NO_GOOD_MOVE = -1;
   private static final int STARTING_COINS = 13;
   private static final Player STARTING_PLAYER = Player.HUMAN;

/* Private instance variables */

   private Console console;            /* Console for user interaction      */
   private int nCoins;                 /* Number of coins left on the table */
   private Player currentPlayer;       /* Indicates whose turn it is        */

/* Main program */

   public static void main(String[] args) {
       new Nim().run();
   }
}
```

389 ～ 391

图 10-5 （续）

10.2.2 对弈游戏的通用程序

图 10-5 中的代码与 Nim 高度相关。例如，run 方法直接负责设置 nCoins 变量并在每位玩家拿完后更新它。但是，对弈游戏的通用结构应该可以适用于更大的范围。许多游戏都可以用相同的整体策略来解决，尽管不同的游戏需要不同的实现，以实现适合的细节。

本书中所阐述的关键概念之一就是抽象，就是将问题中通用的方面分离出来的过程，这样它们就不会再因具体领域的细节而受到羁绊。你可能对玩 Nim 游戏的程序不是特别感兴趣，毕竟，一旦发现了 Nim 的解决方案，它会显得特别枯燥。但是，你可能会对通用性足以适合来玩 Nim 游戏、井字游戏或任何其他对弈策略游戏的程序感兴趣。

创建这种通用程序的可行性源自于这些游戏的大多数都采用了共同的若干基本概念这一事实。第一个这种概念就是状态。对于任何游戏，都有一些数据值用来确切地定义在任何时间点上正在发生什么。例如，在 Nim 游戏中，状态是由它的两个实例变量 nCoins 和 currentPlayer 的值构成的。对于像国际象棋这种游戏，状态将包含哪些棋子在棋盘上哪些格子中，也可能还包括 currentPlayer 变量，或者某种实现相同功能的东西。但是，对于任何对弈游戏而言，都应该可以在实现该游戏的类的实例变量中存储相关的数据。

第二个重要的概念是奕法。在 Nim 中，奕法由表示拿走硬币数的整数构成。在国际象棋中，奕法可能是由一对表示被移动棋子的起始和终止坐标来表示的，尽管这种方式实际上会因为需要表示王车易位和兵升变等深奥的奕法而变得更复杂。但是，对于任何游戏，还是可以定义一个 Move 类的，它封装了在具体游戏中表示奕法所需的所有信息。例如，在 Nim 的情况中，你可以将 Move 定义为下面的内部类：

```
class Move {
    int nTaken;
}
```

一旦定义了这个 Move 类，再定义几个额外的助手方法就显得很直接了，这样我们就可以将 run 方法改写为下面的样子：

392

```
public void run() {
    initGame();
    printInstructions();
    while (!gameIsOver()) {
        displayGame();
        if (currentPlayer == Player.HUMAN) {
            makeMove(getUserMove());
        } else {
            Move move = getComputerMove();
            displayMove(move);
            makeMove(move);
        }
    }
    announceResult();
}
```

在 run 方法的修正版实现中，需要注意的最重要的事情就是这段代码没有给出任何关于现在正在玩的是什么游戏的说明。它可以是 Nim，也可能是某种其他的游戏。每种游戏对 Move 类型都有其自己的定义，并且还会有各种与游戏相关的方法的特殊实现，例如 initGame 和 makeMove，而后者在一般情况下将包含对 switchPlayer 的调用。run 方法的代码本身非常通用，可以用于许多不同的对弈游戏。

但是，run 方法并非编写对弈游戏的程序中最令人激动的部分。算法上有趣的部分被嵌入到了 getComputerMove 方法的内部，该方法负责为计算机选择最佳的奕法。图 10-5 中的 Nim 版本使用互相递归的 findGoodMove 和 isBadPosition 方法实现了这种策略，它们会搜索所有可能的选择，以找到当前位置上的胜招。因为这项策略还独立于任何特定游戏的细节，所以可以用更通用的方式来编写这些方法。但是，在继续沿着这条路走下去之前，进一步概括问题将会有所帮助，因为这样会使得解决方案的策略可以应用于更多种类的游戏。

10.3　最小最大值算法

前一节所描述的技术对于像 Nim 这样简单的且完全可解的游戏而言非常适用。但是，随着游戏变得复杂，我们很快就不可能再检查每种可能的结果了。例如，如果试图遍历国际象棋的所有可能，那么即使是用现代计算机的速度，这个过程也要花费数十亿年的时间。然而，尽管有这样的限制，计算机仍旧很擅长下国际象棋。在 1997 年，IBM 的"深蓝"超级计算机击败了当时的国际冠军加里·卡斯帕罗夫。深蓝并不是靠对所有可能的奕法进行穷举分析来获胜的，它只是向前看有限数量的步数，这与人类的做法很相似。

即使对于在计算上遍历每种可能的奕法序列并不可行的游戏，Nim 游戏中妙招和绝境的递归概念仍旧可以派上用场。尽管可能无法识别出最终一定致胜的奕法，但是在任何位置上最好的奕法就是可以将对手置于最差境地的奕法。类似地，最差的境地就是让对手只能走出最差的最佳奕法的境地。这种策略会查找如何将对手置于只能给出最差的最佳奕法的境地，它被称为最小最大值算法，因为它的目标就是找到能够最小化对手最大赢局机会的奕法。

10.3.1　博弈树

可视化最小最大策略的操作过程的最佳方式是将游戏中未来可能的奕法当作每一轮不断展开的分支图来考虑。正因为这种分支结构，这种图被称为博弈树。博弈树的初始状态被表示成了树顶部的圆点。例如，如果从该位置出发有 3 种可能的奕法，那么就会有 3 条从当前状态向下延伸的直线，连接到表示这些奕法所产生结果的 3 种新状态，就像下图所示：

从这些新位置的每一个出发，你的对手也有不同的选择。如果每个位置又有 3 种选择，那么下一代的博弈树看起来像下面这样：

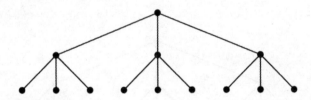

在初始位置你会选择哪种奕法呢？很明显，你的目标是要达成最佳的结果。遗憾的是，你只能获得游戏一半的控制权。如果你既能选择自己的奕法，又能选择对手的奕法，那么你就可以选择到达某个状态的路径，该状态能够让你处于最佳境地。假设你的对手也在千方百计地想赢下游戏，那么你所能做的最靠谱的事情就是将初始奕法选择为能够将对手置于赢下游戏的可能性最小的境地。

10.3.2　对位置和奕法做评估

为了让你能够对在特定位置下如何找到最优奕法产生感性认识，我们将再补充一些定量分析数据。如果对每种可能的奕法都赋予一个分数值，那么确定某种奕法是否优于另一种奕法就会容易许多。分值越高，奕法就越佳。因此，分值为 +7 的奕法就优于分值为 –4 的奕法。除了对每种可能的奕法进行评估之外，对游戏中每个位置都赋予类似的分数值也是有意义的。这样，某个位置可能评估为 +9，它就优于分值只有 +2 的位置。

位置和奕法都是从给出奕法的玩家的角度来评估的。而且，评估系统被设计为分值以 0 为中心对称，即对当前玩家来说分值为 +9 的位置从对手的角度看分值就是 –9。评估数值的这种解释方式契合了这样的思想：某个位置对一位玩家而言很好则对另一位玩家来说就很差，就像在 Nim 游戏中的情形一样。更重要的是，以这种方式来定义评估系统使得表示奕法和位置的分值之间的关系变得简单了。对任何奕法的评估都是该奕法所产生的位置在对手角度看来的负面评估。类似地，对任何位置的评估都可以被定义为其最佳奕法的评估。

为了让这项讨论更加具体，让我们来考虑一个简单的示例。假设你在游戏中会向前看两步，去预估你自己的奕法和对手可能的应招。在计算机科学中，单个玩家的单步奕法被称为一招（ply），以避免与奕法和轮次这样的词汇混淆，它有时也在提示两位玩家都有机会出招。如果要对这种提前两招的分析中的位置进行评估，那么其博弈树看起来会像下面这样：

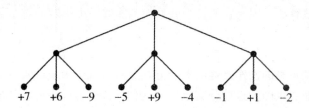

因为这棵树底部的各个位置与树顶部的位置一样，都是你必须要出招的位置，所以对这些位置的评估值是从你的角度来赋值的。如果给出了这些潜在位置的评估值，那么你应该从最初的状态选择什么奕法呢？

乍一看，你可能会对中间的分支感兴趣，因为它包含了一条可以到 +9 的路径，这对你来说是一个非常不错的结果。遗憾的是，中间的分支所呈现的这种美妙的结果并没有什么用。如果你的对手按常理出招，那么游戏就不可能走到 +9 的位置。例如，假设你选择了中间的分支，在所有可能的选择中，你的对手肯定会选择最左边的分支，就像下面的博弈树中加粗的路径所展示的：

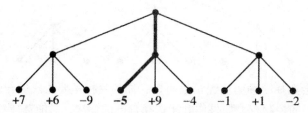

因此，你最初的选择会让你置于这样的位置：从你的角度看，该位置的评估值为 –5。你最好是选择最右边的分支，因为从你的对手的角度看，最佳的策略就是将你置于评估值为 –2 的位置上：

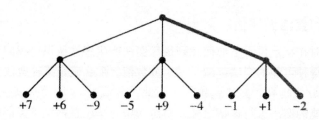

正如本节前面所描述的，对某种奕法的评估就是其产生的位置在对手角度看来的负面评估。该博弈树中加粗路径上最后一步奕法的评估是 +2，因为它会达到评估值为 –2 的位置，其中负号表示角度的转换。能够让对手陷入糟糕境地的奕法对你来说就是好的奕法，反之亦然。对每个位置的评估值就是对它能提供的最佳奕法的评估值。因此，博弈树中沿加粗路径的对位置和奕法的评估看起来像下面这样：

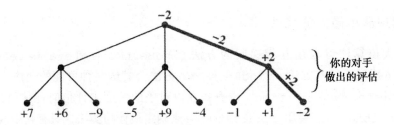

由上图可知，起始位置的评估值为 –2。尽管这个位置很难算得上理想，但是如果你的对手按常理出招，那么它就比其他可能的结果都要好。

在本章后续给出的最小最大值应用的实现中，用作评估的值都是整数，位于下面的常量所定义的边界之内：

```
public static final int WINNING_POSITION = 1000;
public static final int LOSING_POSITION = -1000;
```

在游戏结束时，位置的评估值可以通过检查谁是胜者来确定。任何不能确定结果的位置评估值必须是位于这两个极值之间。

10.3.3 限制递归搜索的深度

如果你可以搜索从游戏的开头到每种可能结局的完整博弈树，那么你就可以使用与之前 Nim 示例非常相似的结构来实现最小最大值算法。你所需做的就是要实现两个互相递归调用的方法，一个用来查找最佳奕法，另一个用来评估位置。对于复杂度级别很高的游戏，不可能在合理的时间范围内搜索整个博弈树，因此，切合实际的最小最大值算法的实现必须包含在某个时刻能够停止搜索的处理。

对搜索进行限制的常用策略是设置递归深度的最大值。例如，你可以允许每位玩家递归 5 步奕法，即总共 10 招。如果游戏在到达这个上限之前就结束了，那么你就可以通过检查谁是胜者并返回恰当的 WINNING_POSITION 和 LOSING_POSITION 来评估最终的位置。

但是如果在游戏结果确定之前就到达了递归上限该怎么办呢？此时，你需要以某种其他的方式来评估位置，这种方式不会做出额外的递归调用。因为这种分析只依赖于游戏当时的状态，因此通常被称为静态分析。例如，在对弈国际象棋的程序中，静态分析通常会基于棋盘上每方棋子的值来执行某种简单的计算。如果要出招的玩家在该计算中领先，那么该位置就会有一个正的评估值，否则，评估值为负。

尽管任何简单的计算都肯定会错过某些重要的因素，但是重要的是要记住只能在达到递归上限之后再运用静态分析。例如，如果某条线路可以保证能够在接下来的数步内获胜，那么就不需要静态分析了，因为递归评估将会在到达静态分析阶段之前发现这条获胜

396

的线路。

　　向最小最大值实现中添加递归深度的最简单的方式是让每个递归方法都接受一个名为 depth 的参数，它记录了已经分析了多少层，并且在试图对下一个位置进行评估之前将这个值加 1。如果该参数超过了预定义的常量 MAX_DEPTH，任何更进一步的评估都必须用静态分析来执行。

10.3.4　实现最小最大值算法

　　最小最大值算法可以用互相递归的方法 findBestMove 和 evaluatePosition 来实现，图 10-6 展示了这些方法。findBestMove 方法会尝试每种可能的奕法，并在所产生的位置上调用 evaluatePosition，以查找在以对手的角度来评估时评估值最低的位置。evaluatePosition 方法会用 findBestMove 来确定最佳的奕法，只有在游戏终止或搜索达到允许的最大深度时才会停止互相的递归调用。

```java
/**
 * Finds and returns the best move for the current player.  The depth
 * parameter is used to limit the number of moves in the search.
 */

public Move findBestMove(int depth) {
    ArrayList<Move> moveList = generateLegalMoves();
    Move bestMove = null;
    int minRating = WINNING_POSITION + 1;
    for (Move move : moveList) {
        makeMove(move);
        int moveRating = evaluatePosition(depth + 1);
        if (moveRating < minRating) {
            bestMove = move;
            minRating = moveRating;
        }
        retractMove(move);
    }
    if (bestMove != null) bestMove.setRating(-minRating);
    return bestMove;
}

/**
 * Evaluates a position by returning the rating of the best move.
 */

public int evaluatePosition(int depth) {
    if (gameIsOver() || depth >= MAX_DEPTH) {
        return evaluateStaticPosition();
    }
    return findBestMove(depth).getRating();
}
```

图 10-6　最小最大值算法的通用实现

　　图 10-6 中的代码依赖于一种 Move 类的扩展，它支持对每一种奕法都关联一个评估值。这种扩展对于所有的对弈游戏来说都是共有的，它独立于游戏的具体特性。因此，定义抽象的 Move 类，将具体实现扩展为包含游戏所需的额外信息，这种做法是有意义的。图 10-7 中展示了抽象的 Move 类的代码。

```
/*
 * File: Move.java
 * -------------------
 * This class represents the superclass for all moves in two-player games.
 */

package edu.stanford.cs.javacs2.ch10;

/**
 * This class represents the common superclass for moves in a two-player
 * game.  At this level, the class exports getters and setters for the
 * rating of the move.  Clients should extend this class to include
 * whatever fields are necessary to define a move in a particular game.
 */

public abstract class Move {

/**
 * Gets the rating for this move, as previously set by setRating.
 *
 * @return The rating for this move
 */

   public int getRating() {
      return rating;
   }

/**
 * Sets the rating for this move.
 *
 * @param rating The rating for this move
 */

   public void setRating(int rating) {
      this.rating = rating;
   }

/* Private instance variables */

   private int rating;

}
```

图 10-7　抽象的 Move 类

图 10-4 中的 findBestMove 和 evaluatePosition 的实现还依赖于多个其他的方法，每个都是独立于特定游戏而编码的：

- generateLegalMoves 方法会返回一个包含了在当前状态下所有合法奕法的 ArrayList<Move> 对象。
- makeMove 和 retractMove 方法分别负责执行和撤销特定的奕法。这些方法会在内部调用 switchPlayer 来记录在每步之后玩家会转换的事实。
- evaluateStaticPosition 方法会在不作出进一步递归调用的情况下评估游戏中的某种特定状态。

10.4　总结

在本章，你学习了如何解决在搜索目标时需要作出一系列选择的问题，就像在迷宫中寻找出路和在对弈游戏中获得胜利所展示的那样。基本的策略是编写在所作选择走进死胡同的情况下能够回溯到前面的决策点的程序。但是，通过利用递归的能力，就可以回避回溯过程的编码细节，并开发可以应用于各种各样的问题域的通用解决策略。

本章的要点包括：

- 你可以通过采用下面的递归方法来解决大多数需要回溯的问题：

如果你已经有了解决方法，那么就报告成功
for（当前位置上的每种可能的选择）{
　　做出选择并沿着路径向前进一步
　　使用递归来解决新位置上的问题
　　如果递归调用成功，向更上一级报告成功
　　如果递归调用失败，回退当前的选择，恢复之前的状态
}
报告失败

- 回溯问题中递归调用的完整记录对于详细理解来说显得过于复杂了。对于回溯数量可观的问题，接受递归的信任飞跃就显得很关键了。

- 你经常可以通过采用递归回溯的方法来找到对弈游戏的制胜策略。因为这种游戏的目标就是最小化对手的获胜机会，所以这种传统的策略方法被称为最小最大值算法。

400

10.5 复习题

1. 回溯算法的主要特征是什么？
2. 用你自己的话描述从迷宫中逃脱的右手规则。在什么情况下，右手规则会无效？
3. 通过递归回溯来解决迷宫问题所需的见解是什么？
4. solveMaze 的递归实现中所应用的简单情况是什么？
5. 为什么在迷宫中行进时对点进行标记会显得很重要？如果你在 solveMaze 方法中从来都不标记任何点，那么会发生什么？
6. solveMaze 的实现中 for 循环末尾的对 unmarkSquare 的调用的作用是什么？这条语句对算法而言是否是关键所在？
7. solveMaze 返回的 Boolean 结果的作用是什么？
8. 用你自己的话解释 solveMaze 的递归实现中回溯过程实际上是如何发生的。
9. 在简单的 Nim 游戏中，人类玩家先出招，并且初始有 13 枚硬币。这是一种好的境地还是差的境地？为什么？
10. 编写一个简单的基于 nCoins 的值的 Java 表达式，如果该位置对于当前玩家有利，该表达式的值就为 true，否则就为 false。
11. 什么是最小最大值算法？它的名字是什么意思？
12. 为什么开发不依赖于特定游戏细节的最小最大值算法的抽象实现会很有用？
13. findBestMove 和 evaluatePosition 方法中的 depth 引元的作用是什么？
14. 请解释最小最大值算法中 evaluateStaticPosition 的作用。

401

15. 假设在你所处的位置上，从你的角度对接下来的两步奕法的分析展示了如下的结果：

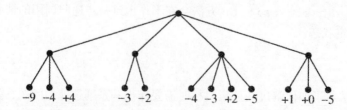

如果你采用了最小最大值策略，那么在这个位置上最佳奕法是什么呢？从你的角度看，对这种奕法的评估结果如何？

10.6 习题

1. 修改 SolveMaze 程序的定义，让它实现右手规则而不是递归策略。你的实现不再是递归的，并且可以在某些情况下无法终止，但是它可以让你去实践如何使用 Maze 类。

2. 在许多迷宫中都会有多条路径。例如，图 10-8 展示了同一个迷宫的三种解决方案。但是，这些解决方案中没有一个是最优的，因为走出这个迷宫的最短路径的长度为 11：

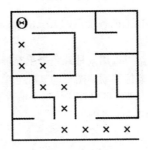

编写一个方法

```
int shortestPathLength(Maze maze, Point start)
```

它会返回迷宫中从指定位置到任意出口的最短路径的长度。如果没有任何解决方案，那么 shortest-PathLength 应该返回 –1。

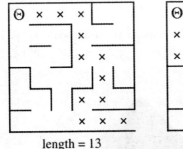
length = 13

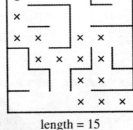
length = 15

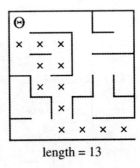
length = 13

图 10-8　走出迷宫的多条路径

402

3. 正如在图 10-3 中所实现的，solveMaze 方法会在其发现从某个点出发不存在任何解决方案的情况下将这个点取消标记。尽管这种设计策略的优势是迷宫最终的状态将解决方案的路径展示成了一系列标记过的点，但是在回溯时取消标记的决策相对于算法的整体效率而言开销还是比较大的。如果你标记了一个点，然后再回溯到它，那么实际上你就已经探索过从这个点出发的所有可能性了。如果你通过某条其他的路径回到这个点，那么就可以依赖于之前做过的分析，而不是再次探索相同的各种选项。为了让你自己切身感受一下这些取消标记操作相对于效率而言其开销到底有多大，请扩展 solveMaze 程序，让它记录执行过的递归调用的数量。使用这个程序来计算解决下面的迷宫需要多少个递归调用，此时程序仍旧会对 unmarkSquare 进行调用：

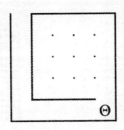

再次运行这个程序，但是这次不要再调用 unmarkSquare 了。递归调用的数量有什么变化？

4. 上一个习题帮助我们澄清了这样一个事实，即在 Maze 类中使用 markSquare 工具来跟踪走出迷宫的路径是一种开销相当大的做法。更切实际的方式是修改递归方法的定义，让它在前进时跟踪当前正在走的路径。按照 solveMaze 的逻辑，编写下面的方法：

```
ArrayList<Point> findSolutionPath(Maze maze,
                                  Point start)
```

它会返回一个包含了在某条解决路径上的各个点的 ArrayList 对象，或者在迷宫无法解决时返回 null。

5. 大多数用于个人计算机的绘图程序都可以用某种纯色来填充屏幕上的封闭区域。典型情况下，你会通过选择"油漆桶"工具，然后将光标移动到图形的某处上单击鼠标来调用这个操作。当你这么做时，油漆就会涂满图片中无需跨越线段就可以到达的每个地方。

例如，假设你绘制了下面这张有关房子的图片：

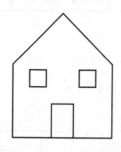

如果你选择了油漆桶，然后在门里面单击，那么绘图程序就会填充门框边界内的区域，就像下图中左边的样子。如果你在这栋房子前面的墙上单击，那么绘图程序就会填充除了窗户和门之外的整面墙的空间，就像右边那样：

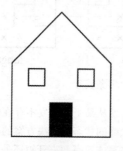

为了理解整个工作过程，重要的是要理解计算机屏幕被分解成了名为像素的点阵。在黑白显示器上，像素要么是白要么是黑。填充操作会将起始像素（也就是你在使用油漆桶工具时点击的像素）填充为黑色，并将所有与起始像素之间用不间断的白色像素链连接起来的像素也都填充为黑色。因此，屏幕上表示上面两个图的像素模式看起来像下面这样：

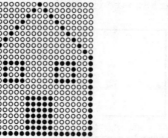
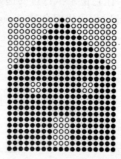

用二维的布尔值数组可以很容易地表示像素网格，网格中白色像素的值为 `false`，黑色像素的值为 `true`。给定这种表示方式，编写下面的方法：

```
void fillRegion(boolean[][] pixels, int row, int col)
```

它可以模拟油漆桶工具，方法是对从指定的行和列出发，在不穿越任何已有黑色像素的情况下可到的所有白色像素进行着色，将它们涂成黑色。

6. 国际象棋中最强大的棋子就是皇后，它可以在任何方向上，水平地、垂直地或按对角线地走任意格。例如，下面的棋盘上所示的皇后可以走到任何打标记的格子上：

尽管皇后可以覆盖许多格子，但是我们仍旧可以将 8 个皇后放置在 8×8 的棋盘上，使它们彼此之间都不会受到攻击，就像下图所示：

405

编写一个程序，解决更通用的问题，即是否可以将 N 个皇后放置在 $N \times N$ 的棋盘上，使得它们中没有任何一个可以在单一轮次中移动到其他任何棋子占据的格子上。你的程序应该在找到解决方案时显示它，或者报告不存在任何解决方案。

7. 在国际象棋中，马是按照 L 形状走棋的：在水平或垂直方向上移动两格，然后再沿直角方向移动一格。例如，在下图中，白色的马可以走到用 × 标记的 8 个格子中的任意一个上：

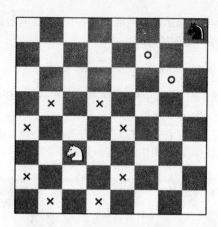

当马靠近棋盘边缘时，其走法数量会减少，就像角落中黑色的马所展示的那样，它只能到达由o标记的两个格子。

事实证明，马可以在不重复走任何格子的情况下走遍棋盘上的 64 个格子。马在不重复走任何格子的情况下走遍所有格子的路径被称为武士巡游。下图展示了这样的一种巡游，其中格子内的数字表示它们被访问的顺序：

406

52	47	56	45	54	5	22	13
57	44	53	4	23	14	25	6
48	51	46	55	26	21	12	15
43	58	3	50	41	24	7	20
36	49	4	27	62	11	16	29
59	2	37	40	33	28	19	8
38	35	32	61	10	63	30	17
1	60	39	34	31	18	9	64

编写一个程序，使用回溯递归来找到一种马的巡游路线。

8. 在 20 世纪 60 年代，一种被称为"顿时错乱"的游戏着实流行了好些年。这个游戏由四个立方体构成，每个立方体的各个面分别被涂成了红色、蓝色、绿色和白色，在后面描述这个问题时，将用颜色的首字母来表示立方体。游戏的目标是将这些立方体排成一条线，使得如果你从这条线的任何一边看过去，都不会看到重复的颜色。

立方体很难画成二维的，但是下面的图展示了将立方体展开来并置于平面上后看起来的样子：

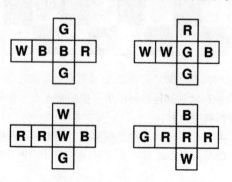

编写一个程序，使用回溯递归来解决顿时错乱问题。

9. 理论上，本章描述的递归回溯策略应该足以解决需要执行一系列奕法直至达到某种目标状态的游戏。但是，在实践中，许多这样的游戏都过于复杂了，无法在可接受的时间范围内解决。有一个游戏无需其他额外的手段，正好属于递归回溯能够实现的极限问题，它就是孔明棋，在西方可以追溯到 17 世纪。孔明棋通常是在下面这样的棋盘上玩的： 407

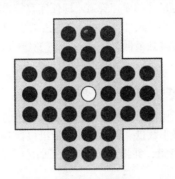

图中黑色的圆点是棋子，除了棋盘中央的位置外，其余地方都布满了棋子。在下棋时，你可以跳过并吃掉一个棋子，如下图所示，黑色的棋子跳到了空着的中间位置上，而中间被跳过的棋子就被吃掉了：

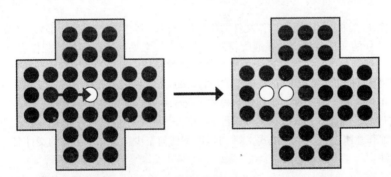

这个游戏的目标是执行一系列的跳子操作，最后只在中央剩下一个棋子。编写一个程序来解决这个问题。

10. 多米诺游戏是用长方形的骨牌来玩的，骨牌由两个连接起来的正方形构成，每个正方形用一定数量的圆点进行了标记。例如，下面 4 个长方形每个都表示一张骨牌：

骨牌可以首尾相连形成链，只要两张骨牌互相接触的两个数字相同，它们就能够链接起来。例如，你可以将这 4 张骨牌按照下面的顺序连接起来构成一条链： 408

在传统的游戏中，骨牌可以旋转 180 度，使得其两个数字可以颠倒一下。例如，在这条链中，1～6 和 3～4 骨牌就颠倒了过来，以便适合连接到这条链中。

假设你可以访问 Domino 类（就像第 7 章习题 1 所描述的），该类导出了 getLeftDots 和

getRightDots 方法。给定这个类，请编写递归方法：

boolean formsDominoChain(ArrayList<Domino> dominos)

该方法在列表中所有骨牌可以构成一条链时返回 true。

11. 假设分配给你的工作是为某个建筑项目购买下水管道。你的上司给你列出的所需管道的长度各式各样，但是批发商只销售一种固定尺寸的库存管道。即便库存管道都是一个尺寸，你还是可以将库存的管道切割成你所需要的各种更小的尺寸。你的工作就是要计算出满足需求列表所需库存管道的最小数量，从而节约经费并将浪费降到最低。

编写一个递归方法

int cutStock(int[] requests, int stockLength)

该方法接受两个引元，即包含了所需长度的数组和批发商销售的库存管道的长度，并返回满足数组中所有请求所需的库存管道的最小数量。例如，如果数组包含 [4, 3, 4, 1, 7, 8]，而库存管道的长度为 10，那么你可以买 3 根库存管道，并将它们切割成下面的样子：

管道 1：4，4，1

管道 2：3，7

管道 3：8

这样切割只会剩下两小段边角料。这 3 根库存管道还可以有别的切割方法，但是不可能产生更小的边角料了。

409

12. 大多数操作系统和许多允许用户操作文件的应用都支持通配符模式，即使用特定字符来创建可以匹配许多不同文件的文件名模式。在通配符匹配机制中最常见的特殊字符匹配任意单个字符的 ? 和匹配任意字符序列的 *。文件名模式中的其他字符都必须匹配文件名中对应的字符。例如，模式 *.* 可以匹配任何包含句点 (.) 的文件，例如 EnglishWords.dat 或 HelloWorld.java，但是不能匹配不包含句点的文件。类似地，模式 test.? 可以匹配任何由 test、一个句点和单个字符构成的文件名，因此，test.? 可以匹配 test.c，但是不能匹配 test.java。这些模式可以按照你的意愿任意组合，例如，模式 ??* 可以匹配任何至少包含 2 个字符的文件名。

编写一个方法：

boolean wildcardMatch(String name, String pattern)

该方法接受两个字符串，一个表示文件名，另一个表示通配符模式，并且会在文件名匹配该模式时返回 true。因此：

```
wildcardMatch("US.txt", "*.*")          返回true
wildcardMatch("test ", "*.*")           返回false
wildcardMatch("test.c", "test.?")       返回true
wildcardMatch("test.java", "test.?")    返回false
wildcardMatch("x", "??*")               返回false
wildcardMatch("yy", "??*")              返回true
wildcardMatch("zzz", "??*")             返回true
```

13. 重新编写简单 Nim 游戏，让它使用图 10-6 中所描述的通用的最小最大值算法。你的程序不应该修改 findBestMove 和 evaluatePosition 的代码。你的工作就是给出 Move 类型以及各种与该游戏相关的方法的恰当的定义，使得该程序仍旧可以在 Nim 游戏中百战百胜。

14. 修改你为习题 13 所编写的简单 Nim 游戏的代码，让它可以玩另一种不同的 Nim 的变体。在这个版本中，初始有 17 枚硬币。在每一轮，玩家交替从这堆硬币中拿走 1 枚、2 枚、3 枚或 4 枚硬币。在简单的 Nim 游戏中，玩家拿走的硬币会直接被忽略，但是在这个游戏中，每位玩家拿走的硬币会各放一堆。在最后一枚硬币被拿走后，哪一堆包含偶数枚硬币，哪位玩家就胜利了。

15. 在 Nim 的最常见的变体中，硬币不是放成了一堆，而是排列成了 3 行，就像下面这样：

行0:

行1:

行2:

在这个游戏中，每一步都可以拿走任意数量的硬币，但是所有的硬币必须全部来自于同一行。拿走最后一枚硬币的玩家将输掉游戏。

编写一个程序，使用最小最大值算法来实现能够百战百胜的三堆 Nim 游戏。这里所示的初始配置是一种典型的配置，但是你的程序应该足够通用，使得你可以很容易地修改行数和每行中的硬币数。

16. 井字过三关游戏是一种对弈游戏，两个玩家轮流在下面这样的 3×3 的网格内放置 × 和 ○：

游戏的目标是在水平方向、垂直方向或对角线方向上将你自己的 3 个符号连成一线。例如，在下面的游戏中，× 就赢得了游戏，因为在顶部 3 个 × 连成了一线：

如果棋盘添满了，但是没有任何一方能够连成一线，那么这盘棋就打和，我们称其为和局。

编写一个程序，使用最小最大值算法来实现能够百战百胜的井字过三关游戏。图 10-9 展示了与一位特别弱的玩家对弈时的样例运行。

17. 我们定义了一个概念，如果一个英语单词满足下面的条件，那么我们就称其为可约的：每次我们删掉这个单词中的一个字母，直到删得只剩下一个字母，每次得到的结果都仍旧是一个单词。例如，单词 cats 就是可约的，因为我们可以先删掉 s，然后是 c，然后是 t，产生的新单词分别是 cat、at 和 a。在 EnglishWords.txt 文件中最长的可约单词是 complecting（其含义是通过交织和捆绑合并在一起的过程），它在删除过程中会产生下面的单词：

complecting
completing
competing
compting
comping
coping
oping
ping
pig
pi
i

```
 ● ● ●                        TicTacToe
Welcome to TicTacToe, the game of three in a row.
I'll be X, and you'll be O.
The squares are numbered like this:

  1 | 2 | 3
 ---+---+---
  4 | 5 | 6
 ---+---+---
  7 | 8 | 9

I'll move to 1.
The game now looks like this:

  X |   |
 ---+---+---
    |   |
 ---+---+---
    |   |

Your move.
What square? 5
The game now looks like this:

  X |   |
 ---+---+---
    | O |
 ---+---+---
    |   |

I'll move to 2.
The game now looks like this:

  X | X |
 ---+---+---
    | O |
 ---+---+---
    |   |

Your move.
What square? 7
The game now looks like this:

  X | X |
 ---+---+---
    | O |
 ---+---+---
  O |   |

I'll move to 3.
The final position looks like this:

  X | X | X
 ---+---+---
    | O |
 ---+---+---
  O |   |

I win.
```

图 10-9   井字过三关游戏的样例运行

编写一个函数 isReducible, 它接受一个单词, 并判断其是否是可约的。

18. Boggle 游戏是用 4×4 的立方体阵列来玩的, 每个立方体的面上都有一个字母。游戏的目标是只通过在水平方向、垂直方向或对角线方向上移动相邻的立方体, 来尽量多地构成包含 4 个或更多个字母的单词, 同时任何单词都不会多次使用同一个立方体。图 10-10 展示了一种可能的 Boggle 布局, 以及所有的你可以在这个布局中找到的英文单词。作为示例, 你可以使用下面的立方体移动序列来产生单词 Programming：

ager	agog	agon	agonic	algor
ammino	ammo	ammonic	among	argon
cion	egal	emic	ergo	gammer
gamming	gammon	gamp	gear	gemma
glamor	glare	gnome	gnomic	going
gomeral	gong	gorp	gram	gramme
gramp	lager	lamming	lamp	large
largo	mage	malgre	mare	marge
meal	mice	minor	mome	momi
nice	nicer	noma	nome	norm
normal	ogam	ogre	omega	omer
plage	prog	program	programming	prom
prong	rage	ramming	ramp	real
realm	ream	regal	regma	remix
roger	romp	zoic		

图 10-10 Boggle 游戏中的样例配置，以及它包含的单词

编写一个方法

```
ArrayList<String> findBoggleWords(char[][] board,
                                  Lexicon english)
```

它会返回出现在棋盘上所有出现在 english 词典中的合法单词的列表。

412
〜
414

算法分析

> 没有分析，就没有综合。

——弗雷德里希·恩格斯，《反杜林论》，1878

在第 2 章，我们介绍了用来计算第 n 个斐波那契数的 fib(n) 函数的两种不同递归实现。第一个是直接基于其数学定义的：

$$fib(n) = \begin{cases} n & \text{如果n为0或1} \\ fib(n-1)+fib(n-2) & \text{其他情况} \end{cases}$$

这种实现被证明是相当低效的。第二种实现使用了加法序列的概念来产生在效率上可以与传统的递归方法相匹敌的 fib(n) 版本，证明递归本身并不是问题的起因。即便如此，因为像斐波那契函数的第一个版本这样的示例具有很大的执行开销，所以它们也为递归带来了恶名。

正如你将在本章看到的，递归地思考问题的能力经常会使我们萌生新的策略，它们比任何用迭代设计过程产生的策略都要高效得多。分而治之算法的惊人能力对现实中的许多问题都产生了深远的影响。通过使用这种形式的递归算法，可以获得效率上的极大提升，解决问题所需的时间被缩短了远远不止两三倍，而是达到了上千倍甚至更多。

但是，在观察这些算法时，重要的是要问几个问题。在算法上下文中，效率这个术语具有什么含义？我们应该如何度量这种效率？这些问题形成了计算机科学领域中被称为算法分析的子领域的基础。尽管详细理解算法分析需要对数学相当熟悉，并且需要缜密的思维，但是通过研究一些简单算法的性能还是可以让你对算法分析产生感性认识的。

11.1 排序问题

了解算法分析的重要性的最佳方式是考虑一个不同算法在性能方面差异巨大的问题域。在这些问题中，最有趣的问题之一就是排序，它需要将数组中的元素重新排列，使它们以某种定义的顺序出现。例如，假设你在整数数组变量 array 中存储了下面的整数：

array							
56	25	37	58	95	19	73	30
0	1	2	3	4	5	6	7

你的任务是编写一个方法 sort(array)，它可以按照升序重排这些元素，就像下面这样：

19	25	30	37	56	58	73	95
0	1	2	3	4	5	6	7

11.1.1 选择排序算法

有许多算法可用来对整数数组进行升序排序，最简单的一种称为选择排序，图 11-1 给出了它的实现。假设数组的尺寸为 N，选择排序算法会遍历每个元素位置，并查找在排序后的数组中应该占据这个位置的值。当发现了恰当的元素后，该算法会把这个元素与之前占据该位置的值互换，以确保不会丢失任何元素。因此，在第一次迭代中，该算法会发现最小的元素，并将其与第一个元素互换，即与 Java 中索引位置为 0 的元素互换。在第二次迭代中，它会找到剩下元素中最小的元素，并将其与第二个元素互换。此后，该算法会继续执行这项策略直至数组中所有元素都被正确地排序。

```
/**
 * Sorts an array of integers into ascending order.
 */
  public void sort(int[] array) {
     for (int lh = 0; lh < array.length - 1; lh++) {
        int rh = findSmallest(array, lh);
        swapArrayElements(array, lh, rh);
     }
  }

/**
 * Returns the index of the smallest element in the array between the
 * specified start position and the end of the array.
 */
  private int findSmallest(int[] array, int start) {
     int rh = start;
     for (int i = start + 1; i < array.length; i++) {
        if (array[i] < array[rh]) {
           rh = i;
        }
     }
     return rh;
  }

/**
 * Exchanges the array elements at index positions p1 and p2.
 */
  private void swapArrayElements(int[] array, int p1, int p2) {
     int tmp = array[p1];
     array[p1] = array[p2];
     array[p2] = tmp;
  }
```

图 11-1　选择排序算法的实现

417

例如，如果数组的初始内容如下：

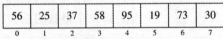

外部 for 循环的第一次迭代会识别出索引位置为 5 的 19 是整个数组中最小的值，然后将其与索引位置为 0 的 56 互换，得到下面的状态：

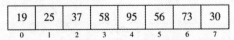

在第二次迭代中，该算法会发现位置 1～7 之间的所有元素中最小的元素，即位置为 1 的 25。程序会继续运行并执行互换操作，操作后的数组与前面图中的状态一样。在之后的每次迭代中，该算法都会执行一次互换操作，将下一个最小的值移动到其适合的最终位置上。当 for 循环结束时，整个数组就排好序了。

11.1.2　性能的经验度量

选择排序算法的效率如何呢？要想回答此类问题，一种有效的做法是收集计算机完成不

同尺寸的数组排序任务所花费的时间。例如，当我在 MacBook Pro 笔记本电脑上运行选择
排序算法时，我记录了下面的运行时间，其中 N 表示数组中元素的个数：

N	运 行 时 间	N	运 行 时 间
10	0.000 000 18 秒	10 000	0.1258 秒
100	0.000 013 2 秒	100 000	12.522 秒
1000	0.001 26 秒	1 000 000	1251.9 秒

418

对于 10 个整数的数组，选择排序算法会在不到 1 微秒内完成。即便是 10 000 个整数，
sort 的这种实现所花的时间也不到 1 秒，相对于人类对时间的感觉而言，这肯定是足够快
了。但是，随着数组尺寸变大，选择排序的性能开始急剧下降。对于 100 000 个整数的数
组，该算法需要超过 12 秒的时间。如果你在计算机前面坐等答案，那么时间好像是长了点。
但是当你将这段时间与 1 000 000 个整数排序所需的时间相比，又是小巫见大巫了，因为后
者需要超过 20 分钟的时间。

选择排序的性能会随着数组尺寸的增加而快速变差。正如从时间数据中可以看出的，每
当数组元素的数量增加 10 倍时，对该数组排序所需的时间就会增加 100 倍。因此，对 1000
万个数字的列表进行排序将花费大约 2000 分钟的时间，即大约 33 个小时。如果你的业务要
求在这个规模上对数组排序，那么除了寻找更高效的方式之外，你别无选择。

11.1.3　分析选择排序的性能

是什么使选择排序随着待排序元素的数量变大性能急剧变差？要回答这个问题，最好是
考虑一下这个算法在外层循环的每次迭代中必须要执行些什么。为了正确地确定数组中的第
一个值，选择排序算法必须在搜索最小值时考虑所有 N 个元素。因此，该循环的第一次迭
代所需的时间可以被认为与 N 成正比。对于数组中的其他元素，该算法会执行相同的基本
步骤，只是每次观察的元素数量越来越少。在第二次迭代中它会观察 $N-1$ 个元素，第三次
迭代观察 $N-2$ 个元素，以此类推，因此全部运行时间大约与下面的值成正比：

$$N+N-1+N-2+\cdots+3+2+1$$

因为用这种展开形式的表达式是难以进行分析的，所以我们运用一点数学知识来简化
它。如果你学过代数课，那么上面公式给出的前 N 个整数的总和为：

$$\frac{N\times(N+1)}{2}$$

或者，将分子中的乘法计算出来后得到

$$\frac{N^2+N}{2}$$

11.6 节中将会学习如何证明这个公式是正确的。此刻，你需要知道的就是前 N 个整数可以
用这种更紧凑的方式来表示。

419

如果写出 N 取不同值时下面函数的值

$$\frac{N^2+N}{2}$$

那么你就会得到像下面这样的表：

N	$\dfrac{N^2+N}{2}$	N	$\dfrac{N^2+N}{2}$
10	55	10 000	50 005 000
100	5050	100 000	5 000 050 000
1000	500 500	1 000 000	500 000 500 000

因为选择排序算法的运行时间与其需要执行的工作量相关，所以这张表中的值应该大体上与观察到的该算法的执行时间成正比，而事实也证明了这一点。例如，如果观察图 11-2 中度量的选择排序的用时数据，就会发现该算法需要 12.522 秒来排序 100 000 个数字。在这段时间中，选择排序算法必须在最内层的循环中执行 50 005 000 次操作。假设这两个值之间确实存在正比例关系，那么用时间除以操作次数将得到下面的比例常数的估算值：

$$12.522 \text{ 秒} / 5\ 000\ 050\ 000 \approx 2.5 \times 10^{-9} \text{ 秒}$$

将这个正比例常数应用于表中其他的项，会发现下面公式

$$2.5 \times 10^{-9} \text{ 秒} \times (N^2 + N)/2$$

可以提供相当精确的运行时间的近似值，至少当 N 的值很大时，确实如此。图 11-2 给出了观察到的时间和用这个公式计算得到的估算值，以及两者之间的误差。

N	观察到的时间	估算的时间	误差
10	0.000 000 18 秒	0.000 000 14 秒	24%
100	0.000 013 2 秒	0.000 012 6 秒	4%
1000	0.001 26 秒	0.001 25 秒	<1%
10 000	0.1258 秒	0.125 秒	<1%
100 000	12.522 秒	12.5 秒	<1%
1 000 000	1251.9 秒	1250.0 秒	<1%

图 11-2 选择排序观察到的时间和估算的时间

11.2 计算复杂度

执行像图 11-2 中所示的详细分析最终会让你陷入信息的汪洋中。尽管用一个公式精确地预测程序的执行时间偶尔会显得很有用，但是通常情况下我们无法避免更定性的度量。选择排序之所以在 N 取值很大时不实用，和我当时在笔记本电脑上运行的特定实现的精确计时特性没有什么关系，这个问题本身要更简单也更基础。在本质上，选择排序的问题在于翻倍地输入数组尺寸让选择排序算法的运行时间增加到了 4 倍，这意味着运行时间比数组中元素数量增长得更快。

你能获得的有关算法效率的最有价值的定性见解，通常就是那些能够帮助你理解算法效率如何随问题规模的变化而变化的见解。问题规模通常易于量化，对于操作数字的算法而言，通常用这些数字本身来表示问题规模会显得很合理。对大多数操作数组的算法而言，可以使用元素的数量。在评估算法的效率时，计算机科学家按照传统使用字母 N 来表示问题的规模，而无论它是怎样计算出来的。N 和算法性能随 N 变大的变化之间的关系被称为该算

法的计算复杂度。通常，最重要的性能度量就是执行时间，当然也可以将复杂度分析应用于其他方面，例如所需内存空间的大小。除非特别声明，否则本书中用到的所有复杂度评估指的都是执行时间。

11.2.1　大 O 标记法

计算机科学家使用称为大 O 标记法的特殊速记法来表示算法的复杂度。大 O 标记法是由德国数学家 Paul Bachmann 在 1892 年引入的，这远早于计算机的出现。该标记法本身非常简单，由大写的字母 O 和后面跟着的用圆括号括起来的公式构成。在用它表示计算复杂度时，通常是包含问题规模 N 的简单函数。例如，在本章你很快就会碰到大 O 表达式

$$O(N^2)$$

读作"N 平方的大 O"。

大 O 标记法用来表示定性的近似值，因此非常适用于表示算法的计算复杂度。因为来自于数学，所以大 O 标记法具有精确的定义，该定义会出现在 11.2.6 节中。但是，在此刻，无论你将自己看作程序员还是计算机科学家，更重要的是从更直观的角度理解大 O 的含义。

11.2.2　大 O 的标准简化

当使用大 O 来评估算法的计算复杂度时，目标是提供 N 变大对算法性能会产生何种影响的见解。因为大 O 标记法并非定量度量，所以它非常适合用来简化括号中的公式，从而以最简单的形式来刻画算法的定性行为。在使用大 O 标记法表示计算复杂度时，我们可以做出的最常见的简化如下：

1）消除所有对整体的贡献度随 N 变大而变得不那么明显的项。当一个公式由若干项组合而成时，其中一项经常比其他的项增长得快很多，最终会随 N 变大而在整个表达式中占支配地位。对于取值很大的 N，这一项就可以单独决定算法的运行时间，完全可以忽略整个公式中的其他项。

2）消除所有常数系数。在对计算复杂度进行计算时，我们主要关注的是运行时间的变化与问题规模 N 之间的函数关系。常数项对整个模式不会产生任何影响。如果你买了一台机器，它比你的旧机器快了两倍，那么对于所有 N 的取值，任何在这台机器上执行的算法运行起来都会比之前快两倍。但是，它们性能的增长模式都保持精确一致。因此，在使用大 O 标记法时，可以忽略所有常数系数。

11.2.3　选择排序的计算复杂度

我们可以应用上一节中的简化规则来导出选择排序的计算复杂度的大 O 表达式。从 11.1.3 节的分析中我们可以知道，针对 N 个元素的数组，选择排序算法的运行时间正比于

$$\frac{N^2+N}{2}$$

尽管在数学上直接在大 O 标记法中使用以下公式是正确的：

$$O\left(\frac{N^2+N}{2}\right)$$

但是在实践中我们从来都不这么做，因为圆括号内的公式并未表示成最简形式。

简化这种关系的第一步是要意识到该公式实际上是由两项之和构成的，具体如下：

$$\frac{N^2}{2} + \frac{N}{2}$$

然后，需要考虑这两项随 N 规模的增大对整个公式的贡献度是如何变化的，下表展示了这种变化：

N	$\frac{N^2}{2}$	$\frac{N}{2}$	$\frac{N^2+N}{2}$
10	50	5	55
100	5000	50	5050
1000	500 000	500	500 500
10 000	50 000 000	5000	50 005 000
100 000	5 000 000 000	50 000	5 000 050 000

随着 N 的增大，包含 N^2 的项会快速压倒包含 N 的项。因此，简化规则让我们从表达式中消除较小的项。即便如此，我们也不会把排序算法的计算复杂度写成下面的样子：

$$O\left(\frac{N^2}{2}\right)$$

因为还可以消除常数系数。因此，用来表示选择排序复杂度的最简表达式是

$$O(N^2)$$

这个表达式抓住了选择排序性能的本质，即运行时间的增幅是问题规模增幅的平方。因此，如果数组大小翻倍，那么运行时间就会增加到 4 倍。如果将输入值的数量乘以 10，那么运行时间就会暴增到 100 倍。

423

11.2.4　从代码中降低计算复杂度

直接观察代码经常就可以确定某个方法的计算复杂度，就像下面计算数组元素平均值的方法：

```
double average(double[] array) {
    int n = array.length;
    double total = 0;
    for (int i = 0; i < n; i++) {
        total += array[i];
    }
    return total / n;
}
```

在调用该方法时，代码的某些部分只会执行一次，例如将 `total` 初始化为 0 和 `return` 语句中的除法操作。这些计算会消耗一定的时间，但是这个时间是常量，它们并不依赖于数组的大小。执行时间不依赖于问题规模的代码称为会在常量时间内运行，它们在大 O 标记法中被表示为 $O(1)$。

$O(1)$ 的含义可能看起来有些令人困惑，因为圆括号内的表达式并不依赖于 N。事实上，不依赖于 N 正是 $O(1)$ 标记法的要点所在。当问题规模增大时，执行运行时间为 $O(1)$ 的代码所需的时间会以与 1 完全相同的方式增长，换句话说，运行时间压根就不增长。

但是，`average` 方法中还有一些会精确地执行 n 次的部分，即在 `for` 循环的每次

迭代中都执行一次。这些部分包括 `for` 循环中的表达式 `i++` 和下面这条构成了循环体的语句:

```
total += array[i];
```

尽管这部分计算的单次执行需要固定的时长,但是这些语句会执行 n 次,这意味着它们总共的执行时间直接与数组大小成正比。`average` 方法的这个部分的计算复杂度是 $O(N)$,通常被称为线性时间。

因此,`average` 总共的运行时间是算法的常量部分和线性部分所需时间的总和。但是,随着问题规模的增长,常数项会变得越来越无关紧要。利用允许忽略掉随 N 的变大而变得越来越不重要的项的简化规则,我们可以断言 `average` 方法整体会在 $O(N)$ 时间内运行。

我们还可以通过只观察代码的循环结构来预测这种结果。对于大部分表达式和语句而言,除非它们包含必须单独计算的方法调用,否则就都会在常量时间内运行。就计算复杂度而言,关键是这些语句被执行的次数。对于许多程序来说,都可以通过找到最频繁执行的代码段以及确定它们运行的次数与 N 之间的函数关系来直接确定计算复杂度。在 `average` 方法中,循环体会执行 n 次。因为代码中没有任何部分执行得比它还频繁,所以我们可以预言其算法复杂度为 $O(N)$。

选择排序方法可以用相同的方式来分析。代码中最频繁执行的部分是下面语句中的比较操作:

```
if (array[i] < array[rh]) rh = i;
```

这条语句嵌套在两个 `for` 循环内部,这两个循环的迭代次数取决于 N 的值。内层循环运行的次数是外层循环的 N 倍,这意味着内层循环体将被执行 $O(N^2)$ 次。像选择排序这样性能为 $O(N^2)$ 的算法被称为将在二次时间内运行。

11.2.5 最坏情况复杂度与平均情况复杂度

在某些情况下,算法的运行时间不仅依赖于问题的规模,还依赖于数据的具体特性。例如,考虑下面的方法:

```
int linearSearch(int key, int[] array) {
   int n = array.length;
   for (int i = 0; i < n; i++) {
      if (key == array[i]) return i;
   }
   return -1;
}
```

它会返回 `array` 中第一个出现 `key` 值的位置的索引,或者在数组中到处都没有出现 `key` 值时返回哨兵值 –1。因为该实现中的 `for` 循环会执行 n 次,所以我们可以预期 `linear-Search` 的性能是名副其实的 $O(N)$。

另一方面,某些对 `linearSearch` 的调用可能会执行得非常快。例如,如果我们要搜索的 `key` 元素碰巧位于数组的第一个位置,那么在这种情况下,`for` 循环体就只会运行 1 次。如果足够幸运,搜索的值总是出现在数组的开头,那么 `linearSearch` 将在常量时间内运行。

在分析程序的计算复杂度时,通常不会对最小可能的时间感兴趣。一般情况下,计算机科学家关心的是对下面两种类型的复杂度的分析：

- **最坏情况复杂度**：最常见类型的复杂度分析包括确定最坏情况下的算法性能。这种分析很有用，因为它使得我们可以对计算复杂度设置上限。如果分析了最坏情况，那么就可以确保算法的性能至少不会比分析结果所揭示的性能差。尽管有时我们可能很幸运，会得到很好的性能，但是我们至少很有信心，性能不会比最坏情况再差了。
- **平均情况复杂度**：从实践的角度看，在考虑算法的性能时，对其在输入数据的所有可能的集合上的行为进行平均，会显得很有用。特别是如果我们没有任何理由认为所研究问题的特定输入在某些方面是非典型的，那么对平均情况的分析就提供了对实际性能的最佳统计估计。但是，问题在于对平均情况的分析通常执行起来要困难得多，并且在典型情况下需要相当深厚的数学功底。

linearSearch 方法的最坏情况是 key 在数组中根本不存在。当 key 不存在时，该方法必须完成 for 循环的所有 n 次迭代，这意味着它的性能为 $O(N)$。如果已知 key 在数组中，那么 for 循环在平均情况下将执行一半的次数，这意味着平均情况的性能也是 $O(N)$。正如你将在 11.5 节中发现的，算法的平均情况和最坏情况的性能优势在定性分析上存在差异，这意味着在实践中同时考虑这两种性能特性是非常重要的。

11.2.6 大 O 的形式化定义

因为理解大 O 标记法对于现代计算机科学来说至关重要，所以更加形式化的定义有助于你理解为什么大 O 的直观模型可以工作，以及为什么所建议的大 O 公式的简化形式确实是合理的。但是，这样做就不可避免地需要运用一些数学知识。如果不擅长数学，请不要担心。对于你来说，理解大 O 在实践中的意义远比弄懂本节所陈述的所有步骤要重要得多。 426

在计算机科学中，大 O 标记法用来表示两个函数之间的关系，就像下面的典型表达式中的情形：

$$t(N) = O(f(N))$$

这个表达式的形式化含义是 $f(N)$ 是 $t(N)$ 的具有下列特性的近似：必然能够找到一个常量 N_0 和一个正常数 C，使得对于每个 $N \geq N_0$ 的值，都满足下面的条件：

$$t(N) \leq C \times f(N)$$

换句话说，只要 N 足够大，函数 $t(N)$ 就总是由函数 $f(N)$ 的常量倍所界定。

在用来表示计算复杂度时，函数 $t(N)$ 表示算法的实际运行时间，它通常难以计算。函数 $f(N)$ 是一个要简单得多的公式，但是它提供了运行时间随 N 变化的函数的相当合理的定性评估，因为在大 O 的数学定义中所表示的条件确保了实际运行时间不可能比 $f(N)$ 增长得更快。

为了了解如何运用这种形式化定义，我们需要返回到选择排序的示例上。对选择排序的循环结构的分析揭示了内层循环中操作的执行次数为

$$\frac{N^2 + N}{2}$$

而运行时间大体与这个公式成正比。当用大 O 标记法来表示这个复杂度时，常数和低阶项都被消除了，只剩下有关执行时间为 $O(N^2)$ 的断言，即

$$\frac{N^2 + N}{2} = O(N^2)$$

为了说明这个表达式在大 O 的形式化定义之下确实是成立的，我们需要确定对于所有 $N \geqslant N_0$ 的值使下面公式都成立的常数 C 与 N_0 的值：

$$\frac{N^2+N}{2} \leqslant C \times N^2$$

这个特定示例非常简单，因为如果将 C 与 N_0 的值都设为 1，那么这个不等式就恒成立。毕竟，只要 N 不小于 1，$N^2 \geqslant N$ 总是成立。因此，必然有

$$\frac{N^2+N}{2} \leqslant \frac{N^2+N^2}{2}$$

但是这个不等式右边就是 N^2，这意味着对于所有 $N \geqslant 1$ 的取值，按照定义有

$$\frac{N^2+N}{2} \leqslant N^2$$

我们可以用类似的讨论来说明任何 k 阶的多项式都是 $O(N^k)$，k 阶多项式的通用表示形式为：

$$a_k N^k + a_{k-1} N^{k-1} + a_{k-2} N^{k-2} + \cdots + a_2 N^2 + a_1 N + a_0$$

这次我们的目标还是要找到对于所有 $N \geqslant N_0$ 的值使下面公式都成立的常数 C 与 N_0 的值：

$$a_k N^k + a_{k-1} N^{k-1} + a_{k-2} N^{k-2} + \cdots + a_2 N^2 + a_1 N + a_0 \leqslant C \times N^k$$

和前面的示例一样，我们可以从常量 N_0 的值选为 1 开始。对于所有 $N \geqslant 1$ 的值，每个 N 的连续次幂至少与其前驱一样大，因此：

$$N^k \geqslant N^{k-1} \geqslant N^{k-2} \geqslant \cdots \geqslant N \geqslant 1$$

这个性质又意味着：

$$a_k N^k + a_{k-1} N^{k-1} + a_{k-2} N^{k-2} + \cdots + a_1 N + a_0 \leqslant |a_k| N^k + |a_{k-1}| N^k + |a_{k-2}| N^k + \cdots + |a_1| N^k + |a_0| N^k$$

其中不等式右边的每一项系数两侧的竖线表示绝对值。通过提取公因子 N^k，可以将不等式右侧简化为：

$$(|a_k| + |a_{k-1}| + |a_{k-2}| + \cdots + |a_1| + |a_0|) N^k$$

因此，如果将常数 C 定义为

$$|a_k| + |a_{k-1}| + |a_{k-2}| + \cdots + |a_1| + |a_0|$$

那么就可以确立：

$$a_k N^k + a_{k-1} N^{k-1} + a_{k-2} N^{k-2} + \cdots + a_2 N^2 + a_1 N + a_0 \leqslant C \times N^k$$

这个结果证明了整个多项式为 $O(N^k)$。

11.3 递归的救赎

此刻，与开始阅读本章时相比，你已经对复杂度分析相当了解了。但是，对于如何编写针对大型数组更加高效的排序算法这个实际问题而言，你还毫无进展。选择排序算法很明显无法胜任这项工作，因为其运行时间的增加与输入规模的平方成正比。对于大部分按照线性顺序来处理数组元素的排序算法来说，情况也是如此。为了开发出一种更好的排序算法，你需要采用不同的定性方式。

11.3.1 分而治之策略的威力

说来奇怪，找到更好的排序策略的关键却在于要认识到像选择排序这样的二次复杂度的算法存在着隐藏的价值。二次复杂度的基本特性就是，随着问题规模的翻倍，其运行时间会

增长到4倍。但是，反过来情况也是如此，即如果将二次问题的规模减小一半，运行时间就会减少到原来的四分之一。这个事实告诉我们将数组对半分，然后应用递归的分而治之方法可能会减少所需的排序时间。

为了将这个概念具体化，假设有一个需要排序的大数组。如果将该数组分成两半，然后使用选择排序算法来对每一半进行排序，会发生什么呢？因为选择排序是二次的，所以每个较小的数组都需要原来时间的四分之一。当然，我们需要对这两半都进行排序，但是对两个较小数组排序所需的总时间仍旧只有对原来数组进行排序所需时间的一半。如果可以证明对数组的两半进行排序简化了整个数组的排序问题，那么我们就实实在在地缩短了总时间。更重要的是，一旦你发现了如何将性能提升一个级别，就可以递归地使用相同的算法来排序每一半。

为了确定分而治之策略是否可以应用于排序问题，我们需要回答这样的问题：将一个数组分成两个较小的数组，然后对每一个较小的数组排序这样的做法是否有助于解决排序这个通用问题？为了了解这个问题的实质，假设我们以下面的包含8个元素的数组开始：

array

56	25	37	58	95	19	73	30
0	1	2	3	4	5	6	7

429

如果将这个包含8个元素的数组分成两个长度为4的数组，然后对这两个较小的数组排序，就会得到下面的状态，其中这两个较小的数组都是排好序的。在这里请记住，递归的信任飞跃意味着我们可以认为递归调用是正确工作的：

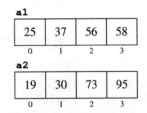

a1

25	37	56	58
0	1	2	3

a2

19	30	73	95
0	1	2	3

这种分解有什么用呢？记住，你的目标是将数值从这些较小的数组中取出，并将它们按照正确的顺序放回原来的数组。这些较小的排好序的数组是如何帮助我们完成此目标的呢？

11.3.2 合并两个数组

用两个较小的排好序的数组来重构完整的数组比排序本身要简单得多。这里所需的技术被称为合并，它有赖于这样的事实：完整排序中的第一个元素必须要么是a1中的第一个元素，要么是a2中的第一个元素，就看哪个更小。在本例中，我们希望新数组中的第一个元素为a2中的19。如果将这个元素添加到空数组array中，并且将其从a2中叉掉，就会得到下面的状态：

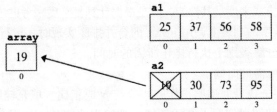

a1

25	37	56	58
0	1	2	3

array

19
0

a2

⊠	30	73	95
0	1	2	3

下一个元素又只能是两个更小的数组中第一个未使用的元素。这次，我们比较a1中的25

和 a2 中的 30，并选择了前者：

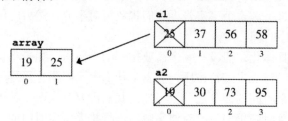

我们可以很容易地继续这个从 a1 和 a2 中挑选较小值的过程，直至重建了整个数组。

11.3.3　合并排序算法

合并操作与递归分解相结合，就产生了名为合并排序的排序算法，它被证明比选择排序要高效得多。合并排序算法的基本框架如下：

1）检查该数组是否为空或者只有一个元素。如果是，它必然已经是排好序的。这个条件定义了递归的简单情况。

2）将数组分解成两个较小的数组，每个数组的大小都是原来数组的一半。

3）递归地对每个较小的数组排序。

4）将两个排好序的数组合并到原来的数组中。

图 11-3 中展示了合并排序算法的代码，该代码很整洁地分成了两个方法：sort 和 merge。sort 的代码是直接从算法框架中得出的。在检查了特殊情况后，该算法将最初的数组分解成两个较小的数组 a1 和 a2，并递归地对这两个数组进行排序，然后调用 merge 方法来重组完整的答案。

大部分工作都是 merge 方法完成的，它接受目标数组以及较小的数组 a1 和 a2，其核心是下面的循环：

```
for (int i = 0; i < array.length; i++) {
    if (p2 == n2 || (p1 < n1 && a1[p1] < a2[p2])) {
        array[i] = a1[p1++];
    } else {
        array[i] = a2[p2++];
    }
}
```

索引 p1 和 p2 标记了每个辅助数组的迭代过程。在循环的每次迭代中，该方法会选择 a1 或 a2 中较小的元素（在先检查是否还剩有元素之后），并将其添加到 array 中下一个空闲的位置上。

11.3.4　合并排序的计算复杂度

你现在有了一个基于分而治之策略的 sort 方法的实现。它的性能如何呢？可以通过对数组排序并对结果计时的方式来度量其性能，但是根据计算复杂度来考虑该算法会更有帮助。

当你在包含 N 个数字的列表上调用 sort 的合并排序实现时，运行时间可以分成两部分：

1）在当前的递归分解级别上执行操作所需的时间。

2）执行递归调用所需的时间。

在递归分解的顶层，执行非递归操作的代价与 N 成正比。填充辅助数组的循环会执行 N 次迭代，而对 merge 的调用实际上会重新填充数组中原来的 N 个位置。如果将这些操作加起来，并忽略常数系数，那么你就会发现任何对 sort 的单个调用的复杂度，在不考虑其内部的递归调用的情况下，都需要 $O(N)$ 个操作。

```java
/**
 * Sorts an array of integers into ascending order.
 */

   public void sort(int[] array) {
      if (array.length > 1) {
         int half = array.length / 2;
         int[] a1 = subarray(array, 0, half);
         int[] a2 = subarray(array, half, array.length);
         sort(a1);
         sort(a2);
         merge(array, a1, a2);
      }
   }

/**
 * Merges the two sorted arrays a1 and a2 into the array storage passed
 * as the first parameter.
 */

   private void merge(int[] array, int[] a1, int[] a2) {
      int n1 = a1.length;
      int n2 = a2.length;
      int p1 = 0;
      int p2 = 0;
      for (int i = 0; i < array.length; i++) {
         if (p2 == n2 || (p1 < n1 && a1[p1] < a2[p2])) {
            array[i] = a1[p1++];
         } else {
            array[i] = a2[p2++];
         }
      }
   }

/**
 * Creates a new array that contains the elements from array starting
 * at p1 and continuing up to but not including p2.
 */

   private int[] subarray(int[] array, int p1, int p2) {
      int[] result = new int[p2 - p1];
      for (int i = p1; i < p2; i++) {
         result[i - p1] = array[i];
      }
      return result;
   }
```

图 11-3　合并排序算法的实现

但是递归操作的代价又如何呢？为了对大小为 N 的数组排序，我们必须递归地对两个大小为 $N/2$ 的数组排序。这些操作的每一个都需要花费一定量的时间。如果应用相同的逻辑，我们很快就会确定，对这些较小数组的排序，在这个级别的递归分解中，需要的时间与 $N/2$ 成正比，还要加上进一步递归调用所需的时间。然后，同样的过程会持续进行，直至到达简单情况，即数组中只包含单个元素，或者压根不包含任何元素。

解决该问题所需的总时间是每一级递归分解所需时间的总和。通常，分解的结构如图 11-4 所示。随着在递归层次结构中不断地下移，数组会变得越来越小，但是数量会越来越多。但是，在每个级别上的工作量总是和 N 成正比。因此，确定总工作量就转换成了确定总共有多少级的问题。

对1个尺寸为N的数组排序   N个操作

需要对2个尺寸为N/2的数组排序   2×N/2个操作

需要对4个尺寸为N/4的数组排序   4×N/4个操作

需要对8个尺寸为N/8的数组排序   8×N/8个操作

等等

图 11-4   合并排序的递归分解

在该层次结构的每一级上，N 的数量都被除以 2。因此，级别总数等于在除到 1 之前可以将 N 除以 2 的次数。用数学术语来解释这个问题，就是我们需要找到这样的 k 值：

$$N = 2^k$$

对该公式求解得到：

$$k = \log_2 N$$

因为级别数量为 $\log_2 N$，而每一级上需要完成的工作量又与 N 成正比，所以总工作量与 $N \log_2 N$ 成正比。

在其他学科中，对数会表示成以 10 为底（常用对数）或以数学常数 e 为底（自然对数），与此不同的是，在计算机科学中，倾向于使用以 2 为底的对数，即基于 2 的幂的对数。用不同的底计算得到的对数只差常数倍，所以在讨论计算复杂度时，传统上会忽略对数的底。因此，合并排序的计算复杂度通常写作：

$$O(N \log N)$$

11.3.5   比较 N^2 与 $N \log N$ 的性能

但是，在 $O(N \log N)$ 时间内运行的算法和需要 $O(N^2)$ 的算法相比，到底强多少呢？一种评估性能提升级别的方式是观察经验数据，以了解选择排序算法和合并排序算法的运行时间之间的比较结果。图 11-5 展示了相关的计时信息。对于 10 个元素而言，合并排序的实现比选择排序要慢 5 倍多。在 100 个元素的级别上，选择排序稍微比合并排序慢一点。当元素数量达到 100 000 时，合并排序几乎比选择排序快 500 倍。在我的计算机上，选择排序算法需要超过 20 分钟时间来对 1 000 000 个元素排序，而合并排序完成这项工作的时间却小于 0.5 秒。对于大型数组，合并排序具有很明显的性能提升。

N	选择排序	合并排序
10	0.000 000 18 秒	0.000 001 02 秒
100	0.000 013 2 秒	0.000 011 秒
1000	0.001 26 秒	0.000 12 秒
10 000	0.1258 秒	0.0023 秒
100 000	12.522 秒	0.0235 秒
1 000 000	1251.9 秒	0.297 秒

图 11-5   选择排序和合并排序之间的经验比较

通过比较两种算法的计算复杂度的公式，我们可以得到几乎相同的信息，具体如下：

N	N^2	$N \log N$
10	100	33
100	10 000	664
1000	1 000 000	9965
10 000	100 000 000	132 877

两列的数据都在随 N 的增大而增长，但是 N^2 列要比 $N \log N$ 列增长得快很多。因此，基于某种 $N \log N$ 算法的排序算法在数组大小的变化范围很大时会更有用。

11.4 标准的复杂度分类

在编程中，大多数算法都属于多种常见复杂度类型中的某一类。图 11-6 展示了最重要的复杂度分类，图中给出了这些类的常见名称和对应的大 O 表达式，以及每一类中的代表性算法。

常量	$O(1)$	返回数组中的第一个元素
对数	$O(\log N)$	在排好序的数组中二分搜索
线性	$O(N)$	在数组中线性搜索
$N \log N$	$O(N \log N)$	合并排序
二次	$O(N^2)$	选择排序
立方	$O(N^3)$	传统的矩阵乘法的算法
指数	$O(2^N)$	汉诺塔

图 11-6　标准的复杂度分类

图 11-6 中的分类是按照严格的复杂度递增顺序排列的。如果你在需要 $O(\log N)$ 时间的算法和需要 $O(N)$ 时间的算法之间进行选择，前一个算法在 N 变大时总是比后一个算法好。对于所有较小的 N 值，在大 O 计算中不做考虑的项在理论上有可能导致性能较差的算法在性能上会胜过具有更低的计算复杂度的算法。但是另一方面，随着 N 的变大，总会在某一点上使得算法的性能在理论上的差异变成了决定性的因素。

434
~
435

这些分类之间在性能上的差异事实上影响非常深远。通过观察图 11-7 中的曲线，你就可以了解到不同的复杂度函数彼此之间的关系，图中这些复杂度函数都是按照传统的线性比例尺绘制的。遗憾的是，这张图告诉我们的并不是完整的情况，甚至有些误导我们，因为所有的 N 值都非常小。毕竟，复杂度分析主要与 N 的值变大有关系。图 11-8 展示了相同的数据按照对数比例尺绘制的情况，这张图让这些函数增长得范围更大，可以使你更好地了解这些函数是如何增长的。

凡是属于常量、线性、二次和立方复杂度分类的算法都属于被称为多项式算法的更通用的算法族，它们都可以在 k 取某个常量的 N^k 时间内执行。图 11-8 中所示的对数绘制方式是一个很有用的属性，它使得任何 N^k 函数总是看起来像是一条直线，其斜率与 k 成正比。如果观察这张图，就会发现，很明显，N^k 函数不论 k 的值多大，都比 2^N 所表示的指数函数增长得慢，后者的曲线随 N 取值的增加而向上弯曲。这个属性对于为现实世界中的问题寻找可用的算法具有非常重要的意义。即便选择排序的示例证明了二次算法对于较大的 N 值而言存在巨大的性能问题，但是复杂度为 $O(2^N)$ 的算法会显得更加低效得多。根据通常的经验，计算机科学家们将可以用在多项式时间内运行的算法来解决的问题分类为易处理的问题，因为它们对于计算机的实现来说是可接受的。对于没有任何多项式时间的算法可以将其解决的问题，被分类为难以处理的问题。

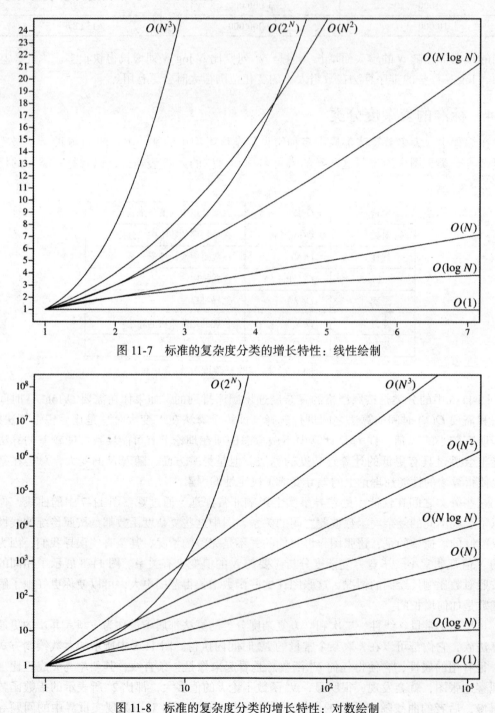

图 11-7　标准的复杂度分类的增长特性：线性绘制

图 11-8　标准的复杂度分类的增长特性：对数绘制

遗憾的是，对于许多商业上很重要的问题，所有已知的可用算法都需要指数级的时间。第 8 章介绍的子集求和问题就是这些问题之一，它在多个现实的上下文环境中都会碰到。另一个是货郎担问题，即为货郎寻找一条最短路径，可以访问到 N 个由交通系统互联的城市，并最终返回起点。正如每个人都知道的，我们不可能在多项式时间内解决子集求和问题或货郎担问题。所有广为人知的方法在最坏情况下都具有指数级的性能，在效率上等价于生成所有可能的路径并比较它们的代价。至少在当前，这些问题的最优解决方案就是尝试每一种可能，这就需要指数级的时间。另一方面，没有任何人能够令人信服地证明不存在任何可以解决这类问题的多项式时间的算法。也许有某种聪明的算法可以使这些问题变成易处理的问题，如果真是这样，那么许多当前被认为是难以处理的问题就都会被重新分类为易处理的问题。

像子集求和或货郎担之类的问题是否可以在多项式时间内求解这个问题，是计算机科学中也是数学领域中最重要的待解决问题之一。这个问题被称为 P＝NP 问题，解决它可以赢得百万美元的奖励。

11.5　快速排序算法

尽管本章之前阐述的合并排序算法在理论上性能良好，最坏情况的复杂度为 $O(N \log N)$，但是它在实践中应用得并不多。相反，当今大多数排序程序都是基于快速排序算法，它是英国计算机科学家 C. A. R. (Tony) Hoare 发明的。

快速排序和合并排序都使用了分而治之的策略。在合并排序算法中，原来的数组被分成了两半，每一半都单独存储。然后，所产生的排好序的数组被合并起来以完成整个数组的排序操作。但是，假设我们用不同的方法来分割该数组，如果在排序时，我们先遍历该数组，改变元素的位置，使得在某种"大"和"小"的定义之下，"小"的值出现在数组的开头，而"大"的值出现在末尾，那么会发生什么呢？

例如，假设待排序的数组如下，它与之前讨论合并排序的数组相同：

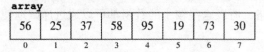

因为一半的元素都大于 50，而另一半都小于 50，所以在这种情况下，我们可以将"小"定义为小于 50，将"大"定义为大于等于 50。然后，如果能够找到某种方式来重新整理这些元素，使得所有小的元素都出现在开头，而大的元素都出现在末尾，那么最终我们就会得到像下面这样的数组，这个数组展示了小的元素和大的元素分别出现在边界两边的许多种可能的排序中的一种：

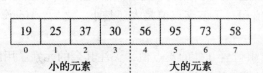

当按照这种方式将数组分割成各个部分时，剩下的工作就是通过对执行排序操作的方法的递归调用来将每个部分都排好序。因为边界线左边的所有元素都小于右边的所有元素，所以最终结果就是完全排好序的数组：

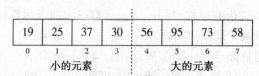

如果总是能够在每次迭代中在小元素和大元素之间选择最优的边界，那么这个算法就可以每次都将数组分半，最终证明它具有与合并排序相同的定性特性。在实践中，快速排序算法会选择数组中的某个现有元素，并使用这个值来表示小元素和大元素之间的分界线。尽管在练习部分你会有机会去探索更有效的策略，但是在此处，我们使用的策略就是选择第一个元素（原来数组中的 56），并用它来表示边界值。在数组被重新排序后，该边界值会落到某个特定索引位置上，而不是在两个位置之间，就像下面这样：

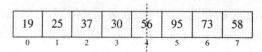

在此处，递归调用必须对位置从 0~3 的数组和位置从 5~7 的数组进行排序，让索引位置为 4 的元素保持原地不动。

与合并排序一样，快速排序的简单情况是大小为 0 或 1 的数组，因为它们已经是排好序的了。快速排序算法中的递归部分包含以下步骤：

1）选择一个元素作为小元素和大元素之间的边界。这个元素被称为支点。目前，挑选任何元素都可以满足此目的，最简单的策略就是选择数组中的第一个元素。

2）重新排列数组中的元素，使大元素移向数组的末尾，小元素移向数组的开头。更形式化地讲，这一步的目标是将元素围绕着边界位置进行分割，使得该边界左边的所有值都小于支点，而右边的所有值都大于或等于支点。这个过程被称为划分数组，我们将在下一节中进行讨论。

3）对每个划分的数组进行排序。因为在支点边界左边的所有元素都严格地比右边的所有元素小，所以对这些分区数组进行排序必然会确保整个数组处于有序状态。而且，因为该算法使用了分而治之策略，所以这些较小的数组都可以通过递归地使用快速排序来排序。

11.5.1　划分数组

在快速排序的划分步骤中，目标是重新排列元素，将它们分为三类：小于支点的元素，位于边界位置的支点元素自身，以及至少与支点一样大的元素。划分时麻烦的地方在于重新排列元素时不能使用任何额外的存储，典型情况下，这需要通过交换元素对来实现。

Tony Hoare 最初发明的划分方式用语言很容易解释。和上一节一样，下面的讨论假设支点存储在初始的元素位置上。因为在启动算法的划分阶段时，已经选择了该支点值，所以我们立刻就可以说出某个值相对于该支点值是大还是小。之后，Hoare 的算法会按照如下方式继续执行：

1）现在，先忽略索引位置 0 处的支点值，关注其余的元素。用两个索引值 lh 和 rh 来记录数组中其余元素中的第一个和最后一个元素，就像下面这样：

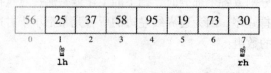

2）将 rh 索引向左移动，直至它与 lh 重合或者指向的元素的值小于支点。在本例中，位置 7 的值 30 已经是小值了，因此 rh 索引不需要移动。

3）将 lh 索引向右移动，直至它与 rh 重合或者指向的元素的值大于或等于支点。在本例中，lh 索引必须向右移动，直至它指向大于 56 的元素，最终达到下面的状态：

440

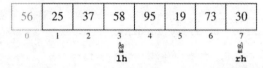

4）如果 lh 和 rh 索引值还未到达相同的位置，那么就交换 lh 和 rh 位置的元素，使得数组看起来像下面这样：

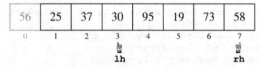

5）重复步骤 2～4，直至 lh 和 rh 位置重合。例如，在下一趟中，步骤 4 的交换操作将会交换 19 和 95。只要进行了交换，步骤 2 的下一次执行就会将 rh 索引向左移，最终与 lh 相匹配，就像下面这样：

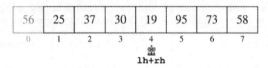

6）除非所选的支点碰巧是整个数组中最小的元素（并且代码中包含了特殊的对这种情况的检查），否则 lh 和 rh 索引位置重合的位置就是数组中最右侧的小值所在的位置。剩下的步骤就是将这个值与位于数组开头处的支点元素互换，如下所示：

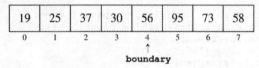

注意，这种状态正好满足划分步骤的需求。支点值位于所标记的边界位置，其左边的每个元素都更小，而右边的每个元素都至少一样大。

使用快速排序算法的 sort 实现如图 11-9 所示。

441

11.5.2　分析快速排序的性能

图 11-10 展示了合并排序与快速排序算法的实际运行时间的直接对比。正如你所见，快速排列的这种实现运行得比图 11-3 给出的合并排序的实现要稍微快一些，这也是为什么程序员在实践中会更频繁地使用它的原因之一。而且，这两种算法的运行时间会以大体相同的方式增长。

但是，图 11-10 所呈现的经验性结果掩盖了很重要的一点。只要快速排序算法选择了靠近数组中位值的支点，划分步骤就会将数组划分为大体相等的两个部分。如果支点值实际上没有落到数组元素取值范围的中间附近，那么划分后的两个数组中一个可能会比另一个大许多，这就有违于分而治之之策略了。当数组中的元素是随机挑选的值时，快速排序执行起来就会很好，其平均情况的复杂度为 $O(N \log N)$，在最坏情况下，看似有些矛盾，即数组已经排好序的情况，其性能会降低到 $O(N^2)$。尽管在最坏情况下其行为会变差，快速排序在实践中还是要比其他最快的算法快许多，这使得它成为常见的排序过程的标准选择。

```
/**
 * Sorts an array of integers into ascending order.
 */

  public void sort(int[] array) {
     quicksort(array, 0, array.length);
  }

/**
 * Applies the Quicksort algorithm to the elements in the subarray
 * starting at p1 and continuing up to but not including p2.
 */

  private void quicksort(int[] array, int p1, int p2) {
     if (p2 - 1 <= p1) return;
     int boundary = partition(array, p1, p2);
     quicksort(array, p1, boundary);
     quicksort(array, boundary + 1, p2);
  }

/**
 * Rearranges the elements of the subarray delimited by the indices
 * p1 and p2 so that "small" elements are grouped at the left end
 * of the array and "large" elements are grouped at the right end.
 * The distinction between small and large is made by comparing each
 * element to the "pivot" value, which initially appears in array[start].
 * When the partitioning is done, the function returns a boundary index
 * such that array[i] < pivot for all i < boundary, array[i] == pivot
 * for i == boundary, and array[i] >= pivot for all i > boundary.
 */

  private int partition(int[] array, int p1, int p2) {
     int pivot = array[p1];
     int lh = p1 + 1;
     int rh = p2 - 1;
     while (true) {
        while (lh < rh && array[rh] >= pivot) rh--;
        while (lh < rh && array[lh] < pivot) lh++;
        if (lh == rh) break;
        int tmp = array[lh];
        array[lh] = array[rh];
        array[rh] = tmp;
     }
     if (array[lh] >= pivot) return p1;
     array[p1] = array[lh];
     array[lh] = pivot;
     return lh;
  }
```

图 11-9　快速排序算法的实现

　　有多种策略可以用来增加支点靠近数组中位值的可能性。一种简单的方式是让快速排序的实现随机选择支点元素。尽管随机处理仍旧可能会选择出一个很差的支点值，但是它不可能在递归分解的每个级别上都会重复地犯同样的错误。而且，对原来的数组而言，没有任何一种元素分布会总是显得很差。给定任何输入，随机地选择支点可以确保该数组在平均情况下的性能将达到 $O(N \log N)$。另一种可行的策略是从数组中选择若干个值，在典型情况下是 3 个或 5 个，然后选择这些值的中位值作为支点，你将会在习题 6 中更加详细地探索这种策略。

N	合并排序	快速排序
10	0.000 001 02 秒	0.000 000 29 秒
100	0.000 011 秒	0.000 004 6 秒
1000	0.000 12 秒	0.000 104 秒
10 000	0.0023 秒	0.0013 秒
100 000	0.0235 秒	0.0168 秒
1 000 000	0.297 秒	0.207 秒

442
~
443

图 11-10   合并排序和快速排序的经验性比较

在试图以这种方式来改进算法时，你必须要仔细。挑选好的支点可以提高性能，但是也会花费更多的时间。如果算法在选择支点上花费的时间比从好的选择中能够节省的时间还要多，那么最终该实现性能下降的比提高的还多。

11.6   数学归纳

在本章前面的部分中，我让你要相信下面的总和

$$N+N-1+N-2+\cdots+3+2+1$$

可以简化为更易处理的公式

$$\frac{N^2+N}{2}$$

如果你怀疑这种简化，那么怎样才能证明简化的公式是正确的呢？

事实上，你可以尝试多种不同的证明技术。一种选择是用几何形式来表示原来展开的总和。例如，假设 N 为 5，如果用一行圆点来表示求和的每一项，那么这些点就会构成下面的三角：

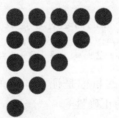

如果复制一份这个三角，并将其向下翻转，那么这两个三角形凑在一起就构成了一个矩形，其中下面的三角形用灰色表示：

因为这个图案现在是矩形，所以黑色和灰色圆点的总数很容易计算。在这张图中，有 5 行圆点，每行 6 个圆点，因此两种颜色的圆点总数位 5×6，即 30。因为这两个三角形是全等的，所以正好有一半圆点是黑色的，因此，黑色圆点的数量就是 30/2，即 15。在更普通的情况

444

中, 有 N 行, 每行 $N+1$ 个圆点, 因此, 原来的三角形中黑色圆点的数量就是

$$\frac{N\times(N+1)}{2}$$

但是, 以这种方式来证明公式的正确性有一些潜在的缺陷。例如, 这种风格中所呈现的几何讨论并不如计算机科学家们所希望的那样形式化。更重要的是, 这种类型的讨论需要你能够提出正确的几何见解, 这对于每个问题来说都是很困难的。最好是采用一种能够应用于许多不同问题的更通用的证明策略。

计算机科学家通常用来证明下面这种命题的技术被称为*数学归纳*:

$$N+N-1+N-2+\cdots+3+2+1=\frac{N\times(N+1)}{2}$$

数学归纳的应用场景是: 某个命题对于从某个初始起点开始的 N 的所有值都为真。这个起始点被称为归纳的基础, 在典型情况下是 0 或 1。归纳的过程包含以下步骤:

- *证明基础情况*。第一步是确立 N 取基础值时命题为真。在大多数情况下, 这一步很简单, 只需将基础值带入公式中, 并展示想要的关系是成立的。
- *证明归纳情况*。第二步要证明, 如果我们认为该命题对 N 是成立的, 那么对 $N+1$ 也是成立的。

例如, 我们要如何使用数学归纳来证明下面的命题确实对于所有大于等于 1 的 N 都成立呢?

$$N+N-1+N-2+\cdots+3+2+1=\frac{N\times(N+1)}{2}$$

第一步是证明基础情况, 即 N 等于 1 的情况。这部分很容易。我们只需要将公式两端的 N 都替换为 1, 并确定:

$$1=\frac{1\times(1+1)}{2}=\frac{2}{2}=1$$

445   要证明归纳情况, 可以从假设下面的命题对 N 是成立的入手

$$N+N-1+N-2+\cdots+3+2+1=\frac{N\times(N+1)}{2}$$

这个假设被称为*归纳假设*。现在你的目标是证明同样的关系对 $N+1$ 也是成立的。换句话说, 你需要做的是确立下面的公式的正确性:

$$N+1+N+N-1+N-2+\cdots+3+2+1=\frac{(N+1)\times(N+2)}{2}$$

观察这个等式的左边, 就应该会注意到, 以 N 开始的后续各项与归纳假设的左边的各个项是完全一样的。因为我们认为归纳假设为真, 所以可以将其替换为等价的封闭形式的表达式, 使得我们正在设法证明的命题的左边看起来像下面这样:

$$N+1+\frac{N\times(N+1)}{2}$$

从这里开始, 剩下的证明就是非常简单的代数了:

$$N+1+\frac{N\times(N+1)}{2}=\frac{2N+2}{2}+\frac{N^2+N}{2}=\frac{N^2\times 3N+2}{2}=\frac{(N+1)\times(N+2)}{2}$$

上面的推导中最后一行就是我们正在寻求的结果, 因此证明完毕。

许多学生都需要时间去习惯数学归纳的思想。初看起来, 归纳假设好像有点"骗人",

毕竟，我们假设的命题就是我们要证明的命题。实际上，数学归纳的过程就是一组无限的证明而已，其中每个证明都遵循了相同的逻辑。在典型的示例中，基础情况会确立 $N=1$ 时命题为真。一旦证明了基础情况，就可以采用下面的推理链：

> 既然我知道该命题在 $N=1$ 时成立，那么我就可以证明在 $N=2$ 时它也成立。
> 既然我知道该命题在 $N=2$ 时成立，那么我就可以证明在 $N=3$ 时它也成立。
> 既然我知道该命题在 $N=3$ 时成立，那么我就可以证明在 $N=4$ 时它也成立。
> 既然我知道该命题在 $N=4$ 时成立，那么我就可以证明在 $N=5$ 时它也成立。
> 以此类推……

446

在这个过程的每一步中，都可以运用用来确立归纳情况的逻辑写出完整的证明。数学归纳的威力正是来源于你实际上并不需要单独写出每一步的细节这样一个事实。

在某种程度上，数学归纳的过程就像是从相反方向视角来看的递归过程。如果你试图详细地解释典型的递归分解方案，其过程通常看起来像下面这样：

> 要计算 $N=5$ 时这个函数的值，我需要知道 $N=4$ 时它的值。
> 要计算 $N=4$ 时这个函数的值，我需要知道 $N=3$ 时它的值。
> 要计算 $N=3$ 时这个函数的值，我需要知道 $N=2$ 时它的值。
> 要计算 $N=2$ 时这个函数的值，我需要知道 $N=1$ 时它的值。
> $N=1$ 的值表示的是简单情况，因此我可以立即返回其结果。

归纳和递归都要求你必须接受信任飞跃。在编写递归方法时，这种信任飞跃要求你对于更简单的方法调用的实例，无需关注其任何细节，就相信其可以正确工作。在做出归纳假设时，对你的要求与此十分类似。在两种情况中，你都必须将自己的想法限制到解决方案的某一级上，而不要因试图一路跟踪所有的细节而分心。

11.7 总结

你从本章中获得的最有价值的概念就是解决问题的各种算法在性能特性上差别会非常大。选择具有更好的计算属性的算法通常可以将解决问题所需的时间减少许多个数量级。本章中给出各种排序算法实际运行时间的几张表格证明了这些算法在行为上的差异非常大。例如，在对 10 000 个整数的数组进行排序时，快速排序算法的性能超出选择排序将近 100 倍，随着数组大小不断变大，这两种算法之前的差异会变得更明显。

本章中其他的要点包括：

- 大多数算法问题都可以用表示问题规模的整数 N 来刻画。对于在较大整数上操作的算法，整数的大小提供了问题规模的有效度量。对于在数组上操作的算法，通常将元素数量定义为问题规模会很合理。
- 最有用的效率的定性度量是计算复杂度，它被定义为问题规模和算法性能随问题规模变大的变化关系。

447

- 大 O 标记法提供了一种直观的表示算法复杂度的方法，因为它使得你可以以最简单的可行方式来强调复杂度关系中最重要的方面。
- 在使用大 O 标记法时，可以消除公式中所有随 N 变大而变得不那么重要的项，以及所有常数系数。

- 通常，通过观察程序中包含的循环嵌套结构就可以预测程序的计算复杂度。
- 两种有用的对复杂度的度量分别是最坏情况分析和平均情况分析。平均情况分析通常执行起来会困难得多。
- 分而治之策略使得排序算法的复杂度可以从 $O(N^2)$ 降低到 $O(N \log N)$，这是一种显著的降低。
- 大多数算法都可以归为若干种常见复杂度类型中的某一类，包括常量、对数、线性、$N \log N$、二次、立方和指数类型。复杂度出现在这个列表前面的算法比复杂度出现在后面的算法更高效，至少当要解决的问题足够大时，确实如此。
- 可以在多项式时间内解决的问题被认为是易处理的，它们的复杂度被定义为 $O(N^k)$，其中 k 是某个常量值。如果某个问题没有任何多项式时间的算法能够解决，那么这个问题就被认为是难以处理的，因为解决这类问题所需的时间是令人难以承受的，甚至对相对中等规模的这类问题也是如此。
- 因为在实践中往往性能极度地好，所以大多数排序程序都是基于 Tony Hoare 发明的快速排序算法的，尽管它的最坏情况复杂度为 $O(N^2)$。
- 数学归纳提供了一种通用的证明技术，它可以证明某项属性对于所有大于等于某个基础值的 N 的所有取值都成立。在应用这项技术时，第一步需要证明该属性对基础情况成立，而第二步则必须证明如果要证明的公式对具体值 N 是成立的，那么它必然对 $N+1$ 也是成立的。

11.8 复习题

1. 最简单的斐波那契函数的递归实现与迭代版本相比性能要差很多。这个事实是否可以使你得出有关递归和迭代解决方案之间的相对效率的一般性结论？

448 2. 什么是排序问题？

3. 图 11-1 中所示的 sort 实现在 lh 和 rh 位置上的值碰巧相同时，也会运行将这两个值互换的代码。如果你修改程序，在互换之前先检查确保 lh 和 rh 不同，那么程序运行起来可能会比原来的算法慢。为什么可能会慢？

4. 假设你正在用选择排序来对包含 250 个数值的数组进行排序，并且你发现完成这项操作需要 50 毫秒。如果在同一台机器上使用相同的算法来对包含 1000 个数值的数组进行排序，你预计运行时间会多长？

5. 计算下面一系列数字总和公式的封闭形式的表达式是什么？
$$N+N-1+N-2+\cdots+3+2+1$$

6. 用你自己的话，定义计算复杂度的概念。

7. 是非题：大 O 标记法是作为一种表示计算复杂度的手段而被发明的。

8. 本章给出的简化大 O 标记法的两条规则是什么？

9. 声称选择排序将在下面的时间内运行的说法在技术上是否正确？
$$O\left(\frac{N^2+N}{2}\right)$$
以这种形式表示计算复杂度是否有错？如果有错，错在哪里？

10. 声称选择排序将在 $O(N^3)$ 时间内运行的说法在技术上是否正确？以这种形式表示计算复杂度是否有错？如果有错，错在哪里？

11. 下面方法的计算复杂度是什么？

```
int mystery1(int n) {
   int sum = 0;
   for (int i = 0; i < n; i++) {
      for (int j = 0; j < i; j++) {
         sum += i * j;
      }
   }
   return sum;
}
```

449

12. 下面方法的计算复杂度是什么？

```
int mystery2(int n) {
   int sum = 0;
   for (int i = 0; i < 10; i++) {
      for (int j = 0; j < i; j++) {
         sum += j * n;
      }
   }
   return sum;
}
```

13. 为什么习惯上会忽略像 $O(N \log N)$ 这样的大 O 表达式中对数的底？

14. 请解释最坏情况和平均情况复杂度的区别。通常，哪种度量更难计算？

15. 请解释大 O 的形式化定义中常量 C 和 N_0 的作用。

16. 用你自己的话来解释为什么 merge 方法会在线性时间内运行。

17. 请解释 merge 方法中下面这个循环中的代码行的每一行的作用：

```
for (int i = 0; i < array.length; i++) {
   if (p2 == n2 || (p1 < n1 && a1[p1] < a2[p2])) {
      array[i] = a1[p1++];
   } else {
      array[i] = a2[p2++];
   }
}
```

18. 本章标识的 7 种在实践中最常见的复杂度类型是什么？

19. 多项式算法表示什么意思？

20. 易处理问题和难以处理问题之间的差异是什么？

21. 在快速排序中，在划分步骤的结尾必须满足什么条件？

22. 快速排序的最坏情况和平均情况复杂度分别是什么？

23. 请描述数学归纳证明中的两个步骤。

24. 用你自己的话来描述递归和数学归纳之间的关系。

450

11.9 习题

1. 我们可以很容易地编写出下面的递归方法

```
double raiseToPower(double x, int n)
```

用它来计算 x^n，其中使用的递归见解是

$$x^n = x \times x^{n-1}$$

这种策略会导致该实现将在线性时间内运行。但是，你可以代用递归的分而治之策略，以充分利用下面的事实：

$$x^{2n} = x^n \times x^n$$

用这个事实来编写 `raiseToPower` 的递归版本，使它运行在 $O(\log N)$ 的时间内。

2. 还有多种其他的排序算法也展示了选择排序的 $O(N^2)$ 行为。在这些算法中，最重要的一个是插入排序，其运行方式如下：依次遍历数组中每个元素，就像选择排序算法一样。但是，在这个过程的每一步中，目标不是找到剩下的最小的值，并将其交换到正确的位置，而是要确保目前已经处理过的值彼此之间都是正确排序的。尽管这些值可能会随着更多的元素被处理而发生移动，但是它们自身构成了一个有序序列。

例如，如果再次考虑本章排序示例中用到的数据，插入排序算法的第一次迭代不需要做任何工作，因为一个元素的数组总是排好序的：

排好序的

56	25	37	58	95	19	73	30
0	1	2	3	4	5	6	7

在下一次迭代中，你需要将 25 放到相对于已经处理过的元素是正确的位置上，这意味着你需要将 56 与 25 互换，得到下面的状态：

排好序的

25	56	37	58	95	19	73	30
0	1	2	3	4	5	6	7

451 在第三次迭代中，你需要找到 37 应该放到哪里。为了实现此目标，你必须将之前的已经彼此之间排好序的元素向后移动，以搜索 37 应该归属的位置。这样就需要将每个大于 37 的元素都向右移动一个位置，最终将会给你正要插入的值腾出空间。在这种情况下，56 向右移动了一个位置，而 37 将占据位置 1。因此，在第三次迭代之后，得到的状态如下：

排好序的

25	37	56	58	95	19	73	30
0	1	2	3	4	5	6	7

在每次迭代之后，数组的前面部分总是排好序的，这意味着按照这种方式来遍历所有位置就可以对整个数组排序。

插入排序算法在实践中非常重要，因为如果数组已经或多或少地有序，那么它可以在线性时间内运行。因此，用插入排序来恢复只有少量元素乱序的大型数组的顺序会很有意义。

用插入排序算法来编写 `sort` 的实现。给出非正式的讨论，来说明插入排序的最坏情况的行为是 $O(N^2)$。

3. 编写一个方法，用来跟踪在随机选择的数组上执行 `sort` 过程时所消耗的时间。用这个方法来编写一个程序，它会产生针对预定义的数组大小所观察到的运行时间，就像下面的样例运行中所展示的：

```
⬤⬤⬤                    SortTimer
     N     |    Time (sec)
-----------+-----------------
        10 |    0.00000078
       100 |    0.00000880
      1000 |    0.00012000
     10000 |    0.00170000
    100000 |    0.02440000
   1000000 |    0.20900000
```

为这种排序程序度量所流逝的系统时间的最佳方式是调用标准方法 `System.currentTime-Millis()`，它会返回用从 1970 年 1 月 1 日子夜到现在流逝的毫秒数表示的当前时间，如果你用变量

start 和 finish 来记录开始时间和结束时间，那么就可以使用下面的代码来计算某次计算所需的用秒表示的时间：

```
double start = System.currentTimeMillis();
... 执行某些计算 ...
double finish = System.currentTimeMillis();
double elapsed = (finish - start) / 1000;
```

遗憾的是，对于运行得很快的程序而言，计算其所需的时间有些复杂，因为不能保证系统时钟单元对于度量所需时间来说足够精确。例如，如果你使用这个策略来对 10 个整数的排序计时，在代码段末尾的 elapsed 的值就会是 0，这好得出奇了。其原因是在大多数机器上，处理单元在单个时钟周期内可以执行许多条指令，多到几乎可以肯定足以完成 10 个元素的数组的整个排序过程。因为系统内部的时钟不能在其周期内再细分，所以 start 和 finish 记录的值可能就是相同的。

绕开此问题的最佳方式是在两个 currentTimeMillis 调用之间重复计算许多次。例如，如果想要确定对 10 个数字排序需要多长时间，你可以执行 1000 次排序 10 个数字的实验，然后用总的流逝时间除以 1000。这种策略赋予了你一种准确得多的计时度量方法。

4. 假设你想要知道取值范围在 0～9999 的整数数组中的所有值，证明你可以编写出一种 $O(N)$ 的算法，在这项限制之下对该数组排序。实现你的算法并用习题 3 给出的策略以经验性度量来评估其性能。请解释为什么对于取值较小的 N，该算法与选择排序相比，显得效率较低。

5. 编写一个程序，生成比较线性搜索和二分搜索性能的表格，比较方法是用它们在排好序的整数数组中查找随机选择的整数 key。线性搜索算法会直接依次遍历数组中的每个元素，直至找到想要的元素或者确定 key 不在数组中。二分搜索算法，如图 7-5 中为字符串数组实现的算法，会使用分而治之策略，检查数组中间的元素，然后决定要搜索哪一半剩下的元素。

你生成的表不应该像习题 3 那样计算时间，而是应该计算对数组元素进行比较的次数。为了确保结果不是完全随机的，你的程序应该对独立运行的多次实验的结果进行平均。该程序的样例运行看起来像下面这样：

N	Linear	Binary
10	6.6	2.6
50	30.9	4.5
100	63.0	5.4
500	316.9	7.6
1000	572.0	8.7
5000	3222.9	11.1
10000	5272.9	12.0
50000	34917.2	14.6
100000	68825.9	15.6

SearchComparison

6. 修改快速排序算法的实现，使得 partition 方法不是挑选数组中第一个元素作为支点，而是选择第一个元素、中间元素和最后一个元素的中位值。

7. 尽管 $O(N \log N)$ 排序算法对于大型数组而言很明显比 $O(N^2)$ 算法更高效，但是像选择排序这样的二次算法的简单性经常意味着它们对较小的 N 值来说性能更好。这个事实使得开发一种策略将这两种排序算法组合起来成为可能，即对较大的数组使用快速排序，而无论何时，只要数组的大小小于被称为变换点的阈值，就使用选择排序。将两种不同的算法组合起来，以利用它们各自的最佳特性的方法，被称为混合策略。

用快速排序和选择排序的混合策略来重新实现 sort。用不同的变换点的值来做实验，当大小低于该值时该实现就会使用选择排序，然后确定取什么值可以得到最佳性能。变换点的值依赖于你的计算机的具体时间特性，并且会因系统的不同而不同。

8. 另一种有趣的针对排序问题的混合策略是以快速排序的递归实现着手，它会在数组大小小于阈值时直接返回。当该方法返回时，数组并未排好序，但是所有元素都相对靠近它们最终的位置。此时，你可以对整个数组使用习题 2 所描述的插入排序算法来解决剩下的问题。因为插入排序在几乎排好序的数组上可以在线性时间内运行，所以这个两步骤的过程运行得比单独使用这两种算法中的任何一种都要快。编写一个使用这种混合方式的 sort 方法的实现。

9. 假设你有两个函数，f 和 g，其中对于所有 N 的取值，$f(N)$ 都比 $g(N)$ 小。使用大 O 的形式化定义来证明

$$15f(N)+6g(N)$$

是 $O(g(N))$。

10. 使用大 O 的形式化定义来证明 N^2 是 $O(2^N)$。

11. 使用数学归纳来证明下面的属性对所有正的 N 取值而言都是成立的：

   a) $1+3+5+7+\cdots+2N-1=N^2$

   b) $1_2+2_2+3_2+4_2+\cdots+N_2=\dfrac{N\times(N+1)\times(2N+1)}{6}$

   c) $1^3+2^3+3^3+4^3+\cdots+N^3=(1+2+3+4+\cdots+N)^2$

   d) $2^0+2^1+2^2+2^3+\cdots+2^N=2^{N+1}-1$

12. 习题 1 展示了在 $O(\log N)$ 时间内计算 x^n 的可能性，这又使得编写出能够在 $O(\log N)$ 时间内运行的 fib(n) 方法的实现成为可能，这比传统的迭代版本要快许多。为了这么做，你在一定程度上需要依赖于这样一个惊人的事实：斐波那契函数与被称为黄金分割率的值之间存在着密切的关系，黄金分割率自古希腊数学的年代开始就广为人知了。黄金分割率通常用希腊字母 phi(φ) 来表示，它被定义为满足下面方程的值：

$$\varphi^2-\varphi-1=0$$

因为这是个二次方程，所以它实际上有两个根。如果你运用二次求根公式，那么就会发现这两个根为：

$$\varphi=\frac{1+\sqrt{5}}{2}$$

$$\hat{\varphi}=\frac{1-\sqrt{5}}{2}$$

在 1718 年，法国数学家 Abraham de Moivre 发现斐波那契数列的第 n 项可以表示成下面的封闭形式：

$$\frac{\varphi^n-\hat{\varphi}^n}{\sqrt{5}}$$

而且，因为 $\hat{\varphi}^n$ 总是很小，所以这个公式可以简化为：

$$\frac{\varphi^n}{\sqrt{5}}$$

并四舍五入到最接近的整数。

使用这个公式和习题 1 的 raiseToPower 方法来编写可以在 $O(\log N)$ 时间内运行的 fib(n) 的实现。一旦你经验性地验证了这个公式对于该数列的前几项看起来是可以工作的，就可以使用数学归纳来证明下面的公式实际上就是在计算斐波那契数列的第 n 项：

$$\frac{\varphi^n-\hat{\varphi}^n}{\sqrt{5}}$$

13. 在正确地链接在一起的链表中，表中的各个单元构成了一条链，链条的末尾是一个 null 指针，就像下面这样：

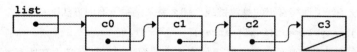

遗憾的是，因为单元结构中的链接是引用，所以很可能因为最后一个单元中的链接域向回指向了链条中某个之前的元素而导致程序出错，就像下图所示：

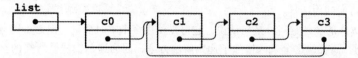

如果你试图迭代这张图中的单元，那么程序就会陷入死循环，无休止地迭代单元 c1、c2 和 c3。

为了避免这种情况，设计一个函数来检查链表中是否包含环或链表是否正确地在末尾以 null 引用来终止，就会显得很有用。在 20 世纪 60 年代，斯坦福已故的计算机科学家 Robert W. Floyd 找到了一个优美的算法，它无需跟踪所有访问过的单元就可以探测到链表中的环。这个算法一开始将两个引用，即一个 "慢指针" 和一个 "快指针"，赋值为指向链条的开头。在循环的每次迭代中，你都需要将慢指针沿着链条向前移动一步，并将快指针向前移动两步。如果快指针最终访问到 null 链接，那么它就到达了链表的末尾，因此，你也就知道了链条中不存在环。但是，如果慢指针和快指针最终再次指向了同一个单元，那么链表中就一定存在环。图 11-11 展示了这个算法。使用图 8-10 中的链表结构来编写下面的函数：

`boolean isLooped(Cell list)`

它会接受一个指向某个链表单元的引用，并应用 Floyd 的算法来确定在链表中是否存在环。

456

Floyd 的算法经常被称为 "龟兔赛跑" 算法，因为两个指针以不同的速度在链表中竞赛。迟缓的乌龟从起点开始，每次向前移动一步，而迅捷的兔子从相同的位置出发，但是在循环的每次迭代中会向前移动两个单元。本页上的图使用了龟兔赛跑的比喻来展示该算法是如何工作的。

迭代0：一开始，两个指针都指向列表中的第一个单元：

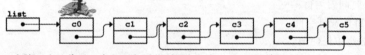

迭代1：在第一次迭代后，乌龟和兔子分别指向包含c1和c2的单元：

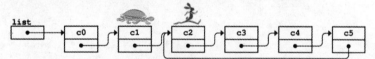

迭代2：在下一次迭代中，两个指针都按照适当的速度向前移动：

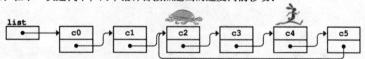

迭代3：在第三次迭代中，兔子向前移动两步会绕着环走，这样它现在就落在了乌龟的后面：

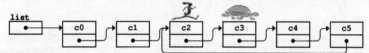

迭代4：在最后一次迭代中，兔子追上了乌龟，这意味着链表中必然包含环：

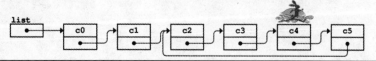

图 11-11　Robert Floyd 的用来探测链表中的环的算法

14. 如果你已经准备好了迎接真正的算法挑战，那么就来编写下面的方法吧：

    `int findMajorityElement(int[] array)`

    它接受一个包含非负整数的数组，并返回主元素，而主元素被定义为在所有元素位置上出现次数占绝对多数的值（至少 51%）。如果不存在主元素，该方法应该返回 –1 以表示这种情况。你的方法还必须满足以下条件：

    - 必须在 $O(N)$ 时间内运行。
    - 必须使用 $O(1)$ 的额外空间。换句话说，它可以使用多个临时变量，但是不能分配任何额外的数组存储空间。而且，这个条件排除了递归解决方案，因为递归中栈帧所需的空间会随着递归深度的增加而增长。
    - 必须不改变数组中任何值。

    这个问题的困难之处在于设计算法，而不是实现算法。用一些样例数组来试试看你是否能够设计出满足上述条件的有效策略。

15. 如果你对上一个问题感兴趣，那么下面这个曾经是微软面试题的问题会更具挑战性。假设你有一个包含 N 个元素的数组，其中每个元素都是一个在闭区间 1～N−1 之间的值。因为数组中有 N 个元素，并且对于每个槽位来说都只有 N−1 个可能的取值，所以必然至少有一个值会在数组中重复。当然，也可能有许多重复的值，但是你知道至少有一个值会重复，其依据就是数学家们所谓的鸽巢原理：如果放入鸽巢中的物品数量大于鸽巢的数量，那么必然会有某个鸽巢中放入的物品数量超过一个。

    在这个问题中，你的任务是编写下面的方法

    `int findDuplicate(int[] array)`

    它会接受一个数组，其中的值都被限制在 1～N−1 的范围内，并会返回一个在数组中重复的值。这个问题的困难之处在于设计算法，使得你的实现就像前一个习题的解决方案一样满足下面的条件：

    - 必须在 $O(N)$ 时间内运行。
    - 必须使用 $O(1)$ 的额外空间。
    - 必须不改变数组中任何值。

效率与表示方式

分析机的目标实际上是为了对用高等科学分析中的数值表示方法表示的资源赋予最大的实用效率。

——Ada Augusta Lovelace，《分析机草图》所附的笔记，1842

本章将融会贯通两种初看起来貌似彼此间没什么关联的思想：数据结构的设计和算法效率的概念。到目前为止，有关效率的讨论都集中在算法上。如果选择了更高效的算法，就可以极大地缩短运行时间，特别是在新算法属于不同的复杂度分类时，更是如此。但是，在某些情况下，为一个类选择不同的底层表示方式，也可以获得同样显著的效果。为了说明这种思想，本章将讨论一个可以用若干种不同的方式来表示的具体的类，并对比这些表示方式的效率。

12.1 用于文本编辑的软件模式

在大多数人都携带手机的时代，传输文本成为最流行的通信形式之一。我们用手机上的键盘创建消息，并将其发送给一位或多位朋友，然后他们会在自己的手机上阅读这条消息。当前手机上安装的软件都很大，典型情况下包含数百万行代码。为了管理这种级别的复杂度，关键是要将软件实现分解为可以单独开发和管理的独立模块。而且，充分利用已被人们广泛接受的软件模式来简化实现过程也是一种很有用的做法。

为了了解哪些模式可能有用，我们可以考虑一下我们在手机上编写文本消息时都发生了什么。我们用键盘输入字符，而键盘包含了用于编辑文本的按键。键盘的形式可能会根据手机类型的不同而不同。在老式的手机上，通常有一个数字键盘，为了输入每个字符，我们都需要一系列的键盘点击动作。智能手机可能根本没有物理键盘，但是可以用触摸屏上显示的键盘图像来输入。在这两种情况中，都有一个概念上的键盘，使我们可以编写和编辑消息。但是，在任何新式的设计中，都包含一个对作为用户的我们不可视的第三个构件。在键盘和显示屏之间有一个抽象的数据结构，它记录了当前的消息内容。键盘会更新这个数据结构的内容，而该数据结构又提供了可以在显示屏上看到的信息。

上一段中的三方分解方案是被称为模型－视图－控制器模式，或简称为 MVC 模式的重要设计策略的一个示例。在手机的案例中，键盘表示控制器，显示屏表示视图，而底层的数据结构表示模型。这种模式在手机示例中的应用如图 12-1 所示，它探索了不同模块之间的信息流。

当使用手机来发送图 12-1 中描绘的文本消息时，我们使用的是编辑器，这是一个支持创建和操作文本数据的软件模块。编辑器出现在许多不同的应用中，当我们以基于 Web 的形式输入信息或在开发环境中编写 Java 程序时，都在使用编辑器。当今大多数的编辑器都使用模型－视图－控制器模式来设计。在模型内部，编辑器维护一个通常被称为缓冲的字符序列。控制器使得用户可以在该缓冲的内容上执行各种不同的操作，许多操作都被限定为在缓冲中当前的位置执行，这个位置在屏幕上是用被称为光标的符号来标记的，典型情况下，它看起来就像是两个字符之间的一个垂直线段。

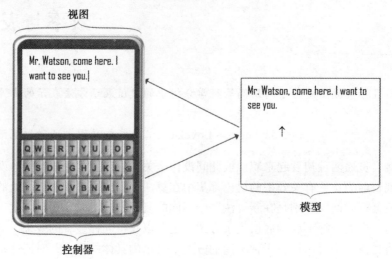

图 12-1　使用模型 – 视图 – 控制器模式的手机分解方案

尽管编辑器应用的控制器和视图部分确实是有趣的编程挑战，但是本章将关注作为模型的编辑器缓冲。编辑器应用的整体效率对选中用来表示缓冲的数据结构非常敏感。本章使用了三种不同的底层表示方式来实现编辑器缓冲的抽象结构，即字符数组、一对字符栈和字符链表，并对它们的优缺点进行了评估。

459
～
461

12.2　设计一个简单的文本编辑器

现代的编辑器都提供了高度复杂的编辑环境，包括用鼠标定位光标的机制和搜索特定文本字符串的命令等特性。而且，它们会在所有编辑操作被执行时准确地显示其结果。在编辑过程中始终显示缓冲中当前内容的编辑器被称为所见即所得（wysiwyg，读作"wizzy-wig"）的编辑器，它是"what you see is what you get"的缩写。这种编辑器易于使用，但是所有这些高级特性都会使了解编辑器内部工作原理变得更困难。

在计算科学的早期，编辑器要简单得多。当计算机没有鼠标和复杂的图形化显示时，编辑器被设计为响应在键盘上输入的命令。例如，通过典型的基于键盘的编辑器，我们可以通过键入命令 I 和后面跟着的字符序列来插入新的文本。其他命令用来执行其他的编辑功能，例如在缓冲中移动光标。通过键入这些命令的正确组合，就可以做出任何想要的修改。既然本章关注的是编辑器缓冲的表示方式而不是支持更复杂的编辑环境所需的先进特性，那么我们就可以在这种命令驱动风格的上下文中探索缓冲抽象。一旦实现了编辑器缓冲，我们就可以回过头去将其合并到更复杂的基于 MVC 模式的应用中。

12.2.1　编辑器命令

下面几个小节将遍历可以执行图 12-2 中所示命令的极简编辑器的开发过程。除了 I 命令包含要插入的字符串之外，其他每个编辑器命令都由在一行中读入的单个字母构成。

下面的样例运行展示了基于命令的编辑器的操作，以及描述每个动作的注解。在本节中，用户先插入了字符串 axc，然后将缓冲的内容纠正为 abc。

F	将编辑光标向前移动一个字符的位置
B	将编辑光标向后移动一个字符的位置
J	跳到缓冲的开头
E	将光标移动到缓冲的末尾
I*xxx*	在当前的光标位置上添加字符串 *xxx*
D	删除紧靠当前光标位置之后的字符
H	打印一条列出了所有命令的帮助消息
Q	退出编辑器程序

图 12-2　简单的基于命令的编辑器中可用的命令　　　462

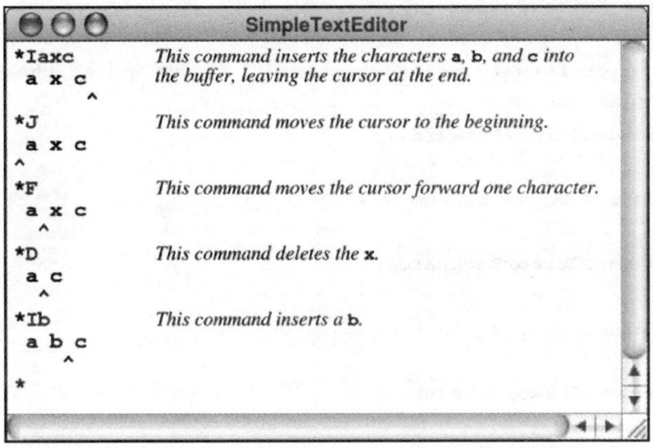

编辑器程序显示了执行每条命令之后的缓冲状态。正如在样例运行中所看到的，该程序会用下一行中的插入字符 (^) 来标记光标的位置。这种行为并非我们在真实的编辑器中希望看到的行为，但是它使得我们可以更容易地看清楚到底发生了什么事。

在 Java 中，将编辑器缓冲定义为接口是合理的，因为这么做使得我们可以将行为规约与表示方式分离。因为我们知道必须响应哪些操作，所以我们也已经了解了编辑器缓冲的行为是怎么样的。EditorBuffer 接口定义了所需的操作集，这个操作集将由不同的具体类来实现。客户端完全可以通过接口中的方法来操作 EditorBuffer 对象，而无需访问其底层的数据表示方式。这个事实使得我们通过修改具体类的名字就可以任意地修改具体的表示方式。

EditorBuffer 接口最少要为 6 个编辑器命令每个都定义一个方法。另外，编辑器应用程序还必须能够显示缓冲的内容，包括光标的位置。为了让这些方法能够实现，Editor-Buffer 接口定义了 getText 和 getCursor 方法，它们会返回存储在缓冲中的文本和用整数表示的光标位置，其中光标位置 0 表示缓冲的开始。图 12-3 给出了完整的 Editor-Buffer 接口。　　　463

12.2.2　考虑底层的表示方式

即使在像现在这样的早期阶段，我们也可以对什么是适合的内部数据结构进行思考。因为缓冲中包含了一个有序的字符序列，因此用 String 或由字符构成的 ArrayList 作为底层表示方式看起来就是一个很明显的选择。只要这两个类可用，那么它们就都是合适的选择。但是，本章的目标是要调查表示方式的选择对应用效率的影响，因此，如果该程序使用了像 String 和 ArrayList 这样的高层结构，那么就很难理解这一点了，因为这些类的内部工作机制对客户端是不可见的。如果我们决定将我们的实现限制为只能使用更简单的结构，那么每项操作就都是可见的，进而，确定互相竞争的各种设计方案之间的相对效率就变得相对容易了。这种逻辑建议我们使用字符数组来作为底层表示方式，因为数组操作没有任何隐藏的代价。

```java
/*
 * File: EditorBuffer.java
 * ------------------------
 * This file defines the interface for the editor buffer abstraction.
 */

package edu.stanford.cs.javacs2.ch12;

public interface EditorBuffer {

/**
 * Moves the cursor forward one character, if it is not at the end.
 */

   public void moveCursorForward();

/**
 * Moves the cursor backward one character, if it is not at the beginning.
 */

   public void moveCursorBackward();

/**
 * Moves the cursor to the start of this buffer.
 */

   public void moveCursorToStart();

/**
 * Moves the cursor to the end of this buffer.
 */

   public void moveCursorToEnd();

/**
 * Inserts the character ch, leaving the cursor after the inserted character.
 */

   public void insertCharacter(char ch);

/**
 * Deletes the character immediately after the cursor, if any.
 */

   public void deleteCharacter();

/**
 * Returns the contents of the buffer as a string.
 */

   public String getText();

/**
 * Returns the index of the cursor.
 */

   public int getCursor();

}
```

图 12-3　编辑器缓冲抽象的接口

　　尽管使用数组来表示缓冲肯定是一种合理的方式，但是仍旧有其他的表示方式提供了有趣的可能性。本章的基础要义，实际上也是本书中的基础要义，是要告诉你不应该匆忙地选择特定的表示方式。在编辑器缓冲的示例中，数组只是多个选项之一，而每个选项都有自己的优缺点。在权衡利弊之后，我们可能会决定在某些情况下使用一种策略，而在另一些情况下使用另一种策略。同时，重要的是要注意，不论选择了哪种表示方式，编辑器必须总是能够执行相同的命令集。因此，编辑器缓冲的外部行为必须保持相同，尽管其底层表示方式可以发生变化。

12.2.3 对编辑器应用编码

一旦定义了公共接口，我们就可以回去编写编辑器应用了，尽管我们还没有实现缓冲类，也没有敲定适合的内部表示方式。在编写编辑器应用时，唯一需要认真考虑的就是每个操作都要做些什么。在这个级别上，实现的细节并不重要。

只要限定为只实现图 12-2 中的命令，编写编辑器程序就会相对简单。该程序运行时就像是一个循环，不停地从控制台读入一系列的编辑器命令。无论何时，只要用户键入了命令，该程序都应该查看第一个字符，然后通过调用缓冲区上适合的方法来执行所要求的操作。图 12-4 展示了基于命令的编辑器的代码。SimpleTextEditor 类本身并没有构建编辑器缓冲，而是通过调用程序构建了一个实现了 EditorBuffer 接口的某个具体类的实例。

464
~
465

```
/*
 * File: SimpleTextEditor.java
 * -------------------------------
 * This file implements a simple command-based text editor.
 */

package edu.stanford.cs.javacs2.ch12;

import edu.stanford.cs.console.Console;
import edu.stanford.cs.console.SystemConsole;

public abstract class SimpleTextEditor {

/* Defines the method that clients must implement to create the buffer */

   public abstract EditorBuffer createEditorBuffer();

/* Runs the text editor */

   public void run() {
      Console console = new SystemConsole();
      EditorBuffer buffer = createEditorBuffer();
      while (true) {
         String cmd = console.nextLine("*");
         if (!cmd.equals("")) executeCommand(buffer, cmd);
      }
   }

/* Executes the command on the editor buffer */

   private void executeCommand(EditorBuffer buffer, String cmd) {
      switch (Character.toUpperCase(cmd.charAt(0))) {
       case 'I': for (int i = 1; i < cmd.length(); i++) {
                    buffer.insertCharacter(cmd.charAt(i));
                 }
                 displayBuffer(buffer);
                 break;
       case 'D': buffer.deleteCharacter(); displayBuffer(buffer); break;
       case 'F': buffer.moveCursorForward(); displayBuffer(buffer); break;
       case 'B': buffer.moveCursorBackward(); displayBuffer(buffer); break;
       case 'J': buffer.moveCursorToStart(); displayBuffer(buffer); break;
       case 'E': buffer.moveCursorToEnd(); displayBuffer(buffer); break;
       case 'H': printHelpText(); break;
       case 'Q': System.exit(0);
       default:  System.out.println("Illegal command"); break;
      }
```

图 12-4　测试 EditorBuffer 的简单文本编辑器

```
/* Displays the state of the buffer including the position of the cursor */

    private void displayBuffer(EditorBuffer buffer) {
        String str = buffer.getText();
        for (int i = 0; i < str.length(); i++) {
            System.out.print(" " + str.charAt(i));
        }
        System.out.println();
        int cursor = buffer.getCursor();
        for (int i = 0; i < cursor; i++) {
            System.out.print("  ");
        }
        System.out.println("^");
    }

/* Displays a message showing the legal commands */

    private void printHelpText() {
        System.out.println("Editor commands:");
        System.out.println("  Iabc   Inserts abc at the cursor position");
        System.out.println("  F      Moves the cursor forward one character");
        System.out.println("  B      Moves the cursor backward one character");
        System.out.println("  D      Deletes the character after the cursor");
        System.out.println("  J      Jumps to the beginning of the buffer");
        System.out.println("  E      Jumps to the end of the buffer");
        System.out.println("  H      Prints this message");
        System.out.println("  Q      Exits from the editor program");
    }

}
```

图 12-4 （续）

SimpleTextEditor 类是抽象类，需要每个子类去定义适合其表示方法策略的 create-EditorBuffer 方法。例如，ArrayEditor 应用将使用这个方法来创建一个实现了 Editor-Buffer 接口的 ArrayBuffer 对象。

在 SimpleTextEditor 的实现中有一个你到目前为止还没有看到过的方法调用，即在实现 Q 命令的代码中对 System.exit 的调用。System.exit 方法会从 Java 解释器中退出，并传递一个作为状态指示符的整数，该整数在正常退出时为 0。

12.3 基于数组的实现

就像在 12.2.2 节中所提到的，缓冲的一种可能的表示方式是字符数组。尽管这种设计不是表示编辑器缓冲的唯一选择，但是不管怎样，这是个有用的起点。毕竟，缓冲中的字符构成了一个有序且同构的序列，这正是传统上使用数组的场景。但是，用来实现缓冲的数组不能是大小固定的，因为缓冲中的字符数量随时都在变化。遗憾的是，Java 数组的大小一旦在分配好内存后就无法修改了，因此缓冲的表示方式必须使用更复杂的策略。

在这种情况下，常用的方式是为数组分配大于当前需求的空间。只要插入的字符适合放到分配的空间内，那么万事皆安。如果没有更多空间来插入新字符了，那么可以通过分配具有更大尺寸的全新数组，然后将旧数组复制到新数组中来扩展缓冲的容量。在创建缓冲时，一开始可以分配一定数量的数组元素。在基于数组的缓冲的代码中，数组的初始大小是通过下面的常量确定的：

```
private static final int INITIAL_CAPACITY = 10;
```

当内存空间耗尽时，代码会通过将当前容量翻倍的方式来增加尺寸。这种策略并不像听起来那样随意。在学习第 13 章时，你就会发现这种翻倍的策略有助于降低扩展缓存容量所需的操作的平均执行代价。

12.3.1 定义私有数据结构

我们可以使用这种策略来创建使用字符数组来实现 `EditorBuffer` 接口的名为 `Array-Buffer` 的类。`ArrayBuffer` 类需要三个实例变量：缓存中所包含的字符数组，数组实际投入使用的位置数量，以及光标的当前位置。这些实例变量的声明如下：

```
private char[] array;
private int count;
private int cursor;
```

`ArrayBuffer` 类的构造器只是初始化了这些变量，就像下面这样：

```
public ArrayBuffer() {
    array = new char[INITIAL_CAPACITY];
    count = 0;
    cursor = 0;
}
```

在调用了这个构造器之后，空的缓冲看起来像下面这样：

468

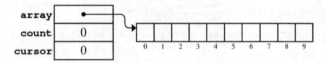

包含如下内容

$$H E L_\wedge L O$$

并且光标位于两个 `L` 之间的缓存具有下面的结构：

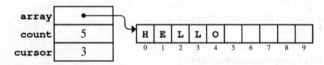

12.3.2 实现缓冲的操作

基于数组的编辑器的大多数编辑器操作都很容易实现。四个移动光标的操作每个都可以通过对 `cursor` 域的内容赋予新值的方式来实现。例如，移动到缓存开头只需将 `cursor` 赋值为 0；移动到末尾只需将 `count` 域的值复制到 `cursor` 域中。类似地，向前移动和向后移动只需递增或递减 `cursor` 域即可，当然，重要的是要确保 `cursor` 的值不会跑到合法范围之外。在图 12-5 中，可以看到 `ArrayBuffer` 的实现中这些方法的代码。

图 12-5 中需要特别讨论的操作只有 `insertCharacter` 和 `deleteCharacter` 方法。因为这些方法看起来可能有点麻烦，特别是对第一次碰到这类方法的人来说更是如此，所以添加注释以记录它们的操作是值得的。例如，图 12-5 中的代码在标记为"Implementation notes"的注释中添加了针对这些特殊方法的额外的文档说明，而实现光标移动的简单方法就没有单独地进行说明。

`insertCharacter` 和 `deleteCharacter` 方法非常有趣，因为它们都需要移位数组中的字符，要么是为了腾出空间给想要插入的字符，要么是为了让删掉字符之后的空间更加紧凑。例如，假设你想要在包含如下内容的缓冲的当前光标位置上插入字符 `X`：

$$H E L L_\wedge O$$

469

```
/*
 * File: ArrayBuffer.java
 * ------------------------
 * This file implements the EditorBuffer abstraction using an array of
 * characters as the underlying storage model.
 */

package edu.stanford.cs.javacs2.ch12;

/*
 * Implementation notes: ArrayBuffer
 * ----------------------------------
 * This class implements the EditorBuffer abstraction using an array of
 * characters.  In addition to the array, the structure keeps track of
 * the actual number of characters in the buffer (which is typically less
 * than the length of the array) and the current position of the cursor.
 */

public class ArrayBuffer implements EditorBuffer {

    public ArrayBuffer() {
        array = new char[INITIAL_CAPACITY];
        count = 0;
        cursor = 0;
    }

/*
 * Implementation notes: moveCursor methods
 * ------------------------------------------
 * The four moveCursor methods simply adjust the value of cursor.
 */

    public void moveCursorForward() {
        if (cursor < count) cursor++;
    }

    public void moveCursorBackward() {
        if (cursor > 0) cursor--;
    }

    public void moveCursorToStart() {
        cursor = 0;
    }

    public void moveCursorToEnd() {
        cursor = count;
    }

/*
 * Implementation notes: character insertion and deletion
 * -------------------------------------------------------
 * Each of the functions that inserts or deletes characters must shift
 * all subsequent characters in the array, either to make room for new
 * insertions or to close up space left by deletions.
 */

    public void insertCharacter(char ch) {
        if (count == array.length) expandCapacity();
        for (int i = count; i > cursor; i--) {
            array[i] = array[i - 1];
        }
        array[cursor] = ch;
        count++;
        cursor++;
    }

    public void deleteCharacter() {
        if (cursor < count) {
            for (int i = cursor+1; i < count; i++) {
                array[i - 1] = array[i];
            }
            count--;
```

图 12-5　编辑器缓冲的基于数组的实现

```
      }
   }
/* Simple getter methods: getText, getCursor */

   public String getText() {
      return new String(array, 0, count);
   }

   public int getCursor() {
      return cursor;
   }

/*
 * Implementation notes: expandCapacity
 * -------------------------------------
 * This private method doubles the size of the array whenever the old one
 * runs out of space.  To do so, expandCapacity allocates a new array,
 * copies the old characters to the new array, and then replaces the old
 * array with the new one.
 */

   private void expandCapacity() {
      char[] newArray = new char[2 * array.length];
      for (int i = 0; i < count; i++) {
         newArray[i] = array[i];
      }
      array = newArray;
   }

/* Constants */

   private static final int INITIAL_CAPACITY = 10;

/* Private instance variables */

   private char[] array;         /* Allocated array of characters     */
   private int count;            /* Actual number of character in use */
   private int cursor;           /* Index of character after cursor    */

}
```

图 12-5 （续）

为了在缓冲的数组表示方式中实现这个目的，你首先需要确定数组中是否还有空间。如果 count 域等于数组的长度，那么在当前分配的数组中就没有更多的空间来容纳新的字符了。在这种情况下，必须扩充数组的容量，这是由私有的 expandCapacity 方法完成的，该方法看起来如下：

```
private void expandCapacity() {
   char[] newArray = new char[2 * array.length];
   for (int i = 0; i < count; i++) {
      newArray[i] = array[i];
   }
   array = newArray;
}
```

第一行为新数组分配了两倍的元素数量，而 for 循环将原数组复制到新数组中，该方法的最后一行用新数组替换了实例变量 array 的值。原数组使用的内存空间最终将被垃圾回收器回收。

即使不用扩充数组容量，仍旧要考虑到数组中额外的空间总是位于尾部。为了在现有字符串的中间插入字符，需要在光标当前的位置上为该字符腾出空间。获得这样的空间的唯一方式就是将后续所有字符都向右移动一个位置，使得缓冲结构处于下面的状态：

470
～
472

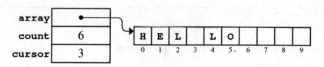

在数组中产生的空隙为插入 x 留下了空间，之后光标会向前移动，跟在新插入的字符后面，使得数组处于下面的状态：

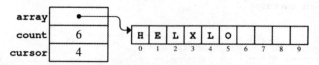

deleteCharacter 操作类似，也需要一个循环来填充被删除字符留下的空隙。

12.3.3 基于数组的编辑器的计算复杂度

为了建立与其他表示方式进行比较的基线，我们要确定编辑器的 ArrayBuffer 实现的计算复杂度。与往常一样，复杂度分析的目标是理解编辑器操作所需的执行时间随问题规模的变化而定性变化的函数关系。在编辑器示例中，缓冲中的字符数量是问题规模的最佳度量。因此，对于编辑器缓冲而言，我们需要确定缓冲中的字符数量是如何影响每个编辑操作的运行时间的。

对于基于数组的实现而言，最易于理解的操作是移动光标的几个操作。作为示例，move-CursorForward 方法具有下面的实现：

```
public void moveCursorForward() {
    if (cursor < count) cursor++;
}
```

尽管该方法包含对实例变量 count 的引用，但是它的执行时间与缓冲长度无关。无论缓冲多长，这个方法都会执行完全一样的操作：执行一个测试，然后在几乎所有情况下，都执行一个递增操作。因为执行时间独立于 N，所以 moveCursorForward 操作会在 $O(1)$ 时间内运行。相同的分析对其他移动光标的操作也都是成立的，这些操作没有任何一个包含依赖于缓冲长度的操作。

但是 insertCharacter 的情况又如何呢？在 ArrayBuffer 的实现中，insert-Character 方法包含下面的 for 循环。

473

```
for (int i = count; i > cursor; i--) {
    array[i] = array[i - 1];
}
```

如果在缓冲末尾插入一个字符，这个方法运行起来就会相当快，因为不需要移位字符来为新字符腾出空间。另一方面，如果在缓冲开头插入字符，那么缓冲中的每个字符都必须在数组中向右移动一个位置。因此，在最坏情况下，insertCharacter 的运行时间与缓冲中的字符数量成正比，所以是 $O(N)$。因为 deleteCharacter 操作具有类似的结构，所以它的复杂度也是 $O(N)$。图 12-6 展示了每个编辑器操作的复杂度。

表中最后两个操作都需要线性时间这个事实对编辑器程序而言具有重要的性能含义。如果编辑器使用数组来表示其内部缓冲，那么当缓冲中的字符数量变大时，它的运行就会开始变慢。因为这个问题看起来很严重，所以讨论其他可能的表示方式就显得很有意义了。

操作	数组
moveCursorForward	$O(1)$
moveCursorBackward	$O(1)$
moveCursorToStart	$O(1)$
moveCursorToEnd	$O(1)$
insertCharacter	$O(N)$
deleteCharacter	$O(N)$

图 12-6　基于数组的缓冲的计算复杂度

12.4　基于栈的实现

编辑器缓冲的数组实现的问题在于，插入和删除的元素靠近缓冲开头位置时就会运行得很慢。当同样的操作应用到缓冲末尾时，运行速度就会相对较快，因为在数组内部无需移位字符。这个属性建议我们设计一种可以变快的方式：强制所有插入和删除都发生在缓冲末尾。尽管这种方式从用户的角度看是完全不切实际的，但是它播撒了可行得通的想法的种子。

对让插入和删除变得更快而言，所需的关键见解是我们可以以光标为界对缓冲进行分割，将光标之前和之后的字符存储在分离的结构中。因为所有对缓冲的修改都发生在光标处，所以这些结构每个的行为都像是一个栈，因此可以用第 6 章中的 Stack<Character> 类来表示。在光标之前的字符将被压入一个栈，使得缓冲的开头位于栈底，而紧靠光标之前的字符位于栈顶。光标之后的字符按照相反的方向存储在另一个栈中，即栈底为缓冲的末尾，而紧靠光标之前的字符位于栈顶。474

最好的方式是用图来表示这种结构。如果缓冲中包含下面的内容：

HELLO

那么缓冲的这种双栈表示形式看起来就像下面一样：

为了读取缓冲中的内容，必须向上读取 before 栈中的所有字符，然后向下读取 after 栈，就像箭头所表示的那样。

12.4.1　定义私有数据结构

如果用这种策略来实现缓冲，那么唯一需要的实例变量就是一对栈，一个用来存储光标之前的字符，另一个用来存储光标之后的字符。对于基于栈的缓冲而言，这个类只需要声明下面的两个实例变量：

```
private Stack<Character> before;
private Stack<Character> after;
```

重要的是要注意到在这个模型中，并未显式地表示光标，而是直接用两个栈之间的边界来表示的。

12.4.2　实现缓冲的操作

在栈模型中，实现大多数的编辑器操作都相当容易。例如，向后移动光标只需从 before

栈中弹出一个字符，并将其压入 after 栈，而向前移动光标是完全对称的。插入字符需要将该字符压入 before 栈，而删除字符需要从 after 栈中弹出一个字符，并将其丢弃。

这种概念上的轮廓使得编写图 12-7 中所示的基于栈的编辑器的代码变得很容易。四个命令，即 insertCharacter、deleteCharacter、moveCursorForward 和 move-CursorBackward 都是在常量时间内运行的，因为它们调用的栈操作自身都是 $O(1)$ 操作。

475

```java
/*
 * File: StackBuffer.java
 * -----------------------
 * This file implements the EditorBuffer abstraction using a pair of stacks.
 */

package edu.stanford.cs.javacs2.ch12;

import java.util.Stack;

/*
 * Implementation notes: StackBuffer
 * ---------------------------------
 * This class implements the EditorBuffer abstraction using a pair of stacks.
 * Characters before the cursor are stored in a stack named "before"; those
 * after the cursor are stored in a stack named "after".  In each case, the
 * characters closest to the cursor are closer to the top of the stack.
 */

public class StackBuffer implements EditorBuffer {

    public StackBuffer() {
        before = new Stack<Character>();
        after = new Stack<Character>();
    }

/*
 * Implementation notes: moveCursor methods
 * ----------------------------------------
 * These methods use push and pop to transfer values between the two stacks.
 */

    public void moveCursorForward() {
        if (!after.isEmpty()) {
            before.push(after.pop());
        }
    }

    public void moveCursorBackward() {
        if (!before.isEmpty()) {
            after.push(before.pop());
        }
    }

    public void moveCursorToStart() {
        while (!before.isEmpty()) {
            after.push(before.pop());
        }
    }

    public void moveCursorToEnd() {
        while (!after.isEmpty()) {
            before.push(after.pop());
        }
    }

/*
 * Implementation notes: character insertion and deletion
 * ------------------------------------------------------
 * Each of the functions that inserts or deletes characters can do so
 * with a single push or pop operation.
 */
```

图 12-7　编辑器缓冲的基于栈的实现

```
    public void insertCharacter(char ch) {
        before.push(ch);
    }
    public void deleteCharacter() {
        if (!after.isEmpty()) {
            after.pop();
        }
    }
/*
 * Implementation notes: getText and getCursor
 * -----------------------------------------------
 * This implementation of getText uses only the push, pop, size, and isEmpty
 * methods, which are fundamental primitives for the stack abstraction.  The
 * code must restore the contents of the stacks after creating the string.
 */
    public String getText() {
        int nBefore = before.size();
        int nAfter = after.size();
        String str = "";
        while (!before.isEmpty()) {
            str = before.pop() + str;
        }
        while (!after.isEmpty()) {
            str += after.pop();
        }
        for (int i = 0; i < nBefore; i++) {
            before.push(str.charAt(i));
        }
        for (int i = nBefore + nAfter - 1; i >= nBefore; i--) {
            after.push(str.charAt(i));
        }
        return str;
    }
    public int getCursor() {
        return before.size();
    }
/* Private instance variables */

    private Stack<Character> before;    /* Characters before the cursor */
    private Stack<Character> after;     /* Characters after the cursor  */

}
```

图 12-7 （续）

476
~
477

　　但是剩下的两个操作呢？`moveCursorToStart` 和 `moveCursorToEnd` 方法都要求程序能够将一个栈中的全部内容全部转移到另一个栈中。给定 `CharStack` 类提供的操作，完成这个任务的唯一方式就是从一个栈中弹出值，并将它们压回到另一个栈中，每次操作一个值，直至原来的栈为空。例如，`moveCursorToEnd` 操作具有下面的实现：

```
void moveCursorToEnd() {
    while (!after.isEmpty()) {
        before.push(after.pop());
    }
}
```

这些实现达到了预期的效果，但是在最坏情况下需要 $O(N)$ 的时间。

12.4.3　比较计算复杂度

　　图 12-8 展示了基于数组和基于栈的编辑器版本的编辑器操作的计算复杂度。哪种实现更好？如果不知道编辑器的使用模式，那就不可能回答这个问题。但是，如果稍微了解一下

人们使用编辑器的方式，就会认为基于栈的策略可能更高效，因为数组实现中的慢操作（插入和删除）与栈实现中的慢操作（长距离地移动光标）相比，使用频率要高得多。

尽管这种在考虑所涉及操作的相对使用频率的基础上做出的权衡看起来很合理，但是我们还是应该想一想是否能够做得更好。毕竟，6个基础的编辑操作中的每一个都至少在这两种编辑器实现中的一种中可以在常量时间内运行。插入在数组实现中慢但是在使用栈方式的实现中快。相反，移动到缓冲开头在数组的实现中快但是在栈的实现中慢。但是，没有任何操作从根本上就慢，因为总有某种实现可以使这种操作变快。是否可以开发一种对所有操作都快的实现呢？这个问题的答案是"可以"，但是，揭示这个问题的关键需要你学习一种新的表示数据结构中排序关系的方法。

操作	数组	栈
moveCursorForward	$O(1)$	$O(1)$
moveCursorBackrward	$O(1)$	$O(1)$
moveCursorToStart	$O(1)$	$O(N)$
moveCursorToEnd	$O(1)$	$O(N)$
iinsertCharacter	$O(N)$	$O(1)$
deleteCharacter	$O(N)$	$O(1)$

478

图 12-8　基于数组和基于栈的缓冲的计算复杂度

12.5　基于表的实现

作为朝着寻找编辑器缓冲的更高效的表示方式迈进的第一步，应该检查之前的方式为什么不能为某些操作提供高效的服务。在数组实现的情况中，答案很明显：问题在于无论何时，只要需要在缓冲的开头附近插入文本，就必须移动大量的字符。例如，假设你正在试图输入字母表，但是键入的是如下的内容

A C D E F G H I J K L M N O P Q R S T U V W X Y Z

当你发现漏掉了字母 B 时，就必须将后面的 24 个字母都向右移动一个位置，以便为缺失的字母腾出空间。现代的计算机可以相对快捷地处理这种移位操作，只要缓冲没有变得过大。即便如此，如果缓冲中的字符数量变得足够大，这种操作所造成的延迟最终还是会变得非常明显。

但是，假设你在现代计算机发明之前搞写作，想象一下你是托马斯·杰斐逊，正在忙着起草独立宣言。在列举对英王乔治的种种抱怨时，你非常仔细地写下了如下的文本：

Our repeated Petitions have been answered by repeated injury.

遗憾的是，就在最后时刻，某人决定在这句话中的短语 by repeated injury 之前加上 only 这个词。在对这个问题争论了半天之后，你可能会决定拿起笔，添上这个漏掉的词，就像在宣言的实际文本中某人所做的那样：

Our repeated Petitions have been answered only by repeated injury.

479

如果将相同的策略应用于漏了字母的字母表，那么你就可以直接进行如下的编辑：

A C D E F G H I J K L M N O P Q R S T U V W X Y Z

其结果可能有点不优雅，但是在这种没有办法的情况下是可以接受的。

这种古老的编辑策略的优点是它使得我们可以将所有字母都必须严格按照它们在打印出来的页面上出现的顺序排列成序列这项规则置之不理。这一行下面的插入符号在告诉我们的眼睛，在读入 A 之后，应该向上看，读入 B，然后再向下看，读入 C，之后继续读入该序列。重要的是，还需要注意到使用这种插入策略的另一个优点。无论这一行有多长，你需要处理的只是新字符和插入符号，所以在使用铅笔和纸时，插入操作可以在常量时间内运行。

链表使得我们可以达成几乎相同的效果。如果字符存储在链表中而不是字符数组中，那么插入遗漏字符就只需要修改几个指针。如果缓冲中原来的内容被存储成了链表：

A→C→D→E→F→G→H→I→J→K→L→M→N→O→P→Q→R→S→T→U→V→W→X→Y→Z

那么我们需要做的就是 1）在某处写下 B，2）绘制从 B 指向 A 所指向的字母（当前为 C）的箭头，3）修改从 A 伸出的箭头，使其现在指向 B，就像下面这样：

B
A→C→D→E→F→G→H→I→J→K→L→M→N→O→P→Q→R→S→T→U→V→W→X→Y→Z

这种结构与第 8 章中的链表示例具有几乎相同的形式。在本例中，内部类 Cell 的定义具有下面的形式：

```
private static class Cell {
    char ch;
    Cell link;
};
```

为了表示这种字符链，我们需要做的就是将字符存储到链表的各个单元中。例如，字符串 ABC 的链表看起来像下面这样：

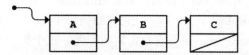

初看起来，好像只需要链表就可以表示缓冲的内容。唯一的问题在于我们还需要表示光标。如果将光标存为整数，那么查找当前位置就需要对各个单元计数，直至到达所期望的索引位置。这种策略需要线性时间，而更好的方式是定义 ListBuffer 类，让它来维护两个对 Cell 对象的引用，一个指向链表的起点，另一个标记光标当前的位置。 |480|

这种设计看起来很合理，但是当你试图弄清楚光标索引的工作细节时，问题就来了。如果你有一个包含 3 个字符的缓冲，那么你的第一反应几乎可以肯定都是使用具有三个单元的链表。遗憾的是，这么做有点问题。在包含 3 个字符的缓冲中，对于光标来说有 4 个可能的位置，具体如下：

　ABC　　　A BC　　　AB C　　　ABC　

如果只有 3 个 cursor 域可以指向的单元，那就不知道你如何才能表示每一个可能的光标位置了。

解决这个问题有许多巧妙的方法，但是经常被证明是最好的方法是分配一个额外的单元，使链表对每一个可能的插入点都包含一个单元。典型情况下，这个单元位于链表的开头，被称为哑单元。哑单元中的 ch 域的值无关紧要，在图中表示为用灰色背景填充的域。

在使用哑单元这种方法时，cursor 域指向的是紧靠逻辑插入点之前的单元。例如，在包含 ABC 且光标位于开头位置的缓冲看起来像下面这样：

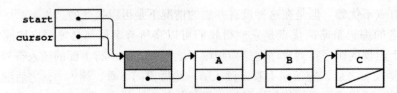

在图中，start 和 cursor 都指向哑单元，而插入发生在紧靠该单元之后。如果 cursor 域指向的是缓冲的末尾，那么整个缓冲看起来就像下面的样子：

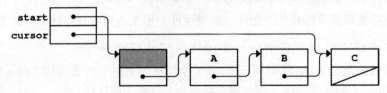

在 ListBuffer 类中，你需要的实例变量仅有 start 和 cursor 引用。尽管这个结构的其余部分严格地讲并非该对象的一部分，但是如果在代码中某处对这种数据结构的设计进行归档说明，那么对于以后必须使用这种结构的程序员来说，就会非常有用。

12.5.1 链表缓冲中的插入操作

无论光标位于哪里，链表的插入操作都包含下面的步骤：

1）为新的 Cell 对象分配空间，并将对这个单元的引用存储到临时变量 cp 中。

2）将要插入的字符复制到新单元的 ch 域中。

3）跳到缓冲的 cursor 域所表示的单元处，并复制其链接域到新单元的 link 域中。这个操作可以确保我们不会丢失当前光标位置所指向的后续字符。

4）修改光标所表示的单元的 link 域，使得它指向新单元。

5）修改缓冲中的 cursor 域，使得它也指向新单元。这个操作可以确保在重复的插入操作中，下一个字符将被插入到这个字符的后面。

为了演示这个过程，假设你想要将字母 B 插入当前包含如下内容的缓冲中：

A C D

其中，光标位于 A 和 C 之间。插入之前的情况看起来像下面这样：

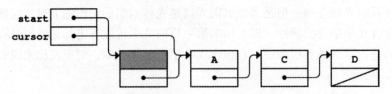

插入策略的步骤 1 包括分配新单元和将对它的引用存储到变量 cp 中，如下所示：

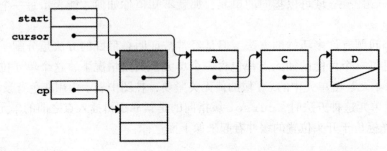

在步骤 2 中, 将字符 B 存储到新单元的 ch 域中, 使得缓冲处于如下状态:

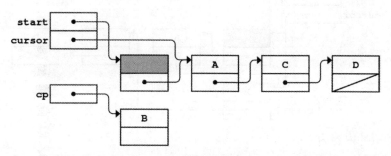

在步骤 3 中, 将地址出现在 cursor 域中的单元的 link 域赋值到新单元的 link 域中。这个 link 域会指向包含 C 的单元, 因此, 产生的结果如下图所示:

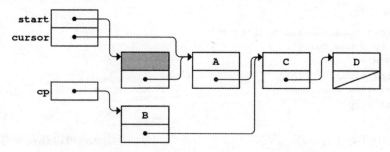

在步骤 4 中, 修改光标当前所表示的单元的 link 域, 使其指向新分配的单元, 具体如下:

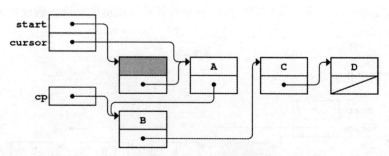

缓冲现在具有正确的内容。如果从缓冲开头的哑单元开始顺着箭头访问, 沿着这条路就会按照顺序碰到包含 A、B、C 和 D 的单元。

最后一步需要修改缓冲结构的 cursor 域, 使其也指向新的单元, 从而产生下面的图:

483

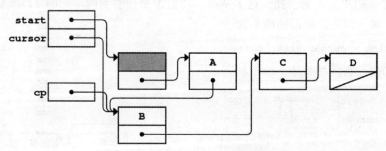

当程序从 insertCharacter 方法返回时, 临时变量 cp 就会被释放, 从而产生下面最终的缓冲状态:

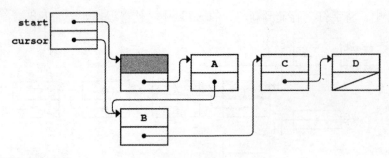

上图所表示的缓冲内容为：

$$A\ B\underset{\wedge}{\ }C\ D$$

下面的 insertCharacter 方法的实现是前面几张图中所展示的非形式化的步骤直接翻译成的 Java 代码：

```java
public void insertCharacter(char ch) {
    Cell cp = new Cell();
    cp.ch = ch;
    cp.link = cursor.link;
    cursor.link = cp;
    cursor = cp;
}
```

484 因为在该方法中没有任何循环，所以 insertCharacter 方法现在可以在常量时间内运行。

12.5.2 链表缓冲中的删除操作

为了删除链表中的单元，我们需要做的只是将其从引用链中移除。假设缓冲当前的内容如下：

$$A\ B\underset{\wedge}{\ }C$$

它具有下面的图形化表示：

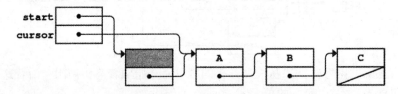

删除光标之后的字符要求我们通过将包含 A 的单元的 link 域修改为指向再下一个字符的方式来消除包含 B 的单元。为了找到这个字符，我们需要顺着当前单元的 link 域访问其指向单元的 link 域。因此，所需的语句为：

```java
cursor.link = cursor.link.link;
```

执行这条语句会使得缓冲处于下面的状态：

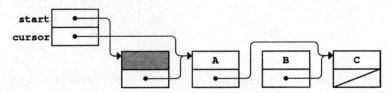

因此，deleteCharacter 的代码看起来像下面这样：

```
public void deleteCharacter() {
    if (cursor.link != null) {
        cursor.link = cursor.link.link;
    }
}
```

包含 B 的单元不再是可访问的了，并且最终会被垃圾回收器回收。

12.5.3 链表表示方式中的光标移动

ListBuffer 类中剩下的操作就是移动光标了。怎样才能实现链表缓冲中的这些操作呢？其中的两个操作，moveCursorForward 和 moveCursorToStart 在链表模型中很容易实现。例如，要向前移动光标，只需选择当前单元的 link 域，通过将其存储到缓冲的 cursor 域中来让该引用称为新的当前单元。完成这项操作所需的语句为： `485`

```
cursor = cursor.link;
```

作为示例，假设编辑器缓冲包含下面的内容：

^A B C

其中光标处于开头处。这样，该缓冲的表结构图如下：

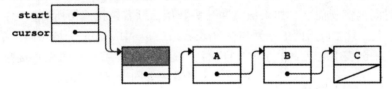

执行 moveCursorForward 操作之后的结果如下：

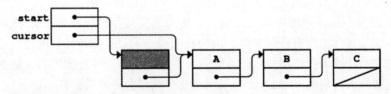

当然，在到达缓冲末尾时，就不能再向前移动了。因为 moveCursorForward 必须检查这种情况，所以完整的方法定义看起来如下：

```
public void moveCursorForward() {
    if (cursor.link != null) {
        cursor = cursor.link;
    }
}
```

将光标移动到缓冲开头一样地简单。无论光标在哪里，我们总是可以通过将 start 域的值复制到 cursor 域中来复位它。因此，moveCursorToStart 的实现为： `486`

```
public void moveCursorToStart() {
    cursor = start;
}
```

但是，moveCursorBackward 和 moveCursorToEnd 操作要更复杂。例如，假设光标位于包含字符串 ABC 的缓冲的末尾，并且你想将其向回移动一个位置。在其图形化表示中，该缓冲看起来如下：

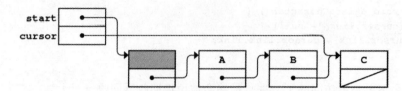

对于 `ListBuffer` 类所使用的结构，没有任何常量时间的策略能够将光标回退。问题是对于你能够看到的信息，没有任何直观的方法来发现当前单元前面的单元是什么。链表允许我们顺着单元链从一个 `link` 域找到它指向的对象，但是没有任何方法可以反方向移动。只给出一个单元的引用，就不可能知道哪个单元指向它。对于上面的图，这项限制的影响是我们可以从箭头尾部的圆点移动到箭头指向的单元，但是不能从箭头反向回到箭头尾部的单元。

在缓冲的表结构中，我们必须根据能够从缓冲结构自身中看到的包括 `start` 和 `cursor` 引用在内的数据来实现每个操作。只通过查看 `cursor` 域，并顺着这个位置可以访问到的链接来操作，看起来是没出路的，因为图中唯一可达的单元就是缓冲中的最后一个单元。但是，`start` 引用使我们可以访问整个链表。同时，很明显，我们需要考虑 `cursor` 域的值，因为我们必须从这个问题回退。

在彻底放弃之前，我们需要意识到我们还是可以找到当前单元之前的单元的，只是不可能在常量时间内实现而已。如果从缓冲开头开始，顺着链接遍历所有单元，最终就会找到一个单元，其 `link` 域指向的单元与 `EditorBuffer` 中 `cursor` 域指向的单元相同，这个单元必然就是链表中的前驱单元。一旦找到了这个单元，我们就可以直接修改 `Editor-Buffer` 中的 `cursor` 域，让其指向该单元，其效果等同于光标回退。

我们可以编写代码，使用第 7 章中介绍的传统的针对链表的 `for` 循环惯用法来找到光标的位置。但是，这种方法有两个问题。第一，我们在循环结束后需要使用索引变量的值，这意味着我们需要在循环外部声明它。第二，如果确实使用了标准的 `for` 循环惯用法，那么我们就会发现循环体中没有任何东西，因为我们关心的只是指针最后的值而已。具有空循环体的控制结构会让读者很郁闷，觉得可能是丢了什么东西，并且使代码变得更难以阅读。

考虑到这些原因，使用 `while` 语句来编写这个循环会更容易，具体如下：

```
Cell cp = start;
while (cp.link != cursor) {
    cp = cp.link;
}
```

当 `while` 循环退出时，`cp` 被设置为光标之前的单元。与向前移动一样，我们需要对这个循环进行保护，防止移动时超出了缓冲的范围，因此完整的 `moveCursorBackward` 如下：

```
public void moveCursorBackward() {
    if (cursor != start) {
        Cell cp = start;
        while (cp.link != cursor) {
            cp = cp.link;
        }
        cursor = cp;
    }
}
```

出于相同的原因，我们可以直接通过将光标向前移动，直至它找到链表中最后一个单元的 `null`，来实现 `moveCursorToEnd`，具体如下：

487

```
public void moveCursorToEnd() {
   while (cursor.link != null) {
      cursor = cursor.link;
   }
}
```

12.5.4　完成缓冲的实现

ListBuffer 类的完整定义还包含了几个尚未实现的方法：构造器和 getText 与 getCursor 方法。在构造器中，唯一的窍门是需要记住哑单元的存在。代码必须分配哑单元，即便是在空缓冲中也必须有这个单元。但是，一旦记住了这个细节，代码就相当直观了。图 12-9 展示了 ListBuffer 类的完整实现。

488

```
/*
 * File: ListBuffer.java
 * ---------------------
 * This file implements the EditorBuffer abstraction using a linked
 * list as the underlying storage model.
 */

package edu.stanford.cs.javacs2.ch12;

/*
 * Implementation notes: ListBuffer
 * --------------------------------
 * This class implements the EditorBuffer abstraction using a linked list.
 * In the linked-list model, the characters in the buffer are stored in a
 * list of Cell structures, each of which contains a character and a
 * reference to the next cell in the chain.  To simplify the code used to
 * maintain the cursor, this implementation adds an extra "dummy cell" at
 * the beginning of the list.  The character in this cell is not used, but
 * having it in the data structure simplifies the code.
 *
 * The following diagram shows the structure of the list-based buffer
 * containing "ABC" with the cursor at the beginning:
 *
 *          +-----+        +-----+        +-----+        +-----+        +-----+
 *   start | o--+----==>|     |   -->| A |   -->| B |   -->| C |
 *          +-----+  /   +-----+  /   +-----+  /   +-----+  /   +-----+
 *   cursor | o--+--    |     | o--+--  |     | o--+--  |     | o--+--    | / |
 *          +-----+     +-----+        +-----+        +-----+        +-----+
 */

public class ListBuffer implements EditorBuffer {

/* Cell structure */

   private static class Cell {
      char ch;          /* The character in the cell                 */
      Cell link;        /* A reference to the next cell in the chain */
   }

/* Constructor */

   public ListBuffer() {
      start = cursor = new Cell();
      start.link = null;
   }

/*
 * Implementation notes: moveCursor methods
 * ----------------------------------------
 * The four methods that move the cursor have different time complexities
 * because the structure of a linked list is asymmetrical with respect to
 * moving backward and forward.  The moveCursorForward and moveCursorToStart
 * methods operate in constant time.  By contrast, the moveCursorBackward
```

图 12-9　编辑器的 ListBuffer 的基于链表的实现

```
 * and moveCursorToEnd methods each require a loop that runs in linear time.
 */

   public void moveCursorForward() {
       if (cursor.link != null) {
           cursor = cursor.link;
       }
   }

   public void moveCursorBackward() {
       if (cursor != start) {
           Cell cp = start;
           while (cp.link != cursor) {
               cp = cp.link;
           }
           cursor = cp;
       }
   }

   public void moveCursorToStart() {
       cursor = start;
   }

   public void moveCursorToEnd() {
       while (cursor.link != null) {
           cursor = cursor.link;
       }
   }

/*
 * Implementation notes: insertCharacter
 * ----------------------------------------
 * The steps required to insert a new character are:
 *
 * 1. Create a new cell and put the new character in it.
 * 2. Copy the reference indicating the rest of the list into the link.
 * 3. Update the link in the current cell to point to the new one.
 * 4. Move the cursor forward over the inserted character.
 */

   public void insertCharacter(char ch) {
       Cell cp = new Cell();
       cp.ch = ch;
       cp.link = cursor.link;
       cursor.link = cp;
       cursor = cp;
   }

/*
 * Implementation notes: deleteCharacter
 * ----------------------------------------
 * Deletion of the character requires removing the next cell from the
 * chain by changing the link field so that it points to the following
 * cell.
 */

   public void deleteCharacter() {
       if (cursor.link != null) {
           cursor.link = cursor.link.link;
       }
   }

/*
 * Implementation notes: getText and getCursor
 * ----------------------------------------------
 * The getText method uses the standard linked-list pattern to loop
 * through the cells in the linked list.  The getCursor method counts
 * the characters in the list until it reaches the cursor.
 */

   public String getText() {
```

图 12-9 （续）

```
        String str = "";
        for (Cell cp = start.link; cp != null; cp = cp.link) {
            str += cp.ch;
        }
        return str;
    }

    public int getCursor() {
        int nChars = 0;
        for (Cell cp = start; cp != cursor; cp = cp.link) {
            nChars++;
        }
        return nChars;
    }

/* Private instance variables */

    private Cell start;     /* Reference to the dummy cell              */
    private Cell cursor;    /* Reference to the cell before the cursor  */

}
```

图 12-9 （续）

489
~
491

12.5.5 链表缓冲区的计算复杂度

根据上一节的讨论，我们可以很容易地在展示基础编辑操作与缓冲中字符数量之间的函数关系的复杂性表格中添加另一列。图 12-10 展示了包含所有 3 种实现的相关数据的新表格。

操作	数组	栈	链表
moveCursorForward	$O(1)$	$O(1)$	$O(1)$
moveCursorBackward	$O(1)$	$O(1)$	$O(N)$
moveCursorToStart	$O(1)$	$O(N)$	$O(1)$
moveCursorToEnd	$O(1)$	$O(N)$	$O(N)$
insertCharacter	$O(N)$	$O(1)$	$O(1)$
deleteCharacter	$O(N)$	$O(1)$	$O(1)$

图 12-10　3 种缓冲模型的计算复杂度

遗憾的是，链表结构表示方式的表格仍旧包含了 2 个 $O(N)$ 的操作，moveCursor-Backward 和 moveCursorToEnd。这种表示方式的问题是链接指针在这种实现上强加了一个优选的方向：向前移动很容易，因为指针是沿着向前的方向移动的。

12.5.6 双向链表

好消息是这个问题很容易解决。为了绕过链接只沿着一个方向移动这个问题，我们只需创建对称的指针。除了让每个单元都有一个指针指向下一个单元，我们还可以让每个元素再包含一个指向前一个单元的指针。这样产生的结构被称为双向链表。

双向链表中的每个单元都有两个链接域，prev 域指向前一个元素，next 域指向下一个元素。当我们实现基本操作时，这样做的原因就会变得很明显，如果哑单元的 prev 域指向缓冲的末尾，而最后一个单元的 next 域指回哑单元，那么对这种结构的操作就会被简化。

如果使用这种设计，对于包含如下内容的缓冲的双向链表表示方式：

A B C

492

看起来就会像下面这样：

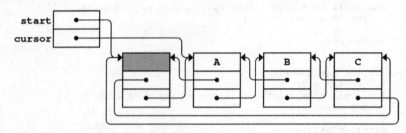

在这种图中有很多指针，很容易令人感到困惑。另一方面，这个结构具有实现在常量时间内运行的每种基础编辑操作所需的所有信息。但是，实际的实现将留给你作为一项练习，让你深化对链表的理解。

12.5.7　时空权衡

我们可以在实现 EditorBuffer 接口时，让所有标准的编辑操作都运行在常量时间内，这是一项很重要的理论成果。遗憾的是，这个成果实际上在实践中可能并不那么有用，至少在编辑器应用的环境中确实如此。到我们在双向链表的每个单元中添加 prev 域以绕开问题时为止，我们已经使用了至少 9 个字节的内存来表示每个字符。我们执行编辑操作可能会非常快，但是会以极快的速度消耗内存。此时，我们面对的就是计算机科学家们称为时空权衡的问题。我们可以提高算法的计算效率，但是这样做会浪费空间。浪费空间有可能会造成严重的问题，例如，双向链表意味着在机器上可以编辑的文件的最大尺寸只有在选择使用数组表示方式时可以编辑的文件的最大尺寸的十分之一。

在实践中碰到这种情况时，通常可以开发一种混合策略，使得我们可以在时空权衡曲线中间部分上选择一个变换策略的点。例如，我们可以将数组策略和链表策略结合起来，将缓冲表示成一个由一系列行构成的双向链表，而每一行用数组形式表示。在本例中，在一行的开头执行插入操作时会稍微变慢，但是它只与每行的长度成正比，而不是和整个缓冲的长度成正比。另一方面，这种策略要求每一行有一个链接指针，而不是每一个字符有一个链接指针。因为典型情况下，一行包含许多字符，所以使用这种表示方式可以极大地降低存储开销。理解混合策略的细节是很有挑战的，但是重要的是要知道存在这种策略，并且我们可以通过多种方式来充分利用算法上的时间改进，而这些改进对存储的需求并非不可接受地昂贵。

493

12.6　总结

尽管本章关注的是实现一个表示编辑器缓冲的类，但是这个缓冲本身并不是重点，因为维护光标位置的文本缓冲适用的应用域相对较少。用来完善该缓冲表示方式的一项项技术才是你未来会反复使用的基础思想。

本章的要点包括：

- 用来表示类的策略对类的操作的计算复杂度具有显著的影响。
- 尽管数组为编辑器缓冲提供了可工作的表示方式，但是我们可以通过使用其他的表示策略来提高其性能。例如，使用一对栈可以降低插入和删除操作的代价，但是会使得光标长距离移动变得更困难。

- 如果在链表中插入或删除值，通常在列表开头分配一个额外的哑单元会显得更方便。这种技术的优点之一是哑单元的存在减少了在代码中需要考虑的特殊情况的数量。
- 在链表中指定位置插入和删除是常量时间的操作。
- 双向链表可以在两个方向上都高效地遍历列表。
- 链表的执行时间更高效，但是在内存使用上却更低效。在某些情况下，我们可能可以设计出一种混合策略，将链表的执行效率和数组的空间优势结合起来。

12.7 复习题

1. 是非题：程序的计算复杂度仅与其算法结构相关，与用来表示数据的结构无关。
2. wysiwyg 代表什么？
3. 用你自己的话来描述本章中使用的缓冲的作用。
4. 编辑器应用实现的 6 个命令是什么？它们对应于 EditorBuffer 接口中的哪些 public 方法？ 494
5. 除了对应于编辑器命令的方法，EditorBuffer 接口中还指定了其他的哪些公共操作？
6. 哪些编辑器操作在编辑器缓冲的数组表示方式中需要线性时间？是什么使这些操作如此之慢？
7. 绘制一张图，展示包含了如下文本的缓冲器的双栈表示方式中 before 和 after 栈的内容，其中光标位置如下所示：

   A B C D E F G H I J
        ^

8. 在编辑器缓冲的双栈表示形式中，光标位置是如何表示的？
9. 哪些编辑器操作在编辑器缓冲的双栈表示方式中需要线性时间？
10. 用来表示编辑器缓冲的链表中的哑单元的作用是什么？
11. 哑单元位于链表开头还是末尾？为什么？
12. 在链表缓冲中插入新字符所需的 5 个步骤是什么？
13. 绘制一张图，展示包含了如下文本的缓冲器的链表表示方式中的所有单元，其中光标位置如下所示：

    H E L L O
         ^

14. 修改你绘制的上一题的图，展示在光标位置上插入字符 X 之后发生了什么。
15. 哪些编辑器操作在编辑器缓冲的链表表示方式中需要线性时间？是什么使这些操作如此之慢？
16. 什么是时空权衡？
17. 你可以对链表结构做出什么修改，使得所有 6 个编辑器操作都在常量时间内运行？
18. 你给出的复习题 17 的解答中的解决方案的主要缺点是什么？你可以如何改善这种情况？ 495

12.8 习题

1. 尽管 SimpleTextEditor 应用对于演示编辑器的工作原理而言非常有用，但是作为测试程序它并不理想，主要是因为它依赖于用户明确的输入。设计并实现针对 EditorBuffer 接口的单元测试，用来全面检查其中的各种方法以尽量发现其实现中的各种错误。
2. 尽管 EditorBuffer 接口的双栈实现中的栈可以动态地扩充，栈中所需的字符空间的数量可能会两倍于对应的数组实现所需的空间。问题在于每个栈都必须能够容纳缓冲中的所有字符。例如，假设你正在操作包含 N 个字符的缓冲。如果你位于缓冲的开头，那么 after 栈中就有 N 个字符，而如果你移动到缓冲的末尾，那么这 N 个字符就会移动到 before 栈中。因此，每个栈都必须能够容纳 N 个字符。

   你可以降低缓冲的双栈实现中的存储需求，方法是在同一个内部数组中存储两个末尾相对的栈。before 栈始于数组的开头，而 after 栈始于末尾。然后，两个栈都向着彼此的方向增长，如下图

中箭头所示:

```
before ──→                                              ←── after
```

用这种表示方式重新实现 EditorBuffer 接口（事实上，这也是许多当今的编辑器使用的设计策略）。确保你的程序与双栈在文本处理上实现具有相同的计算效率，并且缓冲空间可以根据需要动态扩充。

3. 如果你在使用实际的编辑器应用，那么你可能会希望这个程序在收到请求时再显示缓冲的内容，而不是在每个命令执行之后显示缓冲内容。修改 SimpleTextEditor 应用的实现，使其在执行每条命令之后不再显示缓冲，并且提供一个打印缓冲内容的 T 命令。与图 12-4 中所包含的 display-Buffer 方法相比，T 命令应该直接将缓冲内容当作字符串打印，而无需显示光标位置。你的新编辑器的样例运行看起来可能像下面这样:

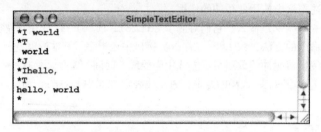

4. SimpleTextEditor 应用的一个很严重的局限就是它没有提供任何在缓冲中插入换行符的方式，这使得它不可能键入多行数据。从习题 3 的编辑器应用入手，添加一个 A 命令，用来读入后续行的文本，直至用户键入由单个句点构成的行时结束（就像 UNIX 系统中的 ed 编辑器一样）。这个版本的编辑器的样例运行看起来像下面这样:

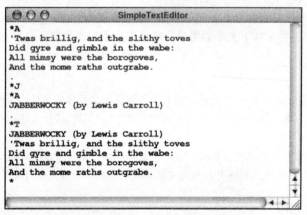

5. 重新编写图 12-4 中给出的编辑器应用，使得 F、B 和 D 命令可以连续执行由命令字母前面的数字所指定的次数。因此，命令 17F 会将光标向前移动 17 个字符的位置。

6. 在 EditorBuffer 接口中增加 characterBeforeCursor 和 characterAfterCursor 方法。正如这些方法的名字所表示的，它们会返回紧靠光标之前或之后的字符，或者在该字符位置超出缓冲边界时返回 null 字符。为三种缓冲实现都实现这些方法，确保这些方法都在常量时间内运行。

7. 扩展编辑器应用，使得 F、B 和 D 命令可以和前导的字母 W 一起表示将光标跨单词地移动。这样，WF 命令应该将光标向前移动到下一个单词的末尾，WB 应该移动回前一个单词的开头处，而 WD 应该删除直至下一个单词末尾的所有字符。为了这个习题，我们让单词包含由字母和数字构成的连续的序列，并且包含在光标和单词之间的所有毗邻的非字母和数字字符。这种定义最容易在下面的示例环境中看清楚（为了清晰起见，我们返回到了执行每个命令之后都显示缓冲的模型上）:

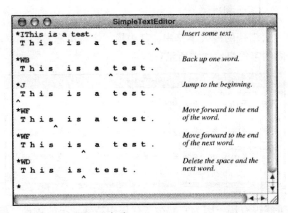

8. 在本章的示例中，EditorBuffer 是一个由 ArrayBuffer、StackBuffer 和 ListBuffer 类实现的接口。另一种可能的设计方案是让 EditorBuffer 成为一个可以由三个具体类去扩展的抽象类。从你为习题 6 编写的 EditorBuffer 版本着手，重新编写各个缓冲类，让它们使用这种新的设计方案。

9. 如果你想要在抽象类的级别上实现某些方法，那么使用抽象类的策略就是最适合的。例如，通过调用 getText 和 getCursor 然后选择适合的文本，你就可以很容易地在无需知晓表示方式的细节的情况下，在缓冲级别上实现剪切 / 复制 / 粘贴功能。通过将下面的方法添加到 EditorBuffer 的抽象类版本中来实现这个特性：

```
public void cut(int n)
public void copy(int n)
public void paste()
```

调用 cut 会删除光标之后的 n 的字符，并将被删除的文本存储到内部缓冲中。调用 copy 会在不删除字符的情况下存储它们。调用 paste 会在当前的光标处插入保存的文本。

通过在编辑器应用中添加 X、C 和 V 命令来测试你的实现，它们分别会调用 cut、copy 和 paste 方法。X 和 C 命令应该接受一个数字型引元，使用习题 5 所描述的技术来指定字符的数量。

10. 扩展 EditorBuffer 类，使得它可以导出下面的方法：

```
public boolean search(String str)
```

该方法会从光标的当前位置开始搜索缓冲，以查询字符串 str 是否还会出现。如果 str 存在于缓冲中，那么 search 应该将光标置于 str 中最后一个字符之后，并返回 true。如果 str 在从光标到缓冲末尾的范围内并不存在，那么 search 应该保持光标不动，并返回 false。在编辑器中添加一个 S 命令，它会调用搜索操作，就像下面的样例运行中所示的那样：

498

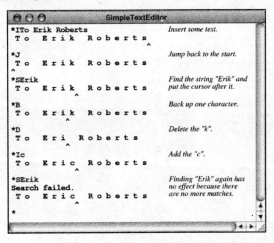

11. 在不对 EditorBuffer 接口做出任何修改的情况下，在编辑器中添加一个 R 命令，它会用某个其他的字符串来替换下一次出现的模式字符串，其中模式字符串和替换字符串都出现在 R 命令之后，表示成两个用斜杠分隔的字符串，如图所示：

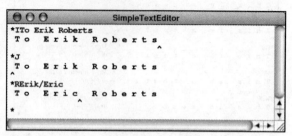

12. 本书中描述的哑单元策略很有用，因为它减少了代码中特殊情况的数量，但是并非是必需的。编写一个 ListBuffer 类的新实现，其中你应该做出如下修改：

- 链表中不包含任何哑单元，就是每个字符一个单元。
- 在缓冲中，当光标出现在第一个字符之前时，通过在 cursor 域中存储 null 来表示。
- 每个检查光标位置的方法都会执行一项针对 null 的特殊测试，并且根据具体情况执行相应的特殊动作。

499
~
500
13. 用 12.5.6 节中所描述的策略来实现 EditorBuffer 接口。要确保尽你所能地全面测试你的实现。特别是，要确保你可以在两个方向上移动光标，穿过缓冲中最近执行了插入和删除的部分。

线 性 结 构

我不是直接从他那里听说的，而是拐了一两个弯子，不过这没关系。

——简·奥斯丁，《劝导》，1818

第 6 章介绍的 Stack、Queue 和 ArrayList 类都属于一种被称为线性结构的抽象数据类型的通用分类，在这种结构中，元素是按照线性顺序排序的。本章将讨论这些类型的几种可能的表示方式，并思考对表示方式的选择是如何影响效率的。

因为线性结构中的元素是按照类似数组的顺序排列的，所以使用数组来表示它们看起来就是一个明显的选择。正如在第 12 章所看到的，根据不同应用的需求，其他的表示形式也有胜过数组之处。在本章，你将有机会看到栈、队列和列表这三种抽象结构中的每一种可以如何使用数组或链表作为其底层表示方式来实现。

本章还有另一个目的。正如从第 6 章中得知的，Java 的集合类，与第 12 章的 Editor-Buffer 类不同，没有被限制为只能表示单一的数据类型。真实的 Stack 类允许客户端通过提供类型参数来指定值的类型，就像在 Stack<Character> 和 Stack<Point> 中的情况一样。但是，到目前为止，你只是有机会作为客户端来使用泛型。在本章，你将会学习如何实现它们。

13.1 泛型

在计算机科学中，相同的代码能够应用于多种类型被称为多态。编程语言实现多态的方式有很多种，Java 使用的是被称为泛型的模型，其中客户端可以为类的通用实现提供类型参数，使得编译器可以检查类型是否一致。Java 的集合类都使用了泛型机制，这意味着在实现自己的类似的类之前，你需要先理解泛型的工作原理。

13.1.1 Java 中泛型的实现

自从在第 5 章开始使用 ArrayList 类以来，你就一直在作为客户端使用泛型了，因此，你现在应该已经适应这种思想了。例如，如果需要一个栈，其中包含了第 7 章中定义的有理数，那么就可以使用类型 Stack<Rational>。类似地，如果需要将字符串和整数关联起来的映射表，那么就可以使用 Map<String, Integer> 的某个具体的子类，例如 HashMap<String, Integer>。

在某种层面上看，用 Java 实现自己的泛型会出人意料地容易，特别是与许多其他语言所需的复杂得多的过程相对比，更是如此。我们需要做的只是向类名中添加类型参数，就像我们作为客户端所做的那样。图 13-1 展示了这种方式，图中定义了一种泛型，用于存储可以在映射表中看到的键值对。

这个类定义包含两个类型参数，一个用于键类型，一个用于值类型，具体如下：

```
public class KeyValuePair<K,V>
```

```
/*
 * File: KeyValuePair.java
 * --------------------------
 * This file exports a generic class that stores an arbitrary key-value pair.
 */

package edu.stanford.cs.java.cs2book.ch13;

/**
 * This class stores an encapsulated key-value pair.
 */

public class KeyValuePair<K,V> {

/**
 * Creates a new key-value pair.
 */

   public KeyValuePair(K key, V value) {
      this.key = key;
      this.value = value;
   }

/**
 * Retrieves the key component of a key-value pair.
 */

   public K getKey() {
      return key;
   }

/**
 * Retrieves the value component of a key-value pair.
 */

   public V getValue() {
      return value;
   }

/**
 * Converts a key-value pair to a readable string representation.
 */

   @Override
   public String toString() {
      return "<" + key + ", " + value + ">";
   }

/* Private instance variables */

   private K key;
   private V value;

}
```

图 13-1　支持键值对的泛型类

为了保持 Java 命名传统，类型参数用能够表明其作用的单个大写字母来表示，就像本例中的 K 和 V。在这个类定义的其他地方，这些类型参数引用的都是客户端提供这些参数时使用的实际类型。因此，这个类的实例变量的声明如下：

```
private K key;
private V value;
```

如果客户端构造一个 KeyValuePair<String, Integer>，那么这些变量就被声明成了下面的样子：

```
private String key;
private Integer value;
```

KeyValuePair 的构造器将接受 K 和 V 类型的参数，它们还是代表客户端所提供类型的占位符。例如，如果将变量 kvp 声明为：

```
KeyValuePair<String,Integer> kvp =
    new KeyValuePair<String,Integer>("one", 1);
```

那么这个变量会绑定到概念上看起来像下面这样的对象上：

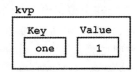

与所有集合类一样，value 部分是一个 Integer 包装器对象，而不是 int，但是 Java 的装箱和拆箱策略使得我们可以在大部分时间内忽略它们的差异。

13.1.2　泛型的限制

　　尽管 Java 中的泛型对客户端和实现者而言看起来很简单，但是它们内部的复杂度还是相当高的。在 1995 年 Java 首次发布时，没有任何泛型。各种集合类的元素都被声明为了 Object 类型，这是 Java 层次结构中最泛化的类。因为 Java 中（除了像 int 和 double 这样的基本类型之外的）每个值最终都是 Object，所以 Java 早期的设计使得在集合中可以存储任何值。 504

　　但是，Java 最初的设计产生了许多问题。最重要的就是让每个集合元素都是最泛化的 Object 违反了强类型机制的基本原则。因为对程序员来说，没有任何方法来指定 ArrayList 的元素类型，所以对编译器来说，也就没有任何方法来检查存储在 ArrayList 中的值是否具有正确的类型，甚至无法检查存储在同一个 ArrayList 中的所有值的类型是否相同。熟悉其他语言中类似的多态特性，尤其是熟悉 C＋＋中模板工具的程序员发现 Java 缺乏类型安全性这一点是不可接受的，并且努力游说 Java 方，让其在语言结构中包含泛型。

　　遗憾的是，对于已经发布的现有语言而言，做出重大修改是非常困难的。到泛型被添加到 Java 5.0 中时，程序员们使用 Java 已经将近 10 年了。新的泛型特性的设计者们不得不维护向后兼容性，这是一种不错的说法，其含义是在旧有条件下编写的 Java 程序必须在引入新特性后仍能正确地工作。在泛型的情况中，维护向后兼容性是一项很有挑战的需求，它要求开发者相当地足智多谋才行。

　　最终，在 Java 5 中引入的泛型极大地改进了这种语言，但是有些部分的迁移并不平稳。特别是，Java 对泛型强加了如下的限制，尽管可能除了向后兼容性之外，没有任何其他的理由要强加这些限制：

- 不能将基础类型用作类型参数的值，只能用适合的包装器类。
- 不能将类型参数的名字用作创建该类型新对象的构造器。
- 不能声明参数化类型的静态域。
- 不能在异常中嵌入参数化类型。
- 不能定义多个使用相同参数化类型的方法。
- 不能创建参数化类型的数组。

这些限制的大多数都不会产生多大的影响，因为程序员几乎没有理由会使用这些被禁止的操作。在实践中唯一比较麻烦的是该列表中的最后一个，即排除了创建参数化类型数组的可能性。这项限制在本章中特别重要，因为数组在某种意义上是线性结构的最天然的模型。

505 因此，很有必要开发一种解决方案，这正是下一节要描述的。

13.1.3 GenericArray 类

作为维护向后兼容性策略的一部分，Java 5.0 中的泛型机制的设计者们决定保留早期的模型，将 Object 用作所有泛型值的公共类型，至少用作在 Java 运行时系统内部实现的那些值。类型参数实际上并没有修改表示方式，而是向编译器提供了额外的类型信息，使得编译器可以确保客户端提供的类型与类型参数施加的规约相匹配。

最简单的可以绕过不能创建包含参数化值的数组这项限制的方式是采用与 Java 内部使用的相同的策略。尽管创建某种参数化类型 T 的数组是非法的，但是创建 Object 类型的数组，然后将类型 T 的值赋值给该数组的元素是完全合法的。在 Java 的早期版本中，这种策略因对象数组而损害了强类型机制，但是这个问题很容易被封装到从客户端角度看功能很像数组的类内部。本章中基于数组的实现都使用了图 13-2 中所示的参数化类型 GenericArray<T>。在实现内部，GenericArray 的元素都被存储为了对象。从客户端的角度看，GenericArray 类提供了一种强类型的像数组一样的结构，这种结构只支持 3 种操作，即 get、set 和 size 方法指定的操作。GenericArray 的构造器接受数组元素的数量作为参数，并分配相应的空间。一旦被创建，GenericArray 的尺寸就不能再被修改了，就像 Java 数组的长度一旦内存被分配就保持固定一样。

GenericArray 类使用的是与 Java 集合类完全相同的表示策略。像 GenericArray 一样，ArrayList 类的库实现创建了一个 Object 类型的数组，并用这个数组存储实际的元素。而且，就像图 13-2 中的代码一样，库代码使用了 @SuppressWarnings ("unchecked") 注解来确保编译器不会在无法验证内部转换是否保持了类型安全性的情况下产生警告。在使用 ArrayList 时我们并不担心这个问题，也没有更多的理由为 GenericArray 而担心这个问题。而且，一旦有了 GenericArray 类，我们就可以彻底忘掉这些细节。从客户端的角度看，GenericArray 类呈现的是一种强类型的抽象结构，它使得我们可以忽略 Java 中最令人受挫的那些限制。

使用 GenericArray 类的最重要的好处是我们可以看到其实现，并验证 get、put 和 size 方法都可以在常量时间内运行。尽管我们可以使用 ArrayList 的库版本来实现像栈
506 和队列这样的抽象结构，但是这么做将使得评估单项操作的效率变得更困难，因为其实现被隐藏到了抽象结构的藩篱之外。

```
/*
 * File: GenericArray.java
 * --------------------------
 * This class exists only to get around the limitations on arrays in
 * Java.  The GenericArray class is a parameterized type that acts like
 * an array in terms of its primitive operations, which are limited to
 * size, get, and put.  The size of a GenericArray object is fixed at the
 * time it is created.  All operations on a GenericArray can therefore be
 * guaranteed to operate in constant time.
 */

package edu.stanford.cs.javacs2.ch13;

public class GenericArray<T> {

/**
 * Allocates a GenericArray object with n elements.
 */
```

图 13-2　未违反 Java 的限制而实现泛化数组操作的类

```
    public GenericArray(int n) {
        array = new Object[n];
    }

/**
 * Returns the length of the underlying array.
 */

    public int size() {
        return array.length;
    }

/**
 * Gets the element at index k.
 */

    @SuppressWarnings("unchecked")
    public T get(int k) {
        return (T) array[k];
    }

/**
 * Sets the element at index k to value.
 */

    public void set(int k, T value) {
        array[k] = value;
    }

/* Private instance variables */

    private Object[] array;

}
```

图 13-2 （续）

507

13.2 实现栈

最简单的集合类型就是 Stack 类。Stack 类的行为是由图 13-3 中所示的 6 个方法定义的。正如在第 6 章中所提到的，Stack 类先于 Java 集合框架的设计而出现，因此不如其他的集合类那么明确地适配到 Java 的类层次结构中。特别是，Stack 是具体类而不像 Queue 和 List 是接口。尽管这种非对称性降低了集合类整体的优雅度，但是将 Stack 作为理想的首个示例是有好处的，因为它的复杂度在一定程度上比其他类更低。

构造器

Stack<T>()	创建一个空栈，它可以持有指定类型的值

方法

size()	返回栈中当前的元素数量
isEmpty()	如果栈为空，则返回 true
push(value)	将 value 压入栈，使得它成为最顶部的元素
pop()	从栈中弹出最顶部的值，并将其返回给调用者。在空栈上调用 pop 会产生错误
peek()	返回栈中最顶部的值，但并不移除它。在空栈上调用 peek 会产生错误
clear()	从栈中移除所有元素

图 13-3　Stack 类导出的方法

13.2.1　用数组结构实现栈

Stack 类的标准实现使用了数组作为其底层表示方式，并使用了许多与第 12 章的

EditorBuffer 的数组实现相同的整体策略。如同编辑器缓冲一样，问题唯一真正的复杂之处在于要让栈在必要时可以扩充其内部容量。在本例中，其解决方案与之前示例中的解决方案非常相似：直接分配具有一定初始容量的数组，然后在空间耗尽时将容量翻倍。

508 但是，代码需要做些修改。如果可以通过使用只修改了类型名的 EditorBuffer 示例中的代码来分配元素的初始数组，那就太好了。ArrayBuffer 实现中的相关代码行为：

```
array = new char[INITIAL_CAPACITY];
```

它表示 ArrayStack<T> 实现中应该包含下面的行：

```
array = new T[INITIAL_CAPACITY];
```

但是，就像 bug 符号希望提醒你的那样，这行代码在 Java 中并不合法，因为创建泛型数组是非法的。因此，必需使用图 13-2 引入的 GenericArray 类，具体如下：

```
array = new GenericArray<T>(INITIAL_CAPACITY);
```

实例变量 array 必须被声明为 GenericArray<T>，并且所有 array 上的操作都必须使用 get 和 set 方法而不是方括号来表示选择元素。这种语法比第 12 章中可以用于字符的语法要稍微麻烦一点，但是其思想是完全相同的。图 13-4 展示了使用这种模型实现 Stack 的代码。

```
/*
 * File: Stack.java
 * ------------------
 * This file simulates the Stack class from the java.util package.
 */

package edu.stanford.cs.javacs2.ch13;

import java.util.NoSuchElementException;

public class Stack<T> {

/**
 * Creates a new empty stack.
 */

   public Stack() {
      capacity = INITIAL_CAPACITY;
      array = new GenericArray<T>(capacity);
      count = 0;
   }

   public int size() {
      return count;
   }

   public boolean isEmpty() {
      return count == 0;
   }

   public void clear() {
      count = 0;
   }
/*
 * Implementation notes: push and pop
 * -----------------------------------
```

图 13-4　使用数组表示方式的 Stack 类的实现

```
 * These methods manipulate the contents of the underlying array.  The push
 * method checks the capacity; pop checks for an empty stack.
 */

   public void push(T value) {
      if (count == capacity) expandCapacity();
      array.set(count++, value);
   }

   public T pop() {
      if (count == 0) throw new NoSuchElementException("Stack is empty");
      return array.get(--count);
   }

   public T peek() {
      if (count == 0) throw new NoSuchElementException("Stack is empty");
      return array.get(count - 1);
   }

/*
 * Implementation notes: expandCapacity
 * ------------------------------------------
 * The expandCapacity method allocates a new array of twice the previous
 * size, copies the old elements to the new array, and then replaces the
 * old array with the new one.
 */

   private void expandCapacity() {
      capacity *= 2;
      GenericArray<T> newArray = new GenericArray<T>(capacity);
      for (int i = 0; i < count; i++) {
         newArray.set(i, array.get(i));
      }
      array = newArray;
   }

/* Constants */

   private static final int INITIAL_CAPACITY = 10;

/*
 * Private instance variables
 * ---------------------------
 * The elements in a Stack are stored in a GenericArray, which is necessary
 * to get around Java's prohibition on arrays of a generic type.
 */

   private GenericArray<T> array;    /* Array of elements in the stack   */
   private int capacity;             /* Allocated capacity of the array  */
   private int count;                /* Actual number of elements in use */

}
```

509
~
510

图 13-4 (续)

13.2.2 用链表实现栈

尽管数组对于栈而言，是最常见的底层表示方式，但是我们还可以通过定义 Linked-Stack 类来使用链表实现栈，这个类与第 12 章用来实现编辑器缓冲的 LinkedBuffer 类很类似，但是要简单得多。栈的操作非常简单，我们甚至可以摒弃光标引用和使用哑单元的策略。我们所需的只是一个单链表。

在链表表示方式中，空栈的概念表示方式就是一个 null 引用：

当在栈中压入新元素时，该元素会直接添加到链表的前端。因此，如果我们在空栈上压入元

素 e_1，那么该元素会存储在新的单元中，该单元会变为链中唯一的链接。

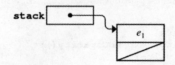

将新元素压入栈会将该元素添加到链的开头，其中包含的步骤与在链表缓冲中插入字符所需的步骤相同。我们首先分配一个新单元，然后输入数据，最后更新链接域，使得新单元变为链中的第一个元素。因此，如果将元素 e_2 压入栈，那么就会得到下面的状态：

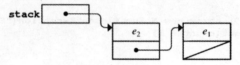

在链表表示方式中，pop 操作需要移除链中第一个单元并返回其中存储的值。因此，上一张图中所示的栈的 pop 操作会返回 e_2，并恢复到之前栈的状态：

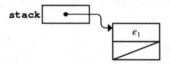

511 图 13-5 展示了基于链表的 Stack 接口实现的完整代码。

```java
/*
 * File: LinkedStack.java
 * -----------------------
 * This file reimplements the Stack class using a linked list.
 */

package edu.stanford.cs.javacs2.ch13;

import java.util.NoSuchElementException;

public class LinkedStack<T> extends Stack<T> {

/**
 * Creates a new empty stack.
 */

   public LinkedStack() {
      clear();
   }

/*
 * Implementation notes: size, isEmpty
 * ------------------------------------------
 * These methods use the count variable and therefore run in constant time.
 */

   @Override
   public int size() {
      return count;
   }

   @Override
   public boolean isEmpty() {
      return count == 0;
   }

   @Override
   public void clear() {
      start = null;
      count = 0;
   }
```

图 13-5　基于链表的栈的实现

```
/*
 * Implementation notes: push
 * --------------------------
 * This method chains a new element onto the front of the list where it
 * becomes the top of the stack.
 */

    @Override
    public void push(T value) {
        Cell cp = new Cell();
        cp.value = value;
        cp.link = start;
        start = cp;
        count++;
    }
/*
 * Implementation notes: pop, peek
 * --------------------------------
 * These methods check for an empty stack and report an error if
 * there is no top element.
 */

    @Override
    public T pop() {
        if (count == 0) throw new NoSuchElementException("Stack is empty");
        T value = start.value;
        start = start.link;
        count--;
        return value;
    }

    @Override
    public T peek() {
        if (count == 0) throw new NoSuchElementException("Stack is empty");
        return start.value;
    }

/* Inner class that represents a cell in the linked list */

    private class Cell {
        T value;
        Cell link;
    }

/*
 * Private instance variables
 * --------------------------
 * The elements in the list-based stack are stored in a singly linked
 * list in which the top of the stack is always at the front of the list.
 * Including the count field allows the size method to run in constant time.
 *
 * The following diagram illustrates the structure of a stack containing
 * three elements -- A, B, and C -- pushed in that order:
 *
 *        +-------+         +-------+         +-------+         +-------+
 *  start |  o---+----->|   C   | +-->|   B   | +-->|   A   |
 *        +-------+         +-------+ |       +-------+ |       +-------+
 *  count |   3   |         |   o---+--+ |       o---+--+ |       | null  |
 *        +-------+         +-------+         +-------+         +-------+
 */

    private Cell start;               /* First item in the linked list   */
    private int count;                /* Number of elements in the stack */

}
```

图 13-5 （续）

512 ~ 513

图 13-5 中的实现的多个方面都值得特别关注。就像在编辑器缓冲的链表实现中一样，这个实现必须为链表中的所有单元定义一种类型，最简单的方式是将这种类型编写成内部类，使得它的细节对 LinkedStack 实现完全私有。单元类型中的值是由类型参数 T 指

定的，因此 Cell 的定义（因为类型参数的关系，不能再是 static 的了）看起来像下面这样：

```
private class Cell {
    T value;
    Cell link;
}
```

这个实现必须跟踪列表中的第一个单元，即栈顶单元。在图 13-5 的代码中，对第一个单元的引用存储在实例变量 start 中，具体如下：

```
private Cell start;
```

除了链表自身，这个实现还声明了名为 count 的实例变量，用它来跟踪列表中的元素数量。这个变量并非必需的，因为我们总是可以通过遍历链表并对元素数量计数来确定元素的数量。但是，这项策略需要 *O(N)* 的时间。为了确保 size 方法可以在常量时间内运行，最简单的方式就是用单独的实例变量来跟踪值的数量。

构造器负责设置对象的初始状态，该状态由空链表和值为 0 的元素数量构成。设置空链表和将计数值恢复为 0 正是 clear 方法的功能，这意味着构造器可以直接调用 clear 来产生想要的初始状态。

push 方法的代码展示了在链表开头添加新单元的标准模式：

```
public void push(T value) {
    Cell cp = new Cell();
    cp.value = value;
    cp.link = start;
    start = cp;
    count++;
}
```

514

这种模式非常重要，值得我们详细分析其各个步骤。例如，假设我们正在操作一个已经包含了按照顺序压入字符串 "A" 和 "B" 的 LinkedStack<String>。这个 LinkedStack 数据结构的当前状态看起来像下面这样：

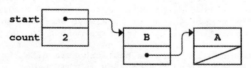

push 方法的第一步是创建一个新的单元，并将对新创建单元的引用赋值给局部变量 cp，从而产生下面的状态：

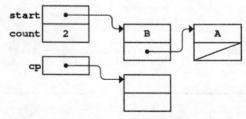

接下来的两条语句对该单元的 value 和 link 部分赋值。value 取自 push 方法的引元，而 link 域将从 start 中获得引用的副本。如果该调用是 push("C")，那么在设置了这两个域之后，其状态看起来如下：

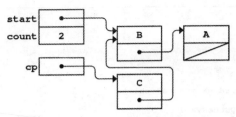

接下来的语句将 cp 中的引用复制到 start 中，具体如下：

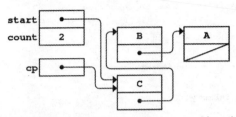

在 push 方法执行过程中的最后一条语句将递增 count 域。在该方法返回后，Linked-Stack 的状态如下：

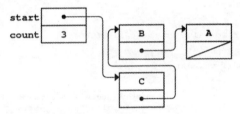

重要的是要记住，链表的结构完全是由引用确定的。本页上的布局，就像内存中的布局一样，与链表结构无关，因此，将这张图重新排列成下面这种更易于阅读的形式是合理的：

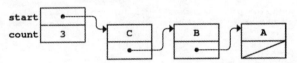

13.3 实现队列

正如从第 6 章中所了解到的，栈和队列是非常相似的结构，在概念上，唯一的差异就是它们处理元素的顺序。栈使用的是后进先出（LIFO）方式，即最后被压入栈的项总是最先被弹出。队列采用了先进先出（FIFO）模型，它更像是在模拟排队的队列。

按照 Java 集合框架的设计，栈和队列的主要差异是 Stack 是具体类而 Queue 是接口，如图 13-6 所示。正如在第 6 章中所讨论的，我们可以使用统一建模语言来表示某个类实现了某个接口，方法是使用虚线箭头而不是实线箭头，并且在接口名上用关键词 <<interface>> 来标记接口。因此，Queue 接口和实现它的 ArrayQueue 和 LinkedQueue 类的 UML 图看起来如下：

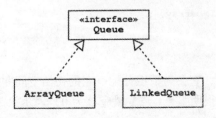

```
/*
 * File: Queue.java
 * -----------------
 * This file defines the interface for a class that implements a queue,
 * which is characterized by first-in/first-out (FIFO) behavior.
 */

package edu.stanford.cs.javacs2.ch13;

public interface Queue<T> {

/**
 * Returns the number of values in this queue.
 */

   public int size();

/**
 * Returns true if this queue contains no elements.
 */

   public boolean isEmpty();

/**
 * Removes all elements from this queue.
 */

   public void clear();

/**
 * Adds the specified value to the tail of this queue.
 */

   public void add(T value);

/**
 * Removes the first element from this queue and returns it.  This method
 * throws a NoSuchElementException if called on an empty queue.
 */

   public T remove();

/**
 * Returns the value of the first element in this queue without removing it.
 * This method throws a NoSuchElementException if called on an empty queue.
 */

   public T peek();

}
```

图 13-6   队列抽象结构的接口

13.3.1   用数组实现队列

在栈的基于数组的实现中，所有操作都被限制在底层数组的一端，这使得我们可以用单个变量 count 来标记下一个值将要被压入的位置。但是，在队列中，我们需要在一端添加元素并在另一端移除它们。因此，为了这个目标，我们需要两个实例变量：一个名为 head 的索引变量，用来表示下一个将要被移除的项的索引位置，以及一个名为 tail 的索引变量，用来标记第一个可用的槽位。如果将这两个变量与 GenericArray 及其容量组合到一起，ArrayQueue 实现中的私有实例变量看起来就会像下面这样：

```
private GenericArray<T> array;
private int capacity;
private int head;
private int tail;
```

在构造器创建空队列时，它会为数组分配一定的初始空间并跟踪其容量，以避免频繁调用 size。在初始队列中，很明显，tail 域应该为 0，表示第一个数据项应该在数组的开头，但是 head 域呢？为了方便起见，常用的策略是将 head 域也设为 0。在用这种方式定义队列时，head 和 tail 域相等就表示队列为空。

如果使用这种表示策略，Queue 构造器看起来如下：

```
public ArrayQueue() {
    capacity = INITIAL_CAPACITY;
    array = new GenericArray<T>(capacity);
    head = 0;
    tail = 0;
}
```

尽管你可能会认为 add 和 remove 方法看起来几乎与 Stack 类中对应的 push 和 pop 一样，但是如果试图直接复制这些代码，你就会遇到许多问题。就像在分析编程问题时经常采用的方法，我们先从绘制各种图开始，以确保你在研究队列实现之前确实理解了队列是如何操作的。

为了了解队列的这种实现是如何工作的，请想象一下用队列来表示排队的队列，类似于第 6 章中模拟的排队队列。时不时地，就会有新顾客到达并加入到队列中。在队列中等待的顾客不断到队首得到服务，之后彻底离开队列。队列数据结构是如何响应这些操作的呢？

516 ~ 518

假设队列一开始是空的，其内部结构看起来如下：

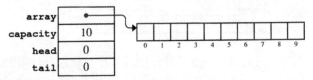

现在假设有 5 位顾客到达，分别用字母 A 到 E 表示。这些顾客会按照顺序添加到队列中，使得队列处于如下的状态：

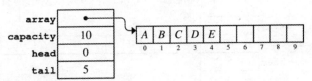

head 域中的值 0 表示队列中第一个顾客被存储在数组中位置为 0 的地方，tail 中的值 5 表示下一个顾客将被放置到位置为 5 的地方。到目前为止一切顺利。此时，假设你交替着在队首服务顾客，然后在队尾添加新顾客。例如，顾客 A 被移除而顾客 F 到达，使得队列处于下面的状态：

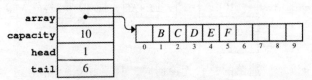

想象一下，你继续在每当下一位顾客到达之前服务一位顾客，直至顾客 J 到达。那么该队列的内部结构看起来就会像下面这样：

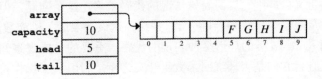

此时，你已经碰到一点小问题了。队列中只有 5 位顾客，但是你却用完了所有可用的空间，同时，tail 域还指向了超过数组末尾的位置。而另一方面，在队列的开头，却还有未使用的空间。因此，不应该递增 tail 使其指向不存在的位置 10，而是可以从末尾"环绕"回来到位置 0，具体如下：

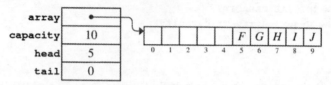

在这个位置上，你就有空间来将顾客 K 添加到位置 0 了，使得队列处于下面的状态：

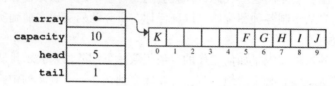

如果你允许队列中的元素从数组末尾环绕到开头，那么活跃的元素总是从 head 索引扩展到紧靠 tail 索引之前的位置，如下图所示：

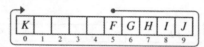

因为该数组的两端就像是连接在一起一样，所以程序员称这种数据表示形式为环形缓冲。

在可以编写 add 和 remove 的代码之前唯一还需要考虑的问题就是如何检查队列是否满了。测试队列是否满比你预期的要更麻烦。为了了解复杂性从何而来，假设在任何顾客被服务之前，又来了 3 位顾客。如果添加顾客 L、M 和 N，那么数据结构看起来就像下面这样：

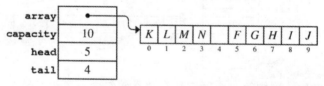

此时，还有一个剩余的空间。如果此刻顾客 O 到达了，那么会发生什么？如果按照之前 add 操作的逻辑，那么最后就会产生下面的状态：

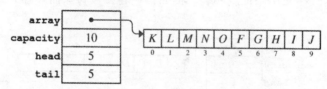

现在，队列数组完全满了。遗憾的是，无论何时，只要 head 和 tail 域具有相同的值，就像这张图中的状态，队列就会被认为是空的。以队列结构自身的内容无法区分队列实际上处于空和满这两种状态中的哪一种，因为数据值在每种情况下看起来都相同。尽管可以通过对空队列采用不同的定义，并编写针对特殊情况的代码来修正这个问题，但是最简单的方式是将队列中的元素数量限制为比队列容量小 1，并在到达该上限后，扩充数组的容量。

图 13-7 展示了 Queue 类的环形缓冲实现的代码。重要的是要观察到该代码并未显式地测试数组索引，以查看它们是否环绕回了数组开头，而是利用了 % 操作符来自动地计算正确

的索引。这种使用余数的技术将计算结果缩小到了一个很小的循环的整数范围内，是一种被称为模运算的重要的数学方法。

如果 Java 采用了模运算在数学上的定义，那么使用模运算来计算索引就会更容易。但悲哀的是，编程语言在将取余操作符应用于负数时，往往会违反数学惯例。在 Java 中，表达式 x%y 被定义为其结果总是与 x 具有相同的符号，这意味着如果要在第一个操作数的值可能为负时使用模运算，那么就必须多加仔细。

图 13-7 中的 size 方法的实现提供了一个这种需要多加注意的计算的示例。只要 tail 索引大于 head 索引，就可以通过用 tail 减 head 来确定队列中的值的数量。在队列的环形缓冲中，经常会发生 tail 的值小于 head 的值的情况，这意味着 tail−head 是负的。在这种情况下，运用 % 操作符会产生负数的结果，这会导致对值的数量的计算不正确。图 13-7 中的 size 方法的代码考虑了这种情况，用 capacity 加上 tail−head，以确保在计算中不会出现负数。

521

```java
/*
 * File: ArrayQueue.java
 * -----------------------
 * This file implements the Queue abstraction using a ring buffer.
 */

package edu.stanford.cs.javacs2.ch13;

import java.util.NoSuchElementException;

public class ArrayQueue<T> implements Queue<T> {

/**
 * Creates a new empty queue.
 */

   public ArrayQueue() {
      capacity = INITIAL_CAPACITY;
      array = new GenericArray<T>(capacity);
      head = 0;
      tail = 0;
   }

   public int size() {
      return (tail + capacity - head) % capacity;
   }

   public boolean isEmpty() {
      return head == tail;
   }

   public void clear() {
      head = tail = 0;
   }

   public void add(T value) {
      if (size() == capacity - 1) expandCapacity();
      array.set(tail, value);
      tail = (tail + 1) % capacity;
   }

   public T remove() {
      if (isEmpty()) throw new NoSuchElementException("Queue is empty");
      T value = array.get(head);
      head = (head + 1) % capacity;
      return value;
   }

   public T peek() {
      if (isEmpty()) throw new NoSuchElementException("Queue is empty");
      return array.get(head);
   }
```

图 13-7　基于数组的队列的实现

```
/*
 * Implementation notes: expandCapacity
 * -------------------------------------
 * This private method doubles the size of the array whenever the old one
 * runs out of space.  To do so, expandCapacity allocates a new array,
 * copies the old elements to the new array, and then replaces the old
 * array with the new one.  Note that the queue capacity is reached when
 * there is still one unused element in the array.  If the queue is allowed
 * to fill completely, the head and tail indices have the same value, and
 * the queue appears empty.
 */

   private void expandCapacity() {
      GenericArray<T> newArray = new GenericArray<T>(2 * capacity);
      int count = size();
      for (int i = 0; i < count; i++) {
         newArray.set(i, array.get((head + i) % capacity));
      }
      head = 0;
      tail = count;
      capacity *= 2;
      array = newArray;
   }

/* Constants */

   private static final int INITIAL_CAPACITY = 10;

/*
 * Private instance variables
 * --------------------------
 * In the ArrayQueue implementation, the elements are stored in successive
 * index positions in a GenericArray, just as they are in an ArrayStack.
 * What makes the queue structure more complex is the need to avoid
 * shifting elements as the queue expands and contracts.  In the array
 * model, this goal is achieved by keeping track of both the head and tail
 * indices.  The tail index increases by one each time an element is added,
 * and the head index increases by one each time an element is removed.
 * Each index therefore marches toward the end of the allocated array and
 * will eventually reach the end.  Rather than allocate new memory, this
 * implementation lets each index wrap around to the beginning as if the
 * ends of the array were joined to form a circle.  This representation
 * is called a ring buffer.
 */

   private GenericArray<T> array;     /* Array of elements in the queue  */
   private int capacity;              /* Allocated capacity of the array */
   private int head;                  /* Index of the first queue element */
   private int tail;                  /* Index of the first free slot     */

}
```

522
〈
523

图 13-7 （续）

13.3.2 用链表实现队列

队列类还有一种使用列表结构的简单表示方式。如果采用这种方法，队列中的元素就会都存储在以队首开头以队尾结尾的列表中。为了让 add 和 remove 都在常量时间内运行，Queue 对象必须对队列的两端都保持引用。因此，私有实例变量看起来如下，假设其使用了相同的 Cell 类定义：

```
private Cell head;
private Cell tail;
private int count;
```

例如，下图是包含顾客 A、B 和 C 的队列：

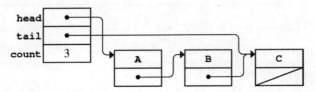

图 13-8 展示了队列的链表实现的代码。整体而言，这段代码相当直观，特别是在使用了栈的链表实现作为模型的情况下，更是如此。其内部结构图提供了理解如何实现各种队列操作所需的关键见解。例如，add 方法将新单元添加到由 tail 域标记的单元后面，然后更新 tail，使其继续表示列表的末尾；remove 操作会将 head 指针指向的单元移除，并返回该单元中的值。

524

```java
/*
 * File: LinkedQueue.java
 * ------------------------
 * This file implements the Queue interface using a linked list.
 */

package edu.stanford.cs.javacs2.ch13;

import java.util.NoSuchElementException;

public class LinkedQueue<T> implements Queue<T> {

/**
 * Creates a new empty queue.
 */

   public LinkedQueue() {
      head = tail = null;
      count = 0;
   }

   public int size() {
      return count;
   }

   public boolean isEmpty() {
      return count == 0;
   }

   public void clear() {
      head = tail = null;
      count = 0;
   }

/*
 * Implementation notes: add
 * -----------------------------
 * This method allocates a new list cell and chains it in at the tail of
 * the queue.  If the queue is currently empty, the new cell also becomes
 * the head of the queue.
 */

   public void add(T value) {
      Cell cp = new Cell();
      cp.value = value;
      cp.link = null;
      if (head == null) {
         head = cp;
      } else {
         tail.link = cp;
      }
      tail = cp;
      count++;
   }
```

图 13-8   基于表的队列的实现

```
/*
 * Implementation notes: remove, peek
 * -----------------------------------
 * These methods check for an empty queue and report an error if there is
 * no first element.  If the queue becomes empty, the remove method sets
 * both the head and tail variables to null.
 */

    public T remove() {
        if (isEmpty()) throw new NoSuchElementException("Queue is empty");
        T value = head.value;
        head = head.link;
        if (head == null) tail = null;
        count--;
        return value;
    }

    public T peek() {
        if (isEmpty()) throw new NoSuchElementException("Queue is empty");
        return head.value;
    }

/* Type that represents a cell in the linked list */

    private class Cell {
        T value;
        Cell link;
    }

/*
 * Private instance variables
 * --------------------------
 * The list-based queue uses a linked list to store the elements of the
 * queue.  To ensure that adding a new element to the tail of the queue
 * is fast, the data structure maintains a pointer to the last cell in
 * the queue as well as the first.  If the queue is empty, both head
 * and tail are set to null.
 *
 * The following diagram illustrates the structure of a queue containing
 * two elements, A and B.
 *
 *       +--------+         +--------+         +--------+
 *  head |   o----+-------->|   A    |  +--==>|   B    |
 *       +--------+         +--------+  |  |   +--------+
 *  tail |   o----+---+     |   o----+--+  |   | null   |
 *       +--------+   |     +--------+     |   +--------+
 *                    +--------------------+
 */

    private Cell head;              /* First cell in the queue   */
    private Cell tail;              /* Last cell in the queue    */
    private int count;              /* Number of elements in the queue */
}
```

图 13-8 （续）

　　唯一实现起来有些麻烦的地方就是如何表示空队列。最简单的表示空队列的方法是将 null 存储到 head 指针中，具体如下：

add 的实现必须检查作为特殊情况的空队列。如果 head 指针为 null，add 必须同时设置 head 和 tail 指针，使得它们指向包含新元素的单元。因此，如果要在空队列中添加顾客 A，这两个指针的内部结构在 add 操作的末尾看起来就会像下图所示的那样。

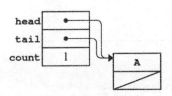

　　如果再次调用 add，那么 head 指针就不再是 null 了，这意味着 add 的实现不必再为空队列执行特殊情况下的动作了，而是用 tail 指针找到链表的末尾，并在此处添加新单元。例如，如果在添加顾客 A 后再添加顾客 B，所产生的结构看起来如下：

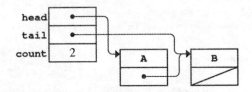

　　在 remove 操作中也需要类似的特殊情况测试。当在队列中移除最后一个元素时，tail 引用会继续指向现在已经被删除的单元。因此，remove 的代码会查看队列是否变为空，如果是，就像 tail 域设置为 null。

13.4　实现列表

　　第 6 章中介绍的 ArrayList 类是另一种可以用多种方式来实现的线性结构。例如，Java 集合框架定义了 ArrayList 和 LinkedList 类，它们都实现了 List 和 Collection 接口构成的层次结构，具体如下：

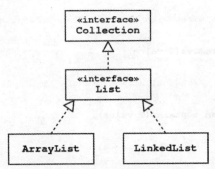

　　图 13-9 中所示的 Collections 接口导出了列表和集共有的方法。图 13-10 中的 List 接口中添加了适用于顺序列表的方法。但是，这些操作中的大部分都很容易实现，不需要你去理解任何超出你在本章和第 12 章的 EditorBuffer 抽象结构中已经看到过的内容。因此，本章关注的是新特性（最重要的是迭代），而其余部分的代码将留作练习。

　　唯一与你已经看到的完全不一样的方法是图 13-9 末尾的 iterator 方法。该方法实现了 Iterable<T> 接口，这个接口在 Java 中进行了特殊处理。任何实现了 Iterable<T> 接口的类都可以使用下面的模式来依次迭代集合中的元素：

```
for (T value : collection)
```

　　Java 中的迭代器都实现了 java.util 包中定义的 Iterator<T> 接口。Iterator<T> 接口包含三个方法：hasNext、next 和 remove。如果迭代器有更多的元素，hasNext 方法就会返回 true。next 方法会返回下一个元素。remove 方法在文档中被列为"可选方法",经常会直接抛出一个 UnsupportedOperationException 对象。

```java
/*
 * File: Collection.java
 * ----------------------
 * This interface defines the operations shared by sets and lists.
 */

package edu.stanford.cs.javacs2.ch13;

import java.util.Iterator;

public interface Collection<T> extends Iterable<T> {

/**
 * Returns the number of values in this collection.
 */

   public int size();

/**
 * Returns true if this collection contains no elements.
 */

   public boolean isEmpty();

/**
 * Removes all elements from this collection.
 */

   public void clear();

/**
 * Adds the specified value to this collection.
 */

   public void add(T value);

/**
 * Removes the element with the specified value.
 */

   public void remove(T value);

/**
 * Returns true if the collection contains the specified value.
 */

   public boolean contains(T value);

/**
 * Returns an iterator for this collection.
 */

   public Iterator<T> iterator();

}
```

图 13-9 Collection 接口

上述 Java 接口在典型情况下是通过定义内部类来实现的,该内部类会跟踪当前的元素。例如,图 13-11 展示了内部类 ArrayListIterator 的代码,它实现了针对 ArrayList 类的 Iterator<T> 接口。

因为你尚未看到过 ArrayList 类自身完整的代码,所以理解 ArrayListIterator 的代码需要对其底层表示方式做些有根据的猜测。就像图 13-4 中所示的 Stack 类一样,ArrayList 类维护了下面的实例变量作为其底层表示方式:

```java
private GenericArray<T> array;
private int capacity;
private int count;
```

```
/*
 * File: List.java
 * ----------------
 * This interface extends Collection to produce an indexable list.
 */

package edu.stanford.cs.javacs2.ch13;

public interface List<T> extends Collection<T> {

/**
 * Adds the specified value before index position k.
 */

   public void add(int k, T value);

/**
 * Removes the element at index position k.
 */

   public void remove(int k);

/**
 * Returns the first index at which the value appears, or -1 if not found.
 */

   public int indexOf(T value);

/**
 * Gets the element at index position k.
 */

   public T get(int k);

/**
 * Sets the element at index position k to value.
 */

   public void set(int k, T value);

}
```

图 13-10   List 接口

```
private class ArrayListIterator implements Iterator<T> {

/* Creates a new iterator for this ArrayList */

   public ArrayListIterator() {
      currentIndex = 0;
   }

/* Returns true if there are more elements in the ArrayList */

   public boolean hasNext() {
      return currentIndex < count;
   }

/* Returns the next element in the ArrayList and advances the index */

   public T next() {
      if (!hasNext()) throw new NoSuchElementException("No next element");
      return array.get(currentIndex++);
   }

/* Unsupported operation defined by Iterator but not implemented here */

   public void remove() {
      throw new UnsupportedOperationException("remove not implemented");
   }

/* Private instance variables */

   private int currentIndex;    /* The index of the current element */

}
```

图 13-11   用于 ArrayList 的内嵌的迭代器类的实现

ArrayListIterator 会在自己的名为 currentIndex 的实例变量中跟踪当前元素的索引，该索引的值从 0 开始。然后，hasNext 方法可以通过查看这个索引是否小于存储在 count 中的值的总量来测试是否还存在更多的元素，就像下面的代码所做的：

```
public boolean hasNext() {
    return currentIndex < count;
}
```

next 方法的代码也非常直观：

```
public T next() {
    if (!hasNext()) throw new NoSuchElementException();
    return array.get(currentIndex++);
}
```

如果没有任何更多的元素了，那么 next 就会抛出 Iterator 模型所要求的 NoSuch-ElementException。如果还有更多的元素，那么 next 就会直接从数组中获取当前元素，并递增 currentIndex 的值。

这些实现依赖于你尚未看到过的 Java 中的内部类属性。hasNext 和 next 方法的代码不止会引用 ArrayListIterator 类的实例变量，而且还会引用 ArrayList 类自身定义的 count 和 array 实例变量。在 Java 中，内部类继承了主类定义中可用的变量，这使得在主类及其定义的内部类之间共享信息变得更加容易。在计算机科学中，类的定义与其定义环境中可用的变量结合在一起构成了被称为闭包的组合。

为 List 接口的 LinkedList 实现定义迭代器同样简单。链表的底层表示方式由链接在一起的单元序列构成，其中指向表中第一个单元的引用传统上被存储在名为 start 的变量中。LinkedListIterator 所需做的只是跟踪当前的单元。

528
~
531

ArrayList 和 LinkedList 类都包含在本章附带的资料中，但是你仍旧应该自己设法从头编写它们，以检验你的理解程度。

13.5　翻倍策略的分析

对本章所阐述的线性结构而言，每一种的基于数组的实现在对应的数据结构的空间耗尽之后都会将 GenericArray 中的空间翻倍。这种策略并非任意所为。如果选择向数组中添加某个固定数量的元素，那么声明 Stack 和 ArrayQueue 类具有常量时间的平均性能就是不合理的。本节将探索使用翻倍策略的决定幕后所蕴含的数学原理，并且完整演示如何在算法设计中使用数学原理。如果你只关心作为客户端如何使用这些类，那么你就可以跳过本节。但是，如果你对理论联系实践感兴趣，那么就接着读下去吧。

正如从第 11 章所了解的，算法的效率在传统上是按照其计算复杂度来表示的，这是对运行时间随问题规模变化的函数关系的定性度量。对于 Stack 类，大多数方法都在常量时间内运行，而常量时间就是与栈当前大小之间的函数。事实上，只有一个方法会因栈的大小的变化而产生变化。一般情况下，push 方法只是向 GenericArray 的下一个可用的槽位上添加一个字符，这只需要常量时间。但是，如果该数组已满，那么 expand-Capacity 方法必须将其内容复制到新数组中。既然这个操作需要复制栈中每个元素，expandCapacity 就需要线性时间，这意味着 push 方法的计算复杂度在最坏情况下为 $O(N)$。

本书到目前为止，复杂度分析都关注于特定算法在最坏情况下的性能。但是，将 push 操作与其他操作在传统的复杂度分析中区分开来的重要特性是：最坏情况不可能每次都发生。特别是，如果在栈中压入一项触发扩充操作导致特定的调用在 $O(N)$ 时间内运行时，那么压入下一项的代价就会是 $O(1)$，因为容量已经扩充过了。因此，将扩充的代价平摊到所有 push 操作上以均衡其代价是合理的。这种复杂度度量的风格被称为平摊分析。

为了让这种处理方式易于理解，计算重复 N 次 push 操作的总代价会很有用，其中 N 是某个很大的数字。每个 push 操作都会产生一定的代价，无论栈是否被扩充。如果使用希腊字母 α 来表示这种固定代价，压入 N 项的固定代价就是 αN。但是，时不时地，这种实现就需要扩充内部数组的容量，这是一种线性操作，需要消耗栈内字符数量的某个常量倍的时间，这个常量倍数用希腊字母 β 来表示。

根据所有 N 个 push 操作的总运行时间，最坏情况会在最后一次需要扩充的迭代中产生。在此时，最后一个 push 操作会产生 βN 的额外代价。如果 expandCapacity 总是对数组大小翻倍，那么其容量就必须在栈的大小是 N 的一半、N 的四分之一、N 的八分之一等时刻翻倍。因此，压入 N 项的总代价可以用下面的公式给出：

$$总时间 = \alpha N + \beta\left(N + \frac{N}{2} + \frac{N}{4} + \frac{N}{8} + \cdots\right)$$

平均时间就是这个总时间除以 N，即：

$$平均时间 = \alpha + \beta\left(1 + \frac{1}{2} + \frac{1}{4} + \frac{1}{8} + \cdots\right)$$

尽管括号内的总和取决于 N，但是它永远都不会大于 2，这意味着平均时间的上限就是 $\alpha + 2\beta$，因此是 $O(1)$。

13.6 总结

在本章，你学习了如何使用参数化类来定义对应于栈、队列和列表的泛型容器。本章的要点包括：

- Java 通过在类名后面指定类型参数来支持多态。按照惯例，类型参数是用单个大写字母来表示。
- 栈除了可以用更加传统的基于数组的表示方式实现之外，还可以用链表结构来实现。
- 队列的基于数组的实现在某种程度上比栈的基于数组的实现要更复杂。传统的实现使用一种被称为环形缓冲的结构，其中的元素在逻辑上会从数组末尾环绕到开头。模运算会使环形缓冲的概念更易于实现。
- 在本章所使用的环形缓冲的实现中，在队列的头和尾索引相同时，该队列被认为是空的。这种表示策略意味着队列的最大容量比为数组分配的大小少一个元素。将数组中所有元素都填满会导致无法辨识空队列和满队列。
- 队列还可以用由两个指针标记的链表来表示，一个指针指向队头，另一个指针指向队尾。
- 列表可以很方便地用数组或链表来表示。在数组表示方式中，插入或移除元素都需要在数组中移动数据，这意味着这些操作在典型情况下需要 $O(N)$ 的时间。在链表实现中，通过索引选择元素需要 $O(N)$ 的时间。

13.7   复习题

1. Java 采用了什么样的类型变量名传统？

2. 绘制一张用来表示执行完下列操作的 s 中各个单元的图：

```
Stack<Character> s = new LinkedStack<Character>();
s.push('A');
s.push('B');
s.push('C');
```

3. 如果使用数组来存储队列中的底层元素，那么 Queue 类中需要哪些实例变量？

4. 什么是环形缓冲？环形缓冲概念是如何应用于队列的？

5. 你如何才能知道某个基于数组的队列是空的？如何才能知道该队列是否已经到达其容量上限？

6. 假设 INITIAL_CAPACITY 具有人为设定的很小的值 3，绘制一张用来显示执行完下列操作后基于数组的队列 q 的底层表示方式：

```
Queue<Character> q = new ArrayQueue<Character>();
q.add('A');
q.add('B');
q.remove();
q.add('C');
q.remove();
q.add('D');
q.add('E');
```

7. 请解释模运算在队列的基于数组的实现中为什么很有用？

8. 请描述队列的基于数组的实现中下面这个 size 的实现有什么错？

```
public int size() {
    return (tail - head) % capacity;
}
```

9. 绘制一张图，用来展示在计算机中完成复习题 6 中的一系列操作之后链表队列的内部结构。

10. 你如何才能确定一个链表队列是否为空？

11. 在迭代器的声明中包含哪些接口？

12. 什么是闭包？

13. 有关 push 操作的平摊复杂度是 $O(1)$ 的讨论是建立在这样的基础之上的：下面的序列

$$1 + \frac{1}{2} + \frac{1}{4} + \frac{1}{8} + \cdots$$

无论包含多少项，都不会超过 2。用你自己的话来解释这是为什么。（如果你解释不清，可以在网上搜索"齐诺的悖论"，然后再试试看。）

13.8   习题

1. 设计并实现一个参数化类 Pair<T1, T2>，用来表示一对值，其中第一个类型为 T1，第二个类型为 T2。Pair 类应该导出下面的方法：

   - 缺省的构造器，它会产生一对值，分别是类型 T1 和 T2 的缺省值。
   - 构造器 Pair(v1, v2)，它会接受两种类型的值。
   - toString 方法，它会返回字符串 "[v1, v2]"。
   - 获取器方法 getFirst 和 getSecond，它们会返回存储的值。

2. 如果你正在从头实现 Java 集合框架，那么你肯定会将 Stack 设计为接口，就像 Queue 和 List。然后，你会编写两个 Stack 的具体实现，具体如下：

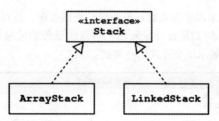

编写实现这种基于接口的实现所需的代码。

3. 为 Stack 类开发一个单元测试,通过使用各种不同基类型的 Stack 类来测试 Stack 类导出的操作。使用你的测试程序来验证 Stack 类和 ListStack 类。

4. 设计类似的针对 Queue 接口的单元测试。

5. 因为队列的环形缓冲实现使得我们无法辨识空队列和满队列,所以这种实现必须在动态数组中只有一个未使用单元时增加容量。你可以通过修改内部表示方式来避开这项限制,让队列的具体结构跟踪队列中元素的数量而不是队尾元素的索引。给定队头元素的索引和队列中数据值的数量,你就可以很容易地计算出队尾索引,这意味着你不需要明确地存储这个值。重新编写基于数组的队列表示方式,让它使用这种表示方式。

6. 在第 6 章的习题 4 中,你曾经编写过下面的函数:

```
void reverseQueue(Queue<String> queue)
```

它可以将队列中的元素反序排列,其功能完全由客户端来实现。但是,如果你是类的设计者,你就会在 Queue 接口中添加这个工具,并将其导出为这个类的方法之一。对队列的基于数组和基于列表的实现做出修改,使它们可以导出下面的方法:

```
void reverse();
```

它可以将队列中的所有元素反序排列。在两种情况中,都编写相应的函数,使得它们可以只使用原来的内存单元,而无需分配任何其他的存储空间。

7. Java 集合框架包括大量的超出第 6 章所描述范围的集合类,其中之一就是 deque(读作 deck),表示双端队列。Deque 接口包含在线性结构两端添加和移除元素的方法,因此,它将栈和队列的特性组合在了一起。图 13-12 展示了 Deque 接口所指定的最重要的方法。

编写 Deque 接口的代码,然后构建一个将每个方法都实现为在常量时间内运行的 Array-Deque 类。

size()	返回双端队列中当前的元素数量
isEmpty()	如果双端队列为空,则返回 true
addFirst(value)	将 value 添加到双端队列的开头
addLast(value)	将 value 添加到双端队列的末尾
removeFirst()	移除并返回双端队列中的第一个元素
removeLast()	移除并返回双端队列中的最后一个元素
getFirst()	返回返回双端队列中的第一个元素,但不删除它
getLast()	返回返回双端队列中的最后一个元素,但不删除它
clear()	移除双端队列中的所有元素

图 13-12 Deque 接口定义的方法

8. 实现一个实现了图 13-12 中的 Deque 接口的 LinkedDeque 类。为了确保所有方法都在常量时间内运行,你应该让这个类同时包含 12.5.6 节中描述的前向和后向链接。

9. 尽管单元测试对于长期维护来说非常重要，但是编写测试程序，使得你可以在控制台上交互式地输入命令也经常显得很有用，特别是在开发阶段。本章的每种抽象结构都包含了一个这样的测试程序。例如，下面的样例运行展示了交互式的栈测试：

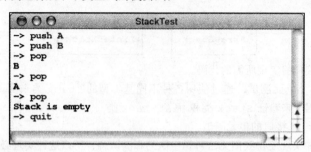

尽管支持这些测试的 `InteractiveTest` 类的实现使用的 Java 特性超出了本书的范围，但是你仍旧可以作为客户端去使用它。参考 `StackTest` 应用作为模型，为习题 7 和习题 8 中的 `Deque` 类编写一个交互式测试程序。

10. 完成本章所描述的 `ArrayList` 和 `LinkedList` 类的代码。通过将你的实现与本书附带的代码进行比较来检查你的答案。

537

11. 为 `List` 接口设计并实现一个单元测试。

12. 在 Java 中，数据类型 `long` 用来存储 64 位数据，这意味着 `long` 类型最大的正值为 9 223 372 036 854 775 807 或 $2^{63} - 1$。尽管这个数字看起来非常大，但是有些应用甚至需要使用更大的数字。例如，如果要求你计算 52 张扑克牌所有可能的排列的数量，那么你就需要计算 52!，这个数字算出来为：

80658175170943878571660636856403766975289505440883277824000000000000

如果你正在解决需要这种规模的整数值的问题（例如，密码学中经常会碰到此类问题），那么你就需要一个能够提供扩展精度运算的软件包，其中整数被表示为允许它们动态增长的形式。

尽管有多种更高效的技术来实现此目的，但是实现扩展精度运算的策略之一是在链表中存储单个数字位。在这种表示方式中，按照传统，主要是因为这样做可以使运算操作符更加容易实现，会将这些数字位排列成先读到个位，接着是十位，然后是百位，以此类推。因此，为了将 1729 表示成链表，就需要将各个单元按照下面的顺序排列：

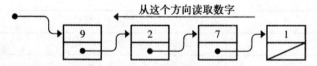

设计并实现一个名为 `BigInt` 的类，它使用这种表示方式来实现扩展精度的运算，至少可以操作于非负值。最低限度下，你的 `BigInt` 类应该支持以下操作：

- 从一个 `int` 或数字位字符串中创建 `BigInt` 的构造器。
- 将一个 `BigInt` 转换为字符串的 `toString` 方法。
- 用于加法和乘法的 `add` 和 `multiply` 方法。

你可以通过模拟手工执行这些计算的方式来实现算术操作符。例如，加法要求你跟踪这一位到下一位的进位，而乘法虽更具挑战性，但如果找到了正确的递归分解方案，实现起来仍旧很直观。

538

使用你的 `BigInt` 类来生成一张表，展示从 0～52 的闭区间内的所有取值 n 的 $n!$ 的值。

映 射 表

> 如果你打算想点别的事情，那么地图是个不错的选择。
>
> ——George Eliot，《Middle march》，1874

在本书中你碰到的最有用的数据结构之一就是映射表，它实现了键与值之间的关联。第 6 章介绍过两个实现了映射表思想的类：HashMap 和 TreeMap。这两个类实现了相同的方法，经常可以互换使用。这两个类的主要差异是在迭代其元素时处理键的顺序。HashMap 提供了更高的效率，但是遍历键的顺序看起来像是随机的。TreeMap 类效率略差，但是优势是键是按照它们内在的顺序被迭代的。

接下来两章的目标是探讨这两个类是如何实现的。本章关注 HashMap 类，它可以在常量时间内找到与某个键关联的值。之后，第 15 章将介绍树的概念。尽管树还有许多其他的应用，但是它们为 TreeMap 类提供了底层的框架，使得该类可以提供 $O(\log N)$ 的性能，同时保持按照顺序处理键的能力。

正如你在通读第 13 章中的代码示例时可能发现的，完整地实现一个集合类可能需要相当多的代码，多到了这个完整实现的复杂度会对理解用来实现这个类的基础操作的算法结构造成障碍。为了最小化这种复杂度，接下来的几个小节将实现一个较简单的接口 StringMap，其中键和值都是字符串。为了进一步简化，StringMap 接口只导出了那些对映射表抽象结构而言最关键的操作，即 put 和 get。图 14-1 展示了 StringMap 接口的代码。

```
/*
 * File: StringMap.java
 * --------------------
 * This file defines the interface for a simplification of the Map class
 * in which the keys and values are always strings and the interface
 * specifies only the get and put methods.
 */

package edu.stanford.cs.javacs2.ch14;

public interface StringMap {

/**
 * Sets the binding of key to value.
 */

   public void put(String key, String value);

/**
 * Returns the value associated with key, or null if none exists.
 */

   public String get(String key);

}
```

图 14-1　映射表抽象结构的简化的接口

14.1   用数组实现映射表

在考虑更高效的策略之前，从简单的基于数组的实现入手会有所帮助，这样可以确保你能够理解 StringMap 类是如何工作的。一种特别直观的方式是跟踪 ArrayList 对象中的键值对，而该对象中的每个元素都是下面这个内部类的对象：

```
private static class KeyValuePair {
    String key;
    String value;
};
```

因为这个类型将用来实现 StringMap 类，所以 key 和 value 域的类型都是 String。泛型实现将使用类似的结构，其中两个 String 实例将被类型参数 K 和 V 代替，并且没有 static 关键词，就像在第 13 章所看到的那样。

使用 ArrayList<KeyValuePair> 来实现 StringMap 的代码将出现在图 14-2 中。键与值的绑定将维护在名为 bindings 的实例变量中。图 14-2 中的实现的大部分都相当直观。构造器只是创建了一个空的 ArrayList 并将其赋给了 bindings。因为 get 和 put 方法都必须搜索现有的键，所以对这些方法而言，将搜索 ArrayList 的过程代理给私有的名为 findKey 方法是合理的，该方法看起来如下：

```
private int findCell(String key) {
    for (int i = 0; i < bindings.size(); i++) {
        if (bindings.get(i).key.equals(key)) return i;
    }
    return -1;
}
```

539
~
541
这个方法会返回特定的键在 bindings 所包含的键列表中的索引。如果没找到这个键，findkey 就会返回 –1。使用线性搜索算法意味着 get 和 put 方法都需要 $O(N)$ 的时间。

```
/*
 * File: ArrayStringMap.java
 * ---------------------------
 * This file implements the StringMap interface using an ArrayList of
 * key-value pairs.
 */

package edu.stanford.cs.javacs2.ch14;

import edu.stanford.cs.javacs2.ch13.ArrayList;

public class ArrayStringMap implements StringMap {

    public ArrayStringMap() {
        bindings = new ArrayList<KeyValuePair>();
    }

    public void put(String key, String value) {
        int index = findCell(key);
        if (index == -1) {
            KeyValuePair kvp = new KeyValuePair();
            kvp.key = key;
            kvp.value = value;
            bindings.add(kvp);
        } else {
            bindings.get(index).value = value;
        }
    }
```

图 14-2   StringMap 的基于数组的实现的代码

```
    public String get(String key) {
        int index = findCell(key);
        return (index == -1) ? null : bindings.get(index).value;
    }

    private int findCell(String key) {
        for (int i = 0; i < bindings.size(); i++) {
            if (bindings.get(i).key.equals(key)) return i;
        }
        return -1;
    }

/* Inner class to represent a key-value pair */

    private static class KeyValuePair {
        String key;
        String value;
    }

/* Private instance variables */

    private ArrayList<KeyValuePair> bindings;

}
```

图 14-2 （续）

542

通过让键保持排序，并运用第 11 章介绍过的二分搜索算法，就可以提高 get 方法的性能。二分搜索将搜索时间降低到了 $O(\log N)$，这比线性搜索所需的 $O(N)$ 时间要提高了很多。遗憾的是，没有任何显而易见的方式可以在 put 方法上应用这种优化。尽管肯定可以在 $O(\log N)$ 时间内检查某个键是否已经存在于映射表中，甚至可以确定新的键需要添加的确切位置，但是在这个位置上插入新的键值对需要将后续每一项都向前移动。因此，即使在排好序的列表中，put 也需要 $O(N)$ 时间。

14.2　在表中查找

映射表抽象结构在编程中会频繁使用到，因此值得我们花费相当大的精力去提高其性能。上一节中所描述的实现策略，即将键值对排好序存储到数组中，可以为 get 方法提供 $O(\log N)$ 的性能，并为 put 方法提供 $O(N)$ 的性能。实际上，我们还可以做得更好。

当你试图优化某种数据结构的性能时，通常有效的做法是识别在某种特殊情况下可以起作用的性能提高方法，然后寻求将这些运算改进方法应用于更普遍情况的方式。本节介绍的是一个具体的问题，它有助于找到 get 和 put 操作的常量时间的实现。然后，我们继续探索类似的技术如何在更普遍的场景中发挥作用。

1963 年，美国邮政服务引入了一套针对美国每个州、地区和领地的两字母编码方案。图 14-3 展示了 50 个州的编码。尽管你可能还想进行反向的翻译，但是本节只考虑将两字母编码翻译成州名的问题。因此，你选择的数据结构必须能够表示从两字母缩写到州名的映射关系。

当然，你可以用 StringMap 来编码这张翻译表，或者用更通用的 Map<String, String>。但是，如果严格地从客户端的角度来看这个问题，就会发现实现的细节并不是特别重要。本章的目标是发现让映射表操作起来更加高效的新实现策略。在本例中，重要的问题是由两字母字符串表示的键是否能够让我们设计出比使用基于数组的策略更加高效的实现。

AK Alaska	HI Hawaii	ME Maine	NJ New Jersey	SD South Dakota
AL Alabama	IA Iowa	MI Michigan	NM New Mexico	TN Tennessee
AR Arkansas	ID Idaho	MN Minnesota	NV Nevada	TX Texas
AZ Arizona	IL Illinois	MO Missouri	NY New York	UT Utah
CA California	IN Indiana	MS Mississippi	OH Ohio	VA Virginia
CO Colorado	KS Kansas	MT Montana	OK Oklahoma	VT Vermont
CT Connecticut	KY Kentucky	NC North Carolina	OR Oregon	WA Washington
DE Delaware	LA Louisiana	ND North Dakota	PA Pennsylvania	WI Wisconsin
FL Florida	MA Massachusetts	NE Nebraska	RI Rhode Island	WV West Virginia
GA Georgia	MD Maryland	NH New Hampshire	SC South Carolina	WY Wyoming

543

图 14-3   USPS 使用的 50 个州的缩写

事实证明，将键限制为 2 个字母确实将查找操作的复杂度降低到了常量时间。你需要做的只是将州名存储到一个二维数组中，其中州名缩写的字母将用来计算行和列的索引。这种表被称为查找表。图 14-4 展示了州名缩写查找表的前 9 列。

	A	B	C	D	E	F	G	H	I	
A										0
B										1
C	California									2
D					Delaware					3
E										4
F										5
G	Georgia									6
H									Hawaii	7
I	Iowa			Idaho						8
J										9
K										10
L	Louisiana									11
M	Massachusetts			Maryland	Maine				Michigan	12
N			North Carolina	North Dakota	Nebraska			New Hampshire		13
O								Ohio		14
P	Pennsylvania									15
Q										16
R									Rhode Island	17
S			South Carolina	South Dakota						18
T										19
U										20
V	Virginia									21
W	Washington								Wisconsin	22
X										23
Y										24
Z										25
	0	1	2	3	4	5	6	7	8	

544

图 14-4   州名查找表的前 9 列

为了在数组中选择元素，可以直接将州名缩写分解为它包含的两个字母，分别用它们减去 'A' 的 Unicode 值，得到 0～25 之间的索引值，然后用这两个索引值来选择行和列。因此，给定包含州名缩写的数组，你需要做的只是查找恰当的行和列上的值，以确定州名。图 14-5 展示了 LetterPairMap 类，它为这种被限制为两字母的键集合实现了 StringMap 接口。

```
/*
 * File: LetterPairMap.java
 * --------------------------
 * This file defines the class LetterPairMap, which implements the StringMap
 * interface, but only for keys composed of two uppercase letters.  Given
 * these restrictions, the put and get methods run in constant time.
 */

package edu.stanford.cs.javacs2.ch14;

public class LetterPairMap implements StringMap {

    public LetterPairMap() {
        lookupTable = new String[26][26];
    }

    public void put(String key, String value) {
        checkKey(key);
        int row = key.charAt(0) - 'A';
        int col = key.charAt(1) - 'A';
        lookupTable[row][col] = value;
    }

    public String get(String key) {
        checkKey(key);
        int row = key.charAt(0) - 'A';
        int col = key.charAt(1) - 'A';
        return lookupTable[row][col];
    }

    private void checkKey(String key) {
        if (key.length() != 2 || !Character.isUpperCase(key.charAt(0)) ||
                                 !Character.isUpperCase(key.charAt(1))) {
            throw new IllegalArgumentException("Only two-letter keys allowed");
        }
    }

/* Private instance variables */

    private String[][] lookupTable;

}
```

图 14-5　针对包含两个字母的键而实现 StringMap 的代码

545

　　LetterPairMap 类的 get 和 put 方法的实现并未包含任何类似于传统的搜索数组过程的代码，它们在字符编码上执行了简单的运算，然后在二维数组中查找答案。在它们的实现中没有任何循环和任何依赖于键的数量的代码。

　　查找表如此高效的原因在于键可以立即告知我们在哪里可以找到答案。但是，在目前的应用中，这张表的组织有赖于键总是包含两个大写字母这个事实。如果键可以是任意的字符串，就像在 StringMap 类中那样，那么查找表策略就不再适用了，至少其当前形式不再适用。关键问题是能否使这种策略通用化，使其可以应用于更加普遍的情况。

　　如果思考如何将这个问题应用于现实中的应用，你可能就会发现我们使用的策略类似于在字典中查找单词时所用的查找表策略。如果将基于数组的映射表策略应用于字典查找问题，那么我们就会从第一项开始，然后是第二项、第三项，直至找到要找的单词。当然，在实际具有一定规模的字典中，没有人会应用这个算法的。但是，也不会有人应用 $O(\log N)$ 的二分搜索算法，即翻到字典的正中间，判断要查找的单词在前一半还是后一半，然后不断地将这个算法应用于字典中越来越小的部分。最有可能的情况是利用许多字典在侧面有许多标签，表示以每个字母开头的单词所在的位置。你会在 A 部分查找以 A 开头的单词，在 B

部分查找以 B 开头的单词, 以此类推。这些标签表示的是一种可以让我们立刻定位正确部分的查找表, 从而减少了需要搜索遍历的单词数量。

至少, 像 StringMap 这样的使用字符串作为其键类型的映射表, 应用上述策略会相对简单。在一个 StringMap 对象中, 每个键都是以某个字符值开头的, 尽管这个字符未必是字母。如果想要模拟为每种可能的首字母都创建拇指标签的策略, 那么可以将映射表分解为 65 536 个独立的键值对列表, 每个都对应一种首字符。无论何时, 只要客户端用某个键调用了 put 和 get, 它们的代码就可以基于首字符来选择适合的列表。如果用来构成键的字符是均匀分布的, 那么这个策略就可以把平均搜索时间降低到原来的 65 536 分之一。

遗憾的是, 映射表中的键, 就像字典中的单词, 并非均匀分布的。例如, 在字典中, 以 C 开头的单词就要比以 X 开头的单词多得多。如果在应用中使用映射表, 那么很可能 65 536 个可能的首字符中大多数从来都未用到。因此, 某些列表将一直为空, 而其他有一些会变得很长。所以, 通过应用首字符策略而获得的效率提升取决于键中首字符的常见程度。

另一方面, 在设法优化映射表的性能时, 我们没有任何理由只能使用键中的首字符。首字符策略只是最接近操作实体字典时所采用的策略。我们需要的策略是键的值就可以告知我们在哪里可以找到要找的键的位置, 就像在查找表中所做的那样。这种思想最理想的实现方式是使用被称为散列的技术, 这正是下一节要讨论的内容。

14.3 散列

提升映射表实现的效率的最佳方式是设计出一种方法, 可以使用键来确定, 或者至少非常接近对应的值的位置。无论选择键的哪种明显的属性, 例如其首字符, 或者前两个字符, 都会陷入键相对于这种属性分布不均的问题。

但是, 既然我们使用的是计算机, 那么没有任何理由让这种我们用来定位键的属性必须得是人类易于计算的某种东西。为了维持映射表实现的效率, 唯一的问题只是这种属性对于计算机来说是否易于确定。既然计算机在计算方面是人类无法比拟的, 那么通过执行算法计算就可以创建出更宽广的可能性。

被称为散列的计算策略的操作如下:

1) 选择某个函数 f, 将键转换为整数值, 这个值被称为该键的散列值。计算散列值的函数很自然地被称为散列函数。使用这种策略的映射表抽象结构的实现在传统上被称为散列表。

2) 使用键的散列值来确定在表中搜索与之匹配的键的起点。

14.3.1 设计数据结构

将 StringMap 类实现为散列表的第一步是设计数据结构。尽管其他的表示方式也是可行的, 但是常见的策略是使用散列码来计算链表数组中的索引, 其中每个链表都存储了与该散列码相对应的所有键值对。按照传统, 这些链表的每一个都被称为桶元。为了找到正在查找的键, 我们只需搜索对应桶元中的键值对列表。

在大多数散列实现中, 可能的散列码的数量总是比桶元的数量大。但是, 我们可以将任意大的散列码转换为某个桶元编号, 方法是将散列码的绝对值除以桶元的数量得到的余数作为桶元编号。因此, 如果桶元的数量存储在实例变量 nBuckets 中, 而方法 hashCode 会返回给定键的散列值, 那么我们就可以按照如下的方式来计算桶元的编号:

```
int bucket = Math.abs(key.hashCode()) % nBuckets;
```

桶元编号表示的是数组索引，该数组中每个元素都是一个指向某个键值对链表中第一个单元的指针。通俗地讲，如果应用于键的散列函数返回的是执行了取余操作之后的桶元编号，那么计算机科学家们就会称这个键被散列到了桶元中。因此，将单个链表中所有键链接起来的公共属性就是它们都被散列到了同一个桶元中。两个或更多个不同的键被散列到同一个桶元的情况被称为冲突。

　　散列可以起作用的原因是散列函数对于任意特定的键总是会返回相同的值。如果在调用 put 将某个键放入散列表中时，该键被散列到了第 17 号桶元中，那么在调用 get 来查找这个键的值时，该键仍旧会被散列到第 17 号桶元上。图 14-6 展示了 StringHashMap 类的代码，它使用散列表实现了 StringMap 接口。

```java
/*
 * File: HashStringMap.java
 * ---------------------------
 * This file implements the StringMap interface using a hash table.
 */

package edu.stanford.cs.javacs2.ch14;

public class HashStringMap implements StringMap {

/*
 * Implementation notes: constructor
 * -----------------------------------------
 * The constructor creates the buckets array, in which each element is a
 * linked list of key-value pairs.
 */

   public HashStringMap() {
      nBuckets = INITIAL_BUCKET_COUNT;
      buckets = new Cell[nBuckets];
   }

/*
 * Implementation notes: get
 * ---------------------------
 * The get method calls findCell to search the linked list for the
 * matching key.  If no key is found, get returns null.
 */

   public String get(String key) {
      int bucket = Math.abs(key.hashCode()) % nBuckets;
      Cell cp = findCell(bucket, key);
      return (cp == null) ? null : cp.value;
   }

/*
 * Implementation notes: put
 * ---------------------------
 * If findCell can't find a matching key, the put method creates a new
 * cell and adds it to the front of the chain for that bucket.
 */

   public void put(String key, String value) {
      int bucket = Math.abs(key.hashCode()) % nBuckets;
      Cell cp = findCell(bucket, key);
      if (cp == null) {
         cp = new Cell();
         cp.key = key;
         cp.link = buckets[bucket];
         buckets[bucket] = cp;
      }
      cp.value = value;
   }
```

图 14-6　使用散列表的 StringMap 的实现

```
/*
 * Implementation notes: findCell
 * ----------------------------------
 * This private method looks for a key in the specified bucket chain to
 * find a matching key.  If the key is found, findCell returns it.  If
 * no match is found, findCell returns null.
 */

    private Cell findCell(int bucket, String key) {
        for (Cell cp = buckets[bucket]; cp != null; cp = cp.link) {
            if (cp.key.equals(key)) return cp;
        }
        return null;
    }

/* Inner class to represent a cell in the linked list */

    private static class Cell {
        String key;
        String value;
        Cell link;
    }

/* Constants */

    private static final int INITIAL_BUCKET_COUNT = 14;

/* Private instance variables */

    private Cell[] buckets;
    private int nBuckets;

}
```

图 14-6 （续）

14.3.2 理解字符串的散列函数

如果仔细查看上一节计算桶元索引的语句，就会看到 hashCode 方法被直接应用于键上。为了让这种方式可以工作，Java 的 String 类必须实现 hashCode 方法。我们很幸运，在 Java 中，每个对象都实现了 hashCode 方法。hashCode 方法是作为 Object 类的一部分而定义的。每个类都可以覆盖 hashCode 的标准实现，使得产生的散列码适合各自的类型。对于字符串来说，hashCode 的实现在功能上等价于下面的代码：

```
public int hashCode() {
    int hc = 0;
    for (int i = 0; i < length(); i++) {
        hc = 31 * hc + charAt(i);
    }
    return hc;
}
```

String 类的 hashCode 的实现代码看起来肯定有点神秘。它遍历了字符串中的所有字符，并将变量 hc 的值替换为 hc 的前一个取值的 31 倍加上当前字符的 Unicode 值。例如，字符串 "AK" 的散列码为 2090，它是通过执行下面的步骤产生的：

- 在 for 循环的第一次迭代之前，变量 hc 被初始化为 0。
- 该循环的第一次迭代将 hc 的值更新为将初值乘以 31 加上字符 'A' 的 Unicode 值 65 得到的值。因此，hc 的新值为 $31 \times 0 + 65$，即 65。
- 该循环的第二次迭代再次将 hc 的值乘以 31，然后加上 'K' 的 Unicode 值 75。因此，hashCode 方法返回的值为 $31 \times 65 + 75$，即 2090。

hashCode 方法的具体细节对其实现的效率会产生显著的影响。例如，请考虑在使用下面这个在一定程度上显得更简单的实现时，会发生什么，该实现省略了将之前的散列码乘以常数 31 的步骤：

```
public int hashCode() {
    for (int i = 0; i < length(); i++) {
        hc += charAt(i);
    }
    return hc;
}
```

这段代码更加容易理解，因为它所做的只是将字符串中的所有字符的 Unicode 码累加起来。遗憾的是，以这种方式编写 hashCode 在键碰巧落入某种模式时几乎可以肯定会引发冲突。将 Unicode 值累加这种策略意味着字母相同但是排列不同的所有键彼此间都会发生冲突。因此，cat 和 act 将会散列到相同的桶元中，而 a3、b2 和 c1 这三个键也会散列到相同的桶元中。如果在编译器的环境中使用这种散列表，那么采用这种模式的变量名最终都会散列到相同的桶元中。

即便选择更好的散列函数可以降低冲突的数量，进而提高性能，但是重要的是要认识到这种算法的正确性并不会受到冲突率的影响。对于 hashCode 方法的实现来说，即便使用了设计得很差的散列函数，它们也只是运行得很慢，但是仍旧能够给出正确的结果。

14.3.3　跟踪散列表的实现

要想理解图 14-6 中散列表的实现，最简单的方式就是遍历一个简单的示例。其构造器会创建一个动态数组，并将 buckets 数组中的每个元素都设置为 null，表示每个元素都是一个空表。因此，这种结构可以用下图来表示：

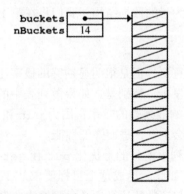

假设在此之后，程序会执行下面的调用：

```
stateMap.put("AK", "Alaska");
```

put 代码中的第一步是计算键 "AK" 的桶元编号。正如在 14.3.2 节看到的，在 "AK" 上调用 hashCode 的结果是 2090。如果用 2090 除以桶元的数量，然后获取余数，那么最后就会发现 "AK" 被散列到了第 4 号桶元中。因此，put 方法会将键 "AK" 链接到第 4 号桶元的表中，这个表最初是空的。所以，其结果就是产生了一个只包含 Alaska 这个单元的链表，看起来就像下面这样：

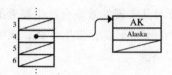

与此过程非常相似，我们可以得知 "AL" 将被放置到第 5 号桶元中，从而产生下面的图：

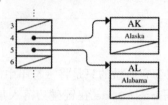

在特定的具有 14 个桶元的散列表中，冲突终究会发生的。例如，键 "AZ" 也被散列到了第 5 号的桶元中。然后，put 的代码必须从索引为 0 处开始搜索匹配这个键的链表。因为 "AZ" 并未找到，所以 put 会在这个链表的开头添加一个新单元，具体如下：

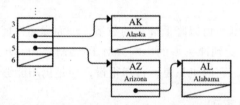

图 14-7 展示了如何将 50 个州的缩写放置到具有 14 个桶元的表中。缩写 AK、KS、ME、RI 和 VT 都被散列到了第 0 号桶元中，而 AL、MS、NY、OR、SC 和 WA 都被散列到了第 1 号桶元中，以此类推。在桶元中分布键意味着 get 和 put 都只需要搜索短得多的链表。同时，通过桶元编号而不是键的内在排序来安排键使得我们难以按照升序来迭代遍历所有的键。完成此目标需要新的被称为树的数据结构，我们将在第 15 章进行讨论。

14.3.4　调整桶元数量

尽管散列函数的设计非常重要，但是很明显冲突的概率还取决于桶元的数量。如果数量太少，那么冲突就会更频繁地发生。特别是，如果散列表中的项数多于桶元的数量，那么冲突就是无法避免的。冲突会影响散列表的效率，因为 put 和 get 都必须搜索更长的链。当散列表填满时，冲突的数量就会上升，进而降低性能。

重要的是要记住，使用散列表的目的是优化 put 和 get 方法，使它们都可以在常量时间内运行，至少在平均情况下如此。达成这个目标要求从每个桶元延伸出来的链表要尽量短，这也就意味着桶元的数量与项数相比必须总是足够大。假设散列函数在将键均匀分布到桶元方面做得非常好，那么每个桶元的链表的平均长度将由下面的公式确定：

$$\lambda = \frac{N_{\text{entries}}}{N_{\text{buckets}}}$$

例如，表中的总项数是桶元数量的三倍时，平均每条链都包含三项，这意味着找到一个键平均需要做三次字符串比较。这种通常用希腊字母 λ 表示的比例被称为散列表的负载因子。

为了更好的性能，我们希望可以确保 λ 的值尽量小。尽管其中的数学细节超出了本书的范围，但是将负载因子维持在 0.7 或更小意味着在映射表中查找键的平均代价为 $O(1)$。较小的负载因子意味着散列表数组中有许多空的桶元，这会浪费一些内存空间。散列表是第 13

章介绍的时空权衡概念的好例子。通过增加散列表使用的内存空间，就可以提高性能，但是当负载因子降低到 0.7 这个阈值之下时，其优势就不那么明显了。

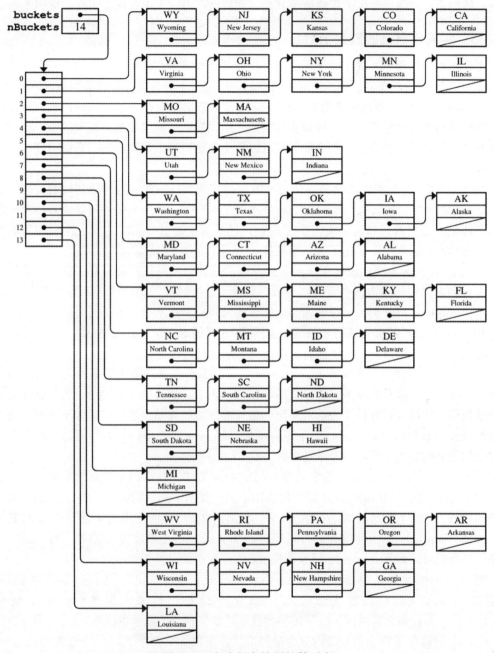

图 14-7　包含州名缩写的散列表

除非散列算法是专为键的数量可预知的特定应用而设计的，否则就不可能为 `nBuckets` 选择能够对所有客户端都适合的固定值。如果某个客户端在映射表中持续输入越来越多的项，那么其性能最终会越来越差。如果想要保持良好的性能，最佳的方式是允许映射表的具体实现去动态地增加桶元的数量。例如，我们可以将映射表的实现设计为在其负载因子达到某个阈值时，可以分配一个更大的散列表。遗憾的是，如果增加桶元的数量，那么所有桶元

553
~
554

的编号就会发生变化，这就意味着扩充散列表的代码必须将每个键从旧表中重新输入到新表中，这个过程被称为重散列。尽管重散列可能非常耗时，但是它执行得并不频繁，因此，对应用总体的运行时间所产生的影响微乎其微。你将会在习题 5 中有机会实现重散列策略。

14.3.5 实现你自己的散列函数

无论何时，只要你实现了某个其他人可能想要当作键使用的类，那么就有责任为该类实现 hashCode 方法。在实现该方法时，重要的是要记住下面有关有效的散列函数的标准：

1）如果在同一个对象上调用 hashCode 方法，它必须总是返回相同的散列码。这项要求是散列策略的关键性质之一。散列表的实现之所以知道到哪里去查找特定的键，就是因为键的散列码确定了它在哪里。如果散列码可以发生变化，那么散列表的实现就会将一个键放在某处，然后在另一处查找它。

2）hashCode 的实现必须与 equals 方法的实现保持一致，因为散列机制在内部使用 equals 方法来比较键。这个条件比第一个条件更加严格，第一个条件只是说具体对象的散列码不能随意地修改，而这项新需求通过强调任意两个通过 equals 方法比较相等的对象必须具有相同的散列码而强化了第一个条件。

3）hashCode 方法应该避免返回导致冲突的散列码。例如，对于 String 类来说，使用首字符的内部编码作为整个字符串的散列码就不是一种理想的设计。因为如果这样设计，那么每个以相同字符开头的字符串就都会被散列到同一个桶元中，这会极大地降低性能。

4）hashCode 方法应该易于计算。如果你编写的 hashCode 方法要花很长时间去计算，那么你就丧失了散列的主要优势，即散列算法运行起来非常快。

如果你确实发现自己在实现 hashCode 方法，那么你可以采用简单的策略来帮助你满足这些标准。在大多数情况下，你定义的类都包括表示对象值的实例变量。为了计算对象整体的散列码，你可以计算每个表示对象值的组成部分的散列码，然后以某种不会增加冲突可能性的方式将它们组合在一起。有一种策略是复制 Java 的 String 类的模型，在将每个组成部分加起来的公式中添加一个常量乘数。

图 14-8 展示了如何在现有类中添加 hashCode 方法，在本例中针对的是第 7 章介绍过的 Rational 类。其 hashCode 的实现采用了上一张图中刻画的策略：将 num 的值乘以一个小的质数（事实上就是针对字符串的 hashCode 的库实现所使用的常量），然后将其加上 den 的值。equals 方法使得我们可以确定两个 Rational 数字是否相等，而 hashCode 方法使得我们可以将 Rational 对象用作 hashMap 中的键。

图 14-8 中的代码还包括了 equals 方法的实现，它覆盖了 Object 类中的 equals 的定义。equals 的代码首先会运用 instanceof 操作符来确保其引元值也是一个 Rational，并且如果是的话，就使用类型强制转换将这个值赋给 Rational 变量 r。因为 Rational 类确保了分子和分母约分为最简形式，所以如果两个 Rational 对象的 num 和 den 域都匹配，那么它们就相等。

图 14-8 中将 hashCode 和 equals 放到一起还强调了在 Java 的类设计中非常重要的一点。尽管 equals 方法非常有用，你可能会期望它成为第 7 章的 Rational 类初始实现的一部分，但是，问题是覆盖 equals 方法而不覆盖 hashCode 方法是无法将这个类的对象用作 HashMap 的键的。因此，你应该确保这两个方法会同时被覆盖。Rational 类最初的定义中并不包括 equals，因为在那时你还没有准备好编写与其相关联的 hashCode 方法。

```
/**
 * Returns the hash code for this rational number.
 *
 * @return The hashCode for this rational number
 */

   @Override
   public int hashCode() {
      return 31 * num + den;
   }

/**
 * Returns true if this rational number is equal to obj.
 *
 * @param obj The object with which this Rational is compared.
 * @return The value true if this rational number is equal to obj
 */

   @Override
   public boolean equals(Object obj) {
      if (!(obj instanceof Rational)) return false;
      Rational r = (Rational) obj;
      return (this.num == r.num) && (this.den == r.den);
   }
```

图 14-8 Rational 类的 equals 和 hashCode 的实现

556

14.4 实现 HashMap 类

到目前为止，本章中的代码示例实现的都是 StringMap 接口而不是更通用的图 14-9 所示的 Map 接口。实现 Map 接口需要在代码中做出下列修改：

- 添加漏掉的方法：Map 接口导出了额外的方法 size、isEmpty、containsKey、remove、clear 和 keySet。
- 泛化键和值的类型：Map 接口使用了类型参数 K 和 V，给客户端带来了更大的灵活性。由于这种变化引入了泛型，所以其实现不能再使用 Java 数组作为桶元，而是必须使用第 13 章的 GenericArray 类。

图 14-10 展示了 HashMap 的代码。

```
/*
 * File: Map.java
 * ---------------
 * This file defines the interface for a class that implements a Map
 * that associates keys and values.
 */

package edu.stanford.cs.javacs2.ch14;

import java.util.Set;

public interface Map<K,V> {

   public int size();

   public boolean isEmpty();

   public void clear();

   public void put(K key, V value);

   public V get(K key);

   public boolean containsKey(K key);

   public void remove(K key);

   public Set<K> keySet();

}
```

图 14-9 泛化的 Map 接口中的各个项

557

```
/*
 * File: HashMap.java
 * ---------------------
 * This file implements the Map interface using a hash table.
 */

package edu.stanford.cs.javacs2.ch14;

import edu.stanford.cs.javacs2.ch13.GenericArray;
import java.util.ArrayList;
import java.util.HashSet;
import java.util.Iterator;
import java.util.Set;

public class HashMap<K,V> implements Map<K,V> {

/*
 * Implementation notes: HashMap constructor
 * -----------------------------------------
 * The constructor creates a GenericArray to hold the linked lists that
 * store the key-value pairs for each bucket.  In the exercises, you will
 * have a chance to extend this class so that it expands the table when
 * the load factor becomes too high.
 */

   public HashMap() {
      nBuckets = INITIAL_BUCKET_COUNT;
      buckets = new GenericArray<Cell>(nBuckets);
      count = 0;
   }

/*
 * Implementation notes: size, isEmpty, clear
 * ------------------------------------------
 * These methods are simple to implement because the number of elements
 * is stored in the instance variable count.
 */

   public int size() {
      return count;
   }

   public boolean isEmpty() {
      return count == 0;
   }

   public void clear() {
      count = 0;
      for (int i = 0; i < nBuckets; i++) {
         buckets.set(i, null);
      }
   }

/*
 * Implementation notes: get, put, containsKey
 * -------------------------------------------
 * These methods all use a private method called findCell to find the key.
 */

   public V get(K key) {
      int bucket = Math.abs(key.hashCode()) % nBuckets;
      Cell cp = findCell(bucket, key);
      return (cp == null) ? null : cp.value;
   }

   public void put(K key, V value) {
      int bucket = Math.abs(key.hashCode()) % nBuckets;
      Cell cp = findCell(bucket, key);
      if (cp == null) {
         cp = new Cell();
         cp.key = key;
         cp.link = buckets.get(bucket);
```

图 14-10　HashMap 类的实现

```
            buckets.set(bucket, cp);
            count++;
        }
        cp.value = value;
    }

    public boolean containsKey(K key) {
        int bucket = Math.abs(key.hashCode()) % nBuckets;
        return findCell(bucket, key) != null;
    }

/*
 * Implementation notes: remove
 * -----------------------------
 * This method stores the cell before the target cell in the variable prev.
 */

    public void remove(K key) {
        int bucket = Math.abs(key.hashCode()) % nBuckets;
        Cell cp = buckets.get(bucket);
        Cell prev = null;
        while (cp != null && !cp.key.equals(key)) {
            prev = cp;
            cp = cp.link;
        }
        if (cp != null) {
            if (prev == null) {
                buckets.set(bucket, cp.link);
            } else {
                prev.link = cp.link;
            }
            count--;
        }
    }

/*
 * Implementation notes: keySet
 * -----------------------------
 * This method assembles the set by iterating through each bucket chain.
 */

    public Set<K> keySet() {
        Set<K> keys = new HashSet<K>();
        for (int i = 0; i < buckets.size(); i++) {
            for (Cell cp = buckets.get(i); cp != null; cp = cp.link) {
                keys.add(cp.key);
            }
        }
        return keys;
    }

/*
 * Implementation notes: keyIterator
 * ------------------------------------
 * This method is not part of the HashMap interface but is exported here to
 * allow the HashSet class to implement an iterator.  The code builds an
 * ArrayList containing the keys and then returns the ArrayList iterator.
 */

    public Iterator<K> keyIterator() {
        ArrayList<K> keys = new ArrayList<K>();
        for (int i = 0; i < buckets.size(); i++) {
            for (Cell cp = buckets.get(i); cp != null; cp = cp.link) {
                keys.add(cp.key);
            }
        }
        return keys.iterator();
    }

/*
 * Implementation notes: findCell
 * -----------------------------
```

图 14-10 （续）

```
 * This private method looks for a key in the specified bucket chain to
 * find a matching key.  If the key is found, findCell returns it.  If
 * no match is found, findCell returns null.
 */

   private Cell findCell(int bucket, K key) {
      Cell cp = buckets.get(bucket);
      while (cp != null && !cp.key.equals(key)) {
         cp = cp.link;
      }
      return cp;
   }

/* Inner class for a cell in the linked lists for the bucket chains */

   private class Cell {
      K key;
      V value;
      Cell link;
   }

/* Constants */

   private static final int INITIAL_BUCKET_COUNT = 7;

/* Private instance variables */

   private GenericArray<Cell> buckets;
   private int nBuckets;
   private int count;

}
```

图 14-10 （续）

如果仔细观察 HashMap 类的代码，你就会发现该实现导出了一个名为 keyIterator 的公共方法，它并非 Map 接口的一部分。这个方法在第 16 章的 HashSet 类中会用到。

14.5 总结

本章关注的是实现 HashMap 类的库版本所提供的基本操作的各种不同策略。Map 类可以按照升序遍历所有的键，其自身需要更复杂的被称为树的数据结构，而树将是第 15 章的主题。

本章的要点包括：

- 通过将键值对存储到数组中，就可以实现基本的映射表操作。让数组始终保持排好序，就可以让 get 在 $O(\log N)$ 的时间内运行，尽管 put 仍将维持 $O(N)$。

- 某些具体应用可以实现使用查找表的映射表操作，其中 get 和 put 都可以在 $O(1)$ 时间内运行。

- 我们可以用被称为散列的策略来非常高效地实现映射表，其中键被转换成了可以确定映射表的实现应该在哪里查找结果的整数。

- 散列算法的公共实现会分配一个动态的桶元数组，其中每个桶元都包含一个由散列到这个桶元上的键构成的链表。只要项数与桶元的数量之比不超过 0.7，那么 get 和 put 方法的平均操作时间就是 $O(1)$。在项数增加时维持这种性能需要周期性地重散列以增加桶元的数量。

- 散列函数的详细设计非常微妙，需要通过数学分析才能达到优化的性能。即便如此，任何能够在两个键相等时产生相同的整数值的散列函数都可以确保产生正确的答案。

14.6 复习题

1. 对于映射表的基于数组的实现来说，本章建议的哪种算法策略可以将 get 方法的代价降低到 $O(\log N)$？
2. 如果你去实现前一个问题中建议的策略，那么为什么 put 方法仍旧需要 $O(N)$ 的时间？
3. 什么是查找表？在什么情况下使用查找表是恰当的？
4. 使用键的首字母的 Unicode 码作为其散列码这种做法有什么缺点？
5. 散列表实现中的桶元这个术语的含义是什么？
6. 什么是冲突？
7. 请解释图 14-6 所示的 StringHashMap 类的散列表版本的实现中 findCell 方法的操作。
8. 假设你雇佣的某些懒散的程序员定义了一个新类，其中包括了下面的 hashCode 方法：

```java
public int hashCode() {
    return 42;
}
```

用这种实现编写的应用是否可以正确地工作？
9. 在通读将州名缩写填入具有 14 个桶元的映射表中的代码时，本书提示到 "AZ" 和 "AK" 项会在第 5 号桶元处产生冲突。假设新的项是按照州名缩写的字母序被添加到映射表中的，那么下一次发生的冲突是什么？你应该能够直接通过观察图 14-7 找出答案。
10. 在散列表的实现中怎样进行时空权衡？
11. 术语负载因子的含义是什么？
12. 确保 HashMap 类的平均性能保持 $O(1)$ 的负载因子的近似阈值是多大？
13. 术语重散列的含义是什么？

562

14.7 习题

1. 修改图 14-2 中的代码，使得 put 总是可以让键在数组中保持有序。修改私有的 findKey 方法的实现，让它使用二分搜索在 $O(\log N)$ 时间内找到键。
2. 从图 14-2 中的 ArrayStringMap 的代码入手，添加实现完整的 Map<String, String> 接口所需的方法。
3. 尽管所使用的标记法很繁琐，使数学变得更加难以掌握，但是罗马人还是选择了使用字母来表示各种 5 和 10 的倍数的方法来书写数字。用来表示罗马数字的字符有以下的值：

I	→	1
V	→	5
X	→	10
L	→	50
C	→	100
D	→	500
M	→	1000

设计一张查找表，使得我们可以用单个数组选择操作来确定每个字母的值。使用这张表来实现下面的方法：

```java
int romanToDecimal(String str)
```

它可以将包含罗马数字的字符串转译为数字形式。

为了计算罗马数字的值，我们通常会将每个字母对应的值都累加到一起。但是，这条规则有一个例外：如果某个字母的值小于下一个字母的值，那么就应该从总和中减去它的值而不是加上它的值。例如，罗马数字字符串

MCMLXIX

对应于

563

$$1000-100+1000+50+10-1+10$$

即 1969。C 和 I 都被减去而不是加上了，因为这些字母都出现在具有更大的值的字母的前面。

4. 从图 14-6 中的 HashStringMap 的代码入手，添加实现完整的 Map<String, String> 接口所需的方法。

5. 扩展图 14-6 中的 HashStringMap 类的实现，使桶元数组可以动态地扩充。你的实现应该跟踪散列表的负载因子，并在负载因子超过如下定义的常量所表示的上限时，执行重散列操作：

```
private static final double REHASH_THRESHOLD = 0.7;
```

6. 编写一个程序，通过在 HashStringMap 类中添加 displayHashTableStatistics 方法来计算散列算法的性能。这个方法应该报告项数、桶元数和负载因子，以及桶元链表的平均长度和标准差。平均长度等价于传统的平均值，而标准差是一种对单个值偏离平均值的程度的度量。计算链表长度的标准差的公式如下：

$$\sqrt{\dfrac{\displaystyle\sum_{i=1}^{N}(\text{len}_{\text{ave}}-\text{len}_i)^2}{N}}$$

其中 N 是桶元数量，len_i 是桶元链 i 的长度，而 len_{ave} 是平均链长度。如果散列函数工作出色，那么标准差与平均值相比，就应该相对较小，特别是在符号数量增加时。

7. 在某些应用中，如果可以扩展映射表抽象结构，使你可以插入某个键的临时定义，从而隐藏之前与该键关联的所有值，那么就会显得很有用。在程序的后续部分中，你可以删除这个临时定义，并恢复到最近的定义。例如，你可以使用这种机制来实现局部变量的效果，而局部变量就是在方法被调用时存在，并且在方法返回时消失。

通过定义下面的方法，向习题 5 中你实现的 HashStringMap 类中添加这样的工具：

564

```
void add(String key, String value)
```

因为 get 和 put 方法总是会查找链表中的第一项，所以你可以确保 add 能够直接通过在特定的散列桶元相关联的链表的开头处添加新项来隐藏之前的定义。而且，只要 remove 的实现只会从某个符号对应的散列表中删除其第一次出现的单元，那么你就可以使用 remove 来删除某个键最近插入的定义，从而恢复链条中键的前一个定义。

为了让问题简单一点，你的 size 方法的实现应该返回键值对的数量，而不是键的数量。这样，如果在已有的键上添加新的定义，那么映射表的尺寸就会增加 1。

8. 在 EnglishWords.txt 词典中，单词 hierarch 和 crinolines 具有相同的散列码，它们碰巧都是 –1 732 884 796。编写一个程序，查找另外两对共享相同散列码的英语单词。

9. 为第 7.2 节介绍的 Point 类型实现 hashCode 和 equals 方法。

10. 尽管本书所描述的桶元链方法在实践中应用得很好，但是解决散列表冲突还有其他的策略。在计算科学发展的早期，那时内存还很小，移除额外指针的代价非常大，散列表经常会使用内存更加高效的被称为开放寻址的策略，在这种策略中，键值对被直接存储在数组中，看起来像下面这样：

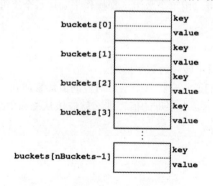

例如，如果某个键被散列到了第2号桶元，那么开放寻址策略就会设法将这个键以及它的值直接存储到位于 buckets[2] 的项中。

这种方法的问题在于 buckets[2] 可能已经赋给了另一个被散列到同一个桶元的键。处理这种冲突的最简单的方式就是在第一个空闲单元中或者在所期望的散列位置之后存储每一个新的键。因此，如果某个键被散列到了第2号桶元，那么 put 和 get 方法首先会尝试在 buckets[2] 中找到或插入这个键。但是，如果这一项已经填充了另一个不同的键，那么这些方法就会移动到 buckets[3] 继续尝试，这个过程会持续下去直至它们找到一个空的项或包含了相匹配的键的项。就像第13章的队列的环形缓冲实现中那样，如果索引向前移动越过了数组的末尾，那么它就应该环绕回开头。这种解决冲突的策略被称为线性探测。

重新实现 StringMap 类，让其使用具有线性探测的开放寻址机制。对于这个习题，你的实现应该在客户端向已满的散列表中添加键时直接抛出一个运行异常。

11. 习题10所定义的具有线性探测的开放寻址模型中最难以处理的方面之一就是使用它会导致删除键变得很麻烦。如果你之前通过跳过较早插入的项而解决了冲突，那么删除这一项就会在数组中产生一个洞，这使得在这块内存可用时本来可以存储在其中的那些在删除这一项之前插入的所有项都再也无法被找到了。考虑一下你可以用来回避这个问题的策略，然后实现方法 size、isEmpty、clear、containsKey、remove 和 keySet，使这个类实现 Map<String, String> 接口。

12. 扩展你给出的习题11的解决方案，使得它可以像习题5定义的那样，在负载因子超过常量 REHASH_THRESHOLD 时动态地扩充数组。与习题5一样，你需要重建整张表，因为键的桶元数量在重散列时会发生变化。

13. 设计并实现键和值都是字符串的 Map 接口的单元测试。使用这个程序来测试本章所包含的 HashMap 的代码以及你在习题2、习题4和习题12中创建的 Map<String, String> 的实现。

14. HashMap 类中的 keyIterator 方法采用了一种很简单的方法来构建迭代器。它所做的只是将所有键放到一个 ArrayList 对象中，然后使用 ArrayList 类的 iterator 实现。先存储值然后迭代所存储的值的迭代器被称为离线迭代器，而在需要时生成每个新值的迭代器被称为在线迭代器。

用13.4节的 ArrayListIterator 类作为模型，重新编写 keyIterator，使其能够产生在线迭代器。

565
~
566

树

我喜欢树，因为它们看起来比谁都更能承受无奈的生存方式。

——Willa Cather,《O Pioneers！》, 1913

正如在之前几章中所看到的，链表使得我们无需使用数组即可表示有序的值集合。与每个单元相关联的链接域构成了定义底层顺序的线性链。尽管链表需要比数组更多的内存空间，并且像选择特定索引位置上的值这类操作也更低效，但是它们具有在常量时间内执行插入和删除操作的优势。

对于定义了值集合中排序关系的引用，使用它们比之前的链表示例所建议的方式要强大得多，并且这样做绝对不会对创建线性结构产生任何限制。在本章，你将会学习有关使用引用来建模层次关系的数据结构，这种结构被称为树，它被定义为一组被称为结点的项的集合，并且满足下面的属性：

- 只要树中包含结点，那么就肯定有一个结点被称为根，它构成了层次结构的最顶层。
- 每个其他的结点都可以通过唯一的传承线连接到根。

树形层次结构在计算机科学之外的许多环境中也会碰到，最著名的例子就是下一节要阐述的家族树，其他的例子还包括：

- 博弈树。博弈树在第 10 章的 10.3 节中介绍过，它具有典型的树的分支模式。当前位置是树的根，而各个分支将通向游戏中后续可能会发生的位置。
- 生物分类。生物的分类系统是由瑞典植物学家 Carl Linnaeus 在 18 世纪开发出来的，其结构就像是一棵树。树的根是所有生物。然后，分类系统向下分支，形成了不同的界，人们最熟悉的是动物界和植物界。从这一层开始，该层次结构会继续向下分解若干层，直至定义到单个物种。
- 组织结构图。许多行业都有组织结构，使得每位雇员都只向单个上级汇报，这样就构成了一棵一直延伸到公司总裁的树，而总裁代表树的根。
- 目录层次结构。在大多数现代计算机上，文件被存储在构成了树形结构的目录中。有一个顶层目录表示根，它包含了文件和其他目录，而那些目录又可以包含子目录，这样就构成了具有代表性的树的层次结构。

15.1 家族树

家族树提供了一种方便的途径，可以用来表示单个个体经历若干代后的血脉关系。例如，图 15-1 中的图展示了诺曼王朝的家族树，这个王朝在 1066 年 William Ⅰ 加入黑斯廷斯战役之后开始统治英格兰。图中的结构满足前面对树的定义。William Ⅰ 是树的根，图中所有其他人都通过唯一的血脉线连接到 William Ⅰ。

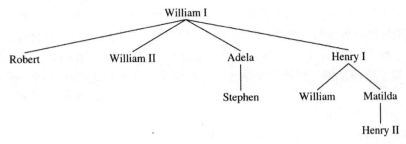

图 15-1　诺曼王朝的家庭树

15.1.1　用于描述树的术语

有了图 15-1 中的家族树,我们就能够很方便地介绍计算机科学家们用来描述树结构的术语。树中每个结点都有若干个孩子,但是在树中只有唯一的父亲。对于树而言,祖先和后代这两个词与日常用语中的含义相同。从 Henry Ⅰ 到 Matilda 的血脉线表明 Henry Ⅱ 是 William Ⅰ 的后代,这也意味着 William Ⅰ 是 Henry Ⅱ 的祖先。类似地,具有相同父亲的两个结点,例如 Robert 和 Adela,被称为兄弟。

尽管大多数用来描述树的术语都直接来自家族树的类比物,但是还是有些像根这样的术语来自于对比植物的比喻。在树中与根相反的一端,有许多没有任何孩子的结点,它们被称为叶子。既不是根也不是叶子的结点被称为内部结点。例如,在图 15-1 中,Robert、William Ⅱ、Stephen、William 和 Henry Ⅱ 都表示叶子结点,Adela、Henry Ⅰ 和 Matilda 都表示内部结点。非空树的高度被定义为从根到叶子的最长路径的长度。因此,图 15-1 所示的树的高度为 3,因为从 William Ⅰ 到 Henry Ⅱ 的路径比从根到其他叶子结点的路径都要长,而这条路径的长度就是 3。按照惯例,空树的高度被定义为 –1。

569

15.1.2　树的递归属性

树最重要的特性就是相同的分支模式会出现在树的每一层上。如果将树中任意结点以及其所有后代都拿出来,那么它们仍旧满足树的定义。例如,如果将图 15-1 中从 Henry Ⅰ 开始的后代都拿出来,那么就会得到下面的树:

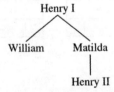

从现有的树中抽取某个结点及其所有后代构成的树被称为原来这棵树的子树。例如,这张图中树就是一棵以 Henry Ⅰ 为根的子树。

树中每个结点都可以被当作其自己的子树的根,这个事实强调了树结构的递归属性。如果从递归的视角来思考树,那么树就是一个结点和一个依附于它的子树集合,当然这个集合可能为空,例如对于叶子结点来说,这个集合就为空。树的递归属性对其底层表示方式和在树上操作的大部分算法而言都非常重要。

15.1.3　用 Java 表示家族树

为了用 Java 表示树,我们需要某种方式来对数据值之间的层次关系建模。在大多数情况下，表示父子关系的最简单的方式是在父结点中包含一组对象引用，其中每个引用指向一个孩子。如果使用这种策略，那么每个对象除了包含与该结点自身相关的数据外，还都会包含指向其每个孩子的引用。通常，将结点自身当作对象，而将树当作对结点对象的引用来考虑会非常有效。这种互相递归的定义甚至在自然语言的定义中也是成立的，因为它们的关系为：

- 树是对结点对象的引用。
- 结点是包含树的对象。

我们可以用这种递归见解来设计适合存储像图 15-1 中所示的家族树中各项数据的结构。每个结点都由人名和对其孩子的引用列表构成。如果将孩子引用存储在一个 `ArrayList` 对象中，那么每个结点具有下面的嵌套类形式：

```
class FamilyTreeNode {
    String name;
    ArrayList<FamilyTreeNode> children;
};
```

家族树就是对树的根结点的引用。

图 15-2 展示了皇室家族树的内部表示方式。为了让这张图整洁有序，图 15-2 将孩子表示为存储在包含 5 个元素的数组中。事实上，`children` 域是一个 `ArrayList` 对象，它会增长以适合放置任意数量的孩子。在本章末尾的习题中，你将有机会探索其他的存储孩子的策略，例如在链表而不是 `ArrayList` 中存储它们。

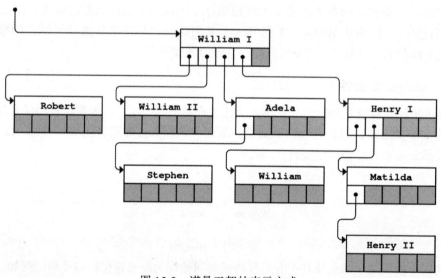

图 15-2　诺曼王朝的表示方式

15.2　二叉搜索树

尽管用家族树可以演示树的算法，但是更有效的方式是在更简单的环境中更直接地应用它来编程。尽管家族树的示例为介绍用来描述树的术语提供了一个框架，但是在实践中它受到了每个结点可以有任意数量的孩子这种复杂性的困扰。在许多编程环境中，合理的做法是限制孩子的数量以使得产生的树更易于实现。

树的最重要的子类之一，就是有许多实际应用的二叉树，它被定义为满足下列属性的树：

- 树中每个结点都最多有两个孩子。
- 除了根以外的每个结点都被表示成其父亲的左孩子或右孩子。

第二个条件强调二叉树中的孩子结点相对其父亲是有序的。例如，下面的二叉树

是不同的树，尽管它们包含相同的结点。在两棵树中，标为 B 的结点都是标为 A 的根结点的孩子，但是在第一棵树中是左孩子，在第二棵树中是右孩子。

二叉树中的结点具有明确定义的几何关系，这使得用二叉树来表示有序的数据集合变得很方便。最常用的应用是使用被称为二叉搜索树的一种特殊的二叉树，其经常被缩写为 BST，它们满足下面的属性：

1）每个结点除了可能包含的其他数据之外，都还包含一个被称为键的特殊值，它定义了结点的顺序。

2）键的取值是唯一的，即没有任何键会在树中出现多次。

3）在树中的每个结点上，键的取值必须大于在以其左孩子为根的子树中的所有键，并且小于以其右孩子为根的子树中的所有键。

尽管这个定义在形式上是正确的，但是几乎可以肯定初看起来它令人困惑。为了弄清这个定义的意思，并开始理解为什么构建树时满足这些条件可能会很有用，我们最好是回去看看用二叉搜索树来表示其潜在的解决策略的某个具体问题。

572

15.2.1 二叉搜索树幕后的动机

在第 14 章，在散列算法使得其他选项都变得黯淡无光之前，用来表示映射表的策略之一是将键值对存储到数组中。这种策略具有一项非常有用的计算属性：如果保持键有序，那么就可以编写出能够在 $O(\log N)$ 时间内运行的 get 的实现。我们需要做的只是要使用第 8 章介绍的二分搜索算法。遗憾的是，数组表示方式并未提供任何同样高效的 put 方法的实现途径。尽管 put 可以使用二分搜索来确定新键在数组中适合的位置，但是维持数组有序需要 $O(N)$ 的时间，因为每个后续的数组元素都必须向后移位，以便为新的项腾出空间。

这个问题带来了第 12 章中产生的类似场景。当使用数组来实现编辑器缓冲时，插入新字符是线性时间操作。在这种情况下，解决方案是将数组替换为链表。我们是否可以采用类似的策略来提高映射表的 put 的性能？毕竟，只要有指向位于插入位置之前的单元的引用，在链表中插入新元素就是常量时间的操作。

链表的麻烦在于它们无法以任何高效的方式支持二分搜索算法。二分搜索依赖于能够在常量时间找到中间元素。在数组中，找到中间元素是很容易的。但是在链表中，找到中间元素的唯一方式就是通过整个链表的前一半中的链接来迭代遍历。

为了更具体地了解为什么链表具有这样的限制，假设你有一个链表，包含了沃特·迪斯尼的 7 个小矮人的名字：

Bashful → Doc → Dopey → Grumpy → Happy → Sleepy → Sneezy

这个链表中的元素是按照字典序排序的，这是它们内部的字符编码强制要求的顺序。

　　给定这种链表，你就可以很容易地找到第一个元素，因为初始引用给出了它的地址。从此处开始，你可以顺着其链接域找到第二个元素。另一方面，没有任何容易的方法可以定义出现在该名字序列一半位置上的元素。为了实现这个目的，你不得不遍历链表中的每个单元，直至遍历了 *N*/2 个单元。这种操作需要线性时间，完全抵消了二分搜索的性能优势。如果使用二分搜索是为了获得性能上的提升，那么你使用的数据结构必须能够让你快速地找到中间的元素。

　　尽管这么做可能乍一看好像很愚蠢，但是考虑一下如果你可以直接知道链表的中间而不是开头会发生些什么，那么你就会发现这么做很有用：

$$\text{Bashful} \rightarrow \text{Doc} \rightarrow \text{Dopey} \rightarrow \text{Grumpy} \rightarrow \text{Happy} \rightarrow \text{Sleepy} \rightarrow \text{Sneezy}$$

　　在这张图中，找到中间元素根本就没有任何问题，通过直接指向 Grumpy 的引用可以立即访问到它。但是，问题在于你已经丢弃了链表前一半的元素。该结构中的引用提供了对 Grumpy 以及链条中跟在它后面的所有名字的访问，但是不再有任何方式能够到达 Bashful、Doc 和 Dopey 了。

　　如果从 Grumpy 的角度思考这种情况，那么解决方案的轮廓就变得清晰了。你需要有两个从 Grumpy 单元出发的链条：一个由所有在 Grumpy 之前的名字所在的单元构成，另一个由在字母序中跟在 Grumpy 之后的名字所在的单元构成。在概念图中，你需要做的就是将箭头反向：

$$\text{Bashful} \leftarrow \text{Doc} \leftarrow \text{Dopey} \leftarrow \text{Grumpy} \rightarrow \text{Happy} \rightarrow \text{Sleepy} \rightarrow \text{Sneezy}$$

每个字符串现在都是可访问的了，而且你可以很容易地将整个链表分成两半。

　　在此处，需要递归地应用相同的策略。二分搜索要求你不仅可以找到原来链表中的中间元素，而且还要能够找到子链表的中间元素。因此，你需要使用相同的分解策略来重新构建 Grumpy 之前和之后的链表。每个单元都指向两个方向：指向在它之前的链表的中间并指向在它之后的链表的中间。应用这种处理方式可以将原来的链表转换为下面的二叉树：

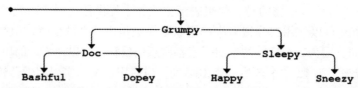

　　这种特定风格的二叉树的最重要的特性就是它是有序的。对于树中任意特定的结点，它包含的字符串必须位于其左子树中所有字符串的后面，并且位于其右子树中所有字符串的前面。在本例中，Grumpy 出现在 Doc、Bashful 和 Dopey 之后，并出现在 Sleepy、Happy 和 Sneezy 之前。相同的规则会应用于每一层，因此包含 Doc 的结点出现在 Bashful 结点之后，但是出现在 Dopey 结点之前。出现在上一节末尾的二叉搜索树的形式化定义可以确保树中每个结点都遵守这样的排序规则。

15.2.2　在二叉搜索树中查找结点

　　二叉搜索树的基本优势就是我们可以使用二分搜索算法来查找特定的结点。例如，假设你正在搜索上一节末尾所示的树中包含 Happy 字符串的结点。第一步是将 Happy 与

Grumpy 比较，后者是树的根。因为 Happy 在字典序中出现在 Grumpy 之后，所以如果它存在，必然在右子树中。因此，下一步会将 Happy 与 Sleepy 比较。在本例中，Happy 出现在 Sleepy 之前，因此它必然在这个结点的左子树中。这棵子树只包含单个结点，正好就是要找的结点。

因为树是递归结构，所以用其递归形式来编码搜索算法。具体来说，假设 BSTNode 的类型定义看起来如下：

```
private static class BSTNode {
    String key;
    BSTNode left, right;
};
```

给定这个定义，你就可以很容易地编写 findNode 方法，它实现了二分搜索算法，具体如下：

```
private BSTNode findNode(BSTNode node, String key) {
    if (node == null) return null;
    int cmp = key.compareTo(node.key);
    if (cmp == 0) return node;
    if (cmp < 0) {
        return findNode(node.left, key);
    } else {
        return findNode(node.right, key);
    }
}
```

如果树为空，那么就不可能包含要找的结点，所以 findNode 会返回 null，作为表示键没有找到的哨兵值。如果树不等于 null，那么该实现会调用 compareTo 来查看要找的键与当前结点中的键的比较结果。如果这两个键相同，那么 findNode 返回当前结点的引用。如果这两个键不同，那么 findNode 就会继续递归地执行，根据键比较的结果继续在左子树或右子树中搜索。

575

15.2.3 在二叉搜索树中插入新结点

下一个需要思考的问题是最初如何创建二叉搜索树。最简单的方式是从空树开始，然后调用 insertNode 方法每次一个地在树中插入新的键。在插入新键时，重要的是要维持树中结点之间的排序关系。为了确保 findNode 方法能够继续工作，insertNode 的代码必须使用二分搜索来标识正确的插入点。

与 findNode 一样，insertNode 的代码可以从树的根开始递归地处理。在每个结点，insertNode 必须将新键与当前结点中的键比较。如果新键在现有键之前，那么新键就属于其左子树。相反，如果新键在当前结点的键之后，那么新键就属于其右子树。最终，该过程会碰到一棵空子树，表示新结点应该添加到树中的位置。在此处，insertNode 的实现必须将 null 引用替换为新结点，该新结点被初始化为包含新键的副本。

但是，insertNode 的代码有点麻烦。困难之处在于 insertNode 必须能够通过添加新结点来修改二叉搜索树的值。因为所有 Java 参数都是从调用者处复制而来的，所以我们无法编写像下面这样进行调用的私有方法：

`insertNode(node, key);`

这个调用的问题在于没有任何方式可以让 insertNode 方法去修改 node 的值。

Java 中解决这个问题的常用策略是让 insertNode 方法返回插入新结点后产生的更新过的树。因此，对 insertNode 的典型调用如下：

```
node = insertNode(node, key);
```

这条语句的效果就是将键插入以 node 为根的树中，然后将插入的结果赋值回变量 node。因此，insertNode 方法具有下面的原型：

```
private BSTNode insertNode(BSTNode node, String key)
```

一旦理解了 insertNode 方法的原型，编写代码就不是特别难了。其实现具有下面的形式：

```
private BSTNode insertNode(BSTNode node, String key) {
    if (node == null) {
        node = new BSTNode();
        node.key = key;
        node.left = node.right = null;
    } else {
        int cmp = key.compareTo(node.key);
        if (cmp < 0) {
            node.left = insertNode(node.left, key);
        } else if (cmp > 0) {
            node.right = insertNode(node.right, key);
        }
    }
    return node;
}
```

如果 node 为空，那么 insertNode 就会创建一个新结点，初始化它的域，然后将现有结构中的这个 null 引用替换为指向新结点的引用。如果 node 不为空，那么 insertNode 会将新的键与存储在该结点中的键进行比较。如果键匹配，那么这个键就已经存在于树中了，所以不需要执行任何其他操作。如果不匹配，那么 insertNode 会使用比较结果来确定将这个键插入左子树还是右子树，然后做出恰当的递归调用。

因为 insertNode 的代码在直到你了解其工作原理之前看起来都显得很复杂，所以合理的做法是让我们详细地遍历插入多个新键的过程。例如，假设你已经像下面这样声明并初始化了一棵空树：

```
BSTNode dwarfTree = null;
```

这条语句会创建一个局部变量 dwarfTree，并将其初始化为 null，如下图所示：

如果从 dwarfTree 为空的初始配置入手，执行下面的调用会发生什么？

```
dwarfTree = insertNode(dwarfTree, "Grumpy");
```

在 insertNode 的调用帧中，变量 node 是变量 dwarfTree 的副本，这意味着它的值为 null。当 node 为 null 时，insertNode 的代码会执行第一个 if 语句中的代码块，它是以下面这行开头的：

```
node = new BSTNode();
```

这行代码会分配一个新结点，并将其赋值给 node，从而产生下面的图：

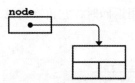

剩下的语句会初始化这个新结点中的域，赋值键 Grumpy，并将每个子树引用都初始化为
null，就像下面这样。当 insertNode 返回时，这棵树看起来如下：

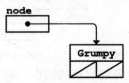

这个结构正确地表示了包含单个结点 Grumpy 的二叉搜索树。当 insertNode 返回时，这
棵树被赋值给 dwarfTree，从而完成在调用者环境中的插入操作：

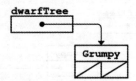

　　假设你现在执行下面的调用：

```
dwarfTree = insertNode(dwarfTree, "Sleepy");
```

那么和之前一样，初始调用会将 dwarfTree 的值赋值到参数 node 中，就像下面这样：

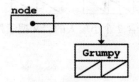

但是，这次 node 树的值不再为空。因为 Sleepy 按照字典序出现在 Grumpy 之后，所以
insertNode 的代码会继续执行下面的递归调用：

```
node.right = insertNode(node.right, key);
```

这个调用创建了新的栈帧，其中 node.right 的值被赋值给了 node。因为这个值为空，
所以 insertNode 的实现再次创建新的结点，并将它的域初始化为下面的样子：

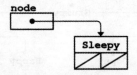

　　当 insertNode 返回时，这个值被赋值给了调用帧中的 node.right 单元，从而产
生下面的图：

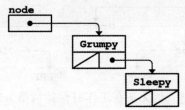

578

当这个对 insertNode 的调用返回时，它再次将这个值赋值给 dwarfTree，从而得到了下面的图：

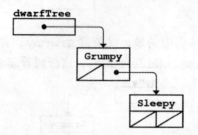

对 insertNode 的其他调用也将创建新的结点，将它们插入树结构中，其插入方式将满足二叉搜索树所要求的排序限制。例如，如果按照 Doc、Bashful、Dopey、Happy 和 Sneezy 的顺序插入剩下的 5 个小矮人，那么最终就会得到图 15-3 所示的二叉搜索树。

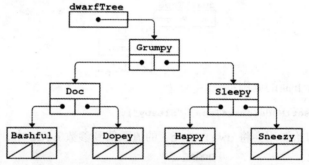

图 15-3　包含 7 个小矮人的二叉搜索树的结构图

15.2.4　移除结点

从二叉搜索树中移除结点的操作比插入新结点更加复杂。找到要移除的结点是相对容易的部分，要做的只是使用与定位特定的键时相同的二叉搜索策略。但是，一旦找到了匹配的结点，就必须在不违反排序关系的前提下将其从树中移除，而这个排序关系是指定义了二叉搜索树的排序关系。移除待移除结点的代价取决于它在树中的位置，总的来说相当麻烦。

为了理解这个问题，假设你正在操作一棵包含 7 个小矮人名字的二叉搜索树：

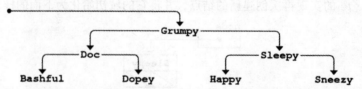

移除 Sneezy（因为他使得工作环境不健康）很容易，你只需将指向 Sneezy 结点的引用替换为 null 引用，从而产生下面的树：

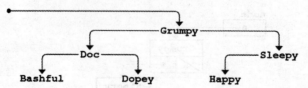

从这个状态出发，移除 Sleepy（他无法在工作时保持清醒）也相对容易。如果你想要移除

的结点的两个孩子中有一个为 null，那么你只需将该结点替换为这个非 null 的孩子，就像下面这样：

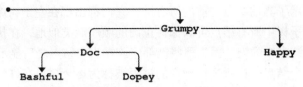

但是，如果你试图移除的结点同时具有左孩子和右孩子，那么就会产生问题。例如，假设你想要从原来包含所有 7 个小矮人的树中移除 Grumpy（因为他在工作时不吹口哨）。如果直接移除 Grumpy 结点，那么就会产生两棵各包含部分内容的二叉搜索树，一棵以 Doc 为根，另一棵以 Sleepy 为根，就像下面这样：

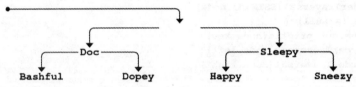

此刻，你想要做的就是找到一个结点，它可以插入移除 Grumpy 结点后留下的空位中。为了确保所产生的树仍旧是二叉搜索树，只有两个结点可选：左子树最右边的结点和右子树最左边的结点。这两个结点都可以等效地工作。例如，如果选择左子树中最右边的结点，那么就会是结点 Dopey，它可以确保大于左子树中其他任何结点，同时又小于右子树中的所有结点。为了完成移除，你只需将 Dopey 结点替换为它的左孩子，当然这个孩子也许为空，就像本例中的情况一样，然后将 Dopey 移动到被删除的地方。执行结果如下图所示：

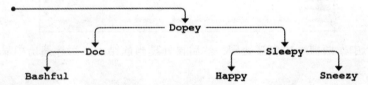

15.2.5 树的遍历

二叉搜索树的结构使得按照键指定的顺序来遍历树中结点变得很容易。例如，我们可以使用下面的方法以字典序显示二叉搜索树中的所有键：

581

```
void displayTree(BSTNode node) {
    if (node != null) {
        displayTree(node.left);
        System.out.println(node.key);
        displayTree(node.right);
    }
}
```

因此，如果在图 15-3 的树上调用 displayTree，就会得到下面的输出：

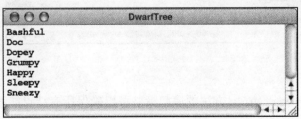

在每一层递归调用中，displayTree 都会检查树是否为空。如果为空，那么 displayTree 就无需做任何工作。如果不为空，那么递归调用的顺序就可以确保输出是按照正确的顺序出现的。第一个递归调用显示了当前结点之前的所有键，它们都出现在左子树中。因此，在显示当前结点之前先显示左子树中所有结点可以保持正确的顺序。类似地，在执行最后一个递归调用之前，先显示当前结点中的键，因为那些键都应该在当前结点之后显示。

遍历树中结点并在每个结点上执行某项操作的过程被称为遍历树。在许多情况下，我们希望以键要求的顺序来遍历树，就像 displayTree 的例子一样。这种在递归调用左子树和右子树之间处理当前结点的方式被称为中序遍历。但是，在二叉树的环境中，还有其他两种经常被使用的树遍历类型，分别是先序遍历和后序遍历。在先序遍历中，当前结点是在遍历其两个子树之前处理的，就像下面的代码所展示的：

```java
void preorderTraversal(BSTNode node) {
    if (node != null) {
        System.out.println(node.key);
        preorderTraversal(node.left);
        preorderTraversal(node.right);
    }
}
```

582

给定图 15-3 中的树，先序遍历会按照下面的样例运行中所示的顺序打印各个结点：

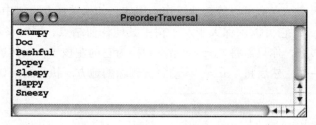

在后序遍历中，两棵子树先被处理，然后再处理当前结点。后序遍历中显示结点的代码如下：

```java
void postorderTraversal(BSTNode node) {
    if (node != null) {
        postorderTraversal(node.left);
        postorderTraversal(node.right);
        System.out.println(node.key);
    }
}
```

在包含 7 个小矮人的二叉搜索树上运行该方法会产生下面的输出：

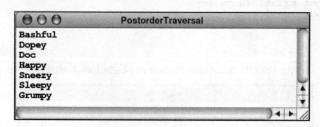

15.3 平衡树

尽管用来实现 insertNode 方法的递归策略可以确保所有结点能够组织成为一棵合法

的二叉搜索树，但是树的结构将依赖于结点插入的顺序。例如，图 15-3 中的树就是通过按照下面的顺序插入 7 个小矮人的名字而产生的：

Grumpy, Sleepy, Doc, Bashful, Dopey, Happy, Sneezy

假设按照字母表顺序来插入小矮人的名字。第一个对 insertNode 的调用将在树的根部插入 Bashful。后续的调用将在 Bashful 之后插入 Doc、在 Doc 后插入 Dopey，以此类推，每次都会追加一个新结点到前一个结点的右链中。 583

图 15-4 所示的图看起来更像是一个链表而不是一棵树。无论怎样，图 15-4 中的树都满足了这样的属性：任何结点的键域都跟在其左子树的所有键之后，并在其右子树的所有键之前出现。因此，它满足二叉搜索树的定义，findNode 方法是正确操作的。但是，findNode 算法的运行时间与树的高度成正比，这意味着树的结构对算法的性能会产生显著的影响。如果一棵二叉搜索树的形状类似于图 15-3 中所示的树，那么在树中找到某个键所需的时间为 $O(\log N)$。另一方面，如果树的形状类似于图 15-4 中所示的树，那么运行时间就会退化到 $O(N)$。

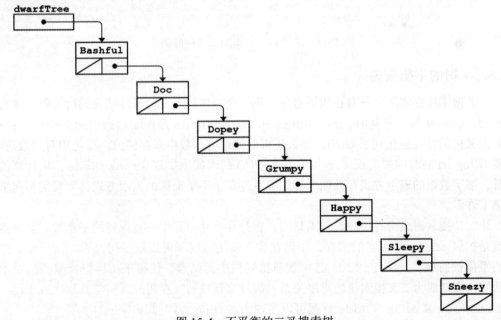

图 15-4 不平衡的二叉搜索树

用来实现 findNode 的二分搜索算法只有在树的每一层上左右子树都具有大致相等的高度时才会达到理想的性能。满足这种属性的树，例如图 15-3 中所示的树，被称为是平衡的。更正式地讲，一棵二叉树被定义为是平衡的，仅当在每个结点上，其左子树和右子树的高度差最大为 1。为了演示平衡二叉的这种定义，在图 15-5 上面一行中的每棵树都展示了包含 7 个结点的树的平衡排列，而下面一行中的图都表示的不平衡的排列。在每张图中，不满足平衡树定义的结点都用空心圆圈来表示。例如，在最左边的不平衡的树中，根结点的左子树的高度为 2，而右子树的高度为 0。在剩下两个不平衡的例子中，根结点都因为其不平衡的孩子而不平衡。 584

图 15-5 中的第一张图是最优平衡的，因为每个结点的两棵子树的高度都相等。但是，这种排列只有在结点的数量比 2 的某次幂小 1 时才成立。如果结点的数量不满足这个条件，那

么在树中就会有某处的两棵子树的高度在一定程度上有区别。通过允许子树的高度差为 1，平衡树的定义就可以在不对计算性能造成负面影响的情况下为树的结构提供一定的灵活性。

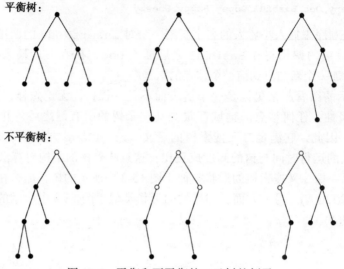

图 15-5   平衡和不平衡的二叉树的例子

15.3.1   树的平衡策略

二叉搜索树在实践中只有在能够避免与不平衡的树相关联的最坏情况的行为时，才会显得有用。当树变得不平衡时，`findNode` 和 `insertNode` 操作的运行时间会变成线性的。如果二叉树的性能退化到了 $O(N)$，那么还可以使用有序数组来存储值。在使用有序数组时，需要 $O(\log N)$ 的时间来实现 `findNode` 和 $O(N)$ 的时间来实现 `insertNode`。从计算的角度看，基于数组的表示方式在性能上可能会胜过基于不平衡树的表示方式，并且编写起来也简单了许多。

让二叉搜索树成为有用的编程工具的，正是在构建过程中一直保持的平衡性。其基本思想就是扩展 `insertNode` 的实现，使得在插入新结点时，可以跟踪树是否保持平衡。如果树的平衡被打破，`insertNode` 必须重新排列树中的结点，使得平衡得以恢复，但是不会打乱使这棵树成为二叉搜索树的排序关系。假设重新排列一棵树的时间与其高度成正比，那么 `findNode` 和 `insertNode` 就都可以实现为在 $O(\log N)$ 时间内完成。

在计算机科学界，维持二叉树平衡的算法已经得到了广泛的研究。目前用来实现平衡二叉树的算法都是计算机科学界过去数十年理论研究的成果。但是，这些算法的大部分在不浏览超出本书范围的数学知识的情况下都很难以阐述。为了证明这种算法确实可行，接下来的几个小节将阐述作为第一批树平衡算法之一的由俄罗斯数学家 Georgii Adelson-Velskii 和 Evgenii Landis 在 1962 年发表的算法，即广为人知的由首字母缩写构成的 AVL 算法。尽管 AVL 算法在实践中在很大程度上已经被更加复杂的技术所替代，但是它的优势是比大多数当今的算法都要更易于阐述。而且，用来实现其基本策略的操作在许多其他算法中也一再地出现，这使得 AVL 算法成为更先进的技术的基础。

15.3.2   可视化 AVL 算法

在尝试详细理解 AVL 算法的实现之前，有效的做法是跟踪在二叉搜索树中插入结点的过程，查看有可能会出现哪些问题，以及在出现问题时，可以采取什么步骤来修正所产生的问题。想象一下，你想要创建一棵二叉搜索树，其中的结点包含的是化学元素的符号。例如，前 6 个元素是：

H （氢）

He（氦）

Li（锂）

Be（铍）

B （硼）

C （碳）

如果按照上述顺序，即这些元素在周期表中出现的顺序，来插入这些元素的符号，会发生什么？第一个插入很简单，因为树初始为空，而包含符号 H 的结点会成为树的根。如果在符号 He 上调用 insertNode，那么新结点会添加到包含 H 的结点的后面，因为 He 在字典序中出现在 H 之后。因此，树中前两个结点的排列如下：

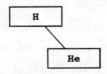

为了跟踪这棵树是否平衡，AVL 算法给每个结点都关联了一个整数，它等于右子树的高度减去左子树的高度。这个值被称为该结点的平衡因子。在前面这棵简单的只包含前两个元素的符号的树中，平衡因子被标记在每个结点的右上角，看起来就像下面这样：

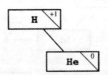

到目前为止，树是平衡的，因为没有任何结点的平衡因子的绝对值大于 1。但是，当添加下一个元素时，情况发生了变化。如果按照标准的插入算法，添加 Li 会产生下面的状态：

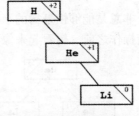

此时，根结点打破了平衡，因为其右子树的高度为 1，而其空的左子树高度（按照定义）为 -1，因此高度差达到了 2。

为了解决不平衡问题，我们需要重构这棵树。对于这个结点集合，结点彼此之间正确排序的平衡方案只有一种，即以 He 为根，H 和 Li 分别为左子树和右子树，具体如下：

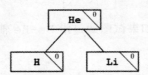

这棵树再次达到了平衡，但是还剩一个重要的问题：怎样才能知道为了恢复树的平衡需要执行哪些操作呢？

15.3.3 单旋转

AVL 策略幕后的基础见解是，我们总是可以通过简单的结点重排列来恢复树中的平衡。如果你在考虑纠正前一个示例中的不平衡问题需要哪些步骤，那么很明显，需要的步骤是 He 结点向上移动变成根，H 结点向下移动变成其孩子。在一定程度上，这种转换具有将 H 和 He 结点向左旋转的性质，就像下面这样：

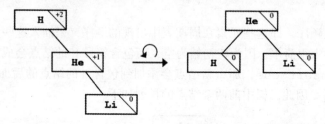

旋转操作中涉及的两个结点被称为旋转轴。在元素 H、He 和 Li 构成的示例中，旋转是沿着 H-He 轴旋转的。因为这个操作会将结点都向左移，所以这张图中所示的操作被称为*左旋转*。如果一棵树以相反的方向打破平衡，那么可以应用被称为右旋转的对称操作，其中所有操作都是反过来的。例如，接下来的两个元素的符号 Be 和 B 都会添加到这棵树的左边沿上。为了重新平衡这棵树，必须执行围绕 Be-H 轴的右旋转，如下图所示：

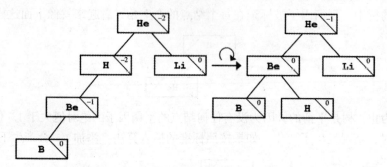

遗憾的是，简单的旋转操作并非总是能够恢复树的平衡。例如，考虑一下在将 C 插入树中时会发生什么。在执行任何平衡操作之前，树看起来像下面这样：

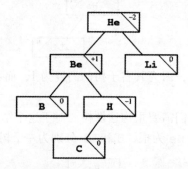

树根部的 He 结点打破了平衡。如果试图通过沿 Be-He 轴右旋转树来纠正不平衡问题，那么就会得到下面的树：

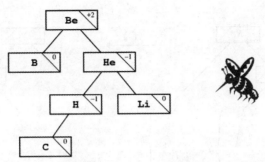

在旋转之后，树仍旧像之前一样不平衡，唯一的不同就是根结点现在是在相反的方向上不平衡。

589

15.3.4　双旋转

　　上一个示例中的问题的产生原因是旋转中涉及的结点的平衡因子具有相反的符号。当这种情况发生时，单旋转就不够了。为了修正这个问题，我们需要做两次旋转。在旋转不平衡结点之前，需要先将其孩子按反方向旋转。旋转孩子可以让父亲的平衡因子和孩子的平衡因子具有相同的符号，这意味着第二次旋转总是会成功。这一对旋转操作被称为双旋转。

　　作为双旋转操作的演示，请考虑前面这棵在添加符号 C 之后不平衡的树。第一步是沿着 Be-H 轴向左旋转，就像下面这样：

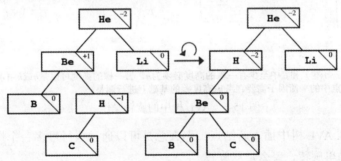

所产生的树仍旧在根结点上不平衡，但是 H 和 He 结点现在的平衡因子具有相同的符号。在这种状态下，沿着 H-He 轴向右的单旋转就可以恢复树的平衡，具体如下：

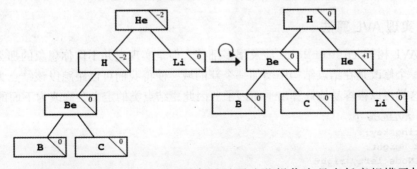

　　AVL 树的旋转操作如图 15-6 所示，图中展示了这些操作在具有任意规模子树的树中是如何工作的，这些子树在图中用灰色的三角形来表示。

590

　　在 Adelson-Velskii 和 Landis 描述这些树的论文中，他们证明了他们的树平衡算法具有下面的属性，这两个属性在图 15-6 中都可以看到（但是没有被形式化地证明）：

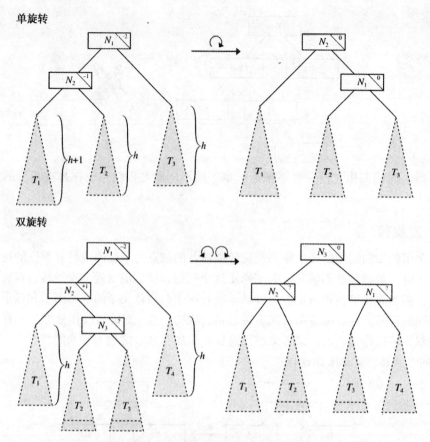

单旋转

双旋转

注意：子树 T_2 和 T_3 中至少有一棵的高度必须为 h，另一棵的高度可以是 h 或 $h-1$。
最终结点中的平衡因子需要在考虑高度差的基础上进行调整。

图 15-6   AVL 树中的旋转操作

- 如果在一棵 AVL 树中插入新结点，那么总是可以通过执行最多一个操作来恢复其平衡，要么是单旋转，要么是双旋转。
- 在完成旋转操作之后，旋转轴的子树的高度总是与插入新结点之前的高度相同。这个属性确保了在树的更高层没有任何平衡因子会发生变化。

15.3.5   实现 AVL 算法

尽管 AVL 树的 insertNode 涉及很多细节，但是实现它并不像你想象的那么难。需要作出的第一个修改是在结点结构中增加一个新的域，使得我们可以跟踪以该结点为根的子树的高度，这样可以很容易地计算出平衡因子。因此，结点类的定义会修改为下面的样子：

```
class AVLNode {
    String key;
    int height;
    AVLNode left, right;
};
```

图 15-7 展示了 insertNode 自身更新后的代码，以及各种跟踪树是否平衡所需的助手方法。私有方法 fixHeight 和 getHeight 会维护每个结点的高度，该高度总是比其孩子的最大高度大 1。只要某个结点的两个孩子的高度在一个方向或另一个方向上差距为 2，

fixLeftImbalance 和 fixRightImbalance 方法就会被调用。(高度差不可能超过 2,
因为在调用 insertNode 之前, 树是平衡的。) 这两个方法很类似, 只是在旋转方向上存在
差异。rotateLeft 和 rotateRight 方法也是这种情况, 它们会在适合的方向上执行单
旋转。所有这 4 个辅助方法都会返回更新后的树, 就像 insertNode 方法所做的一样。

使用图 15-7 中所示的 AVL 算法的代码可以确保二叉搜索树在插入新结点时保持平衡。
因此, findNode 和 insertNode 都将在 $O(\log N)$ 时间内运行。但是, 即使没有 AVL 扩
展, 这些代码仍旧可以继续工作。AVL 策略的优势是它可以确保在代码复杂度上付出一定
代价后能够获得 $O(\log N)$ 的性能。

591
~
592

```java
/*
 * Enters the key into the tree and returns the updated tree.  The usual
 * pattern for using this method assigns the result back to the tree, as
 * follows:
 *
 *     node = insertNode(node, key);
 */

    private AVLNode insertNode(AVLNode node, String key) {
        if (node == null) {
            node = new AVLNode();
            node.key = key;
            node.height = 0;
            node.left = node.right = null;
        } else {
            int cmp = key.compareTo(node.key);
            if (cmp < 0) {
                node.left = insertNode(node.left, key);
            } else if (cmp > 0) {
                node.right = insertNode(node.right, key);
            }
            fixHeight(node);
            int bf = getHeight(node.right) - getHeight(node.left);
            if (bf == -2) {
                node = fixLeftImbalance(node);
            } else if (bf == +2) {
                node = fixRightImbalance(node);
            }
        }
        return node;
    }

/*
 * Recomputes the height in the top node of the specified tree, assuming
 * that the heights of all subtrees are stored correctly.
 */

    private void fixHeight(AVLNode node) {
        if (node != null) {
            node.height = Math.max(getHeight(node.left),
                                   getHeight(node.right)) + 1;
        }
    }

/*
 * Returns the height of the specified tree.  The special case check is
 * necessary to define the height of the empty tree as -1.
 */

    private int getHeight(AVLNode node) {
        return (node == null) ? -1 : node.height;
    }
```

图 15-7　在 AVL 树中插入结点的代码

```
/*
 * Restores the balance to a tree that has a longer subtree on the left.
 * Like insertNode, fixLeftImbalance returns the updated tree.
 */

   private AVLNode fixLeftImbalance(AVLNode node) {
      AVLNode child = node.left;
      if (getHeight(child.right) > getHeight(child.left)) {
         node.left = rotateLeft(child);
      }
      return rotateRight(node);
   }

/*
 * Restores the balance to a tree that has a longer subtree on the right.
 * Like insertNode, fixRightImbalance returns the updated tree.
 */

   private AVLNode fixRightImbalance(AVLNode node) {
      AVLNode child = node.right;
      if (getHeight(child.left) > getHeight(child.right)) {
         node.right = rotateRight(child);
      }
      return rotateLeft(node);
   }

/*
 * Performs a single left rotation around the specified node and its right
 * child, returning the updated tree.
 */

   private AVLNode rotateLeft(AVLNode node) {
      AVLNode child = node.right;
      node.right = child.left;
      child.left = node;
      fixHeight(node);
      fixHeight(child);
      return child;
   }

/*
 * Performs a single right rotation around the specified node and its left
 * child, returning the updated tree.
 */

   private AVLNode rotateRight(AVLNode node) {
      AVLNode child = node.left;
      node.left = child.right;
      child.right = node;
      fixHeight(node);
      fixHeight(child);
      return child;
   }
```

593
~
594

图 15-7 （续）

15.4 用二叉搜索树实现映射表

正如其名字所表示的，Java 集合框架中的 `TreeMap` 类使用了二叉搜索树作为其底层表示方式。这种实现策略意味着 `get` 和 `put` 方法可以在 $O(\log N)$ 时间内运行，这比散列表策略提供的 $O(1)$ 的平均运行时间在性能方面要略逊一筹。在实践中，这个差异并没有多重要。$O(\log N)$ 的曲线增长得非常慢，它与 $O(1)$ 的距离要比与 $O(N)$ 的距离近得多。按顺序处理键的能力通常值得付出适当的额外代价。

实现 `TreeMap` 时最困难的部分几乎全部都在二叉搜索树自身的代码中，这些代码你已经在本章中看到了。完成 TreeMap 实现只需要少量额外的任务：

- 代码必须使用模板来参数化键和值的类型。
- 结点结构必须包含一个值域以及键。
- 代码必须实现 Map 接口中的方法。

这些修改都在图 15-8 所示的代码中实现了。

尽管将结点结构更新为使用模板参数显得相当直观，但是它可能并不像第一眼看上去那么容易。按照对第 14 章 HashMap 类的实现的判断，有人可能想要直接将类型参数 K 和 V 添加到类的定义中，就像下面这样：

```
public class TreeMap<K,V>
```

这种简单方式的问题在于 TreeMap 类要求键是有序的。特别是，findNode 和 insert-Node 的代码会认为可以调用 compareTo 方法来比较两个键。在缺乏更具体的信息的情况下，编译器无法知道在类型为 K 的值上调用这个方法是否合法。

为了修正这个问题，我们需要对类型参数 K 做出更严格的限制，以确保它支持比较操作。在 Java 中，compareTo 方法是由 Comparable<K> 接口声明的，这意味着我们需要指定无论类型 K 是什么，都必须至少实现 compareTo 方法。

幸运的是，Java 允许对类型参数添加限定，这使得编译器可以检查该类型是否具有想要的属性。例如，如果我们坚持要求无论类型 K 是什么，都必须实现 Comparable<K> 接口，那么就可以通过编写下面的代码作为类型参数来实现此目的：

```
K extends Comparable<K>
```

595

在掌握了这个新的 Java 语法之后，你可能会写出像下面这样的 TreeMap 的类首行：

```
public class TreeMap<K extends Comparable<K>,V>
```

尽管这个版本的类首行与你想要的十分接近，但是它仍旧不是一个优化的定义。这个新的类首行的问题在于它过于严苛了。实际上，对 K 来说，并非必须要实现 Comparable<K>。K 只要为以 K 为子类的某个类实现 compareTo 功能就足够了。你想要的限制，并且也是你在希望确保某个类型支持比较操作时通常想要的限制，就是下面这个首行：

```
public class TreeMap<K extends Comparable<? super K>,V>
```

下面的类型规格说明：

```
K extends Comparable<? super K>
```

表示 K 必须在 K 的超类链中实现 Comparable 接口。

添加一个值到结点类型中只需要在类定义中添加一个新域。如果使用 AVL 模型，那么可以像下面这样定义 TreeMapNode 类型：

```
private class TreeMapNode {
    K key;
    V value;
    int height;
    TreeMapNode left, right;
}
```

```
/*
 * File: TreeMap.java
 * --------------------
 * This file implements the Map interface using a binary search tree.
 * The code is simple enough that detailed comments are not required.
 */

package edu.stanford.cs.javacs2.ch15;

import edu.stanford.cs.javacs2.ch14.Map;
import java.util.ArrayList;
import java.util.Collection;
import java.util.Iterator;
import java.util.Set;
import java.util.TreeSet;

public class TreeMap<K extends Comparable<? super K>,V> implements Map<K,V> {

    public TreeMap() {
        clear();
    }

    public int size() {
        return count;
    }

    public boolean isEmpty() {
        return count == 0;
    }

    public void clear() {
        root = null;
        count = 0;
    }

    public V get(K key) {
        TreeMapNode np = findNode(root, key);
        return (np == null) ? null : np.value;
    }

    public void put(K key, V value) {
        root = insertNode(root, key, value);
    }

    public boolean containsKey(K key) {
        return findNode(root, key) != null;
    }

    public void remove(K key) {
        root = removeNode(root, key);
    }
/*
 * Implementation notes: keySet and keyIterator
 * ------------------------------------------------
 * These methods call addKeysInOrder to perform an inorder walk.  Lists and
 * sets implement the Collection interface in Java, so the code is shared.
 */

    public Set<K> keySet() {
        Set<K> keys = new TreeSet<K>();
        addKeysInOrder(root, keys);
        return keys;
    }

    public Iterator<K> keyIterator() {
        ArrayList<K> keys = new ArrayList<K>();
        addKeysInOrder(root, keys);
        return keys.iterator();
    }

    private void addKeysInOrder(TreeMapNode t, Collection<K> keys) {
```

图 15-8 实现 TreeMap 类的代码

```
        if (t != null) {
            addKeysInOrder(t.left, keys);
            keys.add(t.key);
            addKeysInOrder(t.right, keys);
        }
    }

┌─────────────────────────────────────────────────────────┐
│   The implementation of the BST goes here.              │
└─────────────────────────────────────────────────────────┘

/* Inner class defining a node in the tree */

    private class TreeMapNode {
        K key;
        V value;
        int height;
        TreeMapNode left, right;
    }

/* Private instance variables */

    private TreeMapNode root;
    private int count;

}
```

图 15-8 （续）

15.5 偏序树

在许多其他编程环境中也会用到树。一种特别有用的应用是将其应用于优先级队列中，这种队列中元素被移除的顺序依赖于其比较函数所施加在这些项上的内在顺序。Java 的 PriorityQueue 类是 java.util 包中 Java 集合框架的一部分，它遵循了传统的自然语言所描述的含义，即优先级取值小的值会在队列中靠前。例如，如果我们正在使用整数优先级队列，那么优先级为 1 的值将比优先级为 2 的值靠前。

优先级队列通常会使用被称为偏序树的数据结构来实现，该结构满足下列条件：

1）偏序树是每个结点都至多只有两个孩子的二叉树。但是，它不是二叉搜索树，它具有不同的排序规则。

2）偏序树的结点尽量按照完全对称的树的模式进行排列。因此，树中任意从根到叶子结点的路径上的结点数的差永远都不会大于 1。而且，底层的结点必须严格地按照自左向右的顺序填充。

596
~
598

3）每个结点都包含一个键，它总是小于或等于其孩子的键。因此，树中最小的键总是在树的根部。

作为示例，下面的图展示了一棵具有 4 个结点的偏序树，每个结点都包含一个数字型的键：

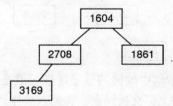

这棵树的第二层是完全填满的，第三层是按照自左向右的规则填充的，就像偏序树的第二个属性所要求的。第三个属性也是满足的，因为每个结点中的键总是小于其孩子的键。

假设你想要添加一个键为 2193 的结点，这个新结点应该位于哪里似乎很明显。树的最底层应该自左向右填充这项要求意味着新结点应该添加在下面的位置：

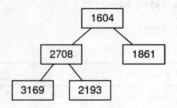

但是，这张图违反了偏序树的第三个属性，因为键 2193 小于其父亲 2708。为了修正这个问题，可以像下面这样地交换这两个结点中的键：

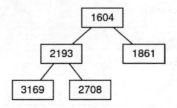

通常，新插入的键在与其父亲结点进行交换的过程中，可能会触发一系列持续向上的交换直至树的顶部。在上面这个具体案例中，交换键的过程之所以能够停下来是因为 2193 大于 1604。在任何情况中，树的这种结构可以确保这些交换操作需要的事件永远都不会超过 $O(\log N)$。

　　偏序树的结构意味着树中最小的值永远在根部。但是，移除根结点会稍微麻烦一些，因为我们必须重新排列结点，使得实际上消失的结点是底层最右边的结点。标准的方法是将根的键替换为实际上要被删除掉的结点（最底层最右边的结点）中的键，然后沿着树向下交换键，直至其排序属性得以恢复。例如，如果想要删除上一张图中的根结点，那么第一步就是将根结点中的键替换为最底层最右边的结点中的 2708，就像下面这样：

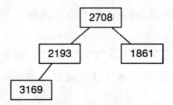

然后，因为树中结点不再具有正确排序的键，所以需要将键 2708 与其两个孩子结点中较小的键进行交换，就像下面这样：

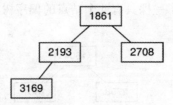

尽管单次互换就足以恢复这个示例中的树的排序属性，但是为移动到根部位置的键寻找正确的位置可能需要在树的每一层上都交换元素。和插入一样，删除最小的元素需要 $O(\log N)$ 的时间。

　　定义偏序树的操作与实现优先级队列所需的操作是完全一样的。add 操作即为将新结点插入排序树中，而 remove 操作则是移除值最小的结点。因此，如果使用偏序树作为底层表示形式，那么我们就可以实现在 $O(\log N)$ 时间内运行的优先级队列包了。

尽管可以使用引用来实现偏序树，但是大多数优先级队列的实现都使用名为堆的基于数组的结构，它模拟了偏序树的操作。（这个术语初看起来可能有些令人困惑，因为堆数据结构与可供动态内存分配的未使用内存池没有任何关系，只是两者都被称为堆而已。）堆中使用的实现策略基于这样的属性：对于大小为 N 的偏序树中的结点，我们可以直接通过对结点一层一层地自左向右编号来存储到数组中前 N 个元素中。

作为示例，下面的偏序树：

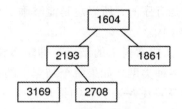

可以表示成下面的堆：

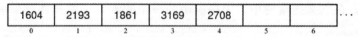

堆的组织结构使得实现树的操作变得很简单，因为父亲结点和孩子结点总是出现在很容易计算的位置上。例如，给定索引位置 k 处的结点，我们可以使用下面的表达式来找到父亲和孩子的索引：

```
parentIndex(k)      总是可以通过  (k - 1) / 2  来计算
leftChildIndex(k)   总是可以通过  2 * k + 1    来计算
rightChildIndex(k)  总是可以通过  2 * k + 2    来计算
```

计算 `parentIndex` 的表达式中的除法操作符是 Java 中标准的整数除法操作符。因此，数组中在索引为 4 的位置上的结点的父亲出现在数组中索引为 1 的位置上，因为表达式 `(4-1)/2` 的计算结果为 1。

本章附带的材料中包含了 `PriorityQueue` 类的基于堆的实现。即便如此，编写在新项添加到队列中或从队列中移除项时维持堆的排序关系的代码仍旧是一项非常好的练习。记住，优先级队列中的元素必须是可比较的，这意味着它的类首行看起来应该像下面这样：

```
public class PriorityQueue<T extends Comparable<? super T>>
```

15.6 总结

本章介绍了树的概念，树是具有下面属性的层次型的结点集合：

- 在顶部有单个结点构成了该层次结构的根。
- 树中每个结点都经由唯一的传承线连接到根。

本章的要点包括：

- 用来描述树的许多术语，例如父亲、孩子、祖先、后代和兄弟，都直接来源于家族树。其他术语，包括根和叶子，都是树的内在属性。这些比喻使得用来描述树的术语很容易被理解，因为这些词汇在计算机科学中的含义与它们在更为人熟知的环境中的含义相同。
- 树具有定义明确的递归结构，因为树中每个结点都是其子树的根。因此，树包括一个结点以及它的孩子集合，每个孩子都是一棵树。这种递归结构反映在树的底层表示方式上，即树被定义为对某个结点的引用，而结点又被定义为包含树的对象。

- 二叉树是树的一个子类，其中的结点至多有两个孩子，并且除根以外的每个结点都被表示成其父亲的左孩子或右孩子。

- 如果二叉树被组织为树中的每个结点都包含一个键域，该键域出现在其所有左子树中的键之后，并出现在其所有右子树中的键之前，那么这棵树就被称为二叉搜索树。正如其名字所表示的，二叉搜索树的结构允许使用二分搜索算法，它可以更高效地找到单个的键。因为键是有序的，所以总是能够确定正在搜索的键出现在任意特定键的左子树中还是右子树中。

- 使用递归可以使遍历二叉搜索树中的结点，即遍历树变得容易。按照结点被处理的顺序，遍历可以分为多种类型。如果每个结点中的键都是在对处理子树的递归调用之前处理的，那么这就是先序遍历。如果是在两个递归调用之后处理每个结点，那么就是后序遍历。如果在两个递归调用之间处理当前结点，那么这就被称为中序遍历。在二叉搜索树中，中序遍历的一个非常有用的属性就是键是按照顺序处理的。

- 根据结点插入顺序的不同，给定相同的键集合，二叉搜索树可以具有完全不同的结构。如果树的分支在高度上有明显差异，那么这棵树就被称为是不平衡的，它的性能会降低。通过使用诸如本章所描述的 AVL 算法这样的技术，我们就可以让树在插入新结点时保持平衡。

- 优先级队列可以通过使用被称为堆的数据结构来高效地实现，而堆是基于被称为偏序树的特殊类型的二叉树的。如果使用这种表示方式，`add` 和 `remove` 操作都可以在 $O(\log N)$ 时间内运行。

15.7　复习题

1. 树的结点集合必须满足的两个条件是什么？
2. 给出至少 4 个涉及树结构的现实示例。
3. 定义术语父亲、孩子、祖先、后代和兄弟应用于树时的含义。
4. 在莎士比亚时代统治英格兰的都铎王朝的家族树如图 15-9 所示。标出根结点、叶子结点和内部结点。这棵树的高度是多少？

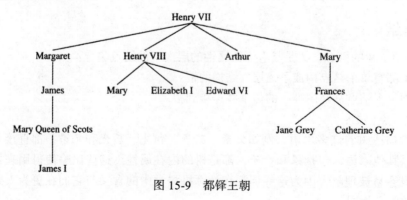

图 15-9　都铎王朝

5. 树的什么特性使它具备了递归属性？

6. 用图来描述使用 FamilyTreeNode 类型来表示图 15-9 中所示的树时，这棵树的内部结构。

7. 二叉搜索树有什么独特性？ [603]

8. insertNode 方法使用了什么策略来确保代码可以修改树的根？

9. 在 J. R. R. Tolkien 的《霍比特人》中，13 个矮人到达 Bilbo Baggins 的小屋的顺序是：Dwalin、Balin、Kili、Fili、Dori、Nori、Ori、Oin、Gloin、Bifur、Bofur、Bombur 和 Thorin。用图来描述将这些名字插入空树中产生的二叉搜索树。

10. 给定你为上一个问题创建的树，如果在名字 Bombur 上调用 findNode 方法，会产生什么样的键比较操作。

11. 写下你为复习题 9 创建的二叉搜索树的前序、中序和后序遍历结果。

12. 在三种标准的遍历顺序中，即前序、中序和后序，有一个并不依赖于结点被插入树中的顺序，是哪一个？

13. 二叉树的高度的标准定义是什么？在这个定义之下，包含单个结点的二叉树的高度是多少？只包含一个 null 指针的空二叉树的高度呢？

14. 二叉树是平衡的表示什么意思？

15. 是非题：如果一棵二叉树变得不平衡了，那么 findNode 和 insertNode 方法中使用的算法就会无法正确地工作。

16. 对于下面的每一种树结构，指出它们是否平衡。对于不平衡的树结构，指出哪些结点不平衡。

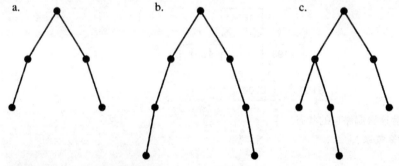

17. 如何计算一个结点的平衡因子？ [604]

18. 为下面的二叉搜索树中的每个结点填充平衡因子。

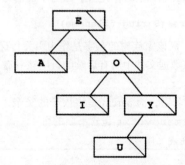

19. 字母 AVL 表示什么意思？

20. 如果使用 AVL 平衡策略，那么必须在复习题 18 中的树上应用什么样的旋转操作才能恢复其平衡状态？所产生的树的结构以及更新后的平衡因子是怎样的？

21. 是非题：当在平衡的二叉树中插入新结点时，你总是可以通过执行一个操作来纠正任何插入操作所产生的不平衡，这个操作要么是单旋转，要么是双旋转。

22. 正如在 15.3.2 节中所展示的，在 AVL 树中插入前 6 个化学元素的符号会产生下面的状态：

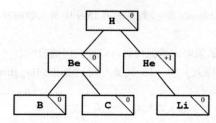

请展示添加下面 6 个化学元素符号后，树发生的变化：

N   （氮）

O   （氧）

F   （氟）

Ne （氖）

Na （钠）

Mg （镁）

605 23. 请详细描述在 insertNode 调用中发生了什么。

24. 对于避免让二叉搜索树在移除内部结点时各个结点变得不联通的问题，本书给出了怎样的建议策略？

25. 假设你正在操作一棵包含下列数据的偏序树：

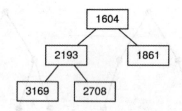

请展示插入键 1521 后这棵偏序树的状态。

26. 堆和偏序树之间是什么关系？

15.8 习题

1. 按照 15.1.3 节中给出的 FamilyTreeNode 的定义，编写下面的方法：

FamilyTreeNode readFamilyTree(String filename)

它会从数据文件中读取家族树，而该家族树的名字是作为引元传递给调用的。文件的第一行应该包含一个对应于树的根的名字。该数据文件中所有后续的行应该具有下面的形式：

child: parent

其中 child 是要读入的新个体的名字，而 parent 是该孩子的父亲，其中父亲必须在该数据文件的前面出现过。例如，如果文件 Normandy.txt 包含下面的行：

```
Normandy.txt
William I
Robert:William I
William II:William I
Adela:William I
Henry I:William I
Stephen:Adela
William:Henry I
Matilda:Henry I
Henry II:Matilda
```

606 那么调用 readFamilyTree("Normandy.txt") 应该返回图 15-2 所示的家族树结构。

2. 在 FamilyTreeNode 类中增加 displayFamilyTree 方法，它可以显示家族树中的所有个体。为了记录树的层次关系，你的方法的输出应该每一代都向里缩进，以使得每个孩子的名字都出现在与对应的父亲的右边有两个空格间距的地方，就像下面的样例运行所展示的：

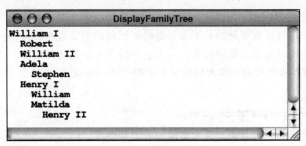

3. 正如在本章所定义的，FamilyTreeNode 结构使用了一个 ArrayList 对象来存储孩子。另一种可能是在这些结点中包含一个额外的引用，该索引可以让这些结点构成孩子链表。因此，在这个设计中，树中的每个结点都只包含两个引用：一个指向其年纪最大的孩子，另一个指向排行仅次于它的兄弟。图 15-10 展示了使用这种表示方式的诺曼王朝的家族树。在每个结点中，左边的引用总是指向下一个孩子，而右边的引用表示同一代中下一个兄弟。因此，顺着链接就会发现 William Ⅰ最大的孩子是图左边的 Robert，而其剩下的孩子都通过结点图中右边的链接域链接到了一起。William Ⅰ的孩子链以 Henry Ⅰ 结尾，其指向下一个兄弟的链接为 null。

   使用这张图所展示的链接设计来编写 FamilyTreeNode、readFamilyTree 和 displayFamilyTree 的新定义。

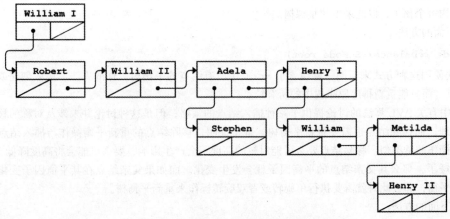

图 15-10   使用兄弟链表表示的诺曼王朝

607

4. 在习题 3 中，你对 FamilyTreeNode 结构做出的修改迫使你必须重新编写 readFamilyTree 和 displayFamilyTree，因为这些方法依赖于内部的表示方式。如果家族树被表示成接口，该接口中保留不随表示方法变化而变化的常量，那么你就可以避免许多重新编码的工作。设计一种新的数据结构，它使得你可以使用多种底层实现策略来实现家族树的操作。你应该通过实现本章中的设计方案和习题 3 中的链表模型来测试你的设计方案。你的新数据结构的设计还应该允许客户端在家族树中寻找任意结点的父亲。

5. 使用你为习题 4 设计的接口，编写名为 findCommonAncestor 的方法，它接受家族树中的两个个体，返回它们最近的共同祖先。

6. 使用第 15.2 节中的 BSTNode 定义，编写下面的方法

   ```
   int getHeight(BSTNode tree)
   ```

它接受一棵二叉搜索树并返回其高度。

7. 编写下面的方法

boolean isBalanced(BSTNode tree)

它可以根据 15.3 节中给出的定义来确定给定的树是否平衡。

为了解决这个问题，你真正需要做的差不多就是将平衡树的定义直接转译为代码。但是，如果你这么做了，所产生的实现可能效率相对较低，因为它不得不多次遍历整棵树。这个问题的真正挑战就在于如何在任何结点都无需被遍历多次的情况下实现 isBalanced 方法。

8. 编写下面的方法

608

boolean hasBSTProperty(BSTNode tree)

它接受一棵树，并确定其是否具备二叉搜索树独有的基础属性：每个结点中的键都出现在其左子树中所有键的后面，并出现在其右子树中所有键的前面。

9. 在实现二叉搜索树时，一个重要的性能考虑是树要保持平衡，以确保插入和查找操作的对数级别的性能。遗憾的是，持续地对少数元素进行重排列以重新平衡树的策略往往会在这些操作上花费过多的时间。另一种可替代的策略是让客户端来确定是否存在问题，并且在确实存在问题的情况下，一次性地重新平衡整棵树。

一种相当高效的重新平衡树的策略是将所有结点传送到一个排好序的 ArrayList 中，然后从这个 ArrayList 中重构最优平衡的树。如果采用这种方法，那么你就可以通过将这个问题分解为两个阶段来实现 BSTNode 类型的重新平衡操作，具体如下：

1）执行树的中序遍历，将结点添加到一个 ArrayList 中。

2）选择最靠近该 ArrayList 中间的元素作为树的根，然后从根的左右两边的两个子数组中递归地重构每个孩子，以此来重建整棵树。

实现下面的方法

BSTNode rebalance(BSTNode root)

该方法使用这种方式来返回一棵包含了 root 中所有结点的平衡树。你的方法不应该创建或销毁任何结点，而只能重新排序原来树中的所有结点。

10. 本书中有关 AVL 算法的讨论提供了一种插入结点的策略，但是这种讨论并未涉及对称的移除结点的处理，而移除结点也需要重新平衡树。事实证明，移除结点的重新平衡操作与插入结点的重新平衡操作非常类似。移除结点要么可能对树的高度不会产生影响，要么可能会将高度降低 1。如果树变矮了，那么其父亲结点的平衡因子就会发生变化。而如果父亲结点在其平衡因子变化后会变得不平衡，那么此时就需要执行单旋转或者双旋转操作来重新平衡树。

实现下面的方法：

AVLNode removeNode(AVLNode node, String key)

609

它会从树中移除包含 key 的结点，但是会保持底层的 AVL 树平衡。仔细思考各种可能发生的情况，并确保你的实现可以正确地处理每种情况。

11. 在第 6 章的习题 8 中，你已经编写了一个程序，将消息从摩尔斯码转译为等价的英文字母。那个练习鼓励你使用映射表来存储转译表，但是还有其他的方式来解决该问题。例如，你可以将摩尔斯编码机制当作一棵二叉树，其中句点在左边而连字符在右边。在这种设计方案下，摩尔斯码表中的字母具有图 15-11 中所示的结构。例如，你可以从根出发，然后按照左 – 右 – 左 – 左的顺序沿着一系列的链接到达字母 L，这条路径告诉你 L 的摩尔斯码为●■●●。

设计一种数据结构，用来存储图 15-11 中的树，然后编写一个方法 getMorseCodeLetter (code) 来用这棵树查找出由 code 给出的摩尔斯码字符串所对应的字母。

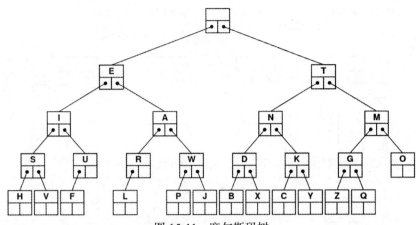

图 15-11　摩尔斯码树

12. 本章给出的二叉搜索树的实现会在添加结点之后，将插入函数返回的结果赋值给包含这棵树的变量，这个实现之所以会出现在这里，是因为它就是用 Java 表示二叉搜索树的传统策略，因此，你可能在其他地方也看到过这种技术。但是，你可以采用两个内部类而不是一个内部类的表示方式来简化代码。即 Tree 类只包含单个元素，即一个 Node，而 Node 类包含键、一个表示左子树的 Tree 和一个表示右子树的 Tree。用这种两级表示方式重新编写 BST 类。　610

13. 在实践中，AVL 算法并不吸引人，因为它在维持完美平衡方面花费了过多的时间。如果你允许树可以变得更不平衡一些，但是仍旧会维持树的高度相对相似，那么你就可以显著地降低平衡的开销。一种提供了更高性能的策略是红黑树，从它们的名字中就可以知道树中每个结点都赋予了一种颜色，要么是红，要么是黑。一棵二叉搜索树如果满足下面全部三个条件，那么它就是一棵合法的红黑树：

1）根结点为黑色。

2）每个红结点的父亲都是黑结点。

3）所有从根到叶子结点的路径都包含相同数量的黑结点。

这些属性确保了从根到叶子结点的最长路径永远都不会比最短路径的长度长一倍。给定这些规则，我们知道每条这样的路径都包含相同数量的黑结点，这意味着最短路径将全部由黑结点构成，而最长路径由红黑交替的结点构成。尽管这个条件不如 AVL 算法中所使用的平衡树的定义那样严苛，但是它足以保证查找和插入新结点的操作都可以在对数时间内运行。

红黑树能够工作的关键在于要找到一种插入算法，它允许我们在添加新结点时能够保持红黑树的各种独有属性。这种算法与 AVL 算法有很多共同之处，并且也使用了相同的旋转操作。第一步是使用标准的插入算法来插入新的结点。新结点总是会替换树中某处的 null 项。如果这个结点是输入到树中的第一个结点，那么它就会成为根，因此被涂成黑色。在所有其他情况下，新结点必须最先被涂成红色，以避免违反从根到叶子结点的所有路径都必须具有相同数量的黑结点的规则。

只要新结点的父亲是黑色的，那么这棵树整体就会保持是合法的红黑树。如果其父亲结点也是红色的，那么问题就来了，这意味着这棵树违反了第二条规则，即每个红结点的父亲都是黑结点。在这种情况下，你需要重构这棵树，以恢复红黑树的属性。根据这个红 - 红结点对与树中其余结点的关系，你可以选择执行下面操作中的某一个来根除问题，就像图 15-12 中所演示的那样：

1）单旋转，然后重新着色，让上面的结点为黑色。

2）双旋转，然后重新着色，让上面的结点为黑色。

3）对结点颜色做简单的修改，让上面的结点为红色，进而可能会要求在这棵树的更上一层进一步重构。　611

情况1：N_4是黑色的（或者不存在），N_1和N_2在相同方向上不平衡

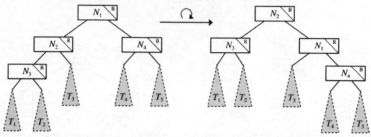

情况2：N_4是黑色的（或者不存在），N_1和N_2在相反方向上不平衡

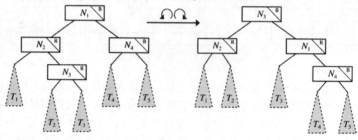

情况3：N_4是红色的，N_1和N_2的相对平衡无关紧要

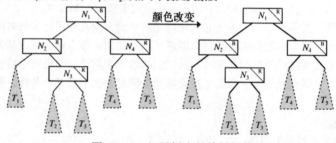

612

图 15-12　红黑树中的旋转操作

实现一个 RedBlackTree 类，使用这个结构来维持二叉搜索树中的平衡。你的代码只需要负责插入结点，因为实现移除要困难得多，可能会让你觉得挫折大于成功。

当你在调试你的程序时，你会发现如果实现一个方法，用来显示这棵树的结构，包括客户端无法看到的结点颜色，就会显得非常有用。这个方法还应该在树发生变化时，查看这棵树是否满足构成红黑树的规则。

14. 堆数据结构构成了总是可以在 $O(N \log N)$ 时间内运行的排序算法的内在基础。在这个被称为堆排序的算法中，你只需将每个值都推入堆中，然后按照从最小到最大的顺序将这些项取出。使用这种策略来编写下面的堆排序的实现方法：

```
void sort(String[] array)
```

15. 编写使用第 15.5 节讨论的堆数据结构来实现 PriorityQueue 类所需的代码。

16. 树有许多超出本章所列范围的应用。例如，树可以用来实现第 7 章介绍的词典。所产生的结构，是由 Edward Fredkin 在 1960 年首创的，被称为单词查找树（trie）。（随着时间推移，这个单词的发音现在已经演化成了与 try 类似，尽管这个名字来源于 retrieval 这个词中间部分的字母。）基于单词查找树的词典实现尽管在空间使用了有些缺乏效率，但是对于你来说，使用它可以比使用散列表更快地确定一个单词是否在词典中。

在某种程度上，单词查找树就是一棵树，其每个结点都有 26 个分支，每个分支对应于字母表中的一个字母。当使用单词查找树来表示词典时，单词就隐含地存储在树的结构中，可以表示为从根

向下移动的连续的链接。树的根对应于空字符串，而下面每一层都对应于整个单词列表的一个子集，这些子集由其父亲所表示的字符串多添加一个字母而形成的单词构成。例如，根下面的 A 链接所链接的是以 A 开头的所有单词构成的子树，A 结点下面的 B 链接所链接的是以 AB 开头的所有单词构成的子树。每个结点都还有一个标记，用来表示以这个结点结尾的子字符串是否是合法的单词。

单词查找树的结构通过示例来理解会比通过定义来理解要简单得多。图 15-13 展示了一棵包含了前 6 个化学元素的符号 H、He、Li、Be、B 和 C 的单词查找树。这棵树的根对应于空字符串，这不是一个合法的符号，所以该结点结构最右边的域中为 no。单词查找树的根中被标记为 B 的链接向下会到达对应于字符串 "B" 的结点，这个结点最右边的域为 yes，表示字符串 "B" 自身是一个完整的符号。从这个结点开始，标记为 E 的链接会到达一个新结点，这个结点表示字符串 "BE" 也是一个合法的符号。单词查找树中的 null 引用表示以该字符串开头的子树中没有任何合法的符号，因此，可以终止搜索过程。

重新实现第 8 章中的 Lexicon 类，让它使用单词查找树作为其内部表示方式。

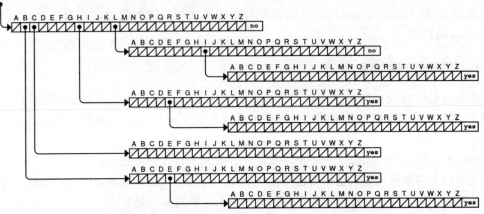

图 15-13　包含元素符号 H、He、Li、Be、B 和 C 的单词查找树

17. 第 14 章的习题 14 介绍了离线和在线迭代器的区别。如果打算迎接一项有趣的挑战，那么就去实现 TreeMap 类的 keyIterator 方法的在线版本。但是，当你使用在线迭代器按照顺序迭代各个键时，就不能再依赖于递归的魔力了，因为这个迭代器需要按照顺序操作，每次一步。因此，TreeMap 迭代器的代码必须自己去执行在实现递归的中序遍历时自动发生的簿记工作。跟踪这种状态要求你必须维护一个尚未访问结点的栈。

613 ～ 614

集

> 我们是一个雄心勃勃的集体，不是吗？
>
> ——路易莎·梅·奥尔科特，《小妇人》，1868

集（set）在计算机科学中之所以非常重要是有若干原因的。实际上，集在编写应用时很有用，特别是那些需要跟踪已知对象的应用。在查看某个对象是否已经存在之后，将其放入一个集中，就可以很容易地避免重复处理相同的对象。另外，理解集底层的数学理论可以更容易地在程序中高效地使用它们。而且，集完美地诠释了如何从现有类中构建新类。本章所呈现的 `HashSet` 和 `TreeSet` 类的实现都很容易编写，因为我们已经有了 `HashMap` 和 `TreeMap` 的代码。

16.1 作为数学抽象的集

很有可能你已经在学习数学时遇到过集。笼统地讲，最简单的方式是将集看作一种由不同元素构成的无序集合。例如，一周中的七天构成了可以写作下面形式的包含 7 个元素的集：

{Sunday, Monday, Tuesday, Wednesday, Thursday, Friday, Saturday}

这些元素以上述顺序出现只是因为这是传统顺序。如果这些名字以不同的顺序出现，那么它仍旧是同一个集。但是，集中永远不能包含同一个元素的多个副本。

星期集是一个有限集，因为它包含有限数量的元素。在数学上，还有无限集，例如所有整数的集。在计算机系统中，集通常都是有限的，尽管它们可能会对应数学上的无限集。例如，计算机可以用 `int` 类型的变量来表示的整数集是有限的，因为硬件对整数值的范围施加了限制。

为了理解集上的基础操作，我们需要定义几种集作为讨论的基础。为了与数学惯例保持一致，本书使用下面的符号来表示对应的集：

Ø 空集，即不包含任何元素的集。

Z 所有整数构成的集。

N 自然数集，一般在计算机科学中定义为 0、1、2、3、……

R 所有实数构成的集。

在数学中，集最常写作单个大写字母。具有明确隶属关系的集用黑体字母来表示，就像 N、Z 和 R，而未指定隶属关系的集的名字则使用斜体字母来表示，例如 S 和 T。

16.1.1 隶属关系

用来定义集的基础属性就是隶属关系，其在数学上的直观含义与自然语言中的含义相同。数学家们使用 $x \in S$ 这种标记法来以符号形式表示隶属关系，这种标记法表示值 x 是集 S 的元素。例如，给定上面定义的各种集，下面陈述都是正确的：

$$17 \in \mathbf{N} \qquad -4 \in \mathbf{Z} \qquad \pi \in \mathbf{R}$$

反过来，标记法 $x \notin S$ 表示 x 不是 S 的元素。例如，$-4 \notin \mathbf{N}$，因为自然数集不包括负整数。

集的隶属关系在典型情况下是用下面两种方式之一指定的：

- 通过枚举来指定。通过枚举来定义集就是直接列出其元素。按照传统，列表中的元素会括在花括号中，并由逗号分隔。例如，由一位数的自然数构成的集 D 可以通过下面的枚举来定义：

$$D = \{0, 1, 2, 3, 4, 5, 6, 7, 8, 9\}$$

- 通过规则来指定。我们还可以通过表达一条能够辨别集中成员的规则来定义集。在大多数情况下，这样的规则会分成两部分：提供了潜在候选成员的较大的集，以及某个条件表达式，它可以标识出应该挑选到集中的元素。例如，上一个例子中的集 D 还可以用下面的方式来定义：

$$D = \{x \mid x \in \mathbf{N} \text{ 且 } x < 10\}$$

如果大声地将这个定义读出来，就会听到这样的声音："D 被定义为由所有是自然数且小于 10 的元素 x 构成的集。"

16.1.2 集的操作

数学上的集合论在集上定义了多个操作，最重要的如下：

- 并：两个集的并被写作 $A \cup B$，其中包含了属于 A、属于 B 或同时属于 A 和 B 的所有元素。

$$\{1, 3, 5, 7, 9\} \cup \{2, 4, 6, 8\} = \{1, 2, 3, 4, 5, 6, 7, 8, 9\}$$
$$\{1, 2, 4, 8\} \cup \{2, 3, 5, 7\} = \{1, 2, 3, 4, 5, 7, 8\}$$
$$\{2, 3\} \cup \{1, 2, 3, 4\} = \{1, 2, 3, 4\}$$

- 交：两个集的交被写作 $A \cap B$，其中包含了同时属于 A 和 B 的所有元素。 617

$$\{1, 3, 5, 7, 9\} \cap \{2, 4, 6, 8\} = \varnothing$$
$$\{1, 2, 4, 8\} \cap \{2, 3, 5, 7\} = \{2\}$$
$$\{2, 3\} \cap \{1, 2, 3, 4\} = \{2, 3\}$$

- 差：两个集的差被写作 $A - B$，其中包含了属于 A 但不属于 B 的所有元素。

$$\{1, 3, 5, 7, 9\} - \{2, 4, 6, 8\} = \{1, 3, 5, 7, 9\}$$
$$\{1, 2, 4, 8\} - \{2, 3, 5, 7\} = \{1, 4, 8\}$$
$$\{2, 3\} - \{1, 2, 3, 4\} = \varnothing$$

除了像并和交这种产生新集的操作外，数学上的集合论还定义了若干种确定两个集之间是否满足某项属性的操作。测试特定属性的操作在数学上等价于谓词方法，并且通常被称为关系。集上最重要的关系如下：

- 等价。集 A 和 B 如果具有相同的元素，那么就是等价的。集的等价关系用标准的在其他数学上下文中用来表示相等关系的等号表示。因此，标记法 $A = B$ 表示集 A 和 B 包含相同的元素。

- 子集。子集关系写作 $A \subseteq B$，如果 A 的所有元素也都是 B 的元素。例如，集 $\{2, 3, 5, 7\}$ 是集 $\{1, 2, 3, 4, 5, 6, 7, 8, 9\}$ 的子集。类似地，自然数集 $\mathbf{N}$ 是整数集 $\mathbf{Z}$ 的子集。从定义上看，很明显每个集都是其自身的子集。数学家们用标记法 $A \subset B$ 来表示 A 是 B 的真子集，即这两个集满足子集关系，但是并不等价。

集的操作经常可以用维恩图来表示，这是一种以英国逻辑学家 John Venn（1834—1923）的名字命名的图。在维恩图中，每个集都被表示成了几何图形，其中重叠的部分表示它们共同的元素。例如，下面的维恩图中的阴影部分就表示了集的并、交和差操作的结果：

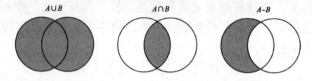

16.1.3   集的恒等式

从数学的集合论中可以借鉴的有用知识之一就是并、交和差操作彼此之间存在着各种不同的联系。这些关系通常被表示成恒等式，即表示两个表达式恒久相等的规则。在本书中，恒等式写作下面的形式：

$$lhs \equiv rhs$$

这种形式表示集表达式 lhs 和 rhs 按照定义是相等的，因此可以彼此互换。图 16-1 展示了最常见的集恒等式。

通过绘制维恩图来表示计算的各个阶段，我们就可以了解这些恒等式是如何工作的。例如，图 16-2 就校验了图 16-1 中所列出的德·摩根律的第一条规则，德·摩根律是以英国数学家 Augustus De Morgan 的名字命名的，他是第一位形式化地提出这些恒等式的数学家。阴影部分表示恒等式中每个子表达式的值，图 16-2 中右边沿的两个维恩图具有相同的阴影区域，这种证明集 $A-(B \cup C)$ 与集 $(A-B) \cap (A-C)$ 是相同的。

你可能仍旧有些疑问，为什么作为程序员，你总是需要学习这些初看起来如此复杂而晦涩的规则。数学技术对计算机科学来说非常重要，原因有多个。首先，理论知识自身就很有用，因为它可以加深你对计算基础知识的理解。而且，这种类型的理论知识经常可以直接应用到编程实践中。通过依赖确立了良好的数学属性的数据结构，你就可以充分利用这些结构的理论基础了。例如，如果你编写的程序使用了集作为抽象类型，那么你就可以通过应用图 16-1 中标准的集恒等式来简化你的程序。做出这种简化的依据来自抽象的集理论。选择使用集作为编程抽象，而不是设计你自己的欠缺形式化的结构，可以使你更容易地将理论应用于实践。

$S \cup S \equiv S$ $S \cap S \equiv S$	幂等律
$A \cup (A \cap B) \equiv A$ $A \cap (A \cup B) \equiv A$	吸收律
$A \cup B \equiv B \cup A$ $A \cap B \equiv B \cap A$	交换律
$A \cup (B \cup C) \equiv (A \cup B) \cup C$ $A \cap (B \cap C) \equiv (A \cap B) \cap C$	结合律
$A \cup (B \cap C) \equiv (A \cup B) \cap (A \cup C)$ $A \cap (B \cup C) \equiv (A \cap B) \cup (A \cap C)$	分配律
$A - (B \cap C) \equiv (A - B) \cup (A - C)$ $A - (B \cup C) \equiv (A - B) \cap (A - C)$	德·摩根律

图 16-1   基础的集恒等式

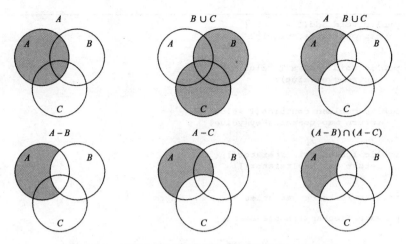

图 16-2 用维恩图来演示德·摩根律的第一条规则

16.2 集的实现策略

正如从第 7 章所知的，Java 提供了两种 Set 接口的具体实现，即 HashSet 和 TreeSet，它们主要的区别是迭代顺序不同。HashSet 类使用散列表来存储键，这意味着 HashSet 提供了 $O(1)$ 的性能，但是没有提供任何工具来按照顺序迭代元素。TreeSet 类提供了 $O(\log N)$ 的性能，但是按照排序顺序来遍历集中的元素会很容易。

因此，TreeSet 和 HashSet 的模型都很容易用 Java 实现，只要我们能够利用我们已经构建的类。例如，图 16-3 中所示的 TreeSet 类的代码之所以只需要一页，就是因为其每个操作都被直接转译成了映射表操作。

619
~
620

```
/*
 * File: TreeSet.java
 * -------------------
 * This file implements the TreeSet class using an underlying TreeMap.
 * Every method body is one line long because TreeSet can simply forward
 * the operation to the underlying TreeMap.
 */

package edu.stanford.cs.javacs2.ch16;

import edu.stanford.cs.javacs2.ch15.TreeMap;
import java.util.Iterator;

public class TreeSet<T extends Comparable<? super T>> implements Set<T> {

    public TreeSet() {
        map = new TreeMap<T,Boolean>();
    }

    public int size() {
        return map.size();
    }

    public boolean isEmpty() {
        return map.isEmpty();
    }

    public void clear() {
        map.clear();
    }
```

图 16-3 使用 TreeMap 表示方法的 TreeSet 类的实现

```
    public void add(T value) {
        map.put(value, true);
    }

    public void remove(T value) {
        map.remove(value);
    }

    public boolean contains(T value) {
        return map.containsKey(value);
    }

    public Iterator<T> iterator() {
        return map.keyIterator();
    }

/* Private instance variables */

    private TreeMap<T,Boolean> map;

}
```

图 16-3　（续）

开发简单实现所需的基本见解是集可以被实现为映射表，其中会忽略与键相关联的值。如果一个元素作为键包含在某个集底层的映射表中，那么这个集就包含该元素。当然，Map接口需要有值的类型，但是我们可以提供任何类型。图 16-3 中的代码使用了布尔值 true作为映射表中每个键关联的值，表示某个特定的元素要么在集中，要么不在。

当用一种抽象来定义另一种抽象时，就像在当前的策略中，我们使用了映射表来实现集，所产生的抽象被称为分层的。分层的抽象具有许多优势，最重要的就是它们通常很容易实现，因为许多工作都可以交给现有的底层接口去完成。

16.3　扩展集的模型

尽管从第 6 章开始你就一直在使用 HashSet 和 TreeSet，但是这些类并不如设想中的那么强大。特别是，Set 接口的标准实现并没有实现第 16.1 节所描述的高层的集操作。使这些高层方法作为扩展的 Set 类的一部分将使人们更易于理解基于集的算法，这主要是因为拥有这些操作经常会使得代码看起来几乎完全就是算法描述。在第 17 章讨论图时，这种情况会变得非常明显。图的算法是你在本书中将会学习到的最重要的算法，更不用说也是最烧脑的算法，如果你可以访问这些高层操作，那么就很容易理解图的算法。

图 16-4 展示了一种新的 XSet 类，它表示扩展版本的 TreeSet 类。XSet 类在简单的TreeSet 模型之上提供了下面的扩展：

- 一个简化的构造器，它支持通过列举元素来创建新的集。
- 一个通过从现有集中复制元素来产生 XSet 对象的构造器。
- 像并、交、差、子集和等价这样的高层方法。
- 一个 compareTo 方法，使得集可以互相比较。

简化的构造器使用了第 5 章介绍的可变元参数语法来从引元列表中创建一个集。例如，如果想要创建一个包含奇数位的集，那么就可以使用下面的声明：

621
~
622

XSet<Integer> odds = new XSet<Integer>(1, 3, 5, 7, 9);

高层的集基础操作的代码在大多数情况下正如你的期望。例如，intersect 的代码看起来像下面这样：

```
/*
 * File: XSet.java
 * ----------------
 * This file exports the extended XSet class.
 */

package edu.stanford.cs.javacs2.ch16;

import java.util.Iterator;

public class XSet<T extends Comparable<? super T>> extends TreeSet<T>
                    implements Comparable<XSet<T>> {

/**
 * Creates an empty XSet.
 */

   public XSet() {
      /* Empty */
   }

/**
 * Creates an XSet containing the values supplied as arguments.
 */

   @SuppressWarnings("unchecked")
   public XSet(T... args) {
      for (T value : args) {
         add(value);
      }
   }

/**
 * Creates an XSet containing the values from the argument set.
 */

   public XSet(Set<T> set) {
      for (T value : set) {
         add(value);
      }
   }

/**
 * Converts the set to its string representation.
 */

   public String toString() {
      String str = "";
      for (T value : this) {
         if (!str.isEmpty()) str += ", ";
         str += value.toString();
      }
      return "{" + str + "}";
   }

/**
 * Creates a new set that is the union of this set and s2.
 */

   public XSet<T> union(Set<T> s2) {
      XSet<T> result = new XSet<T>();
      for (T value : this) {
         result.add(value);
      }
      for (T value : s2) {
         result.add(value);
      }
      return result;
   }

/**
 * Creates a new set that is the intersection of this set and s2.
 */

   public XSet<T> intersect(Set<T> s2) {
      XSet<T> result = new XSet<T>();
      for (T value : this) {
         if (s2.contains(value)) result.add(value);
      }
```

图 16-4　扩展的 XSet 类的实现

```
        return result;
    }

/**
 * Creates a new set that is the set difference of this set and s2.
 */

    public XSet<T> subtract(Set<T> s2) {
        XSet<T> result = new XSet<T>();
        for (T value : this) {
            if (!s2.contains(value)) result.add(value);
        }
        return result;
    }

/**
 * Returns true if this set is a subset of s2.
 */

    public boolean isSubsetOf(Set<T> s2) {
        for (T value : this) {
            if (!s2.contains(value)) return false;
        }
        return true;
    }

/**
 * Returns true if obj is an XSet and this set is equal to obj.
 */

    @SuppressWarnings("unchecked")
    public boolean equals(Object obj) {
        try {
            XSet<T> s2 = (XSet<T>) obj;
            return s2.isSubsetOf(this) && this.isSubsetOf(s2);
        } catch (ClassCastException ex) {
            return false;
        }
    }

/**
 * Returns a hash code based on the elements of the set.
 */

    public int hashCode() {
        int hc = 0;
        for (T value : this) {
            hc += value.hashCode();
        }
        return hc;
    }

/**
 * Compares this set to the set s2, returning a negative value if this
 * set is less than s2, a positive value if this set is greater than s2,
 * and 0 if the two sets contain the same elements.  Sets are compared
 * first by their length and then by their elements in iterator order.
 */

    public int compareTo(XSet<T> s2) {
        int cmp = this.size() - s2.size();
        if (cmp != 0) return cmp;
        Iterator<T> it1 = this.iterator();
        Iterator<T> it2 = s2.iterator();
        while (it1.hasNext() || it2.hasNext()) {
            T v1 = it1.next();
            T v2 = it2.next();
            cmp = v1.compareTo(v2);
            if (cmp != 0) return cmp;
        }
        if (it1.hasNext()) return +1;
        if (it2.hasNext()) return -1;
        return 0;
    }

}
```

图 16-4 （续）

```
public XSet<T> intersect(Set<T> s) {
    XSet<T> result = new XSet<T>();
    for (T value : this) {
        if (s.contains(value)) result.add(value);
    }
    return result;
}
```

这个方法以构造被称为 result 的初始为空的新 XSet 对象开头，然后，for 循环迭代当前集中的内容，并将那些也出现在集 s 中的元素添加到 result 中。

唯一看起来有些令人诧异的实现就是 equals 的代码，它实现了集之间的等价关系判定。这段代码的复杂性源自于 Object 类中的 equals 的定义，其参数被声明为了 Object。为了覆盖 equals 的标准定义，我们需要匹配其签名。遗憾的是，Java 对泛型的限制使得不使用不安全的操作就无法测试传递给 equals 的集是否与当前的集具有相同的元素类型。作为 GenericArray 类的实现，图 16-4 中的代码使用了 @Suppress-Warnings("unchecked") 让编译器对这种潜在的类型安全漏洞保持沉默，可变元构造器中也有类似的注解。当然，集类的库实现也必须做相同的事情。还有一个重要的事情是要观察到 XSet 类覆盖了 hashCode 方法。正如在第 14 章所注意到的，无论何时，只要重载 equals 方法，就同时覆盖 hashCode，这是一种良好的编程实践。

在 XSet 类中包含 compareTo 方法使得我们可以创建由集构成的集。XSet 类要求其元素类型实现 Comparable，并定义 compareTo 方法，以实现此目标。该实现首先比较集的尺寸，如果尺寸相同，compareTo 就会逐个元素地查看两个集。只要发现了差异，compareTo 就会返回元素比较的结果。如果遍历完两个集中的完整内容后发现元素都相等，那么 compareTo 就会返回 0。

例如，假设声明了下面两个包含 3 个元素的集：

```
XSet<Integer> s1 = new XSet<Integer>(1, 2, 3);
XSet<Integer> s2 = new XSet<Integer>(1, 3, 5);
```

那么调用 s1.compareTo(s2) 将返回一个负数，因为 s1 在第二个元素位置上的 2 小于 s2 对应位置上的 3。

623
～
626

16.4　优化由小整数构成的集

在上一节中的实现策略对任何值类型都有效。但是，这种实现对于其值在内部表示为小整数的集而言，就像枚举类型或 Unicode 字符集的 ASCII 部分构成的集，可以做出重大改进。

16.4.1　特征向量

假设你现在正在操作元素介于 0 到 RANGE_SIZE-1 之间的集，其中 RANGE_SIZE 是表示限制元素取值范围的常量，那么你可以使用布尔值数组来高效地表示这样的集，数组中索引位置 k 的值表示整数 k 是否在该集中。例如，如果 elements[4] 的值为 true，那么 4 就在布尔数组 elements 所表示的集中。类似地，如果 elements[5] 为 false，那么 5 就不在这个集中。

其元素表示对应索引是否是某个集的成员的布尔数组被称为特性向量。下面的示例展示了特征向量策略可以如何用来表示上面所描述的集，假设 RANGE_SIZE 的值为 10：

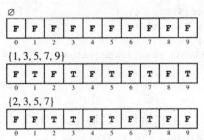

使用特征向量的好处是这样做可以实现在常量时间内运行的 add、remove 和 contains 操作。例如,为了将元素 k 添加到集中,我们只需将特征向量索引位置 k 处的元素设置为 true。类似地,测试隶属关系也只需选择数组中恰当的元素。

16.4.2 由位构成的压缩数组

尽管特征向量可以让我们开发出在运行时间上很高效的实现,但是将特征向量明确地存储为数组可能需要大量的内存,特别是在 RANGE_SIZE 取值很大时。为了降低存储需求,我们可以将特征向量的值压缩到机器字中,使得这种表示方法可以直接使用底层表示方法的每一位。因为 Java 将数据类型 int 定义成了 32 位长,因此我们可以将 32 个元素的特征向量存储到单个 int 类型的值中,因为特征向量的每个元素都只需要一位信息。而且,如果 RANGE_SIZE 为 256,那么我们可以将特征向量所需的所有 256 位存储到由 8 个 int 类型的值构成的数组中。

为了理解特征向量可以如何被压缩到机器字数组中,想象一下,你想要表示包含了字母表字符的 ASCII 码的整数集。这个集包含 26 个大写字母的在 65～90 之间的 ASCII 码和 26 个小写字母的在 97～122 之间的 ASCII 码。因此,它可以编码为下面的特征向量:

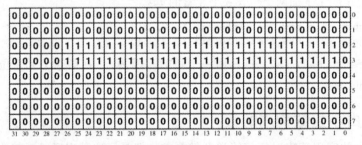

如果你想要找到对应于某个特定整数值的位,那么最简单的方式就是使用整数除法和取余这两个算术操作。例如,假设你想要定位 ASCII 码为 88 的字符 'X' 对应的位。要找的位的行号为 2,因为每行有 32 个位,而按照标准的整数除法的定义,88/32 等于 2。类似地,在第 2 行,你会找到 'X' 对应的项在第 24 位,因为 88 除以 32 的余数为 24。因此,特征向量中对应于字符 'X' 的位就是下图中高亮显示的位:

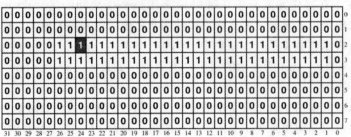

高亮显示的位是 1，这表示 'X' 是这个集的成员。 628

16.4.3 位操作

为了编写代码操作以紧凑压缩形式存储的位数组，你需要学习如何使用 Java 为操作内存字中的位而提供的低层操作。列举在图 16-5 中的这些操作符被称为*位操作符*。它们可以接受任何标量类型的值，并将它们解释为其对应于硬件级别上的底层表示形式的位序列。

为了演示位操作符的行为，最好是考虑一个具体的例子。假设变量 x 和 y 像下面这样被声明为了 16 位的 short 类型的值：

```
short x = 0x002A;
short y = 0xFFF3;
```

如果将它们的初值从十六进制转换为第 5 章所描述的二进制表示法，那么就可以很容易地确定变量 x 和 y 的位模式像下面这样：

x `0 0 0 0 0 0 0 0 0 0 1 0 1 0 1 0`

y `1 1 1 1 1 1 1 1 1 1 1 1 0 0 1 1`

&、| 和 ^ 操作符每个都会将图 16-5 中所指定的逻辑操作应用于作为操作数的机器字上的每一位。例如，对于 & 操作符来说，只有两个操作数对应的位置上都是 1，那么所产生的结果中的这一位才是 1。因此，如果将 & 操作符应用到 x 和 y 的位模式上，那么就会得到下面的结果：

x & y `0 0 0 0 0 0 0 0 0 0 1 0 0 0 1 0`

$x \& y$	逻辑 AND，x 和 y 对应位置上都为 1 时，结果中的这一位就为 1
$x \mid y$	逻辑 OR，x 和 y 对应位置上只要有一个为 1 时，结果中的这一位就为 1
$x \wedge y$	逻辑 XOR，x 和 y 对应位置上不相同时，结果中的这一位就为 1
$\sim x$	逻辑 NOT，x 为 0 的位，在结果中为 1，反之亦然
$x \ll n$	左移，x 中的位向左移动 n 位，左移后总是在末尾移入 0
$x \gg n$	右移，x 中的位向右移动 n 位，右移后保留符号位
$x \gg n$	无符号右移，x 中的位向右移动 n 位，右移后总是在开头移入 0

图 16-5　Java 中的位操作 629

| 和 ^ 操作符会产生下面的结果：

x | y `1 1 1 1 1 1 1 1 1 1 1 1 1 0 1 1`

x ^ y `1 1 1 1 1 1 1 1 1 1 0 1 1 0 0 1`

~ 操作符是一元操作符，它会将操作数中每一位的状态反转。例如，如果将 ~ 操作符应用于 x 的位模式，结果看起来就像下面这样：

~x `1 1 1 1 1 1 1 1 1 1 0 1 0 1 0 1`

在程序设计中，应用 ~ 操作符被称为对跟在该操作符后面的单个操作数取反。

操作符 << 将其左操作数左移右操作数指定的位数，并在右边补齐 0。因此，表达式 x << 1 产生的新值是将 x 的值中的每一位都左移 1 位后得到的，就像下面这样：

$$\text{x << 1} \quad \boxed{0\,0\,0\,0\,0\,0\,0\,0\,0\,1\,0\,1\,0\,1\,0\,0}$$

>> 和 >>> 操作符都会将左操作数右移，但是区别在于从左边如何填入新位。>> 操作符执行的是算术移位，即保留原来值的符号位。如果 y 包含的值为：

$$\text{y} \quad \boxed{1\,1\,1\,1\,1\,1\,1\,1\,1\,1\,1\,1\,0\,0\,1\,1}$$

那么表达式 y>>2 产生的值是 y 的位右移 2 位后得到的。新移入的位总是与原来值中的符号位相同，其效果就是保留了整数值的符号：

$$\text{y >> 2} \quad \boxed{1\,1\,1\,1\,1\,1\,1\,1\,1\,1\,1\,1\,1\,1\,0\,0}$$

操作符 >>> 执行的是逻辑移位，其中新值左边总是被移入 0。因此，从 y 原来的值开始，计算表达式 y>>>2 会产生下面的结果：

$$\text{y >>> 2} \quad \boxed{0\,0\,1\,1\,1\,1\,1\,1\,1\,1\,1\,1\,1\,1\,0\,0}$$

16.4.4 实现特征向量

上一节中介绍的位操作符使得我们能够以非常高效的方式来实现特征向量的操作。如果想要测试特征向量中单个位的状态，那么只需创建一个在期望位置上的位为 1 而其他位都为 0 的值，这种值被称为掩码，因为我们可以使用它来屏蔽字中所有其他的位。如果将 & 操作符应用于包含我们正在查找的位的特征向量中的字，以及对应于恰当位置的位的掩码，那么这个字中所有其他的位就都会被剥离掉，只留下能够反映想要找的位的状态的值。

为了理解这项策略是如何工作的，最好是更详细地考虑特征向量的底层表示方式。特征向量就是整数的机器字的数组，其中位的总数等于取值范围。因此，字的数量可以用下面的常量定义序列来计算：

```
private static final int RANGE_SIZE = 256;
private static final int BITS_PER_WORD = 32;
private static final int CVEC_WORDS =
                        RANGE_SIZE / BITS_PER_WORD;
```

然后，特征向量 cv 可以被声明并初始化为下面的样子：

```
private int[] cv = new int[CVEC_WORDS];
```

给定这些定义，可以通过使用方法 testBit 来测试特征向量中具体的位，该方法具有下面的实现：

```
private boolean testBit(int k) {
   if (k < 0 || k >= RANGE_SIZE) {
      throw new RuntimeException("Index out of range");
   }
   return (cv[k / BITS_PER_WORD] & createMask(k)) != 0;
}
```

这个方法的最后一行调用了方法 createMask，它具有下面的定义：

```
private int createMask(int k) {
   return 1 << k % BITS_PER_WORD;
}
```

例如，假设你调用 testBit(cv, 'X')，其中 cv 绑定的是对应于所有字母表字符的

特征向量。正如在本章前面 16.4.2 节中所讨论的，这个特征向量看起来像下面这样：|631|

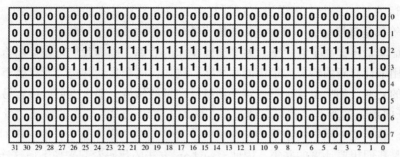

方法 testBit 以通过计算下面的表达式来选择特征向量中恰当的字开始：

```
cv[k / BITS_PER_WORD];
```

下标表达式 k/BITS_PER_WORD 确定了特征向量中包含完整结构中第 k 位的字索引。因为字符 'X' 的 ASCII 码为 88 且 BITS_PER_WORD 为 32，所以这个下标表达式会选择索引位置为 2 的字，它包含下面位：

| 0 | 0 | 0 | 0 | 0 | 1 | 1 | 1 | 1 | 1 | 1 | 1 | 1 | 1 | 1 | 1 | 1 | 1 | 1 | 1 | 1 | 1 | 1 | 1 | 1 | 1 | 1 | 1 | 1 | 1 | 1 | 0 |

方法 createMask(k) 会产生在恰当位置上的位为 1 的掩码。例如，如果 k 的值为 88，那么 k % BITS_PER_WORD 就是 24，这表示由数值 1 左移 24 位产生的掩码值如下：

| 0 | 0 | 0 | 0 | 0 | 0 | 0 | 1 | 0 | 0 | 0 | 0 | 0 | 0 | 0 | 0 | 0 | 0 | 0 | 0 | 0 | 0 | 0 | 0 | 0 | 0 | 0 | 0 | 0 | 0 | 0 | 0 |

因为掩码只有一个 1，所以 testBit 代码中的 & 操作将返回非零值，当且仅当特征向量中对应位的值为 1。如果特征向量在该位置上的位为 0，那么在特征向量和掩码中就不会有任何取值相同的位，这就意味着 & 操作返回的字只包含取值为 0 的位。完全由取值为 0 的位构成的字的整数值为 0。

使用掩码的策略还使得操作特征向量的单个位的状态变得更加容易。按照传统，将某个具体的位赋值为 1 被称为设置这一位，而赋值为 0 被称为清除这一位。我们可以通过在某个字的值和包含了想要的位的掩码上应用逻辑 OR 操作来设置这个字特定的位，也可以通过在 |632| 这个字的值和刚才使用的掩码的反码上应用逻辑 AND 操作来清除特定的位。这些操作可以通过下面的 setBit 和 clearBit 的定义来演示：

```
private void setBit(int k) {
   if (k < 0 || k >= RANGE_SIZE) {
      throw new RuntimeException("Index out of range");
   }
   cv[k / BITS_PER_WORD] |= createMask(k);
}

private void clearBit(int k) {
   if (k < 0 || k >= RANGE_SIZE) {
      throw new RuntimeException("Index out of range");
   }
   cv[k / BITS_PER_WORD] &= ~createMask(k);
}
```

16.4.5 定义 CharSet 类

我们可以使用上一节中的 testBit、setBit 和 clearBit 操作来创建 CharSet 类，它实现了扩展的 XSet 类中在空间和时间上都非常高效的操作。图 16-6 展示了 CharSet 类的代码。幸运的是，这个实现中没有特别复杂的地方。其基本的集操作 add、remove 和 contains 等都是直接对上一节中定义的恰当的位操作方法的单行调用。

使用特征向量还提高了并、交、差等高层操作的效率，因为我们可以使用恰当的位操作符的单个应用来计算新的特征向量中的每个字。例如，两个集的并包含所有属于其两个引元中任何一个的元素。如果将这种思想转译到特征向量的领域，那么就可以很容易地看出在集 $A \cup B$ 的特征向量中的所有字都可以通过将逻辑 OR 应用到这两个集的特征向量对应的字上而计算出来。逻辑 OR 操作的结果中包含 1 的位置是其两个操作数中任意一个对应位置为 1 的位，这就是我们想要计算的并集。因此，union 方法的代码看起来像下面这样：

```
public CharSet union(CharSet s) {
    CharSet result = new CharSet();
    for (int i = 0; i < CVEC_WORDS; i++) {
        result.cv[i] = this.cv[i] | s.cv[i];
    }
    return result;
}
```

633

```
/*
 * File: CharSet.java
 * ---------------------
 * This file offers an efficient implementation of sets whose elements
 * are ASCII characters.
 */

package edu.stanford.cs.javacs2.ch16;

public class CharSet {

/**
 * Creates an empty CharSet.
 */

    public CharSet() {
        /* Empty */
    }

/**
 * Creates a CharSet containing the characters contained in the string.
 */

    public CharSet(String str) {
        for (int i = 0; i < str.length(); i++) {
            add(str.charAt(i));
        }
    }

/**
 * Returns the number of values in this set.
 */

    public int size() {
        int n = 0;
        for (int i = 0; i < RANGE_SIZE; i++) {
            if (testBit(i)) n++;
        }
        return n;
    }

/**
 * Returns true if this set contains no elements.
 */
```

图 16-6   CharSet 类的实现

```
   public boolean isEmpty() {
       for (int i = 0; i < CVEC_WORDS; i++) {
           if (cv[i] != 0) return false;
       }
       return true;
   }
/**
 * Removes all elements from this set.
 */

   public void clear() {
       for (int i = 0; i < CVEC_WORDS; i++) {
           cv[i] = 0;
       }
   }
/**
 * Adds the specified character to the set if it is not already present.
 */

   public void add(char ch) {
       setBit(ch);
   }
/**
 * Removes the specified character from the set, if necessary.
 */

   public void remove(char ch) {
       clearBit(ch);
   }
/**
 * Returns true if the set contains the character ch.
 */

   public boolean contains(char ch) {
       return testBit(ch);
   }
/**
 * Creates a new set which is the union of this set and the set s.
 */

   public CharSet union(CharSet s) {
       CharSet result = new CharSet();
       for (int i = 0; i < CVEC_WORDS; i++) {
           result.cv[i] = this.cv[i] | s.cv[i];
       }
       return result;
   }
/**
 * Creates a new set which is the intersection of this set and the set s.
 */

   public CharSet intersect(CharSet s) {
       CharSet result = new CharSet();
       for (int i = 0; i < CVEC_WORDS; i++) {
           result.cv[i] = this.cv[i] & s.cv[i];
       }
       return result;
   }
/**
 * Creates a new set which is the set difference of this set and the set s
 */

   public CharSet subtract(CharSet s) {
       CharSet result = new CharSet();
       for (int i = 0; i < CVEC_WORDS; i++) {
           result.cv[i] = this.cv[i] & ~s.cv[i];
```

图 16-6 （续）

```
      }
      return result;
   }

/*
 * Overrides the toString method to support printing of CharSet values.
 */

   @Override
   public String toString() {
      String str = "";
      for (int i = 0; i < RANGE_SIZE; i++) {
         if (testBit(i)) {
            if (!str.isEmpty()) str += ", ";
            str += (char) i;
         }
      }
      return "{" + str + "}";
   }

/*
 * Tests whether the specified bit is set in the characteristic vector.
 */

   private boolean testBit(int k) {
      if (k < 0 || k >= RANGE_SIZE) {
         throw new RuntimeException("Index out of range");
      }
      return (cv[k / BITS_PER_WORD] & createMask(k)) != 0;
   }

/*
 * Sets the specified bit in the characteristic vector.
 */

   private void setBit(int k) {
      if (k < 0 || k >= RANGE_SIZE) {
         throw new RuntimeException("Index out of range");
      }
      cv[k / BITS_PER_WORD] |= createMask(k);
   }

/*
 * Clears the specified bit in the characteristic vector.
 */

   private void clearBit(int k) {
      if (k < 0 || k >= RANGE_SIZE) {
         throw new RuntimeException("Index out of range");
      }
      cv[k / BITS_PER_WORD] &= ~createMask(k);
   }

/*
 * Creates the mask for bit k.
 */

   private int createMask(int k) {
      return 1 << k % BITS_PER_WORD;
   }

/* Constants */

   private static final int RANGE_SIZE = 256;
   private static final int BITS_PER_WORD = 32;
   private static final int CVEC_WORDS = RANGE_SIZE / BITS_PER_WORD;

/* Private instance variables */

   private int[] cv = new int[CVEC_WORDS];

}
```

图 16-6 （续）

16.5 总结

在本章中，你学习了集，这是一种对计算机科学来说在理论上和实践上都非常重要的抽象。集具有发展完备的数学基础，使它们不会过于抽象以致难以使用，因此它们成为一种编程工具。正是因为这种理论基础，你可以依靠集来展示某些属性和遵守具体的规则。通过用集来对算法编码，就可以在其理论基础上构建并编写出更易于理解的程序。

634
~
637

本章的要点包括：

- 集是由不同元素构成的无序集合。图 16-7 展示了本书使用的集操作，以及它们的数学符号。

空集	∅	不包含任何元素的集
隶属关系	$x \in S$	如果 x 是 S 的元素，则为 true
非隶属关系	$x \notin S$	如果 x 不是 S 的元素，则为 true
等价	$A = B$	如果 A 和 B 包含完全相同的元素，则为 true
子集	$A \subseteq B$	如果 A 中的所有元素也都在 B 中，则为 true
真子集	$A \subset B$	如果 A 是 B 的子集但是两个集并不等价，则为 true
并	$A \cup B$	由在 A、B 中或同时在 A 和 B 中的元素构成的集
交	$A \cap B$	由同时在 A 和 B 中的元素构成的集
差	$A - B$	由在 A 中但是不在 B 中的元素构成的集

图 16-7 集的数学标记法总结

- 如果记住一些表示两个集表达式总是相等的恒等式，那么就更容易理解由各种集操作符构成的复合操作。使用这些恒等式还可以完善你的编程实践，因为它们提供了可以简化在代码中出现的集操作的工具。
- 集类的实现很直观，因为其许多部分都构建在 Map 抽象之上，要么使用了基于树的表示形式，要么使用了基于散列表的表示形式。
- 整数集可以通过使用被称为特征向量的布尔数组来非常高效地实现。如果使用 Java 提供的位操作符，就可以将特征向量压缩到数量很少的机器字中，并且可以一次性地在该向量的许多元素上执行诸如并和交这样的集操作。

16.6 复习题

1. 是非题：集的元素是无序的，因此集 {3, 2, 1} 和集 {1, 2, 3} 表示的是同一个集。

638

2. 是非题：集可以包含同一个元素的多个副本。
3. ∅、Z、N 和 R 分别表示什么集？
4. 符号 ∈ 和 ∉ 分别表示什么意思？
5. 用一个枚举来指定下面集中的元素：
$$\{x \mid x \in N \text{ 且 } x \leqslant 100 \text{ 且 } \sqrt{x} \in N\}$$
6. 为下面的集编写基于规则的定义
$$\{0, 9, 18, 27, 36, 45, 54, 63, 72, 81\}$$
7. 并、交和差操作的数学符号是什么？
8. 计算下面的集表达式：

a. $\{a, b, c\} \cup \{a, c, e\}$

b. $\{a, b, c\} \cap \{a, c, e\}$

c. $\{a, b, c\} - \{a, c, e\}$

d. $(\{a, b, c\} - \{a, c, e\}) \cup (\{a, b, c\} - \{a, c, e\})$

9. 子集和真子集的差异是什么?

10. 给出一个无限集的例子，它是另一个无限集的真子集。

11. 对于下面的每个集操作，都绘制一张维恩图，其阴影部分展示了具体的集表达式的内容：

  a. $A \cup (B \cap C)$ b. $(A - B) \cup (B - A)$

  c. $(A - C) \cap (B - C)$ d. $(A \cup C) - (A \cap B)$

12. 针对下面的每张维恩图，写出描述其中阴影部分的集表达式：

a. 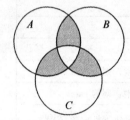   b.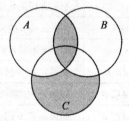

13. 针对图 16-1 中的每个恒等式，绘制相应的维恩图。

14. TreeSet 类的泛化实现使用了前面章中介绍过的一种用来表示集的元素的数据结构。这种结构是什么？这种结构的什么属性使得它用于此目的时特别有用？

15. 什么是特征向量？

16. 在集上必须施加什么样的限制才能将特征向量当作一种实现策略来使用？

17. 假设 RANGE_SIZE 的值为 10，画出集 $\{1, 4, 9\}$ 的特征向量。

18. 假设变量 x 和 y 都是 short 类型，并且包含下面的位模式：

$$x \quad \boxed{0\;1\;0\;0\;1\;0\;0\;0\;0\;1\;0\;0\;1\;0\;0\;1}$$

$$y \quad \boxed{0\;0\;0\;0\;0\;0\;0\;0\;1\;1\;1\;1\;1\;1\;1\;1}$$

计算下面每个表达式的值，并将你的答案表示成二进制位的序列：

a. x & y   f. x & ~y

b. x | y   g. ~x & ~y

c. x ^ y   h. y >> 4

d. x ^ x   i. x << 3

e. ~x   j. (x >> 8) & y

19. 用十六进制表示法将上一个习题中的 x 和 y 的值表示成常量。

20. 假设变量 x 和 mask 都被声明为了 int 类型，且 mask 的值只有一个在某个位置上的二进制位为 1。你要使用什么样的表达式来实现下面的操作：

  a. 测试 x 中对应于 mask 中的位是否不为 0。

  b. 设置 x 中对应于 mask 中的位。

  c. 清除 x 中对应于 mask 中的位。

  d. 对 x 中对应于 mask 中的位取反。

16.7 习题

1. 图 16-3 展示了 TreeSet 类可以如何用 TreeMap 作为其底层表示形式来实现成嵌套类。编写相应的使用 HashMap 类的 HashSet 的嵌套实现。

2. 为了更容易地编写使用 XSet 类的程序，如果有某种方式能够从用户处读入一个集，那么就会显得很有用。编写下面的方法：

XSet<Integer> parseIntegerSet(String line)

它会将 line 的值解释为由花括号括起来的整数集，其中每个元素用逗号分隔。

3. 编写一个简单的测试程序，使用上一个习题的 parseIntegerSet 来读入两个整数集，然后显示在这两个集上调用并、交和差操作符后的结果。这个程序的样例运行看起来像下面这样：

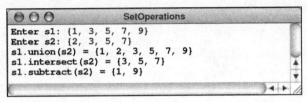

```
⊖○○              SetOperations
Enter s1: {1, 3, 5, 7, 9}
Enter s2: {2, 3, 5, 7}
s1.union(s2) = {1, 2, 3, 5, 7, 9}
s1.intersect(s2) = {3, 5, 7}
s1.subtract(s2) = {1, 9}
```

4. 编写下面的方法：

XSet<Integer> createPrimeSet(int max)

它将返回在 2 到 max 之间的质数集。数字 N 是质数是指它只有 1 和自身两个约数。但是检查是否质数不需要你尝试每个可能的除数，你只需要检查 2 到 N 的平方根之间的所有质数即可。因为它可以测试一个数字是否是质数，所以你的代码应该利用这样的属性：所有潜在的因子都必然在你已经构建的质数集中。

5. 编写下面的方法：

XSet<XSet<String>> createPowerSet(XSet<String> set)

它将返回 set 的幂集，即给定集的所有子集构成的集。例如，如果 set 为 {a, b, c}，那么调用 createPowerSet(s) 应该返回下面的集：

{{}, {a}, {b}, {c}, {a, b}, {a, c}, {b, c}, {a, b, c}}

641

6. 编写一个程序，实现下面的过程：

- 读入两个字符串，每个都表示一个位序列。这些字符串必须只包含字符 0 和 1，并且不能超过 16 个字符。
- 将每个字符串都转换成具有相同的内部位模式的 int 类型的值。假设用来存储转换后的结果的变量被命名为 x 和 y。
- 将下面每个表达式的值显示为 16 位的序列：x&y、x|y、x^y、~y、x&~y。

这个程序的操作可以用下面的样例运行来演示：

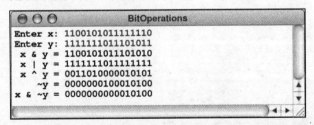

```
⊖○○              BitOperations
Enter x: 1100101011111110
Enter y: 1111111011101011
 x & y = 1100101011101010
 x | y = 1111111011111111
 x ^ y = 0011010000010101
   ~y = 0000000100010100
x & ~y = 0000000000010100
```

7. 实现像 Character.isDigit 和 Character.isUpperCase 这样的字符分类方法的最简单方式就是使用位操作符。具体策略是使用机器字中的位来表示字符具有的属性。例如，想象一下在机器字右端的 3 个位可以用来表示某个字符是否是数字、小写字母或大写字母，就像下图所示：

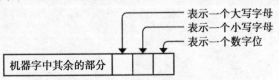

表示一个大写字母
表示一个小写字母
表示一个数字位

机器字中其余的部分

如果创建一个包含 256 个这样的机器字的数组，其中每个机器字都对应于 ASCII 子集中的一个字符，那么你就可以实现 Character 类中的静态方法，使得它们都可以通过选择恰当的数组元素，应用某个位操作符，并测试所产生的结果来实现。使用这种策略来实现图 3-3 中列出的 Character 类中的每个静态方法。

8. 图 16-6 中所示的 CharSet 类缺少了 equals、hashCode 和 iterator 方法。通过定义这些方法来完善 CharSet 类的实现。

图

因此，我用一条条的链路把世界联系在一起：对，从提洛岛到利默里克，以及返回的路。

——Rudyard Kipling，《班卓琴之歌》，1894

现实世界中的很多结构都包含由一系列链接连接起来的一组值，这种结构被称为图。图的常见例子包括由高速公路连接的城市，由超链接连接的网页，以及由先修关系连接的大学培养计划中的课程。典型情况下，程序员会将像城市、网页和课程这样的单个元素称为结点，并将诸如高速公路、超链接和先修关系这样的互联称为弧，尽管数学家倾向于分别使用顶点和边来描述它们。

因为图由一系列链接连接在一起的结点构成，所以它们与第 15 章介绍的树类似。实际上，它们唯一的差别就是图中的连接结构比树中的连接结构的限制更少一些。例如，图中的弧经常会构成环形模式。在树中，环形模式是非法的，因为树要求每个结点都必须通过唯一的传承线链接到根。因为树的有些限制并未施加于图上，所以图是更泛化的类型，树是它的子集。因此，每棵树都是一个图，但是某些图并不是树。

在本章，你将会从理论和实践两个角度来学习图的有关知识。学习如何将图作为编程工具来使用是非常有用的，因为出现它们身影的场合多得令人吃惊。掌握图的理论非常有价值，因为掌握它你就会发现针对实践中异常重要的问题，你可以找到高效得多的解决方案。

17.1　图的结构

最容易理解图的结构的方式是考虑一个简单的例子。假设你正在为一家小型的航空公司工作，这家公司服务于用图 17-1 中所示的飞行路线连接的美国的 10 个大城市。图中带标签的圆点表示城市，它们构成了图中的结点，而两个城市之间的线表示飞行路线，构成了弧。

尽管图经常用来表示地理关系，但是重要的是要记住，图只是用结点和连接弧定义的，所以，布局对于图的抽象概念而言并不重要。例如，下面的图表示的是与图 17-1 相同的图：

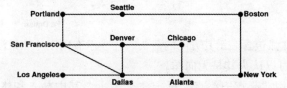

尽管表示城市的结点在地理上不再位于正确的位置上了，但是连接仍旧保持相同。

我们可以更进一步彻底消除所有的地理关系。数学家用集合论工具将图定义为两个集的组合，在典型情况下以数学术语顶点和边分别将它们命名为 V 和 E。例如，航空公司的图包含下面两个集：

V = { Atlanta, Boston, Chicago, Dallas, Denver, Los Angeles, New York, Portland,
San Francisco, Seattle }

E = { Atlanta ↔ Chicago, Atlanta ↔ Dallas, Atlanta ↔ New York, Boston ↔ New York,
Boston ↔ Seattle, Chicago ↔ Denver, Dallas ↔ Denver, Dallas ↔ Los Angeles,
Dallas ↔ San Francisco, Denver ↔ San Francisco, Portland ↔ San Francisco,
Portland ↔ Seattle }

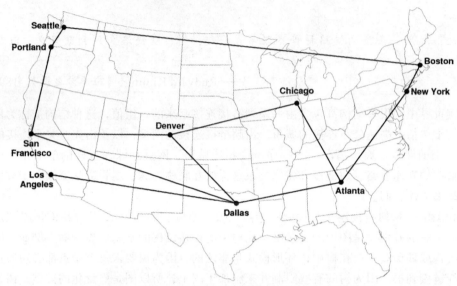

图 17-1　服务 10 大城市的小型航空公司的飞行路线图

除了强调图和数学之间的联系之外，用集来定义图还可以简化实现，因为 Set 类已经

645 实现了许多必要的操作。

17.1.1　有向图和无向图

因为图中没有给出任何相反的指示，所以图 17-1 中的弧表示的都是双向的航班。因此，
Atlanta 和 Chicago 之间的连接表示在 Chicago 和 Atlanta 之间也有一条连接。每条连接都表
示双向通路的图称为无向图。在许多情况下，使用有向图会更合理，在这种图中，每条弧都
有方向。例如，如果你的航空公司运营的从 San Francisco 到 Dallas 的航线在返程时会经停
Denver，那么这部分飞行路线图看起来就是一个有向图：

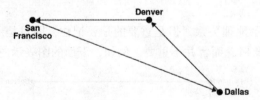

本书中的图只有在弧包含表示其方向的箭头时才表示有向图。如果没有箭头，就像图 17-1
中所示的弧，那么就可以认为其是无向图。

有向图中的弧会用"起点→终点"标记法来表示，其中起点和终点是有向弧两边的结
点。因此，上一个图中所示的三角形路线包含下面的弧：

San Francisco → Dallas
Dallas → Denver
Denver → San Francisco

图   *449*

尽管无向图中的弧经常用双头箭头来书写，但是实际上并不需要单独的符号。如果图中包含一条无向弧，总是可以将其表示为一对有向弧。例如，如果图中包含双向弧 Portland ↔ Seattle，那么可以让弧集包含 Portland → Seattle 和 Seattle → Portland 这两条弧，以此来表示这条双向弧。因为总是可以用单向弧来模拟双向弧，所以大部分的图包，包括本章介绍的包，都只定义了支持有向图的单一的图类型。如果想要定义无向图，那么只需为每条连接创建两条弧，一个方向一条。

17.1.2　路径和环

图中的弧表示的是直接连接，对应于航空公司例子中的直达航班。在示例图中，并不存在 San Francisco → New York 弧，但是这并不意味着我们无法乘坐这家航空公司的航班在 646 这两个城市之间旅行。如果想要从 San Francisco 飞到 New York，可以选择下面任意一条路线：

San Francisco → Dallas → Atlanta → New York
San Francisco → Denver → Chicago → Atlanta → New York
San Francisco → Portland → Seattle → Boston → New York

使得我们可以从一个结点移动到另一个结点的弧的序列称为路径，以同一个结点开始和结束的路径称为环，例如下面的路径：

Dallas → Atlanta → Chicago → Denver → Dallas

简单路径是指不包含重复结点的路径。类似地，简单环是指除了开头和结尾是相同结点外，不包含任何其他重复结点的环。

图中由一条弧直接连接的结点称为邻居。如果计算特定结点的邻居数量，那么这个数量就被称为该结点的度。例如，在航空公司的图中，Dallas 的度为 4，因为它直接连接了 4 个城市：Atlanta、Denver、Los Angeles 和 San Francisco。与此形成对比的是，Los Angeles 的度为 1，因为它只连接了 Dallas。在有向图的情况中，区分入度和出度是很有用的，前者表示进入结点的弧的数量，后者表示离开结点的弧的数量。

17.1.3　连通性

如果在无向图中每个结点都有一条路径通向其他任意结点，那么这个无向图就是连通的。例如，按照这条规则，图 17-1 中航空公司的图就是连通的。但是，图的定义并不要求在单个图中所有结点都是连通的。例如，下面的图

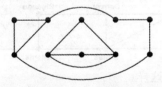

就是一个非连通图的例子，因为没有任何路径可以将图内部的 4 个结点构成的簇链接到任何其他结点上。

给定任意的非连通图，我们总是可以将其分解为唯一的子图集，其中每个子图都是连通的，但是没有任何弧将一个子图与另一个子图连通起来。这些子图被称为这个图的连通分量。上一个图的连通分量看起来像下面这样：

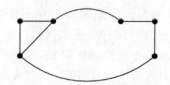

对于有向图,连通性这个概念在一定程度上更复杂。如果一个有向图包含一条可以连接每对结点的路径,那么这个图就是强连通的。如果一个有向图在消除弧上的方向后产生的无向图是连通的,那么这个有向图就是弱连通的。例如,下面的图

就不是强连通的,因为我们无法仅凭弧表示的方向从右下角的结点行进到左上角的结点。另一方面,这个图是弱连通的,因为消除箭头后形成的无向图是连通图。如果将顶部的弧的方向颠倒一下,那么所产生的下面的图就是强连通的:

17.2　表示策略

与大多数抽象结构一样,图可以用多种不同的方式来实现。区分这些实现的主要特性是用来表示结点之间连接的策略。在实践中,常见的策略为:

- 将每个结点的连接存储在邻接表中。
- 将整个图中的连接存储在邻接矩阵中。
- 将每个结点的连接存储为弧集。

648 本节将详细讨论这些表示策略。

17.2.1　使用邻接表表示连接

最简单的表示图中连接的方式是在每个结点的数据结构内将该结点连通的结点存储成一个列表。这种结构被称为邻接表。例如,在我们已熟悉的航空公司的图中

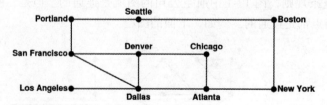

每个结点的邻接表看起来像下面这样:

Atlanta	→ (Chicago, Dallas, New York)
Boston	→ (New York, Seattle)
Chicago	→ (Atlanta, Denver)
Dallas	→ (Atlanta, Denver, Los Angeles, San Francisco)
Denver	→ (Chicago, Dallas, San Francisco)
Los Angeles	→ (Dallas)
New York	→ (Atlanta, Boston)

图   451

Portland	→	(San Francisco, Seattle)
San Francisco	→	(Dallas, Denver, Portland)
Seattle	→	(Boston, Portland)

17.2.2 使用邻接矩阵表示连接

尽管列表提供了一种便捷的表示图中连接的方式，但是它们对于要求搜索与某个结点相关联的弧列表这样的操作而言，可能会显得效率低下。例如，如果使用邻接表表示方式，那么确定两个结点是否连通就需要 $O(D)$ 的时间，其中 D 表示起点结点的度。如果图中的结点都只有少量的邻居，那么搜索邻接表的代价就比较小。但是，如果图中结点都有大量的邻居，那么这个代价就会变得更加显著。

如果效率成为关注点，那么通过在被称为邻接矩阵（用来展示结点连通性）的二维数组中表示弧，就可以将查看连接的代价降低到常量时间。航空公司的图的邻接矩阵看起来像下面这样：

[649]

对于这种无向图，邻接矩阵是对称的，即所有项沿图中用虚线表示的主对角线对称。

为了使用邻接矩阵方式，我们必须将每个结点与表中对应于该结点的行号或列号所指定的索引值相关联。作为图的具体结构的一部分，这种实现需要分配一个二维数组，行和列分别对应于图中的结点。该数组中的元素都是布尔值。如果 matrix[start][finish] 中的项为 true，那么图中就有一条 start → finish 的弧。

就执行时间而言，使用邻接矩阵比使用邻接表要快得多。另一方面，矩阵需要 $O(N^2)$ 的存储空间，其中 N 为结点数量。对于大多数图而言，邻接表表示方式在空间上更加高效，尽管某些图违反了这条规律。在邻接表表示方式中，每个结点都有一个连接列表，其中，在最坏情况下，其长度为有 D_{max} 个项，这里的 D_{max} 表示图中所有结点中最大的度，即从单个结点出发的弧的最大数量。因此邻接表的空间消耗为 $O(N \times D_{max})$。如果大多数结点互相连通，那么 D_{max} 就相对接近 N，这意味着这两种表示方式在表示这些连接方面的代价大体相当。另一方面，如果图包含许多结点，但是互连相对较少，那么邻接表表示方式就可以节约数量相当多的空间。

尽管分界线从来都没有明确定义过，但是 D_{max} 的值相对于 N 来说比较小的图称为是稀疏的，而 D_{max} 与 N 相当的图称为是稠密的。用于图的算法和表示形式经常取决于我们预期这些图是稀疏的还是稠密的。例如，上一节中的分析表示邻接表表示方式可能更适合稀疏

[650]

图，而如果操作的是稠密图，那么邻接矩阵可能是更好的选择。

17.2.3   使用弧集表示连接

表示图中连接的第三种策略幕后的动机源于图的数学形式，即与弧集耦合的结点集。如果在每个结点中存储的信息除了其名字外没有其他任何内容，那么就可以将图定义为一对集，具体如下：

```
class StringBasedGraph {
    Set<String> nodes;
    Set<String> arcs;
};
```

结点集包含图中每个结点的名字，而弧集包含一对连接在一起的结点的名字，其表示形式应该能够很容易地将表示每条弧起点和终点的结点名分隔开。

这种表示形式主要的好处是具有概念上的简洁性，并且准确反映了图的数学定义。但是，基于集的表示方式有两个重要的限制。首先，查找任何特定结点的邻居都需要遍历整个图中的所有弧。其次，大多数应用都需要将额外的数据与结点和弧相关联。例如，许多图算法对每条弧都赋予了一个数字值，表示经过这条弧的代价，这个代价并非一定指的是真实的货币成本。例如，在图 17-2 中，航空公司图中的每条弧都在两个端点之间标上了表示距离的英里数。你应该使用这种信息来实现常飞旅客程序，它可以根据飞行距离来为旅客规划飞行路线。

图 17-2   与里程数据关联的路线图

幸运的是，这两个问题都不是特别难以解决。如果用支持迭代的集合类来表示图中的结点和弧，那么遍历它们就很容易。而且，通过用类来表示结点和弧，还可以将附加数据合并到图中。

由于 Java 是一种面向对象的语言，所以只要在类层次结构中对应的层上给出新的类定义，那么图、结点和弧就都可以表示成对象。而且，由于不同的应用需要将不同的数据与结点和弧关联，所以客户端应该能够扩展结点类和弧类，使得可以添加任何需要添加的信息。这种设计对于图来说肯定是适合的，正如在本章后续内容中将看到的那样。下一节将采用概念上更简单的策略来定义 Graph、Node 和 Arc 类，而没有考虑客户端如何扩展这些类。17.6 节将学习如何泛化这些类。

17.3   基于集的图抽象

本节将概述一种图包的设计方案，其中类层次结构的三层，即作为整体的图、单个的结点

图 453

以及连接这些结点的弧，分别使用了 Java 类 Graph、Node 和 Arc 来表示。在这些类中，Node 和 Arc 类是最容易定义的。Node 类存储了结点的名字以及从该结点出发的弧集，而 Arc 类包含了对弧的起始结点和终止结点的引用。Arc 类还包含了表示经过该弧的代价的数字值。

图 17-3 和图 17-4 展示了简单的图模型的 Node 和 Arc 类的定义。因为这些定义只是为了说明代码的基本结构，所以只保留了最少量的注释，使得你可以在单页中看到每个类。其中大部分方法都是简单的获取器或设置器，唯一稍微复杂一点的方法是每个类中的 compareTo。结点是通过它们的名字来比较的，而弧是通过先比较起始结点，再比较终止结点，最后比较它们的代价来比较的。

651
≀
652

```
/*
 * File: Node.java
 * ---------------
 * This file exports the basic Node class, which contains only the minimal
 * information necessary to implement the Graph abstraction.  Clients that
 * want to extend nodes should use the GenericNode class instead.
 */

package edu.stanford.cs.javacs2.ch17;

import edu.stanford.cs.javacs2.ch16.XSet;

public class Node implements Comparable<Node> {

    public Node(String name) {
        this.name = name;
        arcs = new XSet<Arc>();
    }

    public String getName() {
        return name;
    }

    public XSet<Arc> getArcs() {
        return arcs;
    }

    public void addArc(Arc arc) {
        arcs.add(arc);
    }

    public boolean isConnectedTo(Node n2) {
        for (Arc arc : arcs) {
            if (arc.getFinish() == n2) return true;
        }
        return false;
    }

    public int compareTo(Node n2) {
        return name.compareTo(n2.getName());
    }

    public String toString() {
        return name;
    }

/* Private instance variables */

    private String name;
    private XSet<Arc> arcs;

}
```

图 17-3　简单的 Node 类的定义

653

如果查看图 17-3 和图 17-4 中的 Node 和 Arc 类的代码，就会注意到它们的定义是互相递归的。每个 Node 都包含一个类型为 Arc 的值集，而每个 Arc 也包含两个类型为 Node

的值。与许多其他语言形成对照的是，Java 在操作这些递归类型时没有任何问题。就像 Java 中的所有对象一样，Node 和 Arc 类型的值被表示成了引用，它们在内部被存储为内存中实际值的地址。存储在 Node 类内部的 arcs 变量中集的每个元素都是对某个 Arc 对象的引用。类似地，每个 Arc 值内部的 start 和 finish 域都是对某个 Node 的引用。

```
/*
 * File: Arc.java
 * ---------------
 * This file exports the basic Arc class, which contains only the minimal
 * information necessary to implement the Graph abstraction.  Clients that
 * want to extend arcs should use the GenericArc class instead.
 */

package edu.stanford.cs.javacs2.ch17;

public class Arc implements Comparable<Arc> {

   public Arc(Node start, Node finish) {
      this(start, finish, 0);
   }

   public Arc(Node start, Node finish, double cost) {
      this.start = start;
      this.finish = finish;
      this.cost = cost;
   }

   public Node getStart() {
      return start;
   }

   public Node getFinish() {
      return finish;
   }

   public double getCost() {
      return cost;
   }

   public int compareTo(Arc a2) {
      if (this == a2) return 0;
      int cmp = start.compareTo(a2.getStart());
      if (cmp != 0) return cmp;
      cmp = finish.compareTo(a2.getFinish());
      if (cmp != 0) return cmp;
      if (cost < a2.cost) return -1;
      if (cost > a2.cost) return 1;
      return a2.hashCode() - hashCode();
   }

   public String toString() {
      return start + "->" + finish;
   }

/* Private instance variables */

   private Node start;
   private Node finish;
   private double cost;

}
```

图 17-4　简单的 Arc 类的定义

　　用集来定义图有许多好处。特别是，这种策略意味着该数据结构更加贴近用集来定义的图的数学形式。分层方式还在简化实现方面具有显著的优势。例如，用集来定义图可以免去定义单独的迭代工具的需求，因为集已经可以支持迭代了。例如，Node 类中的 isConnectedTo 的代码可以在弧集上迭代，就像下面这样：

图 455

```
public boolean isConnectedTo(Node n2) {
    for (Arc arc : arcs) {
        if (arc.getFinish() == n2) return true;
    }
    return false;
}
```

除了简化迭代过程，用第 16 章中的 XSet 类定义图意味着客户端可以很方便地应用像并和交这样的高层集操作。因为计算机理论科学家经常用这些操作来定义图的算法，所以客户端能够利用这些操作意味着这些算法更容易编码实现。

图 17-5 所示为 Graph 类自身的代码。这个版本的 Graph 将维护 3 个实例变量，前两个是一个结点集和一个弧集，直接遵循了图的数学定义，而 nodeMap 变量是一个将结点名字与实际的 Node 对象关联起来的映射表。有了这个客户端可以通过 getNode 方法访问的映射表，就可以更容易地编写出使用图的应用。

图 17-5 中 Graph 的定义导出了一个最小方法集，仅能满足编写某些最重要的图算法的需求。一旦你看懂了这些算法是如何在简版 Graph 的上下文中工作的，就可以返回去在这种图抽象中添加更多的特性了。

654 ~ 655

```
/*
 * File: Graph.java
 * ------------------
 * This file exports a class that represents graphs consisting of nodes
 * and arcs.  Clients that want to extend the node and arc types should
 * use the GenericGraph class instead.
 */

package edu.stanford.cs.javacs2.ch17;

import edu.stanford.cs.javacs2.ch14.HashMap;
import edu.stanford.cs.javacs2.ch16.XSet;

public class Graph {

/**
 * Creates an empty Graph object.
 */

    public Graph() {
        nodes = new XSet<Node>();
        arcs = new XSet<Arc>();
        nodeMap = new HashMap<String,Node>();
    }

/**
 * Returns the number of nodes in the graph.
 */

    public int size() {
        return nodes.size();
    }

/**
 * Returns true if the graph is empty.
 */

    public boolean isEmpty() {
        return nodes.isEmpty();
    }
```

图 17-5　简单的 Graph 类的定义

```
/**
 * Removes all nodes and arcs from the graph.
 */

   public void clear() {
       nodes.clear();
       arcs.clear();
       nodeMap.clear();
   }
```

```
/**
 * Adds a new node to the graph.
 */

   public void addNode(Node node) {
       nodes.add(node);
       nodeMap.put(node.getName(), node);
   }

/**
 * Looks up a node in the name table attached to the graph and returns it.
 * If no node with the specified name exists, getNode returns null.
 */

   public Node getNode(String name) {
       return nodeMap.get(name);
   }

/*
 * Adds an arc to the graph.
 */

   public void addArc(Arc arc) {
       arc.getStart().getArcs().add(arc);
       arcs.add(arc);
   }

/**
 * Returns the set of all nodes in the graph.
 */

   public XSet<Node> getNodeSet() {
       return nodes;
   }

/**
 * Returns the set of all arcs in the graph.
 */

   public XSet<Arc> getArcSet() {
       return arcs;
   }
```

The methods for loading and saving files are left as an exercise.

```
   private XSet<Node> nodes;                /* The set of nodes in the graph */
   private XSet<Arc> arcs;                  /* The set of arcs in the graph  */
   private HashMap<String,Node> nodeMap;    /* Map from names to nodes       */
};
```

图 17-5 （续）

为了让你看清如何使用 Graph 类，图 17-6 中的代码使用了多个辅助方法来创建图 17-1 中的航空公司的图，然后打印出了可直达的城市名。AirlineGraph 程序的样例运行看起来像下面这样：

图 457

```
┌─────────────────────────────────────────────────────────┐
│ ○○○                  AirlineGraph                        │
│ Atlanta -> Chicago, Dallas, New York                    │
│ Boston -> New York, Seattle                             │
│ Chicago -> Atlanta, Denver                              │
│ Dallas -> Atlanta, Denver, Los Angeles, San Francisco   │
│ Denver -> Chicago, Dallas, San Francisco                │
│ Los Angeles -> Dallas                                   │
│ New York -> Atlanta, Boston                             │
│ Portland -> San Francisco, Seattle                      │
│ San Francisco -> Dallas, Denver, Portland               │
│ Seattle -> Boston, Portland                             │
│                                                         │
└─────────────────────────────────────────────────────────┘
```

```java
/*
 * File: AirlineGraph.java
 * ------------------------
 * This program displays the structure of the airline graph.
 */

package edu.stanford.cs.javacs2.ch17;

public class AirlineGraph {

   public void run() {
      Graph airline = createGraph();
      printAdjacencyLists(airline);
   }

/*
 * Prints the adjacency list for each city in the graph.
 */

   private void printAdjacencyLists(Graph g) {
      for (Node node : g.getNodeSet()) {
         System.out.print(node.getName() + " -> ");
         boolean first = true;
         for (Arc arc : node.getArcs()) {
            if (!first) System.out.print(", ");
            System.out.print(arc.getFinish().getName());
            first = false;
         }
         System.out.println();
      }
   }

/*
 * Creates an airline graph containing the flight data from Figure 17-2.
 * Real applications would almost certainly read the data from a file.
 */

   public Graph createGraph() {
      Graph airline = new Graph();
      addFlight(airline, "Atlanta", "Chicago", 599);
      addFlight(airline, "Atlanta", "Dallas", 725);
      addFlight(airline, "Atlanta", "New York", 756);
      addFlight(airline, "Boston", "New York", 191);
      addFlight(airline, "Boston", "Seattle", 2489);
      addFlight(airline, "Chicago", "Denver", 907);
      addFlight(airline, "Dallas", "Denver", 650);
      addFlight(airline, "Dallas", "Los Angeles", 1240);
      addFlight(airline, "Dallas", "San Francisco", 1468);
      addFlight(airline, "Denver", "San Francisco", 954);
      addFlight(airline, "Portland", "San Francisco", 550);
      addFlight(airline, "Portland", "Seattle", 130);
      return airline;
   }
```

658

图 17-6　创建航空公司图的程序

```
/*
 * Adds an arc in each direction between the cities c1 and c2.
 */

   private void addFlight(Graph airline, String c1, String c2, int miles) {
       Node n1 = airline.getNode(c1);
       if (n1 == null) airline.addNode(n1 = new Node(c1));
       Node n2 = airline.getNode(c2);
       if (n2 == null) airline.addNode(n2 = new Node(c2));
       Arc arc = new Arc(n1, n2, miles);
       airline.addArc(arc);
       arc = new Arc(n2, n1, miles);
       airline.addArc(arc);
   }

/* Main program */

   public static void main(String[] args) {
       new AirlineGraph().run();
   }

}
```

图 17-6　（续）

17.4　图的遍历

　　正如在前面的示例中所看到的，只要按照集的抽象所要求的顺序来处理图中的结点，那么遍历这些结点就会很容易。但是，许多图算法都要求以将连通性考虑在内的顺序来处理结点。这种算法在典型情况下会从某个结点出发，然后沿着弧逐个结点地向前移动，并在每个结点上执行某项操作。操作的具体特性取决于算法，但是无论是什么操作，执行操作的过程被称为访问结点。沿着弧访问图中每个结点的过程被称为遍历图。

　　在第 15 章学习过针对树的多种遍历策略，其中最重要的是前序、后序和中序遍历。像树一样，图也支持多种遍历策略。对于图来说，两种基本的遍历算法是深度优先搜索和广度优先搜索，接下来的两节将分别介绍它们。

　　每种图的遍历方法都会接受两个参数：起始结点和一个实现了图 17-7 中所示的 Visitor 接口的对象。这个接口支持一种被称为访问者模式的重要编程模型。正如从其定义中可以看到的，所有 Visitor<T> 对象都实现了 visit 方法，它接受类型为 T 的单个引元。visit 方法的实现取决于具体应用。对于测试程序来说，visit 方法会直接打印出结点的名字，就像下面这样：

```
public void visit(Node node) {
   System.out.println("Visiting " + node.getName());
}
```

　　遍历的目标是按照遍历所指定的顺序将 Visitor 方法应用到每个结点上一次且仅一次。因为图经常有多条路径导向同一个结点，所以需要额外的簿记工作来确保结点不会被重复访问。遍历算法的实现会使用名为 visited 的集来记录已经处理过的结点。如果遍历时发现某个结点已经在 visited 集中了，就表示该结点已经被访问过了。

17.4.1　深度优先搜索

　　遍历图的深度优先搜索算法类似于树的先序遍历，并且具有相同的递归结构。唯一更复杂之处是图中可能包含环。因此，关键是要跟踪已经访问过的结点。图 17-8 展示的代码实

图   459

现了从特定结点开始的深度优先搜索。

```
/*
 * File: Visitor.java
 * --------------------
 * This interface defines the behavior of classes that can serve as
 * visitors for nodes in a graph.
 */

package edu.stanford.cs.javacs2.ch17;

public interface Visitor<T> {

/**
 * Performs an operation on the specified node as part of the visitor
 * pattern.
 *
 * @param obj The object to be visited
 */

   public void visit(T obj);

}
```

图 17-7　Visitor 接口的定义

```
/*
 * Initiates a depth-first search beginning at the specified node, calling
 * the visit method provided by the Visitor object at each one.
 */

   private void depthFirstSearch(Node node, Visitor<Node> visitor) {
      XSet<Node> visited = new XSet<Node>();
      dfs(node, visitor, visited);
   }

/*
 * Executes a depth-first search beginning at the specified node that
 * avoids revisiting any nodes in the visited set.  If visitor is
 * non-null, its visit method is applied to each node.
 */

   private void dfs(Node node, Visitor<Node> visitor, XSet<Node> visited) {
      if (visited.contains(node)) return;
      if (visitor != null) visitor.visit(node);
      visited.add(node);
      for (Arc arc : node.getArcs()) {
         dfs(arc.getFinish(), visitor, visited);
      }
   }
```

图 17-8　执行深度优先搜索的代码

660
~
661

在这个实现中，depthFirstSearch 是一个包装器方法，它唯一的作用就是引入用来跟踪已经处理过的结点的 visited 集。dfs 方法会访问当前结点，然后对从当前结点可以直接到达的结点递归地调用自己。

深度优先策略最容易的理解方式是跟踪它在一个简单示例上下文中的操作，例如本章开头介绍的航空公司的图：

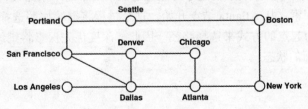

在上面这种图的呈现方式中，结点被画成了空心圆，表示它们还未被访问过。随着算法的执行，这些圆的每一个都会用一个数字来标记，该数字记录了它们被处理的顺序。

假设通过下面的调用来触发深度优先搜索：

```
depthFirstSearch(airline.getNode("San Francisco"));
```

对 depthFirstSearch 方法的调用自身会创建一个空的 visited 集，然后将控制权交给递归的 dfs 方法。第一次调用会访问 San Francisco 结点，它在图中被按如下方式记录：

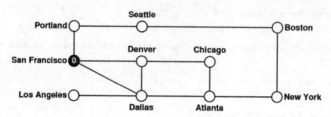

然后，这个结点会做出若干个对 dfs 的递归调用，循环中每次迭代调用一次：

```
for (Arc arc : node.getArcs()) {
    dfs(arc.getFinish(), visitor, visited);
}
```

662 这些调用发生的顺序取决于 for 语句遍历弧的顺序，它是由 Node 和 Arc 类中的 compareTo 方法定义的。因为这些比较方法指定了 for 循环会以字母表的顺序来处理结点，所以循环的第一次迭代会用 Dallas 结点来调用 dfs，从而产生下面的状态：

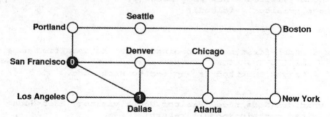

根据代码编写的方式，该程序必须在考虑其他从 San Francisco 结点出发的可能路径之前，先完成涉及 Dallas 结点的完整调用。因此，下一个被访问的结点是从 Dallas 可到达的按照字母表排序的第一个城市，即 Atlanta：

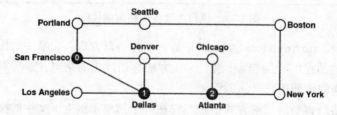

深度优先搜索算法的整体效果就是尽可能远地探索图中的单条路径，然后再回溯到更高层完成其他路径的探索。从 Atlanta 结点开始，这个过程将继续按照选择按字母表排序的邻居中的第一个邻居为起点的方式来选择路径。因此，深度优先探索将继续访问结点 Chicago 和 Denver，产生下面的状态：

图   461

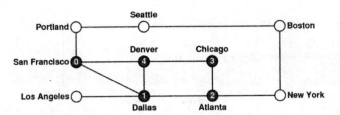

此刻，继续向前已经不可能了，因为从 Denver 出发的所有连接都已经被访问过了，因此会立即返回。这样，递归过程会返回到 Chicago，该结点也会发现没有任何连接可以通往未探索过的区域。因此，递归回溯过程会返回到 Atlanta，它现在可以选择应该往哪里去，并且将探索 New York 链接。一如既往，深度优先算法会尽可能远地探索这条路径，从而达到下面的状态：

从此处开始，该过程会一路回溯到 Dallas 结点，并在此选择 Los Angeles：

如果将深度优先算法与其他你看到过的算法对比来看，你就会意识到它的操作与第 10 章的迷宫解决算法是相同的。在那个算法中，必须沿着路径标记经过的点，以避免在迷宫中绕着一条环路不停地打转。因此，迷宫中的标记可以类比深度优先搜索实现中 `visited` 集中的结点。

17.4.2　广度优先搜索

尽管深度优先搜索有很多重要的用处，但是这种策略的缺点也使得它对某些应用来说显得并不适用。深度优先搜索的最大问题是它在回溯查看其他邻居之前，必须先探索以某个邻居开始的完整路径。如果你想要发现很大的一张图中两个结点之间的最短路径，那么使用深度优先搜索就会让你沿着一条路径在图中一直探索到尽头，然后才会回溯到其他路径上，尽管你的目的地可能沿着另一条路径走只需要一步。

广度优先搜索算法解决了这个问题，因为它访问每个结点的顺序是由这些结点距离起点的距离决定的，而这个距离是用最短可能路径上弧的数量来度量的。当通过对弧计数来度量距离时，每条弧都构成了一跳。因此，广度优先搜索的本质是先访问起点，然后是与其距离一跳的结点，之后是与其距离两跳的结点，以此类推。

为了更具体地理解这个算法，假设你想要将广度优先遍历应用于航空公司的图上，起点仍旧是 San Francisco 结点。该算法的第一阶段就是访问起点：

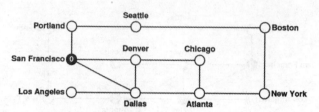

接下来的阶段会访问与起点距离一跳的结点，具体如下：

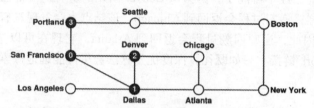

从此处开始，该算法会继续探索与起点距离两跳的结点：

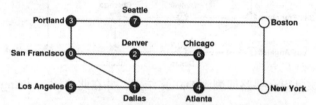

在最后阶段，该算法会访问与起点距离三跳的结点，从而完成图的探索：

665

　　实现广度优先搜索的最简单的方式是使用未处理结点的队列，在遍历过程中的每一步，都将当前结点的邻居添加到该队列中。因为该队列是按照顺序处理的，所以所有离起点一跳的结点都会在队列中出现在所有离起点两跳的结点的前面，其他结点情况以此类推。图 17-9展示了这种策略的实现。

```
/*
 * Initiates a breadth-first search beginning at the specified node,
 * calling the visit method provided by the Visitor object at each one.
 */

    private void breadthFirstSearch(Node node, Visitor<Node> visitor) {
        XSet<Node> visited = new XSet<Node>();
        Queue<Node> queue = new ArrayQueue<Node>();
        queue.add(node);
        while (!queue.isEmpty()) {
            node = queue.remove();
            if (!visited.contains(node)) {
                visitor.visit(node);
                visited.add(node);
                for (Arc arc : node.getArcs()) {
                    queue.add(arc.getFinish());
                }
            }
        }
    }
```

图 17-9　执行广度优先搜索的代码

图 463

17.5 查找最小代价路径

因为在很多具有重要商业价值的应用中都会用到图，所以相当大量的研究都集中在开发有效的算法以解决与图相关的问题上。在这些问题中，最有趣的一个就是在图中查找从某个结点到另一个结点的按照某种度量标准来计算具有最小代价的路径。这种度量标准并不需要必须是与经济相关的标准。例如，虽然你可能对为某些应用查找两个结点之间花费最低的路径很感兴趣，但是你也可以用相同的算法来查找总距离最短的路径、跳数最少的路径，或者旅行时间最短的路径。

作为具体的示例，假设你想要查找从 San Francisco 到 Boston 总里程最短的路径，计算的依据就是图 17-2 中每条弧上所示的里程数。途经 Portland 和 Seattle 好？还是途经 Dallas、Atlanta 和 New York 好？或者是否可能还存在不那么明显但是却更短的路径？

在像本例所示的微型航空公司的路线图这样的简单图中，很容易通过沿所有可行的路径累加弧的长度来计算出答案。但是，随着图变大，这种方式就会变得无法工作。通常，图中两个结点之间路径的数量会以指数形式增长，这意味着探索所有路径这种方式的运行时间为 $O(2^N)$。正如从第 11 章有关计算复杂度的讨论中所知道的，解决方案需要指数运行时间的问题被认为是不可控的。如果想要在合理的时间内找到图中的最小代价树，那么关键就是要使用更加高效的算法。

查找最小代价路径的最常用的算法是由 Edsger W. Dijkstra 在 1959 年发现的。Dijkstra 的查找最小代价路径的算法是被称为贪心算法的一类算法中的特定实例，这类算法可以通过一系列局部的优化决策来找到全局的解。贪心算法并非对每个问题都起作用，但是在解决查找最小代价路径问题时非常有用。

本质上，用来查找其各条弧具有最小总代价的路径的 Dijkstra 算法的核心可以表达为：以路径总代价递增的顺序探索从起点开始的所有路径，直至遇到可以到达目的地的路径。这条路径必然是最佳的，因为之前已经探索过从起点开始具有更低代价的所有路径。

如果以定义维护了一个弧序列的 Path 类入手，那么 Dijkstra 算法就会更容易实现。当然，有一种可行的策略是使用一个 ArrayList<Arc> 来实现此目的，但是将弧的列表封装在单独的类中会有许多好处。首先，我们可以在 Path 类中添加必要的检查，以确保这条路径不是非连通的，即每条新弧都必须以前一条弧的终点为起点的。另外，这个类可以跟踪路径的总代价，这样我们就不必在每次需要此信息时都要计算所有弧代价的总和了。但是，更重要的是，我们可以将 Path 定义为不可变类，使其在创建后就永远都不能修改，但是可以通过扩展来形成包含更多弧的完整的新路径。使用不可变的 Path 类的主要好处是这样做可以回避在该算法执行过程中是否需要复制路径的问题，这个问题在本节稍后会看到。

图 17-10 展示了不可变的 Path 类的实现，这个实现还定义了 compareTo 方法，该方法将基于两条路径的总长度来都比较它们。让 Path 实现 Comparable<Path> 接口意味着我们可以将路径存储到优先级队列中，使得较短的路径排在较长的路径前面。

一旦有了 Path 类，对 Dijkstra 算法编码就会变得相对容易，如图 17-11 中 findMinimumPath 方法所示。这个方法接受两个结点，并返回它们之间的最小代价路径，或者在不存在任何连通路径的情况下返回 null。

666

667

```
/*
 * File: Path.java
 * ----------------
 * This file exports the Path class, which consists of a sequence of Arc
 * objects.  The Path class is immutable in that paths are never changed
 * once they are constructed.  Clients instead use the extend method to
 * create new paths that contain an additional arc.
 */

package edu.stanford.cs.javacs2.ch17;

import edu.stanford.cs.javacs2.ch13.ArrayList;
import java.util.Iterator;

public class Path implements Comparable<Path>, Iterable<Arc> {

   public Path() {
      arcs = new ArrayList<Arc>();
      totalCost = 0;
   }

/**
 * Creates a new path that has the same arcs as the current one, but
 * includes the new arc at the end.  Note that this method leaves the
 * current path unchanged.
 */

   public Path extend(Arc arc) {
      if (!isEmpty() && getFinish() != arc.getStart()) {
         throw new RuntimeException("Arcs are disconnected");
      }
      Path path = new Path();
      for (Arc a : this.arcs) {
         path.arcs.add(a);
      }
      path.arcs.add(arc);
      path.totalCost = this.totalCost + arc.getCost();
      return path;
   }

/**
 * Returns true if this path is empty.
 */

   public boolean isEmpty() {
      return arcs.isEmpty();
   }

/**
 * Gets the total cost of this path.
 */

   public double getCost() {
      return totalCost;
   }

/**
 * Gets the starting node of this path.
 */

   public Node getStart() {
      if (arcs.isEmpty()) throw new RuntimeException("Path is empty");
      return arcs.get(0).getStart();
   }

/**
 * Gets the finish node of this path.
 */

   public Node getFinish() {
      if (arcs.isEmpty()) throw new RuntimeException("Path is empty");
      return arcs.get(arcs.size() - 1).getFinish();
   }
```

图 17-10　Path 类的实现

图　　　　　　　　　　　　　　　　　　　　　　　　　　　　　　　　　　　　465

```
/**
 * Converts the path to a string.
 */

   public String toString() {
      if (arcs.isEmpty()) return "empty";
      String str = arcs.get(0).getStart().getName();
      for (Arc arc : arcs) {
         str += " -> " + arc.getFinish().getName();
      }
      return str;
   }

/**
 * Compares this path to p2 based on the total cost.
 */

   public int compareTo(Path p2) {
      return (int) Math.signum(this.totalCost - p2.totalCost);
   }

/**
 * Returns an iterator over the arcs in the path.
 */

   public Iterator<Arc> iterator() {
      return arcs.iterator();
   }

/* Private instance variables */

   private ArrayList<Arc> arcs;
   private double totalCost;

}
```

图 17-10 （续）

669

如果考虑 findMinimumPath 方法的代码所使用的数据结构，就能更好地理解它。该
实现声明了如下 3 个局部变量：

- 变量 path 用来跟踪作为 Path 对象的最小路径。
- 变量 queue 是一个用来存储路径的优先级队列，该队列是排序的，使得其中的路径
  将按照总代价的递增顺序被处理。
- 变量 fixed 是一个映射表，将每个结点的名字与到达该结点的最小代价相关联，只
  要这个代价是可知的。无论何时，只要我们从优先级队列中移除一条路径，就表示
  我们知道该路径肯定展示的是到其终止结点的最便宜路线，除非其成本已经被固定。
  通过将距离存储在映射表中，我们就可以跟踪已知的代价。

图 17-12 中给出了 findMinimumPath 的操作，它展示了计算在图 17-2 的航空公司图
中从 San Francisco 到 Boston 的最小代价路径的各个步骤。

```
/*
 * Finds the minimum-cost path between start and finish using Dijkstra's
 * algorithm, which keeps track of the shortest paths in a priority
 * queue.  The method returns a Path object, or null if no path exists.
 */

   private Path findMinimumPath(Node start, Node finish) {
      Path path = new Path();
      PriorityQueue<Path> queue = new PriorityQueue<Path>();
      HashMap<String,Double> fixed = new HashMap<String,Double>();
      while (start != finish) {
```

图 17-11　查找最小代价路径的 Dijkstra 算法的实现

```
    if (!fixed.containsKey(start.getName())) {
        fixed.put(start.getName(), path.getCost());
        for (Arc arc : start.getArcs()) {
            if (!fixed.containsKey(arc.getFinish().getName())) {
                queue.add(path.extend(arc));
            }
        }
    }
    if (queue.isEmpty()) return null;
    path = queue.remove();
    start = path.getFinish();
}
return path;
}
```

图 17-11 （续）

设定到 San Francisco 的距离为 0
处理从 San Francisco 出发的弧 (Dallas, Denver, Portland)
    路径入列：San Francisco → Dallas(1468)
    路径入列：San Francisco → Denver(954)
    路径入列：San Francisco → Portland(550)
最短路径出列：San Francisco → Portland(550)
设定到 Portland 的距离为 550
处理从 Portland 出发的弧 (San Francisco, Seattle)
    忽略 San Francisco，因为它的距离已知
    路径入列：San Francisco → Portland → Seattle(680)
最短路径出列：San Francisco → Portland → Seattle(680)
设定到 Seattle 的距离为 680
处理从 Seattle 出发的弧 (Boston, Portland)
    路径入列：San Francisco → Portland → Seattle → Boston(3169)
    忽略 Portland，因为它的距离已知
最短路径出列：San Francisco → Denver(954)
设定到 Denver 的距离为 954
处理从 Denver 出发的弧 (Chicago, Dallas, San Francisco)
    忽略 San Francisco，因为它的距离已知
    路径入列：San Francisco → Denver → Chicago(1861)
    路径入列：San Francisco → Denver → Dallas(1604)
最短路径出列：San Francisco → Dallas(1468)
设定到 Dallas 的距离为 1468
处理从 Dallas 出发的弧 (Atlanta, Denver, Los Angeles, San Francisco)
    忽略 Denver 和 San Francisco，因为它们的距离都已知
    路径入列：San Francisco → Dallas → Atlanta(2193)
    路径入列：San Francisco → Dallas → Los Angeles(2708)
最短路径出列：San Francisco → Denver → Dallas (1604)
忽略 Dallas，因为它的距离已知
最短路径出列：San Francisco → Denver → Chicago(1861)
设定到 Chicago 的距离为 1861
处理从 Chicago 出发的弧 (Atlanta, Denver)
    忽略 Denver，因为它的距离已知
    路径入列：San Francisco → Denver → Chicago → Atlanta(2460)
最短路径出列：San Francisco → Dallas → Atlanta(2193)
设定到 Atlanta 的距离为 2193
处理从 Atlanta 出发的弧 (Chicago, Dallas, New York)
    忽略 Chicago 和 Dallas，因为它们的距离都已知
    路径入列：San Francisco → Dallas → Atlanta → New York(2949)

图 17-12　Dijkstra 算法的执行步骤

图 467

最短路径出列: San Francisco → Denver → Chicago → Atlanta(2460)
忽略 Atlanta, 因为它的距离已知
最短路径出列: San Francisco → Dallas → Los Angeles(2708)
设定到 Los Angeles 的距离为 2708
处理从 Los Angeles 出发的弧 (Dallas)
    忽略 Dallas, 因为它的距离已知
最短路径出列: San Francisco → Dallas → Atlanta → New York(2949)
设定到 New York 的距离为 2949
处理从 New York 出发的弧 (Atlanta, Boston)
    忽略 Atlanta, 因为它的距离已知
    路径入列: San Francisco → Dallas → Atlanta → New York → Boston(3140)
最短路径出列: San Francisco → Dallas → Atlanta → New York → Boston(3140)

图 17-12 (续)

671

在你通读 Dijkstra 算法的实现时, 应该基于以下几点:

- 路径是按照总距离而不是跳数的顺序探索的。因此, 以 San Francisco → Portland → Seattle 开始的连接会先于 San Francisco → Denver 和 San Fran-cisco → Dallas 的连接被探索, 因为其总距离更短。
- 到某个结点的距离是在某条路径从优先级队列中被移除时固定的, 而不是该路径被添加时固定的。第一条添加到优先级队列中的到 Boston 的路径是经由 Portland 和 Seattle 的路径, 它并非最短路径。San Francisco → Portland → Seattle → Boston 这条路径的总距离为 3169, 而最小值为 3140, 所以 San Francisco → Portland → Seattle → Boston 这条路径在算法完成其操作之后仍旧在优先级队列中。
- 从某个结点出发的所有弧都最多只被扫描一次。该算法内部的循环只有在该结点距离固定之后才会被执行。因此, 内部循环执行的总迭代次数是结点数量与从一个结点出发的弧的最大数量的乘积。Dijkstra 算法的完整分析超出了本书的范围, 但是在这里可以明确, 其运行时间为 $O(M \log N)$, 其中 N 是结点数量, M 要么等于 N, 要么等于弧的数量, 取其中较大的值。

17.6 泛化 Graph 类

本章之前定义的 Graph、Node 和 Arc 类都不如预期地通用。对于比你到目前为止看到的那些应用更复杂的应用来说, 几乎可以肯定客户端会想要在 Node 和 Arc 类中添加额外的域。例如, 如果想要在屏幕上显示图, 那么就需要将每个结点的 x 和 y 坐标作为数据的一部分存储到 Node 类中。类似地, 如果想要用不同的颜色绘制弧, 那么就需要在 Arc 类的定义中添加 color 域。

即使是你已经看到过的类, 也没有什么妨碍你去定义包含必需的域的子类。例如, 我们可以用图 17-13 中的代码来定义包含了额外域的嵌套的子类 AirlineNode 和 Airline-Arc。这种方式的问题在于 Graph 类, 以及 Node 和 Arc 类自身, 使用的都是原来的 Node 或 Arc 类, 而不是扩展的子类。因此, 任何返回 Node 或 Arc 类型的值的方法都需要在将其结果赋值给声明为 AirlineNode 或 AirlineArc 的变量之前进行强制类型转换。例如, 如果有一个包含这些扩展类对象的图对象 g, 并想要找到其中名字为 Portland 的 AirLineNode 对象, 那么就需要使用下面的声明:

672

```
AirlineNode city = (AirlineNode) g.getNode("Portland");
```

遗憾的是，总是得记着使用必需的类型强制转换会显得很烦人，而且这对于代码的可读性而言没有任何帮助。

```
/* Inner class for a node containing the screen location */

   private static class AirlineNode extends Node {

      public AirlineNode(String name, double x, double y) {
         super(name);
         this.x = x;
         this.y = y;
      }

      private double x;
      private double y;

   }

/* Inner class for an arc containing color information */

   private static class AirlineArc extends Arc {

      public AirlineArc(AirlineNode start, AirlineNode finish, Color color) {
         super(start, finish);
         this.color = color;
      }

      private Color color;

   }
```

图 17-13　定义 Node 和 Arc 类的扩展

17.6.1　在图抽象中使用参数化类型

消除强制类型转换需求的最佳方式是定义能够构成图抽象的类，使得它们能够将实际用于结点和弧的类型作为类型参数来接受。本节将介绍 4 个新类：GenericGraph<N, A>、GenericNode<N, A>、GenericArc<N, A> 和 GenericPath<N, A>，它们每个都表示一种你已经看到过的类的泛化形式。这些类名中的类型参数 N 和 A 代表结点和弧实际使用的类型。

但是，编写模板定义并不像看起来那么简单。例如，我们不能使用下面的类首行来定义 GenericGraph 的参数化版本：

```
public class GenericGraph<N,A>
```

这个定义使得 N 和 A 可以被替换为任何 Java 类。为了让这种图的抽象可以工作，N 必须是 GenericNode 的子类，且 A 也必须是 GenericArc 的子类。因为这些类自身是参数化的，所以我们需要让 GenericGraph 的首行看起来像下面这样：

```
public class GenericGraph<N extends GenericNode<N,A>,
                          A extends GenericArc<N,A>>
```

同样的模式还要应用于 GenericNode、GenericArc 和 GenericPath 的定义上。一旦编写了正确的类首行，剩下的代码就只需要做些小的修改即可。我们只需在之前实现中出现具体类型 Node 和 Arc 出现的每一处都将它们替换为恰当的参数化类型名。

图 469

17.6.2 添加额外的操作

如果想要让图抽象的参数化版本尽可能有用，那么就需要定义超出图17-5所列的 Graph 类中包括的方法范围之外的额外方法。这些方法中有些可以让使用这些类变得更加方便。例如，我们可以重载接受结点为参数的方法，使得客户端可以只传入这些结点的名字。另一种扩展是添加像深度优先和广度优先搜索（分别由 dfs 和 bfs 来实现）和 Dijkstra 算法（由 findMinimumPath 来实现）这样的算术方法。图 17-14 列出了 GenericGraph 类导出的方法，就像本章示例代码中定义的那样。

构造器

GenericGraph<N, A>()	创建一个没有任何结点和弧的空图

方法

size()	返回图中结点的数量
isEmpty()	如果图中不包含任何结点，则返回 true
clear()	移除图中所有结点和弧
addNode(*node*)	在图中添加结点
removeNode(*name*) removeNode(*node*)	移除图中的一个结点，以及所有与该结点相关的弧
getNode(*name*)	返回与 *name* 相关联的结点。如果不存在与执行名字相关的结点，getNode 会返回 null
addArc(s_1, s_2) addArc(n_1, n_2) addArc(*arc*)	在图中添加一条连接两个结点的弧。前两种形式会添加一条连接指定点的弧，第三种形式会添加一条客户端构建的弧
removeArc(s_1, s_2) removeArc(n_1, n_2) removeArc(*arc*)	移除连接指定结点的所有弧
getNodeSet()	返回由图中所有结点构成的集
getArcSet()	返回由图中所有弧构成的集
getNeighbors(*name*) getNeighbors(*node*)	返回由当前结点的所有邻居结点构成的集，邻居是指从指定的点出发经由一条弧可达到的点
bfs(n_1, *visitor*) bfs(n_1, n_2, *visitor*)	执行从 n_1 结点开始的广度优先搜索，在每个结点上调用 *visitor* 中的 visit 方法。如果指定了 n_2，那么搜索就会在访问完该结点后结束
dfs(n_1, *visitor*) dfs(n_1, n_2, *visitor*)	执行从 n_1 结点开始的深度优先搜索，在每个结点上调用 *visitor* 中的 visit 方法。如果指定了 n_2，那么搜索就会在访问完该结点后结束
findMinimumPath(n_1, n_2)	使用 Dijkstra 算法查找从 n_1 到 n_2 的最小代价路径。这个方法会返回一个 GenericPath 对象，或者在两个结点间不存在路径时返回 null
load(*file*)	将 *file* 中的内容加载到图中
save(*file*)	将图的内容存储到 *file* 中

图 17-14 GenericGraph 类导出的方法

17.7 搜索 Web 的算法

正如在本章介绍中提到的，Web 就是一张图，其中结点为一个个的页面，弧为从一个页面到另一个页面的超链接。与你在本章中已经看到过的图相比，Web 的图十分巨大。Web 上的页面数量数以十亿计，而链接数量则更大。

为了在这种大规模的页面集合中找到有用的信息，大多数人都使用搜索引擎来获取一个最符合其兴趣的页面列表。典型的搜索引擎会扫描整个 Web，这个过程被称为爬网页，是通过许多计算机并行工作来实现的，然后使用爬到的信息来创建一个表示哪些页面包含某个特定词或短语的索引。但是，考虑到 Web 的规模，只有索引是不够的。除非查找项非常具体，否则由包含这些项的所有页面构成的列表会长到无法管理的地步。因此，搜索引擎必须对结果排序，出现在列表靠前位置的页面就是最符合用户兴趣的页面。

设计一种算法来对每个页面的重要性进行排名是设计有效的搜索引擎时最主要的挑战。

17.7.1　Google 的 PageRank 算法

最广为人知的网页排序策略就是 Google 的 PageRank 算法了，它会给每个页面赋一个值，以反映该页面基于网络图整体结构的重要性。尽管其名称表明了该算法是要对网页排名，但是 PageRank 实际上是以 Larry Page 的名字命名的，他与 Google 和联合创始人 Sergey Brin 一起设计了这个算法，而当时他们还是斯坦福大学的研究生。

在某种程度上，PageRank 算法幕后的思想很简单，就是对于一个网页来说，如果有其他的网页链接到它，那么它就会变得重要。在某种意义上，Web 上的每个页面都是对它链接到的其他页面的重要性的一种背书。但是，所有链接的背书效力并不一致。从被认为是权威网页链过来的链接就会比从可信度较低的网页链过来的链接要具有更大的权重。这种认知启示我们需要对之前我们对重要性的刻画方式进行微调：如果有其他重要的网页链接到某个网页，那么该网页就会变得更重要。

页面的重要性会随链接到它的页面的重要性的变化而变化，这个事实表明页面的排名是随其他页面的排名变化而上下波动的。因此，PageRank 算法执行起来就像是一系列连续的近似。在一开始，所有页面都被赋予相同的权重，在后续的迭代中，每个页面的排名被用来对它指向的页面进行排名。最终，这个过程会收敛到一个稳定的点上，此时每个页面的排名都提供了一种由 Web 的链接结构确定的对页面重要性的度量。

另一种描述 PageRank 算法效果的方式是每个页面的最终排名是用随机地在 Web 上通过链接可达该页面的概率来表示的。在与之前决策无关的情况下做出随机选择的过程被称为马尔可夫过程，它是以俄罗斯数学家 Andrei Markov（1856—1922）的名字命名的，他是最先开始研究随机过程的数学特性的数学家之一。

17.7.2　PageRank 计算的一个微型实例

由于实际的 Web 作为有效的指导性的实例来说太大了，所以从一个小得多的实例入手会更合理。图 17-15 中的图展示了由 5 个页面构成的微型 Web 的图，这 5 个页面标记为字母 A、B、C、D 和 E。图中的弧表示页面之间的链接。例如，页面 A 链接到了其他所有页面，而页面 B 只链接到了页面 E。

PageRank 算法中的第一步是给每个页面赋予初始的排名，该排名就是在整个页面集合中随机地选中该页面的概率。在本例中有 5 个页面，因此，随机地选中任何特定页面的机会都是五分之一。这个机会对应于数学上的概率 0.2，即在每个页面底部出现的数字。

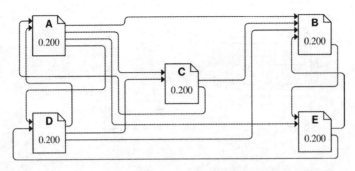

图 17-15   由 5 个页面构成的 Web 图，每个页面都具有相等概率

在每次迭代中，PageRank 算法都会通过计算在前一次迭代结束后用户通过随机的链接到达该页面的可能性来更新赋给每个页面的概率。例如，如果我们碰巧在结点 A，那么我们就可以选择访问其他四个结点中的任意一个，因为 A 有指向所有其他结点的链接。如果随机选择一个链接，那么就会有四分之一的概率到达结点 B，四分之一的概率到达结点 C，到达结点 D 和 E 的概率也是一样。但是，如果我们发现自己在结点 B 处，又会发生什么呢？因为结点 B 只有一个链接指向外部，所以任何从 B 中选择链接的用户都会毫无例外地到达结点 E。

我们可以使用这种计算来确定顺着随机链接到达其他结点的可能性。例如，顺着链接有两条到达结点 A 的方式。我们可以从结点 C 出发，选择顺着 C 上两个链接中指向 A 的链接回到 A。或者，我们可以从结点 D 出发，但是在这种情况下我们必须足够幸运才能从 D 上的三个链接而不是两个链接中选中指向 A 的链接。因此，顺着一个随机链接到达结点 A 的概率是在 C 处的二分之一加上在 D 处的三分之一。如果要将这个计算表示成一个公式，其中使用结点字母来表示下一次迭代中的概率，那么其结果看起来如下：

$$A' = \frac{1}{2}C + \frac{1}{3}D$$

类似的分析会产生下面的图中其他页面的公式：

$$B' = \frac{1}{4}A + \frac{1}{2}C + \frac{1}{3}D + \frac{1}{2}E$$

$$C' = \frac{1}{4}A + \frac{1}{3}D$$

$$D' = \frac{1}{4}A + \frac{1}{2}E$$

$$E' = \frac{1}{4}A + B$$

PageRank 算法的每次迭代都会将页面 A、B、C、D 和 E 的概率替换为由这些公式计算出来的 A'、B'、C'、D' 和 E'。图 17-16 展示了前两次迭代执行后的结果。

现实世界中的大部分马尔可夫过程都有一个奇妙之处，那就是其概率会在迭代次数相对适度后趋向于稳定。图 17-17 展示了 16 次迭代后这 5 个网页的概率，从此时开始，这些概率的小数点后前三位不会再发生变化。因此，这些值就表示了在 Web 上随机地冲浪后到达特定页面的概率，这就是 PageRank 思想的精髓所在。

第一次迭代后：

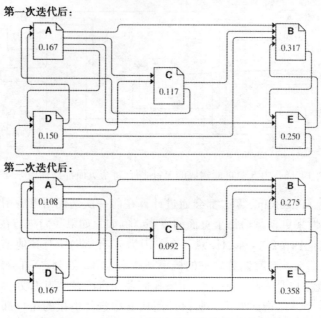

图 17-16　PageRank 算法前两次迭代后的概率

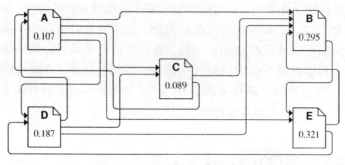

图 17-17　稳定后的最终概率

17.8　总结

本章向你介绍了图的概念，图被定义为由一组连接一对对结点的弧链接在一起的一组结点。就像集一样，图不仅是一种重要的理论抽象，而且是一种可以解决在许多应用领域都会碰到的实际问题的工具。例如，图算法在研究从互联网到大规模交通系统的连通结构的属性时就非常有用。

本章的要点包括：

- 图可以是有向的或无向的。有向图中的弧只有一个方向，因此存在 $n_1 \rightarrow n_2$ 的弧不表示也存在 $n_2 \rightarrow n_1$ 的弧。你可以用有向图来表示无向图，在这种有向图中，互连的一对结点之间由两条弧链接，其中每个方向上一条。

- 你可以采用多种策略来表示图中的连接。一种常用的方式是构建邻接表，其中每个结点的数据结构都包含一个连通的结点列表。你还可以使用邻接矩阵，将连接存储到一个布尔值的二维数组中。矩阵的行和列都是用图中的结点来索引的，如果两个结点在图中是连通的，那么矩阵中对应的项包含的值就为 `true`。

图 473

- `Graph`、`Node` 和 `Arc` 类型在架构在集之上时，就可以很容易地实现。
- 图的最重要的两种遍历顺序是深度优先搜索和广度优先搜索。深度优先搜索算法会从起点处选择一条弧，然后递归地探索以这条弧开始的所有路径，直至没有余下任何额外的结点。只有到了这一点上，该算法才会返回去探索从原来结点出发的其他弧。广度优先搜索算法会按照与起始结点的距离的排序来探索所有结点，而结点的距离指的是沿最短路径到达该结点的弧的数量。在处理了初始结点之后，广度优先搜索会处理先处理该结点的所有邻居结点，然后再处理与其距离两跳的所有结点。
- 你可以用 Dijkstra 算法来查找图中两个结点之间的最小代价路径，该算法与对所有可行路径的代价进行比较的指数策略相比，在效率上得到了极大的提高。Dijkstra 算法是被称为贪心算法的一大类算法中的一个实例，这种算法会在所有的决策点上选择局部最优的选项。
- 你可以通过用参数化类型来定义具体的结点类和弧类的方式来提高图抽象模型的通用性。这种模型构建在 `GenericGraph` 类中，图 17-14 中列出了它的方法。
- Google 的 PageRank 算法演示了在实践中图算法具有的巨大的重要性。

17.9 复习题

1. 什么是图？
2. 是非题：树是图的子集，而图形成了更泛化的类。
3. 有向图和无向图的区别是什么？
4. 如果你在使用只支持有向图的图包，那么应该如何来表示无向图？
5. 定义下面的术语在应用于图时的含义：路径、环、简单路径、简单环。
6. 术语邻居和度的关系是什么？
7. 强连通图和弱连通图的差异是什么？
8. 是非题：术语弱连通与无向图没有任何实践上的关联性，因为对于任何无向图而言，如果它是连通的，那么它自动就是强连通的。
9. 数学家们常用什么术语来代替结点和弧？
10. 假设某所大学的计算机科学的课程包含 8 门课，它们的先修结构如下：

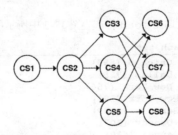

用本章描述的数学公式将这张图定义为一对集。
11. 绘制一张图，展示上一个问题中的图的邻接表表示形式。
12. 给定复习题 10 中所示的先修条件图，对应的邻接矩阵中的内容是什么？
13. 稀疏图和稠密图的区别是什么？
14. 如果要求你为某个特定应用选择一种图的底层表示方式，你在决定在实现中使用邻接表还是邻接矩阵时将会考虑哪些因素？
15. 图的两种最常见的遍历策略是什么？
16. 写出图 17-1 中的航空公司图从 Atlanta 出发的深度优先遍历和广度优先遍历的过程。记住，在结点和弧上的迭代总是以字母序发生的。

681 17. 什么是贪心算法?

18. 请解释查找最小代价路径的 Dijkstra 算法的操作过程。

19. 请展示图 17-12 中所示的 Dijkstra 算法的每一步中优先级队列中的内容。

20. 用图 17-12 作为模型,跟踪 Dijkstra 算法在查找从 Portland 到 Atlanta 的最小代价路径时的执行过程。

17.10 习题

1. 尽管这些定义包含在本章提供的代码中,但是实现从指定文件中读取图的文本描述的下列方法:

```
public void load(String filename)
```

以及对称的将图的结构写出为与 load 兼容的形式的下列方法:

```
public void save(String filename)
```

会显得非常有指导意义。

load 和 save 使用的文件格式由下面三种格式的行构成:

$$x \qquad 定义名为 x 的结点$$
$$x-y \qquad 定义双向弧 x \longleftrightarrow y$$
$$x \rightarrow y \qquad 定义有向弧 x \rightarrow y$$

名字 x 和 y 可以是任意的不包含连字符的字符串。两种连接格式都允许用户在行末尾添加用圆括号括起来的数字来指定弧的代价。如果没有任何括起来的值,那么弧的代价就应该被初始化为 0。图的定义最终应该以一个空行或文件结束符来结束。

无论何时,只要在数据文件中出现了新名字,就是定义了新的结点。因此,如果每个结点都与其他某个结点连通,那么在数据文件中只包含弧就足够了,因为定义一条弧时会自动地定义其两个端点处的结点。如果需要表示包含孤立结点的图,那么就必须在单独的行中指定这些结点的名字。

当读入弧时,你的实现应该丢弃结点名中的前导空格和尾部空格,但是要保留内部的空格。下面的行:

```
San Francisco - Denver (954)
```

682 应该定义了名字为 "San Francisco" 和 "Denver" 的结点,然后创建了两个方向上的连接,这两条弧的代价都是 954。

作为示例,在下面的数据文件上调用 load 将产生图 17-2 中所示的航空公司的图:

```
AirlineGraph.txt
Atlanta - Chicago (599)
Atlanta - Dallas (725)
Atlanta - New York (756)
Boston - New York (191)
Boston - Seattle (2489)
Chicago - Denver (907)
Dallas - Denver (650)
Dallas - Los Angeles (1240)
Dallas - San Francisco (1468)
Denver - San Francisco (954)
Portland - Seattle (130)
Portland - San Francisco (550)
```

对于 save 方法的实现来说,大部分内容都比 load 简单。save 的实现中唯一麻烦的部分是要确保输出中包含没有任何弧的结点,并且在两个结点之间存在两个方向的弧时,要使用无向连接语法。

2. 通过用栈存储未探索过的结点来消除图 17-8 中 depthFirstSearch 的实现中的递归。在算法的

图 475

开头，你只需将起点压入栈。然后，直至栈为空，你一直在重复下面的操作：

1）将栈顶元素弹出。

2）访问该结点。

3）将其邻居压入栈。

3. 将你为上一个习题编写的解决方案中的栈替换为队列。描述所产生的代码实现的遍历顺序。

4. 编写下面的方法：

boolean pathExists(Node n1, Node n2)

该方法在 n1 和 n2 之间存在路径时返回 true。使用从 n1 出发的深度优先搜索来遍历图，以此实现该方法。如果路上碰到了 n2，那么就存在路径。使用广度优先搜索再次实现该方法。在大型的图中，哪种实现可能更适合？

5. 编写下面的方法：

int hopCount(Node n1, Node n2)

该方法会返回结点 n1 和 n2 之间最短路径的跳数。如果 n1 和 n2 是同一个结点，那么 hop-Count 应该返回 0。如果不存在任何路径，hopCount 应该返回 –1。这个方法用广度优先搜索很容易实现。

6. 编写下面的方法：

Path bfsPath(Node n1, Node n2)

该方法使用广度优先搜索来查找结点 n1 和 n2 之间跳数最少的路径。可能会存在多条这样的路径，你的程序可以随意返回任意一条最小路径。如果在 n1 和 n2 之间不存在任何路径，你的解决方案应该返回 null。

7. 单词梯是 Lewis Carroll 发明的一种游戏，它的目标是将一个单词通过每次修改一个字母的方式转换为另一个单词，其他的约束条件为：在每一步构成的字母序列必须仍旧可以构成一个合法的单词。例如，下面是连接 code 和 data 的单词梯：

code → core → care → dare → date → data

但是，这个单词梯并不是最短的。尽管下面的单词可能有些陌生，但是这个单词梯短了一步：

code → cade → cate → date → data

就此问题而言，你的工作是编写一个程序，找到两个单词之间最小的单词梯，事实证明，如果使用广度优先搜索，这个程序很容易编写。处理过程的第一步是构建一张图，图中的结点都是正好 4 个字母长的英语单词，而图中的弧连接的是只有单个字母不同的结点，使得这些结点可以纳入单词梯中。下面的图展示了 4 字母英语单词图的一小部分，其中包含了所有与 chug 距离不超过 2 跳的单词：

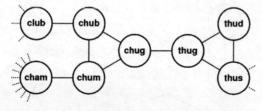

一旦有了这张图，查找单词梯就只需要应用你为上一个习题编写的 bfsPath 方法即可。

编写一个程序，它会从用户处读入两个单词，并找到连接它们的单词梯。你的程序的样例运行可能看起来像下面这样：

683

684

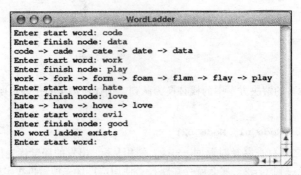

8. 当使用 Facebook 时，该网站总是会通过扫描数据库来查找和你经由某种朋友关系路径连接起来的人，从而将他们推荐为你的新朋友。为了演示这个过程，想象一下 Facebook 朋友数据库中由图 17-18 中所示的图构成的这一小部分数据，在这张图中，弧表示的是朋友关系。例如，从靠近图左边的 Eric 结点延伸出来的弧表明我与 Keith、Lauren 和 Mehran 是朋友。有了这张图，Facebook 就会建议我和 Olivia 成为朋友，因为她与我当前的三个朋友都直接连通。Facebook 还可能会建议我有可能想要成为 Heather 的朋友，因为 Heather 和我有两个共同的朋友：Keith 和 Mehran。

编写下面的方法：

void suggestFriends(Graph g, Node start)

它会为指定起点处的人打印三个（如果没有三个，会打印更少的）推荐的朋友。这些推荐的朋友应该按照他们与起点处的人之间的共同朋友的数量的降序排列。

例如，如果 friends 被初始化为图 17-18 中的图，那么调用

685

suggestFriends(friends, friends.getNode("Eric"));

应该产生下面这样的输出：

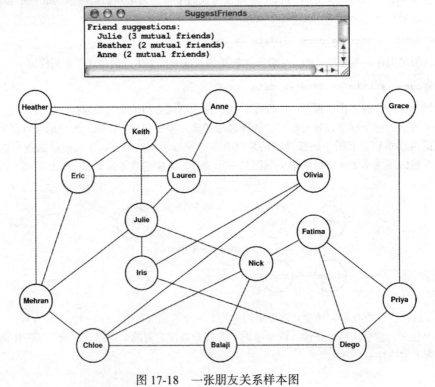

图 17-18   一张朋友关系样本图

图 477

看起来好像有一种方式可以解决这个问题，那就是迭代图中的所有结点，并对共同的连接计数。这种方式的问题在于 Facebook 的朋友关系图十分巨大。因此，在这个问题中，你必须只能在初始结点的邻居范围内处理。你当然可以去查看朋友的朋友，但是不要去查看图中完全无关的部分。

9. 设计并实现一个计算图的直径的方法，直径就是图中任意两个结点之间的最短路径长度的最大值。在图 17-18 所示的朋友图中，其直径为 4，因为这就是任意两个结点之间最大的距离。如果图是非连通的，那么你的方法应该返回 –1。（作为图直径的一个有趣应用，你可以上网搜索"Six Degrees of Kevin Bacon"。）

686

10. 有若干个重要的图算法都操作于一类特殊的图上，在这类图中，结点可以被分为两个集，使得所有的弧连接的都是来自不同的集中的结点，没有任何弧会连接来自同一个集中的结点。这种图被称为二部图。编写下面的方法：

```
boolean isBipartite(Graph g);
```

它接受一张图，并在它具有二部属性时返回 true。

11. 图的支配集是一个结点子集，这些结点与它们的直接邻居一起构成了图中所有的点。即图中每个结点要么在支配集中，要么是支配集中某个结点的邻居。在下面的图中，每个结点都标记了邻居的数量，以方便跟踪该算法，其中填充颜色的结点构成了这种图的支配集。图中还可能有其他的支配集。

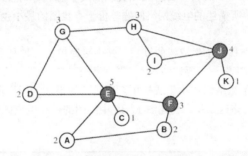

理想状态下，你肯定希望能够找到最小的支配集，但是这被认为是一个在计算上非常困难的任务，对于大多数图来说其计算代价过高。下面的算法通常可以找到一个相对较小的支配集，尽管它并非总是能产生最优结果：

1）从空集 S 开始。

2）按照度递减的顺序考虑图中的每个结点。换句话说，你想要从拥有最多邻居的结点开始，然后依次遍历邻居数量越来越少的结点。如果两个或多个结点具有相同的度，那么你可以按照任意顺序处理它们。

3）如果在步骤 2 中选择的结点不冗余，就将其添加到 S 中。如果一个结点和它的所有邻居都是已经在 S 中的某个结点的邻居，那么这个结点就是冗余的。

4）继续处理直至 S 支配了整张图。

687

编写下面的方法：

```
XSet<Node> findDominatingSet(Graph g)
```

它会用这个算法来找到图 g 的一个较小的支配集。

12. 假设你正在为某家公司工作，这家公司在构建一个将旧金山湾区的 10 座最大的城市连接起来的新的电缆系统。你已经初步研究了沿各种可能的路线铺设新电缆线的成本估算值。图 17-19 中左边的图展示了这些路线和它们相关的成本。你的工作是找到最经济实惠的方式来铺设新的电缆，使得所有城市都可以通过某条路径连通。

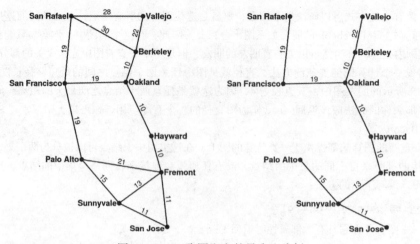

图 17-19　一张图和它的最小生成树

为了最小化成本，你需要避免的事情之一就是铺设的电缆在图中形成了环，这种电缆并非必需的，因为必然有另外一条路径可以连接这些城市。剔除掉所有的环后，剩下的图形成了树。将图中所有结点链接起来的树被称为生成树。所有弧相关联的成本总和尽可能小的生成树被称为最小生成树。因此，在这个习题中所描述的电缆网络问题等价于查找图的最小生成树，即图 17-19 中右边所示的树。

有许多文献提出了很多查找最小生成树的算法。其中最简单的一种是由 Joseph Kruskal 在 1956 年设计的。在 Kruskal 的算法中，需要按照成本递增的顺序来考虑图中的弧。如果在弧两端的结点是非连通的，那么就将这条弧纳入最小生成树中。但是，如果在新图中两个结点之间已经存在一条路径，那么就可以完全忽略这条弧。构建图 17-19 中的图的最小生成树的步骤显示在下面的样例运行中：

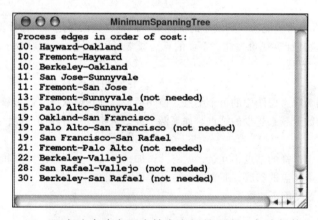

使用习题 4 的 `pathExists` 方法来确定两个结点之间是否有一条路径使它们连通，编写下面的方法：

Graph findMinimumSpanningTree(Graph g)

它实现了查找最小生成树的 Kruskal 算法。这个方法应该返回一张新图，其结点与 g 中的结点相同，但是只包含最小生成树中的弧。

13. 习题 12 建议你使用 `pathExists` 来确定某条弧是否需要出现在最小生成树中。尽管这种策略很容易编码，但是因为它需要在处理过程的每一步中都搜索整张图，所以它不是特别有效率。一种高效得多的方式是维护一个对已经处理过的图中连通区域的记录。为了实现这种处理，最简单的

图 479

方式是在创建新图时，使用集来记录新图中的连通分量。最初，新图中的每个结点都对应一个集，这个集只包含该结点。在添加弧到新图中时，会创建新的连接，而这些连接会将这些集合并。实现这种策略需要你设计一种支持下面操作的数据结构：

- 查找包含特定结点的集。
- 将两个已有集合并，产生它们的并集。

在计算机科学中，这个过程被称为并查算法。

重新实现 Kruskal 算法，让它使用并查算法。在你按照成本递增的顺序遍历弧时，需要检查每条弧的端点属于哪些集。如果它们属于不同的集，那么你就需要将这些集合并，并将该弧添加到新图中。如果该弧的端点属于同一个集，那么就必然已经有一条连接两个端点的路径了，所以就将该弧排除在生成树之外。

14. 假设你接受了一个任务，要创建一张表，用来展示图中每对结点之间的最小代价距离。例如，给定图 17-2 中的航空公司的图，下面的表展示了每对城市之间的最短距离：

	Atlanta	Boston	Chicago	Dallas	Denver	Los Angeles	New York	Portland	San Francisco	Seattle
Atlanta	0	947	599	725	1375	1965	756	2743	2193	2873
Boston	947	0	1546	1672	2322	2912	191	2619	3140	2489
Chicago	599	1546	0	1324	907	2564	1355	2411	1861	2541
Dallas	725	1672	1324	0	650	1240	1481	2018	1468	2148
Denver	1375	2322	907	650	0	1890	2131	1504	954	1634
Los Angeles	1965	2912	2564	1240	1890	0	2721	3258	2708	3388
New York	756	191	1355	1481	2131	2721	0	2810	2949	2680
Portland	2743	2619	2411	2018	1504	3258	2810	0	550	130
San Francisco	2193	3140	1861	1468	954	2708	2949	550	0	680
Seattle	2873	2489	2541	2148	1634	3388	2680	130	680	0

当然，你可以应用 Dijkstra 算法来查找每对结点之间的最小代价路径，但是如果你的目标是查找完整的最短路径集，那么还有更高效的策略。

最广为使用的查找图中所有最短路径的算法被称为 Floyd-Warshall 算法，是以其互相独立的发明人 Robert Floyd 和 Stephen Warshall 的名字命名的。这个算法运行时会设置初始的距离矩阵，然后通过连续求精来调整距离值。矩阵最初的内容为：每个结点到自身的代价都为 0，每对直接连接的结点的对应位置上为连接它们之间的弧的代价，而其他位置上都是无穷大（Java 中的常量 Double.POSITIVE_INFINITY）。对于航空公司的图，其矩阵的初始版本看起来像下面这样：

0	∞	599	725	∞	∞	756	∞	∞	∞
∞	0	∞	∞	∞	∞	191	∞	∞	2489
599	∞	0	∞	907	∞	∞	∞	∞	∞
725	∞	∞	0	650	1240	∞	∞	1468	∞
∞	∞	907	650	0	∞	∞	∞	954	∞
∞	∞	∞	1240	∞	0	∞	∞	∞	∞
756	191	∞	∞	∞	∞	0	∞	∞	∞
∞	∞	∞	∞	∞	∞	∞	0	550	130
∞	∞	∞	1468	954	∞	∞	550	0	∞
∞	2489	∞	∞	∞	∞	130	∞	∞	0

从此处开始，Floyd-Warshall 算法会对该矩阵做一系列迭代。在每次迭代中，该算法都会使用索引范围在 $0 \sim k$ 之间的结点来确定最短路径的长度，其中 k 是迭代次数。

假设该矩阵存储在被称为 table 的 n×n 的数组中，那么 Floyd-Warshall 算法看起来就会具有下面的伪代码形式：

```
for (int k = 0; k < n; k++) {
  for (int i = 0; i < n; i++) {
    for (int j = 0; j < n; j++) {
        如果经由结点 k 可以给出更短的路径，那么就更新 table_{i,j}
    }
  }
}
```

最内层循环的关键是检查经由结点 k 是否可以缩短从结点 i 到结点 j 的现有路径。

编写下面的方法：

double[][] mileageChart(Graph g)

它会使用 Floyd-Warshall 算法来计算完整的最短路径矩阵。

15. 图算法通常很适合分布式实现，在分布式实现中，计算会在图中每个结点上执行。特别是，这种算法在计算机网络中被用来查找优化传输路线。作为示例，下面的图展示了 ARPANET 中的最早的10 个结点，该网络是现代互联网的前身：

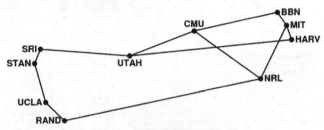

早期 ARPANET 中的每个结点都是由一台名为接口信息处理器（IMP）的小型计算机构成。作为网络操作的一部分，每台 IMP 都会向其邻居发送消息表明从该结点到每个其他结点的跳数。通过监视到来的消息，每台 IMP 都可以快速地计算出有关网络整体的路由信息。

为了使这种思想更加具体，想象一下每台 IMP 都维护着一个表明该结点到每个结点的跳数的映射表。当网络启动和运行时，斯坦福结点（STAN）中的映射表应该有如下的关联关系：

4	3	3	4	3	2	1	0	1	2
BBN	CMU	HARV	MIT	NRL	RAND	SRI	STAN	UCLA	UTAH

但是，有趣的不是这个映射表包含什么内容，而是网络是如何计算和维护这个信息的。当某个结点重新启动时，它并没有掌握整个网络的任何信息。事实上，斯坦福结点自己唯一可以知道的数据就是它自己对应的项是 0 跳。

然后，路由算法通过让每个结点将自己掌握的所有信息发送给其邻居来持续运行。例如，斯坦福的 IMP 会发送它离 STAN 结点 0 跳的信息给 SRI 和 UCLA。当这些结点收到这个信息时，它们就都知道它们可以通过沿着到 STAN 的链接发送消息，以一跳到达 STAN。通常，无论何时，只要任何结点从其邻居处获得了路由数组，那么它只需遍历传入的数组中每个已知项，并用传入的值加 1 来替换其自己的数组中对应的项，除非其自己的项已经小于传入的值。在非常短的时间内，整个网络的路由数组就会具有正确的信息。

编写一个程序，使用图包来模拟网络结点的这种路由算法的计算。

16. 按照本章的描述实现 PageRank 算法。Web 中的每个结点都应该扩展 GenericNode，并且维护有关该页当前排名的信息。

表达式树

没什么可害怕的，我们有许多东西要向树学习。

——Marcelo Proust，《Pleasures and Regrets》，1896

继承层次结构可以和树按照多种有用的方式组合。对于程序员来说，这种组合最容易在编译器用来表示程序结构的策略中看到。通过适度详细地讨论这个话题，你不仅会学到不少有关树的知识，还会学到编译过程本身的不少知识。理解编译器的工作原理可以消除些许围绕着程序设计的神秘感，从而更容易地理解程序设计的整体过程。

遗憾的是，设计完整的编译器过于复杂了，不适合作为有用的演示。商业编译器需要由程序员团队投入许多程序设计的人年来完成，其许多内容都超出了本书的范围。即便如此，对你来说，还是可以采用下面的策略来简化其过程，从而理解它们的工作原理，以及树为什么适用于此过程。

- 构建解释器来替代编译器。正如第1章所描述的，编译器会将程序转译为计算机可以直接执行的机器语言的指令。尽管它与编译器在很多方面都是共同的，但是解释器实际上从来都不会将源代码转译为机器码，它只是会执行必要的操作来达到编译程序的效果。解释器通常更容易编写，尽管它们的缺点是解释执行的程序通常运行起来比编译过的程序要慢很多。

- 只关注计算算术表达式这类问题。现代编程语言的全功能语言转译器必须能够处理语句、方法调用、类型定义和许多其他的语言结构。但是，语言转译中使用的大多数基础技术都可以通过看起来很简单的转译算术表达式的任务来演示。

- 将表达式中使用的类型限制为整数。现代编程语言使得表达式可以操作许多不同类型的数据。在本章，所有数据值都被假设为 int 类型的，这可以简化解释器的结构。

18.1 解释器概览

本章的目标是通过实现可以重复执行下列步骤的简单应用来探讨算术表达式的表示方式：

1）将用户键入的表达式读入为树形结构的内部形式。

2）计算表达式树以计算它的值。

3）打印计算的结果。

这种迭代过程被称为读入 – 计算 – 打印循环。

在最高层的抽象中，读入 – 计算 – 打印型解释器的结构很容易实现，图 18-1 就展示了它的实现。在这个实现中，读入表达式和将其转换为内部形式的操作还可以分解为三个阶段，具体如下：

1）输入。输入阶段是指从用户处读入一行文本，这是通过调用 Scanner 类的 next-Line 方法来实现的。

2）词法分析。词法分析阶段是指将输入行分解为一个个的被称为符号的单元，而每个单元都表示单个逻辑实体，例如整数常量、操作符和变量名。解释器使用 TokenScanner 类来完成整个过程的这个阶段。

3）解析。读入表达式过程中的最后阶段是从 TokenScanner 中读取符号，并确定这些符号表示的是否是一个合法的表达式，并且如果是的话，还要确定该表达式的结构。

```java
/*
 * File: Interpreter.java
 * ------------------------
 * This program simulates the top level of an expression interpreter.  The
 * program reads an expression, evaluates it, and then displays the result.
 */

package edu.stanford.cs.javacs2.ch18;

import edu.stanford.cs.console.Console;
import edu.stanford.cs.console.SystemConsole;

public class Interpreter {

   public void run() {
      EvaluationContext context = new EvaluationContext();
      ExpParser parser = new ExpParser();
      Console console = new SystemConsole();
      while (true) {
         try {
            String line = console.nextLine("=> ");
            if (line.equals("quit")) break;
            parser.setInput(line);
            Expression exp = parser.parseExp();
            int value = exp.eval(context);
            console.println(value);
         } catch (RuntimeException ex) {
            console.println("Error: " + ex.getMessage());
         }
      }
   }

/* Main program */
   public static void main(String[] args) {
      new Interpreter().run();
   }

}
```

图 18-1　表达式解释器的顶层类

读入 – 计算 – 打印型解释器的样例运行看起来就像下面这样：

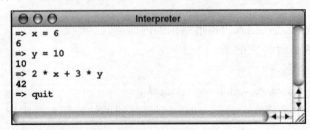

正如样例运行所明确表示的，解释器允许对变量赋值，并且遵循了 Java 的优先级惯例，即在计算加法之前计算乘法。

这个实现的核心是 Expression 类，它用来表示算术表达式。即使在查看 Expression 类的代码之前，你也可以通过查看解释器的代码来合理地推断出它的结构。首先，你知道

Expression 对象是由 ExpParser 类的 parseExp 方法产生的。从代码中你还可以推断出 Expression 类有一个名为 eval 的方法，尽管你并不知道该操作的细节。当然，这就是它应该有的样子。作为 Expression 类的客户端，与如何使用表达式相比，你不太会关心它们是如何实现的。作为客户端，你需要将 Expression 类看作是一种抽象数据类型，底层的细节只有在需要理解其实现时才会变得重要。

图 18-1 中另一件应该注意的事情是 eval 方法接受了一个名为 context 的参数，它是一个 EvaluationContext 类型的对象。EvaluationContext 参数的主要目的是维护符号表，符号表用于跟踪当前赋给每个变量名字的值。正如你所预料的，Evaluation-Context 类的代码使用了映射表来实现这种关联。但是，这只是实现的细节。Evaluation-Context 类中的方法以适合编程语言上下文的方式给出了符号表操作的框架。

696

18.2　表达式的结构

在可以完成解释器的实现之前，你需要理解什么是表达式，以及它们可以如何被解释为对象。就像在思考编程抽象时经常发生的情况，应该以你作为 Java 程序员从以往经历中所获得的有关表达式的见解入手。例如，你知道下面的行表示的都是 Java 中合法的表达式。

```
0
2 * 11
3 * (a + b + c)
x = x + 1
```

同时，你还知道下面的行：

```
2 * (x - y
17 k
```

不是表达式，因为第一个括号不匹配，第二个缺少操作符。理解表达式的关键是要知道构成表达式的各个部分是如何连接起来的，这样你就可以将合法的表达式与非法的表达式区分开了。

18.2.1　表达式的递归定义

碰巧，定义合法表达式的结构的最佳方式就是采用递归的视角。如果一个符号序列具有下面的形式之一，那么它就是一个表达式：

1）一个整数常量。

2）一个变量名。

3）一个由括号括起来的表达式。

4）一个由一个操作符分隔的两个表达式的序列。

前两种可能表示简单情况，而后两种可能用更简单的表达式来递归地定义表达式。

为了看清可以如何应用这些递归定义，请考虑下面的符号序列：

```
y = 3 * (x + 1)
```

697

这个序列是否构成了一个表达式呢？从经验可以获知答案是肯定的，但是我们可以用表达式的递归定义来证明答案是正确的。根据规则 1，整数常量 3 和 1 都是表达式。类似地，变量名 x 和 y 都是由规则 2 指定的表达式。因此，我们已经知道，按照简单情况的规则，下面图中用 exp 标记的符号都是表达式：

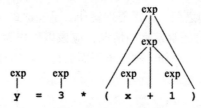

从此处开始，我们可以应用递归规则了。因为 x 和 1 都是表达式，所以我们可以说，通过应用规则 4，符号字符串 x+1 也是一个表达式，因为该字符串是由两个由操作符分隔的表达式构成。通过在图中添加新的表达式标记来关联表达式中匹配该规则的部分，我们就可以用图来记录下这种观察到的情况，具体如下：

根据规则 3，现在括号括起来的部分也可以被识别为一个表达式，从而产生下面的图：

再应用规则 4 两次来处理剩下的操作符，我们就可以说明整个这个字符集确实是一个表达式，具体如下：

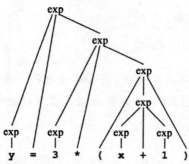

正如你可以看到的，这个图形成了树。能够证明输入符号是如何符合编程语言的语法规则的树被称为解析树。

18.2.2 二义性

从符号序列中生成解析树时需要多加小心。按照上一节概述的表达式的四条规则，有可能会从下面的表达式中产生多棵解析树：

```
y = 3 * (x + 1)
```

尽管上一节末尾展示的树结构被认为表示了程序员的意图，但是有人会争论，按照第 4 条规则，y=3 也是一个表达式，因此，整个表达式由表达式 y=3，后面跟着一个乘法操作符，后面再跟着表达式 (x+1) 构成。这种争论最终对于该输入行是否表示的是一个表达式会得到同样的结论，但是会产生不同的解析树。图 18-2 展示了这两棵解析树。左边的解析树是上一节产生的解析树，对应于该表达式被认为具有的含义。右边的解析树表示的也是表达式规则的合法应用，但是它可能反映的不是程序员的意图。

第二棵解析树的问题是它忽略了乘法应该在赋值之前执行的优先级规则。表达式的递归定义只声明由操作符分隔的两个表达式构成的序列是一个表达式，它没有对各种操作符的相对优先级做任何规定，因此，它可以做出这两种表达了真实意图和没有表达真实意图的解释。因为它允许同一个字符串有多种解释，所以上一节给出的表达式的非形式化定义就被称为是有二义性的。为了解决二义性，解析算法必须包含某种机制来确定操作符被应用的顺序。

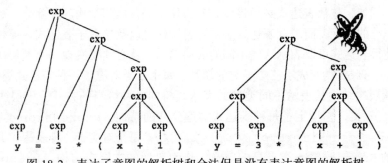

图 18-2　表达了意图的解析树和合法但是没有表达意图的解析树

699

如何解决表达式中的二义性问题将在本章稍后的 18.3 节中讨论。现在，引入解析树的目的是为了让你明白可以如何将表达式表示成一种数据结构。到目前为止，重要的是要注意到，图 18-2 中的解析树都是没有二义性的。每棵树的结构都明确表示了一个合法的表达式的结构。二义性只存在于决定如何从输入字符串中生成解析树的过程中。一旦有了正确的解析树，它的结构就包含了理解操作符顺序所需的所有信息。

18.2.3　表达式树

实际上，解析树包含的信息比你在计算阶段需要的信息多。括号在确定如何生成解析树时很有用，但是在表达式结构已知后计算它时就没有任何作用了。如果你关心的只是得到表达式的值，那么就无需在该结构中包含括号。这种认知使得你可以将完整的解析树简化为被称为表达式树的抽象结构，它更适合于计算阶段。在表达式树中，解析树中表示括起来的子表达式的结点将被删除。而且，我们可以很方便地从树中拿掉 exp 标签，并直接用恰当的操作符符号来标记树中的每个结点。例如，对于下面的表达式：

```
y = 3 * (x + 1)
```

能够表达其意图的解释将对应于下面的表达式树：

表达式树的结构在许多方面都与第 15 章的二叉搜索树很像，但是也有一些重要的差异。在二叉搜索树中，每个结点都有相同的结构。在表达式树中，有三种不同类型的结点，具体如下：

1）常量结点，表示整数常量，例如示例树中的 3 和 1。

2）标识符结点，表示变量名字，例如 x 和 y。

3）组合结点，表示将一个操作符应用于两个操作数后的结点，其中每个操作数都可以有任意的表达式树。

这些结点类型的每一个都对应于表达式递归定义中的规则之一。Expression 类的定义自身必须使客户端可以操作所有这三种类型的表达式结点。类似地，底层实现必须设法让不同的表达式类型能够在树中共存。

为了表示这样的结构，我们需要定义表达式的表示方式，它允许表达式根据其类型具有不同的结构。例如，整数表达式必须将整数的值作为在其内部结构的一部分，标识符表达式必须包含标识符的名字，而组合表达式必须包含操作符以及左右子表达式。要想定义单一的抽象类型，使得表达式可以表示这些不同的底层结构，就必须要实现一个类层次结构，其中泛化的 Expression 类变成了三个子类的超类，每个子类对应于一种表达式类型。

创建继承层次结构是表示不同类型的表达式树的一种恰当的方式。该层次结构的顶部是 Expression 类，它指定了每种表达式类型公共的特性。Expression 类有三个子类：ConstantExp、IdentifierExp 和 CompoundExp，每个对应于一种表达式类型。图 18-3 展示了抽象的 Expression 类自身的定义。作为典型的类层次结构，在 Expression 类的层次上定义了若干个方法，但是这些方法将由每个子类单独实现。

每个 Expression 对象都实现了下面的方法：

- eval 方法，用来确定表达式的值，它在这个版本的解释器中总是一个整数。对于常量表达式，eval 会直接返回这个常量的值。对于标识符表达式，eval 会通过在符号表中查找标识符的名字来确定它的值。对于组合表达式，eval 会先递归地在其左右子表达式上调用自己，然后应用恰当的操作符。

- toString 方法，它覆盖了 Object 类指定的 toString 方法，它会将表达式转为明确表示其结构的字符串，方法是在每个表达式两边加上括号，尽管这些括号可能并不是必需的。尽管 toString 方法在这个解释器中没有用到，但是在调试时它几乎肯定会派上用场。

为了便捷，Expression 类还导出了一组返回表达式结构各个部分的获取器方法。在 Expression 层次上定义这些方法可以让代码因无需类型强制转换而显得更加行云流水。

```
/*
 * File: Expression.java
 * ---------------------
 * This file exports the Expression class, which is the root of the
 * expression hierarchy.
 */

package edu.stanford.cs.javacs2.ch18;

/**
 * This abstract class represents the highest level in the expression
 * hierarchy.  Every Expression object is an instance of one of the
 * concrete subclasses, which are ConstantExp, IdentifierExp, and
 * CompoundExp.
 */

public abstract class Expression {

/**
 * Evaluates this expression in the specified evaluation context.
 *
```

图 18-3　Expression 类的实现

```
    * @param context The evaluation context
    * @return The result of evaluating the expression
    */

   public abstract int eval(EvaluationContext context);

/**
 * Converts the expression to a string.
 *
 * @return The string form of the expression
 */

   @Override
   public String toString() {
       throw new RuntimeException("No override for the toString method");
   }

/*
 * Implementation notes: getter methods
 * ----------------------------------------
 * The remaining methods are implemented at lower levels of the expression
 * hierarchy but exported from the Expression class as a convenience.  These
 * methods throw exceptions if they are called on the wrong expression type.
 */

/**
 * Returns the value of a ConstantExp.
 *
 * @return The value of the constant
 */

   public int getValue() {
       throw new RuntimeException("getValue: Illegal expression type");
   }

/**
 * Returns the name of an IdentifierExp.
 *
 * @return The name of the identifier
 */

   public String getName() {
       throw new RuntimeException("getName: Illegal expression type");
   }

/**
 * Returns the operator field of a CompoundExp.
 *
 * @return The operator field of a compound
 */

   public String getOperator() {
       throw new RuntimeException("getOperator: Illegal expression type");
   }

/**
 * Returns the left hand side of a CompoundExp.
 *
 * @return The left hand side of a compound
 */

   public Expression getLHS() {
       throw new RuntimeException("getLHS: Illegal expression type");
   }

/**
 * Returns the right hand side of a CompoundExp.
 *
 * @return The right hand side of a compound
 */

   public Expression getRHS() {
       throw new RuntimeException("getRHS: Illegal expression type");
   }

}
```

图 18-3 （续）

所有 Expression 对象都是不可修改的，这意味着任何 Expression 对象一旦被创建，就永远都不会变化。尽管客户端可以任意地将已有的表达式嵌入更大的表达式中，但是其结构并没有提供任何工具来修改已有表达式中的组成部分。使用不可修改类型来表示表达式有助于将 Expression 类的实现与其客户端强制分离。因为客户端禁止修改底层表示方式，所以它们不能以违反表达式树需求的方式来修改其内部结构。

将 Expression 定义为不可修改类的另一个重要的好处是许多不同的表达式可以共享它们结构中共有的部分。因为没有任何客户端可以修改 Expression 或其任何子类的任何组成部分，所以也就不会存在危险，导致程序中某个部分对某个表达式的修改最终会影响到其他的表达式。在习题中包含的多个应用都可以共享表达式结构，这样可以显著地简化代码。

18.2.4 实现 Expression 的子类

抽象的 Expression 类没有声明任何实例变量。这种设计是有意义的，因为对所有结点类型来说，不存在任何公共的数据值。每种具体的子类都有其自己独一无二的存储需求，整数结点需要存储一个整数常量，组合结点需要存储对其子表达式的引用，等等。每种子类都声明了其特定表达式类型所需的具体数据成员。每种子类还定义了其自己的构造器，其引元提供了表示这种类型的表达式所需的信息。例如，为了创建一个常量表达式，我们需要指定其整数值。为了构建一个组合表达式，我们需要提供操作符和左右子表达式。

图 18-4 中给出了三种表达式子类的实现。每个子类定义都遵循了公共的模式。每个子类都定义了一个构造器，它会接受由其接口指定的引元，并使用这些引元来初始化恰当的实例变量。toString 和获取器的实现直接遵循了子类的结构。

每种表达式类型的 eval 实现有明显的差异。常量表达式的值就是存储在该结点中的整数值。标识符表达式的值来自于计算上下文中的符号表。组合表达式的值需要执行递归计算。每个组合表达式都是由一个操作符和两个子表达式构成的。对于算术操作符（＋、－、*
704
和 /），eval 会使用递归来计算左右子表达式，然后再应用恰当的操作。

```java
/*
 * File: ConstantExp.java
 * ----------------------
 * This file exports the ConstantExp subclass.
 */

package edu.stanford.cs.javacs2.ch18;

public class ConstantExp extends Expression {

/**
 * Creates a new ConstantExp with the specified value.
 *
 * @param value The value of the constant
 */

   public ConstantExp(int value) {
      this.value = value;
   }

/* Evaluates a constant expression, which simply returns its value */

   @Override
   public int eval(EvaluationContext context) {
      return value;
   }
```

图 18-4　Expression 的子类的实现

```
/* Converts the expression to a string */

    @Override
    public String toString() {
        return Integer.toString(value);
    }

/* Gets the value in this node */

    @Override
    public int getValue() {
        return value;
    }

/* Private instance variables */

    private int value;

}
/*
 * File: IdentifierExp.java
 * --------------------------
 * This file exports the IdentifierExp subclass.
 */

package edu.stanford.cs.javacs2.ch18;

public class IdentifierExp extends Expression {

/**
 * Creates a new IdentifierExp with the specified name.
 */

    public IdentifierExp(String name) {
        this.name = name;
    }

/* Evaluates the identifier by looking it up in the evaluation context */

    @Override
    public int eval(EvaluationContext context) {
        if (!context.isDefined(name)) {
            throw new RuntimeException(name + " is undefined");
        }
        return context.getValue(name);
    }

/* Converts the expression to a string */

    @Override
    public String toString() {
        return name;
    }

    @Override
    public String getName() {
        return name;
    }

/* Private instance variables */

    private String name;

}
/*
 * File: CompoundExp.java
 * -------------------------
 * This file exports the CompoundExp subclass, which is used to represent
 * expressions consisting of an operator joining two operands.
 */

package edu.stanford.cs.javacs2.ch18;
```

图 18-4 （续）

```
public class CompoundExp extends Expression {

/**
 * Creates a new CompoundExp from an operator and the expressions for the
 * left and right operands.
 *
 * @param op The operator
 * @param lhs The expression to the left of the operator
 * @param rhs The expression to the right of the operator
 */

   public CompoundExp(String op, Expression lhs, Expression rhs) {
      this.op = op;
      this.lhs = lhs;
      this.rhs = rhs;
   }

/* Evaluates a compound expression recursively */

   @Override
   public int eval(EvaluationContext context) {
      int right = rhs.eval(context);
      if (op.equals("=")) {
         context.setValue(lhs.getName(), right);
         return right;
      }
      int left = lhs.eval(context);
      if (op.equals("+")) return left + right;
      if (op.equals("-")) return left - right;
      if (op.equals("*")) return left * right;
      if (op.equals("/")) return left / right;
      throw new RuntimeException("Illegal operator");
   }

/* Converts the expression to a string */

   @Override
   public String toString() {
      return '(' + lhs.toString() + ' ' + op + ' ' + rhs.toString() + ')';
   }

/* Gets the operator field */

   @Override
   public String getOperator() {
      return op;
   }

/* Gets the left subexpression */

   @Override
   public Expression getLHS() {
      return lhs;
   }

/* Gets the right subexpression */

   @Override
   public Expression getRHS() {
      return rhs;
   }

/* Private instance variables */

   private String op;
   private Expression lhs;
   private Expression rhs;

}
```

图 18-4 （续）

但是，赋值操作符（=）表示的是一种特例。赋值表达式的左操作数是一个标识符，它不会被计算。相反，eval 会通过将右操作数的值赋值给赋值操作符左边的标识符来更新符号表。为了确保解释器可以在执行过程中访问定义过的变量，eval 会接受一个 EvaluationContext 参数，它会向下传递给所有递归调用。EvaluationContext 类是作为 HashMap 类的简单包装器而实现的，如图 18-5 所示。

```
/*
 * File: EvaluationContext.java
 * ------------------------------
 * This file exports the EvaluationContext class, which maintains the
 * information necessary to support expression evaluation.
 */

package edu.stanford.cs.javacs2.ch18;

import edu.stanford.cs.javacs2.ch14.HashMap;

public class EvaluationContext {

/* Creates a new evaluation context with no variable bindings */

   public EvaluationContext() {
      symbolTable = new HashMap<String,Integer>();
   }

/* Sets the value of the variable var */

   public void setValue(String var, int value) {
      symbolTable.put(var, value);
   }

/* Gets the value of the variable var */

   public int getValue(String var) {
      return symbolTable.get(var);
   }

/* Returns true if the variable var is defined */

   public boolean isDefined(String var) {
      return symbolTable.containsKey(var);
   }

/* Private instance variables */

   private HashMap<String,Integer> symbolTable;

}
```

图 18-5　EvaluationContext 类

18.2.5　对表达式绘图

能够帮助你理解 Expression 对象的存储方式的有效方法就是绘图来说明具体的结构是如何在计算机的内存中表示的。Expression 对象的表示方式取决于它的具体子类。你可以通过单独地思考这些子类来绘制表达式树的结构。本节中的图包含了子类的名字，使得即使在表达式类型没有显式存储在该类的实例变量中时，也可以很容易地区分这些类型。

ConstantExp 对象只存储了一个整数值，如下图所示的整数 3：

IdentifierExp 存储的是变量名，就像下面的变量 x：

CompoundExp 存储了操作符以及左右子表达式：

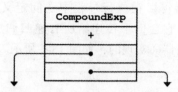

因为组合结点包含了自身也可以是组合表达式的子表达式，所以表达式树的复杂度可以增长到任意级别。图 18-6 演示了下面的表达式的内部数据结构：

```
y = 3 * (x + 1)
```

它包含三个操作符，因此需要三个组合结点。

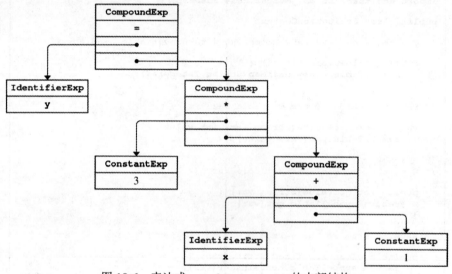

图 18-6　表达式 y = 3* (x + 1) 的内部结构

18.2.6　跟踪计算过程

对于在调用 eval 时会发生什么，跟踪至少一个示例一探其究竟是很值得的。如果在下面的表达式上调用 eval：

```
y = 3 * (x + 1)
```

其中 EvaluationContext 中的变量 x 绑定为 13，那么第一次对 eval 的调用会使用 CompoundExp 的代码，并创建下面的帧：

```
public int eval(EvaluationContext context) {
☞ int right = rhs.eval(context);
    if (op.equals("=")) {
        context.setValue(lhs.getName(), right);
        return right;
    }
    int left = lhs.eval(context);
    if (op.equals("+")) return left + right;
    if (op.equals("-")) return left - right;
    if (op.equals("*")) return left * right;
    if (op.equals("/")) return left / right;
    throw new RuntimeException("Illegal operator");
}
```

this

left   right   context
                 <x=13>

在此处，代码会在右子表达式上进行对 eval 的递归调用，这次调用又是 Compound-Exp 的代码。这个调用会添加一个如下的新栈：

```
public int eval(EvaluationContext context) {
  public int eval(EvaluationContext context) {
    ☞ int right = rhs.eval(context);
      if (op.equals("=")) {
        context.setValue(lhs.getName(), right);
        return right;
      }
      int left = lhs.eval(context);
      if (op.equals("+")) return left + right;
      if (op.equals("-")) return left - right;
      if (op.equals("*")) return left * right;
      if (op.equals("/")) return left / right;
      throw new RuntimeException("Illegal operator");
  }
```

left	right	context
		<x=13>

这个表达式更简单，但是这种情况与之前的调用非常类似。右子表达式再次是一个 Com-poundExp，因此这个调用仍旧会产生另一个栈帧，就像下面这样： |711|

```
public int eval(EvaluationContext context) {
 public int eval(EvaluationContext context) {
  public int eval(EvaluationContext context) {
    ☞ int right = rhs.eval(context);
      if (op.equals("=")) {
        context.setValue(lhs.getName(), right);
        return right;
      }
      int left = lhs.eval(context);
      if (op.equals("+")) return left + right;
      if (op.equals("-")) return left - right;
      if (op.equals("*")) return left * right;
      if (op.equals("/")) return left / right;
      throw new RuntimeException("Illegal operator");
  }
```

left	right	context
		<x=13>

在此处，代码仍旧对右子表达式的计算进行调用，但是这个表达式现在是一个 Const-antExp。因此，这个调用会路由给 ConstantExp 的 eval 方法，它会直接返回内部的值。因为这种情况表示的是递归的简单情况，所以它足够简单，可以跳过细节，直接将数值 1 赋值给这个栈帧中的局部变量 right，这会产生下面的栈状态：

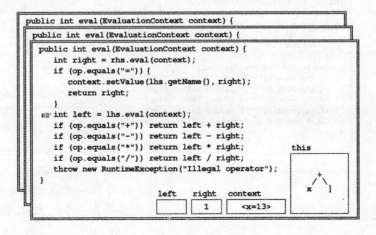

```
public int eval(EvaluationContext context) {
 public int eval(EvaluationContext context) {
  public int eval(EvaluationContext context) {
      int right = rhs.eval(context);
      if (op.equals("=")) {
        context.setValue(lhs.getName(), right);
        return right;
      }
    ☞ int left = lhs.eval(context);
      if (op.equals("+")) return left + right;
      if (op.equals("-")) return left - right;
      if (op.equals("*")) return left * right;
      if (op.equals("/")) return left / right;
      throw new RuntimeException("Illegal operator");
  }
```

left	right	context
	1	<x=13>

下一步是计算左子表达式，这又是一个简单情况。这次会调用 `IdentifierExp` 的 `eval` 方
[712] 法，它会返回计算上下文中的变量 x 的值。将返回的值复制到 `left` 中会产生下面的状态：

```
public int eval(EvaluationContext context) {
  public int eval(EvaluationContext context) {
    public int eval(EvaluationContext context) {
      int right = rhs.eval(context);
      if (op.equals("=")) {
        context.setValue(lhs.getName(), right);
        return right;
      }
      int left = lhs.eval(context);
☞    if (op.equals("+")) return left + right;
      if (op.equals("-")) return left - right;
      if (op.equals("*")) return left * right;
      if (op.equals("/")) return left / right;
      throw new RuntimeException("Illegal operator");
    }
```

left `13` right `1` context `<x=13>`

在此处，计算代码会使用当前表达式中的操作符来确定应该应用什么操作。在这里，当
前结点中的操作符是 +，因此此代码会返回 `left+right` 的值，即 14。从这个栈帧返回会恢
复前一个栈帧，该栈帧在等待着将返回值赋值给变量 `right`，就像下面这样：

```
public int eval(EvaluationContext context) {
  public int eval(EvaluationContext context) {
    int right = rhs.eval(context);
    if (op.equals("=")) {
      context.setValue(lhs.getName(), right);
      return right;
    }
☞  int left = lhs.eval(context);
    if (op.equals("+")) return left + right;
    if (op.equals("-")) return left - right;
    if (op.equals("*")) return left * right;
    if (op.equals("/")) return left / right;
    throw new RuntimeException("Illegal operator");
  }
```

left `` right `14` context `<x=13>`

在此处，代码会计算左子表达式，它是常量 3，然后将操作符 * 应用于数值 3 和 14，进
[713] 而返回 42 给上一级：

```
public int eval(EvaluationContext context) {
  int right = rhs.eval(context);
☞ if (op.equals("=")) {
    context.setValue(lhs.getName(), right);
    return right;
  }
  int left = lhs.eval(context);
  if (op.equals("+")) return left + right;
  if (op.equals("-")) return left - right;
  if (op.equals("*")) return left * right;
  if (op.equals("/")) return left / right;
  throw new RuntimeException("Illegal operator");
}
```

left `` right `42` context `<x=13>`

这次，操作符实际上是一个等号，表示赋值。代码不会计算左子表达式，而是会直接将
`right` 的值赋值给这个名字，因此，会在计算上下文中添加一个 y 到 42 的绑定。然后，

eval 方法会返回所赋的值以完成计算过程。

18.3 解析表达式

从符号流中构建恰当的解析树问题并不容易解决。在很大程度上,构建高效的解析器所需的底层理论超出了本书的范围。尽管如此,我们还是可以在这个问题上适当展开,编写一个可以仅限对算术表达式进行操作的解析器。

18.3.1 解析和语法

在计算机科学领域,解析是最容易看到理论对实践产生深远影响的地方。在编程语言的早期发展阶段,程序员在实现编译器的解析阶段时并没有对这个过程的本质做过多考虑。因此,早期的解析程序难以编写,更难以调试。但是,在 20 世纪 60 年代,计算机科学家们从更理论的视角来研究解析,从而极大地降低了设计与实现新编程语言的复杂度。当今,上过编译器课程的计算机科学家们只需少量工作就可以编写出编程语言的解析器。事实上,大多数解析器都可以从它们面向的语言的简单规约中自动生成。

简化解析所需的关键的理论见解实际上借鉴了语言学的思想。像人类语言一样,编程语言也有语法规则,它们定义了语言的语法结构。而且,因为编程语言在结构上比人类语言要 714 规则得多,所以通常我们很容易地使用被称为语法的精确形式来描述编程语言的语法结构。在编程语言的上下文中,语法由一组规则构成,它们可以说明特定的语言结构可以如何从更简单的结构中导出。

如果从制定表达式的自然语言规则入手,为本章用到的简单表达式编写一种语法就并非难事。部分是因为它简化了一些事情,所以有助于将项这个概念并入解析器中,项指的是可以作为更大的表达式的操作数的任何单个单元。例如,常量和变量很明显都是项。而且,括号中的表达式就像是单个的单元,因此也可以被当作项。因此,项总是具有下面的形式之一:

- 一个整数常量。
- 一个变量。
- 一个括号中的表达式。

然后,表达式是下面两者之一:

- 一个项。
- 由操作符分隔的两个表达式。

这种非形式化的定义可以直接转译为下面的语法,它们出现在被程序员们称为 BNF 的规约中,BNF 表示 Backus-Naur 范式,是以其发明者 John Backus 和 Peter Naur 命名的:

E	→	T		T	→	*integer*
E	→	E *op* E		T	→	*identifier*
				T	→	(E)

在该语法中,像 E 和 T 这样的大写字母被称为非终结符,表示抽象的语言分类,例如表达式和项。具体的标点符号和斜体单词表示终结符,即那些出现在符号流中的符号。明确的终结符,例如最后一条规则中的括号,必须在输入中严格按照上面书写的方式出现。斜体单词表示适合其通用描述的符号的占位符。因此,标记法 *integer* 表示扫描器当作符号返回的任何由数字位构成的字符串。每个终结符都精确对应于扫描器流中的一个符号,而非终结符典型情况下对应于一个符号序列。

715

18.3.2 考虑优先级

与在本章前面的 18.2.1 节中所描述的定义表达式的非形式化的规则一样，语法可以用来生成解析树。就像那些规则一样，这种语法写出来是有二义性的，对于同一个符号序列，会产生多棵不同的解析树。问题还是在于该语法没有考虑每个操作符与其操作数绑定的紧密程度。因此，从二义性语法中生成正确的解析树需要解析器能够访问有关优先级顺序的信息。

最简单的指定优先级的方式是对每个操作符都赋予一个表示其优先级的数字值，高优先级值对应于与其操作数绑定得更紧密的操作符。优先级值可以很容易地存储在一个 `Map<String, Integer>` 中，其中键是操作符的名字，而值是优先级的值。

18.3.3 递归下推解析器

当今大多数的解析器都是通过使用被称为解析器生成器的程序从编程语言的语法中自动创建的。但是，对于简单的语法，人工实现一个解析器也并不困难。通用的策略是为读取语法中的每种非终结符都编写一个方法。如果表达式语法使用的非终结符是 E 和 T，那么解析器就需要方法 `readE` 和 `readT`。这些方法中的每一个都会从扫描器中读取符号。通过按照语法规则来检查这些符号，通常就可以确定需要应用哪一条规则，至少对于简单的语言是如此，特别是在 `readE` 方法可以访问当前优先级的情况下。

图 18-7 中展示了解析器模块的实现。正如从代码中很容易就可以看出的，`readE` 和 `readT` 方法是互相递归的。当 `readE` 方法需要读取一项时，它会通过调用 `readT` 来实现此目的。类似地，当 `readT` 需要读入被括号括起来的表达式时，它会调用 `readE` 来完成此任务。使用以这种形式互相递归的方法的解析器被称为递归下推解析器。

随着互相递归的进行，`readE` 和 `readT` 方法通过调用恰当的表达式类的构造器构建起了表达式树。例如，如果 `readT` 发现了一个整数符号，就可以在内存中分配一个包含这个值的 `ConstantExp` 结点。然后，这棵表达式树会通过返回这些方法的值来返回到递归调用链向上返回。

716

```
/*
 * File: ExpParser.java
 * ----------------------
 * This file exports a simple recursive-descent parser for expressions.
 */

package edu.stanford.cs.javacs2.ch18;

import edu.stanford.cs.javacs2.ch14.HashMap;
import edu.stanford.cs.javacs2.ch14.Map;
import edu.stanford.cs.tokenscanner.TokenScanner;

public class ExpParser {

/**
 * Creates a new expression parser.
 */

    public ExpParser() {
        scanner = createTokenScanner();
        precedenceTable = createPrecedenceTable();
    }

/**
 * Sets the input for the parser to be the specified string.
 *
```

图 18-7 表达式解析器的实现

```
 * @param str The input string for parsing.
 */

   public void setInput(String str) {
      scanner.setInput(str);
   }

/**
 * Parses the next expression from the scanner.
 *
 * @return The parsed representation of the input
 */

   public Expression parseExp() {
      Expression exp = readE(0);
      if (scanner.hasMoreTokens()) {
         String token = scanner.nextToken();
         throw new RuntimeException("Unexpected token \"" + token + "\"");
      }
      return exp;
   }

/**
 * Reads an expression starting at the specified precedence level.
 *
 * @param prec The current precedence level
 * @return The parsed expression
 */

   public Expression readE(int prec) {
      Expression exp = readT();
      String token;
      while (true) {
         token = scanner.nextToken();
         int tprec = precedence(token);
         if (tprec <= prec) break;
         Expression rhs = readE(tprec);
         exp = new CompoundExp(token, exp, rhs);
      }
      scanner.saveToken(token);
      return exp;
   }

/*
 * Scans a term, which is either an integer, an identifier, or a
 * parenthesized subexpression.
 *
 * @return The parsed term
 */

   public Expression readT() {
      String token = scanner.nextToken();
      if (token.isEmpty()) throw new RuntimeException("Illegal expression");
      if (Character.isLetter(token.charAt(0))) {
         return new IdentifierExp(token);
      }
      if (Character.isDigit(token.charAt(0))) {
         return new ConstantExp(Integer.parseInt(token));
      }
      if (!token.equals("(")) {
         throw new RuntimeException("Unexpected token \"" + token + "\"");
      }
      Expression exp = readE(0);
      token = scanner.nextToken();
      if (!token.equals(")")) {
         throw new RuntimeException("Unbalanced parentheses");
      }
      return exp;
   }
```

图 18-7 （续）

```
/**
 * Returns the precedence of the operator.  If the operator is not defined,
 * its precedence is 0.
 *
 * @param token The operator token
 * @return The numeric precedence value or 0 if token is not an operator
 */

    public int precedence(String token) {
        Integer prec = precedenceTable.get(token);
        return (prec == null) ? 0 : prec;
    }

/*
 * Creates the TokenScanner for this parser.  Subclasses can override
 * this method to change the characteristics of the scanner.
 */

    public TokenScanner createTokenScanner() {
        TokenScanner scanner = new TokenScanner();
        scanner.ignoreWhitespace();
        return scanner;
    }

/*
 * Creates the precedence table for this parser.  Subclasses can override
 * this method to add new operators to the parser.
 */

    public Map<String,Integer> createPrecedenceTable() {
        Map<String,Integer> map = new HashMap<String,Integer>();
        map.put("=", 1);
        map.put("+", 2);
        map.put("-", 2);
        map.put("*", 3);
        map.put("/", 3);
        return map;
    }

/* Private instance variables */

    private TokenScanner scanner;
    private Map<String,Integer> precedenceTable;

}
```

717
〜
719

图 18-7 （续）

解析器实现中唯一复杂的部分就是 readE 的代码，它需要考虑优先级。只要它碰到的操作符优先级大于其调用者提供的当前优先级，那么 readE 就可以用该操作符的左右操作数创建一个组合表达式结点，然后再循环回来检查下一个操作符。当 readE 碰到输入末尾或优先级小于等于当前优先级的操作符时，它会返回 readE 调用链中更高的一级，即主优先级更低的一级。在这么做之前，readE 必须将尚未处理的操作符符号放回扫描器输入流中，使得它可以在恰当的级别上再次被读取。这项任务是通过调用 TokenScanner 类中的 saveToken 方法完成的。

以我的经验，不通过遍历至少一个实际的例子是几乎不可能理解 readE 的代码的。本节余下的部分将跟踪在扫描器包含下面的字符串时，调用 readE(0) 会发生的事情：

odd = 2 * n + 1

在这个表达式中，首先会执行乘法，然后是加法，最后是赋值。有趣的是，解析器是如何确定这个排序的，以及它是如何组装出恰当的表达式树的。

解析这个表达式的过程对于一次跟踪一行来说过于复杂了。更实际的方式是在执行过程中的多个我们感兴趣的点上展示其执行历史。在最初对 readE 的调用中，代码会读取第一项，以及跟在它后面的符号，即赋值操作符。= 操作符的优先级为 1，大于此时的主优先级为 0。因此，代码会在第一个 readE 调用中到达下面的点上：

```
Expression readE(int prec) {
   Expression exp = readT();
   String token;
   while (true) {
       token = scanner.nextToken();
       int tprec = precedence(token);
       if (tprec <= prec) break;
   ☞ Expression rhs = readE(tprec);
       exp = new CompoundExp(token, exp, rhs);
   }
   scanner.saveToken(token);
   return exp;
}
```

scanner	prec	tprec	token	exp	rhs
odd = ʌ2 * n + 1	0	1	"="	odd	

720

在此处，解析器需要读取赋值操作符的右操作数，这需要产生对 readE 的递归调用。这个调用会类似地执行，但是新的优先级为 1。执行这个调用后很快就会达到下面的状态：

```
Expression readE(int prec) {
 Expression readE(int prec) {
    Expression exp = readT();
    String token;
    while (true) {
        token = scanner.nextToken();
        int tprec = precedence(token);
        if (tprec <= prec) break;
    ☞ Expression rhs = readE(tprec);
        exp = new CompoundExp(token, exp, rhs);
    }
    scanner.saveToken(token);
    return exp;
 }
```

scanner	prec	tprec	token	exp	rhs
odd = 2 * ʌn + 1	1	3	"*"	2	

这一级的处理只会读入以符号 2 开头的子表达式。当前栈帧下面压着的栈帧跟踪了解析器在做出递归调用之前所做的事情。

在此刻，解析器仍旧会做出另一个对 readE 的递归调用，传递给该方法的是 * 操作符的优先级，即 3。但是，在这次调用中，符号流中下一个出现的 + 操作符的优先级小于当前优先级，所以会导致循环在下面的点上退出：

```
Expression readE(int prec) {
 Expression readE(int prec) {
  Expression readE(int prec) {
     Expression exp = readT();
     String token;
     while (true) {
         token = scanner.nextToken();
         int tprec = precedence(token);
         if (tprec <= prec) break;
         Expression rhs = readE(tprec);
         exp = new CompoundExp(token, exp, rhs);
     }
  ☞ scanner.saveToken(token);
     return exp;
  }
```

scanner	prec	tprec	token	exp	rhs
odd = 2 * n + ʌ1	3	2	"+"	n	

721

解析器将 + 操作符保存到符号流中，并返回标识符表达式 n 给最近的调用所发生的位置。readE 调用的结果被复制给变量 rhs，具体如下：

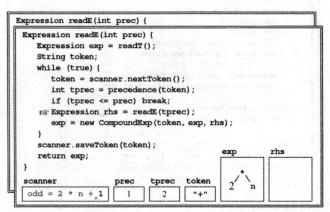

在此处，解析器通过将 exp 与 rhs 绑定而创建了一个新的组合表达式。这个值不再作为这一级的值返回，而是会赋值给变量 exp。然后，解析器通过在 while 循环中做出另一次迭代，从而第二次读取 + 符号。在这次迭代中，+ 的优先级大于之前赋值操作符设施的优先级，因此，执行后会到达下面的状态：

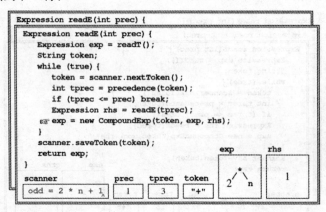

722 尽管如果需要，你可以详细遍历每一个步骤，但是你现在可以应用递归的信任飞跃。扫描器包含单个符号，它的值为 1。因为你已经观察到了解析器是如何读入 2 的，所以你应该能够跳过它，直接到下一行：

```
Expression readE(int prec) {
Expression readE(int prec) {
  Expression exp = readT();
  String token;
  while (true) {
    token = scanner.nextToken();
    int tprec = precedence(token);
    if (tprec <= prec) break;
    Expression rhs = readE(tprec);
☞  exp = new CompoundExp(token, exp, rhs);
  }
  scanner.saveToken(token);
  return exp;
}
scanner            prec   tprec  token
odd = 2 * n + 1     1      3      "+"
```

解析器再次将 exp 与 rhs 的值组装成新的组合表达式，并且会在 while 循环的另一次迭代中再返回来处理它。

在下一次迭代中，token 是表示符号流结束的空字符串。空字符串不是合法的操作符，所以 precedence 方法会返回 0，它小于这一级的主优先级。因此，解析器会从 while 循环中退出，导致产生下面的状态：

```
Expression readE(int prec) {
    Expression readE(int prec) {
        Expression exp = readT();
        String token;
        while (true) {
            token = scanner.nextToken();
            int tprec = precedence(token);
            if (tprec <= prec) break;
            Expression rhs = readE(tprec);
            exp = new CompoundExp(token, exp, rhs);
        }
        scanner.saveToken(token);
☞       return exp;
    }
```

scanner	prec	tprec	token	exp	rhs
odd = 2 * n + 1ʌ	1	0	""		

当控制流返回到第一个 readE 调用时，所有必需的信息都就位了，具体如下： 723

```
Expression readE(int prec) {
    Expression exp = readT();
    String token;
    while (true) {
        token = scanner.nextToken();
        int tprec = precedence(token);
        if (tprec <= prec) break;
        Expression rhs = readE(tprec);
☞       exp = new CompoundExp(token, exp, rhs);
    }
    scanner.saveToken(token);
    return exp;
}
```

scanner	prec	tprec	token	exp	rhs
odd = 2 * n + 1ʌ	0	1	"="	odd	

所有 readE 都必须执行的操作是在多次读入空符号后，创建新的组合表达式，并返回最终版本的表达式树给 parseExp：

18.4 总结

在本章，你学习了如何在 Java 中表示表达式，并且在此过程中，简要了解了编辑器的编写者们可以如何使用继承层次结构来表示算术表达式：

本章的要点包括：

- 编程语言中的表达式具有递归结构。有简单表达式，包括常量和变量名。更复杂的表达式将简单的子表达式组合成更大的单元，形成了可以用树来表示的层次结构。
- 继承使得我们可以很容易地定义一个类层次结构，用来表示表达式树的结点。

- 从用户处读取一个表达式的过程可以分解为输入、词法分析和解析三个阶段。输入阶段是最简单的阶段，只是从用户处读取一个字符串。词法分析需要将字符串以类似于第 7 章介绍的 TokenScanner 类中所使用的模式分解为各个符号。解析需要将从词法分析阶段返回的符号集合按照被称为语法的一组规则转译为其内部表示形式。

- 对于许多语法而言，可以使用被称为递归下推的策略来解决解析问题。在递归下推解析器中，语法的规则被编码为一组互相递归的方法。

- 一旦经过解析，表达式树就可以按照与第 16 章的树相同的方式来被递归地操作。在解释器上下文中，最重要的操作之一就是计算表达式树，这需要递归地遍历表达式树以确定它的值。

18.5　复习题

1. 解释器和编译器的区别是什么？
2. 什么是读入 - 计算 - 打印循环？
3. 读入表达式的三个阶段是什么？
4. 按照本章使用的定义来识别下列哪些行构成了表达式？

 a. (((0)))

 b. 2x + 3y

 c. x - (y * (x / y))

 d. -y

 e. x = (y = 2 * x - 3 * y)

 f. 10 - 9 + 8 / 7 * 6 - 5 + 4 * 3 / 2 - 1

5. 对于上一个复习题中的每个合法的表达式，画出能够反映标准的数学优先级设定的解析树。
6. 在习题 4 的合法表达式中，哪些相对于表达式的简单递归定义是有二义性的？
7. 解析树和表达式树有哪些区别？
8. 在表达式树中可以出现哪三种类型的表达式？
9. Expression 类的公共方法有哪些？
10. 使用图 18-6 作为模型，绘制下面表达式的完整的结构图：

 y = (x + 1) / (x - 2)

11. 为什么语法在转译编程语言时很有用？
12. 字母组合 BNF 代表什么？
13. 在语法中，终止符和非终止符有什么区别？
14. 什么是递归下推解析器？
15. 在解析器的实现中，readE 的引元具有什么样的重要性？
16. 如果你查看图 18-7 中的 readT 的定义，就会发现该方法体不包含任何对 readT 的调用。这样的话，readT 还是递归方法吗？
17. 在 CompoundExp 子类的实现中，为什么 = 操作符的处理与算术操作符的处理不同？

18.6　习题

1. 对第 18.3 节中介绍的解释器做出必要的修改，使得表达式可以包含取余操作符 %，它与 * 和 / 具有相同的优先级。
2. 在第 18.3 节介绍的表达式解释器中，每个操作符都是二元操作符，即它们要接受两个操作数，在操作符两侧一边一个。大多数编程语言还允许使用只接受一个操作数的一元操作符。对该解释器做出修改，使其支持一元操作符 `-`。

3. 做出必要的修改，让解释器还能够操作除 `int` 类型之外的 `double` 和 `String` 类型的值。当一个操作符可以应用于不同类型的值时，解释器应该像 Java 那样解释这些操作符。因此，`+` 操作符在其中一个操作数或两个操作数都是字符串时，应该表示字符串连接。

为了实现这种修改，你需要为这个包中的大部分文件编写新版本，将类型名 `int` 修改为新的 `ExpValue` 类，对于解释器支持的每种值类型，都有该类的一个子类预期对应。

4. 将关系操作符（`==`、`!=`、`<`、`<=`、`>`、`>=`）和布尔类型添加到你为习题 3 创建的解释器中。 726

5. 使用图 18-4 所展示的 `Expression` 层次结构来编写下面的方法：

`void listVariables(Expression exp)`

它会打印出这个表达式中的所有变量名。这些变量应该以字母表顺序出现，每行一个变量。例如，如果键入下面的表达式：

`3 * x * x - 4 * x - 2 * a + y`

那么调用 `listVariables` 应该产生下面的输出：

6. 在数学中，有许多常见的步骤要求你将公式中某个变量的所有实例都替换为另一个变量。在不修改任何表达式类的情况下，编写下面的方法：

`Expression changeVariable(Expression exp,`
                            `String oldName,`
                            `String newName)`

它会返回一个新的表达式，除了所有出现标识符 `oldName` 的位置被替换为 `newName` 之外，该表达式与 `exp` 相同。例如，如果 `exp` 是下面的表达式：

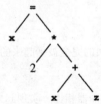

那么，下面的调用：

`Expression newExp = changeVariable(exp, "x", "y");`

会将下面的表达式树赋给 `newExp`： 727

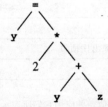

7. 编写一个程序，从用户处读入具有标准的数学形式的表达式，然后用逆波兰表示法来显示这些表达式，在逆波兰表示法中，操作符跟在它所作用的操作数之后。（逆波兰表示法，或 RPN，在第 6 章有关计算器应用的讨论中介绍过。）你的程序应该能够复现下面的样例运行：

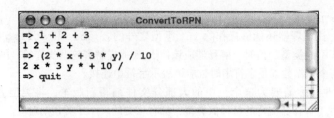

8. 编写下面的方法：

boolean expMatch(Expression e1, Expression e2);

它会在 e1 和 e2 是匹配表达式时返回 true，即它们具有完全相同的结构、相同的操作符、相同的常量和相同的标识符名字，并且这些组成部分的顺序也相同。如果在表达式树的任何级别上存在差异，那么你的方法就都应该返回 false。

9. 在解析了某个表达式之后，在典型情况下，商用编译器会寻找简化该表达式的方法，使得它可以被更高效地计算。这种处理是被称为优化的一种更加通用的技术的组成部分，在优化时，编译器的目标是使其生成的代码尽可能地高效。在优化过程中经常用到的一种技术被称为常量合并，它会识别完全由常量构成的子表达式，并将它们替换为它们的值。例如，如果编译器遇到了下面的表达式：

days = 24 * 60 * 60 * sec

728

如果生成的代码是在程序执行时去执行前两个乘法，那么这种代码是没有任何意义的。由于子表达式 24 * 60 * 60 的值是常量，所以可以在编译器开始生成代码之前将其替换为它的值 86400。编写一个 foldConstants(exp) 方法，它接受一个表达式，并返回一个新的表达式，其中所有完全由常量构成的表达式都会被替换为计算出来的值。

10. 将表达式的内部表达形式转换回其文本形式的过程通常被称为反解析。扩展 ExpParser 类，使其可以导出一个 unparse(exp) 方法，该方法会返回以标准数学形式表示的表达式 exp 的字符串形式。与 Expression 类中的 toString 方法不同，括号只有在按照优先级规则必须出现的情况下才会出现在字符串中。因此，下面的表达式：

y = 3 * (x + 1)

应该被反解析为：

y = 3 * (x + 1)

而不是像下面这样的由 toString 返回的完全被括起来的形式：

(y = (3 * (x + 1)))

11. 尽管本章所示的解释器程序与完整的编译器相比，实现起来要容易得多，但是通过为被称为栈机器的一种简化的计算机系统定义一个编译器可以让你了解编译器是如何工作的。栈机器会在由硬件维护的内部栈上执行操作，其工作方式与第 6 章介绍的逆波兰计算器很像。对于本习题中用到的假设的栈机器，图 18-8 展示了其可用的指令。

LOAD #*n*	将常量 *n* 压入栈中
LOAD *var*	将变量 *var* 的值压入栈中
STORE *var*	将栈顶值存入 *var*，但是不弹出栈顶值
DISPLAY	弹栈并显示结果
ADD SUB MUL DIV	这些操作会从栈中弹出两个值，并应用它们所表示的应用（加减乘除），将最终结果存回栈中。栈顶值是右操作数，紧接着栈顶之下的值为左操作数

729

图 18-8　栈机器实现的指令

编写下面的方法：

```
void compile(BufferedReader rd, PrintWriter wr)
```

它会从 rd 中读取表达式，并向 wr 写入一个栈机器的指令序列，该序列的效果与在解释器中键入这些行的效果相同。例如，如果作为 rd 打开的文件包含下面的内容：

```
x = 7
y = 5
2 * x + 3 * y
```

那么，调用 compile(rd, wr) 应该写出一个包含下列代码的文件：

```
LOAD #7
STORE x
DISPLAY
LOAD #5
STORE y
DISPLAY
LOAD #2
LOAD x
MUL
LOAD #3
LOAD y
MUL
ADD
DISPLAY
```

12. 用树结构来表示表达式使得执行复杂的数学操作成为可能。例如，编写一个用标准的微积分规则来对表达式求导的方法并不会很困难。图 18-9 展示了对算术表达式求导的最常见的规则。

$$x'=1 \qquad \text{其中：}$$
$$c'=0 \qquad x \text{ 是微分变量}$$
$$(u+v)'=u'+v' \qquad c \text{ 是常量或不依赖于 } x \text{ 的变量}$$
$$(u-v)'=u'-v' \qquad u \text{ 和 } v \text{ 是任意的表达式}$$
$$(uv)'=uv'+vu'$$
$$(u/v)'=\frac{uv'-vu'}{v^2}$$

图 18-9　标准的求导公式

730

编写一个递归方法 differentiate(exp, var)，它会使用图 18-9 中的规则来找到 exp 关于变量 var 的导数。differentiate 的结果是一个可以在任何上下文中使用的 Expression 对象。例如，你可以计算该表达式，或者将其传递给 differentiate 来计算二阶导数。

13. 扩展表达式解释器，使其支持整数集这种单独的值类型。当操作符 +、* 和 - 用于作为引元的集时，它们应该分别计算集的并、交和差。集是以传统方式指定的，这意味着你需要扩展解析器使用的语法，以支持用括号括起来的用逗号分隔的表达式列表。该程序的样例运行看起来可能像下面这样：

```
                    SetInterpreter
=> odds = {9, 7, 5, 3, 1}
{1, 3, 5, 7, 9}
=> evens = {0, 2, 2 * 2, 3 * 2, 2 * 2 * 2}
{0, 2, 4, 6, 8}
=> primes = {2, 3, 5, 7}
{2, 3, 5, 7}
=> odds + evens
{0, 1, 2, 3, 4, 5, 6, 7, 8, 9}
=> odds * evens
{}
=> primes - evens
{3, 5, 7}
```

注意，包含整数的表达式仍旧是合法的，可以用于任何表达式上下文，包括用来指定集中的元素的值。

14. [Paul] 艾伦冲进宿舍找到了比尔·盖茨。他们必须为这台机器开发一种 BASIC。他们必须这么做，因为如果不这么做，那么这场革命就不会是他们发动的了。

——Stephen Manes 和 Paul Andrews，《盖茨》，1994

扩展解释器的能力，使其成为一种类似于 BASIC 语言的简单编程语言，这里指的 BASIC 语言是由 John Kemeny 和 Thomas Kurtz 在 20 世纪 60 年代中期开发的。在 BASIC 中，程序由代码行构成，而这些代码行都以用来确定执行顺序的数字开头，而且每行都包含一条来自图 18-10 中的语句。行号确定了语句执行的顺序，并且提供一种用于编辑程序的框架。如果你需要在两行已有代码之间添加新的代码行，那么就可以让这一行代码的行号位于这两行代码的行号之间。你还可以通过重新键入一个新的版本来直接替换某一行代码。

LET *var*＝*exp*	将 *exp* 的值赋值给变量 *var*
INPUT *var*	请求用户产生一个输入，并将其赋值给 *var*
PRINT *exp*	在控制台上打印 *exp* 的值
GOTO *line*	跳到指定的行号，并从那里继续执行
IF e_1 *op* e_2 THEN *line*	如果指定的测试为 true，则将控制流转移到指定行号。操作符可以是任何标准的关系操作符
END	表示程序结束

图 18-10　BASIC 语言中的简单语句

键入 RUN 命令而不是其他语句时，会从最小的行号开始运行程序，并一直运行到程序到达表示程序结束的 END 语句。例如，下面的会话打印了小于 500 的 2 的整数次幂：

```
● ● ●                    Basic
10 LET n = 1
20 PRINT n
30 LET n = 2 * n
40 IF n < 500 THEN 20
50 END
RUN
1
2
4
8
16
32
64
128
256
```

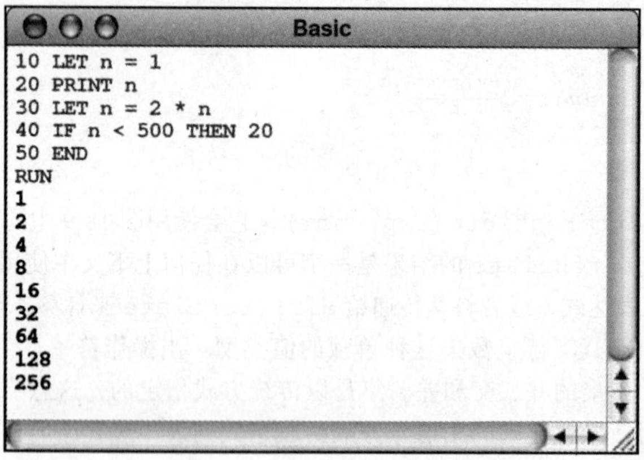

将函数作为数据使用

活着就是为了履行职责。

——Oliver Wendell Holmes, Jr., 广播讲话, 1931

到目前为止, 在你已经学习过的编程知识中, 函数和数据结构的概念仍旧是保持相对分离的。函数提供了表示算法的方式, 而数据结构使你可以对这些算法要操作的信息进行组织。函数, 在面向对象语言中通常被称为方法, 已经成为算法结构的组成部分, 但并非数据结构的组成部分。但是, 如果能够将函数作为数据来使用, 那么就可以使我们能够更加容易地设计出有效的接口, 因为这种工具使得客户端可以在指定数据时一并指定操作。

Java 经过其历史演化, 已经可以更容易地将函数当作数据对象来考虑了。从最开始, Java 就可以使用对象来实现某些技术, 使得基于函数式数据的编程变得非常强大。毕竟, 对象封装了数据和行为, 这意味着你可以通过定义恰当的方法来用对象指定特定的行为。但是, 这种策略并不像程序员期望的那样灵活, 特别是如果那些程序员熟悉函数式编程泛型的话, 就更是如此。函数式编程泛型是一种编程风格, 这种风格强调将函数应用于数据并避免使用赋值和其他会改变程序状态的操作。随着时间的推移, Java 已经变得更加能够与这种编程风格相兼容, 特别是 2014 年早期发布的 Java 8 版本, 更是如此。Java 8 引入了一项被称为 lambda 表达式的新特性, 它是一种通过使用从 lambda 演算中导出的模型来支持函数式编程的抽象, 而 lambda 演算是一种由 Alonzo Church 在 1936 年发明的数学计算模型。本章将探讨多种不同的可以在 Java 中使用函数式编程的策略, 包括 lambda 表达式。

19.1 交互式程序

在某种程度上, 本书中的许多程序都可以被分类为交互式程序, 因为它们都需要从用户处获取输入。同时, 使用 `Scanner` 类读取输入所呈现的交互模型与大多数用户期望的现代应用中的交互模型存在很大的差异。在你目前为止看到的程序中, 用户都只能在程序执行过程中已明确定义过的某些点上提供输入, 最常见的是在程序调用像 `nextInt` 这样的方法然后等待响应时。这种风格的交互被称为同步交互, 因为用户的输入是与程序运行同步的。相比之下, 现代的用户界面都是异步的, 因为它们允许用户在任何时刻发出请求, 典型情况下会通过鼠标或者键盘来触发特定的动作。相对于程序运行而异步发生的动作, 例如点击鼠标或敲击键盘, 通常被称为事件。通过响应这些事件而运行的交互式程序被称为是事件驱动的。

19.1.1 Java 事件模型

在查看任何事件驱动的程序之前, 重要的是要先理解其底层的概念模型。在 Java 中, 每个事件都与一个对象关联, 该对象可以提供有关该事件的性质的相关信息。尽管 Java 支持许多种事件, 但是本章只关注 `MouseEvent` 类, 它可以作为其他以类似方式工作的事件类型的模型。`MouseEvent` 对象表示鼠标发生的动作, 例如将其从一个位置移动或拖曳到另一个位置, 或者点击鼠标按钮。因为不同的事件对象包含不同的信息, 所以以能够应用于每个事件类的方法取决于该类型特殊的需求。例如，某种 `MouseEvent` 可以导出 `getX` 和 `getY` 方法来确定鼠标位置。

在 Java 事件模型中，事件对象自身并不执行任何动作，而是被传递给某个负责响应该特定类型事件的其他对象，这种对象被称为监听器。正如你预期的，有各种不同类型的事件监听器来响应不同类型的事件。Java 定义了两种监听器类型来响应鼠标事件：`MouseListener` 和 `MouseMotionListener`。第一种事件是由像点击鼠标按钮这样的相对不频繁的事件产生的，而第二种事件发生频率要频繁得多，是在每次鼠标移动时产生的。如果不需要跟踪鼠标移动，那么只定义 `MouseListener` 就会更高效。

与事件不同，各种监听器类型在 Java 中不是作为类来实现的，相反，每种监听器类型都被定义成了指定了一组方法的接口。任何提供这些方法定义的类都可以通过在类首行的 `implements` 子句中包含该接口名来声明它实现了该监听器。图 19-1 展示了 `MouseListener` 和 `MouseMotionListener` 所需的方法。

MouseListener 接口

`mouseClicked(e)`	当鼠标在单个位置上点击时产生
`mouseEntered(e)`	当鼠标进入某个构件时产生
`mouseExited(e)`	当鼠标离开某个构件时产生
`mousePressed(e)`	当鼠标被按下时产生
`mouseReleased(e)`	当鼠标被释放时产生

MouseMotionListener 接口

`mouseMoved(e)`	当鼠标在按钮被释放的情况下移动时产生
`mouseDragged(e)`	当鼠标在按钮被按下的情况下移动时产生

735

图 19-1 `MouseListener` 和 `MouseMotionListener` 指定的方法

所有作为 Java 的抽象窗口工具包（AWT）的组成部分的事件类和监听器接口都是在 `java.awt.event` 包中定义的。为了方便起见，这个包还定义了一个名为 `MouseAdapter` 的类，它为 `MouseListener` 和 `MouseMotionListener` 这两个接口中的所有方法都提供了空实现。因此，扩展自 `MouseAdapter` 的类可以覆盖监听器模型中特定的方法，并通过依赖缺省的行为来忽略其他所有事件。

应用不会接收到事件，除非它们通过向发生事件的图形化构件添加监听器来请求获取对应的事件。对于第 8 章所描述的使用图形包的程序，需要接收事件的构件是存储在 `GWindow` 框架内部的 `GCanvas`。因此，如果变量 `gw` 包含一个对图形化窗口的引用，那么我们就可以通过下面的调用实现在画布中监听鼠标事件了：

gw.getCanvas().addMouseListener(*listener*);

其中 `listener` 可以是任何实现了 `MouseListener` 接口的对象。

19.1.2 事件驱动的简单应用

上一节描述的原则在图 19-2 所示的 `DrawDots` 应用中进行了展示。这个程序一开始就创建了空的 `GWindow`，然后让其关联的 `GCanvas` 去监听鼠标事件。大多数在该窗口中发生的鼠标事件都会被忽略，因为它们在 `DrawDots` 扩展的 `MouseAdapter` 类中被定义成了空方法。但是，如果用户点击鼠标按钮，那么这个点击动作就会生成一个对 `mouse-`

Clicked 方法的调用，该方法在这个类中会被下面的定义所覆盖：

```
public void mouseClicked(MouseEvent e) {
    double r = DOT_RADIUS;
    GOval dot = new GOval(e.getX() - r, e.getY() - r,
                          2 * r, 2 * r);
    dot.setFilled(true);
    gw.add(dot);
}
```

这个方法会创建一个圆形的 GOval，它的中心在鼠标点击的坐标位置上，其半径由常量 DOT_RADIUS 的值指定。对 setFilled 的调用会将该 GOval 标记为有填充色的，最后一条语句会将该 GOval 添加到图形化窗口中。添加该 GOval 会触发重绘窗口的请求，处理该请求时会在期望的位置上绘制该 GOval。向窗口中添加圆点的动作是可重复进行的，再次点击鼠标就会创建一个新的 GOval，并将其添加到窗口中，此时，它会与其前驱对象一起加入到待显示的对象列表中。

736

```
/*
 * File: DrawDots.java
 * -------------------
 * This program draws a dot everwhere the user clicks the mouse.
 */

package edu.stanford.cs.javacs2.ch19;

import edu.stanford.cs.javacs2.ch8.GOval;
import edu.stanford.cs.javacs2.ch8.GWindow;
import java.awt.event.MouseAdapter;
import java.awt.event.MouseEvent;

public class DrawDots extends MouseAdapter {

    public void run() {
        gw = new GWindow(WIDTH, HEIGHT);
        gw.getGCanvas().addMouseListener(this);
    }

/* Called on a mouse click to create a new dot */

    @Override
    public void mouseClicked(MouseEvent e) {
        double r = DOT_RADIUS;
        GOval dot = new GOval(e.getX() - r, e.getY() - r, 2 * r, 2 * r);
        dot.setFilled(true);
        gw.add(dot);
    }

/* Constants */

    private static final double WIDTH = 500;
    private static final double HEIGHT = 300;
    private static final double DOT_RADIUS = 4;

/* Private instance variables */

    private GWindow gw;

/* Main program */

    public static void main(String[] args) {
        new DrawDots().run();
    }

}
```

图 19-2　DrawDots 程序的代码

DrawDots 应用只会响应 mouseClicked 事件，并且会忽略其他所有事件。图 19-3 展示了一个稍微更复杂一点的示例，它会跟踪鼠标移动以便让用户可以在图形化窗口中绘制线段。按下鼠标按钮会创建一个新的 GLine，而拖曳鼠标到另一个位置会随鼠标的移动而改变线段的端点。

```
/*
 * File: DrawLines.java
 * --------------------
 * This program allows users to draw lines on the graphics window by
 * clicking and dragging with the mouse.
 */

package edu.stanford.cs.javacs2.ch19;

import edu.stanford.cs.javacs2.ch8.GCanvas;
import edu.stanford.cs.javacs2.ch8.GLine;
import edu.stanford.cs.javacs2.ch8.GWindow;
import java.awt.event.MouseAdapter;
import java.awt.event.MouseEvent;

public class DrawLines extends MouseAdapter {

    public void run() {
        gw = new GWindow(WIDTH, HEIGHT);
        GCanvas gc = gw.getGCanvas();
        gc.addMouseListener(this);
        gc.addMouseMotionListener(this);
    }

/* Called on mouse press to create a new line */

    @Override
    public void mousePressed(MouseEvent e) {
        line = new GLine(e.getX(), e.getY(), e.getX(), e.getY());
        gw.add(line);
    }

/* Called on mouse drag to reset the endpoint */

    @Override
    public void mouseDragged(MouseEvent e) {
        line.setEndPoint(e.getX(), e.getY());
    }

/* Constants */

    private static final int WIDTH = 500;
    private static final int HEIGHT = 300;

/* Private instance variables */

    private GWindow gw;
    private GLine line;

/* Main program */

    public static void main(String[] args) {
        new DrawLines().run();
    }

}
```

图 19-3　DrawLines 程序的代码

通过采用这种策略，DrawLines 程序的运行方式会与商业绘图应用的方式一样，至少对直线来说是如此。为了在画布上创建一条线段，你需要在起点处按下鼠标，然后保持鼠标按钮按下的状态，并拖曳鼠标到另一个端点。在你这么做时，线段自身会不断地在画布上更新，使得它可以始终连接起点和鼠标当前的位置。

例如，假设你在屏幕的某处按下了鼠标按钮，然后保持按钮按下状态向右拖曳鼠标一英寸（1 英寸＝2.54 厘米），这时你看到的情形就像下面的图片：

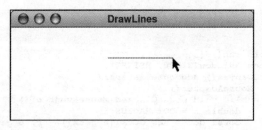

如果你之后在不释放按钮的情况下向下移动鼠标，那么显示的线段就会跟踪鼠标，使得你看到下面图片所示的情形：

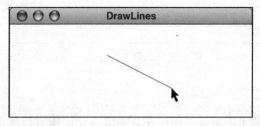

当你释放鼠标时，这条线段就会固定下来。如果你之后再次在同一个点上点击鼠标按钮，那么就可以通过拖曳鼠标到新线段的末端来继续绘制另一条线段，就像下面一样：

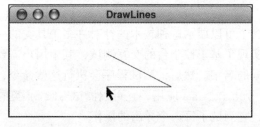

739

或者，你可以将鼠标移动到一个全新的位置上，并在画布的其他某个地方绘制一条与之前线段不相连的线段。

尽管你在用鼠标拖曳线段，但是连接起始点和鼠标当前位置的线段只是在拉伸、缩短和改变方向。因为其效果就像是你在用可伸缩的橡皮线来连接起始点和鼠标光标时所期待的效果，所以这种技术被称为橡皮绳式生成线。

19.1.3 匿名内部类

Java 设计者们为了简化指定函数式响应的过程而添加的首批特性之一就是匿名内部类，它们与其他内部类一样，只是缺少名字，并且在程序中只能在一个位置上被实例化。像其他内部类一样，匿名内部类可以访问在声明该类的环境中可视的变量。创建内部类对象的常见语法看起来像下面这样：

```
new class() {
    覆盖类中行为的定义
}
```

由 new 生成的实例不是所指定的类的实例，而是用新定义覆盖了原来定义的匿名子类的实例。图 19-4 展示了这种技术，它使用匿名内部类作为监听器而重新实现了 DrawDots

应用。

```
/*
 * This version of the run method uses an anonymous inner class to
 * specify the response to the mouseClicked event.
 */

   public void run() {
       gw = new GWindow(WIDTH, HEIGHT);
       gw.getGCanvas().addMouseListener(
           new MouseAdapter() {
               public void mouseClicked(MouseEvent e) {
                   double r = DOT_RADIUS;
                   GOval dot = new GOval(e.getX() - r, e.getY() - r,
                                         2 * r, 2 * r);
                   dot.setFilled(true);
                   gw.add(dot);
               }
           }
       );
   }
```

图 19-4   使用匿名内部类的 DrawDots 的代码

19.2   命令分派表

测试对软件开发来说至关重要。创建交互测试，让你作为开发者去折腾开发出来的包并测试单个的方法，与第 7 章描述的单元测试互相配合，会显得非常有用。交互测试程序在调试过程中特别有价值，因为它们使得你可以去执行一系列的命令，并检查是否所有事情都正确地工作。

本书提供的代码包含了可以展示这种技术的针对许多工具类的交互测试程序。在大多数情况下，这些测试程序实现了基于控制台的交互测试，其中用户需要在命令行中键入通常与被测试类导出的方法相同的名字。然后，测试程序会执行这些命令，并显示结果。例如，第 13 章的程序中包含一个 StackTest 应用，它可以测试 Stack 类的标准实现。这个程序可以产生下面的样例运行，它测试了每一个导出的操作：

下面各节的目标是探索实现这种测试程序的多种策略。栈操作的细节并不是焦点所在。核心问题是如何从像 "push"、"size" 或 "list" 这样的命令名转移到实现该操作的代码。这种处理被称为命令分派。

19.2.1 使用层叠 if 语句的命令分派

实现命令分派的最简单的策略是使用一系列的 if-else 语句，它们会将用户键入的名字与每种可能的命令名做明确比较。图 19-5 给出了这种策略的实现。

741

```java
/*
 * File: StackTestUsingIfStatements.java
 * ----------------------------------------
 * This program implements an interactive test for the Stack abstraction.
 */

package edu.stanford.cs.javacs2.ch19;

import edu.stanford.cs.console.Console;
import edu.stanford.cs.console.SystemConsole;
import edu.stanford.cs.javacs2.ch13.Stack;
import edu.stanford.cs.javacs2.ch7.TokenScanner;

public class StackTestUsingIfStatements {

   public void run() {
      Console console = new SystemConsole();
      stack = new Stack<String>();
      scanner = new TokenScanner();
      scanner.ignoreWhitespace();
      while (true) {
         String line = console.nextLine("-> ");
         scanner.setInput(line);
         if (scanner.hasMoreTokens()) dispatch(scanner.nextToken());
      }
   }

/* Calls the appropriate method based on the command name */

   private void dispatch(String name) {
      if (name.equals("push")) {
         pushCommand();
      } else if (name.equals("pop")) {
         popCommand();
      } else if (name.equals("clear")) {
         clearCommand();
      } else if (name.equals("peek")) {
         peekCommand();
      } else if (name.equals("size")) {
         sizeCommand();
      } else if (name.equals("isEmpty")) {
         isEmptyCommand();
      } else if (name.equals("list")) {
         listCommand();
      } else if (name.equals("quit")) {
         quitCommand();
      } else {
         System.out.println("Unknown command: " + name);
      }
   }

/* Command methods for each of the test commands */

   private void pushCommand() {
      stack.push(scanner.nextToken());
   }

   private void popCommand() {
      System.out.println(stack.pop());
   }

   private void clearCommand() {
      stack.clear();
   }
```

图 19-5　使用 if 语句的交互式 StackTest 程序的代码

```
    private void peekCommand() {
        System.out.println(stack.peek());
    }

    private void sizeCommand() {
        System.out.println(stack.size());
    }

    private void isEmptyCommand() {
        System.out.println(stack.isEmpty());
    }

    private void listCommand() {
        Stack<String> save = new Stack<String>();
        while (!stack.isEmpty()) {
            System.out.println(stack.peek());
            save.push(stack.pop());
        }
        while (!save.isEmpty()) {
            stack.push(save.pop());
        }
    }

    private void quitCommand() {
        System.exit(0);
    }

/* Private instance variables */

    private Stack<String> stack;
    private TokenScanner scanner;

/* Main program */

    public static void main(String[] args) {
        new StackTestUsingIfStatements().run();
    }

}
```

742
~
743

图 19-5 （续）

图 19-5 中的 run 方法创建了一个 TokenScanner，并使用它来扫描输入行中的第一个符号，这个符号就是命令名。然后，它调用 dispatch，该方法会经历一长串的 if 测试来查找与该名字对应的命令。如果找到了这样的命令，dispatch 就会调用相关联的方法。如果没找到，dispatch 就会打印一条表示该命令未定义的消息。尽管这种策略可以完成任务，但是无论如何都不优雅。dispatch 方法的代码会随着越来越多的命令被添加到测试包中而变得越来越大，这会使得程序变得越来越难以阅读。

19.2.2　使用命令表的命令分派

无论从哪点看，图 19-5 中介绍的 dispatch 方法就是实现了映射表操作。其中，键是命令名，值是用户键入该命令时应该执行的命令。许多语言都定义了对方法的引用，使得它们的行为就像任何其他的数据值一样，这意味着我们可以将对实现方法的引用直接存储到映射表中。遗憾的是，Java 不是这样的语言。

在 Java 中，解决这个问题的传统策略是声明一个接口，其中定义了所有命令都必须支持的操作。例如，在命令分派示例中，我们必须能够执行一条命令，这个事实意味着其恰当的接口描述看起来像下面这样：

```
interface Command {
    public void execute();
}
```

任何包含不接受任何引元并且不返回任何结果的 execute 方法的对象都可以被标记为一个 Command。然后，我们可以定义每种可用的命令的实现类。例如，可以用下面的显式内部类来定义列出栈中内容的命令：

```
class ListCommand implements Command {
    public void execute() {
        listCommand();
    }
}
```

将 ListCommand 定义为 StackTest 应用的内部类意味着它可以访问在这个作用域内声明的私有方法和变量。

如果声明名为 commands 的 HashMap<String, Command>，那么就可以通过下面的调用将字符串 "list" 与 ListCommand 动作关联起来：

```
commands.put("list", new ListCommand());
```

744

或者，我们也可以通过使用图 19-6 所示代码中的匿名内部类来避免为每个命令都定义一个新类。在这两种情况中，dispatch 的代码看起来都像下面的样子：

```
private void dispatch(String name) {
    Command cmd = commands.get(name);
    if (cmd == null) {
        System.out.println("Unknown command: " + name);
    } else {
        cmd.execute();
    }
}
```

```
private void initCommandTable() {
    commands = new HashMap<String,Command>();
    commands.put("push",
            new Command() {
                public void execute() { pushCommand(); }
            });
    commands.put("pop",
            new Command() {
                public void execute() { popCommand(); }
            });
    commands.put("peek",
            new Command() {
                public void execute() { peekCommand(); }
            });
    commands.put("size",
            new Command() {
                public void execute() { sizeCommand(); }
            });
    commands.put("isEmpty",
            new Command() {
                public void execute() { isEmptyCommand(); }
            });
    commands.put("clear",
            new Command() {
                public void execute() { clearCommand(); }
            });
    commands.put("list",
            new Command() {
```

图 19-6 使用匿名内部类初始化命令表的代码

```
                public void execute() { listCommand(); }
            });
    commands.put("quit",
            new Command() {
                public void execute() { quitCommand(); }
            });
}
```

图 19-6 （续）

19.2.3　用 lambda 表达式实现命令分派

　　但是，从审美角度看，图 19-6 中初始化命令表的代码还有很多不足之处。每个对 put 的调用都会横跨 4 行，使得无论以何种可阅读的方式来缩进代码，都会是一场噩梦。如果用 Java 编写函数式代码会招致如此烦人的复杂性，那么函数式编程范型就不会赢得如此众多的拥趸了。

　　幸运的是，Java 8 引入了一种新的语言特性，被称为 lambda 表达式，它可以使代码变得更加易于阅读。lambda 表达式将在下一节中定义，但是你可以通过观察它们简化命令分派问题的方式来感受一下它们的重要性。与图 19-6 中乱作一团的代码不同，Java 8 允许我们按照图 19-7 中所示的简单得多的形式来重新编写 initCommandTable 方法，而程序中其他部分都不用修改。下一节将介绍实现代码尺寸的这种显著缩减所需的工具。

```
private void initCommandTable() {
    commands = new HashMap<String,Command>();
    commands.put("push", () -> pushCommand());
    commands.put("pop", () -> popCommand());
    commands.put("peek", () -> peekCommand());
    commands.put("size", () -> sizeCommand());
    commands.put("isEmpty", () -> isEmptyCommand());
    commands.put("clear", () -> clearCommand());
    commands.put("list", () -> listCommand());
    commands.put("quit", () -> quitCommand());
}
```

图 19-7　使用 lambda 表达式初始化命令表的代码

19.3　lambda 表达式

　　lambda 表达式是函数的一种简洁表示形式，展示了引元列表是如何转换为返回结果的。这个名字来自于希腊字母 λ，Alonzo Church 在其 lambda 演算中将其用作产生函数的操作符。我的斯坦福同事，已故的 John McCarthy 在 1960 年将 lambda 演算融入了 Lisp 编程语言中，lambda 演算因其通用性而为 Lisp 增添了相当富于表现力的编程能力，并且自那以后，它还被融入了许多其他的语言。

19.3.1　Java 中 lambda 表达式的语法

　　在 Java 中，lambda 表达式的形式为：

　　(argument list) **->** *result*

其中，argument list 是类似于方法声明中的参数声明列表，而 result 是表示结果的表达式。lambda 表达式支持多种可以促进易用性的简化措施，包括：

- 通常可以在引元列表中删掉参数类型，因为 Java 能够从上下文中推断出它们的类型。例如，如果想要指定计算直角边为 z 和 y 的直角三角形的斜边长度的 lambda 表达式，那么就可以使用完整声明的表达式：

```
(double x, double y) -> Math.sqrt(x * x + y * y)
```

或者将这个表达式简化为：

```
(x, y) -> Math.sqrt(x * x + y * y)
```

- 如果只有一个参数，那么可以删掉引元列表两边的括号。因此，计算引元平方的 lambda 表达式可以写作：

```
x -> x * x
```

- 如果需要包含更多的代码，那么 result 规则说明可以是由花括号括起来的语句块。但是，如果语句块的内容只是一个对结果类型为 void 的方法的调用，那么就可以删掉括号。例如，图 19-6 中的 lambda 表达式看起来都像是类似下面的东西：

```
() -> pushCommand()
```

这种语法指定了一个 lambda 表达式，它不接受任何引元，且其结果为调用 pushCommand 方法，而该方法不会返回任何结果。

19.3.2 函数式接口

在 Java 中，lambda 表达式是与函数式接口的思想紧密联系在一起的，函数式接口是只指定了一个方法的接口。命令分派应用中的 Command 接口就是一个函数式接口，因为它的定义只指定了唯一的 execute 方法。类似地，下面的接口

```
interface DoubleFunction {
    public double apply(double x);
}
```

指定了一个函数接口，其 apply 方法会接受一个 double，并返回一个 double。通过这种方式，DoubleFunction 接口可以表示所有将一个浮点数映射为另一个浮点数的函数类型。Math 类中的大部分静态方法，例如 Math.sqrt、Math.sin、Math.cos 等，都具有这种形式。

有些函数式接口非常常见，所以 Java 8 引入了一个新的名为 java.util.function 的包来导出它们。尽管这个包定义了数十个这种接口，但是本章只会讨论图 19-8 中列出的 5 个接口，它们都会接受类型参数。接口 Funtion<T, U> 囊括了所有接受一个参数的函数。例如，前面所示的 DoubleFunction 接口就与 Function<Double, Double> 或 UnaryOperator<Double> 兼容。本章的示例所操作的 lambda 表达式按照传统都被表现成了函数，因此可以使用 Function<Double, Double> 来引用这种函数类型。相比之下，本章习题部分中有若干个习题让你使用操作符，此时在名字中包含 Operator 会显得更合适。

如果手上有新版本的 Java，那么就可以将 lambda 表达式赋值给兼容的函数式接口，要么通过明确的赋值语句来实现，要么作为方法的引元来传递。例如，下面的语句：

```
commands.put("push", () -> pushCommand());
```

会将 lambda 表达式 ( ) -> pushCommand() 传递给一个声明为 HashMap<String,

Command> 的映射表的 put 方法。因为编译器知道传递给 put 的第二个引元应该是一个 Command，所以它会查看该引元是否与这种类型兼容。因为定义 Command 的函数式接口中所包含的单个方法不接受任何引元，并且不返回任何值，所以 Java 可以接受 lambda 表达式 ( ) -> pushCommand()，因为它也不接受任何引元且不返回任何值。

Function<T, U>	其中包含将 T 映射为 U 的 apply 方法的类
Predicate<T>	其中包含将 T 映射为 boolean 值的 test 方法的类
Consumer<T>	其中包含接受 T 的 accept 过程的类
UnaryOperator<T>	其中包含将 T 映射为 T 的 apply 方法的类
BinaryOperator<T>	其中包含将两个 T 值映射为一个 T 的 apply 方法的类

图 19-8　从 java.util.function 包中选出的接口

19.3.3　一个 lambda 函数的简单应用

lambda 函数在范围广泛的各种应用中都很有用，特别是在你对这种思想熟悉之后。举一个简单的例子，假设你想要设计一个方法，它使得你可以列出符合某种形式的所有英语单词，但是它比第 6 章列出 2 字母和 3 字母英语单词的程序要具有更大的通用性。例如，想象一下，你已经在某个拼字游戏中填写了大部分内容，并且正在搜索一个以 "th" 开始并以 "y" 结尾的由 10 个字母构成的单词。如果该单词存储在变量 s 中，那么需要使用的测试为：

```
s.length() == 10 && s.startsWith("th") && s.endsWith("y")
```

尽管你可以将这个测试纳入遍历英语词典的方法中，但是更好的做法是允许客户端以方法的形式传递这种测试，该方法接受一个字符串并返回一个表示该字符串是否通过了选择测试的布尔值。这种方法与 java.util.function 中的函数式接口 Predicate<T> 兼容，因此，你可以实现下面的方法，它接受一个词典和一个 lambda 表达式：

```java
private void listMatchingWords(Lexicon lexicon,
                               Predicate<String> fn) {
    for (String word : lexicon) {
        if (fn.test(word)) System.out.println(word);
    }
}
```

一旦实现了这个函数，下面的调用：

```java
listMatchingWords(new Lexicon("EnglishWords.txt"),
                  s -> s.length() == 10 &&
                  s.startsWith("th") &&
                  s.endsWith("y"));
```

将会产生下面的输出：

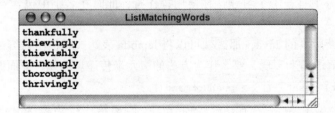

19.4 绘制函数

在许多上下文中传递函数值都是有意义的，其中最典型的是在图形化窗口中绘制由客户端指定的函数的应用。例如，假设你想要编写一个 `PlotFunction` 程序，它会绘制在指定范围内的 *x* 的值对应的某个函数 *f*(*x*) 的值，其中 *f* 是某个由客户端提供的函数。例如，如果 *f* 是一个三角正弦函数，那么你会希望你的程序产生下面的样例运行：

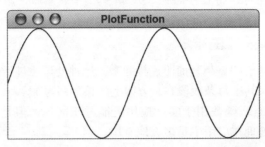

这个图形化输出只展示了图形的形状，但是没有给出 *x* 轴和 *y* 轴的单位。在这张图中，*x* 的值在 −2π 到 2π 的范围内变化，而 *y* 的值在 −1 到 1 之间变化。`plot` 函数需要包含这些范围作为参数，这意味着对它的调用看起来像下面这样：

```
plot(gw, x -> Math.sin(x), -2 * Math.PI, 2 * Math.PI,
                           -1, 1);
```

第一个参数是图形化窗口。第二个参数是对应于你想要绘制的函数的 lambda 表达式，在本例中，该函数是 `Math` 类中的三角函数 `sine`。

但是，如果 `plot` 是按照通用方式设计的，那么通过修改第二个引元，它应该就可以绘制不同的函数。例如，下面的调用：

```
plot(gw, x -> Math.sqrt(x), 0, 4, 0, 2);
```

应该在图中沿 *x* 轴从 0 到 4，沿 *y* 轴从 0 到 2 绘制 `Math.sqrt` 函数，就像下面这样：

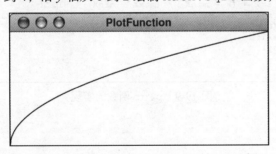

为了让对 `plot` 的调用有意义，第二个引元必须实现函数式接口 `Function<Double, Double>`。因此，`plot` 的方法头看起来像下面这样：

```
void plot(GWindow gw, Function<Double,Double> fn,
          double xMin, double xMax,
          double yMin, double yMax)
```

图 19-9 展示了 `plot` 的实现。`plot` 的代码会遍历横向穿过图形化窗口的每个像素坐标，将每个 x 坐标转换为在 `minX` 和 `maxX` 之间的对应位置。例如，穿过窗口一半位置的点对应于从 `minX` 到 `maxX` 中间位置的值。然后，程序应用函数值 `fn` 来计算 y 的值，具体如下：

```
double y = fn.apply(x);
```

最后一步会将 y 值按照 minY 和 maxY 来缩放，从而将 y 的值转换为屏幕上适合的纵坐标。这种操作本质上与导出 x 的值的转换是相反的。唯一的差别是屏幕上的 y 轴与传统笛卡儿坐标平面中的方向是反的，这使得必须用图形化窗口的高度减去计算出来的值。

plot 方法通过使用 GLine 类绘制一系列的线段来创建图形化输出。该方法以计算窗口左边缘的点的坐标开始，将计算结果存储到变量 sx0 和 sy0 中。然后，它计算向右边移动一个小像素后曲线的坐标，将其存储到 sx1 和 sy1 中。然后，用下面的图形库调用将这两个点连接起来：

```
gw.drawLine(sx0, sy0, sx1, sy1);
```

循环中每次迭代都会将当前的点与其前驱连接起来。这种处理通过连接线段序列而具有了近似描绘函数图形的效果，其中每条线段在 x 方向上的长度都为 1。

尽管图 19-9 中的 plot 函数用于实际应用可能过于简单，但是它是一个很好的示例，展示了将函数当作数据处理在应用中是多么地有用。

```
/**
 * Plots the specified function on the graphics window.
 *
 * @param gw The graphics window
 * @param fn A lambda expression that implements Function<Double,Double>
 * @param minX The minimum x value at the left edge of the window
 * @param maxX The maximum x value at the right edge of the window
 * @param minY The minimum x value at the bottom of the window
 * @param maxY The maximum x value at the top of the window
 */

   private void plot(GWindow gw, Function<Double,Double> fn,
                     double minX, double maxX,
                     double minY, double maxY) {
      double dx = (maxX - minX) / WIDTH;
      double sx0 = 0;
      double sy0 = HEIGHT - (fn.apply(minX) - minY) / (maxY - minY) * HEIGHT;
      for (int i = 1; i < WIDTH; i++) {
         double x = minX + i * dx;
         double y = fn.apply(x);
         double sx1 = (x - minX) / (maxX - minX) * WIDTH;
         double sy1 = HEIGHT - (y - minY) / (maxY - minY) * HEIGHT;
         gw.add(new GLine(sx0, sy0, sx1, sy1));
         sx0 = sx1;
         sy0 = sy1;
      }
   }
```

图 19-9   plot 函数的实现

19.5   映射函数

无论函数式接口是被实现成了传统的对象还是 lambda 表达式，它们都提供了另一种迭代集合元素的策略。支持这种行为的类在典型情况下会导出一个名为 map 的方法，它会将一个函数应用到集合中的每个元素上。例如，如果 list 是一个支持 map 操作的集合类的实例，那么你就可以在控制台上通过下面的调用来打印 list 的每个元素：

```
list.map(x -> System.out.println(x));
```

像 map 这样允许我们在集合的每个元素上调用某个函数的方法被称为映射函数。

上一节所描述的那种 map 方法很容易通过扩展添加到现有的集合类中。例如，图 19-10 中的 MappableList<T> 类扩展了 ArrayList<T>，在其中添加了 3 个实现了映射函数的方法。

map 方法接受一个 Consumer<T>，并将该消费者方法应用于列表中的每个元素。例如，给定图 19-10 中定义的映射函数，我们就可以打印出名为 names 的 MappableList<String> 中的每个元素，就像下面这样：

```
names.map(s -> System.out.println(s));
```

mapList 方法会接受一个 Function<T,T>，并返回通过将客户端指定的函数应用于原来列表中的每个元素而创建的 MappableList<T>。因此，如果 digits 是一个包含 0~9 的整数的 MappableList<Integer>，那么调用

```
System.out.println(digits.mapList(n -> n * n));
```

就会打印出包含数值 0、1、4、9、16、25、36、49、64 和 81 的列表。

751
〜
752

```
/*
 * File: MappableList.java
 * -------------------------
 * This file exports a list that supports mapping operations.
 */

package edu.stanford.cs.javacs2.ch19;

import java.util.ArrayList;

/**
 * This class extends the ArrayList class by adding mapping functions.
 */

public class MappableList<T> extends ArrayList<T> {

/**
 * Applies the function fn to every element in the list.
 *
 * @param fn A lambda expression matching Consumer<T>
 */

   public void map(Consumer<T> fn) {
      for (T value : this) {
         fn.accept(value);
      }
   }

/**
 * Creates a new MappableList<T> by applying fn to every element of this one.
 *
 * @param fn A lambda expression matching Function<T,T>
 */

   public MappableList<T> mapList(Function<T,T> fn) {
      MappableList<T> list = new MappableList<T>();
      for (T value : this) {
         list.add(fn.apply(value));
      }
      return list;
   }

/**
 * Applies reduce to the result of applying map to each element.
 *
 * @param map A lambda expression matching Function<T,T>
 * @param reduce A lambda expression matching Consumer<T>
 */

   public void mapReduce(Function<T,T> map, Consumer<T> reduce) {
      for (T value : this) {
         reduce.accept(map.apply(value));
      }
   }

}
```

图 19-10　支持映射函数的扩展的列表类

MappableList 类中的最后一个方法是

```
void mapReduce(Function<T,T> map, Consumer<T> reduce)
```

它接受由 map 操作产生的值, 并将 reduce 操作应用到这些结果上。例如, 我们可以使用下面的代码来计算 digits 中的整数的平方和, 其中 sum 是在该类中定义的实例变量:

```
sum = 0;
digits.mapReduce(d -> d * d, n -> { sum += n; });
```

这些语句的效果与下面的迭代代码的效果完全相同:

```
sum = 0;
for (int d : digits) {
   sum += d * d;
}
```

mapReduce 以及等价的迭代代码之间的主要差别是 mapReduce 隐藏了底层计算过程的细节。只要不对 mapReduce 方法将映射操作应用于列表元素时的顺序做任何要求, 那么 mapReduce 的实现就可以避免迭代, 并采用不同的方式来处理。

MappableList 类的 mapReduce 方法表示的是 MapReduce 编程模型的一种极端简单的实现, MapReduce 最初是由 Google 开发的一种用来处理海量数据的框架。就像在 mapReduce 方法中那样, MapReduce 模型分两阶段运行。map 操作会应用于集合中的每个元素, 这可能会涉及上千万甚至上百亿条数据, 而 reduce 操作会在应用 map 所产生的结果上执行某种求和计算。为了让这种计算可行, MapReduce 模型的真正实现将工作分成了很多单独的片段, 它们可以在许多不同的机器上同时执行。

用函数式编程术语来描述 MapReduce 模型比用更传统的命令式风格来描述要容易得多。尽管将计算分布到许多服务器上所需的技术超出了本书的范围, 但是思考一下函数式接口是如何让你能够实现该模型的简单版本的, 会对你理解大数据计算的基础知识非常有帮助。

753
~
754

19.6   总结

本章探讨了 Java 中多种处理函数的方法和作为数据对象的方法。本章的要点包括:

- Java 中的事件被表示成了对象, 而这些对象的各个部分精确地指明了事件的性质。例如, MouseEvent 对象就会对 getX 和 getY 做出响应。

- 应用通过声明监听器来响应事件, 而监听器实现的接口中包含了与特定事件类型相关联的方法。对于鼠标事件, Java 使用了两种不同的监听器接口。Mouse-Listener 接口用于相对不频繁发生的情况, 例如按下鼠标按键。相比之下, Mouse-MotionListener 接口响应的是移动或拖曳鼠标的情况, 在这些情况中, 随着鼠标的移动会不断地产生新的事件。

- Java 支持多种用于实现命令分派的策略, 包括用层叠的 if 语句来明确测试每条命令, 以及使用映射表将每个名字与实现命令的对象关联起来。

- Java 8 引入了 lambda 表达式的概念, 它的语法如下:

  (argument list) -> *result*

  该语法表示的是将引元映射为特定结果的函数。lambda 表达式与 Java 传统上支持的方式相比, 能够以精简得多的形式来指定代码的行为。

- 函数式接口是指只指定了一个方法的接口。lambda 表达式可以被传递或赋值给任何其声明将其标记为与某个兼容的函数式接口相匹配的变量。
- java.util.function 包声明了多个函数式接口，包括在本章中用到的 5 个：Function<T, U>、Predicate<T>、Consumer<T>、UnaryOperator<T> 和 BinaryOperator<T>。
- 映射函数会将客户端指定的回调函数应用于集合上的每个元素。因此，映射函数可以被用于许多与迭代器或基于范围的 for 循环相同的上下文中。
- lambda 表达式，以及支持它们的函数式编程范型，在编程中有很广泛的应用。特别是，这种范型使得定义包括 Google 最初开发的 MapReduce 模型在内的操作"大数据"的编码模型变得容易得多。

19.7 复习题

1. 定义术语事件和事件驱动。
2. 什么是事件监听器？
3. 图形事件和监听器类是在哪个包中定义的？
4. Java 事件模型使用哪两个接口来响应鼠标事件？定义两个接口而不是一个接口的原因是什么？
5. MouseAdapter 类的作用是什么？
6. 术语橡皮绳式生成线是什么意思？
7. 什么是匿名内部类？
8. 用来实现命令分派过程的映射表中的键和值的类型是什么？
9. 数学家 Alonzo Church 和计算机科学家 John McCarthy 在 lambda 表达式模型的发展中起到了什么样的作用？
10. Java 中 lambda 表达式的语法模式是什么？
11. Java 支持对特定类型的 lambda 表达式做出哪些简化？
12. 编写一个返回两个值 x 和 y 的平均值的 lambda 表达式。
13. 函数式接口中会指定多少方法？
14. 本章用到了 java.util.function 包中的哪 5 个接口？
15. java.util.function 包中哪个函数式接口与下面的 lambda 表达式最匹配：

   (int n) -> n % 2 == 0

16. 你会如何把 Consumer<T> 编码为一个完整的 Java 接口？
17. 为了列出所有以相同字母开头和结尾的单词，你会传递给 listMatchingWords 什么样的 lambda 表达式？
18. 描述本章定义的 plot 函数的 6 个引元中每个引元的作用。
19. 什么是映射函数？
20. 描述 MapReduce 计算模型中的两个阶段。

19.8 习题

1. 修改 DrawDots 程序，使得在每次点击鼠标时就绘制一个小 ×。这个 × 由两个 GLine 对象构成，其位置应该是交点位于鼠标点击的点上。
2. 使用 GOval、GLine 和 GRect 类创建一个绘制了像下面这样的一张卡通脸的图形：

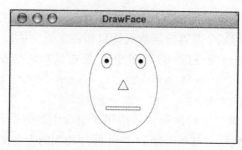

在绘制这张图片之后，将 `MouseMotionListener` 添加到程序中，使得该卡通脸的黑眼珠会跟随光标位置移动。例如，如果将光标移动到屏幕的右下角，黑眼珠就应该跟着移动，使得它们看起来就像是在看着这个点一样：

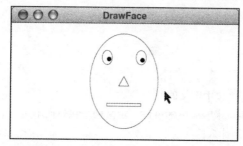

当光标在卡通脸外部时，计算黑眼珠位置不会有多大问题，但是重要的是要独立地计算每只眼睛的黑眼珠位置。例如，如果将鼠标移动到两只眼睛之间，那么黑眼珠应该朝向相反的方向，看起来就像是对眼一样。

3. 除了 `DrawLines` 程序生成的这种线条图形之外，交互式绘图程序还可以在画布上添加其他形状。在典型的绘图应用中，你可以通过在某个角上按下鼠标，然后拖曳到对角上来创建一个矩形。例如，如果你在左边图中的位置按下鼠标，然后拖曳到右边图中的位置上，那么该程序就会创建一个图中所示的矩形：

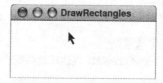

这个矩形会随着鼠标的拖曳而缩放。当你释放鼠标按钮时，就完成了矩形的绘制，它就固定在其位置上了。然后，你可以用同样的方式添加更多的矩形。

尽管这个习题的代码非常短，但是有一个重要的考量是你必须考虑的。在上面的示例中，最初鼠标是在矩形的左上角点击的，但是，如果在除了右下方向之外的其他方向上拖曳，那么你的程序必须也能工作才行。例如，你应该能够通过向左拖曳来绘制矩形，就像下图所示的情况：

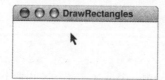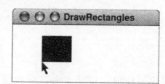

4. 从使用 `DrawLines` 和 `DrawRectangles` 程序入手，创建更加精细的绘图程序，它可以在屏幕上顺着画布的左边显示有关 5 种形状的菜单，即填充矩形、边框矩形、填充椭圆、边框椭圆和直线，就像下图所示：

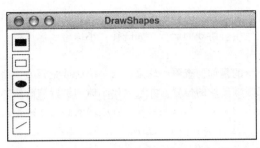

点击菜单上的某个正方形就可以选择对应的图形作为绘制工具。因此，如果在菜单中间区域的填充椭圆上点击，你的程序就应该绘制填充椭圆。在菜单外部点击并拖曳就应该绘制当前选择的图形。

5. 扩展上一个习题的 `DrawShapes` 应用，使得左边栏还包含一个调色板，调色板中包含了所有 Java 预定义的颜色名字对应的颜色。点击某种颜色就会设置应用当前的颜色，使得后续图形都用这种颜色绘制。

6. 扩展习题 4 和习题 5 的 `DrawShapes` 应用，使得在已有图形上点击可以在屏幕上拖曳该图形。为了实现此目的，你需要存储每个图形的维度，以便能够测试鼠标点击是否发生在用户已经绘制的图形内部。

7. 编写一个程序，用来玩经典的打砖块游戏，该游戏是由后来成为苹果公司创始人之一的 Steve Wozniak 在 1976 年发明的。在打砖块游戏中，你的目标是通过弹力球击打来消除一组砖块。

在图 19-11 最左边的图中展示了打砖块游戏的初始状态。屏幕上方着色的矩形就是砖块，赤橙黄绿蓝各两行。在底部稍微大一点的矩形是垫板。垫板在垂直方向上位于固定位置，但是可以随鼠标在屏幕上左右来回移动，直至到达游戏空间的边界。

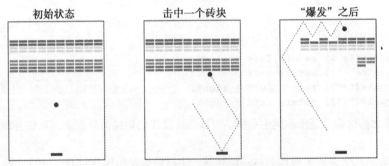

图 19-11   打砖块游戏中挑选出来的几种状态

完整的打砖块游戏包含 3 轮。在每一轮，都有一个小球从窗口中间向屏幕底部以随机的角度发射出来。这个球可以经过垫板和游戏中的四壁反弹，因此，在经过垫板和右墙的两次反弹后，小球就可能会运动出中间图所示的轨迹。

正如在中间图中所看到的，小球会与最底部一行的一块砖碰撞。在发生碰撞时，小球会像在其他任何碰撞中那样反弹，但是砖块会消失（即便使用简化的图形库，你也可以通过将其涂成白色来实现此功能）。游戏会以这种方式继续进行，直至发生下列情况之一：

● 小球击中了下面的墙，这意味着你可能没有用垫板接住它。在这种情况下，本轮结束，在你还未耗尽所有三轮机会之前，会再给你下一个小球。如果你已经耗尽了三轮机会，那么游戏就以失败告终。

● 最后一块砖被清除。在这种情况下，游戏立即结束，你可以光荣隐退了。

在某一列上的所有砖块都被清除之后，就会有一条直通顶部的墙的路径，如图 19-11 最右边的图所示。当这种很爽的情况发生时，小球通常会在顶部的墙和最上面的砖块之间来回反弹多次，而在此过程中用户无需关心小球是否能击中垫板。这种情况被称为"爆发"。

重要的是要注意到，尽管爆发对玩家体验来说是非常令人激动的情况，但是你并不需要在程序中作任何特殊的处理以便让它发生。游戏的运行一如既往：小球碰到墙反弹，与砖块碰撞，并且遵守物理学定律。

实现中唯一需要进一步解释的是如何查看小球是否与某块砖或垫板发生碰撞。就像习题 6 一样，你需要用合适的数据结构来跟踪砖块的位置，并且对比小球的位置与砖块的位置，以查看是否发生了碰撞。而且，因为小球并非一个点，所以如果只检查小球的圆心坐标是没用的。在这个程序中，最简单的策略是检查小球外接正方形的四个顶角所在的点。如果这些点中任何一个位于某块砖的内部，那么就发生了碰撞。

8. 用 `StackTest` 应用作为模型，创建一个 `ArrayListTest` 程序，它需要实现对 `ArrayList` 类导出的方法的交互式测试。

760

9. 扩展图 19-9 的 `plot` 方法，使其接口额外的 `Color` 参数，它表示对线条着色的颜色。使用这个扩展的 `plot` 方法来创建一张图，用来展示最常见的几种复杂度类型的增长曲线，包括常数、对数、线性、$N \log N$、二次、指数等复杂度，每种复杂度都使用不同的颜色。如果你使用的 x 范围为 $1 \sim 15$，y 的范围为 $0 \sim 50$，那么这张图看起来就像下面这样：

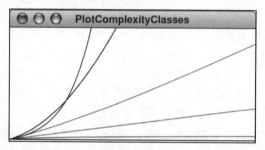

10. 在第 18 章所述的表达式计算器中，`Compound Exp` 类的 `eval` 方法中包含下列的 `if` 语句链：

```
if (op.equals("+")) return left + right;
if (op.equals("-")) return left - right;
if (op.equals("*")) return left * right;
if (op.equals("/")) return left / right;
```

正如在本章之前的命令分派示例中那样，可以将这段代码替换为分派表，该表会调用适合操作符名的函数。

用 lambda 表达式来重新编码该表达式计算器，使得添加新的操作符只需一行代码，就像下面的示例：

```
defineOperator("+", 1, (x,y) -> x + y);
```

这个调用表示操作符 + 的优先级应该为 1，并且应该返回其引元的和，就像 lambda 表达式所表示的那样。

11. 你还可以使用 lambda 表达式来按名字维护一个数学函数的映射表。例如，如果以下面的声明开始：

```
HashMap<String,Function<Double,Double>> fnTable =
    new HashMap<String,Function<Double,Double>>();
```

然后，你可以通过在 `fnTable` 中添加新项来按照函数传统的名字存储它们。例如，下面的行添加了 `sin` 和 `cos` 三角函数对应的项：

761

```
fnTable.put("sin", x -> Math.sin(x));
fnTable.put("cos", x -> Math.cos(x));
```

用这种技术来添加一些数学函数到表达式解释器中。这种修改要求你要对现有的框架做出多处扩展，具体如下：

- 解释器在计算时必须使用实数而不是整数，就像第 18 章习题 2 所描述的那样。
- 函数表需要被集成到 EvaluationContext 类中，使得解释器可以按照名字来访问函数。
- 解析器模块需要包含一条新的语法规则，针对只有单个引元的函数调用表达式。
- 新函数类的 eval 方法必须查找函数名，然后将找到的函数应用于对引元计算后得到的结果。

你的实现应该允许函数组合和嵌套，就像 Java 中的情况一样。例如，如果你的解释器定义了函数 sqrt、sin 和 cos，那么你的程序就应该能够产生下面的样例运行：

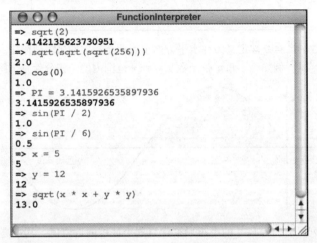

12. 以你在习题 11 中实现的 Expression 类的扩展版本入手，定义一个名为 ExpFunction 的新类，它需要实现 Function<Double, Double>。ExpFunction 类的构造器应该接受一个字符串，并创建一个其 apply 方法会执行下列步骤的对象：
    - 创建一个定义该数学函数的 EvaluationContext。
    - 创建一个 x 的绑定，它的值是 apply 的引元。
    - 将字符串解析为表达式。
    - 计算 EvaluationContext 中的表达式，其中 x 是绑定的。

    例如，如果你执行下面的声明：

    ExpFunction fn = new ExpFunction("2 * x + 3");

    那么结果就应该是一个可以应用到 double 值上的函数。因此，如果你调用 fn.apply(7.0)，那么结果就应该是 17.0，即在 EvaluationContext 中表达式 2 * x + 3 在将 x 绑定到 7.0 之后的值。

13. 在当前的设计中，plot 函数会接受 6 个引元：图形化窗口、要绘制的 lambda 表达式，以及两对表示在 x 和 y 维度上的绘制范围的值。你可以通过让 plot 计算要显示的值的 y 的范围极限来消除最后两个参数。你只需执行两次计算，一次为了找到函数值的最小值和最大值，另一次使用这些值作为范围的极限来绘制函数。编写一个 plot 方法的重载版本，使用这种策略来自动计算 y 的极限。

14. 将习题 12 的 ExpFunction 工具和习题 13 的 plot 方法相结合，使得函数引元可以是包含变量 x 的任何表达式字符串。例如，在对 plot 函数做出这些扩展之后，你应该可以通过下面的调用

    plot(gw, "sin(x)", -2 * Math.PI, 2 * Math.PI, 1, 1)

    来产生 19.4 节第一个图所示的正弦曲线。但是，字符串表达式可以使用表达式解析器能够识别的任何工具，因此，你可以绘制出更加复杂的函数，就像下面的调用所展示的：

    plot(gw, "sin(2 * x) + cos(3 * x)", -Math.PI, Math.PI)

762

这个调用可以解析表达式 sin(2 * x) + cos(3 * x)，然后生成下面的图形：

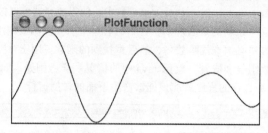

15. 在微积分中，函数的定积分被定义为在水平方向上由两个指定的极限值限定，在垂直方向上由 x 轴和函数值限定的区域。例如，三角正弦函数从 0 到 π 范围内的定积分就是下图中阴影部分的面积：

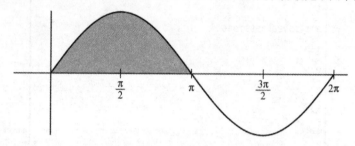

你可以通过一系列具有固定尺寸的小矩形来计算这个区域的近似值，其中高度是由矩形中点的函数值确定的：

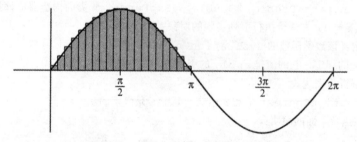

设计原型，并编写 integrate 方法的代码，它通过对这些矩形面积求和来得到定积分的近似值。例如，为了计算上一个例子中阴影部分的面积，客户端将调用

```
integrate(x -> Math.sin(x), 0, Math.PI, 20);
```

最后一个引元是该区域分隔成的矩形的数量，这个值越大，近似值就越准确。

注意，任何落在 x 轴下方的区域都被当作是负值。因此，如果你计算 0~2π 的 sin 的定积分，其结果就是 0，因为 x 轴上方的区域和下方的区域互相抵消了。

索　引

索引中的页码为英文原书页码，与书中边栏标注的页码一致。

推荐阅读

C语言的科学和艺术

作者：（美）Eric S.Roberts ISBN: 978-7-111-34775-0 定价: 79.00元

本书是美国斯坦福大学的程序设计课程教材，介绍了计算机科学的基础知识和程序设计的专门知识。本书以介绍ANSI C为主线，不仅涵盖C语言的基本知识，而且介绍了软件工程技术以及如何应用良好的程序设计风格进行开发等内容。本书采用了库函数的方法，强调抽象的原则，详细阐述了库和模块化开发。此外，本书还利用大量实例讲述解决问题的全过程，对开发过程中常见的错误也给出了解决和避免的方法。本书既可作为高等院校计算机科学入门课程及C语言入门课程的教材，也是C语言开发人员的极佳参考书。

C++程序设计：基础、编程抽象与算法策略

作者：（美）埃里克 S. 罗伯茨 ISBN: 978-7-111-54696-2 定价: 129.00元

本书是一本风格独特的C++语言教材，内容源自作者在斯坦福大学多年成功的教学实践。它突破了一般C++编程教材注重介绍C++语法特性的局限，不仅全面讲解了C++语言的基本概念，而且将重点放在深入剖析编程思路上，并以循序渐进的方式教授读者正确编写可行、高效的C++程序。本书内容遵循ACM CS2013关于程序设计课程的要求，既适合作为高校计算机及相关专业学生的教材或教学参考书，也适合希望学习C++语言的初学者和中高级程序员使用。

Java程序设计：基础、编程抽象与算法策略

作者：（美）埃里克 S. 罗伯茨 ISBN: 978-7-111-57827-7 定价: 99.00元

本书是美国斯坦福大学第二门编程课程教材，面向Java语言初学者介绍如何使用Java语言编写程序，抽丝剥茧般地展开了程序设计的巨幅画卷。本书的内容组织方式非常精巧，以问题为导向，通过深入的分析引出编程抽象的各个概念，并且告诉读者Java的解决之道，使读者不但了解如何使用Java语言进行程序设计，更明白各种Java语言特性的设计决策依据，从而加深对程序设计的感性认识并提高对编程语言的理性理解。

数据结构与算法分析：Java语言描述（原书第3版）

作者：[美] 马克·艾伦·维斯（Mark Allen Weiss） 著 ISBN：978-7-111-52839-5 定价：69.00元

本书是国外数据结构与算法分析方面的经典教材，使用卓越的Java编程语言作为实现工具，讨论数据结构（组织大量数据的方法）和算法分析（对算法运行时间的估计）。

随着计算机速度的不断增加和功能的日益强大，人们对有效编程和算法分析的要求也不断增长。本书将算法分析与最有效率的Java程序的开发有机结合起来，深入分析每种算法，并细致讲解精心构造程序的方法，内容全面，缜密严格。

算法导论（原书第3版）

作者：Thomas H.Cormen 等 ISBN：978-7-111-40701-0 定价：128.00元

"本书是算法领域的一部经典著作，书中系统、全面地介绍了现代算法：从最快算法和数据结构到用于看似难以解决问题的多项式时间算法；从图论中的经典算法到用于字符串匹配、计算几何学和数论的特殊算法。本书第3版尤其增加了两章专门讨论van Emde Boas树（最有用的数据结构之一）和多线程算法（日益重要的一个主题）。"

—— Daniel Spielman，耶鲁大学计算机科学系教授

"作为一个在算法领域有着近30年教育和研究经验的教育者和研究人员，我可以清楚明白地说这本书是我所见到的该领域最好的教材。它对算法给出了清晰透彻、百科全书式的阐述。我们将继续使用这本书的新版作为研究生和本科生的教材及参考书。"

—— Gabriel Robins，弗吉尼亚大学计算机科学系教授

在有关算法的书中，有一些叙述非常严谨，但不够全面；另一些涉及了大量的题材，但又缺乏严谨性。本书将严谨性和全面性融为一体，深入讨论各类算法，并着力使这些算法的设计和分析能为各个层次的读者接受。全书各章自成体系，可以作为独立的学习单元；算法以英语和伪代码的形式描述，具备初步程序设计经验的人就能看懂；说明和解释力求浅显易懂，不失深度和数学严谨性。

尊敬的老师：

为了确保您及时有效地获得培生整体教学资源，请您务必完整填写如下表格，加盖学院的公章后以电子扫描件等形式发给我们，我们将会在 2-3 个工作日内为您处理。

请填写所需教辅的信息：

采用教材			□中文版 □英文版 □双语版
作　者		出版社	
版　次		ISBN	
课程时间	始于　年　月　日	学生人数	
	止于　年　月　日	学生年级	□专科　　□本科 1/2 年级 □研究生　□本科 3/4 年级

请填写您的个人信息：

学　校			
院系/专业			
姓　名		职　称	□助教 □讲师 □副教授 □教授
通信地址/邮编			
手　机		电　话	
传　真			
official email(必填) (eg:XXX@ruc.edu.cn)		email (eg:XXX@163.com)	
是否愿意接受我们定期的新书讯息通知：　　□是　　□否			

系 / 院主任：＿＿＿＿＿＿＿（签字）

（系 / 院办公室章）

＿＿年＿＿月＿＿日

资源介绍：

--教材、常规教辅（PPT、教师手册、题库等）资源：请访问 www.pearson.com/us/higher-education　（免费）

--MyLabs/Mastering 系列在线平台：适合老师和学生共同使用；访问需要 Access Code；　　　　　（付费）

地址：中国北京市东城区北三环东路 36 号环球贸易中心 D 座 1208 室 100013

请将该表格同时发送到：copub.hed@pearson.com；ldq@hzbook.com (010-88379061)
网址：www.pearson.com